Springer Collected Works in Mathematics

Gauss-Feier, Göttingen, 1977

André Weil

Oeuvres Scientifiques - Collected Papers III

1964 – 1978

Reprint of the 2009 and 1979 Edition

 Springer

André Weil (1906 Paris, France –
   1998 Princeton, USA)
Institute for Advanced Study
Princeton, NJ
USA

ISSN 2194-9875
ISBN 978-3-662-45255-4   (Softcover)
        978-3-540-87737-0   (Hardcover)
DOI 10.1007/978-3-540-87738-7
Springer Heidelberg New York Dordrecht London

Library of Congress Control Number: 2012954381

Mathematics Subject Classification (2000): 01A75, 11-03, 14-03, 22-03, 46-03, 53-03, 57-03, 58-03

Printed on acid-free paper

Springer is part of Springer Science+Business Media (www.springer.com)

André Weil
Œuvres Scientifiques
Collected Papers

Volume III
(1964–1978)

Soft cover reprint of the 1979 edition published
with the ISBN
0-387-90330-5 Springer-Verlag New York
3-540-90330-5 Springer-Verlag Berlin Heidelberg

Library of Congress Control Number: 2008940272

Mathematics Subject Classification (2000):
01A75, 11-03, 14-03, 22-03, 46-03, 53-03, 57-03, 58-03

ISBN 978-3-540-87737-0

www.springer.com

Cover design: WMXDesign

987654321

Table des Matières
Volume III
[1964–1978]

Avant-Propos

Au siècle dernier, lorsqu'on publiait les œuvres complètes d'un savant, c'était un monument qu'on érigeait à sa gloire; entreprise laborieuse et coûteuse sans doute, mais honneur aussi, que les académies qui en assumaient la charge avaient coutume de réserver à leurs membres les plus illustres. On eût d'ailleurs regardé comme inconvenant de ne pas attendre pour cela qu'ils fussent morts, ou si voisins de la tombe qu'ils n'en valaient guère mieux.

Les facilités de la photocopie ont changé tout cela. Aussi ai-je cédé volontiers à la suggestion, flatteuse assurément, d'amis plus jeunes qui m'ont conseillé de faire paraître une édition collective de mes écrits; ma gratitude va aussi à la maison SPRINGER pour la bonne volonté avec laquelle elle a accueilli ce projet et le zèle qu'elle a apporté à sa bonne exécution.

Mais toute publication de ce genre est aussi une pierre ajoutée à l'histoire de notre science; à ce titre, elle ne peut manquer d'être d'autant plus utile que des commentaires appropriés replacent les fragments qui la composent dans la perspective de l'époque qui leur a donné naissance. M'appartenait-il d'entreprendre cette tâche? Ce n'est pas à moi d'en juger. Mais qui ne sait la valeur, pour l'histoire d'une science, des témoignages que nous ont laissés des auteurs du passé, non seulement les plus grands, mais ceux même de mérite secondaire, sur la genèse de leurs trouvailles et les mouvements d'idées qui les ont inspirées?

Il va sans dire que je n'ai pas prétendu faire l'histoire des idées mathématiques au cours du dernier demi-siècle. Tout au plus trouvera-t-on ici le tableau de quelques-unes de ces idées telles qu'elles se sont reflétées dans mon esprit, ou telles du moins que le souvenir m'en est resté. C'est dire que mes commentaires auront un caractère essentiellement subjectif d'un bout à l'autre, quel qu'ait été mon désir d'objectivité. En quelques occasions je ne me suis pas interdit d'indiquer que j'ai pu pressentir des idées ou des résultats dont ensuite, fort justement, le mérite est revenu à d'autres. Je puis aussi avoir été devancé parfois sans en faire la remarque, faute de m'en être aperçu. Est-il besoin de souligner qu'en aucun cas il ne s'est agi pour moi de revendiquer des priorités? Je n'ai jamais tenu de journal ni daté les notes destinées à mon seul usage. Pour

les dates et pour les menus détails autobiographiques qu'on pourra rencontrer
ici, je me suis fié à ma mémoire et aux lettres ou documents restés par hasard en
ma possession. Peut-être jugera-t-on que j'ai fait à de tels détails une trop large
place; mais j'ai souvent observé, à l'occasion de conférences sur l'histoire des
mathématiques, que des informations de ce genre, même d'importance minime,
ne contribuent pas peu à rehausser l'agrément d'un sec exposé historique.

Quant au contenu proprement dit de ces trois volumes, on y trouvera mes articles parus de 1926 à 1978, ainsi que divers inédits qu'il a paru convenable
d'insérer pour des raisons scientifiques ou historiques. De mes ouvrages parus
en librairie, il n'a été retenu que quelques préfaces; il ne s'agit pas ici, bien entendu, d' *Œuvres Complètes* au sens où on l'entendait autrefois, mais plutôt de
Collected Papers (expression dont je ne trouve pas d'équivalent en français).
Les articles parus en périodique ont été rangés strictement d'après l'ordre chronologique de leur publication, et, en principe, reproduits photographiquement,
sauf en quelques cas où, pour raisons techniques, une nouvelle présentation ty-
pographique a paru nécessaire. Quelques fautes d'impression ou lapsus
évidents ont été corrigés, mais je n'ai pas fourni l'effort de les rechercher systématiquement. Encore moins ai-je voulu corriger d'éventuelles erreurs mathématiques; quelques-unes ont été signalées dans les commentaires en fin de volume. Quant aux inédits, ils ont été insérés à la place correspondant à leur date
de composition présumée. En appendice au volume II, on trouvera deux articles, l'un anonyme, l'autre pseudonyme, de la publication desquels j'ai été res-
ponsable en tant qu'éditeur de l' *American Journal* pour l'un, et des *Annals of
Mathematics* pour l'autre.

Mes remercîments vont à tous les détenteurs de copyright (dont mention sera
faite en son lieu), pour la permission de reproduire les articles en question. Ils
vont tout particulièrement à C. Chevalley et à S. Lang, pour les articles écrits en
collaboration avec eux, ainsi qu'à C. Lévi-Strauss, pour l'article qu'il m'a autorisé à détacher de sa thèse de doctorat; quant à C. Allendoerfer, avec qui je
collaborai quand nous étions collègues à Haverford en 1941-1942, je ne puis
plus qu'accorder ici un souvenir et un hommage à sa mémoire.

Je suis heureux de remercier aussi H. Cartan, pour la lettre en sa possession
dont il m'a permis d'insérer la photographie au tome II, et pour m'avoir aidé à
rafraîchir les souvenirs d'un demi-siècle passé en contact étroit l'un avec
l'autre. Enfin, ma reconnaissance va à J.-P. Serre, qui non seulement a lu le
manuscrit de mes commentaires et m'a fait part à ce sujet de mainte observation utile, mais surtout qui n'a cessé de m'encourager dans cette tâche et de me
harceler jusqu'à ce qu'elle ait été menée à son terme. Au lecteur d'apprécier s'il
a eu raison.

Princeton, le 7 novembre 1978

Curriculum

Né à Paris le 6 mai 1906.

Elève à l'Ecole Normale Supérieure, 1922–1925.

Boursier: Fondation Commercy, Rome 1925–1926; International Education Board (Rockefeller Foundation), Göttingen et Berlin, 1926–1927; Fondation Commercy, Paris 1927–1928.

Docteur ès sciences, Paris 1928.

Professeur, Aligarh Muslim University, Aligarh (United Provinces, British India), 1930–1932.

Chargé de cours, Faculté des Sciences de Marseille, 1932–1933.

Chargé de cours, puis maître de conférences, puis professeur, Faculté des Sciences de Strasbourg, 1933–1939.

Boursier, Rockefeller Foundation, 1941–1943.

Fellow, Guggenheim Foundation, 1944.

Professeur, Faculdade de Filosofia, Universidade de São Paulo, 1945–1947.

Professeur, University of Chicago, 1947–1958.

Professeur, Institute for Advanced Study, Princeton N.J., 1958–1976.

Membre du comité de rédaction, *American Journal of Mathematics*, 1955–1958; d°, *Annals of Mathematics*, 1958–1961.

Enseignement

(University of Chicago)

(Autumn 1947/Winter 1948) (a) Calculus of exterior differential forms and geometric applications; (b) Seminar on harmonic forms.

(Summer 1948)(a) Introduction to algebraic geometry; (b) Seminar on current literature.

(Autumn 1948/Winter 1949) (a) Algebraic geometry; (b) Seminar on current literature.

(Summer 1949) (a) Algebra I; (b) Seminar on elementary mathematics.

(Autumn 1949/Winter 1950) (a) Algebraic geometry; (b) Seminar on current literature.

(Summer 1950) (a) Functions of several complex variables; (b) Historical seminar.

(Autumn 1950/Winter 1951) (a) Harmonic integrals on algebraic manifolds; (b) Seminar on current literature.

(Spring 1951) (a) Arithmetic on an algebraic variety; (b) Seminar on current literature.

(Autumn 1951/Winter 1952) (a) Fibre-bundles; (b) Seminar on current literature.

(Summer 1953) (a) Elementary number-theory; (b) Seminar on current literature.

(Autumn 1953/Winter 1954) (a) Elliptic and modular functions; (b) Seminar on current literature.

(Autumn 1954/Winter 1955) (a) Algebraic geometry; (b) Seminar on current literature.

(Spring 1955) (a) Seminar on algebraic geometry; (b) Seminar on current literature.

(Autumn 1955/Winter 1956) (a) Dirichlet series and modular functions; (b) Seminar on current literature.

(Autumn 1956) (a) Algebraic number theory; (b) Seminar on modular functions.

(Winter 1957) (a) Quadratic forms; (b) Seminar on modular functions.

(Summer 1958) Automorphic functions of several variables.

(Institute for Advanced Study, Princeton N.J.)

(1958–1959) (a) Idele groups of semi-simple groups; (b) Joint Institute-University current literature seminar.

(1959–1960) (a) Adeles and algebraic groups; (b) Joint Inst.-Univ. current literature seminar.

(1960–1961) Joint Inst.-Univ. current literature seminar.

(1961–1962) (a) Discrete subgroups of Lie groups; (b) Joint Inst.-Univ. current literature seminar; (c) (at Princeton University) Algebraic number theory.

(1962–1963) The Poisson formula and some of its uses.

(1963–1964) The symplectic group of a locally compact abelian group, and Siegel's formula.

(1965–1966) Functional equations of zeta-functions.

(1969–1970) Zeta-functions and Mellin transforms.

(1971–1972) (a) The explicit formulas of number-theory; (b) Jacquet's theory of the functional equation for GL(n).

(1972–1973) Three hundred years of number-theory.

(1973–1974) Fifty years of number-theory.

(1974–1975) Elliptic functions according to Eisenstein.

(1975–1976) On Eisenstein's work.

Exposés
au séminaire Bourbaki

(1e année, n° 16; Mai 1949)
  Théorèmes fondamentaux de la théorie des fonctions thêta (d'après des mémoires de Poincaré et Frobenius), 10 pp.

(5e année, n° 72; Décembre 1952)
  Variété de Picard et variétés jacobiennes, 8 pp.

(5e année, n° 83; Mai 1953)
  Sur la théorie du corps de classes, 3 pp.

(8e année, n° 136; Mai 1956)
  Multiplication complexe des fonctions abéliennes, 7 pp.

(9e année, n° 151; Mai 1957)
  Sur le théorème de Torelli, 5 pp.

(10e année, n° 168; Mai 1958)
  Modules des surfaces de Riemann, 7 pp.

(11e année, n° 186; Mai 1959)
  Adèles et groupes algébriques, 9 pp.

(14e année, n° 239; Mai 1962)
  Un théorème fondamental de Chern en géométrie riemannienne, 13 pp.

(18e année, n° 312; Juin 1966)
  Fonction zêta et distributions, 9 pp.

(20e année, n° 346; Juin 1968)
  Séries de Dirichlet et fonctions automorphes, 6 pp.

(26e année, n° 452; Juin 1974)
  La cyclotomie jadis et naguère, 21 pp.

Bibliographie

*(Les caractères gras désignent les livres et notes de cours;
C.R. = Comptes Rendus de l'Académie des Sciences).*

[1926]   Sur les surfaces à courbure négative, *C.R.* 182, pp. 1069–1071.

[1927a]   Sur les espaces fonctionnels, *C.R.* 184, pp. 67–69.

[1927b]   Sul calcolo funzionale lineare, *Rend. Linc.* (VI) 5, pp. 773–777.

[1927c]   L'arithmétique sur une courbe algébrique, *C.R.* 185, pp. 1426–1428.

[1928]   L'arithmétique sur les courbes algébriques, *Acta Math.* 52, pp. 281–315.

[1929]   Sur un théorème de Mordell, *Bull. Sc. Math.* (II) 54, pp. 182–191.

[1932a]   On systems of curves on a ring-shaped surface, *J. Ind. Math. Soc.* 19, pp. 109–114.

[1932b]   Sur les séries de polynomes de deux variables complexes, *C.R.* 194, pp. 1304–1305.

[1932c]   (avec C. Chevalley) Un théorème d'arithmétique sur les courbes algébriques, *C.R.* 195, pp. 570–572.

[1934a]   (avec C. Chevalley) Über das Verhalten der Integrale erster Gattung bei Automorphismen des Funktionenkörpers, *Hamb. Abh.* 10, pp. 358–361.

[1934b]   Une propriété caractéristique des groupes de substitutions linéaires finis, *C.R.* 198, pp. 1739–1742.

[1934c]   Une propriété caractéristique des groupes finis de substitutions, *C.R.* 199, pp. 180–182.

[1935a]   Über Matrizenringe auf Riemannschen Flächen und den Riemann-Rochschen Satz, *Hamb. Abh.* 11, pp. 110–115.

[1935b]   Arithmétique et Géométrie sur les variétés algébriques, *Act. Sc. et Ind.* no. 206, Hermann, Paris, pp. 3–16.

[1935c]   Sur les fonctions presque périodiques de von Neumann, *C.R.* 200, pp. 38–40.

[1935d]   L'intégrale de Cauchy et les fonctions de plusieurs variables, *Math. Ann.* 111, pp. 178–182.

[1935e]   Démonstration topologique d'un théorème fondamental de Cartan, *C.R.* 200, pp. 518–520.

[1936a]   Les familles de courbes sur le tore, *Mat. Sbornik* (N.S.) 1, pp. 779–781.

[1936b]   Arifmetika algebraičeskykh mnogoobrazii (Arithmetic on algebraic varieties), *Uspekhi Mat. Nauk* 3, pp. 101–112.

[1936c]   Matematika v Indii (Mathematics in India), *Uspekhi Mat. Nauk* 3, pp. 286–288.

[1936d]   La mesure invariante dans les espaces de groupes et les espaces homogènes, *Enseign. Math.* 35, p. 241.

[1936e]   La théorie des enveloppes en Mathématiques Spéciales, *Enseign. Scient.* 9e année, pp. 163–169.

[1936f]   Les recouvrements des espaces topologiques; espaces complets, espaces bicompacts, *C.R.* 202, pp. 1002–1005.

[1936g]   Sur les groupes topologiques et les groupes mesurés, *C.R.* 202, pp. 1147–1149.

[1936h]   Sur les fonctions elliptiques p-adiques, *C.R.* 203, pp. 22–24.

[1936i]   Remarques sur des résultats récents de C. Chevalley, *C.R.* 203, pp. 1208–1210.

[1937]   Sur les espaces à structure uniforme et sur la topologie générale, *Act. Sc. et Ind.* no. 551, Hermann, Paris, pp. 3–40.

[1938a]   Généralisation des fonctions abéliennes, *J. de Math. P. et App.*, (IX) 17, pp. 47–87.

[1938b]   Zur algebraischen Theorie der algebraischen Funktionen, *Crelles J.* 179, pp. 129–133.

[1938c]   "Science Française" (inédit).

[1939a]   Sur l'analogie entre les corps de nombres algébriques et les corps de fonctions algébriques, *Revue Scient.* 77, pp. 104–106.

[1939b]   Les groupes à p^n éléments, *Revue Scient.* 77, pp. 321–322.

[1940a]   Une lettre et un extrait de lettre à Simone Weil (inédit).

[1940b]   Sur les fonctions algébriques à corps de constantes fini, *C.R.* 210, pp. 592–594.

[1940c]   Calcul des probabilités, méthode axiomatique, intégration, *Revue Scient.* 78, pp. 201–208.

[**1940d**]   *L'intégration dans les groupes topologiques et ses applications*, Hermann, Paris (2e édition 1953).

[1941]   On the Riemann hypothesis in function-fields, *Proc. Nat. Ac. Sci.* 27, pp. 345–347.

[1942]   Lettre à Artin (inédit).

[1943a]   (jointly with C. Allendoerfer) The Gauss-Bonnet theorem for Riemannian polyhedra, *Trans. A. M. S.* 53, pp. 101–129.

[1943b]   Differentiation in algebraic number-fields, *Bull. A.M.S.* 49, p. 41.

[1945]   A correction to my book on topological groups, *Bull. A. M. S.* 51, pp. 272–273.

[**1946a**] *Foundations of algebraic geometry*, Am. Math. Soc. Coll., vol. XXIX, New York (2nd edition 1962).

[1946b] Sur quelques résultats de Siegel, *Summa Brasil. Math.* 1, pp. 21–39.

[1947a] L'avenir des mathématiques, *"Les Grands Courants de la Pensée Mathématique"*, éd. F. Le Lionnais, Cahiers du Sud, Paris, pp. 307–320 (2ᵉ éd., A. Blanchard, Paris 1962).

[1947b] Sur la théorie des formes différentielles attachées à une variété analytique complexe, *Comm. Math. Helv.* 20, pp. 110–116.

[**1948a,b**] (a) *Sur les courbes algébriques et les variétés qui s'en déduisent*, Hermann, Paris; (b) *Variétés abéliennes et courbes algébriques*, *ibid;* [2ᵉ édition de (a) et (b), sous le titre collectif *"Courbes algébriques et variétés abéliennes"*, *ibid.*, 1971].

[1948c] On some exponential sums, *Proc. Nat. Ac. Sc.* 34, pp. 204–207.

[1949a] Sur l'étude algébrique de certains types de lois de mariage (Système Murngin), Appendice à la Iᵉ partie de: C. Lévi-Strauss, *Les structures élémentaires de la parenté*, P. U. F. Paris 1949, pp. 278–285.

[1949b] Numbers of solutions of equations in finite fields, *Bull. Am. Math. Soc.* 55, pp. 497–508.

[1949c] Fibre-spaces in algebraic geometry, in *Algebraic Geometry Conference*, U. of Chicago (mimeographed), pp. 55–59.

[1949d] Théorèmes fondamentaux de la théorie des fonctions thêta, *Séminaire Bourbaki* no. 16, mai 1949, 10 pp.

[1949e] Géométrie différentielle des espaces fibrés (inédit).

[1950a] Variétés abéliennes, in *Colloque d'Algèbre et Théorie des Nombres*, C.N.R.S., Paris, pp. 125–127.

[1950b] Number-theory and algebraic geometry, *Proc. Intern. Math. Congress, Cambridge, Mass.*, vol. II, pp. 90–100.

[1951a] Arithmetic on algebraic varieties, *Ann. of Math.* 53, pp. 412–444.

[1951b] Sur la théorie du corps de classes, *J. Math. Soc. Japan* 3, pp. 1–35.

[1951c] Review of "Introduction to the theory of algebraic functions of one variable, by C. Chevalley", *Bull. Am. Math. Soc.* 57, pp. 384–398.

[1952a] Sur les théorèmes de de Rham, *Comm. Math. Helv.* 26, pp. 119–145.

[1952b] Sur les "formules explicites" de la théorie des nombres premiers, *Comm. Lund* (vol. dédié à Marcel Riesz), p. 252.

[**1952c**] *Fibre-spaces in algebraic geometry* (Notes by A. Wallace). U. of Chicago, (mimeographed) 48 pp.

[1952d] Jacobi sums as "Grössencharaktere", *Trans. Am. Math. Soc.* 73, pp. 487–495.

[1952e] On Picard varieties, *Am. J. of Math.* 74, pp. 865–894.

[1952f] Criteria for linear equivalence, *Proc. Nat. Ac. Sc.* 38, pp. 258–260.

[1953]   Théorie des points proches sur les variétés différentiables, in *Colloque de Géométrie Différentielle* (Strasbourg 1953), C.N.R.S., pp. 111–117.

[1954a]   Remarques sur un mémoire d'Hermite, *Arch. d. Math.* 5, pp. 197-202.

[1954b]   Mathematical Teaching in Universities, *Am. Math. Monthly* 61, pp. 34–36.

[1954c]   The mathematical curriculum (a guide for students) (inédit).

[1954d]   Sur les critères d'équivalence en géométrie algébrique, *Math. Ann.* 128, pp. 95–127.

[1954e]   Footnote to a recent paper, *Am. J. of Math.* 76, pp. 347–350.

[1954f]   (jointly with S. Lang) Number of points of varieties in finite fields, *Am. J. of Math.* 76, pp. 819–827.

[1954g]   On the projective embedding of abelian varieties, in *Algebraic geometry and Topology, A Symposium in honor of S. Lefschetz,* Princeton U. Press, pp. 177–181.

[1954h]   Abstract versus classical algebraic geometry, *Proc. Intern. Math. Congr. Amsterdam,* vol. III, pp. 550–558.

[1954i]   Poincaré et l'arithmétique, in *Livre du Centenaire de Henri Poincaré,* Gauthier-Villars, Paris, 1955, pp. 206–212.

[1955a]   On algebraic groups of transformations, *Am. J. of Math.* 77, pp. 355–391.

[1955b]   On algebraic groups and homogeneous spaces, *Am. J. of Math.* 77, pp. 493–512.

[1955c]   On a certain type of characters of the idèle-class group of an algebraic number-field, in *Proc. Intern. Symp. on Algebraic Number Theory, Tokyo-Nikko.* pp. 1–7.

[1955d]   On the theory of complex multiplication, ibid., pp. 9–22.

[1955e]   Science Française?, *La Nouvelle N.R.F.,* Paris, 3e année, n°25, pp. 97–109.

[1956]   The field of definition of a variety, *Am. J. of Math.* 78, pp. 509–524.

[1957a]   Zum Beweis des Torellischen Satzes, *Gött. Nachr. 1957,* no. 2, pp. 33–53.

[1957b]   (avec C. Chevalley) Hermann Weyl (1885–1955), *Enseign. Math.* III, pp. 157–187.

[1957c]   (1) Réduction des formes quadratiques, 9 pp.; (2) Groupes des formes quadratiques indéfinies et des formes bilinéaires alternées, 14 pp., *Séminaire H. Cartan,* 10e année, novembre 1957.

[**1958a**] *Introduction à l'étude des variétés kählériennes,* Hermann, Paris.

[1958b]   On the moduli of Riemann surfaces (to Emil Artin), (inédit).

[1958c]   Final Report on contract AF 18(603)-57 (inédit).

[**1958d**] *Discontinous subgroups of classical groups* (Notes by A. Wallace), U. of Chicago (mimeographed).

[1959a]   Adèles et groupes algébriques, *Séminaire Bourbaki*, mai 1959, n° 186, 9 pp.

[1959b]   Y. Taniyama (lettre d'André Weil), *Sugaku-no Ayumi*, vol. 6. no. 4, pp. 21–22.

[1960a]   De la métaphysique aux mathématiques, *Sciences,* pp. 52–56.

[1960b]   Algebras with involutions and the classical groups, *J. Ind. Math. Soc.* 24, pp. 589–623.

[1960c]   On discrete subgroups of Lie groups, *Ann. of Math.* 72, pp. 369–384.

[**1961a**]   *Adeles and algebraic groups*, I.A.S., Princeton.

[1961b]   Organisation et désorganisation en mathématique, *Bull. Soc. Franco-Jap. des Sc.* 3, pp. 25–35.

[1962a]   Sur la théorie des formes quadratiques, in *Colloque sur la Théorie des Groupes Algébriques,* C.B.R.M., Bruxelles, pp. 9–22.

[1962b]   On discrete subgroups of Lie groups (II), *Ann. of Math.* 75, pp. 578–602.

[1962c]   Algebraic geometry, in *Encyclopedia Americana,* New York, pp. 455–457.

[1964a]   Remarks on the cohomology of groups, *Ann. of Math.* 80, pp. 149–157.

[1964b]   Sur certains groupes d'opérateurs unitaires, *Acta Math.* 111, pp. 143–211.

[1965]   Sur la formule de Siegel dans la théorie des groupes classiques, *Acta Math.* 113, pp. 1–87.

[1966]   Fonction zêta et distributions, *Séminaire Bourbaki* no. 312, juin 1966.

[1967a]   Über die Bestimmung Dirichletscher Reihen durch Funktionalgleichungen, *Math. Ann.* 168, pp. 149–156.

[1967b]   Review: "The Collected papers of Emil Artin", *Scripta Math.* 28, pp. 237–238.

[**1967c**]   *Basic Number Theory* (Grundl. Math. Wiss. Bd. 144), Springer (3rd edition, 1974).

[1968a]   Zeta-functions and Mellin transforms, in *Proc. of the Bombay Coll. on Algebraic Geometry,* T.I.F.R., Bombay, pp. 409–426.

[1968b]   Sur une formule classique, *J. Math. Soc. Japan* 20, pp. 400–402.

[1970]   On the analogue of the modular group in characteristic p, in "Functional Analysis, etc.", *Proc. Conf. in honor of M. Stone,* Springer, pp. 211–223.

[**1971a**]   *Automorphic forms and Dirichlet series*, Lecture-Notes no. 189, Springer.

[1971b]   Notice biographique, in *Œuvres de J. Delsarte*, C.N.R.S., Paris 1971, t.I, pp. 17–28.

[1971c]   L'œuvre mathématique de Delsarte, ibid., pp. 29–47.

[1972]   Sur les formules explicites de la théorie des nombres, *Izv. Mat. Nauk* (Ser. Mat.) 36, pp. 3–18.

[1973]   Review of "The mathematical career of Pierre de Fermat, by M. S. Mahoney", *Bull. Am. Math. Soc.* 79, pp. 1138–1149.

[1974a]   Two lectures on number theory, past and present, *Enseign. Math.* XX, pp. 87–110.

[1974b]   Sur les sommes de trois et quatre carrés, *Enseign. Math.* XX, pp. 215–222.

[1974c]   La cyclotomie jadis et naguère, *Enseign. Math.* XX, pp. 247–263.

[1974d]   Sommes de Jacobi et caractères de Hecke, *Gött. Nachr.* 1974, Nr. 1, 14 pp.

[1974e]   Exercices dyadiques, *Invent. math.* 27, pp. 1–22.

[1975a]   Review of "Leibniz in Paris 1672–1676, his growth to mathematical maturity, by Joseph E. Hofmann", *Bull. Am. Math. Soc.* 81, pp. 676–688.

[1975b]   Introduction to E.E. Kummer. *Collected Papers* vol. I, pp. 1–11.

[**1976a**]   *Elliptic Functions according to Eisenstein and Kronecker*, (Ergebnisse d. Mathematik. Bd. 88), Springer.

[1976b]   Sur les périodes des intégrales abéliennes, *Comm. on Pure and Appl. Math.* XXIX, pp. 813–819.

[1976c]   Review of "Mathematische Werke, by Gotthold Eisenstein", *Bull. Am. Math. Soc.* 82, pp. 658–663.

[1977a]   Remarks on Hecke's lemma and its use, in *Algebraic Number Theory,* Intern. Symposium Kyoto 1976, S. Iyanaga (ed.), Jap. Soc. for the Promotion of Science 1977, pp. 267–274.

[1977b]   Fermat et l'équation de Pell, ΠΡΙΣΜΑΤΑ (W. Hartner Festschrift), Fr. Steiner Verlag, Wiesbaden 1977, pp. 441–448.

[1977c]   Abelian varieties and the Hodge ring (inédit).

[1978a]   Who betrayed Euclid?, *Arch. Hist. Exact Sci.* 19, pp. 91–93.

[1978b]   History of mathematics: Why and how, *Proc. Intern. Math. Congress, Helsinki.*

[1964b] Sur certains groupes d'opérateurs unitaires

A force d'habitude, le fait que les séries thêta définissent des fonctions modulaires a presque cessé de nous étonner. Mais l'apparition du groupe symplectique comme un *deus ex machina* dans les célèbres travaux de Siegel sur les formes quadratiques n'a rien perdu encore de son caractère mystérieux. Le but dè ce mémoire, et de ceux qui lui feront suite, n'est pas, bien entendu, d'élucider définitivement la question, mais de jeter un peu de lumière sur certains aspects de cette théorie qui étaient restés dans l'ombre jusqu'à présent.

Une analyse attentive des travaux de Siegel permet en effet de déceler le rôle capital qu'y joue une certaine représentation unitaire, non pas du groupe symplectique lui-même, mais d'une extension centrale de ce groupe, ainsi que des groupes analogues sur les corps p-adiques. Il se trouve que cette représentation, pour le cas du groupe symplectique réel (et même de sa généralisation naturelle à l'espace de Hilbert), a été définie et étudiée récemment par D. Shale [7], après que son existence, ou du moins celle de la représentation projective correspondante, eût été reconnue par I. Segal [5] à propos de mécanique quantique. Celui-ci est revenu sur la question [6], à la suite d'un exposé où j'en avais souligné l'importance en théorie des nombres; j'ai emprunté à son travail, dont je lui suis reconnaissant de m'avoir communiqué le manuscrit, le principe de la démonstration du théorème d'existence (théorème 1 ci-dessous; pour une autre démonstration, cf. G. Mackey [3]), ainsi que l'idée de prendre pour point de départ la théorie générale des groupes abéliens localement compacts.

En conséquence, les théorèmes fondamentaux concernant la représentation unitaire en question seront exposés au Chapitre I pour un groupe abélien localement compact qui n'est soumis à aucune hypothèse restrictive; qu'il me soit permis, en passant, de signaler l'intérêt qu'il y aurait peut-être à examiner de plus près, du point de vue de la

(¹) Pendant la période où ce mémoire a été rédigé, j'ai été supporté à la fois par la National Science Foundation (contrat GP-823) et par l'Institut des Hautes Etudes Scientifiques de Bures-sur-Yvette; à l'une et à l'autre je suis heureux d'exprimer ici ma reconnaissance.

10 – 642946 *Acta mathematica*. 111. Imprimé le 3 juin 1964.

présente théorie, le cas des groupes finis[1]. Le Chapitre II fixe les notations en vue de l'application des résultats qui précèdent aux espaces vectoriels sur les corps locaux (c'est-à-dire les corps localement compacts non discrets) et sur les anneaux adéliques; et il fait servir les théorèmes 2 et 5 du Chapitre I à une démonstration de la loi de réciprocité quadratique, apparentée à celle qui figure au dernier chapitre du livre classique de Hecke sur les corps de nombres algébriques. Une démonstration directe très simple des théorèmes 2 et 5, indépendante de la théorie exposée au Chapitre I, a été obtenue récemment par P. Cartier (cf. [2]); jointe aux considérations du Chapitre II du présent mémoire, et notamment aux propositions 3 et 4 de celui-ci, elle constitue à certains égards la méthode la plus satisfaisante qui soit actuellement connue pour établir la loi de réciprocité quadratique sous sa forme la plus générale. Le Chapitre III spécialise au « cas local » et au « cas adélique » la théorie du Chapitre I, en traitant en détail de questions de continuité qu'il n'était guère possible d'aborder utilement dans le cadre de celui-ci. C'est ainsi qu'on obtient, dans le cas local et dans le cas adélique, une représentation unitaire d'un groupe localement compact (dit « métaplectique ») qui, sauf en caractéristique 2, est une extension centrale du groupe symplectique par le tore T. Au Chapitre IV, on fait voir que celle-ci peut se réduire à une extension, en général non triviale, du même groupe par le groupe $\{\pm 1\}$; autrement dit, la classe de cohomologie qui la détermine est toujours d'ordre 2 et n'est pas nulle en général; bien que ce résultat ne doive nous être d'aucune utilité par la suite, il répond à une question si naturelle qu'il n'a pas semblé superflu de l'insérer ici. Enfin le Chapitre V fixe les notations en vue de la spécialisation des résultats ci-dessus au cas des algèbres à involution, indispensable pour les applications aux groupes classiques; il donne, en vue de ces applications, quelques résultats auxiliaires, et il se termine sur l'énoncé d'une formule qui généralise des résultats classiques de Siegel et dont la démonstration formera l'objet principal du mémoire suivant.

Table des notations

Chapitre I

n° 1: T, G^*, $\langle x, x^* \rangle$, α^*, $X_2(G)$.	n° 10: $\mathbf{B}_0(G)$, $\mathbf{T}$.
n° 2: $\mathcal{T}$, Φ^*, dx^*, $\lvert \alpha \rvert$.	n° 11: $\mathsf{S}(G)$, $\mathsf{S}(H, H')$.
n° 3: $Sp(G)$.	n° 13: π_0, $\mathbf{d}_0$, $\mathbf{t}_0$, $\mathbf{d}_0'$, $\mathbf{r}_0$.
n° 4: $U(w)$, $A(G)$, $\mathbf{A}(G)$.	n° 14: $\gamma(f)$.
n° 5: $B(G)$, $B_0(G)$, (σ, f).	n° 16: Γ_*.
n° 6: $d_0(\alpha)$, $d_0'(\gamma)$, $t_0(f)$, $t_0'(f')$, f^α, f^-.	n° 19: $B_0(G, \Gamma)$, $\mathbf{r}_\Gamma$, $\mathbf{B}_0(G, \Gamma)$.
n° 7: $\gamma(s)$, $\Omega_0(G)$.	n° 20: $\Omega_0(G, \Gamma)$.
	n° 22: $s_1 \otimes s_2$, $\mathbf{s}_1 \otimes \mathbf{s}_2$.

---

[1] Cette question semble apparentée aux problèmes étudiés par H. D. Kloosterman dans: The behaviour of general theta functions under the modular group and the characters of binary modular congruence groups, *Ann. of Math.*, **47** (1946), pp. 317–447.

Chapitre II

n° 23: X^*, $[x, x^*]$, α^*, $Q(X)$, $Q_a(X)$.

n° 24: $\mathfrak{o}$, $\mathfrak{p}$, χ, $\gamma(f)$.

n° 26: q_m.

n° 27: L_*.

n° 29: k_v, $\mathfrak{o}_v$, A_k, X_k, X_A, X_v, X_v°, S, X_S°, χ, χ_v.

n° 30: $\gamma_v(f)$, $\gamma(f)$.

Chapitre III

n° 31: $B(z_1, z_2)$, $Sp(X)$, $\mathfrak{A}(X)$, (σ, f), $Ps(X)$.

n° 32: $\mathrm{Aut}\,(X)$, $d(\alpha)$, $\mathrm{Is}\,(X^*, X)$, $d'(\gamma)$, $t(f)$, $t'(f')$, $\Omega(X)$, $Ps^+(X)$, $Ps^-(X)$.

n° 33: μ.

n° 34: $Mp(X)$, π, $\mathbf{T}$, $\mathbf{d}(\alpha)$, $\mathbf{d}'(\gamma)$, $\mathbf{t}(f)$, $\mathbf{t}'(f')$, $\mathbf{r}(s)$.

n° 36: $Ps(X, L)$, $\mathbf{r}_L$, $\mathbf{r}'_L$.

n° 37: $Ps(X)_k$, $Ps(X)_v$, $Ps(X)_A$, $Ps(X)_v^\circ$, $Ps(X)_S^\circ$, S_∞, μ_A, $Mp(X)_A$, π, $\mathbf{T}$.

n° 38: Ω_v, Ω_S, $\mathbf{r}'_v$, $\mathbf{r}_S$.

n° 40: $\mathbf{r}_k$.

Chapitre IV

n° 43: $Sp_1(X)$, $Sp_2(X)$, $Mp^+(X)$, $Ps_2^+(X)$.

n° 45: π_v, $Mp(X)_v^\circ$, $M(S)$, $Mp(X)_S^\circ$.

Chapitre V

n° 46: $P(X)$.

n° 49: $\mathcal{A}$, ι, τ, X^*, $\{x, x^*\}$, α^*, $Q(X/\mathcal{A})$, $Q_a(X/\mathcal{A})$, $\mathrm{Aut}\,(X/\mathcal{A})$, $\mathrm{Is}\,(X, Y/\mathcal{A})$, $Ps(X/k)$, $Ps(X/\mathcal{A})$.

n° 51: $P(X/k)$, $P(X/\mathcal{A})$, $Mp(X/k)$, $Mp(X/\mathcal{A})$, $Mp(X/k)_A$, $Mp(X/\mathcal{A})_A$.

I. Groupes abéliens localement compacts

1. Dans ce chapitre, il s'agira principalement d'un groupe abélien localement compact G, sur lequel on ne fera le plus souvent aucune hypothèse restrictive; mais une partie de nos résultats est sans intérêt à moins que G ne soit isomorphe à son dual. Toutes les applications ultérieures se rapporteront à l'un des cas suivants: (a) G est un espace vectoriel X de dimension finie sur un corps k localement compact non discret; (b) G est de la forme $X_A = X_k \otimes A_k$, où A_k est l'anneau des adèles d'un corps k qui peut être, soit un corps de nombres algébriques, soit un corps de fonctions algébriques de dimension 1 sur un corps fini, et où X_k est un espace vectoriel de dimension finie sur k. On se référera à ces cas en disant que G est « de type local » dans le cas (a), « de type adélique » dans le cas (b); si G est de type local ou adélique, il est isomorphe à son dual. Les groupes abéliens localement compacts seront le plus souvent notés additivement.

On désignera par T le groupe multiplicatif des nombres complexes t tels que $t\bar{t} = 1$; un caractère de G est donc un morphisme de G dans T. Si G et H sont des groupes abéliens localement compacts, un *bicaractère* de $G \times H$ sera une application continue f de $G \times H$ dans T telle que, pour tout $y \in H$, $x \to f(x, y)$ soit un caractère de G et que, pour tout $x \in G$, $y \to f(x, y)$ soit un caractère de H.

Une application continue f de G dans T sera appelée un *caractère du second degré* de G si l'application

$$(x, y) \to f(x + y) f(x)^{-1} f(y)^{-1}$$

est un bicaractère de $G \times G$, ou, ce qui revient au même, si f satisfait à la relation

$$f(x + y + z) f(x) f(y) f(z) = f(x + y) f(y + z) f(z + x)$$

quels que soient x, y, z dans G.

On notera toujours G^* le dual de G (noté additivement, lui aussi), et on notera $\langle x, x^* \rangle$, pour $x \in G$, $x^* \in G^*$, la valeur en x du caractère de G qui correspond à x^*. On conviendra une fois pour toutes d'identifier avec G le bidual $(G^*)^*$ de G de telle sorte que l'on ait

$$\langle x, x^* \rangle = \langle x^*, x \rangle$$

(on pourrait tout aussi bien convenir de faire cette identification de manière à avoir $\langle x, x^* \rangle = \langle -x^*, x \rangle$, et ce serait même plus commode à certains égards, mais cela choquerait trop d'habitudes reçues). Si $x \to x\alpha$ est un morphisme de G dans H, son *dual* α^* sera le morphisme de H^* dans G^* tel que l'on ait

$$\langle x\alpha, y^* \rangle = \langle x, y^*\alpha^* \rangle$$

quels que soient $x \in G$, $y^* \in H^*$. Tout bicaractère de $G \times H$ s'écrit d'une manière et d'une seule sous la forme

$$f(x, y) = \langle x, y\alpha \rangle = \langle y, x\alpha^* \rangle,$$

où α est un morphisme de H dans G^*, α^* étant donc le morphisme de G dans H^* dual de α. Si $G = H$, il faut et il suffit, pour que f soit symétrique en x, y, que l'on ait $\alpha = \alpha^*$; on dira alors que le morphisme α de G dans G^* est *symétrique*.

Si f est un caractère du second degré de G, on aura

$$f(x + y) f(x)^{-1} f(y)^{-1} = \langle x, y\varrho \rangle, \tag{1}$$

où $\varrho = \varrho(f)$ est un morphisme, évidemment symétrique, de G dans G^*; on exprimera (1) en disant que f et ϱ sont *associés* l'un à l'autre. Si on désigne par $X_2(G)$ le groupe multiplicatif des caractères du second degré de G, l'application $f \to \varrho(f)$ est un homomorphisme de $X_2(G)$ dans le groupe additif des morphismes symétriques de G dans G^*; le noyau de cet homomorphisme est le groupe multiplicatif $X_1(G)$ des caractères de G. On peut en dire plus dans le cas où $x \to 2x$ est un automorphisme de G (ce qui a lieu par exemple si G est de type local ou adélique sur un corps k de caractéristique autre que 2); lorsqu'il en est ainsi, on notera $x \to 2^{-1}x$ l'automorphisme de G inverse de $x \to 2x$. En ce cas, si ϱ est un morphisme symétrique de G dans G^*, il est associé au caractère du second degré $f_\varrho(x) = \langle x, 2^{-1}x\varrho \rangle$; si on note $X_2^\circ(G)$ le sous-groupe de $X_2(G)$ formé par les f_ϱ, on a alors $X_2(G) = X_2^\circ(G) \times X_1(G)$, et $X_2^\circ(G)$ est isomorphe au groupe additif des morphismes symétriques de G dans G^*.

On dira que le caractère du second degré f est *non dégénéré* si le morphisme symétrique ϱ associé à f est un isomorphisme de G sur G^*; pour qu'il existe de tels caractères, il est nécessaire (mais non suffisant) que G soit isomorphe à G^*.

2. Une mesure de Haar dx étant choisie dans G, la transformation de Fourier $\mathcal{J}$, relative à ce choix, est celle qui, à une fonction Φ sur G, associe la fonction $\Phi^* = \mathcal{J}(\Phi)$ sur G^* définie par

$$\Phi^*(x^*) = \int \Phi(x) \cdot \langle x, x^* \rangle \cdot dx$$

lorsque cette intégrale a un sens, et par un prolongement convenable dans d'autres cas. Il y a alors, sur G^*, une mesure de Haar dx^* et une seule, dite la *duale* de dx, telle que la transformation $\mathcal{J}^{-1}$ inverse de $\mathcal{J}$ soit donnée par la formule

$$\Phi(x) = \int \Phi^*(x^*) \cdot \langle x, -x^* \rangle \cdot dx^*;$$

pour cette mesure, on a la formule de Plancherel

$$\int |\Phi(x)|^2\, dx = \int |\Phi^*(x^*)|^2\, dx^*.$$

Il est clair que, pour tout $c > 0$, la mesure de Haar sur G^*, duale de $c \cdot dx$, est $c^{-1} dx^*$. Cette remarque peut encore s'exprimer comme suit:

LEMME 1. *Soient G, H deux groupes abéliens localement compacts, munis de mesures de Haar dx, dy; soient G^*, H^* leurs duaux, munis des mesures de Haar dx^*, dy^* duales de dx et de dy. Alors, si α est un isomorphisme de G sur H, α^* est un isomorphisme de H^* sur G^*, et on a $|\alpha^*| = |\alpha|$.*

Rappelons que, si G et H sont des groupes localement compacts (commutatifs ou non) munis de mesures de Haar, le module d'un isomorphisme α de G sur H est le nombre $|\alpha| = d(x\alpha)/dx$ défini par la formule

$$\int F(y)\, dy = |\alpha| \cdot \int F(x\alpha)\, dx,$$

où $F \in L^1(H)$; si $G = H$, il est généralement sous-entendu qu'on prend $dx = dy$, et alors $|\alpha|$ est indépendant du choix de dx. Pour démontrer le lemme, posons $m = |\alpha|$; par transport de structure, α transforme dx en une mesure de Haar $d'y$ sur H, et on voit aussitôt que $d'y = m^{-1} dy$; il s'ensuit que α^* transforme en dx^* la mesure duale de $d'y$, qui est, comme on l'a vu plus haut, $m \cdot dy^*$; donc α^* transforme dy^* en $m^{-1} dx^*$, ce qui démontre le lemme.

3. Soit $z \to z\sigma$ un automorphisme de $G \times G^*$; si on pose $z = (x, x^*)$, on pourra aussi écrire σ sous forme « matricielle » :

$$(x, x^*) \to (x, x^*) \cdot \begin{pmatrix} \alpha & \beta \\ \gamma & \delta \end{pmatrix},$$

ce qui veut dire, bien entendu :

$$(x, x^*) \to (x\alpha + x^*\gamma, x\beta + x^*\delta);$$

ici α, β, γ, δ désignent des morphismes de G dans G, de G dans G^*, de G^* dans G et de G^* dans G^*, respectivement. On notera que le dual σ^* de l'automorphisme σ de $G \times G^*$ défini par ces formules est l'automorphisme

$$\sigma^* = \begin{pmatrix} \alpha^* & \gamma^* \\ \beta^* & \delta^* \end{pmatrix}$$

de $G^* \times G$. Soit η l'isomorphisme $\begin{pmatrix} 0 & 1 \\ -1 & 0 \end{pmatrix}$ de $G \times G^*$ sur $G^* \times G$, ou, ce qui revient au même, l'isomorphisme $(x, x^*) \to (-x^*, x)$ (nous désignerons souvent par 1 l'automorphisme identique d'un groupe, quel que soit ce groupe). La formule

$$\sigma^{\mathrm{I}} = \eta \sigma^* \eta^{-1} = \begin{pmatrix} \delta^* & -\beta^* \\ -\gamma^* & \alpha^* \end{pmatrix} \tag{2}$$

définit alors un automorphisme σ^{I} de $G \times G^*$, et le lemme 1 du n° 2 montre qu'on a $|\sigma^{\mathrm{I}}| = |\sigma|$. On notera que $\sigma \to \sigma^{\mathrm{I}}$ est un anti-automorphisme involutif du groupe des automorphismes de $G \times G^*$.

Pour la commodité de l'écriture, nous conviendrons de désigner par F le bicaractère de $(G \times G^*) \times (G \times G^*)$ défini par

$$F(z_1, z_2) = \langle x_1, x_2^* \rangle \qquad (z_1 = (x_1, x_1^*), z_2 = (x_2, x_2^*)). \tag{3}$$

Un automorphisme σ de $G \times G^*$ sera dit *symplectique* s'il laisse invariant le bicaractère $F(z_1, z_2)\, F(z_2, z_1)^{-1}$, c'est-à-dire si l'on a

$$F(z_1\sigma, z_2\sigma)\, F(z_2\sigma, z_1\sigma)^{-1} = F(z_1, z_2)\, F(z_2, z_1)^{-1}$$

quels que soient z_1, z_2 dans $G \times G^*$; on notera $Sp(G)$ le groupe formé par ces automorphismes. Pour que σ soit symplectique, il faut et il suffit (comme le montre un calcul immédiat) que $\sigma\sigma^{\mathrm{I}} = 1$, σ^{I} étant défini par (2); comme on a $|\sigma^{\mathrm{I}}| = |\sigma|$, il s'ensuit que tout automorphisme symplectique est de module 1. La relation $\sigma\sigma^{\mathrm{I}} = 1$ donne en particulier $\alpha\beta^* = \beta\alpha^*$ et $\gamma\delta^* = \delta\gamma^*$, ce qui revient à dire que $\alpha\beta^*$ et $\gamma\delta^*$ sont des morphismes symétriques de G dans G^* et de G^* dans G, respectivement; au moyen de la relation $\sigma^{\mathrm{I}}\sigma = 1$, on voit qu'il en est de même de $\beta^*\delta$ et $\gamma^*\alpha$.

4. Pour tout élément $w = (u, u^*)$ de $G \times G^*$, on désignera par $U(w)$ l'opérateur qui, à toute fonction Φ sur G, associe la fonction $\Phi' = U(w)\Phi$ donnée par

$$\Phi'(x) = (U(w)\Phi)(x) = \Phi(x+u) \cdot \langle x, u^* \rangle;$$

pour abréger, on écrira $U(w)\Phi(x)$ au lieu de $(U(w)\Phi)(x)$. Appliqués aux fonctions $\Phi \in L^2(G)$, les $U(w)$ sont évidemment des opérateurs unitaires, et on a, quels que soient w_1, w_2 dans $G \times G^*$:

$$U(w_1) U(w_2) = F(w_1, w_2) \cdot U(w_1 + w_2),$$

où F est de nouveau la fonction définie par (3). On en conclut que les opérateurs $t \cdot U(w)$, pour $w \in G \times G^*$ et $t \in T$, forment un groupe, dont la loi de composition est donnée par

$$(w_1, t_1) \cdot (w_2, t_2) = (w_1 + w_2, F(w_1, w_2) t_1 t_2); \tag{4}$$

autrement dit, la formule (4) définit une loi de groupe sur l'ensemble $G \times G^* \times T$; et, si on désigne par $A(G)$ le groupe ainsi défini (qui, avec la topologie évidente sur $G \times G^* \times T$, est un groupe localement compact), l'application $(w, t) \to t \cdot U(w)$ définit une représentation unitaire de $A(G)$. On désignera par $\mathbf{A}(G)$ le groupe formé par les opérateurs $t \cdot U(w)$; si on le munit de la topologie induite par la topologie « forte » dans le groupe des automorphismes de $L^2(G)$ (cf. plus bas, n° 35), il est facile de vérifier que $(w, t) \to t \cdot U(w)$ est même un isomorphisme de groupes topologiques.

Le centre du groupe $A(G)$ est évidemment formé par les éléments $(0, t)$; il est isomorphe à T, et on le notera T pour abréger. Il est clair que $(w, t) \to w$ est un homomorphisme de $A(G)$ sur $G \times G^*$, de noyau T; il permet d'identifier $A(G)/T$ à $G \times G^*$.

5. Soit $B(G)$ le groupe des automorphismes de $A(G)$. Un automorphisme s de $B(G)$ induit, sur le centre T de $A(G)$, un automorphisme, qui ne peut être que $t \to t$ ou $t \to \bar{t}$; et il induit, par passage au quotient, un automorphisme σ sur $A(G)/T$, c'est-à-dire $G \times G^*$. On notera $B_0(G)$ le groupe des automorphismes de $A(G)$ qui induisent l'identité sur le centre T de $A(G)$; c'est $B_0(G)$ que nous nous bornerons à considérer désormais, bien que les résultats qui suivent puissent en partie s'étendre à $B(G)$. Soit s un élément de $B_0(G)$. induisant σ sur $G \times G^*$; il est immédiat que s peut s'écrire

$$(w, t)s = (w\sigma, f(w)t), \tag{5}$$

où f est une application continue de $G \times G^*$ dans T. Pour que cette formule définisse un automorphisme de $A(G)$, il faut et il suffit que l'on ait

$$f(w_1 + w_2) f(w_1)^{-1} f(w_2)^{-1} = F(w_1 \sigma, w_2 \sigma) F(w_1, w_2)^{-1} \tag{6}$$

150 A. WEIL

quels que soient w_1, w_2 dans $G \times G^*$, ce qui montre en particulier que f est un caractère du second degré de $G \times G^*$. De plus, en exprimant que le second membre est symétrique en w_1 et w_2, on voit que σ doit être symplectique.

On écrira $s = (\sigma, f)$ quand s est l'automorphisme de $A(G)$ défini par (5), f et σ satisfaisant à la relation (6). La loi de groupe dans $B_0(G)$ est alors donnée par

$$(\sigma, f) \cdot (\sigma', f') = (\sigma\sigma', f'')$$

où f'' est défini, pour tout $w \in G \times G^*$, par la formule

$$f''(w) = f(w) f'(w\sigma). \tag{7}$$

L'application $s \to \sigma$ est un homomorphisme de $B_0(G)$ dans $Sp(G)$; son noyau est formé par les éléments $(1, f)$, où f, d'après (6), est un caractère de $G \times G^*$, donc de la forme

$$f(u, u^*) = \langle u, a^* \rangle \cdot \langle a, u^* \rangle,$$

avec $a \in G$, $a^* \in G^*$. Mais on vérifie immédiatement que $(1, f)$ est alors l'automorphisme intérieur de $A(G)$ déterminé par l'élément $(-a, a^*, 1)$. Le noyau de $s \to \sigma$ est donc formé par les automorphismes intérieurs de $A(G)$; il est isomorphe à $A(G)/T$, donc à $G \times G^*$.

On peut aller un peu plus loin en explicitant le second membre de (6); σ étant mis sous forme matricielle comme au n° 3, posons

$$f'(u, u^*) = f(u, u^*) \cdot \langle u^*\gamma, -u\beta \rangle;$$

un calcul facile permet alors de mettre (6) sous la forme

$$f'(u_1 + u_2, u_1^* + u_2^*) = f'(u_1, u_1^*) f'(u_2, u_2^*) \cdot \langle u_1, u_2 \alpha\beta^* \rangle \cdot \langle u_1^* \gamma\delta^*, u_2^* \rangle.$$

Posons $g(u) = f'(u, 0)$, $h(u^*) = f'(0, u^*)$; en faisant $u_2 = 0$, $u_1^* = 0$ dans la relation ci-dessus, on voit que $f'(u, u^*)$ n'est autre que $g(u)h(u^*)$, puis que g et h satisfont aux relations

$$g(u_1 + u_2) = g(u_1) g(u_2) \cdot \langle u_1, u_2 \alpha\beta^* \rangle$$
$$h(u_1^* + u_2^*) = h(u_1^*) h(u_2^*) \cdot \langle u_1^* \gamma\delta^*, u_2^* \rangle,$$

ou autrement dit que ce sont des caractères du second degré de G et de G^*, respectivement associés aux morphismes symétriques $\alpha\beta^*$, $\gamma\delta^*$ de G dans G^* et de G^* dans G. On a alors :

$$f(u, u^*) = g(u) h(u^*) \cdot \langle u^*\gamma, u\beta \rangle.$$

On a naturellement des résultats plus précis quand $x \to 2x$ est un automorphisme de G. Compte tenu du n° 1, les formules ci-dessus montrent qu'alors, à tout automorphisme symplectique σ, il correspond un élément (σ, f) de $B_0(G)$, qu'on obtient en prenant

SUR CERTAINS GROUPES D'OPÉRATEURS UNITAIRES   151

$$g(u) = \langle u, 2^{-1}u\alpha\beta^* \rangle, \quad h(u^*) = \langle 2^{-1}u^*\gamma\delta^*, u^* \rangle.$$

De plus, ces formules définissent un monomorphisme de $Sp(G)$ dans $B_0(G)$, et $B_0(G)$ est le produit semidirect de l'image de $Sp(G)$ par cette application et du groupe des automorphismes intérieurs de $A(G)$; par suite, $B_0(G)$ est alors isomorphe à un produit semidirect de $Sp(G)$ par $G \times G^*$.

6. Revenant au cas général, soit toujours $s = (\sigma, f)$ un élément de $B_0(G)$, et écrivons σ sous la forme matricielle introduite au n° 3. Considérons d'abord le cas où $\beta = 0$ et $\gamma = 0$; la condition de symplecticité, $\sigma\sigma^{\mathrm{I}} = 1$, donne alors $\delta = \alpha^{*-1}$, d'où résulte que le second membre de (6) a la valeur 1; on satisfait donc à (6) en prenant $f = 1$, et s ne diffère de $(\sigma, 1)$ que par un automorphisme intérieur. Pour tout automorphisme α de G, nous poserons

$$d_0(\alpha) = \left(\begin{pmatrix} \alpha & 0 \\ 0 & \alpha^* {}_1 \end{pmatrix}, \; 1 \right);$$

$\alpha \to d_0(\alpha)$ est donc un monomorphisme du groupe des automorphismes de G dans le groupe $B_0(G)$.

Soient maintenant $\alpha = 0$, $\delta = 0$; comme σ est un automorphisme de $G \times G^*$, cela implique que β, γ sont des isomorphismes de G sur G^* et de G^* sur G, respectivement; alors $\sigma\sigma^{\mathrm{I}} = 1$ donne $\beta = -\gamma^{*-1}$, et on vérifie immédiatement qu'on satisfait à (6) en prenant $f(u, u^*) = \langle u, -u^* \rangle$. Nous poserons, chaque fois que γ est un isomorphisme de G^* sur G :

$$d_0'(\gamma) = \left(\begin{pmatrix} 0 & -\gamma^{*-1} \\ \gamma & 0 \end{pmatrix}, \; \langle u, -u^* \rangle \right).$$

Soient encore $\alpha = 1$, $\delta = 1$, $\gamma = 0$; $\sigma\sigma^{\mathrm{I}} = 1$ se réduit alors à $\beta = \beta^*$, et les formules du n° 5 montrent que f est de la forme $g(u)h(u^*)$, où h est un caractère de G^* et g un caractère du second degré de G associé à β. Cela conduit à poser, chaque fois que f est un caractère du second degré de G, et que ϱ est le morphisme symétrique de G dans G^* associé à f :

$$t_0(f) = \left(\begin{pmatrix} 1 & \varrho \\ 0 & 1 \end{pmatrix}, \; f \right);$$

$f \to t_0(f)$ est alors un monomorphisme du groupe $X_2(G)$ des caractères du second degré de G dans le groupe $B_0(G)$. De même, si f' est un caractère du second degré de G^*, associé au morphisme symétrique ϱ' de G^* dans G, on écrira

$$t_0'(f') = \left(\begin{pmatrix} 1 & 0 \\ \varrho' & 1 \end{pmatrix}, \; f' \right),$$

ce qui définit un monomorphisme de $X_2(G^*)$ dans $B_0(G)$.

152   A. WEIL

Si f est un caractère du second degré de G, et α un automorphisme de G, on conviendra de poser

$$f^{\alpha}(x) = f(x\alpha^{-1})$$

(cependant, comme cette notation prêterait à confusion pour $\alpha = -1$, on écrira $f^{-}(x) = f(-x)$) ; avec cette notation, on a

$$d_0(\alpha)^{-1} t_0(f) d_0(\alpha) = t_0(f^{\alpha}), \quad d_0(\alpha) t_0'(f') d_0(\alpha)^{-1} = t_0'(f'^{\alpha^*}).$$

Si α est comme ci-dessus, et si γ est un isomorphisme de G^* sur G, on a

$$d_0'(\gamma\alpha) = d_0'(\gamma) d_0(\alpha), \quad d_0'(\alpha^{*-1}\gamma) = d_0(\alpha) d_0'(\gamma);$$

la première de ces relations montre en particulier que l'ensemble des éléments de $B_0(G)$ de la forme $d_0'(\gamma)$, s'il n'est pas vide, est une classe à droite par rapport au sous-groupe de $B_0(G)$ formé par les éléments de la forme $d_0(\alpha)$. Plus généralement, on observera que, d'après (6), si un élément s de $B_0(G)$ est de la forme $(\sigma, 1)$, le bicaractère F doit être invariant par σ; comme G^* est l'ensemble des $z_1 \in G \times G^*$ tels que $F(z_1, z_2) = 1$ quel que soit z_2, et que G est l'ensemble des $z_2 \in G \times G^*$ tels que $F(z_1, z_2) = 1$ quel que soit z_1, il s'ensuit que σ est alors de la forme $\begin{pmatrix} \alpha & 0 \\ 0 & \delta \end{pmatrix}$, et par suite, comme on l'a vu plus haut, qu'on a $s = d_0(\alpha)$; la formule (7) montre alors que, pour que deux éléments $s = (\sigma, f)$ et $s'' = (\sigma'', f'')$ de $B_0(G)$ appartiennent à une même classe à droite suivant le sous-groupe des éléments de la forme $d_0(\alpha)$, il faut et il suffit que l'on ait $f = f''$.

7. Convenons désormais, pour $s = (\sigma, f)$ et $\sigma = \begin{pmatrix} \alpha & \beta \\ \gamma & \delta \end{pmatrix}$, de poser $\gamma = \gamma(s)$; et désignons par $\Omega_0(G)$ l'ensemble des $s \in B_0(G)$ tels que $\gamma(s)$ soit un isomorphisme de G^* sur G (cet ensemble pouvant être vide). On a alors le résultat suivant :

PROPOSITION 1. *L'ensemble $\Omega_0(G)$ des $s \in B_0(G)$ tels que $\gamma(s)$ soit un isomorphisme de G^* sur G est l'ensemble des éléments de $B_0(G)$ de la forme*

$$s = t_0(f_1) d_0'(\gamma) t_0(f_2), \tag{8}$$

où γ est un isomorphisme de G^* sur G et où f_1, f_2 sont des caractères du second degré de G; et tout élément de $\Omega_0(G)$ se met sous cette forme d'une manière et d'une seule.

Si s est donné par (8), on a $\gamma(s) = \gamma$, donc s est dans $\Omega_0(G)$. Réciproquement, soit $s = (\sigma, f) \in \Omega_0(G)$; s'il est possible de satisfaire à (8), on devra donc y prendre $\gamma = \gamma(s)$. Soit alors $\sigma = \begin{pmatrix} \alpha & \beta \\ \gamma & \delta \end{pmatrix}$; comme le montre un calcul facile, pour que (8) soit satisfait, il faut et il suffit que l'on ait

$$f_1(u) = f(u, -u\alpha\gamma^{-1}), \quad f_2(u) = f(0, u\gamma^{-1}).$$

Cela démontre la proposition. On notera qu'en appliquant à (8) l'homomorphisme $s \to \sigma$, on obtient la relation

$$\begin{pmatrix} \alpha & \beta \\ \gamma & \delta \end{pmatrix} = \begin{pmatrix} 1 & \alpha\gamma^{-1} \\ 0 & 1 \end{pmatrix} \cdot \begin{pmatrix} 0 & -\gamma^{*-1} \\ \gamma & 0 \end{pmatrix} \cdot \begin{pmatrix} 1 & \gamma^{-1}\delta \\ 0 & 1 \end{pmatrix};$$

en raison de la symplecticité de σ, $\alpha\gamma^{-1}$ et $\gamma^{-1}\delta$ sont des morphismes symétriques de G dans G^*; ils sont respectivement associés à f_1 et à f_2.

On obtient une relation importante en considérant un caractère du second degré f *non dégénéré* de G, ce qui veut dire que le morphisme ϱ associé à f est un isomorphisme de G sur G^*; alors la fonction f' sur G^*, définie par

$$f'(x^*) = f(-x^*\varrho^{-1}),$$

est un caractère du second degré de G^*, associé au morphisme symétrique ϱ^{-1} de G^* sur G. La proposition 1, appliquée à $t'_0(f')$, donne

$$t'_0(f') = t_0(f)\, d'_0(\varrho^{-1})\, t_0(f^-),$$

où f^- est défini par $f^-(x) = f(-x)$ comme on l'a dit plus haut. Un calcul facile donne d'autre part

$$t'_0(f') = d'_0(\varrho^{-1})\, t_0(f^{-1})\, d'_0(-\varrho^{-1}).$$

Comme en même temps on a $d'_0(\varrho^{-1})^2 = d_0(-1)$, on tire de là la relation que nous avions en vue :

$$d'_0(-\varrho^{-1})\, t_0(f)\, d'_0(\varrho^{-1})\, t_0(f^-) = t_0(f^{-1})\, d'_0(-\varrho^{-1}). \tag{9}$$

En tenant compte des relations obtenues au n° 6, on aurait pu mettre (9) sous la forme plus simple

$$(t_0(f)\, d'_0(-\varrho^{-1}))^3 = e,$$

où e est l'élément neutre de $B_0(G)$; sous cette forme, elle est bien connue dans la théorie classique du groupe modulaire. Mais c'est la relation (9), telle qu'elle se trouve écrite ci-dessus, que nous aurons à utiliser plus loin.

8. Les automorphismes du groupe $\mathbf{A}(G)$, isomorphe à $A(G)$, qui a été introduit au n° 4, sont bien entendu les mêmes que ceux de $A(G)$. Nous nous proposons maintenant de démontrer que tout automorphisme $s \in B_0(G)$ de $\mathbf{A}(G)$ est induit sur $\mathbf{A}(G)$ par un automorphisme intérieur du groupe de tous les opérateurs unitaires. Ce théorème est dû à I. Segal [6] dans le cas où $x \to 2x$ est un automorphisme de G, et nous lui empruntons sa méthode

                                      A. WEIL

de démonstration, qui consiste à introduire une algèbre d'opérateurs naturellement associée au groupe $\mathbf{A}(G)$. Pour cela, on posera, en un sens qui va être précisé dans un instant :

$$U(\varphi) = \int U(w)\,\varphi(w)\,dw,$$

où φ désigne une fonction sur $G \times G^*$, et où $w = (u, u^*)$ et $dw = du \cdot du^*$ (mesure qui ne dépend pas du choix de la mesure du sur G). Autrement dit, si Φ est une fonction sur G, $U(\varphi)\Phi$ est la fonction définie par

$$U(\varphi)\,\Phi(x) = \int U(w)\,\Phi(x) \cdot \varphi(w)\,dw = \int \Phi(x+u) \cdot \langle x, u^* \rangle \cdot \varphi(u, u^*)\,du\,du^* \tag{10}$$

où nous supposerons provisoirement, pour fixer les idées, que φ et Φ sont toutes deux continues à support compact. Cela s'écrit aussi

$$U(\varphi)\,\Phi(x) = \int K(x, y)\,\Phi(y)\,dy \tag{11}$$

où K est donné par

$$K(x, y) = \int \varphi(y - x, u^*) \cdot \langle x, u^* \rangle \cdot du^*,$$

ou, ce qui revient au même

$$K(x, x+u) = \int \varphi(u, u^*) \cdot \langle x, u^* \rangle \cdot du^*;$$

on obtient donc $K(-x, -x+u)$ à partir de $\varphi(u, u^*)$ en appliquant, pour chaque valeur de u, la transformation de Fourier à $\varphi(u, u^*)$ considérée comme fonction de u^*. Dans les conditions de validité de la formule d'inversion de la transformation de Fourier, on aura donc :

$$\varphi(u, u^*) = \int K(x, x+u) \cdot \langle x, -u^* \rangle \cdot dx;$$

de plus, en vertu du théorème de Plancherel, on a

$$\int |K(x, y)|^2\,dx\,dy = \int |\varphi(u, u^*)|^2\,du\,du^*,$$

ce qui montre que la correspondance entre les fonctions φ sur $G \times G^*$ et les fonctions K sur $G \times G$, , définie par les formules ci-dessus, se prolonge par continuité à un isomorphisme W de $L^2(G \times G^*)$ sur $L^2(G \times G)$.

Lorsque K est la fonction définie par $K(x, y) = P(x)Q(y)$, nous écrivons $K = P \otimes Q$; et, si

P et Q sont dans $L^2(G)$, nous écrivons $(P,Q) = \int P(x)\overline{Q(x)}\,dx$; avec ces notations, les formules ci-dessus donnent en particulier

$$W^{-1}(P \otimes \overline{Q})(w) = (P,\, U(w)\,Q). \tag{12}$$

9. Soient maintenant φ_1, φ_2 deux fonctions sur $G \times G^*$, que provisoirement nous supposerons continues à support compact; d'après (10), nous aurons

$$U(\varphi_1)\,U(\varphi_2) = U(\varphi_3)$$

où φ_3 est donné par la formule

$$\varphi_3(w) = \int \varphi_1(w - w_1)\,\varphi_2(w_1)\,F(w - w_1, w_1)\,dw_1; \tag{13}$$

comme précédemment, F désigne ici la fonction définie par (3) au n° 3. Si on pose $K_i = W(\varphi_i)$ pour $i = 1, 2, 3$, (11) montre que K_3 est donné par

$$K_3(x, y) = \int K_1(x, z)\,K_2(z, y)\,dz, \tag{14}$$

ce que nous conviendrons d'écrire $K_3 = K_1 \times K_2$. De plus, les formules ci-dessus se prolongent par continuité aux espaces $L^2(G \times G^*)$, $L^2(G \times G)$. Nous aurons besoin du lemme suivant :

Lemme 2. *Soit $K \in L^2(G \times G)$; pour que K soit de la forme $P \otimes Q$, avec P et Q dans $L^2(G)$, il faut et il suffit que, pour tout $K' \in L^2(G \times G)$, $K \times K' \times K$ ne diffère de K que par un facteur scalaire. Soient $K = P \otimes Q$, $K' = P' \otimes Q'$, avec P, Q, P', Q' dans $L^2(G)$; pour que P et P' (resp Q et Q') ne diffèrent l'un de l'autre que par un facteur scalaire, il faut et il suffit que, pour tout $K'' = P'' \otimes Q''$ avec P'' et Q'' dans $L^2(G)$, $K \times K''$ et $K' \times K''$ (resp. $K'' \times K$ et $K'' \times K'$) ne diffèrent l'un de l'autre que par un facteur scalaire.*

La deuxième partie est évidente, et il est évident aussi que, dans la première partie, la condition énoncée est nécessaire; pour voir qu'elle est suffisante, il suffit de l'appliquer au cas où on a pris $K' = P' \otimes Q'$.

La seule conséquence de ce lemme dont nous ayons besoin est la suivante :

Lemme 3. *Soit $K \to K^s$ un automorphisme de l'espace hilbertien $L^2(G \times G)$ muni de la loi de composition $(K_1, K_2) \to K_1 \times K_2$ définie par (14). Alors il y a un automorphisme t de $L^2(G)$ tel que l'on ait, quels que soient P et Q dans $L^2(G)$, $(P \otimes Q)^s = P^t \otimes \overline{Q}^t$, où $\overline{t}$ est l'« imaginaire conjugué » de t, défini par $\overline{Q}^{\overline{t}} = \overline{(Q^t)}$.*

156   A. WEIL.

En effet, d'après le lemme 2, tout élément $(P \otimes Q)^s$ de $L^2(G \times G)$ est de la forme $P' \otimes Q'$. Choisissons P_0 tel que $\|P_0\| = 1$; comme s conserve la norme, on peut mettre $(P_0 \otimes \overline{P}_0)^s$ sous la forme $P_0' \otimes Q_0'$ avec $\|P_0'\| = \|Q_0'\| = 1$. La seconde partie du lemme 2 montre alors que, quels que soient P, Q dans $L^2(G)$, $(P \otimes \overline{P}_0)^s$ et $(P_0 \otimes Q)^s$ se mettent respectivement, d'une manière et d'une seule, sous la forme $P' \otimes Q_0'$ et $P_0' \otimes Q'$. Si on écrit $P' = P^t$, $Q' = Q^u$, il est clair que t, u sont des applications linéaires de $L^2(G)$ dans $L^2(G)$ et que $P_0^t = P_0'$, $\overline{P}_0^u = Q_0'$; comme s conserve la norme dans $L^2(G \times G)$, il en est de même de t et de u dans $L^2(G)$. Comme on a $P \otimes Q = (P \otimes \overline{P}_0) \times (P_0 \otimes Q)$, il s'ensuit que $(P \otimes Q)^s = c \cdot P^t \otimes Q^u$, avec $c = (P_0', \overline{Q}_0')$; pour $P = P_0$, $Q = Q_0$, cela donne $c = 1$. Comme on a

$$(P \otimes Q) \times (P \otimes Q) = (P, \overline{Q}) \cdot P \otimes Q,$$

on voit que, pour $P' = P^t$, $Q' = Q^u$, on a $(P', \overline{Q}') = (P, \overline{Q})$; il s'ensuit que $u = t$. Enfin, comme s^{-1} a les mêmes propriétés que s, t et u sont inversibles; ce sont donc des automorphismes de $L^2(G)$.

10. Soit $s = (\sigma, f)$ un automorphisme de $A(G)$ appartenant à $B_0(G)$; nous le faisons opérer sur $\mathbf{A}(G)$ de la manière évidente, au moyen de l'isomorphisme entre $A(G)$ et $\mathbf{A}(G)$ qui nous a servi à définir ces groupes au n° 4; en particulier, le transformé de $U(w)$ par s sera donc $U(w)^s = f(w) \cdot U(w\sigma)$. On en déduit aussitôt un automorphisme de l'algèbre des opérateurs $U(\varphi)$ introduits au n° 8:

$$U(\varphi)^s = \int U(w\sigma)\, f(w)\, \varphi(w)\, dw,$$

ce qu'on peut écrire $U(\varphi)^s = U(\varphi^s)$, où φ^s est donnée par

$$\varphi^s(w) = f(w\sigma^{-1})\, \varphi(w\sigma^{-1}).$$

Il s'ensuit que $\varphi \to \varphi^s$, qui est évidemment un opérateur unitaire dans $L^2(G \times G^*)$, laisse invariante la loi de composition (13); c'est ce qu'il est facile aussi, bien entendu, de vérifier directement. Par suite, si on écrit, dans ces conditions, $K = W(\varphi)$ et $K^s = W(\varphi^s)$, ou en d'autres termes si on définit une application $K \to K^s$ de $L^2(G \times G)$ dans $L^2(G \times G)$ par la formule

$$W^{-1}(K^s) = (\underline{W}^{-1}(K))^s,$$

cette application satisfera aux hypothèses du lemme 3. D'après ce lemme, il y a donc un automorphisme t de $L^2(G)$ tel que l'on ait, quels que soient P, Q dans $L^2(G)$, $(P \otimes Q)^s = P^t \otimes Q^{\bar{t}}$. Changeant maintenant de notations, écrivons $P \to s^{-1}P$ au lieu de $P \to P^t$; remplaçons Q par $\overline{Q}$, et appliquons (12); cela donne :

$$(P, U(w)Q)^s = (\mathbf{s}^{-1}P, U(w)\mathbf{s}^{-1}Q).$$

Par définition de φ^s, le premier membre a la valeur

$$f(w\sigma^{-1})\cdot(P, U(w\sigma^{-1})Q) = (P, f(w\sigma^{-1})^{-1}U(w\sigma^{-1})Q)$$

puisque (P,Q) est antilinéaire en Q et que f prend ses valeurs dans T; et le second membre est égal à $(P, \mathbf{s}U(w)\mathbf{s}^{-1}Q)$ puisque $\mathbf{s}$ est unitaire. Comme la relation obtenue est valable quels que soient P, Q, on a donc

$$f(w\sigma^{-1})^{-1}U(w\sigma^{-1}) = \mathbf{s}U(w)\mathbf{s}^{-1}$$

d'où, en remplaçant w par $w\sigma$:

$$\mathbf{s}^{-1}U(w)\mathbf{s} = f(w)\cdot U(w\sigma) = U(w)^s. \tag{15}$$

Cela revient à dire que l'automorphisme intérieur déterminé par $\mathbf{s}$ dans le groupe unitaire induit sur $\mathbf{A}(G)$ l'automorphisme s. Réciproquement, s étant donné, cette relation détermine $\mathbf{s}$ à un élément près du centralisateur de $\mathbf{A}(G)$. Mais, si un opérateur unitaire est permutable avec tous les $U(w)$, il l'est aussi avec tous les $U(\varphi)$, donc avec les opérateurs de la forme (11) quel que soit $K \in L^2(G \times G)$. Pour $K = P \otimes \overline{Q}$, (11) définit l'opérateur $\Phi \to (\Phi,Q)\cdot P$; si $\Phi \to \Phi^t$ est permutable avec celui-ci, on aura donc

$$(\Phi,Q)\cdot P^t = (\Phi^t,Q)\cdot P$$

quels que soient P, Q, Φ dans $L^2(G)$; donc $\Phi \to \Phi^t$ est de la forme $\Phi \to t\cdot\Phi$, où t est un scalaire; si cet opérateur est unitaire, on a $t \in T$. On notera $\mathbf{T}$ le groupe formé par les opérateurs de cette forme; c'est le centre de $\mathbf{A}(G)$, et c'est aussi le centre du groupe de tous les automorphismes de $L^2(G)$. On a donc démontré le théorème suivant:

THÉORÈME 1. *Le centralisateur de* $\mathbf{A}(G)$ *dans le groupe des automorphismes de* $L^2(G)$ *est le centre* $\mathbf{T}$ *de ces deux groupes; de plus, si* $\mathbf{B}_0(G)$ *est le normalisateur de* $\mathbf{A}(G)$ *dans le même groupe, tout automorphisme de* $\mathbf{A}(G)$ *induisant l'identité sur* $\mathbf{T}$ *est induit sur* $\mathbf{A}(G)$ *par l'automorphisme intérieur déterminé par un élément de* $\mathbf{B}_0(G)$; *et* $\mathbf{B}_0(G)/\mathbf{T}$ *est isomorphe à* $B_0(G)$, *c'est-à-dire au groupe des automorphismes de* $A(G)$ *induisant l'identité sur* T.

11. On sait que la transformation de Fourier induit un automorphisme sur un certain espace de fonctions continues (dites, assez improprement, « indéfiniment différentiables à décroissance rapide »); cet espace $S(G)$ a même été introduit avant tout pour cette raison, par L. Schwartz ([4], Chap. VII) dans le cas de $\mathbf{R}^n$ et par F. Bruhat [1] dans le cas général. Nous allons voir que les opérateurs de $\mathbf{B}_0(G)$ ont la même propriété.

Rappelons la définition de $S(G)$ pour un groupe abélien localement compact G. Considérons d'abord un groupe « élémentaire », c'est-à-dire de la forme $G = \mathbf{R}^n \times \mathbf{Z}^p \times T^q \times F$, où F est un groupe fini. Une fonction polynome sur G sera, par définition, une fonction qui peut s'écrire comme polynome par rapport aux coordonnées relatives aux facteurs $\mathbf{R}$ et $\mathbf{Z}$ dans le produit G; $S(G)$ sera alors l'ensemble des fonctions Φ, indéfiniment différentiables sur G, telles que $P \cdot D\Phi$ soit borné sur G quels que soient l'opérateur différentiel invariant par translation D et la fonction polynome P; la topologie de $S(G)$ est celle qui se déduit de l'ensemble des seminormes $\sup|P \cdot D\Phi|$. Dans le cas général, on introduira tous les couples (H, H') de sous-groupes de G ayant les propriétés suivantes : (i) H est engendré par un voisinage compact de 0 dans G (il est donc ouvert et fermé dans G); (ii) H' est un sous-groupe compact de H, et H/H' est isomorphe à un groupe élémentaire. A un tel couple, on fait correspondre la famille $S(H, H')$ des fonctions continues sur G, à support contenu dans H, constantes sur les classes suivant H', et telles que la fonction sur H/H' qui s'en déduit par restriction à H et passage au quotient appartienne à $S(H/H')$. Alors $S(G)$ est la réunion des $S(H, H')$; on lui donne la topologie « limite inductive » de celles des $S(H/H')$, c'est-à-dire qu'un ensemble convexe X est un voisinage de 0 dans $S(G)$ si, quel que soit le couple (H, H'), l'image de $X \cap S(H, H')$ dans $S(H/H')$ est un voisinage de 0 dans $S(H/H')$.

Nous nous proposons de faire voir que tout $s \in \mathbf{B}_0(G)$ induit sur $S(G)$ un automorphisme de $S(G)$; il suffit pour cela de montrer que s induit sur $S(G)$ une application continue de $S(G)$ dans lui-même; c'est ce qu'on fera en suivant pas à pas la démonstration du théorème 1. Nous écrirons de nouveau t au lieu de s^{-1}, P^t au lieu de $s^{-1}P$ pour $P \in L^2(G)$, et nous ferons la démonstration pour l'opérateur $P \rightarrow P^t$. D'après ce qui précède, si on se donne $Q \neq 0$ dans $S(G)$, l'application $P \rightarrow P^t$ est la composée des suivantes :

$$(a)\ P \rightarrow K = P \otimes Q; \quad (b)\ K \rightarrow \varphi = W^{-1}(K); \quad (c)\ \varphi \rightarrow \varphi^s;$$

$$(d)\ \varphi^s \rightarrow K^s = W(\varphi^s); \quad (e)\ K^s = P^t \otimes \bar{Q^t} \rightarrow P^t;$$

il suffit donc de montrer que celles-ci font passer de $S(G)$ à $S(G \times G)$, puis à $S(G \times G^*)$, puis à $S(G \times G^*)$, puis à $S(G \times G)$, puis à $S(G)$, chaque fois de façon continue. Pour (a), c'est immédiat; c'est immédiat aussi pour (e), à condition de remarquer que, si une fonction $K \in S(G \times G)$ est de la forme $P \otimes Q$ au sens de $L^2(G \times G)$, elle est de la forme $P \otimes Q$ avec P et Q dans $S(G)$, et que, pour $Q \neq 0$ dans $S(G)$, l'application $P \rightarrow P \otimes Q$ est un isomorphisme de $S(G)$ sur un sous-espace fermé de $S(G \times G)$. Pour (b) et (d), il s'agit de montrer que W détermine un isomorphisme de $S(G \times G^*)$ sur $S(G \times G)$; or W est composé de l'opérateur $F(x, y) \rightarrow F(y - x, -x)$, qui détermine évidemment un automorphisme de $S(G \times G)$, et de la transformation de Fourier partielle relative au second facteur du produit $G \times G^*$. On est donc ramené à vérifier que, si A et B sont des groupes abéliens localement compacts, et si B^* est le dual de B, la transformation de Fourier partielle

$$f(a,b) \to f'(a,b^*) = \int f(a,b) \cdot \langle b,b^* \rangle \, db$$

détermine un isomorphisme de $S(A \times B)$ sur $S(A \times B^*)$. C'est là une généralisation facile du théorème analogue sur la transformation de Fourier ordinaire.

12. Il nous reste à considérer (c). Comme un automorphisme σ de $G \times G^*$ détermine évidemment un automorphisme de $S(G \times G^*)$, nous sommes donc (après avoir substitué G à $G \times G^*$) ramenés à démontrer ce qui suit :

PROPOSITION 2. *Soit f un caractère du second degré de G. Alors $\Phi \to \Phi f$ est un automorphisme de $S(G)$.*

Soit d'abord $G = \mathbf{R}^n \times \mathbf{Z}^p \times T^q \times F$, avec F fini; comme on le voit facilement, tout revient à montrer que, pour tout opérateur différentiel D invariant par translation sur G, il y a une fonction polynome P sur G telle que $|Df| \leqslant |P|$. C'est ce qu'on vérifie sans difficulté en exprimant f sur les classes suivant $\mathbf{R}^n \times T^q$ dans G au moyen de la formule (1) du n° 1, et en remarquant que, sur $\mathbf{R}^n \times T^q$, f est nécessairement de la forme $e^{iF(x)} \chi(x,y)$, où $x \in \mathbf{R}^n$, $y \in T^q$, F étant une forme quadratique sur $\mathbf{R}^n$ et χ étant un caractère de $\mathbf{R}^n \times T^q$. Passons au cas général; soit ϱ le morphisme symétrique de G dans G^* associé à f, et donnons-nous un sous-groupe H de G engendré par un voisinage compact de 0. Pour qu'un sous-groupe H' de H satisfasse à la condition (ii) de la définition de $S(H,H')$, il faut et il suffit, comme on sait (cf. [1], n° 9, p. 60), que le groupe H'_* qui lui est associé par dualité dans G^* (l' « orthogonal » de H') soit engendré par un voisinage compact de 0; alors le groupe $H'_* + H\varrho$ aura la même propriété, ce qui montre qu'en remplaçant H'_* par celui-ci, donc H' par un groupe plus petit qui satisfait aussi à (ii), on peut faire en sorte qu'on ait $H\varrho \subset H'_*$. D'après (1) du n° 1, cela donne $f(h+h') = f(h)f(h')$ chaque fois que $h \in H$, $h' \in H'$. En particulier, f induit alors sur H' un caractère de H', qu'on peut, en le prolongeant à un caractère de G, écrire sous la forme $\langle h',a^* \rangle$ avec $a^* \in G^*$. En remplaçant H'_* par le groupe engendré par H'_* et a^*, on peut alors faire en sorte que a^* soit dans H'_*; cela fait, f induit la constante 1 sur H' et est constante dans H sur toute classe suivant H'. D'après ce qu'on a démontré dans le cas où G est un groupe élémentaire, il s'ensuit, par passage au quotient, que $\Phi \to \Phi f$ détermine un automorphisme de $S(H,H')$. Comme il en est ainsi, pour tout H satisfaisant à (i), pourvu que H' ait été pris assez petit et satisfasse à (ii), cela achève la démonstration (compte tenu de la définition de la topologie dans $S(G)$ comme limite inductive).

13. L'homomorphisme $\mathbf{s} \to s = (\sigma, f)$ de $\mathbf{B}_0(G)$ sur $B_0(G)$ déterminé par (15) sera noté π_0 et sera appelé la *projection canonique* du premier groupe sur le second. En général (comme le montrera plus loin l'exemple des groupes de type local), il n'existe pas de section de $\mathbf{B}_0(G)$ au-dessus de $B_0(G)$ qui soit en même temps un sous-groupe de $\mathbf{B}_0(G)$. Mais il est très utile de savoir qu'on peut du moins définir des sections au-dessus des sous-groupes et sous-ensembles de $B_0(G)$ qui ont été introduits aux n°s 6 et 7.

Soit $\Phi \in L^2(G)$. Pour tout automorphisme α de G, on posera

$$\mathbf{d}_0(\alpha)\Phi(x) = |\alpha|^{\frac{1}{2}} \Phi(x\alpha).$$

Pour tout caractère du second degré f de G, on posera

$$\mathbf{t}_0(f)\Phi(x) = \Phi(x) f(x).$$

Pour tout isomorphisme γ de G^* sur G, on posera

$$\mathbf{d}_0'(\gamma)\Phi(x) = |\gamma|^{-\frac{1}{2}} \Phi^*(-x\gamma^{*-1}),$$

où, comme précédemment, Φ^* désigne la transformée de Fourier de Φ. On vérifie sans difficulté que $\mathbf{d}_0$, $\mathbf{t}_0$, $\mathbf{d}_0'$ sont des « relèvements » à $\mathbf{B}_0(G)$ des applications d_0, t_0, d_0' définies au n° 6, c'est-à-dire qu'on a $d_0 = \pi_0 \circ \mathbf{d}_0$, $t_0 = \pi_0 \circ \mathbf{t}_0$, $d_0' = \pi_0 \circ \mathbf{d}_0'$. De plus, $\mathbf{d}_0$ et $\mathbf{t}_0$ sont des monomorphismes, dans $\mathbf{B}_0(G)$, du groupe des automorphismes de G, et du groupe $X_2(G)$, respectivement; et, quand α, f, γ sont comme ci-dessus, on a :

$$\mathbf{d}_0(\alpha)^{-1} \mathbf{t}_0(f) \mathbf{d}_0(\alpha) = \mathbf{t}_0(f^\alpha), \quad \mathbf{d}_0'(\gamma\alpha) = \mathbf{d}_0'(\gamma) \mathbf{d}_0(\alpha), \quad \mathbf{d}_0'(\alpha^{*-1}\gamma) = \mathbf{d}_0(\alpha) \mathbf{d}_0'(\gamma).$$

La proposition 1 du n° 7 permet alors de « relever » à $\mathbf{B}_0(G)$ tout élément de l'ensemble $\Omega_0(G)$ défini dans cette proposition. En effet, d'après celle-ci, tout $s \in \Omega_0(G)$ se met d'une manière et d'une seule sous la forme (8); s étant donné par (8), nous poserons

$$\mathbf{r}_0(s) = \mathbf{t}_0(f_1) \mathbf{d}_0'(\gamma) \mathbf{t}_0(f_2).$$

Un calcul facile permet d'expliciter cette formule; en écrivant, comme d'habitude, $s = (\sigma, f)$, $\sigma = \begin{pmatrix} \alpha & \beta \\ \gamma & \delta \end{pmatrix}$, on obtient

$$\mathbf{r}_0(s)\Phi(x) = |\gamma|^{\frac{1}{2}} \int \Phi(x\alpha + x^*\gamma) f(x, x^*) dx^*. \tag{16}$$

Les conditions de validité de cette formule sont évidemment les mêmes que celles de la formule de « définition » de la transformation de Fourier, qui a servi à expliciter $\mathbf{d}_0'$; par exemple, elle est valable presque partout si $\Phi \in L^2(G) \cap L^1(G)$; elle est valable pour tout x si $\Phi \in \mathcal{S}(G)$, les deux membres définissant alors une même fonction de $\mathcal{S}(G)$.

14. On obtient des résultats importants en « relevant » à $\mathbf{B}_0(G)$, au moyen des applications du n° 13, des relations entre éléments de $B_0(G)$; c'est ce que nous allons faire d'abord pour la relation (9) du n° 7. Comme au n° 7, nous considérons donc un caractère du second degré f non dégénéré de G, associé à l'isomorphisme symétrique ϱ de G sur G^*. Désignons pour un instant par s et s′ les opérateurs qui se déduisent respectivement du premier et du second membre de (9) lorsqu'on y substitue $\mathbf{d}_0'$, t_0 à d_0' et t_0. D'autre part, Φ étant provisoirement supposée continue à support compact, posons $\Phi_1 = \Phi * f$, cette notation désignant naturellement le produit de composition usuel

$$\Phi_1(x) = \int \Phi(u) f(x-u)\, du;$$

alors un calcul facile montre que $\mathbf{s}\Phi$, $\mathbf{s}'\Phi$ sont données par

$$\mathbf{s}\Phi(x) = |\varrho|\, \Phi_1^*(x\varrho), \quad \mathbf{s}'\Phi(x) = |\varrho|^{\frac{1}{2}}\, \Phi^*(x\varrho)\cdot f(x)^{-1}.$$

Les opérateurs introduits ici étant tous unitaires, il s'ensuit que l'opérateur $\Phi \to \Phi * f$ est continu au sens de $L^2(G)$. De plus, la relation (9), qui s'écrit maintenant $\pi_0(\mathbf{s}) = \pi_0(\mathbf{s}')$, implique que s et s′ ne peuvent différer que par un facteur scalaire de valeur absolue 1. Nous écrirons $\mathbf{s} = \gamma(f)\mathbf{s}'$, ce qui donne, en substituant $x^*\varrho^{-1}$ à x :

$$\mathcal{J}(\Phi * f) = \gamma(f)\, |\varrho|^{-\frac{1}{2}}\, \mathcal{J}(\Phi)\cdot g, \tag{17}$$

où g est le caractère du second degré de G^*, associé à $-\varrho^{-1}$, qui est défini par

$$g(x^*) = f(x^*\varrho^{-1})^{-1}.$$

Conformément aux conventions usuelles dans la théorie de la transformation de Fourier, on exprime (17) en disant que $\gamma(f)\, |\varrho|^{-\frac{1}{2}} g$ est la transformée de Fourier de f. Nous avons ainsi démontré ce qui suit :

THÉORÈME 2. *Soit f un caractère du second degré non dégénéré de G, associé à l'isomorphisme symétrique ϱ de G sur G^*. Alors f possède une transformée de Fourier $\mathcal{J}(f)$, donnée par la formule*

$$\mathcal{J}(f)(x^*) = \gamma(f)\, |\varrho|^{-\frac{1}{2}} f(x^*\varrho^{-1})^{-1},$$

où $\gamma(f)$ est un facteur scalaire de valeur absolue 1.

Répétons que cette assertion doit être entendue dans le sens suivant : l'application $\Phi \to \Phi * f$ se prolonge par continuité à $L^2(G)$, et, pour tout $\Phi \in L^2(G)$, on a $\mathcal{J}(\Phi * f) = \Phi^* \cdot \mathcal{J}(f)$. Par transport de structure au moyen de l'isomorphisme ϱ de G sur G^*, on en conclut qu'alors on a aussi $\mathcal{J}(\Phi f) = \Phi^* * \mathcal{J}(f)$. Au moyen de la proposition 2 du n° 12, on voit de plus que,

162 A. WEIL

pour $\Phi \in S(G)$, les deux membres de cette dernière relation sont des fonctions continues, donc que l'égalité a lieu, non seulement au sens de $L^2(G^*)$, mais en tout point, puis, par transport de structure, qu'il en est de même pour la relation précédente. Nous expliciterons ce résultat sous forme de corollaire :

COROLLAIRE 1. *Les hypothèses et notations étant celles du théorème 2, soit de plus* $\Phi \in S(G)$, *et soit* $\Phi^* = \mathcal{J}(\Phi)$. *Alors on a, pour tout* $x^* \in G^*$:

$$\int (\Phi \ast f)(x) \cdot \langle x, x^* \rangle \cdot dx = \gamma(f) \, |\varrho|^{-\frac{1}{2}} \, \Phi^*(x^*) . f(x^* \varrho^{-1})^{-1}.$$

En particulier, pour $x^* = 0$, on obtient une formule qui, réciproquement, implique celle du corollaire 1 :

COROLLAIRE 2. *Les hypothèses et notations étant celles du théorème 2, on a, pour toute* *fonction* $\Phi \in S(G)$:

$$\int \left(\int \Phi(x - y) f(y) \, dy \right) dx = \gamma(f) \, |\varrho|^{-\frac{1}{2}} \int \Phi(x) \, dx.$$

Les nombres $\gamma(f)$, attachés aux caractères du second degré d'un groupe G en vertu du théorème 2, ont une grande importance en théorie des nombres. Dans le cas d'un groupe G de type local, ce sont, comme on le verra plus loin, des racines huitièmes de l'unité, apparentées aux sommes de Gauss.

15. Le « relèvement » $\mathbf{r}_0$ de $\Omega_0(G)$ dans $\mathbf{B}_0(G)$, défini au n° 13, amène à introduire comme suit un « système de facteurs » sur $\Omega_0(G)$. Soient s, s', s'' trois éléments de $\Omega_0(G)$ tels que l'on ait $s'' = ss'$. Alors $\mathbf{r}_0(s)\mathbf{r}_0(s')$ a même image que $\mathbf{r}_0(s'')$ dans $B_0(G)$ et n'en diffère donc que par un facteur scalaire $\lambda(s,s') \in T$; c'est celui-ci qu'il s'agit maintenant de déterminer. Or, avec des notations évidentes, ce facteur est défini par

$$\mathbf{t}_0(f_1) \, \mathbf{d}_0'(\gamma) \, \mathbf{t}_0(f_2) \cdot \mathbf{t}_0(f_1') \, \mathbf{d}_0'(\gamma') \, \mathbf{t}_0(f_2') = \lambda(s,s') \, \mathbf{t}_0(f_1'') \, \mathbf{d}_0'(\gamma'') \, \mathbf{t}_0(f_2'').$$

Posons $f_0 = f_2 f_1'$, $f_3 = f_1^{-1} f_1''$, $f_4 = f_2'' f_2'^{-1}$. On aura donc :

$$\mathbf{d}_0'(\gamma) \, \mathbf{t}_0(f_0) \, \mathbf{d}_0'(\gamma') = \lambda(s,s') \, \mathbf{t}_0(f_3) \, \mathbf{d}_0'(\gamma'') \, \mathbf{t}_0(f_4). \tag{18}$$

L'opérateur du premier membre de (18), appliqué à une fonction Φ, donne

$$|\gamma|^{-\frac{1}{2}} \, |\gamma'|^{-\frac{1}{2}} \, \Psi_1^*(-x \gamma^{*-1})$$

à condition de poser

$$\Psi(x) = \Phi^*(-x \gamma'^{*-1}), \quad \Psi_1(x) = \Psi(x) f_0(x).$$

Mais f_0 est un caractère du second degré de G, associé au morphisme symétrique

$$\varrho = \varrho_2 + \varrho_1' = \gamma^{-1}\delta + \alpha'\gamma'^{-1} = \gamma^{-1}\gamma''\gamma'^{-1},$$

comme il résulte des formules du n° 7; donc f_0 est non dégénéré, et sa transformée de Fourier est donnée par le théorème 2. La transformée de Fourier Ψ_1^* est alors $\Psi^* \ast \mathfrak{J}(f_0)$. Comme Ψ^* est donnée par $\Psi^*(u^*) = |\gamma'| \cdot \Phi(u^*\gamma')$, l'image de Φ par l'opérateur du premier membre de (18) est donc (compte tenu de ce que $\varrho = \varrho^*$) :

$$\gamma(f_0) \cdot |\gamma''|^{-\frac{1}{2}} \int \Phi(u^*\gamma') f_0(-x\gamma''^{*-1}\gamma'^* - u^*\gamma'\gamma''^{-1}\gamma)^{-1} d(u^*\gamma').$$

D'autre part, l'image de Φ par l'opérateur du second membre de (18) est

$$\lambda(s,s') f_3(x) \cdot |\gamma''|^{-\frac{1}{2}} \int \Phi(u) f_4(u) \cdot \langle u, -x\gamma''^{*-1} \rangle \cdot du.$$

On peut vérifier, bien qu'assez laborieusement, que ces deux images ne diffèrent que par un facteur constant; mais cela résulte déjà des calculs ci-dessus, et c'est inutile pour notre objet, qui est seulement de déterminer $\lambda(s,s')$. Pour cela, il suffit d'observer qu'après avoir fait dans la première intégrale le changement de variable $u = u^*\gamma'$, les deux intégrales apparaissent respectivement sous la forme $c_1 \int \Phi(u) g_1(x,u) du$, $c_2 \int \Phi(u) g_2(x,u) du$, où c_1, c_2 sont des constantes et g_1, g_2 sont des caractères du second degré de $G \times G$. Pour qu'elles aient même valeur quel que soit $\Phi \in L^2(G)$, il faut évidemment que $c_1 = c_2$ et $g_1 = g_2$; or la première de ces égalités donne $\lambda(s,s') = \gamma(f_0)$. C'est là le résultat que nous avions en vue. En l'explicitant au moyen des formules du n° 7 et du n° 13, on peut l'énoncer comme suit :

THÉORÈME 3. *Soient* $s = (\sigma, f)$, $s' = (\sigma', f')$, $s'' = (\sigma'', f'')$ *trois éléments de* $B_0(G)$ *tels que* $s'' = ss'$; *supposons que, lorsqu'on écrit* $\sigma, \sigma', \sigma''$ *sous la forme*

$$\sigma = \begin{pmatrix} \alpha & \beta \\ \gamma & \delta \end{pmatrix}, \quad \sigma' = \begin{pmatrix} \alpha' & \beta' \\ \gamma' & \delta' \end{pmatrix}, \quad \sigma'' = \begin{pmatrix} \alpha'' & \beta'' \\ \gamma'' & \delta'' \end{pmatrix},$$

$\gamma, \gamma', \gamma''$ *soient des isomorphismes de* G^* *sur* G. *Alors la formule*

$$f_0(u) = f(0, u\gamma^{-1}) f'(u, -u\alpha'\gamma'^{-1})$$

définit un caractère du second degré non dégénéré de G, *associé à l'isomorphisme symétrique* $\gamma^{-1}\gamma''\gamma'^{-1}$ *de* G *sur* G^*; *et les opérateurs* $\mathbf{r}_0(s), \mathbf{r}_0(s'), \mathbf{r}_0(s'')$, *respectivement associés à* s, s', s'' *au moyen de la formule* (16), *sont liés par la relation*

$$\mathbf{r}_0(s)\mathbf{r}_0(s') = \gamma(f_0)\mathbf{r}_0(s''),$$

où $\gamma(f_0)$ *est défini par le théorème 2.*

16. Soit maintenant Γ un sous-groupe fermé de G, et soit Γ_* le sous-groupe fermé de G^* qui lui est associé par la théorie de la dualité, c'est-à-dire l'ensemble des $x^* \in G^*$ tels que $\langle \xi, x^* \rangle = 1$ quel que soit $\xi \in \Gamma$; on peut alors, comme il est bien connu, identifier Γ_* avec le dual de G/Γ, et G^*/Γ_* avec celui de Γ. Signalons dès maintenant les cas qui intéressent la théorie des nombres; ce sont les suivants : (a) G est de type local, c'est-à-dire est un espace vectoriel X de dimension finie, sur un corps k localement compact à valuation discrète, et Γ, pour un choix convenable d'une base de X, est le groupe des points dont les coordonnées sont des entiers de k; (b) G est de type local sur $\mathbf{R}$ ou sur $\mathbf{C}$, et est donc un espace vectoriel de dimension finie sur $\mathbf{R}$, et Γ est le sous-groupe engendré par une base de G sur $\mathbf{R}$; (c) G est de type adélique, donc de la forme $X_A = X_k \otimes A_k$ (cf. n° 1), et $\Gamma = X_k$. On notera que, dans ces trois cas, il existe des isomorphismes de G sur G^* qui transforment Γ en Γ_*; dans le cas (a), Γ et Γ_* sont compacts à quotient discret, et dans les cas (b) et (c) ils sont discrets à quotient compact.

On notera $\dot{x}$ l'image dans G/Γ d'un élément x de G, et $\dot{x}^*$ l'image dans G^*/Γ_* d'un élément x^* de G^*. On choisira des mesures de Haar $d\xi$ dans Γ et $d\dot{x}$ dans G/Γ de manière à avoir l'égalité symbolique $dx = d\xi\, d\dot{x}$, ce qui signifie, comme on sait, qu'on a, pour toute fonction $\Phi \in L^1(G)$:

$$\int_G \Phi(x)\, dx = \int_{G/\Gamma} \left(\int_\Gamma \Phi(x+\xi)\, d\xi \right) d\dot{x};$$

ici, comme dans tout ce qui suivra, la notation se justifie du fait que la fonction à intégrer sur G/Γ au second membre, bien qu'écrite comme fonction de $x \in G$, est invariante par $x \to x + \xi$ pour tout $\xi \in \Gamma$ et peut donc être considérée, en un sens évident, comme fonction de $\dot{x}$ sur G/Γ. Pour toute fonction Φ sur G, et tout $x \in G$, on conviendra dans ce qui suit de noter Φ_x la fonction sur Γ définie par $\Phi_x(\xi) = \Phi(x+\xi)$, de sorte que l'égalité ci-dessus s'écrit, en abrégé, $\int \Phi\, dx = \int (\int \Phi_x d\xi)\, d\dot{x}$. En y remplaçant Φ par $|\Phi|^2$, on obtient en particulier la relation

$$\| \Phi \|_G^2 = \int_{G/\Gamma} \| \Phi_x \|_\Gamma^2\, d\dot{x}, \tag{19}$$

où $\| \Phi \|_G$, $\| \Phi_x \|_\Gamma$ dénotent les normes dans $L^2(G)$ et dans $L^2(\Gamma)$, respectivement. D'autre part, en procédant de même pour l'intégrale qui définit la transformée de Fourier d'une fonction $\Phi \in L^1(G)$, on est conduit à introduire la fonction Θ sur $G \times G^*$, définie par la formule

$$\Theta(x, x^*) = \int_\Gamma \Phi(x+\xi) \cdot \langle \xi, x^* \rangle \cdot d\xi, \tag{20}$$

la transformée de Fourier Φ^* de Φ s'écrivant alors

$$\Phi^*(x^*) = \int_{G/\Gamma} \Theta(x, x^*) \cdot \langle x, x^* \rangle \cdot d\dot{x}. \tag{21}$$

On notera que, si Γ est discret, l'intégrale qui définit Θ se réduit à une somme. Dans les cas (*b*) et (*c*) mentionnés plus haut, les fonctions de cette forme ont une grande importance; en particulier, pour des choix convenables de Φ, elles se réduisent à des séries thêta au sens classique.

17. Supposons provisoirement, pour fixer les idées, que Φ soit continue à support compact; alors Θ est continue. Quels que soient $\xi \in \Gamma$, $\xi^* \in \Gamma_*$, Θ satisfait à la relation

$$\Theta(x+\xi, x^*+\xi^*) = \Theta(x, x^*) \cdot \langle \xi, -x^* \rangle,$$

ce qui, en posant $z = (x, x^*)$, $\zeta = (\xi, \xi^*)$, s'écrit aussi, au moyen de la fonction F définie par (3) au n° 3 :

$$\Theta(z+\zeta) = \Theta(z) F(\zeta, z)^{-1} \quad (z \in G \times G^*, \ \zeta \in \Gamma \times \Gamma_*). \tag{22}$$

En particulier, Θ est invariante par $x^* \to x^* + \xi^*$ quel que soit $\xi^* \in \Gamma_*$. Pour toute solution de (22), nous conviendrons de désigner par Θ_x, pour $x \in G$, la fonction définie sur G^*/Γ_* par $\Theta_x(\dot{x}^*) = \Theta(x, x^*)$. On peut alors exprimer (20) en disant que, pour tout x, Θ_x est la transformée de Fourier de Φ_x.

Identifiant G^*/Γ_* avec le dual de Γ, et Γ_* avec celui de G/Γ, nous munirons ces groupes des mesures de Haar $d\dot{x}^*$, $d\xi^*$, respectivement duales de $d\xi$, $d\dot{x}$; pour $z = (x, x^*)$, nous désignerons par $\dot{z}$ l'image $(\dot{x}, \dot{x}^*)$ de z dans le groupe

$$Q = (G \times G^*)/(\Gamma \times \Gamma_*) = (G/\Gamma) \times (G^*/\Gamma_*),$$

et nous poserons $d\dot{z} = d\dot{x}\,d\dot{x}^*$. D'après (22), $|\Theta|$ est invariant par $z \to z + \zeta$ quel que soit $\zeta \in \Gamma \times \Gamma_*$, et peut donc être considéré comme fonction sur Q. Le théorème de Plancherel, appliqué à Φ_x et Θ_x, montre que $\|\Phi_x\|_\Gamma$ est égal à la norme $\|\Theta_x\|$ de Θ_x dans $L^2(G^*/\Gamma_*)$, prise au moyen de la mesure $d\dot{x}^*$; (19) donne alors $\|\Phi\|_G^2 = \|\Theta\|_Q^2$ à condition de poser, pour toute solution Θ de (22) :

$$\|\Theta\|_Q^2 = \int_Q |\Theta(z)|^2 \, d\dot{z}.$$

Mais d'autre part, si on remplace x^* par $x^* + \xi^*$ dans (21), on voit que, pour tout $x^* \in G^*$, la fonction $\xi^* \to \Phi^*(x^* + \xi^*)$ est la transformée de Fourier de

$$\dot{x} \to \Theta(x, x^*) \cdot \langle x, x^* \rangle;$$

en appliquant à ces fonctions le théorème de Plancherel, puis intégrant sur G^*/Γ_*, on obtient

$$\|\Theta\|_Q^2 = \int_{G^*/\Gamma_*} \left(\int_{\Gamma_*} |\Phi^*(x^* + \xi^*)|^2 d\xi^* \right) d\dot{x}^*.$$

166 A. WEIL

En vertu du théorème de Plancherel appliqué à Φ et Φ^*, et des résultats obtenus plus haut, cela montre que le second membre n'est autre que $\|\Phi^*\|^2$ pris sur G^* au moyen de la mesure dx^* duale de dx; par conséquent, on a $dx^* = d\xi^* d\dot{x}^*$.

18. Nous désignerons par $H(G, \Gamma)$ l'espace de Hilbert des solutions Θ de (22), partout localement intégrables sur $G \times G^*$ et telles que $\|\Theta\|_Q < +\infty$, cet espace étant muni de la norme $\|\Theta\|_Q$. Il résulte de ce qui précède que l'application $\Phi \to \Theta$, définie par (20) quand Φ est continue à support compact, se prolonge par continuité à une application linéaire Z de $L^2(G)$ dans $H(G, \Gamma)$ qui conserve la norme. En général, pour $\Phi \in L^2(G)$, le second membre de (20) n'a pas de sens. Mais soit $\Phi \in L^2(G) \cap L^1(G)$; alors il y a une partie négligeable N de G/Γ telle que Φ_x appartienne à $L^2(\Gamma) \cap L^1(\Gamma)$ chaque fois que $\dot{x}$ n'est pas dans N. Soit Θ la fonction définie par (20) pour $\dot{x} \notin N$ et égale à 0 pour $\dot{x} \in N$; c'est une solution de (22), et Θ_x est la transformée de Fourier de Φ_x chaque fois que $\dot{x} \notin N$; le théorème de Plancherel appliqué à ces fonctions, et combiné comme plus haut avec (19), donne alors de nouveau $\|\Phi\|_G^2 = \|\Theta\|_Q^2$. De plus, si on écrit Φ comme limite, au sens de $L^2(G)$, d'une suite Φ_n de fonctions continues à support compact, et qu'on pose $\Theta_n = Z(\Phi_n)$, on voit exactement de même que $\Theta - \Theta_n$ a même norme que $\Phi - \Phi_n$; cette norme tend donc vers 0 pour $n \to +\infty$. Il s'ensuit qu'on a $\Theta = Z(\Phi)$.

Réciproquement, soit $\Theta \in H(G, \Gamma)$ tel que $|\Theta|$ soit intégrable sur Q; il est clair que les fonctions de cette nature sont partout denses dans $H(G, \Gamma)$. Il y aura une partie négligeable N de G/Γ telle que Θ_x appartienne à la fois à $L^2(G^*/\Gamma_*)$ et à $L^1(G^*/\Gamma_*)$ chaque fois que $\dot{x}$ n'est pas dans N. Remplaçons Θ par la fonction égale à Θ pour $\dot{x} \notin N$ et à 0 pour $\dot{x} \in N$. Cela fait, soit Φ la fonction sur G définie par

$$\Phi(x) = \int_{G^*/\Gamma_*} \Theta(x, x^*) \, d\dot{x}^* \tag{23}$$

Les hypothèses faites sur Θ impliquent que Φ est partout localement intégrable; de plus, en substituant $x + \xi$ à x dans (23), on voit que, pour tout x, Φ_x est la transformée de Fourier de Θ_x. Le théorème de Plancherel appliqué à ces fonctions, combiné de nouveau avec (19), montre alors que $\|\Phi\|_G^2 = \|\Theta\|_Q^2$, donc que $\Phi \in L^2(G)$. Si alors on écrit Φ comme limite, au sens de $L^2(G)$, d'une suite Φ_n de fonctions continues à support compact, on voit, en répétant le même raisonnement, que Θ est limite des $\Theta_n = Z(\Phi_n)$ dans $H(G, \Gamma)$. On a donc montré que l'application $\Theta \to \Phi$ définie par (23) pour les fonctions dont il s'agit se prolonge par continuité à une application linéaire de $H(G, \Gamma)$ sur $L^2(G)$, réciproque de Z. En particulier, Z est un isomorphisme de $L^2(G)$ sur $H(G, \Gamma)$.

Considérons en particulier le cas où on a pris $\Phi \in S(G)$. Il est facile de vérifier (d'abord dans le cas d'un groupe « élémentaire », puis en passant de là au cas général au moyen des définitions rappelées plus haut au n° 11) qu'alors $x \to \Phi_x$ est une application *continue* de G dans $S(\Gamma)$. Il résulte immédiatement de là que le second membre de (20) est « uniformément convergent » et définit une solution continue Θ de (22), qui dans ces conditions, d'après ce qu'on a dit plus haut, n'est autre que $Z(\Phi)$. Comme de plus la transformation de Fourier relative à Γ détermine un isomorphisme topologique de $S(\Gamma)$ sur $S(G^*/\Gamma_*)$, il s'ensuit que $x \to \Theta_x$ est une application continue de G dans $S(G^*/\Gamma_*)$, donc que le second membre de (23) définit une fonction continue sur G; comme celle-ci, d'après ce qui précède, doit coïncider avec Φ au sens de $L^2(G)$, elle n'est donc autre que Φ. Autrement dit, pour $\Phi \in S(G)$, on peut prendre pour $\Theta = Z(\Phi)$ une fonction continue, et alors les formules (20), (23) sont valables partout (et non pas seulement presque partout).

19. Au moyen de l'isomorphisme Z de $L^2(G)$ sur $H(G, \Gamma)$, on peut transporter à $H(G, \Gamma)$ les groupes d'opérateurs unitaires précédemment définis dans $L^2(G)$; par abus de notation, nous écrirons le plus souvent ceux-ci comme si on avait identifié $H(G, \Gamma)$ avec $L^2(G)$ au moyen de Z. Par exemple, nous écrirons $U(w)$ au lieu de $Z \cdot U(w) \cdot Z^{-1}$; on vérifie immédiatement que cet opérateur est défini par la formule

$$U(w)\Theta(z) = \Theta(z + w)\, F(z,w). \tag{24}$$

De même, on notera $\mathbf{A}(G)$ le groupe formé par les opérateurs $t \cdot U(w)$ dans $H(G, \Gamma)$, pour $t \in T$, et $\mathbf{B}_0(G)$ le normalisateur de $\mathbf{A}(G)$ dans le groupe des automorphismes de $H(G, \Gamma)$. Bien entendu, s'il résulte de ce qui précède que l'opérateur $U(w)$ donné par (24) transforme toute solution de (22) en une solution de (22), ce fait est aussi évident a priori.

On conviendra maintenant de désigner par $B_0(G, \Gamma)$ le sous-groupe de $B_0(G)$ formé par les éléments $s = (\sigma, f)$ de $B_0(G)$ tels que f prenne la valeur 1 en tout élément de $\Gamma \times \Gamma_*$ et que σ induise sur $\Gamma \times \Gamma_*$ un automorphisme de $\Gamma \times \Gamma_*$. Pour tout $s = (\sigma, f)$ dans $B_0(G, \Gamma)$, on définira un opérateur $\mathbf{r}_\Gamma(s)$ dans $H(G, \Gamma)$ par la formule

$$\mathbf{r}_\Gamma(s)\, \Theta(z) = \Theta(z\,\sigma)\, f(z), \tag{25}$$

dont on vérifie immédiatement qu'il transforme toute solution Θ de (22) en une solution de la même équation. Il est alors évident que $\mathbf{r}_\Gamma$ est une représentation de $B_0(G, \Gamma)$ par des opérateurs unitaires. De plus, au moyen de (24), de (25), et de la formule (6) du n° 5, on vérifie aussitôt qu'on a, pour tout w :

$$U(w)\,\mathbf{r}_\Gamma(s) = f(w) \cdot \mathbf{r}_\Gamma(s)\, U(w\,\sigma),$$

ce qui montre que $\mathbf{r}_\Gamma(s)$ appartient à $\mathbf{B}_0(G)$ et que sa projection canonique sur $B_0(G)$ est s; en d'autres termes, $\mathbf{r}_\Gamma$ est un « relèvement » de $B_0(G, \Gamma)$ à $\mathbf{B}_0(G)$. On notera $\mathbf{B}_0(G, \Gamma)$ l'image de $B_0(G,\Gamma)$ par $\mathbf{r}_\Gamma$, et aussi, par abus de notations, le groupe déduit de celui-là par transport à $L^2(G)$ au moyen de Z; de même, on écrira $\mathbf{r}_\Gamma$ au lieu de $Z^{-1}\mathbf{r}_\Gamma Z$.

Tout ce qui précède reste valable, mais devient à peu près trivial, lorsqu'on prend $\Gamma=\{0\}$, d'où $\Gamma_*=G^*$ (resp. $\Gamma=G$, $\Gamma_*=\{0\}$). Alors $H(G,\Gamma)$ s'identifie d'une manière évidente à $L^2(G)$ (resp. à $L^2(G^*)$), et Z à l'identité (resp. à la transformation de Fourier). Le groupe $B_0(G,\Gamma)$ est ici (avec les notations du n° 6) le groupe des automorphismes de la forme $d_0(\alpha)t_0(f)$ (resp. $d_0(\alpha)t_0'(f')$). Dans le cas $\Gamma=\{0\}$, le relèvement $\mathbf{r}_\Gamma$ est celui qui, à $d_0(\alpha)t_0(f)$, fait correspondre $\mathbf{d}_0(\alpha)\mathbf{t}_0(f)$; dans le cas $\Gamma=G$, c'est le relèvement qui se déduit de celui-là par dualité.

Théorème 4. *Pour toute fonction $\Phi \in S(G)$ et tout $\mathbf{s} \in \mathbf{B}_0(G,\Gamma)$, on a*

$$\int_\Gamma \Phi(\xi)\,d\xi = \int_\Gamma \mathbf{s}\,\Phi(\xi)\,d\xi. \tag{26}$$

En effet, d'après les résultats des n°s 11–12, quand Φ est dans $S(G)$, il en est de même de $\Phi'=\mathbf{s}\Phi$; alors, d'après le n° 18, les fonctions $\Theta=Z(\Phi)$ et $\Theta'=\mathbf{s}\Theta=Z(\Phi')$ sont continues et s'expriment en tout point par la formule (20). Mais, si l'on écrit $\mathbf{s}=\mathbf{r}_\Gamma(s)$ avec $s \in B_0(G,\Gamma)$, Θ' et Θ doivent aussi satisfaire à (25) au sens de $H(G,\Gamma)$, donc aussi en tout point puisqu'elles sont continues. Pour $z=0$, (25) donne $\Theta'(0)=\Theta(0)$; en exprimant les deux membres au moyen de Φ', Φ par la formule (20), on obtient le résultat annoncé.

Corollaire. *Pour toute fonction $\Phi \in S(G)$, la formule*

$$F(\mathbf{s}) = \int_\Gamma \mathbf{s}\,\Phi(\xi)\,d\xi \qquad (\mathbf{s} \in \mathbf{B}_0(G))$$

définit sur le groupe $\mathbf{B}_0(G)$ une fonction invariante par les translations à gauche de $\mathbf{B}_0(G,\Gamma)$.

D'après les n°s 11–12, $\mathbf{s}\Phi$ appartient à $S(G)$ pour tout $\mathbf{s} \in \mathbf{B}_0(G)$; d'après ce qu'on a vu au n° 18, cela implique en particulier que $\mathbf{s}\Phi$ induit sur Γ une fonction qui appartient à $S(\Gamma)$, donc à $L^1(\Gamma)$. Le corollaire résulte alors immédiatement du théorème 4.

Comme on le verra par la suite, ce corollaire fournit un des plus puissants moyens dont on dispose pour la construction de fonctions automorphes.

20. Au n° 13, on a défini un certain relèvement $\mathbf{r}_0$ de $\Omega_0(G)$ dans $\mathbf{B}_0(G)$. On désignera maintenant par $\Omega_0(G,\Gamma)$ l'ensemble des éléments $s=(\sigma,f)$ de $B_0(G,\Gamma)$ tels que $\gamma(s)$ soit un isomorphisme de G^* sur G et induise sur Γ_* un isomorphisme de Γ_* sur Γ; cet ensemble est contenu dans $\Omega_0(G)$. Nous allons montrer que, *sur $\Omega_0(G,\Gamma)$, $\mathbf{r}_\Gamma$ coïncide avec $\mathbf{r}_0$.* Pour cela, on observera que, dans la formule (8) de la proposition 1, n° 7, si s appartient à $\Omega_0(G,\Gamma)$, les trois facteurs du second membre appartiennent à $B_0(G,\Gamma)$. Il suffit donc de vérifier que $\mathbf{r}_\Gamma(\mathbf{t}_0(f)) = \mathbf{t}_0(f)$ quand $\mathbf{t}_0(f) \in B_0(G,\Gamma)$, et que $\mathbf{r}_\Gamma(\mathbf{d}'_0(\gamma)) = \mathbf{d}'_0(\gamma)$ quand $\mathbf{d}'_0(\gamma) \in B_0(G,\Gamma)$. Pour $\mathbf{t}_0(f)$, c'est immédiat. Pour $\mathbf{d}'_0(\gamma)$, on voit immédiatement, en faisant usage de (21), que les deux opérateurs en question ne diffèrent l'un de l'autre que par un facteur réel > 0; comme ils sont unitaires, ils sont donc égaux. De plus, en écrivant que le facteur par lequel ils diffèrent a la valeur 1, on trouve ce qui suit : soit γ un isomorphisme de (G^*, Γ_*) sur (G, Γ), c'est-à-dire un isomorphisme de G^* sur G induisant sur Γ_* un isomorphisme de Γ_* sur Γ; alors ce dernier isomorphisme, et l'isomorphisme de G^*/Γ_* sur G/Γ qui se déduit de γ par passage au quotient, ont même module, égal à $|\gamma|^{\frac{1}{2}}$; cela donne en particulier $|\gamma| = 1$ lorsque Γ et Γ_* sont tous deux discrets, ou lorsqu'ils sont tous deux compacts.

On arrive directement au même résultat sur $\mathbf{r}_\Gamma$ en transportant à $L^2(G)$, au moyen des formules (20) pour Z et (23) pour Z^{-1}, l'opérateur $\mathbf{r}_\Gamma$ défini par (25), dans le cas où $s \in \Omega_0(G,\Gamma)$; on obtient alors pour $\mathbf{r}_\Gamma$ une expression qui coïncide avec celle donnée par (16) pour $\mathbf{r}_0$, à un facteur positif près qui est alors nécessairement égal à 1 (ce qui a les mêmes conséquences que plus haut).

Mentionnons aussi que, lorsque Γ et Γ_* sont discrets et qu'on prend pour γ un isomorphisme de (G^*, Γ_*) sur (G, Γ), puis qu'on prend $s = d'_0(\gamma)$, donc $\mathbf{r}_\Gamma(s) = \mathbf{d}'_0(\gamma)$, le théorème 4 se réduit à la formule classique de Poisson, dont il constitue donc une généralisation.

Théorème 5. *Soit f un caractère du second degré de G, prenant la valeur 1 en tous les éléments d'un sous-groupe fermé Γ de G; soient G^* le dual de G, Γ_* le sous-groupe de G^* correspondant à Γ, et supposons que le morphisme symétrique ϱ de G dans G^* associé à f soit un isomorphisme de (G, Γ) sur (G^*, Γ_*). Alors $\gamma(f) = 1$.*

Il suffit pour le voir de se reporter à la démonstration du théorème 2; on y a obtenu $\gamma(f)$ comme étant le facteur par lequel diffèrent les deux membres de (9) après qu'on les a relevés à $\mathbf{B}_0(G)$ au moyen de $\mathbf{d}'_0$ et $\mathbf{t}_0$. Mais, avec les hypothèses du théorème 5, tous les facteurs de (9) sont dans $B_0(G,\Gamma)$; par suite, comme on vient de le voir, leurs relèvements par $\mathbf{d}'_0$ et $\mathbf{t}_0$ coïncident avec leurs relèvements par $\mathbf{r}_\Gamma$. Comme $\mathbf{r}_\Gamma$ est une représentation, le résultat s'ensuit. On pourrait aussi (ce qui d'ailleurs revient au même) faire usage du théorème 3, en y choisissant pour s, s' des éléments de $B_0(G,\Gamma)$ tels que $f_0 = f$.

Comme on le verra au Chapitre II, le théorème 5, appliqué à un groupe de type adélique (cas (c) du début du n° 16), contient la loi de réciprocité quadratique. Un cas particulier plus banal, mais utile, est le suivant :

170 A. WEIL

Corollaire. *Soit f le caractère du second degré donné par $f(x,x^*) = \langle x,x^* \rangle$ sur $G \times G^*$. Alors f est non dégénéré, et $\gamma(f) = 1$.*

Le dual de $G \times G^*$ s'identifie d'une manière évidente à $G^* \times G$; le morphisme associé à f est celui qui échange les deux facteurs de $G \times G^*$; donc f est non dégénéré. En substituant respectivement $G \times G^*$, $G^* \times G$, $G \times \{0\}$ et $\{0\} \times G$ à G, G^*, Γ et Γ_* dans le théorème 5, on obtient le résultat annoncé.

21. En vue d'applications ultérieures, ajoutons quelques remarques sur le cas où Γ et Γ_* sont compacts, ou encore (ce qui revient au même) où Γ est compact et ouvert dans G. On choisira dx et $d\xi$ de manière que la mesure de Γ (pour dx et pour $d\xi$) soit 1. Alors Γ_* a la mesure 1 pour dx^* et pour $d\xi^*$.

Prenons d'abord pour Φ la fonction caractéristique φ_Γ de Γ; alors $Z(\varphi_\Gamma)$ est la fonction caractéristique de $\Gamma \times \Gamma_*$; d'après (25), elle est invariante par $\mathbf{B}_0(G,\Gamma)$; il en est donc de même, par définition, de $\Phi = \varphi_\Gamma$.

Prenons ensuite pour Φ la fonction caractéristique d'une classe suivant Γ, ou, ce qui revient au même, posons $\Phi(x) = \varphi_\Gamma(x-a)$; on voit aussitôt que Θ est alors la fonction $\varphi_\Gamma(x-a)\varphi_{\Gamma_*}(x^*)$, où φ_{Γ_*} est la fonction caractéristique de Γ_*. Soit $s = (\sigma,f)$ un élément de $B_0(G,\Gamma)$, avec $\sigma = \begin{pmatrix} \alpha & \beta \\ \gamma & \delta \end{pmatrix}$. Pour que Θ, et par conséquent Φ, soient invariantes par $\mathbf{r}_\Gamma(s)$, il faut et il suffit que l'on ait $a(\alpha-1) \in \Gamma$, $a\beta \in \Gamma_*$, et $f(a,0) = 1$; c'est ce qu'on voit immédiatement au moyen de (25).

Soit alors Γ' un sous-groupe ouvert compact de G, contenant Γ. Alors, avec les notations du n° 11, l'ensemble $S(\Gamma',\Gamma)$ se compose des combinaisons linéaires à coefficients constants des fonctions $\varphi_\Gamma(x-a)$ pour $a \in \Gamma'$; c'est un espace vectoriel, sur le corps des complexes, de dimension égale à l'indice (nécessairement fini) de Γ dans Γ'. Soit $s = (\sigma,f)$, comme ci-dessus, un élément de $\dot{B}_0(G,\Gamma)$. Alors, pour que toute fonction de $S(\Gamma',\Gamma)$ soit invariante par $\mathbf{r}_\Gamma(s)$, il faut et il suffit, d'après ce qui précède, que f prenne la valeur 1 sur $\Gamma' \times \Gamma_*$, que $\Gamma' \cdot (\alpha-1) \subset \Gamma$, et que $\Gamma' \cdot \beta \subset \Gamma_*$. Il revient au même de dire que f doit prendre la valeur 1 sur $\Gamma' \times \Gamma_*$, que σ doit induire un automorphisme sur $\Gamma' \times \Gamma_*$, et que σ détermine, par passage au quotient, l'automorphisme identique sur $(\Gamma' \times \Gamma_*)/(\Gamma \times \Gamma_*)$.

22. Enfin, on notera quelques propriétés « fonctorielles » évidentes, pour le cas où on considère un produit $G = G_1 \times G_2$, dont on peut écrire le dual sous la forme $G^* = G_1^* \times G_2^*$; on identifiera d'une manière évidente $G \times G^*$ avec $(G_1 \times G_1^*) \times (G_2 \times G_2^*)$. Alors, si σ_1, σ_2 sont des automorphismes de $G_1 \times G_1^*$ et de $G_2 \times G_2^*$, respectivement, on en déduit d'une manière évidente un automorphisme de $G \times G^*$ qu'on notera (σ_1,σ_2); si f_1, f_2 sont des caractères du second degré sur $G_1 \times G_1^*$ et sur $G_2 \times G_2^*$, on en déduit un caractère du second degré $f = f_1 \otimes f_2$ sur $G \times G^*$, défini par $f(z_1, z_2) = f_1(z_1) f_2(z_2)$; si $s_1 = (\sigma_1, f_1)$, $s_2 = (\sigma_2, f_2)$ sont des éléments de $B_0(G_1)$ et de $B_0(G_2)$, respectivement, $((\sigma_1, \sigma_2), f_1 \otimes f_2)$ sera un élément de $B_0(G)$, qu'on notera $s_1 \otimes s_2$. Chaque fois que ce sera commode, on identifiera $B_0(G_1) \times B_0(G_2)$ avec le groupe des éléments $s_1 \otimes s_2$ de $B_0(G)$, et on identifiera $B_0(G_1)$, $B_0(G_2)$ avec les facteurs de ce groupe.

On peut d'autre part considérer $L^2(G)$ comme « produit tensoriel hilbertien » de $L^2(G_1)$ et $L^2(G_2)$; alors, si $\mathbf{s}_1$, $\mathbf{s}_2$ sont des automorphismes de $L^2(G_1)$ et de $L^2(G_2)$, respectivement, on en déduit d'une manière évidente un automorphisme $\mathbf{s}_1 \otimes \mathbf{s}_2$ de $L^2(G)$. Pour chacun des groupes G_1, G_2, G, on pourra définir, comme au n° 4, des opérateurs $U(w_1)$, $U(w_2)$, $U(w)$, qui sont respectivement des automorphismes de $L^2(G_1)$, $L^2(G_2)$, $L^2(G)$; et on aura, pour $w = (w_1, w_2)$:

$$U(w) = U(w_1) \otimes U(w_2).$$

Il est évident alors que $(\mathbf{s}_1, \mathbf{s}_2) \to \mathbf{s}_1 \otimes \mathbf{s}_2$ détermine sur $\mathbf{B}_0(G_1) \times \mathbf{B}_0(G_2)$ un homomorphisme de ce groupe dans $\mathbf{B}_0(G)$, compatible avec les projections canoniques de $\mathbf{B}_0(G_1)$ sur $B_0(G_1)$, de $\mathbf{B}_0(G_2)$ sur $B_0(G_2)$ et de $\mathbf{B}_0(G)$ sur $B_0(G)$; le noyau de cet homomorphisme est formé par les éléments (i, t^{-1}) du centre; et il induit sur $\mathbf{B}_0(G_1)$ et $\mathbf{B}_0(G_2)$ des monomorphismes de ces groupes dans $\mathbf{B}_0(G)$, au moyen desquels on pourra, chaque fois que ce sera commode, les identifier avec leurs images dans ce dernier groupe.

II. Application à la loi de réciprocité quadratique

23. Pour mettre en harmonie autant que possible nos notations algébriques avec celles du Chapitre I, nous conviendrons, chaque fois que X sera un espace vectoriel (toujours supposé de dimension finie) sur un corps k, de désigner son dual par X^*, et de noter $[x, x^*]$, pour $x \in X$, $x^* \in X^*$, la valeur en x de la forme linéaire sur X qui correspond à x^*; nous identifierons X avec son bidual $(X^*)^*$ au moyen de la formule

$$[x, x^*] = [x^*, x];$$

et, chaque fois que α sera une application linéaire (dite aussi « morphisme ») d'un espace X dans un espace Y, nous noterons α^* sa transposée, c'est-à-dire l'application linéaire de Y^* dans X^* définie, pour $x \in X$, $y^* \in Y^*$, par la formule

$$[x\alpha, y^*] = [x, y^*\alpha^*].$$

Toute forme bilinéaire sur $X \times Y$ s'écrit $[x, y\alpha]$, où α est un morphisme de Y dans X^*; pour $X = Y$, on dira que α est symétrique si $[x, y\alpha]$ est symétrique en x et y, donc si $\alpha = \alpha^*$.

Si f est une forme quadratique sur X, on a, quels que soient $x \in X$, $y \in X$:

$$f(x+y) - f(x) - f(y) = [x, y\varrho],$$

où ϱ est un morphisme symétrique de X dans X^*; on dira alors que f et ϱ sont *associés* l'une à l'autre; f sera dite *non dégénérée* si ϱ est un isomorphisme de X sur X^*, et *additive* si $\varrho = 0$. Il n'y a de forme quadratique additive, autre que 0, que si k est de caractéristique 2. Si k n'est pas de caractéristique 2, tout morphisme symétrique ϱ de X dans X^* est associé à une forme quadratique f et à une seule, à savoir celle qui est donnée par $f(x) = [x, 2^{-1}x\varrho]$. En tout cas, on a $2f(x) = [x, x\varrho]$. On conviendra de désigner par $Q(X)$ l'espace vectoriel des formes quadratiques sur X, et par $Q_a(X)$ le sous-espace de $Q(X)$ constitué par les formes additives.

24. Soit d'abord k un corps *local*; nous entendrons par là un corps commutatif localement compact, non discret; il est donc, soit isomorphe à $\mathbf{R}$ ou à $\mathbf{C}$, soit à valuation discrète; et, dans ce dernier cas, c'est une extension finie, soit d'un corps $\mathbf{Q}_p$ (complétion p-adique du corps $\mathbf{Q}$ des rationnels) s'il est de caractéristique 0, soit du corps des séries formelles à une indéterminée sur le corps premier $\mathbf{F}_p$ s'il est de caractéristique p. Si k est à valuation discrète, on notera $\mathfrak{o}$ l'anneau des entiers de k, et π un élément premier de $\mathfrak{o}$, c'est-à-dire un générateur de l'idéal premier $\mathfrak{p}$ de $\mathfrak{o}$; on notera q le nombre d'éléments du corps fini $\mathfrak{o}/\mathfrak{p}$. On choisira une fois pour toutes un caractère χ du groupe additif de k, dont nous supposerons seulement qu'il n'est pas trivial (c'est-à-dire qu'il n'a pas la valeur constante 1); il est possible, comme on sait, de choisir χ d'une manière « canonique », mais cela nous serait inutile. On sait que $\chi(xy)$ est alors un bicaractère de $k \times k$ qui met k en dualité avec lui-même au sens de la théorie des groupes abéliens localement compacts. Plus généralement, soit X un espace vectoriel (de dimension finie, comme toujours) sur k; soit X^* son dual; X et X^* étant munis de la topologie évidente, on peut alors identifier X^* avec le dual de X au sens de la théorie des groupes abéliens localement compacts de manière à avoir, pour tout $x \in X$ et tout $x^* \in X^*$:

$$\langle x, x^* \rangle = \chi([x, x^*]).$$

Cette identification (qui dépend du choix de χ) sera faite désormais une fois pour toutes, de sorte qu'on n'aura pas à distinguer entre le dual algébrique et le dual au sens du Chapitre I.

Si f est une forme quadratique sur un espace X sur k, $\chi \circ f$ est un caractère du second degré sur X au sens du Chapitre I, n° 1; le morphisme de X dans X^* associé à $\chi \circ f$ est celui-là même qui est associé à f; en particulier, pour que $\chi \circ f$ soit non dégénéré, il faut et il suffit que f le soit, et, lorsqu'il en est ainsi, on peut appliquer à $\chi \circ f$ le théorème 2 du Chapitre I, n° 14, ce qui définit un nombre $\gamma(\chi \circ f)$ de valeur absolue 1. Pour abréger, on écrira $\gamma(f)$ au lieu de $\gamma(\chi \circ f)$, mais il ne faudra pas oublier qu'alors le symbole $\gamma(f)$ dépend du choix de χ. En revanche, comme $|\gamma(f)| = 1$, il ne dépend pas du choix des mesures de Haar dans les groupes qui interviennent dans sa définition, puisque, lorsqu'on change ces mesures, cela ne modifie les formules du théorème 2 du Chapitre I, n° 14, et de ses corollaires, que par des facteurs réels > 0; cette remarque permet même, dans le calcul de $\gamma(f)$ au moyen de ces corollaires, d'abandonner la convention, faite au Chapitre I, de toujours prendre dans le dual G^* d'un groupe G la mesure duale de celle qu'on a choisie dans G.

25. La remarque ci-dessus montre en particulier que, si f et X sont comme plus haut et si $f' = f \circ \alpha$, où α est un isomorphisme d'un espace X' sur X, on a $\gamma(f') = \gamma(f)$; en d'autres termes, γ a même valeur pour deux formes « équivalentes » f, f'. D'autre part, comme $\chi \circ (-f)$ est l'imaginaire conjugué de $\chi \circ f$, on a $\gamma(-f) = \gamma(f)^{-1}$. Si -1 est un carré dans k (donc en particulier si k est de caractéristique 2), $-f$ est équivalente à f; dans ce cas, on a donc $\gamma(f) = \pm 1$ quelle que soit f.

PROPOSITION 3. *L'application $f \to \gamma(f)$ détermine un caractère du groupe de Witt du corps local k.*

Comme on sait, une forme f non dégénérée correspond à l'élément 0 du groupe de Witt (ce que nous exprimerons, pour abréger, en disant qu'elle est *triviale*) si elle est équivalente à la forme $\sum_1^n x_i x_{n+i}$ sur k^{2n} pour une valeur convenable de n; cela s'exprime aussi en disant que f est équivalente à la forme $[x, x^*]$ sur $X \times X^*$ pour un certain choix de X. Mais alors le corollaire du théorème 5 du Chapitre I, n° 20, montre que $\gamma(f) = 1$. D'autre part, soient f_1, f_2 des formes non dégénérées sur des espaces X_1, X_2; soit f la forme donnée par $f(x_1, x_2) = f_1(x_1) + f_2(x_2)$ sur la somme directe de X_1 et de X_2; elle est non dégénérée, et il est évident, d'après la définition de γ dans le théorème 2 du Chapitre I, n° 14, que $\gamma(f) = \gamma(f_1)\,\gamma(f_2)$. Cela démontre la proposition.

26. Nous allons maintenant aborder le calcul de $\gamma(f)$, tout au moins dans certains cas particuliers. On conviendra de noter q_m la forme $q_m(x) = \sum_1^m x_i^2$ sur l'espace k^m; elle est non dégénérée chaque fois que k n'est pas de caractéristique 2.

Soit d'abord $k = \mathbf{R}$; alors toute forme quadratique non dégénérée est équivalente à une forme $q_a(x) - q_b(y)$ sur un espace $\mathbf{R}^a \times \mathbf{R}^b$; (a, b) s'appelle le type d'inertie de la forme; la proposition 3 montre que, si f a le type d'inertie (a, b), $\gamma(f) = \gamma(q_1)^{a-b}$. Le caractère χ sur $\mathbf{R}$ est nécessairement de la forme $\chi(x) = e^{2\pi i \lambda x}$, avec λ réel non nul. Pour calculer $\gamma(q_1)$, on appliquera le corollaire 2 du th. 2, n° 14, du Chapitre I, en prenant par exemple

174

A. WEIL

$\Phi(x) = e^{-\pi x^2}$; un calcul élémentaire donne alors pour $\gamma(q_1)$ la valeur $e^{\pi i/4}$ si $\lambda > 0$ et $e^{-\pi i/4}$ si $\lambda < 0$. Par suite, dans tous les cas, $\gamma(f)$ est une racine huitième de l'unité. On notera qu'on a toujours aussi $\gamma(q_4) = -1$ pour la forme $q_4(x)$, norme du quaternion $x_1 + x_2 i + x_3 j + x_4 k$.

Soit maintenant $k = \mathbf{C}$; alors toute forme est équivalente à une forme q_m, et il suffit de déterminer $\gamma(q_1)$, ou encore $\gamma(cq_1)$ pour une valeur quelconque de c. Si χ_0 désigne le caractère $e^{2\pi i x}$ sur $\mathbf{R}$, le caractère χ sur $\mathbf{C}$ sera nécessairement de la forme $\chi(z) = \chi_0(\lambda z + \bar{\lambda}\bar{z})$, avec $\lambda \neq 0$; pour $f = \lambda^{-1} q_1$, on aura $\chi \circ f = \chi_0 \circ f_0$, où f_0 est donnée par $f_0(z) = z^2 + \bar{z}^2$. Sur l'espace de dimension 2 sur $\mathbf{R}$ qui est sous-jacent à $\mathbf{C}$, f_0 est une forme quadratique de type d'inertie $(1,1)$; d'après ce qui précède, on a donc $\gamma(\chi_0 \circ f_0) = 1$, ou en d'autres termes $\gamma(\chi \circ f) = 1$, c'est-à-dire $\gamma(f) = 1$. Il en est donc de même pour toute forme quadratique non dégénérée sur $\mathbf{C}$.

27. Prenons maintenant pour k un corps local à valuation discrète. Si X est un espace vectoriel sur k, un sous-groupe compact et ouvert de X sera appelé un *réseau* si c'est un module sur $\mathfrak{o}$; il est clair que, si L est un réseau dans X, L_* en est un dans X^*. Si L et L' sont deux réseaux dans X, et si $L \supset L'$, on notera $\mathcal{S}(L, L')$, comme au n° 21 du Chapitre I, la famille des fonctions à support contenu dans L et constantes sur les classes suivant L'. La réunion des familles $\mathcal{S}(L, L')$, pour tous les choix possibles de L et L', n'est autre que $\mathcal{S}(X)$ (cf. n° 11 du Chapitre I).

Soit f une forme quadratique non dégénérée sur X, associée à l'isomorphisme symétrique ϱ de X sur X^*. Comme le noyau de χ est un sous-groupe ouvert de k, $\chi \circ f$ a la valeur constante 1 sur un voisinage de 0 dans X, donc sur tout réseau suffisamment petit dans X. Choisissons un réseau L tel que $\chi \circ f$ soit égal à 1 sur L, ce qui entraîne que $\chi([y, x\varrho]) = 1$ quels que soient $x \in L$, $y \in L$ (la réciproque étant d'ailleurs vraie chaque fois que 2 est inversible dans $\mathfrak{o}$), et par suite $L\varrho \subset L_*$; on posera $L' = L_* \varrho^{-1}$, et on aura donc $L' \supset L$. Si φ_L est la fonction caractéristique de L, on a alors

$$(\varphi_L * (\chi \circ f))(x) = \int_L \chi(f(x-y))\, dy = \chi(f(x)) \int_L \chi([y, -x\varrho])\, dy.$$

L'intégrale du dernier membre a la valeur $m(L) = \int_L dy$, ou 0, suivant que $x\varrho$ est ou non dans L_*. On a donc

$$\varphi_L * (\chi \circ f) = m(L)\varphi_{L'} \cdot (\chi \circ f). \tag{27}$$

Appliquons maintenant à $\chi \circ f$ et à $\Phi = \varphi_L$ le corollaire 2 du théorème 2, Chapitre I, n° 14; il s'ensuit que $\gamma(f)$ ne diffère que par un facteur réel > 0 de l'intégrale de $\chi \circ f$ sur L'. Posons, pour tout réseau M :

SUR CERTAINS GROUPES D'OPÉRATEURS UNITAIRES   175

$$g(f, M) = \int_M \chi(f(x))\, dx;$$

si $M \supset L$, cela peut s'écrire

$$g(f, M) = \sum_{x \in M/L} \chi(f(x)) \int_L \chi([y, -x\varrho])\, dy,$$

ou encore, en posant $M' = M \cap L'$ et tenant compte de ce qui précède :

$$g(f, M) = m(L) \sum_{x \in M'/L} \chi(f(x)).$$

La somme du second membre est une somme de Gauss; de plus, le second membre est indépendant de M pourvu que $M \supset L'$, donc dès que M est assez grand. En notant simplement $g(f)$ sa valeur pour M assez grand, on a donc $g(f, L') = g(f)$, et par suite, d'après ce qu'on a vu plus haut

$$\gamma(f) = g(f)/|g(f)|.$$

Cela permet, si l'on veut, d'appliquer au calcul de $\gamma(f)$ la théorie des sommes de Gauss.

28. Indépendamment de la théorie des sommes de Gauss, on a le résultat suivant, suffisant pour notre objet :

PROPOSITION 4. *Soit $\mathfrak{k}$ l'algèbre de quaternions sur le corps local k, et soit $z \to n(z) = z\bar{z}$ la norme dans $\mathfrak{k}$. Alors $\gamma(n) = -1$.*

D'après ce qui précède, tout revient à montrer que $g(n, M)$ est réel et < 0 quand M est un réseau assez grand dans $\mathfrak{k}$. Il est bien connu que $z \to n(z)$ détermine un homomorphisme surjectif, à noyau compact, du groupe multiplicatif de $\mathfrak{k}$ sur celui de k; de plus, quel que soit l'entier ν, l'ensemble M_ν des $z \in \mathfrak{k}$ tels que $n(z) \in \pi^{-\nu}\mathfrak{o}$ est un idéal, donc un réseau, de $\mathfrak{k}$, aussi grand qu'on veut si on a pris ν assez grand. Notons dx, dz des mesures de Haar sur les groupes additifs de k et de $\mathfrak{k}$, la première étant prise par exemple telle que la mesure de $\mathfrak{o}$ soit 1. Suivant l'usage, pour $a \in k$, nous définissons $|a|$ comme étant le module de $x \to ax$ dans k; il s'ensuit que $|x|^{-1}dx$ est une mesure de Haar sur le groupe multiplicatif de k. Mais alors, pour $c \in \mathfrak{k}$, le module de $z \to cz$ dans $\mathfrak{k}$ est $|n(c)|^2$, et par suite $|n(z)|^{-2}dz$ est une mesure de Haar sur le groupe multiplicatif de $\mathfrak{k}$. Soit φ la fonction caractéristique de $\mathfrak{o}$ dans k; celle de M_ν dans $\mathfrak{k}$ est alors $\varphi(\pi^\nu n(z))$, et on a donc

$$g(n, M_\nu) = \int \chi(n(z))\, \varphi(\pi^\nu n(z))\, dz.$$

Posons $\psi_\nu(x) = \chi(x)\, \varphi(\pi^\nu x)\, |x|^2$; nous pouvons écrire

$$g(n, M_\nu) = \int \psi_\nu (n(z)) \cdot | n(z)|^{-2} dz,$$

où l'intégrale est prise sur l'ensemble $\mathfrak{k} - \{0\}$, c'est-à-dire sur le groupe multiplicatif de $\mathfrak{k}$. Intégrant d'abord sur les classes suivant le groupe compact des z tels que $n(z) = 1$, classes sur lesquelles la fonction à intégrer est constante, puis sur le groupe quotient, on voit qu'on a

$$g(n, M_\nu) = \lambda \int \psi_\nu(x) \cdot |x|^{-1} dx = \lambda \int \chi(x)\, \varphi(\pi^\nu x)\, |x|\, dx,$$

avec λ réel > 0; λ est la mesure du noyau de n pour la mesure quotient de $|n(z)|^{-2} dz$ par $|x|^{-1} dx$. Mais on a la relation évidente

$$\varphi(\pi^\nu x) \cdot |x| = \sum_{\mu = \nu}^{+\infty} |\pi^\mu| \cdot (\varphi(\pi^{-\mu} x) - \varphi(\pi^{-\mu-1} x));$$

comme on a $|\pi| = q^{-1}$, nous pouvons donc écrire:

$$g(n, M_\nu) = \lambda \sum_{\mu = \nu}^{+\infty} q^{-\mu} \left(\int_{\pi^\mu \mathfrak{o}} \chi(x)\, dx - \int_{\pi^{\mu+1}\mathfrak{o}} \chi(x)\, dx \right).$$

Soit m le plus petit des entiers μ tels que l'idéal $\mathfrak{p}^\mu = \pi^\mu \mathfrak{o}$ soit contenu dans le noyau du caractère χ de k; il est clair que l'intégrale de χ sur $\mathfrak{p}^\mu$ a la valeur $m(\mathfrak{p}^\mu) = q^{-\mu}$ lorsque χ induit la constante 1 sur $\mathfrak{p}^\mu$, donc pour $\mu \geq m$, et la valeur 0 dans le cas contraire. On obtient donc, pourvu que $\nu \geq 1 - m$:

$$g(n, M_\nu) = -\lambda q^{1-2m}(1 + q^{-1})^{-1},$$

ce qui achève la démonstration.

On notera que, d'après le n° 26, la proposition 4 est valable aussi pour $k = \mathbf{R}$, et trivialement valable pour $k = \mathbf{C}$ puisqu'il n'y a pas d'algèbre de quaternions sur $\mathbf{C}$. En ce sens, elle est donc valable pour tous les corps locaux.

On sait d'ailleurs que, sur tout corps local k autre que $\mathbf{C}$, il n'y a que deux classes de formes quadratiques non dégénérées à 4 variables dont le discriminant soit un carré dans k; ces classes sont respectivement représentées par la forme n étudiée ci-dessus, et par la forme « triviale » $xy + zt$. Les propositions 3 et 4 montrent que le symbole $\gamma(f)$ permet de distinguer entre ces classes de formes, puisqu'il a la valeur -1 pour la première et 1 pour la seconde. En particulier, si k n'est pas de caractéristique 2, et si a et b sont des éléments non nuls de k, la forme $x^2 - ay^2 - bz^2 + abt^2$ appartient à l'une ou à l'autre des classes ci-dessus suivant que a est ou non norme d'un élément de $k(b^{\frac{1}{2}})$. On a donc

$$\gamma(x^2 - ay^2 - bz^2 + abt^2) = (a/b),$$

où (a/b) désigne le symbole de restes normiques. Pour $b = -1$, cela donne, d'après la proposition 3, $\gamma(q_1)^2\gamma(-aq_1)^2 = (a/-1)$, ce qui s'écrit aussi $\gamma(aq_1)^2 = (a/-1)\gamma(q_1)^2$. Comme toute forme non dégénérée peut s'écrire $\sum a_i x_i^2$ par le choix d'une base convenable, on en conclut, par une nouvelle application de la proposition 3 :

$$\gamma(f)^2 = (D/-1)\gamma(q_1)^{2m} \tag{28}$$

si m est la dimension de l'espace où est définie f, et si D est le discriminant de f (pour un choix quelconque de la base, puisqu'un changement de base ne modifie D que par un carré). On en conclut $\gamma(f)^4 = \gamma(q_4)^m$, d'où $\gamma(f)^8 = 1$ puisque q_4 est non dégénérée de discriminant 1. Ces résultats sont d'ailleurs triviaux si -1 est un carré dans k, puisqu'alors on a vu que $\gamma(f) = \pm 1$ quelle que soit f, et qu'alors $(D/-1) = 1$ quel que soit D. Le dernier, $\gamma(f)^8 = 1$, est valable même en caractéristique 2, puisqu'alors, comme on a vu, on a même $\gamma(f) = \pm 1$.

La loi de réciprocité quadratique va résulter de la combinaison des résultats ci-dessus avec l'application du théorème 5 du Chapitre I, n° 20, aux groupes de type adélique.

29. Soit k un corps de nombres algébriques, ou bien un corps de fonctions algébriques de dimension 1 sur un corps fini. On désignera par k_v les complétions de k, par $\mathfrak{o}_v$ l'anneau des entiers de k_v chaque fois que k_v est à valuation discrète, et par A_k l'anneau des adèles de k. Soit X_k un espace vectoriel (de dimension finie) sur k; on posera $X_A = X_k \otimes A_k$, et, pour tout $v, X_v = X_k \otimes k_v$. Si X° est une base de X_k sur k, on notera X_v°, chaque fois que k_v est à valuation discrète, l'ensemble des points de X_v dont les coordonnées par rapport à la base X° sont dans $\mathfrak{o}_v$; c'est un réseau dans X_v. On notera S tout ensemble fini de complétions de k, contenant toutes celles qui sont isomorphes à **R** ou à **C**. Dans ces conditions, X_A est la réunion (et même, en tant qu'espace topologique, la limite inductive) des produits

$$X_S^\circ = \prod_{v \in S} X_v \times \prod_{v \notin S} X_v^\circ. \tag{29}$$

Toute partie compacte de X_A est contenue dans un ensemble de la forme $\prod C_v$, où C_v est, pour tout v, une partie compacte de X_v, et, pour presque tout v (c'est-à-dire tout v sauf un nombre fini d'entre eux), est égal à X_v°. On en conclut que tout sous-groupe de X_A, engendré par un voisinage compact de 0, est contenu dans un tel sous-groupe de la forme $H = \prod H_v$, où H_v est égal à X_v chaque fois que k_v est isomorphe à **R** ou à **C**, à un réseau dans X_v chaque fois que k_v est à valuation discrète, et à X_v° pour presque tout v. Supposons H ainsi choisi; alors **tout sous-groupe compact** H' de H tel que H/H' soit un groupe élémentaire (cf. **Chapitre I, n° 11**) contient un sous-groupe analogue de la forme $H' = \prod H_v'$, où H_v' est égal à $\{0\}$ **chaque fois que** k_v est isomorphe à **R** ou à **C**, à un réseau de X_v contenu dans H_v chaque fois que k_v est à valuation discrète, et à X_v° pour presque tout v. On déduit aisément de là la structure de $S(X_A)$; $S(X_A)$ contient en tout cas toutes les fonctions de la forme $(x_v) \to \prod \Phi_v(x_v)$, où $\Phi_v \in S(X_v)$ pour tout v, et où, pour presque tout v, Φ_v est la fonction caractéristique de X_v°; pour $k = \mathbf{Q}$, ou pour k de caractéristique $p \neq 0$, $S(X_A)$ est même l'ensemble des combinaisons linéaires finies, à coefficients constants, des fonctions ainsi obtenues (pour l'assertion correspondante lorsque k est un corps de nombres algébriques autre que $\mathbf{Q}$, voir plus loin, au n° 39).

On choisira une fois pour toutes un caractère χ de A_k, non trivial, prenant la valeur 1 sur k; un tel caractère est nécessairement de la forme

$$\chi(t) = \prod_v \chi_v(t_v) \quad (t = (t_v) \in A_k),$$

où χ_v est, pour tout v, un caractère non trivial de k_v, et où, pour presque tout v, $\mathfrak{o}_v$ se correspond à lui-même par dualité lorsqu'on identifie k_v avec son dual au moyen de χ_v de la manière qui a été expliquée au n° 24; cela implique que, pour presque tout v, χ_v induit la constante 1 sur $\mathfrak{o}_v$, de sorte que, dans l'expression ci-dessus de $\chi(t)$ par un produit infini, presque tous les facteurs ont la valeur 1. On se servira de χ_v pour mettre X_v en dualité avec X_v^*, de la manière expliquée au n° 24, chaque fois que X_k est un espace vectoriel sur k et que X_k^* est son dual (au sens algébrique, conformément aux notations introduites au n° 23). Alors, si X° est une base de X_k sur k et $(X^*)^\circ$ une base de X_k^* sur k (par exemple la base duale de X°), le réseau $(X_v^\circ)_*$ dans X_v^* qui correspond par dualité à X_v° est $(X^*)_v^\circ$ pour presque tout v.

Il est bien connu aussi que, si χ est choisi comme ci-dessus, le bicaractère $\chi(xy)$ de $A_k \times A_k$ met A_k en dualité avec lui-même de telle sorte que le sous-groupe discret k de A_k se corresponde à lui-même par dualité. Alors, si X_k est comme ci-dessus, on peut identifier X_A^* avec le dual de X_A au sens de la théorie des groupes abéliens localement compacts au moyen de la formule

$$\langle x, x^* \rangle = \chi([x, x^*]) \quad (x \in X_A, \, x^* \in X_A^*)$$

où $[x, x^*]$ désigne l'extension évidente de la forme bilinéaire sur $X_k \times X_k^*$ définie au n° 23 à une application bilinéaire de $X_A \times X_A^*$ dans A_k. Dans cette dualité, les sous-groupes discrets X_k, X_k^* de X_A et X_A^* se correspondent l'un à l'autre; autrement dit, on pourra prendre $G = X_A$, $G^* = X_A^*$, $\Gamma = X_k$, $\Gamma_* = X_k^*$ dans les n°s 16–20 du Chapitre I.

30. Soit f une forme quadratique non dégénérée sur X_k; elle détermine d'une manière évidente des formes quadratiques sur les espaces X_v, et une application $x \to f(x)$ de X_A dans A_k, donc aussi des caractères du second degré, $\chi_v \circ f$ et $\chi \circ f$, sur les X_v et sur X_A. Pour abréger, on écrira $\gamma_v(f)$, $\gamma(f)$ au lieu de $\gamma(\chi_v \circ f)$, $\gamma(\chi \circ f)$.

PROPOSITION 5. *Soit f une forme quadratique non dégénérée sur un espace vectoriel X_k sur k. Alors on a*

$$\gamma(f) = \prod_v \gamma_v(f) = 1.$$

Le théorème 5 du Chapitre I, n° 20, appliqué à $\chi \circ f$, X_A et X_k, montre que $\gamma(f) = 1$; il reste à faire voir que $\gamma(f) = \prod \gamma_v(f)$. Pour cela, soit Φ la fonction définie sur X_A par $\Phi(x) = \prod \Phi_v(x_v)$ pour $x = (x_v)$, avec $\Phi_v \in S(X_v)$ pour tout v, Φ_v étant pour presque tout v la fonction caractéristique de X_v°. On va appliquer le corollaire 2 du théorème 2, Chapitre I, n° 14, d'une part à Φ et d'autre part aux fonctions Φ_v. D'après les remarques faites à la fin du n° 24, le choix des mesures de Haar est indifférent ici; on prendra une mesure m_v sur chaque X_v, de façon que $m_v(X_v^\circ) = 1$ pour presque tout v; on en déduit une mesure produit sur chacun des ensembles X_S° définis par (29), et par suite une mesure sur X_A. D'après (27), n° 27, on voit immédiatement que, pour presque tout v, $\Phi_v * (\chi_v \circ f) = \Phi_v$, d'où $\gamma_v(f) = 1$ par application du corollaire en question. En appliquant alors celui-ci à X_A, on écrira les intégrales sur X_A comme limites des intégrales correspondantes sur les ensembles X_S°. Cela conduit aussitôt au résultat annoncé.

Pour obtenir la loi de réciprocité quadratique, on appliquera la proposition ci-dessus à une forme non dégénérée à 4 variables dont le discriminant soit un carré dans k. Pour la forme obtenue comme norme d'une algèbre $\mathfrak{k}$ de quaternions sur k, cela donne la loi de réciprocité sous la forme due à Hasse, $\prod h_v(\mathfrak{k}) = 1$, où $h_v(\mathfrak{k})$ a la valeur 1 ou -1 suivant que $\mathfrak{k} \otimes k_v$ est une algèbre de matrices ou une « vraie » algèbre de quaternions sur k_v. Pour la forme $x^2 - ay^2 - bz^2 + abt^2$ sur un corps k de caractéristique autre que 2, cela donne la loi de réciprocité sous la forme de Hilbert, $\prod (a/b)_v = 1$.

Malgré les apparences, la démonstration de la loi de réciprocité quadratique exposée ci-dessus ne diffère pas substantiellement de la démonstration classique au moyen des fonctions thêta et des sommes de Gauss; on notera à cet égard le rôle essentiel joué par des fonctions thêta généralisées dans la démonstration du théorème 5 du Chapitre I. D'autre part, désignons par $P(k, m)$ la propriété $\prod \gamma_v(f) = 1$ pour les formes quadratiques non dégénérées f sur les espaces X_k de dimension m sur le corps k. D'après la proposition 3, $P(k, m)$ résulte formellement de $P(k, 1)$ si k n'est pas de caractéristique 2, et de $P(k, 2)$ si k est de caractéristique 2. Soit de plus k' une extension séparable de k de degré d; soit τ la trace, prise dans k' sur le corps de base k. On a alors $A_{k'} = k' \otimes A_k$; et, si χ est le caractère introduit ci-dessus pour A_k, $\chi' = \chi \circ \tau$ est un caractère analogue pour $A_{k'}$. Si f' est une forme quadratique non dégénérée dans un espace $X_{k'}$ de dimension m sur k', $\tau \circ f'$ en est une dans l'espace sur k sous-jacent à $X_{k'}$. On en conclut aussitôt que $P(k, md)$ implique $P(k', m)$. Il résulte de ces remarques que par exemple, dans le cas de caractéristique 0, $P(k, m)$ est une conséquence formelle de $P(\mathbf{Q}, 1)$ quel que soit m et quel que soit le corps de nombres algé-

180   A. WEIL.

briques k. On notera aussi que la loi de réciprocité quadratique, sous la forme de Hasse ou sous la forme de Hilbert, est contenue dans $P(k,4)$, de sorte que, formellement du moins, cette loi est un résultat moins fort que $P(k,1)$ si k n'est pas de caractéristique 2, ou que $P(k,2)$ si k est de caractéristique 2.

Nous terminerons ce chapitre par une question : peut-on donner de la loi générale de réciprocité une démonstration analogue à celle qu'on vient d'exposer pour la loi de réciprocité quadratique?

III. Le groupe métaplectique (cas local et cas adélique)

31. Comme au n° 23, soit d'abord X un espace vectoriel (de dimension finie, comme toujours) sur un corps quelconque k; conservant les notations introduites au n° 23, nous aurons à considérer des automorphismes $z \to z\sigma$ de $X \times X^*$, qu'on notera, comme au Chapitre I (cf. n° 3), sous forme matricielle

$$\sigma = \begin{pmatrix} \alpha & \beta \\ \gamma & \delta \end{pmatrix}.$$

Comme au n° 3, on posera $\qquad \sigma^{\mathrm{I}} = \begin{pmatrix} \delta^* & -\beta^* \\ -\gamma^* & \alpha^* \end{pmatrix}.$

Sur $(X \times X^*) \times (X \times X^*)$, on considérera la forme bilinéaire

$$B(z_1, z_2) = [x_1, x_2^*] \quad (z_1 = (x_1, x_1^*), \ z_2 = (x_2, x_2^*)),$$

et on dira qu'un automorphisme σ de $X \times X^*$ est *symplectique* s'il laisse invariante la forme bilinéaire $B(z_1, z_2) - B(z_2, z_1)$; pour qu'il en soit ainsi, il faut et il suffit qu'on ait $\sigma\sigma^{\mathrm{I}} = 1$. Ces automorphismes forment un groupe qu'on appellera le *groupe symplectique* de X et qu'on notera $Sp(X)$.

Sur $X \times X^* \times k$, on mettra une structure de groupe au moyen de la loi de composition suivante (analogue à (4) du Chapitre I) :

$$(z_1, t_1) \cdot (z_2, t_2) = (z_1 + z_2, B(z_1, z_2) + t_1 + t_2); \tag{30}$$

on notera $\mathfrak{A}(X)$ le groupe ainsi défini. Soient alors σ un automorphisme de $X \times X^*$ et f une forme quadratique sur $X \times X^*$; pour que la formule

$$(z, t) \to (z\sigma, f(z) + t) \quad (z \in X \times X^*, t \in k) \tag{31}$$

définisse un automorphisme de $\mathfrak{A}(X)$, il faut et il suffit que σ et f satisfassent à la relation

$$f(z_1 + z_2) - f(z_1) - f(z_2) = B(z_1\sigma, z_2\sigma) - B(z_1, z_2) \tag{32}$$

analogue à (6) du Chapitre I. Lorsqu'il en est ainsi, on désignera par (σ, f) l'automorphisme de $\mathfrak{A}(X)$ défini par (31); le groupe formé par ces automorphismes sera appelé le *groupe pseudosymplectique* de X et sera noté $Ps(X)$. La loi de groupe dans $Ps(X)$ est donnée par

$$(\sigma, f) \cdot (\sigma', f') = (\sigma\sigma', f''),$$

où f'' est la forme quadratique définie par

$$f''(z) = f(z) + f'(z\sigma).$$

Si (32) est satisfaite, le second membre doit être symétrique en z_1 et z_2; pour qu'il en soit ainsi, il faut et il suffit que σ soit symplectique; donc $(\sigma, f) \to \sigma$ est un homomorphisme de $Ps(X)$ dans $Sp(X)$. Si k n'est pas de caractéristique 2, (32) fait correspondre à tout $\sigma \in Sp(X)$ une forme quadratique f et une seule sur $X \times X^*$; par suite, dans ce cas, $(\sigma, f) \to \sigma$ est un isomorphisme de $Ps(X)$ sur $Sp(X)$, au moyen duquel on pourra, chaque fois que ce sera commode, identifier ces groupes l'un avec l'autre. Au contraire, quand k est de caractéristique 2, on voit, en prenant $z_1 = z_2$ dans (32), que σ laisse invariante la forme quadratique non dégénérée $B(z,z)$ sur $X \times X^*$; par suite, $(\sigma, f) \to \sigma$ est un homomorphisme de $Ps(X)$ dans le groupe orthogonal $O(B)$ de cette forme dans $X \times X^*$; on vérifie aisément qu'il est surjectif; son noyau est formé par les éléments $(1, f)$ de $Ps(X)$, où, d'après (32), on doit prendre pour f toutes les formes quadratiques additives sur $X \times X^*$.

Si maintenant on part d'un espace vectoriel X_k sur k, et qu'on note X l'extension de X_k à un « domaine universel » sur k, on peut appliquer ce qui précède, soit à X_k et k, soit à X et au domaine universel. Les groupes $Sp(X)$, $\mathfrak{A}(X)$, $Ps(X)$ sont alors des groupes algébriques définis sur k, et $Sp(X_k)$, $\mathfrak{A}(X_k)$, $Ps(X_k)$ ne sont autres que les groupes $Sp(X)_k$, $\mathfrak{A}(X)_k$, $Ps(X)_k$ formés des éléments de $Sp(X)$, $\mathfrak{A}(X)$, $Ps(X)$ qui sont rationnels sur k. On notera que $Ps(X)$ est de dimension $m(2m+1)$ si $m = \dim(X)$, quelle que soit la caractéristique de k; on peut dire (en un sens que le langage des schémas permet de préciser) que $Ps(X)$ en caractéristique 2 est une dégénérescence du groupe symplectique en caractéristique 0. Il est bien connu que le groupe symplectique, en toute caractéristique, est connexe, simplement connexe et semisimple; il en est donc de même de $Ps(X)$ quand k n'est pas de caractéristique 2, mais ce n'est plus vrai en caractéristique 2.

32. On a, pour le groupe $Ps(X)$, des résultats entièrement analogues à ceux des n°s 5, 6 et 7 du Chapitre I pour le groupe $B_0(G)$; nous allons les résumer rapidement. On définit un monomorphisme dans $Ps(X)$ du groupe $\mathrm{Aut}(X)$ des automorphismes de X en posant

$$d(\alpha) = \left(\begin{pmatrix} \alpha & 0 \\ 0 & \alpha^{*-1} \end{pmatrix}, \ 0 \right).$$

182 A. WEIL

On définit une application dans $Ps(X)$ de l'ensemble $\mathrm{Is}(X^*, X)$ des isomorphismes de X^* sur X en posant

$$d'(\gamma) = \left(\begin{pmatrix} 0 & -\gamma^{*-1} \\ \gamma & 0 \end{pmatrix}, \; [x, \; -x^*] \right).$$

On définit un monomorphisme dans $Ps(X)$ du groupe additif $Q(X)$ des formes quadratiques sur X en posant

$$t(f) = \left(\begin{pmatrix} 1 & \varrho \\ 0 & 1 \end{pmatrix}, \; f \right),$$

où ϱ est le morphisme symétrique de X dans X^* associé à la forme quadratique f sur X. De même, si f' est une forme quadratique sur X^*, associée au morphisme ϱ' de X^* dans X, on posera

$$t'(f') = \left(\begin{pmatrix} 1 & 0 \\ \varrho' & 1 \end{pmatrix}, \; f' \right).$$

Entre les éléments de $Ps(X)$ ainsi définis, on a des relations analogues à celles des n°s 6–7, et notamment

$$d(\alpha)^{-1} t(f) d(\alpha) = t(f^\alpha), \quad d(\alpha) t'(f') d(\alpha)^{-1} = t'(f'^{\alpha^*}),$$

où f^α est définie par $f^\alpha(x) = f(x\alpha^{-1})$, et

$$d'(\gamma\alpha) = d'(\gamma) d(\alpha), \quad d'(\alpha^{*-1}\gamma) = d(\alpha) d'(\gamma),$$

pour $\alpha \in \mathrm{Aut}(X)$, $\gamma \in \mathrm{Is}(X^*, X)$.

Pour $s = (\sigma, f)$, $\sigma = \begin{pmatrix} \alpha & \beta \\ \gamma & \delta \end{pmatrix}$, posons $\gamma = \gamma(s)$; on conviendra de noter $\Omega(X)$ l'ensemble des $s \in Ps(X)$ pour lesquels $\gamma(s)$ est inversible, c'est-à-dire pour lesquels c'est un isomorphisme de X^* sur X. En répétant ici, avec des modifications évidentes, la démonstration de la proposition 1 du Chapitre I, n° 7, on voit que tout $s \in \Omega(X)$ se met d'une manière et d'une seule sous la forme

$$s = t(f_1) d'(\gamma) t(f_2), \tag{33}$$

où f_1, f_2 sont des formes quadratiques sur X, et $\gamma \in \mathrm{Is}(X^*, X)$; on a $\gamma = \gamma(s)$. Plus précisément, $\Omega(X)$ est k-ouvert dans $Ps(X)$ au sens de la topologie de Zariski, et (33) détermine un k-isomorphisme de variétés algébriques entre $\Omega(X)$ et $Q(X) \times \mathrm{Is}(X^*, X) \times Q(X)$; comme $\mathrm{Is}(X^*, X)$ n'est pas vide, $\Omega(X)$ n'est pas vide. Le complémentaire de $\Omega(X)$ dans $Ps(X)$ est d'ailleurs défini par $\det \gamma(s) = 0$, le déterminant étant pris pour un choix quelconque de bases dans X et X^*; il s'ensuit que ce complémentaire est réunion de variétés de codimension 0 ou 1 dans $Ps(X)$; c'est même une réunion de variétés de codimension 1 dans $Ps(X)$ chaque fois que k n'est pas de caractéristique 2, puisqu'alors $Ps(X)$ est isomorphe à $Sp(X)$ qui est connexe, et que $\Omega(X)$ n'est pas vide. Si au contraire k est de caractéristique 2, on sait que le groupe orthogonal $O(B)$ comprend deux composantes connexes $O^+(B)$, $O^-(B)$, formées respectivement par les éléments $\sigma = \begin{pmatrix} \alpha & \beta \\ \gamma & \delta \end{pmatrix}$ de $O(B)$ pour lesquels $\mathrm{tr}\,(\beta\gamma^*)$ a la valeur 0 ou 1; en désignant par $Ps^+(X)$ et $Ps^-(X)$ leurs images réciproques dans $Ps(X)$, on vérifie sans difficulté que $\Omega(X)$ est contenu dans $Ps^+(X)$ ou dans $Ps^-(X)$ suivant que la dimension m de X est paire ou impaire. D'une manière plus précise, soient $s = (\sigma, f) \in Ps(X)$ et σ comme ci-dessus, et soit r le rang de γ; alors on constate que $r \equiv \mathrm{tr}\,(\beta\gamma^*)$ mod. 2, ce qui donne bien $\mathrm{tr}\,(\beta\gamma^*) \equiv m$ (mod. 2) pour $r = m$, c'est-à-dire pour γ inversible.

33. On va considérer maintenant le cas où k est un corps local. Comme il a été expliqué au n° 24 du Chapitre II, on suppose donné, une fois pour toutes, un caractère non trivial χ de k, ce qui permet, chaque fois que X est un espace vectoriel (de dimension finie) sur k, d'identifier le dual algébrique X^* de X avec le dual de X au sens de la théorie des groupes abéliens localement compacts, donc d'appliquer à $G = X$ et $G^* = X^*$ la théorie exposée au Chapitre I.

La topologie donnée sur k permet, d'une manière évidente, de munir les groupes $\mathfrak{A}(X)$, $Ps(X)$ du n° 31 de topologies qui en font des groupes localement compacts. L'application $(w,t) \to (w, \chi(t))$ de $\mathfrak{A}(X)$ dans le groupe $A(X)$ du n° 4 est évidemment un homomorphisme; il en est de même de l'application μ de $Ps(X)$ dans le groupe $B_0(X)$ du n° 5 qui est définie par

$$\mu((\sigma, f)) = (\sigma, \chi \circ f).$$

Le noyau de μ est formé des éléments de $Ps(X)$ de la forme $(1, f)$, où f est une forme quadratique sur X telle que $\chi \circ f = 1$; comme le morphisme symétrique de X dans X^* associé à $\chi \circ f$ est le même que celui qui est associé à f, cette dernière relation entraîne que f est additive. Quand k n'est pas de caractéristique 2, μ est donc injectif; cela permet, dans ce cas, de simplifier les notations en identifiant $Ps(X)$ avec son image dans $B_0(X)$; avec cette convention, les applications d, d', t, t' du n° 32 deviennent des restrictions, à des ensembles convenables, des applications d_0, d_0', t_0, t_0' du Chapitre I, n° 6. Quand k est de caractéristique 2, il n'en est plus de même, et on peut dire seulement que les applications du n° 32 sont « compatibles », en un sens évident, avec celles du n° 6.

34. Au n° 10 du Chapitre I, on a défini, au moyen du théorème 1, un groupe $\mathbf{B}_0(G)$ d'automorphismes de $L^2(G)$, ainsi que la projection canonique π_0 de ce groupe sur $B_0(G)$. Prenant maintenant $G = X$ comme au n° 33, nous appellerons *groupe métaplectique* de X, et nous désignerons par $Mp(X)$, le sous-groupe de $Ps(X) \times \mathbf{B}_0(X)$ formé des éléments $\mathbf{S} = (s, \mathbf{s})$ de ce produit tels que $\mu(s) = \pi_0(\mathbf{s})$. On notera π l'application $(s, \mathbf{s}) \to s$ de $Mp(X)$

dans $Ps(X)$; comme π_0 est surjectif, π est un homomorphisme surjectif de $Mp(X)$ sur $Ps(X)$; son noyau est $\{e\} \times \mathbf{T}$, où e est l'élément neutre de $Ps(X)$ et où $\mathbf{T}$, comme précédemment, désigne le groupe des opérateurs $\Phi \to t\Phi$, avec $t \in T$, c'est-à-dire $t\bar{t} = 1$; pour simplifier les notations, on identifiera ce noyau avec $\mathbf{T}$, ou même éventuellement avec T; il est contenu dans le centre de $Mp(X)$.

L'application $(s, \mathbf{s}) \to s$ est une représentation de $Mp(X)$ dans le groupe des automorphismes de $L^2(X)$; pour $\mathbf{S} = (s, \mathbf{s}) \in Mp(X)$ et $\Phi \in L^2(X)$, on écrira, chaque fois que ce sera commode, $\mathbf{S}\Phi$ au lieu de $\mathbf{s}\Phi$.

Les formules du Chapitre I, n° 13, jointes à celles du n° 32, permettent de définir comme suit des applications de Aut (X), Is (X^*, X) et $Q(X)$ dans $Mp(X)$:

$$\mathbf{d}(\alpha) = (d(\alpha), \mathbf{d}_0(\alpha)) \quad (\alpha \in \mathrm{Aut}(X)),$$

$$\mathbf{d}'(\gamma) = (d'(\gamma), \mathbf{d}_0'(\gamma)) \quad (\gamma \in \mathrm{Is}(X^*, X)),$$

$$\mathbf{t}(f) = (t(f), \mathbf{t}_0(\chi \circ f)) \quad (f \in Q(X)).$$

Il convient de rappeler que, dans la définition de $\mathbf{d}_0$ et de $\mathbf{d}_0'$, on a à tenir compte des conventions faites au Chapitre I, n° 2, sur les mesures de Haar à choisir dans X et X^*, et sur la définition de $|\alpha|$ et de $|\gamma|$; il reviendrait au même, d'ailleurs, d'abandonner ces conventions, à condition de modifier les opérateurs $\mathbf{d}_0(\alpha)$, $\mathbf{d}_0'(\gamma)$ par des facteurs réels > 0 qui les rendent unitaires.

Dans le cas où f' est une forme quadratique additive sur X^* (et dans ce cas seulement), nous définirons aussi, comme suit, un relèvement $\mathbf{t}'(f')$ de $t'(f')$ à $Mp(X)$. L'hypothèse faite sur f' entraîne que $\chi \circ f'$ est un caractère de X^*; il y a donc un élément a de X tel que

$$\chi(f'(x^*)) = \chi([a, x^*])$$

quel que soit $x^* \in X^*$. Cela posé, désignons par $\mathbf{t}_0'(f')$ l'opérateur défini, pour tout $\Phi \in L^2(X)$, par

$$\mathbf{t}_0'(f')\Phi(x) = \Phi(x - a);$$

on vérifie immédiatement qu'alors $t_0'(f') = \pi_0(\mathbf{t}_0'(f'))$. On posera, dans ces conditions

$$\mathbf{t}'(f') = (t'(f'), \mathbf{t}_0'(f')).$$

Les relations obtenues au n° 13 du Chapitre I entre $\mathbf{d}_0$, $\mathbf{t}_0$, $\mathbf{d}_0'$, et au n° 33 entre d, t, d', entraînent immédiatement des relations analogues entre $\mathbf{d}$, $\mathbf{t}$, $\mathbf{d}'$, que nous nous dispensons d'écrire. Comme au n° 13, on définira aussi une section de $Mp(X)$ au dessus de l'ensemble $\Omega(X)$ des $s \in Ps(X)$ tels que $\gamma(s)$ soit inversible, en exprimant s au moyen de (33) et en posant alors

$$\mathbf{r}(s) = \mathbf{t}(f_1)\,\mathbf{d}'(\gamma)\,\mathbf{t}(f_2),$$

ou, ce qui revient au même, en écrivant

$$\mathbf{r}(s) = (s, \mathbf{r}_0(\mu(s))), \tag{34}$$

où $\mathbf{r}_0$ est défini comme au n° 13, et μ comme au n° 33. On notera qu'en raison de la structure de corps local qu'on s'est donnée sur k, $\Omega(X)$ est ici une partie ouverte de $Ps(X)$ et est donc localement compact, et même que (33) détermine un isomorphisme de variétés k-analytiques entre $\Omega(X)$ et $Q(X) \times \mathrm{Is}(X^*, X) \times Q(X)$. Le complémentaire de $\Omega(X)$ dans $Ps(X)$ est donné par $\det \gamma(s) = 0$; si k n'est pas de caractéristique 2, c'est donc un sous-ensemble k-analytique fermé de codimension 1 de $Ps(X)$, et alors $\Omega(X)$ engendre $Ps(X)$. Si k est de caractéristique 2, $\Omega(X)$ est contenu dans $Ps^+(X)$ ou dans $Ps^-(X)$ suivant que m est pair ou impair et engendre $Ps^+(X)$ dans le premier cas et $Ps(X)$ dans le second.

On a déjà fait remarquer à la fin du n° 33 que μ est injectif quand k n'est pas de caractéristique 2, ce qui permet alors, si l'on veut, d'identifier $Ps(X)$ avec son image dans $B_0(X)$; pour la même raison, on pourra alors (tout au moins du point de vue ensembliste) identifier $Mp(X)$ avec sa projection sur $\mathbf{B}_0(X)$.

35. Pour définir une topologie sur $Mp(X)$, on mettra sur $Ps(X)$ la topologie déjà introduite au n° 33 (qui en fait un groupe localement compact, et même k-analytique), et sur $\mathbf{B}_0(X)$ la topologie induite par la topologie « forte » du groupe des automorphismes de $L^2(X)$. Comme il est bien connu, celle-ci est définie par le système fondamental de voisinages de 1 formé par les ensembles de la forme

$$\{\mathbf{s} \mid \|\mathbf{s}\Phi_i - \Phi_i\| \leqslant 1 \quad (1 \leqslant i \leqslant n)\},$$

où $\Phi_1, \ldots, \Phi_n$ sont des éléments de $L^2(X)$ en nombre fini quelconque. Le groupe $Mp(X)$ ayant été défini ci-dessus comme sous-groupe de $Ps(X) \times \mathbf{B}_0(X)$, on le munira de la topologie induite par celle du groupe ambiant. Il est évident, d'après cette définition, que la projection π de $Mp(X)$ sur $Ps(X)$ est continue, et aussi que $(s, \mathbf{s}) \rightarrow \mathbf{s}$ est une représentation continue de $Mp(X)$ dans le groupe des automorphismes de $L^2(X)$ muni de la topologie forte; par définition de celle-ci, cela revient à dire que $(\mathbf{S}, \Phi) \rightarrow \mathbf{S}\Phi$ est une application continue de $Mp(X) \times L^2(X)$ dans $L^2(X)$.

On vérifie immédiatement que $\alpha \rightarrow \mathbf{d}_0(\alpha)$, $\gamma \rightarrow \mathbf{d}'_0(\gamma)$, $f \rightarrow \mathbf{t}_0(\chi \circ f)$ sont des applications continues de $\mathrm{Aut}(X)$, $\mathrm{Is}(X^*, X)$, $Q(X)$, respectivement, dans le groupe des automorphismes de $L^2(X)$ muni de la topologie forte; il s'ensuit que $\mathbf{d}, \mathbf{d}', \mathbf{t}$ sont des homéomorphismes des mêmes ensembles sur leurs images dans $Mp(X)$. On en conclut aussitôt que $\mathbf{r}$ est un homéomorphisme de $\Omega(X)$ sur son image dans $Mp(X)$, et par suite que l'application

$$(s, \tau) \rightarrow \tau \, \mathbf{r}(s) = (s, \tau \, \mathbf{r}_0(\mu(s))) \tag{35}$$

est un homéomorphisme de $\Omega(X) \times T$ sur $\pi^{-1}(\Omega(X))$. Comme ce dernier ensemble est ouvert dans $Mp(X)$, cela montre que $Mp(X)$ est localement compact, et aussi que π est un homomorphisme ouvert de $Mp(X)$ sur $Ps(X)$.

On notera que, lorsque X est la somme directe $X_1 \oplus X_2$ de deux espaces X_1, X_2 sur k, les résultats du n° 22 du Chapitre I permettent de définir d'une manière évidente une représentation de $Mp(X_1) \times Mp(X_2)$ dans $Mp(X)$, et que cette représentation est continue et induit sur $Mp(X_1)$ et $Mp(X_2)$ des isomorphismes de ces groupes sur leurs images dans $Mp(X)$, avec lesquelles on pourra donc les identifier chaque fois que ce sera commode.

D'autre part, il résulte des n°^{os} 11–12 du Chapitre I que, pour tout $\mathsf{S} \in Mp(X)$, l'automorphisme $\Phi \rightarrow \mathsf{S}\Phi$ de $L^2(X)$ induit sur $\mathcal{S}(X)$ un automorphisme de $\mathcal{S}(X)$; par suite, $(\mathsf{S}, \Phi) \rightarrow \mathsf{S}\Phi$ détermine une application de $Mp(X) \times \mathcal{S}(X)$ dans $\mathcal{S}(X)$; nous allons voir maintenant que celle-ci est continue. Pour cela, il suffira de montrer que $(s, \Phi) \rightarrow \mathbf{r}(s)\Phi$ est une application continue de $\Omega(X) \times \mathcal{S}(X)$ dans $\mathcal{S}(X)$; comme d'ailleurs (33) définit un homéomorphisme entre $\Omega(X)$ et $Q(X) \times \mathrm{Is}(X^*, X) \times Q(X)$, et que, si γ_0 est arbitrairement choisi dans $\mathrm{Is}(X^*, X)$, $\alpha \rightarrow \gamma_0 \alpha$ est un homéomorphisme de $\mathrm{Aut}(X)$ sur $\mathrm{Is}(X^*, X)$, on est ramené à démontrer la continuité de l'application

$$(f_1, \alpha, f_2, \Phi) \rightarrow \mathbf{t}_0(\chi \circ f_1)\, \mathbf{d}'_0(\gamma_0)\, \mathbf{d}_0(\alpha)\, \mathbf{t}_0(\chi \circ f_2)\, \Phi$$

de $Q(X) \times \mathrm{Aut}(X) \times Q(X) \times \mathcal{S}(X)$ dans $\mathcal{S}(X)$, ou, ce qui revient au même, celle des applications

$$(f, \Phi) \rightarrow \mathbf{t}_0(\chi \circ f)\, \Phi, \quad (\alpha, \Phi) \rightarrow \mathbf{d}_0(\alpha)\, \Phi$$

de $Q(X) \times \mathcal{S}(X)$ et de $\mathrm{Aut}(X) \times \mathcal{S}(X)$ dans $\mathcal{S}(X)$. Quant à celle-ci, la vérification en est immédiate.

36. Dans le cas où k est un corps à valuation discrète, on peut aussi, au lieu du relèvement $\mathbf{r}_0$, se servir du relèvement $\mathbf{r}_\Gamma$ qui a été défini au n° 19 du Chapitre I; on choisira ici pour Γ un réseau L de X. Dans les notations du Chapitre I, nous remplaçons donc G, G^*, Γ, Γ_* par X, X^*, L, L_*, où L est un réseau dans X et L_* le réseau qui correspond à L par dualité dans X^* (c'est-à-dire l'ensemble des $x^* \in X^*$ tels que $\chi([x, x^*]) = 1$ quel que soit $x \in L$). De même que nous avons substitué la considération de $Ps(X)$ à celle de $B_0(X)$, nous substituerons ici à la considération du groupe $B_0(X, L)$ qu'on obtiendrait en appliquant les définitions du n° 19 du Chapitre I celle du sous-groupe $Ps(X, L)$ de $Ps(X)$ formé des éléments $s = (\sigma, f)$ de $Ps(X)$ tels que $\chi \circ f$ prenne la valeur constante 1 sur $L \times L_*$ et que σ induise sur $L \times L_*$ un automorphisme de ce groupe. On vérifie immédiatement que c'est là un sous-groupe ouvert de $Ps(X)$, compact chaque fois que k n'est pas de caractéristique 2, et que l'homomorphisme μ de $Ps(X)$ dans $B_0(X)$ applique $Ps(X,L)$ dans $B_0(X,L)$.

Avec les notations ci-dessus, l'espace $H(G,\Gamma)$ du Chapitre I, n° 18, devient un espace de Hilbert $H(X,L)$, et la formule (25) du n° 19 de ce chapitre définit une représentation $\mathbf{r}_L$ de $B_0(X,L)$ dans le groupe des automorphismes de $H(X,L)$, donc une représentation $\mathbf{r}_L \circ \mu$ de $Ps(X,L)$ dans ce groupe; par transport de structure au moyen de l'isomorphisme Z^{-1} de $H(X,L)$ sur $L^2(X)$ qui est défini au n° 18 du même chapitre, on en tire des représentations de $B_0(X,L)$ et de $Ps(X,L)$, notées aussi $\mathbf{r}_L$ et $\mathbf{r}_L \circ \mu$ par abus de notation, dans le groupe des automorphismes de $L^2(X)$. De plus, on déduit immédiatement de (25) que la représentation $\mathbf{r}_L \circ \mu$ de $Ps(X,L)$ dans le groupe des automorphismes de $H(X,L)$, ou, ce qui revient au même, de $L^2(X)$, est continue quand ce dernier groupe est muni de la topologie forte. Désignons alors par $\mathbf{r}'_L$ la représentation

$$s \to (s, \mathbf{r}_L(\mu(s)))$$

de $Ps(X,L)$ dans $Mp(X)$; il résulte de ce qui précède que $\mathbf{r}'_L$ est un isomorphisme de $Ps(X,L)$ sur son image dans $Mp(X)$, puis que $(s, \tau) \to \tau \mathbf{r}'_L(s)$ est un isomorphisme de $Ps(X,L) \times T$ sur un sous-groupe ouvert de $Mp(X)$. De plus, il résulte immédiatement de la fin du n° 21 du Chapitre I que, pour tout $\Phi \in S(X)$, l'application $s \to \mathbf{r}'_L(s)\Phi$ de $Ps(X,L)$ dans $S(X)$ est localement constante.

37. Nous allons maintenant étendre les résultats précédents au cas adélique. Nous reprenons naturellement ici les hypothèses et les notations des n°^{os} 29 et 30 du Chapitre II, que nous étendons d'une manière évidente à tous les groupes algébriques définis sur le corps de base k; en particulier, on écrira $Ps(X)_k$, $Ps(X)_v$ pour les groupes formés par les éléments du groupe algébrique $Ps(X)$ qui sont rationnels respectivement sur k et sur k_v, et on écrira $Ps(X)_A$ pour le groupe adélique attaché à $Ps(X)$ de la manière habituelle. Comme au n° 29, on désigne par $X°$ une base de X, et par $(X^*)°$ une base de X^*, dont on pourra supposer, pour fixer les idées, que c'est la base duale de $X°$. Pour toute complétion k_v de k à valuation discrète, on désignera par $Ps(X)_v°$ le groupe formé des éléments (σ, f) de $Ps(X)_v$ tel que σ induise sur $X_v° \times (X^*)_v°$ un automorphisme de ce réseau, et que f induise sur ce même réseau une fonction à valeurs entières (c'est-à-dire appartenant à l'anneau $\mathfrak{o}_v$ des entiers de k_v). Alors $Ps(X)_A$ est la réunion, et même la limite inductive, des groupes

$$Ps(X)_S° = \prod_{v \in S} Ps(X)_v \times \prod_{v \notin S} Ps(X)_v°$$

lorsqu'on prend pour S, comme d'habitude, tous les ensembles finis de complétions de k contenant l'ensemble S_∞ de celles qui sont isomorphes à $\mathbf{R}$ ou à $\mathbf{C}$.

De même que dans le cas local (cf. n° 33), on a un homomorphisme $(w,t) \to (w, \chi(t))$ de $\mathfrak{A}(X)_A$ dans le groupe $A(X_A)$ attaché au groupe localement compact X_A au sens du Chapitre I, n° 4. De même la formule

$$\mu_A((\sigma, f)) = (\sigma, \chi \circ f)$$

définit un homomorphisme μ_A de $Ps(X)_A$ dans le groupe $B_0(X_A)$ attaché à X_A au sens du Chapitre I, n° 5; comme dans le cas local, μ_A est injectif lorsque k n'est pas de caractéristique 2.

Comme dans le cas local, on définira alors le *groupe métaplectique* $Mp(X)_A$ comme étant le sous-groupe de $Ps(X)_A \times \mathbf{B}_0(X_A)$ formé des éléments $(\dot{s}, s)$ de ce produit tels que $\mu_A(s) = \pi_0(s)$; on lui donnera la topologie induite par celle du groupe ambiant lorsqu'on donne à $\mathbf{B}_0(X_A)$ la topologie forte et à $Ps(X)_A$ la topologie adélique usuelle. On désignera de nouveau par π la projection de ce groupe sur $Ps(X)_A$; elle est surjective et a pour noyau le groupe $\{e\} \times \mathbf{T}$, qu'on notera aussi, plus simplement, $\mathbf{T}$.

38. On va maintenant définir un relèvement continu dans $Mp(X)_A$ d'une partie ouverte de $Ps(X)_A$, ce qui, de même que dans le cas local, permettra aussitôt de conclure que $Mp(X)_A$ est localement compact et même localement homéomorphe à $Ps(X)_A \times T$, et que π est une application ouverte de $Mp(X)_A$ sur $Ps(X)_A$. Pour cela, posons, pour tout v, $\Omega_v = \Omega(X)_v$; c'est une partie ouverte non vide de $Ps(X)_v$. Posons alors, pour tout ensemble fini S de complétions de k, contenant S_∞ :

$$\Omega_S = \prod_{v \in S} \Omega_v \times \prod_{v \notin S} Ps(X)_v^\circ;$$

c'est une partie ouverte de $Ps(X)_S^\circ$, donc de $Ps(X)_A$. Sur chaque Ω_v, nous disposons, d'après le n° 34, d'un relèvement de Ω_v dans $Mp(X)_v$, que nous noterons $\mathbf{r}_v$; d'autre part, d'après le n° 36, nous disposons, pour tout v tel que k_v soit à valuation discrète, et pour tout réseau L dans X_v, d'un relèvement $\mathbf{r}'_L$ de $Ps(X_v, L)$ dans $Mp(X_v)$; de plus, d'après le n° 21 du Chapitre I, celui-ci applique $Ps(X_v, L)$ sur un sous-groupe de $Mp(X_v)$ qui laisse invariante la fonction caractéristique du réseau L. Pour presque tout v, $Ps(X)_v^\circ$ est un sous-groupe de $Ps(X_v, L)$ lorsqu'on prend $L = X_v^\circ$; on désignera par S_0 l'ensemble (fini, et contenant S_∞) des complétions de k pour lesquelles il n'en est pas ainsi, et, pour $v \notin S_0$, on désignera par $\mathbf{r}'_v$ le relèvement induit sur $Ps(X)_v^\circ$ par $\mathbf{r}'_L$ lorsqu'on prend $L = X_v^\circ$.

D'autre part, pour tout v, soit Φ_v une fonction appartenant à $L^2(X_v)$, et supposons que, pour presque tout v, Φ_v soit la fonction caractéristique de X_v°; soit Φ la fonction sur X_A, définie pour $x = (x_v) \in X_A$ par la formule

$$\Phi(x) = \prod_v \Phi_v(x_v). \tag{36}$$

La mesure sur X_A étant définie conformément aux conventions rappelées au n° 30 du Chapitre II, Φ appartient à $L^2(X_A)$, et les combinaisons linéaires de fonctions de cette forme sont partout denses dans $L^2(X_A)$. Pour tout $S \supset S_0$, et tout $s = (s_v) \in \Omega_S$, on posera alors

$$\mathbf{r}_S(s)\,\Phi(x) = \prod_{v \in S} \mathbf{r}_v(s_v)\,\Phi_v(x_v) \times \prod_{v \notin S} \mathbf{r}'_v(s_v)\,\Phi_v(x_v).$$

D'après ce qu'on a rappelé plus haut, presque tous les facteurs du second produit sont respectivement égaux aux fonctions caractéristiques des réseaux X_v°, de sorte que la fonction ainsi définie est de la même forme que Φ. Il résulte alors du n° 22 du Chapitre I que l'application $\Phi \to \mathbf{r}_S(s)\Phi$ définie ci-dessus pour les fonctions de la forme (36) se prolonge à un automorphisme de $L^2(X_A)$, et qu'on a défini ainsi un relèvement continu $\mathbf{r}_S$ de Ω_S dans $Mp(X)_A$. De là on tire aussitôt les conséquences annoncées plus haut.

39. Comme dans le cas local, on va montrer maintenant que $(\mathbf{S}, \Phi) \to \mathbf{S}\Phi$ détermine une application continue de $Mp(X_A) \times S(X_A)$ dans $S(X_A)$; de même qu'au n° 35, il suffit pour cela de montrer que $(s, \Phi) \to \mathbf{r}_S(s)\Phi$ est une application continue de $\Omega_S \times S(X_A)$ dans $S(X_A)$.

D'après les définitions du n° 11 du Chapitre I, et les remarques du n° 29 du Chapitre II, $S(X_A)$ se compose des combinaisons linéaires finies, à coefficients constants, des fonctions de la forme

$$\Phi_\infty(x_\infty) \prod_{v \notin S_\infty} \Phi_v(x_v), \tag{37}$$

où Φ_∞ appartient à l'espace $S(X_\infty)$ du produit $X_\infty = \prod X_v$ étendu aux $v \in S_\infty$ (de sorte que X_∞ est un espace vectoriel de dimension finie sur $\mathbf{R}$), où Φ_v appartient à $S(X_v)$ pour tout v, et où Φ_v est égale, pour presque tout v, à la fonction caractéristique de X_v°.

Soit alors Φ la fonction définie par (37), et soit $s \in \Omega_S$. De même que plus haut, $\mathbf{r}'_v$ laisse Φ_v invariante pour presque tout v. Pour tout $v \in S - S_\infty$, $s_v \to \mathbf{r}_v(s_v)\Phi_v$ est une application continue, et même localement constante, de $Ps(X)_v^\circ$ dans $S(X_v)$. Enfin, il résulte du n° 22 du Chapitre I, et du n° 35, appliqués au produit X_∞, que les s_v (resp. les $\mathbf{r}_v(s_v)$) pour $v \in S_\infty$ déterminent un élément s_∞ de $Ps(X_\infty)$ (resp. un élément $\mathbf{r}_\infty(s_\infty)$ de $Mp(X_\infty)$), leur « produit tensoriel », de telle sorte que $s_\infty \to \mathbf{r}_\infty(s_\infty)$ soit une application continue; il s'ensuit, d'après le n° 35, que $s_\infty \to \mathbf{r}_\infty(s_\infty)\Phi_\infty$ est une application continue dans $S(X_\infty)$ du produit $\prod \Omega_v$ étendu aux $v \in S_\infty$. De la combinaison de ces résultats, on conclut que $s \to \mathbf{r}_S(s)\Phi$ est une application continue de Ω_S dans $S(X_A)$, puis que $\mathbf{S} \to \mathbf{S}\Phi$ est une application continue de $Mp(X)_A$ dans $S(X_A)$, quelle que soit $\Phi \in S(X_A)$.

Pour achever de démontrer la continuité de $(s, \Phi) \to \mathbf{r}_S(s)\Phi$, il suffit alors de vérifier ce qui suit : soient K une partie compacte de Ω_S, et U un voisinage convexe de 0 dans $S(X_A)$; alors l'ensemble U' des $\Phi \in S(X_A)$ tels que $\mathbf{r}_S(s)\Phi \in U$ quel que soit $s \in K$ est un voisinage de

0 dans $S(X_A)$. Comme U' est convexe, cela revient, d'après la définition de la topologie de $S(X_A)$ comme limite inductive de celles des $S(H, H')$ (cf. n° 11), à montrer que $U' \cap S(H, H')$ est un voisinage de 0 dans $S(H, H')$ quels que soient H et H'. Or, pour K, H et H' donnés, il y a un ensemble fini S' de complétions de k ayant les propriétés suivantes : (a) pour tout $s = (s_v) \in K$ et tout $v \notin S'$, on a $s_v \in Ps(X)_v^\circ$; (b) toute fonction appartenant à $S(H, H')$ est combinaison linéaire de fonctions de la forme (37) où Φ_v est la fonction caractéristique de X_v° pour tout $v \notin S'$. Dans ces conditions, l'assertion qu'il s'agit de démontrer est une conséquence immédiate des propriétés de continuité démontrées au n° 35 pour le cas local.

40. D'autre part, on peut appliquer les résultats du Chapitre I, n°^{os} 16–19, à $G = X_A$, $G^* = X_A^*$, $\Gamma = X_k$, $\Gamma_* = X_k^*$; il est immédiat qu'alors l'homomorphisme μ_A de $Ps(X)_A$ dans $B_0(X_A)$, défini au n° 37, applique $Ps(X)_k$ dans le sous-groupe de $B_0(X_A)$ qui, avec les notations du n° 19, s'écrit $B_0(X_A, X_k)$. De même que dans les situations analogues étudiées plus haut, on peut donc, au moyen du relèvement r_Γ de $B_0(G, \Gamma)$ défini au n° 19, définir ici un relèvement de $Ps(X)_k$ dans $B_0(G)$, et par suite un relèvement de $Ps(X)_k$ dans $Mp(X)_A$, qu'on notera r_k. Nous allons maintenant expliciter celui-ci; il suffira d'ailleurs pour cela d'exprimer $r_k(s)\Phi$ au moyen de Φ pour $\Phi \in S(X_A)$, $s \in Ps(X)_k$. Conformément aux définitions du Chapitre I, nous devons donc introduire la fonction

$$\Theta(x, x^*) = \sum_{\xi \in X_k} \Phi(x + \xi) \chi([\xi, x^*]) \quad (x \in X_A, x^* \in X_A^*);$$

ici, comme on l'a déjà noté dans le cas plus général étudié au Chapitre I, n° 18, la série du second membre est uniformément convergente sur tout compact en vertu de l'hypothèse $\Phi \in S(X_A)$. On a alors la formule (cas particulier de (23) du n° 18) :

$$\Phi(x) = \int_{X_A^*/X_k^*} \Theta(x, x^*)\, d\dot{x}^*,$$

où $d\dot{x}^*$ est la mesure sur le groupe compact X_A^*/X_k^* qui donne la valeur 1 à la mesure du groupe. Soit $s = (\sigma, f)$ un élément de $Ps(X)_k$, et écrivons comme d'habitude $\sigma = \begin{pmatrix} \alpha & \beta \\ \gamma & \delta \end{pmatrix}$. D'après le n° 19, la fonction $\Phi' = r_k(s)\Phi$ est définie par les formules

$$\Theta'(z) = \Theta(z\sigma)\chi(f(z)) \quad (z = (x, x^*) \in X_A \times X_A'),$$

$$\Phi'(x) = \int \Theta'(x, x^*)\, d\dot{x}^*,$$

ou encore
$$\Phi'(x) = \int \Theta(x\alpha + x^*\gamma,\, x\beta + x^*\delta)\chi(f(x, x^*))\, d\dot{x}^*,$$

l'intégrale étant prise sur X_A^*/X_k^*. Soit N le noyau de γ dans X^*; soit $Y = X^*/N$. On peut, d'une manière évidente, identifier N_A/N_k avec un sous-groupe fermé de X_A^*/X_k^* et Y_A/Y_k avec le quotient de X_A^*/X_k^* par N_A/N_k; en désignant par $\bar{x}^*$ l'image de $\dot{x}^*$ dans ce dernier quotient, on pourra donc écrire

$$\Phi'(x) = \int \Psi(x, \bar{x}^*)\, d\bar{x}^*,$$

où Ψ est donnée par la formule

$$\Psi(x, \bar{x}^*) = \int_{N_A/N_k} \sum_{\xi \in X_k} \Phi(x\alpha + x^*\gamma + \xi)\, \chi\left([\xi, x\beta + (x^* + n)\delta] + f(x, x^* + n)\right) d\dot{n}\,;$$

ici $\dot{n}$ désigne l'image dans N_A/N_k de $n \in N_A$, et $d\dot{n}$ est la mesure dans N_A/N_k pour laquelle N_A/N_k a la mesure 1; de même, $d\bar{x}^*$ est la mesure dans Y_A/Y_k pour laquelle Y_A/Y_k a la mesure 1.

On a d'ailleurs, en vertu de (32) :

$$f(x, x_1^* + x_2^*) = f(0, x_1^*) + f(x, x_2^*) + [x_1^*\gamma, x\beta + x_2^*\delta],$$

d'où, pour $n \in N$:

$$f(x, x^* + n) = f(0, n) + f(x, x^*).$$

En particulier, il s'ensuit que $f(0, n)$ est une forme additive sur N. Comme f est rationnelle sur k, on peut donc définir un caractère φ de N_A/N_k en posant $\varphi(\dot{n}) = \chi(f(0, n))$ pour $n \in N_A$, puis prolonger φ à un caractère de X_A^*/X_k^*. Il revient au même de dire qu'il y a un caractère de X_A^*, prenant la valeur 1 sur X_k^*, qui coïncide avec $\chi(f(0, n))$ sur N_A, ou encore qu'il existe $\xi_0 \in X_k$ tel que l'on ait

$$\chi(f(0, n)) = \chi([\xi_0, n])$$

quel que soit $n \in N_A$. Bien entendu, si k n'est pas de caractéristique 2, la forme additive $f(0, n)$ sur N se réduit à 0, de sorte qu'on peut prendre $\xi_0 = 0$.

Cela posé, l'expression ci-dessus pour Ψ s'écrit aussi

$$\Psi(x, \bar{x}^*) = \int \sum_{\xi} \Phi(x\alpha + x^*\gamma + \xi)\, \chi\left([\xi, x\beta + x^*\delta] + f(x, x^*)\right) \chi([\xi\delta^* + \xi_0, n])\, d\dot{n},$$

ou plus simplement

$$\Psi(x, \bar{x}^*) = \sum_{\xi \in L} \Phi(x\alpha + x^*\gamma + \xi)\, \chi\left([\xi, x\beta + x^*\delta] + f(x, x^*)\right),$$

où la sommation est étendue à l'ensemble L des $\xi \in X_k$ tels que l'on ait

$$[\xi\delta^* + \xi_0, n] = 0$$

pour tout $n \in N$, ou encore tels que $\xi\delta^* + \xi_0$ appartienne au sous-espace N_* de X orthogonal au noyau N de γ dans X^*; N_* n'est pas autre chose que l'image $X^*\gamma^*$ de X^* par γ^*. On peut dire aussi que L est l'ensemble des $\xi \in X_k$ tels que l'équation

$$\xi\delta^* + \xi_0 = \xi^*\gamma^*$$

ait une solution ξ^* dans X_k^*; comme on a

$$\sigma^{-1} = \begin{pmatrix} \delta^* & -\beta^* \\ -\gamma^* & \alpha^* \end{pmatrix},$$

cela revient à dire que $(\xi, \xi^*)\,\sigma^{-1}$ est de la forme $(-\xi_0, \xi_1^*)$ avec $\xi_1^* \in X_k$. En définitive, L est donc l'image de X_k^* par l'application

$$\xi_1^* \rightarrow -\xi_0\alpha + \xi_1^*\gamma$$

de X_k^* dans X_k. En tenant compte de (32), on peut alors écrire

$$\Psi(x, \bar{x}^*) = \sum \Phi((x - \xi_0)\alpha + (x^* + \xi_1^*)\gamma)\,\chi\,(f\,(x - \xi_0, x^* + \xi_1^*) - [\xi_0, x^*]),$$

où la sommation est étendue à des valeurs de ξ_1^* prises dans un système complet de représentants de X_k^* modulo N_k. Observons maintenant qu'en vertu de la définition de ξ_0, la fonction

$$\chi(f(x, x^*) - [\xi_0, x^*])$$

ne change pas si on y remplace x^* par $x^* + n$, avec $n \in N_A$. On peut donc définir une fonction Ω sur $X_A \times Y_A$ en posant

$$\Omega(x, y) = \Phi(x\alpha + x^*\gamma)\chi(f(x, x^*) - [\xi_0, x^*])$$

chaque fois que $x \in X_A$, $x^* \in X_A^*$, et que y est l'image de x^* dans $Y_A = X_A^*/N_A$. On a alors, avec ces mêmes notations

$$\Psi(x, \bar{x}^*) = \sum_{\eta \in Y_k} \Omega(x - \xi_0, y + \eta),$$

et par suite

$$\Phi'(x) = \int_{Y_A} \Omega(x - \xi_0, y)\,dy,$$

où dy est la mesure de Tamagawa sur Y_A (celle pour laquelle Y_A/Y_k est de mesure 1). Comme $x^* \rightarrow x^*\gamma$ détermine, par passage au quotient, un isomorphisme de Y sur l'image $Z = X^*\gamma$ de X^* par γ, on obtient en définitive

SUR CERTAINS GROUPES D'OPÉRATEURS UNITAIRES   193

$$\mathbf{r}_k(s)\,\Phi(x) = \int_{Z_A} \Phi((x-\xi_0)\,\alpha + z)\,\psi(x-\xi_0,z)\,dz, \tag{38}$$

où $Z = X^*\gamma$, dz est la mesure de Tamagawa sur Z_A, et ψ est le caractère du second degré de $X_A \times Z_A$ défini par

$$\psi(x,x^*\gamma) = \chi(f(x,x^*) - [\xi_0,x^*]) \quad (x \in X_A, x^* \in X_A^*).$$

41. L'application du théorème 4 du Chapitre I, n° 19, va nous donner maintenant le résultat que nous avions principalement en vue dans ce mémoire. Ce théorème donne d'abord :

$$\sum_{\xi \in X_k} \Phi(\xi) = \sum_{\xi \in X_k} \mathbf{r}_k(s)\,\Phi(\xi), \tag{39}$$

égalité qui est valable chaque fois que $s \in Ps(X)_k$ et $\Phi \in S(X_A)$; elle se réduit à la formule de Poisson lorsque $s = d'(\gamma)$, γ étant un isomorphisme de X_k^* sur X_k. De là, ou, ce qui revient du même, du corollaire du théorème 4, nous voulons maintenant déduire ce qui suit :

THÉORÈME 6. *Soient X_k un espace vectoriel de dimension finie sur k, et Φ une fonction appartenant à $S(X_A)$. Soit Θ la fonction sur $Mp(X)_A$, définie, pour tout $S \in Mp(X)_A$, par la formule*

$$\Theta(S) = \sum_{\xi \in X_k} S\,\Phi(\xi).$$

Alors Θ est une fonction continue sur $Mp(X)_A$, invariante par les translations à gauche déterminées par les éléments de $Mp(X)_A$ de la forme $\mathbf{r}_k(s)$, avec $s \in Ps(X)_k$.

L'invariance de Θ est évidente d'après (39), ou d'après le corollaire du théorème 4 du n° 19; il n'y a à démontrer que sa continuité, que nous déduirons des lemmes suivants.

LEMME 4. *Soit $(a_n)_{n \in \mathbf{N}}$ une suite de nombres réels $a_n > 0$. Alors il existe une fonction $\varphi \in S(\mathbf{R})$ telle que l'on ait, quel que soit x :*

$$\varphi(x) \geqslant \inf_{n \in \mathbf{N}} (a_n |x|^{-n}).$$

En effet, soit $f(x) = \inf(a_n |x|^{-n})$; soit g une fonction indéfiniment différentiable sur $\mathbf{R}$, à valeurs $\geqslant 0$, de support contenu dans $[-1, +1]$, et telle que $\int g\,dx = 1$, et soit $h = f \ast g$. On aura

$$f(x-1) \geqslant h(x) \geqslant f(x+1) \quad \text{pour} \quad x \geqslant +1,$$

$$f(x-1) \leqslant h(x) \leqslant f(x+1) \quad \text{pour} \quad x \leqslant -1.$$

De plus, si $D = d/dx$, on a $D^p h = f \ast D^p g$ quel que soit $p \geqslant 0$, d'où on conclut immédiatement que $|x^n D^p h|$ est borné pour tout $n \geqslant 0$ et tout $p \geqslant 0$, donc $h \in S(\mathbf{R})$. Soit $h_0 \in S(\mathbf{R})$ tel que $h_0(x) \geqslant 0$ pour tout x et $h_0(x) \geqslant a_0$ pour $-2 \leqslant x \leqslant +2$. On aura, quel que soit x :

$$f(x) \leqslant h(x-1) + h(x+1) + h_0(x),$$

ce qui démontre le lemme[1].

LEMME 5. *Soient G un groupe abélien localement compact et C une partie compacte de $S(G)$. Alors il existe $\Phi_0 \in S(G)$ telle que $|\Phi(x)| \leqslant \Phi_0(x)$ quels que soient $\Phi \in C$ et $x \in G$.*

Avec les notations qui ont servi à définir $S(G)$ au n° 11, on sait (cf. Bruhat [1]) que toute partie compacte de $S(G)$ est contenue dans un espace $S(H, H')$; il suffit donc de démontrer le lemme pour un groupe élémentaire $G = \mathbf{R}^n \times \mathbf{Z}^p \times T^q \times F$, où F est un groupe fini. Soit $x \in G$; soient $x_1, ..., x_n, y_1, ..., y_p$ ses coordonnées relatives aux facteurs $\mathbf{R}$, $\mathbf{Z}$ de G; posons

$$r(x) = \sum_{i=1}^{n} x_i^2 + \sum_{j=1}^{p} y_j^2,$$

et, pour tout $n \in \mathbf{N}$:

$$a_n = \sup_{x \in G, \, \Phi \in C} |r(x)^n \Phi(x)|;$$

d'après la définition de $S(G)$, on a $a_n < +\infty$ pour tout n. Pour cette suite (a_n), soit φ une fonction de $S(\mathbf{R})$ ayant la propriété énoncée dans le lemme 4. Alors $\Phi_0 = \varphi \circ r$ a la propriété voulue.

Revenons à la démonstration du théorème 6. Il résulte immédiatement des définitions que, pour tout $x_0 \in X_A$, $\Phi \to \Phi(x_0)$ est une application continue de $S(X_A)$ dans $\mathbf{C}$. Comme d'autre part on a montré que, pour chaque $\Phi \in S(X_A)$, $S \to S\Phi$ est une application continue de $Mp(X)_A$ dans $S(X_A)$, il s'ensuit que chacun des termes de la série qui définit Θ est une fonction continue sur $Mp(X)_A$. Soit C une partie compacte de $Mp(X)_A$; si $\Phi \in S(X_A)$, l'image de C par $S \to S\Phi$ est une partie compacte de $S(X_A)$, et il résulte donc du lemme 5 qu'il existe $\Phi_0 \in S(X_A)$ telle que $|S\Phi| \leqslant \Phi_0$ quel que soit $S \in C$. La série qui définit $F(S)$ est donc, pour $S \in C$, majorée terme à terme par la série $\sum \Phi_0(\xi)$. Celle-ci étant convergente d'après ce qui précède, cela achève la démonstration.

La définition de fonctions modulaires au moyen de séries thêta est naturellement un cas particulier du mode de définition de fonctions automorphes qui est contenu dans le théorème 6.

IV. Réduction du groupe métaplectique

42. Aussi bien dans le cas local que dans le cas adélique, le groupe métaplectique est une extension centrale du groupe pseudosymplectique par le groupe T. On va montrer maintenant qu'en général cette extension n'est pas triviale, mais que du moins elle se

---

[1] Cette démonstration m'a été communiquée par J. Dieudonné.

ramène toujours à une extension par le groupe à deux éléments $\{\pm 1\}$, ou, comme on pourrait le dire aussi, à un revêtement à deux feuillets.

Nous aurons besoin d'un lemme de théorie des groupes, sans rapport avec ce qui précède.

Lemme 6. *Soient G un groupe, et U une partie de G, tels que $U^{-1} \cap Ua \cap Ub \cap Uc \neq \emptyset$ quels que soient a, b, c dans G. Soit R l'ensemble des éléments (u, u', u'') de $U \times U \times U$ tels que $u'' = uu'$. Alors G est engendré par les éléments de U et peut être identifié avec le groupe défini par ces générateurs et par les relations $u'' = uu'$ pour $(u, u', u'') \in R$.*

Soit $x \in G$; soit $v \in U^{-1} \cap Ux^{-1}$; alors on a $x = v^{-1}(vx)$ et $v^{-1} \in U$, $vx \in U$, ce qui justifie la première assertion. Soit $\bar{G}$ le groupe engendré par des éléments $\bar{u}$ correspondant biunivoquement aux $u \in U$, et défini par ces générateurs et par les relations $\bar{u}'' = \bar{u}\bar{u}'$ correspondant aux éléments (u, u', u'') de R; alors $\bar{u} \to u$ détermine un homomorphisme h de $\bar{G}$ sur G, et nous avons à démontrer que le noyau N de h se réduit à l'élément neutre $\bar{e}$ de $\bar{G}$. Montrons d'abord que, si un élément de N est de la forme $\bar{u}_0^{-1}\bar{u}_1\bar{u}_2...\bar{u}_n$, c'est $\bar{e}$. Pour $n = 1$ c'est trivial; pour $n = 2$, cela résulte de la définition de $\bar{G}$; nous pouvons donc procéder par récurrence. Un tel élément de N étant donné, soit v un élément de l'ensemble

$$U^{-1} \cap Uu_0^{-1} \cap Uu_1^{-1} \cap Uu_2^{-1}u_1^{-1}.$$

Les éléments $u = v^{-1}$, $u' = vu_0$, $u'' = vu_1$, $u''' = vu_1u_2$ de G appartiennent donc à U, et on a les relations

$$u_0 = uu', \quad u_1 = uu'', \quad u''u_2 = u''', \quad u' = u'''u_3...u_n,$$

ce qui entraîne (en vertu de la définition de $\bar{G}$ en ce qui concerne les trois premières de ces relations, et en vertu de l'hypothèse de récurrence en ce qui concerne la dernière)

$$\bar{u}_0 = \bar{u}\bar{u}', \quad \bar{u}_1 = \bar{u}\bar{u}'', \quad \bar{u}''\bar{u}_2 = \bar{u}''', \quad \bar{u}' = \bar{u}'''\bar{u}_3...\bar{u}_n,$$

et par suite $\bar{u}_0 = \bar{u}_1\bar{u}_2...\bar{u}_n$, comme nous l'avions annoncé. Montrons maintenant que, si un élément de N est de la forme $\bar{u}_1...\bar{u}_n$ (où $n \geqslant 1$), c'est $\bar{e}$. En effet, cette hypothèse entraîne que $\bar{u}^{-1}\bar{u}\bar{u}_1...\bar{u}_n$ est dans N quel que soit $u \in U$, d'où la conclusion annoncée en vertu de ce qu'on a démontré précédemment. Soit alors $V = U \cup U^{-1}$, et soit S l'ensemble des éléments (v, v', v'') de $V \times V \times V$ tels que $v'' = vv'$. Prolongeons à V l'application $u \to \bar{u}$ de U dans $\bar{G}$ en posant $\bar{v} = \bar{u}^{-1}$ pour $v = u^{-1}$, $u \in U$, ce qui, d'après ce qu'on a démontré, coïncide bien sur $U \cap U^{-1}$ avec l'application $u \to \bar{u}$ qu'il s'agissait de prolonger. D'après ce qu'on a déjà démontré, on vérifie immédiatement, par l'examen des différents cas possibles, que $\bar{v}'' = \bar{v}\bar{v}'$ chaque fois que $(v, v', v'') \in S$. Mais alors le raisonnement fait plus haut pour U et R

s'applique à V et S et montre que tout élément de N de la forme $\bar{v}_1 \ldots \bar{v}_n$ est égal à $\bar{e}$. Comme tout élément de $\bar{G}$ peut se mettre sous cette forme, cela achève la démonstration.

Il est clair que les hypothèses du lemme 6 sont satisfaites lorsqu'on prend pour G un groupe analytique sur un corps local k, et pour U le complémentaire d'une réunion de sous-variétés analytiques de G de codimension $\geqslant 1$. En particulier, il en sera ainsi, d'après les n°s 31–32, quand k est un corps local de caractéristique autre que 2, X un espace vectoriel de dimension finie sur k, et qu'on prend $G = Ps(X)$, $U = \Omega(X)$, ou encore quand k est un corps local de caractéristique 2, X un espace de dimension paire sur k, et qu'on prend $G = Ps^+(X)$, $U = \Omega(X)$.

43. Revenons à la question posée au début du chapitre, et soit d'abord X de dimension finie sur un corps local k de caractéristique autre que 2, de sorte qu'on peut identifier $Ps(X)$ avec le groupe symplectique $Sp(X)$. Suivant l'usage, on dira que $Mp(X)$ est une extension triviale de $Sp(X)$ par T si l'on peut écrire $Mp(X) = Sp_1(X) \times T$, où $Sp_1(X)$ est un sous-groupe de $Mp(X)$ sur lequel π induit un isomorphisme de $Sp_1(X)$ sur $Sp(X)$. Pour qu'il en soit ainsi au sens de la théorie des groupes (resp. au sens de la théorie des groupes topologiques), il faut et il suffit qu'on puisse définir sur $Mp(X)$ un homomorphisme (resp. un homomorphisme continu) de $Mp(X)$ dans T, se réduisant à l'identité sur T; en notant θ l'isomorphisme $(e,t) \to t$ de T sur T, il revient au même de dire qu'il doit exister un caractère (resp. un caractère continu) de $Mp(X)$, coïncidant avec θ sur T.

Plus généralement, supposons qu'il existe un caractère φ de $Mp(X)$, continu ou non, qui coïncide avec θ^n sur T, n étant un entier > 0, et soit N le noyau de φ; alors on a $Mp(X) = N \cdot T$; $N \cap T$ est le sous-groupe T_n d'ordre n de T; π induit sur N un homomorphisme de N sur $Sp(X)$ de noyau T_n; si de plus φ est continu, N est fermé dans $Mp(X)$, et π induit sur N un homomorphisme ouvert de N sur $Sp(X)$, de noyau T_n, qui est en même temps un « isomorphisme local », de sorte qu'on peut dire que N est un « revêtement à n feuillets » de $Sp(X)$. Nous allons maintenant appliquer à la construction d'un tel caractère φ le lemme 6 du n° 42, en le combinant avec le théorème 3 du Chapitre I, n° 15, et avec la détermination de $\gamma(f)$ effectuée au Chapitre II.

Comme, d'après le lemme 6, $Sp(X)$ est engendré par $\Omega(X)$, le caractère φ est entièrement déterminé par les valeurs de $\psi = \varphi \mathbf{o} r$ sur $\Omega(X)$. De plus, compte tenu de la différence de notations entre les Chapitres I et III, on déduit du théorème 3 du Chapitre I, n° 15, que, si $s'' = ss'$, avec s, s', s'' dans $\Omega(X)$, on a

$$\mathbf{r}(s)\,\mathbf{r}(s') = \gamma(f_0)\,\mathbf{r}(s''),$$

où f_0 est une certaine forme quadratique sur X, associée au morphisme $\gamma(s)^{-1}\gamma(s'')\gamma(s')^{-1}$ de X sur X^*. Il s'ensuit que, si ψ est comme ci-dessus, on a, dans ces conditions :

SUR CERTAINS GROUPES D'OPÉRATEURS UNITAIRES   197

$$\psi(s'') = \gamma(f_0)^{-n}\psi(s)\psi(s').\tag{40}$$

Réciproquement, on conclut immédiatement du lemme 6 que, si ψ est une application de $\Omega(X)$ dans T satisfaisant à (40), on peut, d'une manière et d'une seule, déterminer un caractère φ de $Mp(X)$ qui satisfasse à $\varphi \circ \mathbf{r} = \psi$ et qui coïncide avec θ^n sur $\mathbf{T}$; de plus, φ est continu si ψ est continue.

Soit d'abord $k = \mathbf{C}$; d'après le n° 26 du Chapitre II, on a alors $\gamma(f) = 1$ pour toute forme quadratique non dégénérée f sur X. On satisfait donc à (40) en prenant $n = 1$, $\psi = 1$; il y a donc un caractère et un seul de $Mp(X)$ qui prenne la valeur 1 sur $\mathbf{r}(\Omega(X))$ et qui coïncide avec θ sur $\mathbf{T}$; on désignera ce caractère par φ_1, et son noyau par $Sp_1(X)$. On a $Mp(X) = Sp_1(X) \times \mathbf{T}$; $Sp_1(X)$ est un sous-groupe fermé de $Mp(X)$, isomorphe à $Sp(X)$, et est engendré par $\mathbf{r}(\Omega(X))$.

Pour $k \neq \mathbf{C}$, supposons d'abord que -1 soit un carré dans k; d'après le n° 25 du Chapitre II, on a alors $\gamma(f) = \pm 1$ pour toute forme quadratique non dégénérée f sur X. On satisfait donc à (40) en prenant $n = 2$, $\psi = 1$. On notera φ_2 le caractère correspondant de $Mp(X)$, et $Sp_2(X)$ son noyau; c'est un sous-groupe fermé de $Mp(X)$ et un « revêtement à deux feuillets » de $Sp(X)$.

Supposons maintenant que -1 ne soit pas un carré dans k. Choisissons une base de X sur k, et, pour tout $s \in \Omega(X)$, désignons par $D(s)$ le déterminant de $\gamma(s)$ par rapport à cette base de X et à la base de X^* duale de celle-ci; par définition de $\Omega(X)$, on a $D(s) \neq 0$ pour tout $s \in \Omega(X)$. La formule (28) du n° 28, jointe à ce qu'on a rappelé plus haut, montre alors qu'on satisfait à (40) en prenant $n = 2$ et

$$\psi(s) = (D(s)/-1)\gamma(q_1)^{2m}$$

pour tout $s \in \Omega(X)$, m désignant la dimension de X et q_1 la forme $q_1(x) = x^2$ sur k; ψ est continue, et même localement constante, sur $\Omega(X)$. Comme plus haut, on notera φ_2 le caractère correspondant de $Mp(X)$, et $Sp_2(X)$ son noyau; celui-ci a les mêmes propriétés que précédemment.

Passons au cas où k est un corps local de caractéristique 2; dans ce cas, désignons par $Mp^+(X)$ l'image réciproque de $Ps^+(X)$ dans $Mp(X)$, qui est un sous-groupe ouvert d'indice 2 de $Mp(X)$. Soit d'abord X de dimension paire sur k; alors le lemme 6 s'applique à $Ps^+(X)$ et $\Omega(X)$, et, d'après le n° 25, on a $\gamma(f) = \pm 1$ pour toute forme non dégénérée f sur X; on peut donc, dans (40), prendre $n = 2$ et $\psi = 1$, ce qui définit un caractère φ_2 de $Mp^+(X)$, coïncidant avec θ^2 sur $\mathbf{T}$; son noyau $Ps_2^+(X)$ est un sous-groupe fermé de $Mp^+(X)$, et un « revêtement à deux feuillets » de $Ps^+(X)$. Si X est de dimension impaire, on peut appliquer ce qui précède à l'espace $X' = X \oplus k$, qui est de dimension paire; le caractère φ_2' de $Mp^+(X')$,

198   A. WEIL

défini comme on vient de le dire, induit alors sur $Mp^+(X)$, considéré comme sous-groupe de $Mp^+(X')$ (cf. n° 35) un caractère analogue φ_2, dont on notera encore le noyau $Ps_2^+(X)$. Enfin, si X est de dimension 1 sur k, tout élément de $Ps^+(X)$ est de la forme $d(\alpha)t(f)$; si on désigne en ce cas par $Ps_1^+(X)$ l'ensemble des éléments de $Mp(X)$ de la forme $\mathbf{d}(\alpha)\mathbf{t}(f)$, on vérifie immédiatement que c'est là un sous-groupe fermé de $Mp^+(X)$, isomorphe à $Ps^+(X)$, et qu'on a $Mp^+(X) = Ps_1^+(X) \times \mathbf{T}$.

44. On va montrer maintenant que les résultats du n° 43 sont « les meilleurs possibles » au sens suivant : si k n'est pas de caractéristique 2, $Mp(X)$ n'est pas une extension triviale de $Sp(X)$ à moins que $k = \mathbf{C}$; si k est de caractéristique 2, $Mp^+(X)$ n'est pas une extension triviale de $Ps^+(X)$ à moins que X ne soit de dimension 1 sur k. D'ailleurs, si $X = X_1 \oplus X_2$ et qu'il existe un caractère φ de $Mp(X)$ (resp. de $Mp^+(X)$) coïncidant avec θ sur $\mathbf{T}$, celui-ci induira un caractère analogue sur $Mp(X_1)$ (resp. $Mp^+(X_1)$); il suffira donc de faire la démonstration pour $X = k$ ou pour $X = k^2$ suivant que la caractéristique de k est autre que 2 ou égale à 2.

Soit φ un caractère de $Mp(X)$ (resp. de $Mp^+(X)$), continu ou non, qui coïncide avec θ sur $\mathbf{T}$; φ a la valeur 1 sur le groupe des commutateurs de $Mp(X)$ (resp. $Mp^+(X)$). Considérons le sous-groupe de $Mp(X)$ (resp. de $Mp^+(X)$) formé des éléments de la forme $\mathbf{d}(\alpha)\mathbf{t}(f)$, avec $\alpha \in \mathrm{Aut}\,(X)$, $f \in Q(X)$; on vérifie aisément que son groupe des commutateurs comprend tous les éléments de la forme $\mathbf{t}(f)$; on a donc $\varphi(\mathbf{t}(f)) = 1$ quel que soit $f \in Q(X)$. Posons $\varphi(\mathbf{d}(\alpha)) = \lambda(\alpha)$ pour $\alpha \in \mathrm{Aut}\,(X)$, et $\varphi(\mathbf{d}'(\gamma)) = \mu(\gamma)$ pour $\gamma \in \mathrm{Is}\,(X^*, X)$; λ est un caractère de $\mathrm{Aut}\,(X)$, et la relation $\mathbf{d}'(\gamma\alpha) = \mathbf{d}'(\gamma)\mathbf{d}(\alpha)$ donne $\mu(\gamma\alpha) = \mu(\gamma)\lambda(\alpha)$. Soit maintenant f une forme quadratique non dégénérée sur X, associée à un morphisme ϱ de X sur X^*; compte tenu des différences de notations entre les Chapitres I et III, la relation (9) du Chapitre I, n° 7, donne :

$$d'(-\varrho^{-1})t(f)d'(\varrho^{-1})t(f) = t(-f)d'(-\varrho^{-1}),$$

et la définition de $\gamma(f)$ au n° 14 de ce chapitre donne

$$\mathbf{d}'(-\varrho^{-1})\mathbf{t}(f)\mathbf{d}'(\varrho^{-1})\mathbf{t}(f) = \gamma(f)\mathbf{t}(-f)\mathbf{d}'(-\varrho^{-1}).$$

En prenant la valeur de φ pour les deux membres de cette dernière relation, on obtient

$$\mu(\varrho^{-1}) = \gamma(f).$$

Appliquons d'abord ce résultat au cas où k n'est pas de caractéristique 2 et où $X = k$. Comme alors la forme f associée à ϱ est donnée par $f(x) = \varrho x^2/2$, on obtient

$$\gamma(\varrho x^2/2) = \mu(\varrho^{-1}) = \mu(1)\lambda(\varrho)^{-1}.$$

Au moyen de la proposition 3 du Chapitre II, n° 25, on en conclut que $\gamma(f)$, pour une forme à m variables $f(x) = \sum a_i x_i^2$, dépend uniquement de m et du discriminant $\prod a_i$ de f, donc que $\gamma(f)$ a même valeur pour toutes les formes à 4 variables de discriminant 1, ce qui contredit la proposition 4 du Chapitre II, n° 28. Considérons maintenant le cas $X = k^2$, avec k de caractéristique 2; alors toute forme non dégénérée sur X est équivalente à une forme $f_1(x,y) = ax^2 + xy + by^2$. Comme toutes les formes f_1 sont associées à un même morphisme (quels que soient a, b), la formule $\gamma(f) = \mu(\varrho^{-1})$ montre que γ prend la même valeur pour toutes les formes non dégénérées sur X. D'après la proposition 3 du Chapitre II, n° 25, il s'ensuit que γ prend la même valeur pour toutes les formes non dégénérées à 4 variables, ce qui est de nouveau en contradiction avec la proposition 4 du même chapitre.

Il résulte de ce qui précède que les revêtements $Sp_2(X)$, $Ps_2^+(X)$ définis au n° 43 ne sont pas triviaux. Pour $k = \mathbf{R}$, l'existence d'un revêtement non trivial à deux feuillets du groupe symplectique est naturellement une conséquence du fait que celui-ci est alors un groupe de Lie connexe dont le groupe fondamental est $\mathbf{Z}$; quant à la représentation unitaire de ce revêtement qui est donnée par

$$(S, \Phi) \to S\Phi \quad (S \in Sp_2(X), \Phi \in L^2(X)),$$

ce n'est pas autre chose, dans ce cas, que celle qui a été récemment construite et étudiée par D. Shale [7]. Pour $k = \mathbf{C}$, on sait que le groupe symplectique est simplement connexe, et on aurait pu déduire de là la trivialité de $Mp(X)$ sur $Sp(X)$. Il ne semble pas qu'on ait signalé jusqu'ici l'existence des revêtements $Sp_2(X)$ et de leurs représentations unitaires $(S, \Phi) \to S\Phi$ dans les cas où k est à valuation discrète.

45. Ce qui précède s'étend sans difficulté au cas adélique; comme nous n'aurons pas à faire usage de ces résultats, nous nous bornerons sur ce point à des indications sommaires.

Les notations étant celles des n°s 37–38, on va d'abord compléter par quelques remarques les résultats de ces numéros. Pour tout v, désignons par π_v la projection canonique de $Mp(X_v)$ sur $Ps(X_v) = Ps(X)_v$, par $\mathbf{T}_v$ le noyau de π_v, et par θ_v le caractère $(e_v, t) \to t$ de $\mathbf{T}_v$, e_v étant l'élément neutre de $Ps(X)_v$. Au n° 38, on a défini, pour $v \notin S_0$, le relèvement $\mathbf{r}'_v$ de $Ps(X)_v^\circ$ dans $Mp(X_v)$; soit $Mp(X)_v^\circ$ l'image de $Ps(X)_v^\circ$ par $\mathbf{r}'_v$; c'est un sous-groupe fermé de $Mp(X_v)$. Pour tout $S \supset S_0$, posons

$$M(S) = \prod_{v \in S} Mp(X_v) \times \prod_{v \notin S} Mp(X)_v^\circ.$$

D'après les n°s 37–38, il y a, pour tout élément (S_v) de $M(S)$, un élément S de $Mp(X)_A$ et un seul tel que l'on ait, pour toute fonction $\Phi \in L^2(X_A)$ de la forme (36) :

$$\mathbf{S}\,\Phi(x) = \prod_v \mathbf{S}_v\,\Phi_v\,(x_v)\,; \tag{41}$$

de plus, cette formule définit un homomorphisme ouvert $(\mathbf{S}_v) \to \mathbf{S}$ de $M(S)$ sur le sous-groupe ouvert

$$Mp\,(X)_S^{\circ} = \pi^{-1}\,(Ps\,(X)_S^{\circ})$$

de $Mp(X)_A$, homomorphisme dont le noyau est formé par les éléments (t_v) de $M(S)$ pour lesquels $t_v \in \mathbf{T}_v$ quel que soit v, $\theta_v(t_v) = 1$ pour $v \notin S$ (ce qui revient à dire que, pour $v \notin S$, t_v est l'élément neutre de $Mp(X_v)$), et $\prod \theta_v(t_v) = 1$.

D'après le n° 20 du Chapitre I, $\mathbf{r}_v$ coïncide avec $\mathbf{r}'_v$ sur l'ensemble Ω_v° des éléments s de $Ps(X)_v^{\circ}$ tels que $\gamma(s)$ induise sur le réseau $(X^*)_v^{\circ}$ un isomorphisme de celui-ci sur X_v°. De plus, si $\mathfrak{p}_v$ est l'idéal maximal de $\mathfrak{o}_v$, la réduction modulo $\mathfrak{p}_v$ détermine des homomorphismes de X_v° et $(X^*)_v^{\circ}$ sur un espace vectoriel $\mathfrak{X}_v$ sur le corps fini $\mathfrak{k}_v = \mathfrak{o}_v/\mathfrak{p}_v$, et sur le dual $\mathfrak{X}_v^*$ de $\mathfrak{X}_v$, respectivement; on en conclut que, pour presque tout v, la réduction modulo $\mathfrak{p}_v$ détermine un homomorphisme (et même, comme on le vérifie aisément, un homomorphisme surjectif) de $Ps(X)_v^{\circ}$ dans $Ps(\mathfrak{X}_v)$, qui applique Ω_v° dans (et même sur) $\Omega(\mathfrak{X}_v)$.

Nous admettrons provisoirement que, pour tout espace vectoriel $\mathfrak{X}$ de dimension finie sur un corps $\mathfrak{k}$, $\Omega(\mathfrak{X})^{-1} \cdot \Omega(\mathfrak{X})$ est égal à $Ps(\mathfrak{X})$ ou à $Ps^+(\mathfrak{X})$ suivant que $\mathfrak{k}$ est de caractéristique autre que 2 ou égale à 2; ce point sera démontré au Chapitre V (corollaire 3 de la proposition 6, n° 47). Supposons d'abord que k ne soit pas de caractéristique 2; alors, pour presque tout v, on a

$$Ps(\mathfrak{X}_v) = \Omega(\mathfrak{X}_v)^{-1} \cdot \Omega(\mathfrak{X}_v),$$

d'où on conclut aisément que, pour presque tout v, $Ps(X)_v^{\circ} = (\Omega_v^{\circ})^{-1} \cdot \Omega_v^{\circ}$. D'autre part, pour chaque v, les résultats du n° 43 permettent de définir un caractère continu φ_v de $Mp(X_v)$ qui coïncide avec θ_v^2 sur $\mathbf{T}_v$; comme on l'a vu, φ_v est déterminé d'une manière unique par la condition que l'on ait, pour tout $s \in \Omega_v$:

$$\varphi_v(\mathbf{r}_v(s)) = (D(s)|-1)_v \gamma_v(q_1)^{2m},$$

où $m = \dim(X)$; lorsque -1 est un carré dans k_v, le second membre est égal à 1 pour tout $s \in \Omega_v$. Pour presque tout v, $k_v(\sqrt{-1})$ est égal, soit à k_v, soit à l'extension quadratique non ramifiée de k_v; dans l'un et l'autre cas, on a $(u|-1)_v = 1$ pour toute unité u de $\mathfrak{o}_v$; comme d'autre part on a $\gamma_v(q_1) = 1$ pour presque tout v d'après le n° 30, il s'ensuit que, pour presque tout v, φ_v a la valeur constante 1 sur $\mathbf{r}_v(\Omega_v^{\circ})$. Mais pour presque tout v, comme on l'a vu, $\mathbf{r}_v$ coïncide avec $\mathbf{r}'_v$ sur Ω_v°, et on a $Ps(X)_v^{\circ} = (\Omega_v^{\circ})^{-1} \cdot \Omega_v^{\circ}$; donc, pour presque tout v, φ_v a la valeur constante 1 sur $Mp(X)_v^{\circ}$. Il est clair alors que $(\mathbf{S}_v) \to \prod \varphi_v(\mathbf{S}_v)$ est un caractère de $M(S)$, égal à 1 sur le noyau de l'homomorphisme de $M(S)$ sur $Mp(X)_S^{\circ}$ défini par (41), et que, par passage au quotient suivant ce noyau, puis à la limite inductive suivant S, on en déduit un caractère continu φ_A de $Mp(X)_A$, qui, sur $\mathbf{T}$, coïncide avec $(e,t) \to t^2$. Si on convient de désigner par $Sp_2(X)_A$ le noyau de φ_A, on conclut de là, tout comme dans le cas local, que $Mp(X)_A = Sp_2(X)_A \cdot T$ et que $Sp_2(X)_A$ est un « revêtement à deux feuillets » de $Sp(X)_A$.

Montrons encore que $Sp_2(X)_A$ contient $\mathbf{r}_k(Ps(X)_k)$. Comme $Ps(X)_k$ n'est autre que $\Omega(X)_k^{-1} \cdot \Omega(X)_k$, il suffira de montrer que $Sp_2(X)_A$ contient $\mathbf{r}_k(\Omega(X)_k)$. Soit donc $s \in \Omega(X)_k$; on a alors $s \in \Omega_v$ pour tout v, et $s \in \Omega_v^\circ$ pour presque tout v; comme $\mathbf{r}_v$ coïncide avec $\mathbf{r}_v'$ sur Ω_v° pour presque tout v, il s'ensuit que $(\mathbf{r}_v(s))$ est dans $M(S)$ pour S assez grand. D'autre part, la formule (38) du n° 40 donne ici

$$\mathbf{r}_k(s)\,\Phi(x) = \int_{X_A^*} \Phi(x\alpha + x^*\,\gamma)\,\chi\,(f\,(x,\,x^*))\,dx^*,$$

et la comparaison de cette formule avec (16) du n° 13 (qui, compte tenu des changements de notations, définit $\mathbf{r}_v$ pour tout v) montre que $\mathbf{r}_k(s)$ est l'image dans $Mp(X)_A$ de l'élément $(\mathbf{r}_v(s))$ de $M(S)$ par l'homomorphisme défini par (41). Dans ces conditions, pour que $\mathbf{r}_k(s)$ soit dans $Sp_2(X)_A$, il faut et il suffit que l'on ait $\prod \varphi_v(\mathbf{r}_v(s)) = 1$; or il en est évidemment ainsi si -1 est un carré dans k, et, dans le cas contraire, cela résulte immédiatement de la proposition 5 du n° 30 et de ses conséquences énumérées au n° 30 (c'est-à-dire de la loi de réciprocité quadratique).

Dans le cas où k est de caractéristique 2, on procédera d'une manière analogue lorsque $m = \dim(X)$ est pair, en substituant naturellement la considération de $Ps^+(X)$ à celle de $Ps(X)$; si m est impair et $\geqslant 3$, on plongera X dans un espace X' de dimension $m + 1$, comme dans le cas local. Le cas $m = 1$ ne donne que des résultats triviaux.

V. Compléments

46. Comme aux n°^{os} 31–32, on va d'abord considérer un espace vectoriel X sur un corps quelconque k, et le groupe pseudosymplectique $Ps(X)$ attaché à X. Pour $s = (\sigma, f) \in Ps(X)$, $\sigma = \begin{pmatrix} \alpha & \beta \\ \gamma & \delta \end{pmatrix}$, on écrira comme précédemment $\gamma = \gamma(s)$, et de même $\alpha = \alpha(s)$. On conviendra de désigner par $P(X)$ le sous-groupe « parabolique » de $Ps(X)$ formé des $s \in Ps(X)$ pour lesquels $\gamma(s) = 0$. Nous nous proposons d'écrire tout élément de $Ps(X)$ sous une forme « normale » qui généralise l'expression (33) pour les éléments de $\Omega(X)$, et qui mette en évidence les classes à gauche dans $Ps(X)$ suivant $P(X)$.

Soit d'abord $s = (\sigma, f) \in P(X)$. En exprimant au moyen de (32) que $s \in Ps(X)$, et tenant compte de $\gamma(s) = 0$, on obtient

$$f(x_2, x_1^* + x_2^*) = f(0, x_1^*) + f(x_2, x_2^*).$$

En désignant par g et h les formes respectivement induites par f sur X et sur X^*, on en conclut que h est additive et que l'on a

202 A. WEIL

$$f(x, x^*) = g(x) + h(x^*).$$

Il est immédiat alors que $t(g)^{-1} t'(h)^{-1} s$ est de la forme $(\sigma', 0)$, donc, en vertu des remarques de la fin du n° 6, de la forme $d(\lambda)$ avec $\lambda \in \mathrm{Aut}\,(X)$. On a donc

$$s = t'(h)\, t(g)\, d(\lambda) \tag{42}$$

avec $h \in Q_a(X^*)$, $g \in Q(X)$, $\lambda \in \mathrm{Aut}\,(X)$; le calcul qu'on vient de faire montre même que s se met sous cette forme d'une manière et d'une seule.

Soit maintenant $s = (\sigma, f)$ un élément quelconque de $Ps(X)$; soit $\gamma = \gamma(s)$; soient N le noyau de γ, W un supplémentaire de N dans X^*, et $Z = X^*\gamma$. Alors γ induit sur W un isomorphisme de W sur Z, et il y a donc une forme quadratique f_1 sur Z telle que l'on ait $f(0, w) = f_1(w\gamma)$ pour tout $w \in W$; autrement dit, la formule

$$f_0(x^*) = f(0, x^*) - f_1(x^*\gamma)$$

définit une forme quadratique f_0 sur X^* qui s'annule sur W. Mais d'autre part (32) donne, pour $n \in N$, $x^* \in X^*$:

$$f(0, n + x^*) = f(0, n) + f(0, x^*),$$

ce qui implique en particulier que $f(0, n)$ est additive sur N. On conclut de là qu'on a $f_0(n + w) = f(0, n)$ pour $n \in N$, $w \in W$, ce qui montre que f_0 est une forme additive sur X^*.

47. On va déduire de là le résultat suivant :

PROPOSITION 6. *Soient $s = (\sigma, f)$, $s' = (\sigma', f')$ deux éléments de $Ps(X)$; soient $\gamma = \gamma(s)$, $\gamma' = \gamma(s')$. Alors, pour que s et s' appartiennent à une même classe à gauche suivant $P(X)$, il faut et il suffit qu'on ait $X^*\gamma = X^*\gamma'$ et qu'il y ait $f_1 \in Q(X^*\gamma)$ telle que les deux formes*

$$x^* \to f(0, x^*) - f_1(x^*\gamma), \quad x^* \to f'(0, x^*) - f_1(x^*\gamma')$$

soient des formes additives sur X^*.

D'après le n° 46, on peut en tout cas choisir f_1 de manière que la première de ces formes soit additive. Supposons alors qu'on ait $s' = s''s$ avec $\gamma(s'') = 0$; soient $s'' = (\sigma'', f'')$, $\sigma'' = \begin{pmatrix} \alpha'' & \beta'' \\ 0 & \delta'' \end{pmatrix}$. Alors δ'' est un automorphisme de X^*, et on a $\gamma' = \delta''\gamma$, donc $X^*\gamma = X^*\gamma'$. De plus, d'après le n° 46, $f''(0, x^*)$ est une forme additive. Comme on a

$$f'(0, x^*) = f''(0, x^*) + f(0, x^*\delta''),$$

on aura aussi

$$f'(0, x^*) - f_1(x^*\gamma') = f''(0, x^*) + f(0, x^*\delta'') - f_1(x^*\delta''\gamma),$$

et le second membre est une forme additive en vertu de la définition de f_1. La condition de l'énoncé est donc nécessaire. Réciproquement, supposons qu'elle soit satisfaite. Posons

$$\sigma = \begin{pmatrix} \alpha & \beta \\ \gamma & \delta \end{pmatrix}, \quad \sigma' = \begin{pmatrix} \alpha' & \beta' \\ \gamma' & \delta' \end{pmatrix}$$

et $s'' = s's^{-1}$; on aura alors $\gamma(s'') = \gamma'\delta^* - \delta'\gamma^*$. Posons aussi $Z = X^*\gamma = X^*\gamma'$, et soit j l'injection de Z dans X; on peut alors écrire $\gamma = \bar{\gamma}j$, $\gamma' = \bar{\gamma}'j$, où $\bar{\gamma}$, $\bar{\gamma}'$ sont des morphismes de X^* sur Z. Soit ϱ_1 le morphisme de Z dans Z^* associé à f_1; comme, en vertu de (32), le morphisme associé à $x^* \to f(0, x^*)$ est $\gamma\delta^*$, l'hypothèse faite sur $f(0, x^*)$ donne $\gamma\delta^* = \bar{\gamma}\varrho_1\bar{\gamma}^*$, ce qui s'écrit aussi

$$\bar{\gamma}(j\delta^* - \varrho_1\bar{\gamma}^*) = 0,$$

d'où $j\delta^* = \varrho_1\bar{\gamma}^*$ puisque $\bar{\gamma}$ est surjectif. On en conclut $\delta j^* = \bar{\gamma}\varrho_1$; en remplaçant f par f', on a donc aussi $\delta'j^* = \bar{\gamma}'\varrho_1$. Cela donne

$$\bar{\gamma}'\varrho_1\bar{\gamma}^* = \bar{\gamma}'j\delta^* = \delta'j^*\bar{\gamma}^*$$

et par conséquent $\gamma'\delta^* = \delta'\gamma^*$, c'est-à-dire $\gamma(s'') = 0$, ce qui achève la démonstration.

Il résulte en particulier de la proposition 6 que l'ensemble des classes à gauche de $Ps(X)$ suivant $P(X)$ correspondant aux éléments s de $Ps(X)$ pour lesquels $\gamma(s)$ est de rang r donné peut s'identifier avec un fibré vectoriel sur la grassmannienne des sous-espaces Z de X de dimension r, la fibre correspondant à un tel espace Z étant l'espace vectoriel $Q(Z)/Q_a(Z)$.

COROLLAIRE 1. *Soit* $s \in Ps(X)$; *soient* X_1 *l'image de* X^* *par* $\gamma(s)$, X_2 *un supplémentaire de* X_1 *dans* X *et* γ_1 *un isomorphisme de* X_1^* *sur* X_1; *soit aussi* Q_1' *un supplémentaire de* $Q_a(X_1)$ *dans* $Q(X_1)$. *Alors* s *se met d'une manière et d'une seule sous la forme*

$$s = t'(h)\,t(g)\,d(\lambda)\,(d'(\gamma_1)\,t(f_1) \otimes e_2) \tag{43}$$

avec $h \in Q_a(X^*)$, $g \in Q(X)$, $\lambda \in \mathrm{Aut}\,(X)$, $f_1 \in Q_1'$, e_2 *désignant l'élément neutre de* $Ps(X_2)$.

Soit $\gamma = \gamma(s)$; il résulte du n° 46 (ou de l'énoncé même de la proposition 6, si l'on y prend $s' = s$) qu'il existe $f_1 \in Q(X_1)$ telle que la forme

$$x^* \to f(0, x^*) - f_1(x^*\gamma)$$

soit additive. Comme cette condition détermine f_1 d'une manière unique à une forme additive près, on peut, d'une manière et d'une seule, y satisfaire en prenant f_1 dans Q_1'. Soit alors $s' = d'(\gamma_1)\,t(f_1) \otimes e_2$; le critère de la proposition 6 montre immédiatement que s et s' appartiennent à une même classe à gauche suivant $P(X)$. On peut donc, d'une manière et

A. WEIL

204

d'une seule, mettre ss'^{-1} sous la forme (42), ce qui donne bien pour s l'expression (43). Réciproquement, si on suppose s mis sous la forme (43) et qu'on définisse s' comme ci-dessus, on voit aussitôt, au moyen de la proposition 6, que f_1 ne peut être autre que la forme qu'on a écrite plus haut; compte tenu de l'unicité de l'expression (42) pour tout élément de $P(X)$, cela achève la démonstration.

COROLLAIRE 2. *Les hypothèses et notations étant les mêmes que dans le corollaire 1, s se met d'une manière et d'une seule sous la forme*

$$s = t(g)\,d(\lambda)\,(d'(\gamma_1)\,t(g_1)\otimes t'(h_2)) \tag{44}$$

avec $g\in Q(X)$, $\lambda\in\mathrm{Aut}(X)$, $g_1\in Q(X_1)$, $h_2\in Q_a(X_2^*)$.

Procédant comme dans le corollaire 1, mais appliquant (42) à $s's^{-1}$, on obtient d'abord une expression

$$s = d(\lambda)^{-1}t(g)^{-1}t'(h)^{-1}(d'(\gamma_1)t(f_1)\otimes e_2).$$

On peut écrire, pour $x^* = (x_1^*, x_2^*)\in X^*$:

$$-h(x^*) = h_1(x_1^*) + h_2(x_2^*)$$

où $h_1\in Q_a(X_1^*)$, $h_2\in Q_a(X_2^*)$; alors $t'(h)^{-1} = t'(h_1)\otimes t'(h_2)$. Un calcul facile montre que $t'(h_1)d'(\gamma_1)$ s'écrit aussi $d'(\gamma_1)t(h_1')$, avec $h_1'\in Q_a(X_1)$. D'autre part il résulte immédiatement des identités du n° 32 que $d(\lambda)^{-1}t(g)^{-1}$ peut s'écrire sous la forme $t(g')d(\lambda')$. En écrivant g, λ, g_1 au lieu de g', λ', f_1+h_1', on obtient (44). Quant à l'unicité, elle résulte de l'unicité de (43) et du calcul qu'on vient de faire, pris en sens inverse.

Si, dans les corollaires 1 et 2, on suppose $\gamma(s) = 0$, ou, ce qui revient au même, $X_1 = \{0\}$, $X_2 = X$, on retrouve (42) ou une formule équivalente. D'autre part, le cas $s\in\Omega(X)$ équivaut à $X_1 = X$, $X_2 = \{0\}$; compte tenu des identités du n° 32, l'application à ce cas du corollaire 2 donne à nouveau la formule (33). On va aussi déduire des corollaires ci-dessus un résultat qui était resté en suspens au Chapitre IV :

COROLLAIRE 3. *Soit X un espace vectoriel sur un corps k; alors $\Omega(X)^{-1}\cdot\Omega(X)$ est égal à $Ps(X)$ ou à $Ps^+(X)$ suivant que la caractéristique de k est autre que 2 ou égale à 2.*

Soient $s\in Ps(X)$ et $s'\in\Omega(X)$; mettons s' sous la forme (33) (ou, ce qui revient au même dans ce cas, sous la forme (44)) en écrivant $s' = t(g)d'(\gamma)t(g_1)$. Pour que l'on ait $s's\in\Omega(X)$, c'est-à-dire pour que $\gamma(s's)$ soit un isomorphisme de X^* sur X, il faut et il suffit, comme le montre un calcul immédiat, que $\alpha(t(g_1)s)$ soit un automorphisme de X. Autrement dit, pour que s appartienne à $\Omega(X)^{-1}\cdot\Omega(X)$, il faut et il suffit qu'il y ait $f\in Q(X)$ pour lequel $\alpha(t(f)s)\in\mathrm{Aut}(X)$. D'ailleurs, (33) montre que $\Omega(X)$ est une double classe suivant $P(X)$, ce qui est aussi évident directement; donc $\Omega(X)^{-1}\cdot\Omega(X)$ est une réunion de telles doubles classes. En mettant s^{-1} sous la forme (43), et en posant $s_1 = d'(\gamma_1) t(f_1) \otimes e_2$, on voit donc que, pour que s appartienne à $\Omega(X)^{-1} \cdot \Omega(X)$, il faut et il suffit que s_1^{-1} y appartienne, ou encore qu'il y ait $f \in Q(\mathrm{X})$ tel que $\alpha(t(f) s_1^{-1})$ soit un automorphisme de X. Or il est immédiat qu'on satisfait à cette condition en prenant pour f une forme nulle sur X_2 et telle que $f - f_1$ soit non dégénérée sur X_1; un tel choix est toujours possible lorsque k n'est pas de caractéristique 2, et aussi lorsque k est de caractéristique 2 et X_1 de dimension paire. Comme on a déjà observé au n° 32 que cette dernière condition équivaut à $s \in Ps^+(X)$, la conclusion s'ensuit. Notons en passant qu'on pourrait, dans le cas où k est de caractéristique 2, déduire de la proposition 6 et de ses corollaires les résultats rappelés sans démonstration à la fin du n° 32 au sujet de $Ps^+(X)$ et $Ps^-(X)$.

48. Dans les chapitres précédents, on s'est souvent servi de la formule (33) du n° 32 (ou, ce qui revient au même, de la proposition 1 du n° 7) pour « relever » à $Mp(X)$ des éléments de $\Omega(X)$; les corollaires 1 et 2 de la proposition 6 du n° 47 permettent de faire de même pour un élément quelconque de $Ps(X)$, lorsque X est un espace vectoriel sur un corps local. On va appliquer cette remarque à la démonstration du résultat suivant :

PROPOSITION 7. *Soit X un espace vectoriel sur un corps local k; soient $\mathbf{S} \in Mp(X)$, $s = \pi(\mathbf{S})$ et $\gamma = \gamma(s)$. Soient ξ, ξ' deux automorphismes de X tels que l'on ait $sd(\xi) = d(\xi')s$. Alors on a aussi $\mathbf{S}d(\xi) = \mathbf{d}(\xi')\mathbf{S}$ pourvu que l'on soit dans l'un des cas suivants : (i) on peut mettre s sous la forme (44) avec $h_2 = 0$; (ii) il y a un supplémentaire X_2 de $X_1 = X^*\gamma$ dans X qui est stable par ξ.*

Comme h_2, dans (44), est une forme additive, on est toujours dans le cas (i) si k n'est pas de caractéristique 2. Notons en passant que la condition $h_2 = 0$, qui en apparence dépend du choix de X_2 et de γ_1 dans le corollaire 2, est en fait équivalente à la suivante qui n'en dépend pas : (i') si on écrit $s = (\sigma, f)$, f s'annule sur le noyau de γ.

En tout cas, X_2 et γ_1 ayant été choisis comme dans les corollaires 1 et 2 de la proposition 6, on peut mettre s sous la forme (44); il y a alors $a_2 \in X_2$ tel que l'on ait, pour tout $x_2^* \in X_2^*$:

$$\chi(h_2(x_2^*)) = \chi([a_2, x_2^*]).$$

D'autre part, la relation $sd(\xi) = d(\xi')s$ donne $\gamma\xi = \xi'^{*-1}\gamma$, d'où $X_1\xi = X_1$, c'est-à-dire que X_1 est stable par ξ. En mettant ξ sous forme matricielle par rapport à la décomposition $X = X_1 \oplus X_2$ de X en somme directe, on aura donc

$$\xi = \begin{pmatrix} \xi_1 & 0 \\ \eta & \xi_2 \end{pmatrix},$$

et (ii) revient à dire qu'il y a un choix de X_2 pour lequel $\eta = 0$.

Cela posé, S ne diffère que par un facteur scalaire de l'élément

$$\mathbf{S}' = \mathbf{t}(g)\,\mathbf{d}(\lambda)\,(\mathbf{d}'(\gamma_1)\,\mathbf{t}(g_1)\otimes\mathbf{t}'(h_2))$$

de $Mp(X)$. D'autre part, l'hypothèse faite sur s implique que $\mathbf{S}\mathbf{d}(\xi)$ et $\mathbf{d}(\xi')\mathbf{S}$ ne diffèrent que par un facteur scalaire $\theta\in T$; il s'ensuit que, pour tout $\Phi\in\mathcal{S}(X)$, $\mathbf{S}'\mathbf{d}(\xi)\Phi(0)$ et $\mathbf{d}(\xi')\mathbf{S}'\Phi(0)$ ne diffèrent que par ce même facteur θ. En explicitant les opérateurs qui interviennent dans la définition de $\mathbf{S}'$, on voit que cela revient à dire qu'il existe $c>0$ tel que l'on ait

$$\int\Phi(x_1\xi_1-a_2\eta,\ -a_2\xi_2)\,\chi\,(g_1(x_1))\,dx_1 = c\,\theta\int\Phi(x_1,\ -a_2)\,\chi\,(g_1(x_1))\,dx_1$$

pour tout $\Phi\in\mathcal{S}(X)$. Pour cela, il faut et il suffit évidemment que $a_2\xi_2=a_2$ et que l'on ait

$$\chi(g_1(x_1)) = \theta\cdot\chi(g_1(x_1\xi_1-a_2\eta))$$

quel que soit x_1. Pour $x_1=0$, cela donne bien $\theta=1$ pourvu que $a_2=0$, ce qui a lieu dans le cas (i), ou $\eta=0$, ce qui a lieu dans le cas (ii).

COROLLAIRE. *Soit X un espace vectoriel sur un corps local k, et soit G un sous-groupe de $\mathrm{Aut}(X)$; supposons que k ne soit pas de caractéristique 2 ou que G soit complètement réductible. Soit $\mathbf{S}$ un élément de $Mp(X)$ tel que $s=\pi(\mathbf{S})$ soit permutable avec $\mathbf{d}(\xi)$ quel que soit $\xi\in G$; alors $\mathbf{S}$ est permutable avec $\mathbf{d}(\xi)$ quel que soit $\xi\in G$.*

Si k n'est pas de caractéristique 2, on n'a qu'à appliquer la proposition 7, avec $\xi=\xi'$. En tout cas, la démonstration de la proposition 7 montre que $X_1=X^*\gamma(s)$ est stable par G; si donc G est complètement réductible, X_1 a un supplémentaire stable par G, et on est dans le cas (ii) de la même proposition.

49. On va maintenant définir des sous-groupes du groupe pseudosymplectique, qui joueront un grand rôle dans les applications à la théorie arithmétique des groupes classiques.

Soit $\mathcal{A}$ une algèbre sur un corps de base k; on la supposera toujours associative, de dimension finie sur k, et possédant un élément unité qu'on notera en général 1; on identifiera alors k avec son image dans $\mathcal{A}$ au moyen de l'isomorphisme $t\to t\cdot 1$. On écrira éventuellement $\mathcal{A}_k$ au lieu de $\mathcal{A}$, particulièrement lorsqu'on voudra considérer le « cas adélique ».

On supposera de plus qu'on s'est donné sur $\mathcal{A}$ une involution ι, c'est-à-dire un antiautomorphisme involutif de $\mathcal{A}$ considérée comme algèbre sur k; par définition, ι induit donc l'automorphisme identique sur k lorsque k est considéré comme sous-algèbre de $\mathcal{A}$ comme il a été dit plus haut.

On considérera des modules sur $\mathcal{A}$, dont on supposera toujours qu'ils sont de dimension finie sur k. La donnée de ι permet de considérer tout $\mathcal{A}$-module à droite Y comme un $\mathcal{A}$-module à gauche, au moyen de la formule $ty = yt^\iota$ $(t \in \mathcal{A}, y \in Y)$. En particulier, soit X un $\mathcal{A}$-module à gauche; son dual $\mathrm{Hom}_\mathcal{A}(X, \mathcal{A}_s)$, c'est-à-dire l'espace des formes $\mathcal{A}$-linéaires sur X, est muni naturellement, comme il est bien connu, d'une structure de $\mathcal{A}$-module à droite; on conviendra de noter X^* ce même dual muni d'une structure de $\mathcal{A}$-module à gauche de la manière qu'on vient d'expliquer. On notera $\{x, x^*\}$, pour $x \in X$, $x^* \in X^*$, la valeur en x de la forme $\mathcal{A}$-linéaire sur X qui correspond à x^*; on aura donc, par définition :

$$\{tx, ux^*\} = \iota\{x, x^*\}u^\iota \quad (t \in \mathcal{A}, u \in \mathcal{A}, x \in X, x^* \in X^*),$$

c'est-à-dire que $\{x, x^*\}$ est une forme sesquilinéaire sur $X \times X^*$.

Enfin, on supposera qu'on s'est donné aussi sur $\mathcal{A}$ une *fonction trace* τ; on entendra par là une forme k-linéaire sur $\mathcal{A}$ (ou, pour être plus exact, sur l'espace vectoriel sur k sous-jacent à $\mathcal{A}$), invariante par l'involution ι et telle que $(t, u) \rightarrow \tau(tu)$ soit une forme bilinéaire symétrique non dégénérée sur $\mathcal{A} \times \mathcal{A}$. Soit alors X un $\mathcal{A}$-module à gauche; soit f une forme k-linéaire sur X; alors, pour tout $x \in X$, $t \rightarrow f(tx)$ est une forme k-linéaire sur $\mathcal{A}$, et il y a donc un élément $F(x)$ de $\mathcal{A}$ et un seul tel que $f(tx) = \tau(tF(x))$ quel que soit t. Il est clair alors que $x \rightarrow F(x)$ est une forme $\mathcal{A}$-linéaire sur X et qu'on a $f = \tau \circ F$. Par conséquent, la formule $f = \tau \circ F$ détermine une correspondance biunivoque entre les formes k-linéaires f et les formes $\mathcal{A}$-linéaires F sur X. En d'autres termes, on peut identifier X^* avec le dual de l'espace vectoriel sur k sous-jacent à X au moyen de la formule

$$[x, x^*] = \tau(\{x, x^*\}).$$

Comme on a convenu de ne considérer que des $\mathcal{A}$-modules de dimension finie sur k, il s'ensuit de plus qu'on peut identifier tout $\mathcal{A}$-module à gauche X avec son bidual $(X^*)^*$ au moyen de la formule

$$\{x, x^*\} = \{x^*, x\}^\iota.$$

Soient encore X et Y deux $\mathcal{A}$-modules à gauche, et α un morphisme de X dans Y, c'est-à-dire un élément de $\mathrm{Hom}_\mathcal{A}(X, Y)$; alors le transposé α^* de α considéré comme morphisme d'espaces vectoriels sur k appartient à $\mathrm{Hom}_\mathcal{A}(Y^*, X^*)$, et l'on a

$$\{x\alpha, y^*\} = \{x, y^*\alpha^*\}$$

quels que soient $x \in X$, $y^* \in Y^*$.

Soient X et Y comme ci-dessus; alors, si F est une forme sesquilinéaire sur $X \times Y$, il y a un morphisme α et un seul de Y dans X^* tel que l'on ait, quels que soient $x \in X$, $y \in Y$:

$$F(x, y) = \{x, y\alpha\} = \{y, x\alpha^*\}^\iota;$$

si $X = Y$, il faut et il suffit, pour que F soit hermitienne, que l'on ait $\alpha = \alpha^*$.

208 A. WEIL

On dira qu'une forme quadratique f sur l'espace vectoriel sur k sous-jacent à X est $\mathcal{A}$-quadratique si elle peut s'écrire $f(x) = \tau(F(x,x))$, où F est une forme sesquilinéaire (non nécessairement hermitienne) sur $X \times X$; et on désignera par $Q(X/\mathcal{A})$ l'espace de ces formes. Il revient au même de dire que $Q(X/\mathcal{A})$ est l'ensemble des formes qui peuvent s'écrire

$$f(x) = \tau(\{x, x\lambda\})$$

où λ est un morphisme (non nécessairement symétrique) de X dans X^*; le morphisme associé à cette forme f est alors $\varrho = \lambda + \lambda^*$. On notera $Q_a(X/\mathcal{A})$ l'espace des formes additives $\mathcal{A}$-quadratiques sur X. Si k n'est pas de caractéristique 2, et si ϱ est le morphisme symétrique associé à une forme $f \in Q(X/\mathcal{A})$, la forme F définie sur $X \times X$ par $F(x,y) = \{x, y\varrho/2\}$ sera hermitienne et on aura $f(x) = \tau(F(x,x))$ pour tout x; cette dernière formule définit donc alors une correspondance biunivoque entre $Q(X/\mathcal{A})$ et l'espace des formes hermitiennes sur $X \times X$.

Le groupe des automorphismes d'un $\mathcal{A}$-module X sera noté $\mathrm{Aut}(X/\mathcal{A})$; de même, si X et Y sont des $\mathcal{A}$-modules, l'ensemble (éventuellement vide) des isomorphismes de X sur Y sera noté $\mathrm{Is}(X, Y/\mathcal{A})$. On notera $Ps(X/k)$ le groupe pseudosymplectique attaché, conformément aux définitions du Chapitre III, à l'espace vectoriel sur k sous-jacent à X; et on notera $Ps(X/\mathcal{A})$ le sous-groupe de $Ps(X/k)$ formé des éléments (σ, f) de $Ps(X/k)$ pour lesquels σ appartient à $\mathrm{Aut}(X \oplus X^*/\mathcal{A})$ et f à $Q(X \oplus X^*/\mathcal{A})$. Avec les notations du Chapitre III, n° 32, $d(\alpha)$, $d'(\gamma)$, $t(f)$, $t'(f')$ appartiendront à $Ps(X/\mathcal{A})$ chaque fois que α, γ, f, f' appartiennent respectivement à $\mathrm{Aut}(X/\mathcal{A})$, $\mathrm{Is}(X^*, X/\mathcal{A})$, $Q(X/\mathcal{A})$, $Q(X^*/\mathcal{A})$. Les identités du n° 32 entre d, d', t, t' restent bien entendu valables ici.

50. Dans les applications qu'on fera des définitions du n° 49, l'algèbre $\mathcal{A}$ sera le plus souvent supposée semisimple; lorsqu'il en est ainsi, tout sous-module d'un $\mathcal{A}$-module X possède un supplémentaire. Si de plus $\mathcal{A}$ est simple, $\mathrm{Is}(X^*, X/\mathcal{A})$ n'est jamais vide, c'est-à-dire que tout $\mathcal{A}$-module à gauche X est isomorphe à son dual, comme on le voit en considérant d'abord le cas où X est un $\mathcal{A}$-module simple. Si $\mathcal{A}$ est « absolument semisimple » (c'est-à-dire telle que son extension à la clôture algébrique de k soit semisimple) et est munie d'une involution ι, il existe toujours sur $\mathcal{A}$ des fonctions traces τ au sens du n° 49; on peut par exemple prendre pour τ la forme k-linéaire qui, sur chaque composante simple de $\mathcal{A}$, induit la « trace réduite ».

Quand $\mathcal{A}$ n'est pas simple, on pourra faire usage du lemme suivant :

LEMME 7. *Soient $s \in Ps(X/\mathcal{A})$, $\gamma = \gamma(s)$ et $Z = X^*\gamma$. Alors, pour que Z admette un supplémentaire dans X, il faut et il suffit que le noyau N de γ en ait un dans X^*. Si de plus $\mathcal{A}$ est semisimple, les $\mathcal{A}$-modules Z et Z^* sont isomorphes.*

Soit Z_* l'orthogonal de Z dans X^*; c'est le noyau de γ^*. De même, si N_* est l'orthogonal de N dans X, on a $N_* = X^*\gamma^*$. Posons $s = (\sigma, f)$ et $\sigma = \begin{pmatrix} \alpha & \beta \\ \gamma & \delta \end{pmatrix}$. Soit U l'image de $\{0\} \times X^*$ (considéré comme sous-module de $X \times X^*$) par σ; U peut se définir aussi comme l'image de X^* par le morphisme $x^* \to (x^*\gamma, x^*\delta)$; comme σ est un automorphisme de $X \times X^*$, ce morphisme détermine un isomorphisme θ de X^* sur U. D'autre part, U est aussi l'ensemble des éléments $u = (y, y^*)$ de $X \times X^*$ tels que $u\sigma^{-1} \in \{0\} \times X^*$, ou autrement dit tels que $y\delta^* - y^*\gamma^* = 0$. Soit $V = U \cap (\{0\} \times X^*)$; comme Z_* est le noyau de γ^*, on a $V = \{0\} \times Z_*$; en même temps, on a $V = \theta(N)$ et $N = \theta^{-1}(V)$. Supposons maintenant que Z ait un supplémentaire Z' dans X; alors l'orthogonal Z'_* de Z' dans X^* est supplémentaire de Z_* dans X^*, et $X \times Z'_*$ l'est de V dans $X \times X^*$. Il s'ensuit que $U_1 = U \cap (X \times Z'_*)$ est supplémentaire de V dans U, donc que $\theta^{-1}(U_1)$ l'est de N dans X^*. Appliquons maintenant à s^{-1} ce qu'on vient de démontrer pour s; comme $\gamma(s^{-1}) = -\gamma^*$, il s'ensuit que, si N_* a un supplémentaire dans X, Z_* en a un dans X^*. Enfin, γ détermine en tout cas, par passage au quotient, un iso-morphisme de X^*/N sur Z; d'autre part, on peut identifier X^*/Z_* avec Z^*, et ce qui précède montre que Z_* est isomorphe à V et par suite à N. Si $\mathcal{A}$ est semisimple, le fait que N et Z_* sont isomorphes entraîne que X^*/N et X^*/Z_* le sont aussi (par exemple en vertu du théorème de Jordan-Hölder), d'où la dernière assertion du lemme.

51. On conviendra de noter $P(X/k)$, $P(X/\mathcal{A})$ les sous-groupes de $Ps(X/k)$, $Ps(X/\mathcal{A})$ formés respectivement des éléments s de ces groupes pour lesquels on a $\gamma(s) = 0$. Il résulte du n° 46 que tout élément de $P(X/k)$ se met d'une manière et d'une seule sous la forme (42); si $s \in P(X/\mathcal{A})$, le calcul du n° 46 montre immédiatement que s se met sous la forme (42) avec $h \in Q_a(X^*/\mathcal{A})$, $g \in Q(X/\mathcal{A})$, $\lambda \in \mathrm{Aut}(X/\mathcal{A})$. De même, si s est un élément quelconque de $Ps(X/\mathcal{A})$, le calcul fait dans la seconde partie du n° 46 reste valable, et montre que f_1 appartient à $Q(Z/\mathcal{A})$ chaque fois que W est un $\mathcal{A}$-module supplémentaire du noyau N de $\gamma(s)$. Si donc, dans la proposition 6, on suppose que s et s' appartiennent à $Ps(X/\mathcal{A})$, on pourra y prendre $f_1 \in Q(X^*\gamma/\mathcal{A})$ chaque fois que le noyau de γ admet un supplémentaire dans X^*, ou, ce qui revient au même d'après le lemme 7, chaque fois que $X^*\gamma$ en admet un dans X. Des remarques analogues s'appliquent aux corollaires 1 et 2 de la proposition 6; en vue d'applications ultérieures, nous expliciterons le résultat qui se déduit ainsi du corol-laire 2 :

PROPOSITION 8. *Soit X un module à gauche sur une algèbre $\mathcal{A}$ munie d'une involution et d'une fonction trace. Soient $s \in Ps(X/\mathcal{A})$, $\gamma = \gamma(s)$ et $X_1 = X^*\gamma$; supposons que X_2 soit un supplémentaire de X_1 dans X, et γ_1 un isomorphisme de X_1^* sur X_1. Alors on peut, d'une manière et d'une seule, écrire s sous la forme*

210 A. WEIL

$$s = t(g)\,d(\lambda)\,(d'(\gamma_1)\,t(g_1)\otimes t'(h_2))$$

avec $g\in Q(X/\mathcal{A})$, $\lambda\in\mathrm{Aut}\,(X/\mathcal{A})$, $g_1\in Q(X_1/\mathcal{A})$, $h_2\in Q_a(X_2^*/\mathcal{A})$.

On notera que l'existence d'un supplémentaire X_2 de X_1, et (d'après le lemme 7) celle d'un isomorphisme γ_1 de X_1^* sur X_1 sont assurées chaque fois que $\mathcal{A}$ est semisimple.

Si k est un corps local, on désignera par $Mp(X/k)$ le groupe métaplectique attaché à l'espace vectoriel sur k sous-jacent à X, et par $Mp(X/\mathcal{A})$ l'image réciproque de $Ps(X/\mathcal{A})$ dans $Mp(X/k)$ par la projection canonique de $Mp(X/k)$ sur $Ps(X/k)$. Dans le cas adélique, les notations $Mp(X/k)_A$, $Mp(X/\mathcal{A})_A$ se définissent de même. L'application de la proposition 7 du n° 48 donne alors les résultats suivants :

PROPOSITION 9. *Soit* $\mathcal{A}$ *une algèbre sur un corps local* k, *munie d'une involution* ι *et d'une fonction trace; supposons que* k *ne soit pas de caractéristique* 2 *ou que* $\mathcal{A}$ *soit semisimple. Soit* X *un* $\mathcal{A}$-*module à gauche. Alors tout élément de* $Mp(X/\mathcal{A})$ *est permutable avec tout élément de* $Mp(X/k)$ *de la forme* $\mathbf{d}(\xi_a)$, *où* ξ_a *est l'homothétie* $x\to ax$ *de* X *déterminée par un élément* a *de* $\mathcal{A}$ *tel que* $a\cdot a^\iota = 1$.

Si a est un élément inversible de $\mathcal{A}$, il résulte de la définition de la structure de $\mathcal{A}$-module à gauche de X^* (cf. n° 49) que $d(\xi_a)=(\sigma,0)$, où σ est l'automorphisme

$$(x,x^*)\to(ax,(a^\iota)^{-1}x^*)$$

de l'espace vectoriel sur k sous-jacent à $X\oplus X^*$; pour $a\cdot a^\iota = 1$, σ est donc l'homothétie $z\to az$ de $X\oplus X^*$; par définition de $Ps(X/\mathcal{A})$, il s'ensuit que tout élément de $Ps(X/\mathcal{A})$ est alors permutable avec $d(\xi_a)$. On obtient le résultat annoncé en appliquant le cas (i) de la proposition 7 si k n'est pas de caractéristique 2, et le cas (ii) si $\mathcal{A}$ est semisimple.

COROLLAIRE. *Soit* A_k *l'anneau des adèles attaché à un corps de nombres ou à un corps de fonctions* k. *Soit* $\mathcal{A}_k$ *une algèbre sur* k, *munie d'une involution* ι *et d'une fonction trace; supposons que* k *ne soit pas de caractéristique* 2 *ou que* $\mathcal{A}_k$ *soit semisimple. Soit* G_k *le groupe des éléments* a *de* $\mathcal{A}_k$ *tels que* $a\cdot a^\iota = 1$, *et soit* G_A *le groupe adélique correspondant. Soit* X_k *un* $\mathcal{A}_k$-*module à gauche, et soit* $X_A = X_k\otimes A_k$. *Alors, pour tout* $\mathsf{S}\in Mp(X/\mathcal{A})_A$ *et tout* $a\in G_A$, *les opérateurs* $\Phi\to\mathsf{S}\Phi$ *et* $\Phi(x)\to\Phi(ax)$ *sur* $L^2(X_A)$ *sont permutables.*

Il suffit en effet de faire voir qu'ils sont permutables lorsqu'on les applique aux fonctions Φ de la forme définie par (36) au n° 38; mais alors on est ramené au cas local, c'est-à-dire à la proposition 9.

52. En manière de conclusion, on va maintenant énoncer le résultat principal qui sera démontré dans le mémoire suivant, en application de la théorie exposée ici.

SUR CERTAINS GROUPES D'OPÉRATEURS UNITAIRES   211

Soit k un corps de nombres algébriques; soit $\mathcal{A}_k$ une algèbre simple sur k, munie d'une involution ι; pour fixer les idées, on prendra pour fonction trace, sur $\mathcal{A}_k$, la trace réduite τ. On peut supposer, sans diminuer la généralité, que k est le sous-corps du centre de $\mathcal{A}_k$ formé des éléments de celui-ci qui sont invariants par ι.

Soit G_k le groupe des éléments a de $\mathcal{A}_k$ tels que $a \cdot a^\iota = 1$; soit G_A le groupe adélique correspondant; soit $d_1 a$ la mesure de Haar sur G_A, normée de façon que G_A/G_k soit de mesure 1. Soit X_k un module à gauche sur $\mathcal{A}_k$; soient $X_A = X_k \otimes A_k$ et $\Phi \in S(X_A)$. La formule qu'on se propose de démontrer est alors

$$\int_{G_A/G_k} \sum_{\xi \in X_k} \Phi(a\,\xi)\,d_1 a = \sum_s \mathbf{r}_k(s)\,\Phi(0),$$

où la sommation du second membre est étendue à un système complet de représentants des classes à gauche suivant $P(X_k/\mathcal{A}_k)$ dans $Ps(X_k/\mathcal{A}_k)$; les deux membres sont absolument convergents, et la formule est valable, chaque fois qu'on a

$$\dim_k(X_k) > 4 \dim_k Q(X_k/\mathcal{A}_k).$$

Bibliographie

[1]. Bruhat, F., Distributions sur un groupe localement compact et applications à l'étude des représentations des groupes p-adiques. *Bull. Soc. Math. France*, 89 (1961), 43–75.

[2]. Cartier, P., Über einige Integralformeln in der Theorie der quadratischen Formen. A paraître aux *Math. Ann.*

[3]. Mackey, G., Some remarks on symplectic automorphisms (à paraître).

[4]. Schwartz, L., *Théorie des Distributions*, tome II. Hermann et Cie, Paris 1951.

[5]. Segal, I. E., Foundations of the theory of dynamical systems of infinitely many degrees of freedom (I). *Mat.-Fys. Medd. Danske Vid. Selsk.*, 31, no. 12 (1959), 1–39.

[6]. ——, Transforms for operators and symplectic automorphisms over a locally compact abelian group. A paraître aux *Math. Scand.*

[7]. Shale, D., Linear symmetries of free boson fields. *Trans. Amer. Math. Soc.*, 103 (1962), 149–167.

Reçu le 30 septembre 1963

[1965] Sur la formule de Siegel dans la théorie des groupes classiques

A la fin d'un précédent mémoire ([14], n° 52), j'ai énoncé une formule qui (sous la forme un peu plus générale qui lui sera donnée ici) contient la plupart des résultats obtenus par Siegel dans ses travaux sur les formes quadratiques. En substance, il s'agit d'une identité dont le second membre est une « série d'Eisenstein », tandis que le premier s'obtient en écrivant une série (qui généralise les séries thêta) dépendant de certains paramètres, et en intégrant par rapport à ceux-ci dans le domaine fondamental d'un certain groupe discret. Comme on le verra, on en déduit, entre autres applications, la détermination du « nombre de Tamagawa » de la plupart des groupes classiques, ainsi qu'une démonstration partielle, pour ces même groupes, du « principe de Hasse » et d'un « théorème d'approximation ».

On s'efforcera de traiter simultanément les divers types de groupes classiques en suivant l'idée de Siegel, qui consiste à se donner d'abord une algèbre semisimple à involution A et un module X sur A. On peut toujours d'ailleurs, comme on sait, se ramener, soit au cas (I) où A est simple, soit au cas (II) où A est somme de deux composantes simples échangées par l'involution donnée; le cas (I) lui-même se subdivise en plusieurs types (involutions de 1e et de 2e espèce, etc.). Il est vrai qu'en plusieurs circonstances je n'ai pu éviter de séparer ces cas, et le lecteur ne manquera pas d'être frappé, et peut-être rebuté, par les complications qui en résultent. A bien des égards, le cas (I) est le plus intéressant; il aurait été tentant de s'y limiter, si par malheur l'extension du corps de base (et en particulier la « localisation », c'est-à-dire le passage de ce corps à l'une de ses complétions) ne faisait nécessairement passer de (I) à (II) lorsqu'on part d'une involution de 2e espèce, de sorte qu'on ne peut exclure le cas (II) sans exclure ces involutions. De même, on verra que les applications les plus intéressantes de nos résultats se présentent lorsqu'on prend pour X un module simple sur A; mais, lorsqu'on étend le corps de base, un A-module simple cesse en général d'être tel, à moins que A ne soit une algèbre de matrices sur le corps

1 – 652922. *Acta mathematica*. 113. Imprimé le 25 février 1965.

de base. Si on s'était une fois pour toutes borné à ces algèbres, et aux modules simples sur celles-ci, on aurait pu donner de la présente théorie un exposé bien plus court, de lecture plus agréable, et qui néanmoins en eût fait apparaître les traits essentiels. Aussi le lecteur peu familier avec ce genre de question fera-t-il bien, en première lecture, de garder seulement ce cas présent à l'esprit (en supposant même de plus que l'involution dans $\mathcal{A}$ soit donnée par une matrice symétrique, ce qui correspond à la théorie des formes quadratiques et du groupe orthogonal) et de négliger tout ce qui, dans ce cas, devient visiblement inutile ou trivial. Mais, s'il est une vérité que l'évolution des mathématiques contemporaines a mise en évidence, c'est qu'on ne simplifie pas une théorie compliquée, pour peu qu'elle ait quelque valeur, en la spécialisant mais en la généralisant; bien entendu, je ne fais pas allusion par là aux généralisations superficielles ou artificielles que suggère parfois la mode, mais à celles qui placent une théorie dans son cadre naturel en la débarrassant des circonstances adventices qui l'encombrent ou la défigurent. Or il n'est pas douteux que nous n'ayons affaire ici à un fragment de la future théorie arithmétique des groupes semisimples. Mais il peut être avantageux, en vue de progrès ultérieurs dans cette direction, de disposer d'un matériel de comparaison le plus étendu possible; c'est dans cet esprit que j'ai cherché à donner du moins à la méthode suivie ici (directement inspirée de celle de Siegel dans [12]) tout le degré de généralité qu'elle comporte, plutôt que d'en présenter un simple échantillon.

Nous aurons à nous appuyer sur les résultats obtenus dans ces dernières années par Borel et Harishchandra, par Borel, et par Godement, dans la théorie des groupes semisimples. La validité de ces résultats n'est provisoirement acquise que dans le cas de caractéristique 0; en conséquence, on se bornera exclusivement à ce cas à partir du Chapitre III. La plupart des résultats auxiliaires des Chapitres I et II sont valables, soit en toute caractéristique, soit du moins chaque fois que la caractéristique n'est pas 2. Les principaux résultats et notations de [14] seront supposés connus du lecteur.

Table des notations

(Cf. aussi la table des notations de [14].)

Chapitre I

$n°$ 1: F_{Φ}^{*}.
$n°$ 2: F_{Φ}, (A), (B), (B$_0$), (B$_1$).
$n°$ 3: $|\omega|_{v}$, $X°$.
$n°$ 4: $U_{v}^{°}$, $|\lambda\omega|_{A}$, Δ_{G}.
$n°$ 5: $(\omega/f_{*}\eta)_{y}$.
$n°$ 8: (W).
$n°$ 9: T, a_{τ}, $\Theta(T)$.
$n°$ 10: T_{A}^{+}, Θ^{+}.

Chapitre II

$n°$ 14: $\mathcal{A}$, ι, τ, X, X^{*}.
$n°$ 15: $\otimes_{\iota}$, $I(X)$, $I(X)^{*}$, $Q(X/\mathcal{A})$.
$n°$ 16: $\mathcal{A}_{v}$, A_{v}, A, $\mathfrak{l}_{v}$, $\mathcal{B}$, m_{v}, X, X_{v}, n_{v}.
$n°$ 17: B.
$n°$ 18: (I), (II), $\mathfrak{l}$, $\xi \rightarrow \xi'$, h, η, $\mathfrak{l}'$, $\mathfrak{z}$, $\mathfrak{z}_{0}$, τ_{m}.
$n°$ 19: $h[x]$, δ, ε.
$n°$ 21: δ.
$n°$ 22: G, $U(i)$.

I. Préliminaires analytiques

1. Dans les n^{os} qui vont suivre, on se donnera un groupe abélien localement compact G. Comme dans [14], on notera G^* le dual de G, et $\langle g,g^* \rangle$ la valeur en g du caractère de G qui correspond à $g^* \in G^*$. On se donnera aussi une mesure de Haar dg sur G, dont la duale sur G^* sera notée dg^*. Rappelons que la transformation de Fourier définit un isomorphisme, d'une part entre $L^2(G)$ et $L^2(G^*)$, et d'autre part entre les espaces « de Schwartz-Bruhat » $S(G)$, $S(G^*)$ respectivement attachés à G et G^* (cf. [14], n° 11). Par définition, une «distribution tempérée » sur G est une forme linéaire continue sur $S(G)$, c'est-à-dire que l'espace des distributions tempérées sur G est le dual de $S(G)$. Il s'ensuit que la transformation de Fourier détermine un isomorphisme entre les espaces de distributions tempérées sur G et sur G^*. En particulier, si φ est une fonction bornée localement intégrable sur G, $\varphi(g)dg$ peut être considérée comme distribution tempérée, et admet donc une transformée de Fourier qui est une distribution tempérée sur G^*. Rappelons encore que les fonctions $\Phi \in S(G)$ à support compact sont partout denses dans l'espace des fonctions continues à support compact sur G; on en conclut que, si une distribution tempérée T sur G est positive (c'est-à-dire si $T(\Phi) \geqslant 0$ chaque fois que $\Phi \geqslant 0$), elle définit une mesure (dite « tempérée ») sur G, et peut être identifiée avec celle-ci.

Dans ce qui va suivre, on se donnera aussi un espace localement compact X muni d'une mesure dx, et une application continue f de X dans G; à partir du n° 2, X sera un groupe abélien, et dx une mesure de Haar sur X. A toute fonction $\Phi \in L^1(X)$, on conviendra d'associer la fonction F_Φ^* sur G^*, définie par la formule

$$F_\Phi^*(g^*) = \int_X \Phi(x) \cdot \langle f(x),\ g^* \rangle \, dx, \tag{1}$$

dont on vérifie immédiatement qu'elle est continue et bornée. Avec ces notations, on a le lemme suivant :

4 A. WEIL

Lemme 1. *Soit τ une fonction bornée localement intégrable sur G^*; soit T la distribution tempérée sur G, transformée de Fourier de τ. Pour tout voisinage compact W de 0 dans G, soit φ_W une fonction continue $\geqslant 0$ sur G, de support contenu dans W, telle que $\int \varphi_W \, dg = 1$; et soit $t_W = \tilde{\varphi}_W \ast T \ast \varphi_W$. Alors les t_W sont des fonctions continues et bornées sur G; et, chaque fois que $\Phi \in L^1(X)$ est telle que l'intégrale*

$$S(\Phi) = \int_{G^*} F_{\Phi}^*(-g^*)\, \tau(g^*)\, dg^* \tag{2}$$

soit absolument convergente, on a aussi

$$S(\Phi) = \lim_W \int_X \Phi(x)\, t_W(f(x))\, dx, \tag{3}$$

la limite étant prise suivant l'ordonné filtrant des voisinages de 0 dans G. De plus, si la convergence absolue de (2) a lieu uniformément sur une partie bornée B de $L^1(X)$, le second membre de (3) converge uniformément sur B.

Soit φ_W^* la transformée de Fourier de φ_W; on a

$$|\varphi_W^*(g^*)| \leqslant \int \varphi_W \, dg = 1, \qquad \int |\varphi_W^*(g^*)|^2 \, dg^* = \int \varphi_W^2 \, dg < +\infty.$$

Comme il est bien connu, t_W (qui est une « régularisée » de T) est la transformée de Fourier de $|\varphi_W^*|^2 \tau$, c'est-à-dire qu'on a

$$t_W(g) = \int |\varphi_W^*(g^*)|^2 \, \tau(g^*) \cdot \langle g, -g^* \rangle \, dg^*;$$

c'est donc bien une fonction continue bornée sur G. En vertu du théorème de Lebesgue–Fubini, on a, pour $\Phi \in L^1(X)$:

$$\int_X \Phi(x)\, t_W(f(x))\, dx = \int_{G^*} \left(\int_X \Phi(x) \cdot \langle f(x), -g^* \rangle \, dx \right) |\varphi_W^*(g^*)|^2 \, \tau(g^*)\, dg^*,$$

et par suite, si (2) est absolument convergente:

$$S(\Phi) - \int_X \Phi(x)\, t_W(f(x))\, dx = \int_{G^*} (1 - |\varphi_W^*(g^*)|^2)\, F_{\Phi}^*(-g^*) \cdot \tau(g^*)\, dg^*. \tag{4}$$

Soit K une partie compacte de G^*, et soit $\varepsilon > 0$; il y a un voisinage W_0 de 0 dans G tel que $|\langle g, g^* \rangle - 1| \leqslant \varepsilon$ chaque fois que $g \in W_0$ et $g^* \in K$, et par suite

$$|\varphi_W^*(g^*) - 1| = \left| \int \varphi_W(g) \cdot (\langle g, g^* \rangle - 1)\, dg \right| \leqslant \varepsilon$$

chaque fois que $W \subset W_0$ et $g^* \in K$; autrement dit, on a $\lim_W \varphi_w^* = 1$, uniformément sur toute partie compacte de G^*, la limite étant entendue comme il est dit dans l'énoncé du lemme 1. La première assertion du lemme résulte alors immédiatement de (4). Quant à la seconde, l'hypothèse signifie qu'à tout $\varepsilon > 0$ on peut faire correspondre une partie compacte K de G^* telle que l'on ait

$$\int_{G^* - K} \left| F_\Phi^* (-g^*)\, \tau(g^*) \right| dg^* \leqslant \varepsilon$$

quel que soit $\Phi \in B$; cela étant, la conclusion s'ensuit aussi de (4).

2. Prenons maintenant pour X un groupe abélien localement compact et pour dx une mesure de Haar sur X. Nous aurons à nous servir de la remarque suivante, que pour plus de commodité nous énonçons sous forme de lemme :

LEMME 2. *Soit $(S_\alpha)_{\alpha \in A}$ une famille de distributions tempérées sur X, et soit $\mathfrak{J}$ un filtre sur A. Supposons que $(S_\alpha(\Phi))_{\alpha \in A}$ converge suivant $\mathfrak{J}$ pour tout $\Phi \in S(X)$, la convergence étant uniforme sur toute partie compacte de $S(X)$. Alors $S(\Phi) = \lim_{\mathfrak{J}} S_\alpha(\Phi)$ est une distribution tempérée.*

Il est clair en effet que c'est une forme linéaire sur $S(X)$, continue sur toute partie compacte de $S(X)$. Comme $S(X)$ est limite inductive d'espaces métrisables $S(H, H')$ (cf. [14], n° 11), la conclusion s'ensuit immédiatement.

LEMME 3. *Les hypothèses et notations étant celles du lemme 1 du n° 1, supposons de plus que X soit un groupe abélien localement compact, dx une mesure de Haar sur X, et que (2) soit absolument convergente pour tout $\Phi \in S(X)$ et le soit uniformément sur toute partie compacte de $S(X)$. Alors (2) définit une distribution tempérée S sur X, de support contenu dans $f^{-1}(\operatorname{supp} T)$; si T est une mesure positive, il en est de même de S; et, si T coïncide avec une mesure $\varrho(g)\,dg$ dans une partie ouverte U de G, ϱ étant une fonction continue dans U, S coïncide avec la mesure $\varrho(f(x))\,dx$ dans $f^{-1}(U)$.*

D'après le lemme 1, on peut aussi considérer S comme définie au moyen de (3); les lemmes 1 et 2 montrent alors que S est une distribution tempérée. L'assertion sur le support de S résulte du fait que le support de t_w est contenu dans $\operatorname{supp}(T) + W + (-W)$. Si T est une mesure positive, on a $t_w \geqslant 0$ quel que soit W, donc $S(\Phi) \geqslant 0$ pour $\Phi \geqslant 0$. Enfin, si T coïncide avec $\varrho(g)\,dg$ dans U, on a $\lim_W t_w = \varrho$ uniformément dans toute partie compacte de U, donc $\lim_W t_w \circ f = \varrho \circ f$ uniformément dans toute partie compacte de $f^{-1}(U)$, d'où la dernière assertion du lemme, en vertu de (3).

6   A. WEIL

PROPOSITION 1. *Soient X et G des groupes abéliens localement compacts; soit f une application continue de $\overset{\cdot}{X}$ dans G, satisfaisant à la condition suivante :*

(A) quelle que soit $\Phi \in S(X)$, la fonction F_{Φ}^{*} définie par (1) est intégrable sur G^{*}; et l'intégrale $\int |F_{\Phi}^{*}| dg^{*}$ converge uniformément sur toute partie compacte de $S(X)$.

Alors on peut, d'une manière et d'une seule, faire correspondre à tout $g \in G$ une mesure positive μ_{g} sur X, de support contenu dans $f^{-1}(\{g\})$, de telle sorte que, pour toute fonction Φ continue à support compact sur X, la fonction F_{Φ} sur G définie par $F_{\Phi}(g) = \int \Phi d\mu_{g}$ soit continue et satisfasse à $\int F_{\Phi} dg = \int \Phi dx$. De plus, les μ_{g} sont des mesures tempérées; et, pour tout $\Phi \in S(X)$, F_{Φ} est continue, appartient à $L^{1}(G)$, satisfait à $\int F_{\Phi} dg = \int \Phi dx$ et est la transformée de Fourier de F_{Φ}^{*}.

Si (A) est satisfaite, on peut, quel que soit g, appliquer le lemme 3 à f et à la « distribution de Dirac » $T = \delta_{g}$, c'est-à-dire à la masse 1 concentrée en g. Il existe donc une mesure tempérée positive μ_{g}, de support contenu dans $f^{-1}(\{g\})$, telle que, pour tout $\Phi \in S(X)$, $F_{\Phi}(g) = \int \Phi d\mu_{g}$ soit la valeur en g de la transformée de Fourier de F_{Φ}^{*}; puisque $F_{\Phi}^{*} \in L^{1}(G^{*})$ pour $\Phi \in S(X)$, F_{Φ} est alors continue et bornée. Pour $\Phi \in S(X)$, $\Phi \geqslant 0$, on a $F_{\Phi} \geqslant 0$; donc F_{Φ}^{*} est alors une fonction continue de type positif, et par suite est transformée de Fourier d'une mesure positive bornée; celle-ci ne peut être autre que $F_{\Phi}(g) dg$, ce qui montre que F_{Φ} appartient alors à $L^{1}(G)$. Mais (par exemple en vertu du lemme 5 de [14], n° 41) toute fonction $\Phi \in S(X)$ s'écrit, si elle est réelle, comme différence de deux fonctions positives de $S(X)$, donc en tout cas comme combinaison linéaire finie de telles fonctions. On a donc $F_{\Phi} \in L^{1}(G)$ quelle que soit $\Phi \in S(X)$. Il s'ensuit que F_{Φ}^{*} est alors la transformée de Fourier de F_{Φ}; en particulier, on a $F_{\Phi}^{*}(0) = \int F_{\Phi} dg$; comme on a $F_{\Phi}^{*}(0) = \int \Phi dx$ par définition de F_{Φ}^{*}, cela donne bien, pour $\Phi \in S(X)$, l'égalité annoncée. Soit alors Φ une fonction continue sur X, dont le support C soit compact; soient U un voisinage compact de 0 dans X, et $C' = C + U$. Il est facile de voir qu'il existe une fonction $\Psi \in S(X)$ qui soit $\geqslant 0$ sur X et $\geqslant 1$ sur C', et, quel que soit $\varepsilon > 0$, une fonction $\Phi' \in S(X)$, de support contenu dans C', telle que $|\Phi' - \Phi| \leqslant \varepsilon$. Alors les supports de F_{Φ}, $F_{\Phi'}$ sont contenus dans $f(C')$, et on a $|F_{\Phi'} - F_{\Phi}| \leqslant \varepsilon F_{\Psi}$. On en conclut aussitôt que F_{Φ} est continue et qu'on a $\int F_{\Phi} dg = \int \Phi dx$. Il reste à démontrer l'unicité des μ_{g}. Soit en effet (μ_{g}') une famille de mesures ayant les propriétés énoncées dans la proposition 1, et soit $\mu_{g}'' = \mu_{g}' - \mu_{g}$. On aura donc, pour toute fonction continue Φ à support compact :

$$\int \left(\int \Phi(x) \, d\mu_{g}''(x) \right) dg = 0.$$

En remplaçant $\Phi(x)$ par $\Phi(x)\varphi(f(x))$, où φ est une fonction continue sur G, on obtient

$$\int \left(\int \Phi(x)\, d\mu_g''\,(x) \right) \varphi(g)\, dg = 0.$$

Cette relation doit être satisfaite quelle que soit φ; comme d'autre part les hypothèses faites entraînent que $\int \Phi d\mu_g''$ est une fonction continue de $g \in G$, il s'ensuit bien que celle-ci doit s'annuler quelle que soit Φ, donc que $\mu_g'' = 0$.

PROPOSITION 2.   *Soient G un groupe abélien localement compact, Γ un sous-groupe discret de G tel que G/Γ soit compact, et Γ_* le sous-groupe discret de G^* qui correspond par dualité à Γ. Soient X un groupe abélien localement compact et f une application continue de X dans G satisfaisant à la condition suivante :*

   (B) *quels que soient $\Phi \in S(X)$ et $g^* \in G^*$, la série*

$$\sum_{\gamma^* \in \Gamma_*} \left| F_\Phi^*\,(g^* + \gamma^*) \right| \tag{5}$$

est convergente, et elle l'est uniformément sur toute partie compacte de $S(X) \times G^*$.

   Alors f satisfait à la condition (A) *de la proposition 1. De plus, si F_Φ désigne de nouveau la transformée de Fourier de la fonction F_Φ^* définie par* (1), *on a, pour toute fonction $\Phi \in S(X)$:*

$$\sum_{\gamma \in \Gamma} F_\Phi\,(\gamma) = \sum_{\gamma^* \in \Gamma_*} F_{\Phi}^*\,(\gamma^*),$$

les séries des deux membres étant absolument convergentes.

   La première assertion signifie que, si $\varepsilon > 0$, et si C est une partie compacte de $S(X)$, il existe une partie compacte K de G^* telle que l'intégrale de $\left| F_\Phi^* \right|$ sur $G^* - K$ soit $\leqslant \varepsilon$ quelle que soit $\Phi \in C$. Or, comme Γ est discret, G^*/Γ_* est compact; il existe donc une partie compacte C^* de G^* telle que $G^* = C^* + \Gamma_*$. Alors, d'après (B), il existe, quel que soit $\delta > 0$, une partie finie F de Γ_* telle que l'on ait

$$\sum_{\gamma^* \in \Gamma_* - F} \left| F_\Phi^*\,(g^* + \gamma^*) \right| \leqslant \delta$$

chaque fois que $\Phi \in C$ et $g^* \in C^*$. On satisfera alors à la condition imposée en prenant $\delta \leqslant m(C^*)^{-1} \varepsilon$, où $m(C^*)$ est la mesure de C^* pour dx, puis $K = C^* + F$.

   On peut donc appliquer à f la proposition 1; par suite, il existe des mesures μ_g avec les propriétés énoncées dans celle-ci. D'autre part, soit π l'homomorphisme canonique de G sur G/Γ, et soit $\bar{f} = \pi \circ f$. Comme Γ_* est le dual de G/Γ, (B) entraîne que l'application $\bar{f}$ de X dans G/Γ satisfait à la condition (A) de la proposition 1. Il existe donc pour tout g une mesure tempérée positive $\nu_{\pi(g)}$, de support contenu dans la réunion des $f^{-1}(\{g + \gamma\})$ pour $\gamma \in \Gamma$, telle que l'on ait, pour tout $\Phi \in S(X)$:

8   A. WEIL

$$\int \Phi \, dv_{\pi(g)} = \sum_{\gamma^* \in \Gamma_*} F_\Phi^* (\gamma^*) \cdot \langle g, -\gamma^* \rangle, \tag{6}$$

le premier membre étant une fonction continue. En particulier, prenons pour Φ une fonction à support compact C; comme $F_\Phi(g) = \int \Phi \, d\mu_g$ d'après la proposition 1, le support de F_Φ est contenu dans $f(C)$. Alors la fonction $\overline{F}$ définie par

$$\overline{F}(g) = \sum_{\gamma \in \Gamma} F_\Phi(g + \gamma) = \int \Phi \cdot \left(\sum_{\gamma \in \Gamma} d\mu_{g+\gamma} \right)$$

est continue et détermine, par passage au quotient, une fonction continue sur G/Γ, dont les coefficients de Fourier sont donnés par

$$c(\gamma^*) = \int_{G/\Gamma} \overline{F}(g) \cdot \langle g, \gamma^* \rangle \, d\dot{g} = \int_G F_\Phi(g) \cdot \langle g, \gamma^* \rangle \, dg = F_\Phi^*(\gamma^*);$$

dans le second membre, on a posé $\dot{g} = \pi(g)$. Comme ces coefficients de Fourier sont les mêmes que ceux de $\int \Phi \, dv_{\pi(g)}$ tels qu'ils apparaissent dans (6), et que cette dernière fonction est continue, on en conclut qu'on a, pour toute fonction $\Phi \in S(X)$ à support compact :

$$\int \Phi \, dv_{\pi(g)} = \int \Phi \cdot \left(\sum_\gamma d\mu_{g+\gamma} \right).$$

Cela implique $v_{\pi(g)} = \sum \mu_{g+\gamma}$. Comme $v_{\pi(g)}$ est une mesure tempérée, il s'ensuit que la série $\sum F_\Phi(g+\gamma)$ est absolument convergente pour toute fonction positive $\Phi \in S(X)$, et par suite aussi pour toute $\Phi \in S(X)$. En écrivant (6) pour $g = 0$, et tenant compte de ce qu'on vient de démontrer, on obtient la seconde partie de la proposition.

On peut exprimer la seconde partie de la proposition 2 en disant que la formule de Poisson est valable pour les fonctions F_Φ, F_Φ^*; cela serait trivial si ces fonctions appartenaient respectivement à $S(G)$ et $S(G^*)$, mais des exemples simples montrent qu'en général ce n'est pas le cas.

D'autre part, convenons, pour $\Phi \in S(X)$, de noter Φ_{g^*} la fonction définie par $\Phi_{g^*}(x) = \Phi(x)\langle f(x), g^* \rangle$. Nous aurons à appliquer la proposition 2 à des fonctions f satisfaisant aux conditions suivantes :

(B_0) $(\Phi, g^*) \to \Phi_{g^*}$ *est une application continue de* $S(X) \times G^*$ *dans* $S(X)$;

(B_1) *la série* $\sum_{\gamma^* \in \Gamma_*} |F_\Phi^*(\gamma^*)|$ *est uniformément convergente sur toute partie compacte de* $S(X)$.

Si on remplace Φ par $\Phi_{g_0^*}$, $F_\Phi^*(g^*)$ se change évidemment en $F_\Phi^*(g^* + g_0^*)$; on en conclut que (B_0) et (B_1) entraînent (B), donc que la proposition 2 est applicable à toute fonction qui satisfait ces deux conditions.

3. Nous allons maintenant compléter ce qui a été dit dans [14] concernant les espaces « adéliques » (cf. [14], n°s 29–30), et tout d'abord fixer le choix des mesures dans ces espaces.

On s'appuyera sur l'observation générale suivante. Soit G un groupe abélien localement compact, et soit $\chi(x,y)$ un bicaractère non dégénéré de $G \times G$, c'est-à-dire une fonction de la forme $\langle x, y\beta\rangle$, où β est un isomorphisme de G sur G^*. On peut alors identifier G avec son dual au moyen de χ en posant $\langle x,y\rangle = \chi(x,y)$, ce qui revient à les identifier au moyen de l'isomorphisme β; c'est ce que nous avons fait, en substance, pour les corps locaux au n° 24 de [14], et pour les anneaux d'adèles au n° 29 de [14]. Cela posé, on voit immédiatement qu'il existe un choix et un seul de la mesure de Haar pour G pour laquelle celle-ci soit sa propre duale dans cette identification; on dira que cette mesure est *autoduale* par rapport à χ.

Conservant alors nos notations habituelles (v. [14], n° 29), nous conviendrons une fois pour toutes de choisir sur la complétion k_v du corps de base k la mesure de Haar autoduale par rapport au bicaractère $\chi_v(xy)$, et de noter celle-ci $|dx|_v$. Alors, pour presque tout v, la mesure de l'anneau $\mathfrak{o}_v$ des entiers de k_v a la valeur 1.

Soit maintenant U une variété analytique de dimension n sur k_v; le choix de la mesure $|dx|_v$ sur k_v permet, comme on sait (cf. p. ex. [13], Chap. II), de déduire de toute forme différentielle holomorphe ω de degré n sur U une mesure positive sur U, notée $|\omega|_v$. Rappelons que, si U est une partie ouverte de $(k_v)^n$ et que ω y soit donnée par $\omega = f(x)\,dx_1 \wedge dx_2 \wedge ... \wedge dx_n$, $|\omega|_v$ sera définie par

$$|\omega|_v = |f(x)|_v \prod_{i=1}^{n} |dx_i|_v,$$

où $|a|_v$ désigne naturellement, pour tout $a \in k_v$, le module de l'automorphisme $x \to ax$ de k_v si $a \neq 0$, et 0 si $a = 0$. La définition de $|\omega|_v$ dans le cas général se déduit immédiatement de là, par transport de structure au moyen de cartes locales.

En particulier, soit X_k un espace vectoriel de dimension n sur k; soient X_k^* son dual, X° une base de X_k sur k, et $(X^*)^\circ$ la base de X_k^* duale de X°. Notons X, comme d'habitude, l'extension de X_k au domaine universel; soient $x_1,...,x_n$ les coordonnées dans X par rapport à la base X°, et soient de même $x_1^*,...,x_n^*$ les coordonnées dans X^* par rapport à $(X^*)^\circ$. Posons $dx = dx_1 \wedge ... \wedge dx_n$, $dx^* = dx_1^* \wedge ... \wedge dx_n^*$; alors, si on tient compte des identifications faites aux n°s 24 et 29 de [14], les mesures $|dx|_v$ dans X_v et $|dx^*|_v$ dans X_v^* sont duales l'une de l'autre. C'est toujours ainsi qu'on choisira les mesures dans les espaces de la forme X_v, X_v^* dans ce qui suit, étant entendu que ce choix est relatif au choix du caractère χ de A_k, supposé fait une fois pour toutes, et à celui des bases duales X°, $(X^*)^\circ$.

Dans l'anneau A_k des adèles de k, la « mesure de Tamagawa » (celle pour laquelle A_k/k est de mesure 1) est autoduale par rapport à $\chi(xy)$, puisque k est associé à lui-même par

10   A. WEIL

dualité lorsqu'on identifie A_k à son dual au moyen de $\chi(xy)$. Il s'ensuit que cette mesure n'est autre que le produit $\prod |dx|_v$ lorsque les $|dx|_v$ sont choisis comme il vient d'être dit; cela veut dire que, sur chacun des sous-groupes ouverts

$$\prod_{v \in S} k_v \times \prod_{v \notin S} \mathfrak{o}_v$$

de A_k, la mesure en question est égale au produit des mesures $|dx|_v$ au sens habituel; on la notera $|dx|_A$. On en conclut aussitôt que, si X_k est comme plus haut, et si les mesures $|dx|_v$ sont définies comme plus haut sur les espaces X_v (au moyen d'une base X° de X_k), la mesure $|dx|_A = \prod |dx|_v$ sur X_A, c'est-à-dire celle qui est égale au produit $\prod |dx|_v$ sur chacun des sous-groupes ouverts X_S° de X_A (cf. [14], n° 29, (29)) n'est autre que la mesure de Tamagawa sur X_A, pour laquelle X_A/X_k est de mesure 1; $|dx|_A$ est donc indépendant du choix de X°, et même de celui de χ.

4. Plus généralement, soit U une variété algébrique sans point multiple, de dimension n, rationnelle sur k, ou bien une réunion de telles variétés, deux à deux disjointes, en nombre fini. Par une *jauge* sur U, on entendra une forme différentielle ω de degré n sur U, rationnelle sur k, partout finie et $\neq 0$; d'après le n° 3, une jauge ω sur U détermine pour tout v une mesure $|\omega|_v$ sur U_v.

Chaque fois que U est une variété affine et k_v un corps à valuation discrète, on notera U_v° l'ensemble des points de U à coordonnées dans $\mathfrak{o}_v$; c'est une variété analytique compacte sur k_v, éventuellement vide. De même, chaque fois que U est représenté comme réunion d'images birégulières $\varphi_i(U_i)$ de variétés affines U_i en nombre fini, on notera U_v° la réunion des ensembles $\varphi_i((U_i)_v^\circ)$; bien entendu, celle-ci dépend des U_i et des φ_i, mais on sait qu'un autre choix des U_i et des φ_i ne modifie U_v° que pour un nombre fini de places v de k (de sorte que le choix des U_i et des φ_i est sans influence sur les définitions qui vont suivre; cf. [13], Chap. I). La variété adélique U_A attachée à U est définie alors comme la réunion, ou plus précisément la limite inductive, des ensembles

$$U_S^\circ = \prod_{v \in S} U_v \times \prod_{v \notin S} U_v^\circ.$$

On sait (cf. [13], Chap. II) que, pour presque tout v, on peut définir une variété $\bar{U}_v$ de dimension n, sans point multiple, sur le corps fini $\mathfrak{o}_v/\mathfrak{p}_v$, la « réduction de U_v° modulo $\mathfrak{p}_v$ », telle que l'on ait

$$\int_{U_v^\circ} |\omega|_v = N(\mathfrak{p}_v)^{-n} \cdot N_v$$

si N_v est le nombre de points de $\bar{U}_v$ rationnels sur $\mathfrak{o}_v/\mathfrak{p}_v$. De plus, si on désigne par m_v

la valeur commune des deux membres de cette formule, et si ν est le nombre des composantes connexes de U, il résulte d'une estimation de Langweil ([10], théorème 1) que $\lim_v m_v = \nu$ suivant le filtre des complémentaires de parties finies dans l'ensemble des places de k. On en conclut en particulier que $U_v^\circ \neq \varnothing$ pour presque tout v. Cela posé, si, pour toute place v de k, on s'est donné un nombre $\lambda_v > 0$, on dira que (λ_v) est un *système de facteurs de convergence* pour U si le produit $\prod (\lambda_v m_v)$ est absolument convergent ([1]). Lorsqu'il en est ainsi, on peut considérer, sur chacun des ensembles U_S°, la mesure produit des mesures $\lambda_v |\omega|_v$, et, sur U_A, la mesure qui coïncide avec ce produit sur U_S° dès que S est pris assez grand; cette mesure s'appellera la *mesure de Tamagawa* déterminée sur U_A par la jauge ω et le système de facteurs $\lambda = (\lambda_v)$ et sera notée $|\lambda\omega|_A$; elle ne change pas si on remplace ω par $c\omega$ avec $c \in k$, $c \neq 0$.

Considérons en particulier un groupe algébrique connexe G, défini sur k; sur G, il existe toujours des jauges, et toute jauge est « relativement invariante » (c'est-à-dire invariante à un facteur scalaire près) par toute translation à gauche ou à droite. Avec un symbolisme évident, on pourra écrire, si ω est une jauge sur G :

$$\omega(axb) = \chi(a)\chi'(b)\omega(x)$$

quels que soient $a \in G$, $b \in G$; χ, χ' sont des caractères de G, rationnels sur k. Alors les jauges $\chi^{-1}\omega$, $\chi'^{-1}\omega$ sont respectivement invariantes à gauche et à droite, et ce sont, à des facteurs constants près, les seules ayant ces propriétés. On a en particulier

$$\omega(a^{-1}xa) = \Delta_G(a)\omega(x)$$

avec $\Delta_G = \chi^{-1}\chi'$; le caractère Δ_G s'appelle le *module algébrique* (ou parfois simplement le module) de G; il est indépendant du choix de ω. Si $\Delta_G = 1$, G est dit *unimodulaire*; c'est le cas pour tout groupe réductif et pour tout groupe unipotent. Si ω est une jauge sur G, et si λ est un système de facteurs de convergence pour G, les mesures $|\omega|_v$ et $|\lambda\omega|_A$ sont relativement invariantes, sur les groupes G_v et G_A respectivement; ce sont des mesures de Haar si ω est invariante à gauche. Par suite, pour que G_A soit unimodulaire (en tant que groupe localement compact), il faut et il suffit que G le soit (en tant que groupe algébrique). On notera 1 le système de facteurs (λ_v) pour lequel $\lambda_v = 1$ quel que soit v; d'après un résultat général dû à Serre, c'est un système de facteurs de convergence pour tout groupe semisimple;

([1]) Nous aurons souvent à considérer des produits $\prod a_v$ étendus, soit à l'ensemble des places de k, soit au complémentaire d'une partie finie de cet ensemble; certains des a_v pourront s'annuler. On dira que $\prod a_v$ est absolument convergent s'il existe une partie finie S de l'ensemble des places de k telle que a_v soit défini et $\neq 0$ pour tout $v \notin S$ et que le produit partiel $\prod a_v$ restreint aux $v \notin S$ soit absolument convergent au sens usuel.

12 A. WEIL

pour les groupes classiques, qui interviendront seuls dans la suite de ce travail, ce résultat est démontré dans [13].

Si G est un groupe algébrique non connexe, dont toutes les composantes connexes soient rationnelles sur k, on ne peut plus affirmer que toute jauge soit relativement invariante sur G; mais il reste vrai que toute jauge relativement invariante à gauche l'est aussi à droite, et qu'il existe de telles jauges; si on se restreint à considérer celles-ci, les faits énoncés plus haut restent valables. On conviendra de dire que G est unimodulaire s'il en est ainsi de la composante connexe G_0 de l'élément neutre dans G. Si G est unimodulaire, Δ_G est un caractère de G/G_0, et ses valeurs sont des racines de l'unité.

5. Soient X, Y des variétés algébriques et f une application de X dans Y; soit x un point simple de X où f soit définie, et supposons que le point $y = f(x)$ soit simple sur Y; soient T_x, T_y les espaces vectoriels respectivement tangents à X en x et à Y en y. On dit alors, comme on sait, que f est *submersive* (ou « de rang maximum ») en x si l'application linéaire de T_x dans T_y tangente à f en x est surjective.

Supposons X, Y et f rationnels sur k; supposons f « génériquement submersive », c'est-à-dire submersive en un point générique de X sur k. Alors l'ensemble X' des points de X où f est submersive est k-ouvert dans X, et f détermine un morphisme partout submersif f' de X' dans Y. De plus, l'application f' est k-ouverte, de sorte qu'en particulier l'image ensembliste $Y' = f'(X')$ de X' par f' est k-ouverte dans Y; et, pour tout $y \in Y'$, l'image réciproque ensembliste $F_y = f'^{-1}(\{y\})$ de y dans X' par f' est une variété sans point multiple, ou une réunion de telles variétés, deux à deux disjointes.

Les hypothèses et notations étant comme ci-dessus, soient de plus ω, η des jauges sur X' et sur Y'; notons $f'_* \eta$ l'image réciproque de η par f' sur X' (qu'on notera parfois aussi, avec un symbolisme évident, $\eta(f'(x))$ si ω, η sont notées $\omega(x)$, $\eta(y)$). On vérifie immédiatement qu'il existe un recouvrement $(X_\lambda)_{\lambda \in L}$ de X' par des parties k-ouvertes X_λ de X' en nombre fini, et, dans chaque X_λ, une forme différentielle θ_λ partout finie, rationnelle sur k, tels que ω coïncide avec $\theta_\lambda \wedge f'_* \eta$ dans X_λ quel que soit λ. De plus, dans ces conditions, les formes θ_λ, θ_μ induisent une même forme différentielle sur $F_y \cap X_\lambda \cap X_\mu$ quels que soient $y \in Y'$, λ et μ; il y a donc sur chaque « fibre » F_y une forme différentielle θ_y et une seule qui coïncide sur $F_y \cap X_\lambda$, quel que soit λ, avec celle induite par θ_λ sur $F_y \cap X_\lambda$; enfin, on vérifie immédiatement que θ_y est une jauge sur F_y, rationnelle sur le corps $k(y)$. On écrira, symboliquement, $\theta_y = (\omega/f'_*\eta)_y$, ou encore:

$$\theta_y(x) = \left(\frac{\omega(x)}{\eta(f'(x))} \right)_y.$$

En particulier, prenons pour X, Y et f un groupe algébrique G, l'espace homogène

$H = G/g$ déterminé par G et un sous-groupe g de G, et l'application canonique π de G sur H; celle-ci est partout submersive; les « fibres » $\pi^{-1}(\{y\})$ sont les classes xg suivant g dans G; en particulier, si $y_0 = \pi(e)$, on a $\pi^{-1}(\{y_0\}) = g$. Supposons qu'il existe sur H une jauge η relativement invariante, c'est-à-dire telle que $\eta(ay) = \psi(a)\eta(y)$ quel que soit $a \in G$; et prenons pour ω une jauge relativement invariante sur G (cf. n° 4), donc telle que $\omega(axb) = \chi(a)\chi'(b)\omega(x)$. On peut alors, comme plus haut, définir $\theta_y = (\omega/\pi_* \eta)_y$; en particulier, on vérifie aussitôt que θ_{y_0} est une jauge relativement invariante sur g, et plus précisément que l'on a

$$\theta_{y_0}(\alpha\xi\beta) = \chi(\alpha)\psi(\alpha)^{-1}\chi'(\beta)\theta_{y_0}(\xi)$$

quels que soient $\alpha \in g$, $\beta \in g$. Il s'ensuit que, sur g, ψ coïncide avec $\Delta_g \Delta_G^{-1}$. Ce résultat admet une réciproque (cf. [13], Theorem 2.4.1). On notera en particulier que $\psi = 1$ entraîne que Δ_G coïncide avec Δ_g sur g; ce sera le cas chaque fois que g est un sous-groupe invariant de G, puisqu'alors on peut prendre pour η une jauge invariante à gauche sur le groupe quotient G/g.

6. Les résultats ci-dessus nous intéressent avant tout dans le cas où k est un corps local k_v; alors, comme on l'a vu au n° 4, les jauges ω, η déterminent des mesures $|\omega|_v$, $|\eta|_v$ sur X_v', Y_v', et de même θ_y détermine une mesure $|\theta_y|_v$ sur $(F_y)_v$ chaque fois que $y \in Y_v'$. L'application du théorème de Lebesgue-Fubini au voisinage de chaque point de X_v' montre qu'on a, pour toute fonction continue Φ à support compact sur X_v' :

$$\int_{X_v'} \Phi(x) |\omega(x)|_v = \int_{Y_v'} \left(\int_{(F_y)_v} \Phi(z) |\theta_y(z)|_v \right) |\eta(y)|_v, \tag{7}$$

la fonction à intégrer sur Y_v' au second membre étant alors continue à support compact; il est immédiat aussi (comme à la fin de la démonstration de la proposition 1, n° 2) que la famille des mesures $|\theta_y|_v$, de supports respectifs $(F_y)_v$, est la seule qui possède ces propriétés. Comme d'habitude en théorie de l'intégration, la formule (7) reste valable pour toute fonction Φ intégrable sur X_v', ou encore pour toute fonction $\Phi \geq 0$ localement intégrable sur X_v', par rapport à la mesure $|\omega|_v$. Si la variété X elle-même est sans point multiple, et que ω soit une jauge sur X, on ne modifie pas l'intégrale du premier membre de (7) en la prenant sur X_v au lieu de X_v', puisque $X_v - X_v'$ est réunion de sous-variétés de X_v de codimension ≥ 1, en nombre fini, et est donc de mesure nulle; une remarque analogue s'applique à Y_v et Y_v'.

Supposons en particulier que X et Y soient des espaces vectoriels; alors X_v, Y_v sont des espaces vectoriels sur k_v; supposons que l'application f soit génériquement submersive, partout définie sur X, et qu'elle satisfasse à la condition (A) de la proposition 1 du n° 2;

14 A. WEIL

cette proposition permet donc de définir, pour tout $y \in Y_v$, une mesure tempérée positive μ_y, de support contenu dans $f^{-1}(\{y\})$, ayant les propriétés énoncées dans cette proposition. On aura en particulier, pour toute fonction continue Φ à support compact sur X_v :

$$\int_{X_v} \Phi(x)\,|dx|_v = \int_{Y_v} \left(\int \Phi\,d\mu_y \right) |\,dy\,|_v,$$

la fonction à intégrer sur Y_v au second membre étant continue. D'autre part, f étant génériquement submersive, on peut, avec les mêmes notations que plus haut, définir une jauge $\theta_y = (dx/f'_* \, dy)_y$ sur F_y quel que soit $y \in Y'$, puis une mesure $|\theta_y|_v$ sur $(F_y)_v$ quel que soit $y \in Y'_v$, et celle-ci satisfait à (7). La comparaison entre ces formules montre alors que μ_y coïncide avec $|\theta_y|_v$ sur $(F_y)_v$, ou, ce qui revient au même, sur $f^{-1}(\{y\})_v$, au voisinage de tout point de ce dernier ensemble où f est submersive.

7. On va introduire maintenant un type d'intégrale qui joue un grand rôle, non seulement dans la suite de ce travail, mais dans d'autres questions de théorie des nombres (par exemple la « formule de Selberg »). Soient G un groupe algébrique, X une variété sur laquelle opère G par une loi notée $(g,x) \to gx$; supposons que G, X et cette loi soient définis sur le corps k. Soit μ une mesure positive sur G_A/G_k, ou, ce qui revient au même, une mesure positive sur G_A, invariante à droite par G_k. Supposons que X_k soit discret dans X_A, ce qui sera le cas en particulier chaque fois que X est une variété affine. Quelle que soit la fonction Φ continue à support compact sur X_A, la fonction

$$g \to \sum_{\xi \in X_k} \Phi(g\xi)$$

sera continue sur G_A, et invariante à droite par G_k. Posons

$$I_\mu(\Phi) = \int_{G_A/G_k} \sum_{\xi \in X_k} \Phi(g\xi) \cdot d\mu(g), \tag{8}$$

et supposons que cette intégrale soit absolument convergente pour toute fonction Φ continue à support compact sur X_A; il en sera ainsi par exemple chaque fois que μ est à support compact sur G_A/G_k. Alors I_μ est une mesure positive sur X_A, dont le support est contenu dans l'adhérence de la réunion des orbites de points de X_k par G_A.

On peut de plus « décomposer I_μ suivant les orbites » de G_k dans X_k. Soit Ω l'ensemble de ces dernières orbites; pour chaque $\omega \in \Omega$, choisissons un représentant ξ_ω, de sorte que les ξ_ω, pour $\omega \in \Omega$, forment un système de représentants de X_k pour la relation d'équivalence déterminée par G_k dans X_k. Pour chaque $\omega \in \Omega$, soit $g(\omega)$ le groupe de stabilité de ξ_ω dans G. Soit $I_{\mu,\omega}(\Phi)$ l'intégrale analogue à (8), la sommation étant restreinte à $\xi \in \omega$; on a alors

$$I_\mu = \sum_{\omega \in \Omega} I_{\mu,\omega}, \tag{9}$$

et l'on peut aussi écrire

$$I_{\mu,\omega}(\Phi) = \int_{G_A/g(\omega)_k} \Phi(g\,\xi_\omega)\,d\mu\,(g). \tag{10}$$

Posons $H(\omega) = G/g(\omega)$, et, pour ω donné dans Ω, notons φ le morphisme canonique de G sur $H(\omega)$, en tant que variétés algébriques (c'est-à-dire sur le domaine universel) et f l'application de G dans X donnée par $f(g) = g\xi_\omega$. Comme f est constante sur les classes à droite suivant $g(\omega)$, on peut écrire $f = j \circ \varphi$, où j est un morphisme injectif de $H(\omega)$ dans X; plus précisément, j détermine un k-isomorphisme de $H(\omega)$ sur l'orbite de ξ_ω par G dans X; de plus, si on note $X(\omega)$ l'adhérence de cette orbite dans X (au sens de la topologie de Zariski), l'orbite en question est une partie k-ouverte de $X(\omega)$, et $X(\omega)$ est une partie k-fermée de X, et même une sous-variété de X si G est connexe. On déduit de là des applications φ_A, j_A de G_A dans $H(\omega)_A$ et de $H(\omega)_A$ dans X_A, respectivement; $X(\omega)_A$ s'identifie à une partie fermée de X_A, et j_A applique $H(\omega)_A$ dans $X(\omega)_A$. De plus, φ_A est constant sur les classes suivant $g(\omega)_A$ dans G_A et s'écrit donc $\varphi_A = \psi \circ \varphi_1$, où φ_1 est l'application canonique de G_A sur $G_A/g(\omega)_A$ et ψ une application injective de $G_A/g(\omega)_A$ dans $H(\omega)_A$. Enfin on peut écrire $\varphi_1 = \varphi' \circ \varphi''$, où φ'' est l'application canonique de G_A sur $G_A/g(\omega)_k$ et φ' une application de $G_A/g(\omega)_k$ sur $G_A/g(\omega)_A$.

Par hypothèse, (8) est absolument convergente pour toute fonction Φ à support compact; à plus forte raison, il en est donc de même de (10), et par suite $I_{\mu,\omega}$ est une mesure positive sur X_A, de support évidemment contenu dans $X(\omega)_A$. Si on note μ' la mesure sur $G_A/g(\omega)_k$ déduite de la mesure μ sur G_A par passage au quotient, $I_{\mu,\omega}$ est l'image de μ' par l'application $j_A \circ \psi \circ \varphi'$ de $G_A/g(\omega)_k$ dans X_A (cf. Bourbaki, *Intégration*, Chap. V, § 6). Il s'ensuit, comme on sait, que μ' a une image μ_ω dans $H(\omega)_A$ par $\psi \circ \varphi'$ et qu'on a

$$I_{\mu,\omega}(\Phi) = \int_{H(\omega)_A} \Phi(j_A\,(h))\,d\mu_\omega\,(h). \tag{11}$$

8. Pour aller plus loin, supposons satisfaite la condition suivante (qui généralise le théorème de Witt) :

(W) *Quels que soient l'orbite $\omega \in \Omega$ et le corps $K \supset k$, l'application φ_K de G_K dans $H(\omega)_K$ déterminée par l'application canonique φ de G sur $H(\omega)$ est surjective.*

Il revient au même de dire que, chaque fois que $L \supset K \supset k$ et $\xi \in X_k$, tout point de X_K qui est dans l'orbite de ξ par G_L est dans l'orbite de ξ par G_K. Il résulte de là, en particulier, que $H(\omega) = H(\omega')$ entraîne $\omega = \omega'$.

16 A. WEIL

Nous supposerons aussi que G_k est dense dans G au sens de la topologie de Zariski; d'après un résultat de Rosenlicht ([11], p. 44), il en est ainsi en tout cas si G est un groupe linéaire connexe et si k est de caractéristique 0. On sait (cf. [13], pp. 3–4) qu'alors l'application ψ, définie ci-dessus, de $G_A/g(\omega)_A$ dans $H(\omega)_A$ est un isomorphisme, de sorte qu'on peut identifier ces espaces au moyen de ψ.

Supposons enfin qu'on ait pris pour μ une mesure relativement invariante sur G_A, invariante à droite par G_k, et que la convergence de (8) soit assurée dans ces conditions, quelle que soit Φ continue à support compact; celle de (10) et de (11) le sera donc aussi. D'après les résultats connus sur les espaces homogènes (cf. [4], § 2, n°s 5–8), on peut calculer le second membre de (10) en intégrant d'abord sur les classes suivant $g(\omega)_A/g(\omega)_k$, au moyen d'une mesure relativement invariante ν convenable, puis sur $G_A/g(\omega)_A$ au moyen d'une mesure convenable. La fonction à intégrer étant constante sur les classes suivant $g(\omega)_A$, il s'ensuit que $g(\omega)_A/g(\omega)_k$ doit être de mesure finie pour ν, donc que ν est bi-invariante et $g(\omega)$ unimodulaire (loc. cit. n° 6, corollaire 3). Les mêmes résultats montrent alors que μ doit être invariante à droite par $g(\omega)_A$ et que la mesure μ_ω définie par (11) est relativement invariante par G_A; si ν est prise telle que $g(\omega)_A/g(\omega)_k$ soit de mesure 1, on a $\mu_\omega=\mu/\nu$; si μ est invariante à gauche par G_A, μ_ω le sera aussi.

9. Nous allons maintenant donner des critères de convergence pour certaines intégrales de la forme (8). Ayant à nous appuyer sur la théorie de la réduction, *nous supposerons dans tout le reste de ce chapitre que le corps k est de caractéristique* 0. Nous allons d'abord rappeler les résultats principaux de la théorie en question (cf. [3], [2], [6]).

Un « tore trivial » sur k est un groupe algébrique T, produit direct de facteurs isomorphes (sur k) au groupe multiplicatif à une variable $G_m=GL_1$. Comme $(G_m)_A$ n'est autre que le groupe I_k des idèles de k, il s'ensuit que, si T est un tore trivial de dimension d, T_A est isomorphe à $(I_k)^d$. Pour $\tau\in\mathbf{R}_+^*$ (c'est-à-dire $\tau\in\mathbf{R}$, $\tau>0$), notons a_τ l'idèle donné par $a_\tau=(a_v)$ avec $a_v=\tau$ pour toute place à l'infini v de k (c'est-à-dire chaque fois que k_v est isomorphe à $\mathbf{R}$ ou à $\mathbf{C}$) et $a_v=1$ pour toute autre place; notons $\Theta(G_m)$ le sous-groupe de I_k formé des a_τ pour $\tau\in\mathbf{R}_+^*$; pour $T=(G_m)^d$, notons $\Theta(T)$ le sous-groupe $\Theta(G_m)^d$ de $T_A=(I_k)^d$. Alors, pour tout tore trivial T, nous noterons $\Theta(T)$ l'image de $\Theta((G_m)^d)$ pour un isomorphisme de $(G_m)^d$ sur T, d étant la dimension de T; il est aisé de voir que cette image est indépendante du choix de l'isomorphisme en question. On pourrait aussi donner comme suit une définition invariante de $\Theta(T)$, au moyen de l'opération $R_{k/\mathbf{Q}}$ (la « restriction du corps de base » : cf. [13], Chap. I, n° 1.3); cette opération appliquée à T, donne un tore $T'=R_{k/\mathbf{Q}}(T)$ défini sur $\mathbf{Q}$, non trivial si $k\neq\mathbf{Q}$, et on peut identifier T_A (c'est-à-dire T_{Ak}) avec $T'_{A\mathbf{Q}}$. Alors, si T'' est un tore trivial sur $\mathbf{Q}$ maximal dans T', $\Theta(T)$ est la composante connexe de 1 dans T''_∞ considéré comme sous-groupe de $T''_{A\mathbf{Q}}$, donc de $T'_{A\mathbf{Q}}=T_A$.

10. Soit G un groupe algébrique réductif, défini sur k; si G n'est pas connexe, on entendra par là que la composante connexe G_0 de l'élément neutre e dans G est réductive. Soit T un tore trivial (sur k) maximal dans G. Si ϱ est une représentation de G, c'est-à-dire un homomorphisme, rationnel sur k, de G dans le groupe $\mathrm{Aut}(X)$ des automorphismes d'un espace vectoriel X, on peut choisir pour X une base formée de « vecteurs propres » de T; cela veut dire que, pour chaque vecteur a de cette base, on aura, pour $t \in T$, $\varrho(t)a = \lambda(t)a$, où λ est un caractère de T (c'est-à-dire un homomorphisme de T dans $G_m = GL_1$, rationnel sur k); les caractères λ qui apparaissent ainsi s'appellent les « poids » de ϱ par rapport à T. En particulier, les poids de la représentation adjointe de G dans son algèbre de Lie s'appellent les *racines*; parmi celles-ci, on peut en choisir un certain nombre, $\alpha_1, \ldots, \alpha_r$ de manière que toute racine α puisse se mettre d'une manière et d'une seule sous la forme $\alpha = \prod \alpha_i^{n_i}$ avec des exposants n_i entiers, et que, pour toute racine α, les n_i soient tous $\geqslant 0$ ou bien tous $\leqslant 0$; on écrira $\alpha \succ 1$ dans le premier cas, $\alpha \prec 1$ dans le second. Les vecteurs propres relatifs aux racines $\alpha \succ 1$ forment l'algèbre de Lie d'un sous-groupe connexe P de G (« groupe parabolique minimal » relativement à k) qui contient T; Δ_P étant comme d'habitude le module (algébrique) de P, la restriction de Δ_P^{-1} à T est le produit de toutes les racines $\alpha \succ 1$. L'espace homogène G_0/P est isomorphe à une variété projective; comme d'autre part on démontre que $(G_0)_A/P_A$ est isomorphe à $(G_0/P)_A$, il s'ensuit que c'est un espace compact; puisque $G_A/(G_0)_A$ est compact (cf. [2], n° 1.9), il en est donc de même de G_A/P_A, de sorte qu'il existe une partie compacte C_1 de G_A telle que $G_A = C_1 \cdot P_A$.

On notera P_A° le sous-groupe de P_A, intersection des noyaux des homomorphismes $p \to |\chi(p)|_A$ de P_A dans $\mathbf{R}_+^*$ lorsqu'on prend pour χ tous les caractères de P (rationnels sur k); bien entendu, $|a|_A$, pour tout $a \in I_k$, désigne le module de l'automorphisme $x \to ax$ de A_k. Alors P_A°/P_k est compact, de sorte qu'il existe une partie compacte C_2 de P_A° telle que $P_A^\circ = C_2 \cdot P_k$. De plus, le groupe des caractères de P induit sur T un sous-groupe d'indice fini du groupe des caractères de T; on en conclut aussitôt que l'homomorphisme canonique de P_A sur P_A/P_A° induit sur $\Theta(T)$ un isomorphisme de $\Theta(T)$ sur P_A/P_A°; P_A est donc produit semidirect de $\Theta(T)$ et de P_A°; on peut écrire $P_A = \Theta(T) \cdot P_A^\circ$, et l'application $(\theta, p_0) \to \theta p_0$ est un homéomorphisme de $\Theta(T) \times P_A^\circ$ sur P_A.

Comme le module $|\Delta_P(p)|_A$ de P_A (en tant que groupe localement compact) prend la valeur 1 sur le sous-groupe invariant P_A° de P_A, celui-ci est unimodulaire. Soient $d\theta$, dp_0 des mesures de Haar sur $\Theta(T)$ et sur P_A°, respectivement; l'image de la mesure produit $d\theta\, dp_0$ par l'homéomorphisme $(\theta, p_0) \to \theta p_0$ de $\Theta(T) \times P_A^\circ$ sur P_A sera alors une mesure de Haar sur P_A, qu'on notera aussi $d\theta\, dp_0$. Alors la mesure $d'p = |\Delta_P(\theta)|_A^{-1} d\theta\, dp_0$ sera invariante à droite sur P_A.

Enfin, on désignera par T_A^+ l'ensemble des $t \in T_A$ tels que l'on ait $|\alpha(t)|_A \leqslant 1$ pour toute

2 − 652922. *Acta mathematica*. 113. Imprimé le 26 février 1965.

18 A. WEIL

racine $\alpha \succ 1$, et on posera $\Theta^+ = \Theta(T) \cap T_A^+$ et $P_A^+ = \Theta^+ \cdot P_A^\circ = T_A^+ \cdot P_A^\circ$. On sait ([6], lemme 1, p. 17) que, si C est une partie compacte de P_A, la réunion des $\theta C \theta^{-1}$, pour $\theta \in \Theta^+$, est relativement compacte dans P_A; en particulier, si C_2 est choisi comme il a été dit, c'est-à-dire compact et tel que $P_A^\circ = C_2 \cdot P_k$, on désignera par C_3 l'adhérence de la réunion des $\theta C_2 \theta^{-1}$ pour $\theta \in \Theta^+$; c'est une partie compacte de P_A°.

Avec ces notations, le résultat principal de la théorie de la réduction s'énonce comme suit : *il existe une partie compacte C de G_A telle que $G_A = C \cdot P_A^+ \cdot G_k$.* Si l'on pose $N = C \cdot P_A^+$, cela entraîne que l'image de N/P_k, dans l'application canonique de G_A/P_k sur G_A/G_k, est G_A/G_k.

11. Soit maintenant dg une mesure de Haar sur G_A. Pour étudier la convergence des intégrales sur G_A/G_k, on s'appuyera sur le lemme suivant :

LEMME 4. *Soient G, Θ^+ comme il a été dit au n° 10. Alors il existe une partie compacte C_0 de G_A et une constante $\gamma > 0$ telles que l'on ait*

$$\int_{G_A/G_k} |F(g)| \, dg \leqslant \gamma \int_{\Theta^+} F_0(\theta) \cdot |\Delta_P(\theta)|_A^{-1} \, d\theta \tag{12}$$

chaque fois que F, F_0 sont des fonctions, localement intégrables sur G_A/G_k et sur Θ^+ respectivement, telles que $|F(c\theta)| \leqslant F_0(\theta)$ quels que soient $c \in C_0$ et $\theta \in \Theta^+$.

Désignons par I le premier membre de (12) et par φ_N la fonction caractéristique de l'ensemble $N = C \cdot P_A^+$ introduit à la fin du n° 10. On aura

$$I \leqslant \int_{N/P_k} |F(g)| \, dg = \int_{G_A/P_k} |F(g)| \, \varphi_N(g) \, dg. \tag{13}$$

On va transformer cette dernière intégrale au moyen de la théorie des mesures quasi-invariantes dans les espaces homogènes (v. [4], § 2, n°s 5–8). D'après celle-ci, on peut construire sur G_A une fonction continue h, partout > 0, telle qu'on ait $h(gp) = h(g) |\Delta_P(p)|_A$ quels que soient $g \in G_A$, $p \in P_A$, puis sur G_A/P_A une mesure positive λ telle que l'on ait, pour toute fonction $f \geqslant 0$ localement intégrable sur G_A/P_k :

$$\int_{G_A/P_k} f(g) \, dg = \int_{G_A/P_A} \left(h(g) \int_{P_A/P_k} f(gp) \, d'p \right) d\lambda(\dot{g})$$

où $\dot{g}$ est l'image canonique de $g \in G_A$ dans G_A/P_A, et où $d'p$ est la mesure invariante à droite dans P_A qu'on a introduite au n° 10; la condition imposée à h entraîne que la fonction à intégrer sur G_A/P_A, qui est écrite comme fonction de $g \in G_A$, est constante sur les classes suivant P_A et peut donc être considérée comme fonction sur G_A/P_A. Appliquant cette formule au dernier membre de (13), on obtient

$$I \leqslant \int_{G_A/P_A} \psi(\dot{g}) \, d\lambda(\dot{g}),$$

où ψ est la fonction définie par la formule

$$\psi(\dot{g}) = h(g) \int_{P_A/P_k} |F(gp)| \, \varphi_N(gp) \, d'p.$$

Au second membre de celle-ci, on peut prendre pour g n'importe quel représentant de la classe $\dot{g}$ suivant P_A dans G_A; comme $G_A = C_1 \cdot P_A$, on peut donc supposer qu'on a pris $g \in C_1$. Mais alors on a $\varphi_N(gp) = 0$ quand $p \notin C_1^{-1} N$. Posons :

$$Q = C_1^{-1} N \cap P_A = (C_1^{-1} C \cap P_A) \cdot P_A^+ = (C_1^{-1} C \cap P_A) \cdot \Theta^+ \cdot P_A^\circ;$$

soit aussi γ_1 la borne supérieure de h sur C_1, et soit $F_1(p)$, pour tout $p \in P_A$, la borne supérieure de $|F(gp)|$ pour $g \in C_1$. On aura donc :

$$\psi(\dot{g}) \leqslant \gamma_1 \int_{Q/P_k} |F(gp)| \, d'p \leqslant \gamma_1 \int_{Q/P_k} F_1(p) \, d'p,$$

et par conséquent, puisque G_A/P_A est compact :

$$I \leqslant \gamma_2 \int_{Q/P_k} F_1(p) \, d'p$$

pourvu que la constante γ_2 soit convenablement choisie.

Comme au n° 10, identifions P_A/P_A° avec $\Theta(T)$; il est immédiat d'ailleurs que toute partie compacte de $\Theta(T)$ est contenue dans un ensemble de la forme $\theta_0 \Theta^+$, avec $\theta_0 \in \Theta(T)$; appliquant cette remarque à l'image de $C_1^{-1} C \cap P_A$ dans $P_A/P_A^\circ = \Theta(T)$, on en conclut qu'il y a $\theta_0 \in \Theta(T)$ tel que Q soit contenu dans $\theta_0 \Theta^+ \cdot P_A^\circ$. Comme d'autre part on a $P_A^\circ = C_2 \cdot P_k$, on obtient $Q \subset \theta_0 \Theta^+ \cdot C_2 \cdot P_k$, et par suite

$$I \leqslant \gamma_2 \int_{\theta_0 \Theta^+ \cdot C_2} F_1(p) \, d'p.$$

Comme $d'p$ a été défini au n° 10 au moyen de $d'p = |\Delta_P(\theta)|_A^{-1} d\theta \, dp_0$, cela s'écrit aussi

$$I \leqslant \gamma_2 \int_{C_2} \left(\int_{\Theta^+} F_1(\theta_0 \theta p_0) \cdot |\Delta_P(\theta_0 \theta)|_A^{-1} \, d\theta \right) dp_0.$$

Mais, comme on l'a vu au n° 10, il y a une partie compacte C_3 de P_A° telle que $\theta C_2 \theta^{-1} \subset C_3$, donc aussi $\theta_0 \theta C_2 \subset \theta_0 C_3 \theta$, quel que soit $\theta \in \Theta^+$. Si donc on note $F_2(\theta)$, pour tout $\theta \in \Theta^+$, la borne supérieure de $F_1(p\theta)$ pour $p \in \theta_0 C_3$, on obtient

20   A. WEIL

$$I \leqslant \gamma \int_{\Theta^+} F_2(\theta) \cdot |\Delta_P(\theta)|_A^{-1} \, d\theta$$

pourvu que la constante γ soit convenablement choisie. Il s'ensuit que l'assertion du lemme est vérifiée si on prend $C = C_1 \theta_0 C_3$.

Dans l'énoncé du lemme 4, on pourrait, sans rien changer en substance, substituer T_A^+/T_k à Θ^+; on obtiendrait ainsi un énoncé équivalent, moins commode à utiliser directement, mais qui aurait l'avantage de ne pas faire jouer un rôle privilégié aux places à l'infini (et vraisemblablement, par suite, de rester valable en toute caractéristique).

12. Nous allons maintenant appliquer le lemme 4 aux intégrales de la forme (8) considérée aux n°s 7-8, en nous bornant au cas où μ est une mesure de Haar sur G_A et X un espace affine sur lequel G opère au moyen d'une représentation ϱ de G dans $\mathrm{Aut}(X)$. Les notations restant les mêmes que dans les n°s 10-11, nous désignerons par Λ le groupe des caractères de T, et, pour tout $\lambda \in \Lambda$, nous noterons m_λ la dimension sur k de l'espace des vecteurs $a \in X_k$ tels que $\varrho(t)a = \lambda(t)a$ quel que soit $t \in T$. Les caractères λ de T pour lesquels $m_\lambda > 0$ sont les poids de la représentation ϱ; m_λ est la multiplicité du poids λ.

LEMME 5. *Soient G, T, Θ^+ comme il a été dit au n° 10; soit ϱ une représentation de G dans le groupe $\mathrm{Aut}(X)$ des automorphismes d'un espace affine X; pour chaque caractère λ de T, soit m_λ sa multiplicité en tant que poids de ϱ. Alors l'intégrale*

$$I(\Phi) = \int_{G_A/G_k} \sum_{\xi \in X_k} \Phi(\varrho(g)\,\xi) \cdot dg \tag{14}$$

est absolument convergente pour toute fonction $\Phi \in S(X_A)$ chaque fois que l'intégrale

$$\int_{\Theta^+} \prod_\lambda \sup\,(1, |\lambda(\theta)|_A^{-m_\lambda}) \cdot |\Delta_P(\theta)|_A^{-1} \, d\theta$$

est convergente; et, quand il en est ainsi, (14) définit une mesure positive tempérée I.

Si $I(\Phi)$ est absolument convergente pour toute fonction $\Phi \in S(X_A)$, le lemme 5 de [14], n° 41, montre qu'elle l'est uniformément sur toute partie compacte de $S(X_A)$, d'où il résulte bien, d'après le lemme 2 du n° 2, que I est une distribution tempérée, donc une mesure positive tempérée. Soit maintenant C_0 une partie compacte de G_A ayant la propriété énoncée dans le lemme 4 du n° 11 ci-dessus. Pour Φ donnée dans $S(X_A)$, il existe, d'après le lemme 5 de [14], n° 41, une fonction $\Phi_1 \in S(X_A)$ telle que l'on ait

$$|\Phi(\varrho(c)x)| \leqslant \Phi_1(x)$$

quels que soient $c \in C_0$ et $x \in X_A$. L'application du lemme 4 à (14) montre alors que $I(\Phi)$ est absolument convergente pourvu qu'il en soit ainsi de l'intégrale

$$I_1 = \int_{\Theta^+} \sum_{\xi \in X_k} \Phi_1(\varrho(\theta)\xi) \cdot |\Delta_P(\theta)|_A^{-1} d\theta.$$

Désignons par X_∞ le produit $\prod X_v$ étendu aux places à l'infini de k (ou, ce qui revient au même, posons $X_\infty = X_k \otimes \mathbf{R}$, le produit tensoriel étant pris sur $\mathbf{Q}$; cf. [14], n° 39); on pourra écrire $X_A = X_\infty \times X'$, où X' est défini comme X_A mais au moyen des places v de k pour lesquelles k_v est à valuation discrète. Compte tenu de la définition de $S(X_A)$ (cf. [14], n°ˢ 29 et 39), on peut supposer que Φ_1 a été choisi de la forme

$$\Phi_1(x) = \Phi_\infty(x_\infty)\Phi'(x'),$$

où x_∞, x' sont les projections de $x \in X_A$ sur X_∞ et X', avec $\Phi_\infty \in S(X_\infty)$, Φ' étant la fonction caractéristique d'un sous-groupe ouvert compact de X'. L'ensemble des $\xi \in X_k$ dont la projection sur X' appartient au support de Φ' est alors un réseau $L \subset X_k$, c'est-à-dire un groupe abélien de type fini tel que $\mathbf{Q}L = X_k$, et I_1 s'écrit :

$$I_1 = \int_{\Theta^+} \sum_{\xi \in L} \Phi_\infty(\varrho(\theta)\xi) \cdot |\Delta_P(\theta)|_A^{-1} d\theta.$$

Pour tout poids λ de ϱ, soit X_λ le sous-espace de X_k, de dimension m_λ sur k, formé des vecteurs propres de poids λ, c'est-à-dire des vecteurs a tels que $\varrho(t)a = \lambda(t)a$ pour $t \in T$; X_k est somme directe des X_λ. Soit $d = [k:\mathbf{Q}]$; soit

$$(a_{\lambda i})_{1 \leqslant i \leqslant m_\lambda d}$$

une base de X_λ sur $\mathbf{Q}$; en remplaçant au besoin les $a_{\lambda i}$ par $N^{-1}a_{\lambda i}$, où N est un entier convenable, on peut supposer que le réseau L est contenu dans le sous-groupe de X_k engendré par l'ensemble des $a_{\lambda i}$. Les $a_{\lambda i}$ forment aussi une base de X_∞ sur $\mathbf{R}$; pour $x_\infty \in X_\infty$, on pourra donc écrire

$$x_\infty = \sum_{\lambda, i} x_{\lambda i} a_{\lambda i}$$

avec $x_{\lambda i} \in \mathbf{R}$; alors, si $\alpha > 1$, il y aura une constante C telle que l'on ait

$$\Phi_\infty(x_\infty) \leqslant C \prod_{\lambda, i} (1 + |x_{\lambda i}|^\alpha)^{-1}.$$

D'autre part, on aura dans ces conditions

$$\varrho(\theta) x_\infty = \sum_{\lambda, i} \lambda(\theta) x_{\lambda i} a_{\lambda i},$$

et, si x_∞ est la projection sur X_∞ d'un élément ξ du réseau L, tous les $x_{\lambda i}$ sont entiers en vertu du choix des bases $(a_{\lambda i})$. On a donc

$$\sum_{\xi \in L} \Phi_\infty\left(\varrho(\theta)\xi\right) \leqslant C \prod_\lambda \left(\sum_{n=-\infty}^{+\infty} \frac{1}{1 + \lambda(\theta)^\alpha |n|^\alpha}\right)^{m_\lambda d}$$

$$\leqslant C' \prod_\lambda \sup\left(1, \lambda(\theta)^{-1}\right)^{m_\lambda d}$$

où C' est une constante convenable. Si on observe qu'on a $|\lambda(\theta)|_A = \lambda(\theta)^d$ pour tout caractère λ de T et pour tout $\theta \in \Theta$, on voit que cela donne bien la conclusion annoncée.

Si on applique le lemme 5 au cas où $X = \{0\}$, et où par conséquent ϱ est la représentation triviale de G, on retrouve le résultat de Borel et Harishchandra, d'après lequel G_A/G_k est de mesure finie quand le centre de G ne contient aucun tore trivial autre que $\{1\}$.

Il y aurait naturellement intérêt à examiner si la condition de convergence de (14), donnée par le lemme 5, est nécessaire aussi bien que suffisante.

13. Enfin, dans l'application des résultats ci-dessus, on aura à se servir du lemme suivant, où on a de nouveau désigné par a_τ, pour $\tau \in \mathbf{R}_+^*$, l'idèle (a_v) donné par $a_v = \tau$ pour toute place à l'infini v de k, et $a_v = 1$ pour toute autre place v :

LEMME 6. *Soient* $(X_k^{(\alpha)})_{1 \leqslant \alpha \leqslant n}$ *et* Y_k *des espaces vectoriels sur* k; *soit* $X_k = \prod_\alpha X_k^{(\alpha)}$, *et soit* p *un morphisme de* X *dans* Y, *rationnel sur* k *et tel que* $p(0, x^{(2)}, ..., x^{(n)}) = 0$ *quels que soient* $x^{(2)}, ..., x^{(n)}$. *Soit de plus* C_0 *une partie compacte de* $S(X_A)$, *et soit* $N \geqslant 0$. *Alors il existe une fonction* $\Phi_0 \in S(X_A)$ *telle que l'on ait*

$$\left| \tau_1^N \Phi(a_{\tau_1} x^{(1)}, ..., a_{\tau_n} x^{(n)}) \right| \leqslant \Phi_0(x)$$

chaque fois que $\Phi \in C_0$, $\tau_1 \geqslant 1, ..., \tau_n \geqslant 1$, $x = (x^{(1)}, ..., x^{(n)}) \in X_A$, $p(x) \in Y_k$ *et* $p(x) \neq 0$.

Rappelons qu'un « morphisme » d'un espace affine dans un autre n'est pas autre chose qu'une application polynomiale; l'hypothèse faite sur p revient donc à dire que, si on choisit des bases de X_k et de Y_k sur k, les coordonnées de $p(x)$ s'expriment comme polynomes à coefficients dans k au moyen de celles de x. On désignera par D le plus grand des degrés de ces polynomes. D'autre part, écrivons $X_A = X_\infty \times X'$, où X_∞ et X' sont définis comme au n° 12 dans la démonstration du lemme 5, et de même $X_A^{(\alpha)} = X_\infty^{(\alpha)} \times X'^{(\alpha)}$ et $Y_A = Y_\infty \times Y'$; p détermine d'une manière évidente des applications de X_∞ dans Y_∞ et de X' dans Y'. Choisissons des bases des $X_\infty^{(\alpha)}$ et de Y_∞ sur $\mathbf{R}$, et, pour $x_\infty^{(\alpha)} \in X_\infty^{(\alpha)}$ (resp. $y_\infty \in Y_\infty$), désignons par $r_\alpha(x_\infty^{(\alpha)})$ (resp. $s(y_\infty)$) la somme des carrés des coordonnées de $x_\infty^{(\alpha)}$ (resp. de y_∞) par rapport à ces bases. Posons encore, pour $x_\infty = (x_\infty^{(1)}, ..., x_\infty^{(n)}) \in X_\infty$:

$$r'(x_\infty) = \sum_{\alpha \geqslant 2} r_\alpha(x_\infty^{(\alpha)}), \qquad r(x_\infty) = r_1(x_\infty^{(1)}) + r'(x_\infty).$$

Puisque $p(x)$ s'annule chaque fois que $x^{(1)}=0$, il y a une constante $C>0$ telle que l'on ait, quel que soit $x_\infty \in X_\infty$:

$$s(p(x_\infty)) \leqslant C \cdot r_1\,(x_\infty^{(1)}) \cdot r(x_\infty)^{D-1},$$

et par conséquent, pour $\tau_1 \geqslant 1$:

$$s(p(x_\infty)) \leqslant C\tau_1^{-2}\,(\tau_1^2\,r_1\,(x_\infty^{(1)}) + r'\,(x_\infty))^D.$$

Convenons de poser, pour $\tau = (\tau_1, \ldots, \tau_n)$, $\tau_1 > 0, \ldots, \tau_n > 0$, et $x_\infty \in X_\infty$:

$$\tau\,x_\infty = (\tau_1\,x_\infty^{(1)}, \ldots, \tau_n\,x_\infty^{(n)});$$

l'inégalité qu'on vient d'obtenir montre qu'on aura à plus forte raison, chaque fois que $\tau_1 \geqslant 1, \ldots, \tau_n \geqslant 1$:

$$s(p(x_\infty)) \leqslant C\tau_1^{-2}\,r(\tau x_\infty)^D.$$

Appliquons maintenant, comme au n° 12, le lemme 5 de [14], n° 41; il montre qu'on peut choisir $\Phi_1 \in S(X_A)$ telle que $|\Phi(x)| \leqslant \Phi_1(x)$ quels que soient $\Phi \in C_0$ et $x = (x_\infty, x') \in X_A$, et même qu'on peut supposer Φ_1 de la forme

$$\Phi_1(x) = \Phi_\infty(x_\infty)\Phi'(x'),$$

où $\Phi_\infty \in S(X_\infty)$ et où Φ' est la fonction caractéristique d'un sous-groupe ouvert compact de X'. Soit E l'ensemble des points $x = (x_\infty, x')$ de X_A tels que $p(x) \in Y_k$, $p(x) \neq 0$ et $\Phi'(x') \neq 0$; on va montrer que, sur E, $s(p(x_\infty))$ a une borne inférieure $\varepsilon > 0$. En effet, s'il n'en était pas ainsi, il y aurait une suite de points $x_\nu = (x_{\nu\infty}, x'_\nu)$ de E telle que la suite $p(x_{\nu\infty})$ tende vers 0 dans Y_∞. Comme le support de Φ' est compact, on peut supposer en même temps que la suite x'_ν tende vers une limite $\bar{x}'$, donc que $p(x'_\nu)$ tende vers $p(\bar{x}')$. Mais alors la suite des points $y_\nu = p(x_\nu)$ tend vers une limite $\bar{y}$ dans Y_A, pour laquelle on a $\bar{y}_\infty = 0$, c'est-à-dire $\bar{y}_\nu = 0$ pour toute place à l'infini v de k. Comme les y_ν appartiennent à $Y_k - \{0\}$, qui est discret dans Y_A, on a $\bar{y} \in Y_k$, $\bar{y} \neq 0$, donc $\bar{y}_v \neq 0$ quel que soit v, d'où contradiction. Tenant compte de l'inégalité démontrée plus haut, on a donc, pour $x \in E$, $\tau_1 \geqslant 1, \ldots, \tau_n \geqslant 1$:

$$\tau_1 \leqslant C'\,r(\tau x_\infty)^{D/2}$$

avec $C' = (C/\varepsilon)^{\frac{1}{2}}$.

Posons maintenant, pour tout $i \geqslant 0$:

$$a_i = \sup_{x_\infty \in X_\infty}\,(r(x_\infty)^i\,\Phi_\infty\,(x_\infty)).$$

Soit M un entier $\geqslant ND/2$. D'après le lemme 4 de [14], n° 41, il y a $\varphi \in S(\mathbf{R})$ tel que l'on ait, pour tout $r \in \mathbf{R}$:

24   **A. WEIL**

$$\varphi(r) \geqslant \inf_{i \geqslant 0} (a_{M+i} |r|^{-i}).$$

Pour x et τ comme ci-dessus, on aura donc, quel que soit $i \geqslant 0$:

$$\tau_1^{2M/D} \Phi_\infty(\tau x_\infty) \leqslant C'^{2M/D} r(\tau x_\infty)^M \Phi_\infty(\tau x_\infty)$$

$$\leqslant C'^{2M/D} a_{M+i} r(\tau x_\infty)^{-i} \leqslant C'^{2M/D} a_{M+i} r(x_\infty)^{-i},$$

et par suite, à plus forte raison

$$\tau_1^N \Phi_\infty(\tau x_\infty) \leqslant C'^{2M/D} \varphi(r(x_\infty)).$$

On satisfera donc aux conditions du lemme en posant

$$\Phi_0(x) = C'^{2M/D} \varphi(r(x_\infty)) \Phi'(x').$$

II. Préliminaires algébriques

Dans ce Chapitre, on supposera une fois pour toutes que le corps de base k n'est pas de caractéristique 2. Chaque fois qu'il y aura lieu de faire des hypothèses supplémentaires sur k, cela sera mentionné explicitement.

14. Reprenant les hypothèses et les notations de [14], n° 49, nous considérons, sur le corps de base k, une algèbre $\mathcal{A}$ munie d'une involution ι et d'une fonction trace τ, ainsi que des modules à gauche sur $\mathcal{A}$. Eventuellement, on pourra avoir à « étendre » ces données à un corps K contenant k; cela veut dire qu'on prend le produit tensoriel $\mathcal{A}_K$ de $\mathcal{A}$ et de K sur k, en le munissant de la structure d'algèbre évidente sur K et de l'involution et de la fonction trace qui se déduisent « naturellement » de ι et τ; par abus de notation, on les notera encore ι et τ (au lieu de ι_K, τ_K). De même, l'extension par K d'un $\mathcal{A}$-module à gauche X donnera un $\mathcal{A}_K$-module à gauche X_K; etc.

Du fait que k n'est pas de caractéristique 2, certains résultats de [14], Chap. V, peuvent être précisés ou énoncés plus simplement. Par exemple, on a déjà observé au n° 31 de [14] que $Ps(X)$ est alors isomorphe au groupe symplectique. Plus généralement, notons $Sp(X/\mathcal{A})$ le groupe des automorphismes σ du $\mathcal{A}$-module à gauche $X \oplus X^*$ qui satisfont à $\sigma\sigma^{\mathrm{I}} = 1$, σ^{I} étant défini comme d'habitude par

$$\sigma = \begin{pmatrix} \alpha & \beta \\ \gamma & \delta \end{pmatrix}, \qquad \sigma^{\mathrm{I}} = \begin{pmatrix} \delta^* & -\beta^* \\ -\gamma^* & \alpha^* \end{pmatrix}.$$

Alors, si $\sigma \in Sp(X/\mathcal{A})$, il y a un élément f et un seul de $Q(X/\mathcal{A})$ tel que (σ, f) appartienne à $Ps(X/\mathcal{A})$; un calcul facile montre que f est donné par les formules

$$f(x, x^*) = \tfrac{1}{2}\,\tau\,(F(x, x^*;\; x, x^*)),$$

$$F(x, x^*; y, y^*) = \{x\alpha + x^*\gamma,\, y\beta\} + \{y^*\gamma,\, x\beta + x^*\delta\}^\iota;$$

du fait que $\sigma\sigma^\iota = 1$, F est ici une forme hermitienne sur $X \oplus X^*$. Il s'ensuit que $Ps(X/\mathcal{A})$ est isomorphe à $Sp(X/\mathcal{A})$. De plus, d'après le n° 31 de [14], la condition de symplecticité de σ équivaut à dire que σ laisse invariante la forme k-bilinéaire alternée

$$[x_1, x_2^*] - [x_2, x_1^*] = \tau\,(\{x_1, x_2^*\} - \{x_2, x_1^*\}^\iota).$$

En remplaçant (x_1, x_1^*) par (tx_1, tx_1^*) avec $t \in \mathcal{A}$, on voit que cela revient à dire que σ laisse invariante la forme $\{x_1, x_2^*\} - \{x_2, x_1^*\}^\iota$, qui est sesquilinéaire et antihermitienne sur $(X \oplus X^*) \times (X \oplus X^*)$.

15. Comme il est bien connu, on peut former le produit tensoriel sur $\mathcal{A}$ d'un $\mathcal{A}$-module à droite X et d'un $\mathcal{A}$-module à gauche Y; c'est l'espace vectoriel sur k, quotient du produit tensoriel $X \otimes_k Y$ de X et Y (ou plutôt des espaces vectoriels sur k, respectivement sous-jacents à X et à Y), pris sur k, par le sous-espace de ce produit engendré par les éléments $xt \otimes y - x \otimes ty$ pour $x \in X$, $y \in Y$, $t \in \mathcal{A}$. Mais, au moyen de l'involution ι, tout $\mathcal{A}$-module à gauche X peut être considéré aussi comme $\mathcal{A}$-module à droite, par la formule $xt = t^\iota x$ ($x \in X$, $t \in \mathcal{A}$). Cela conduit à définir un produit tensoriel, qu'on notera $\otimes_\iota$, entre $\mathcal{A}$-modules à gauche X, Y; par définition, $X \otimes_\iota Y$ sera l'espace vectoriel sur k, quotient de $X \otimes_k Y$ par le sous-espace engendré par les éléments $t^\iota x \otimes y - x \otimes ty$ ($x \in X$, $y \in Y$, $t \in \mathcal{A}$); l'image de $x \otimes y$ dans ce quotient sera notée $x \otimes_\iota y$.

Comme le dual de $X \otimes_k Y$ n'est autre que l'espace des formes k-bilinéaires sur $X \times Y$, le dual de $X \otimes_\iota Y$ s'identifie à l'espace des formes k-bilinéaires f sur $X \times Y$ qui satisfont à $f(t^\iota x, y) = f(x, ty)$ quels que soient $x \in X$, $y \in Y$, $t \in \mathcal{A}$. Mais, si $x \in X$, $y \in Y$, l'application $t \rightarrow f(tx, y)$ est une forme k-linéaire sur $\mathcal{A}$, qu'on peut donc, d'une manière et d'une seule, écrire sous la forme $t \rightarrow \tau(tF(x, y))$, où F est une application de $X \times Y$ dans $\mathcal{A}$; on vérifie alors immédiatement que, dans ces conditions, F est sesquilinéaire. Réciproquement, ces formules font correspondre à toute forme sesquilinéaire sur $X \times Y$ un élément du dual de $X \otimes_\iota Y$. Il revient au même de dire que ce dual s'identifie à l'espace des formes sesquilinéaires F sur $X \times Y$ au moyen de la formule

$$[x \otimes_\iota y, F] = \tau(F(x, y)). \tag{15}$$

Nous aurons à peu près exclusivement à faire usage de ces notions dans le cas où $X = Y$. Dans ce cas, soit s l'automorphisme d'ordre 2 de $X \otimes_\iota X$ défini par $s(x \otimes_\iota y) = y \otimes_\iota x$. Comme la caractéristique de k n'est pas 2, $X \otimes_\iota X$ est somme directe de l'espace $I(X)$

26 A. WEIL

des éléments invariants par s et de l'espace $I^-(X)$ des éléments u tels que $su = -u$; $I(X)$ et $I^-(X)$ sont les sous-espaces de $X \otimes_\iota X$ respectivement engendrés par les éléments de la forme $x \otimes_\iota x$ (pour $x \in X$) et par les éléments de la forme $x \otimes_\iota y - y \otimes_\iota x$ (pour $x \in X$, $y \in X$). De plus, on peut, d'une manière évidente, identifier $I(X)$ avec $(X \otimes_\iota X)/I^-(X)$.

Une fois pour toutes, on conviendra de noter i_X l'application $x \to x \otimes_\iota x$ de X dans $I(X)$, c'est-à-dire qu'on posera $i_X(x) = x \otimes_\iota x$. Cette application est évidemment quadratique, c'est-à-dire que, pour un choix quelconque de bases de X et de $I(X)$ sur k, les coordonnées de $i_X(x)$ s'expriment comme polynomes homogènes du second degré par rapport à celles de x.

Soit alors F une forme sesquilinéaire sur $X \times X$, que nous identifions à un élément du dual de $X \otimes_\iota X$ au moyen de (15). Si F est hermitienne, on aura, quels que soient x, y :

$$[x \otimes_\iota y, F] = [y \otimes_\iota x, F],$$

donc $[u, F] = 0$ pour $u \in I^-(X)$; autrement dit, F appartient au dual de $(X \otimes_\iota X)/I^-(X)$, c'est-à-dire, d'après les conventions ci-dessus, au dual $I(X)^*$ de $I(X)$, considéré comme sous-espace du dual de $X \otimes_\iota X$. Réciproquement, s'il en est ainsi, on aura, quels que soient $x \in X$, $y \in X$, $t \in \mathcal{A}$:

$$\tau(F(tx,y)) = \tau(F(y,tx)),$$

ce qui s'écrit aussi, puisque F est sesquilinéaire et que τ est invariante par ι :

$$\tau(tF(x,y)) = \tau(F(y,x)t') = \tau(t \cdot F(y,x)');$$

cette relation ayant lieu quel que soit t, il s'ensuit que F est hermitienne. Pour $x = y$, les formules ci-dessus donnent

$$[i_X(x), F] = \tau(F(x,x)),$$

de sorte qu'on peut identifier $I(X)^*$ avec l'espace des formes hermitiennes sur $X \times X$ au moyen de cette formule. On a vu d'ailleurs au n° 49 de [14] que ce dernier espace s'identifie avec l'espace $Q(X/\mathcal{A})$ des formes $\mathcal{A}$-quadratiques f sur X au moyen de $f(x) = \tau(F(x,x))$; il s'ensuit que la formule $f(x) = [i_X(x), f]$ permet d'identifier $Q(X/\mathcal{A})$ avec $I(X)^*$.

Soit encore Z un sous-module de X, et supposons que Z admette un supplémentaire Z' dans X (ce qui sera toujours le cas si $\mathcal{A}$ est semisimple); on peut donc écrire $X = Z \oplus Z'$. Il est immédiat qu'alors $I(X)$ s'identifie canoniquement à la somme directe de $I(Z)$, $Z \otimes_\iota Z'$ et $I(Z')$, et que le sous-espace de $I(X)$ engendré par les éléments $i_X(z)$ pour $z \in Z$ est $I(Z)$. Autrement dit, on a le droit, dans ces conditions, d'identifier $I(Z)$ avec le sous-espace de $I(X)$ engendré par l'image de Z par i_X, et d'identifier i_Z avec i_X.

On notera aussi que, si K est un corps contenant k, $I(X_K)$ s'identifie à $I(X)_K$, et par suite $Q(X_K/\mathcal{A}_K)$ à $Q(X/\mathcal{A})_K$. On notera toujours i_X l'application de X_K dans $I(X)_K$ déduite de la manière évidente de i_X.

La propriéte suivante de i_X jouera un rôle important par la suite :

LEMME 7. *Pour que l'application i_X de X dans $I(X)$ soit submersive en un point x de X, il faut et il suffit qu'on ait $I(X/\mathcal{A}x) = \{0\}$, ou en d'autres termes que l'espace $Q((X/\mathcal{A}x)/\mathcal{A})$ soit réduit à $\{0\}$.*

La différentielle de i_X en x est en effet donnée par

$$di_X(x) = x \otimes_\iota dx + dx \otimes_\iota x,$$

de sorte que l'application linéaire de X dans $I(X)$, tangente à i_X en x, est $y \to x \otimes_\iota y + y \otimes_\iota x$. Pour que celle-ci ne soit pas surjective, il faut et il suffit qu'il y ait $f \neq 0$ dans $I(X)^*$ telle que l'on ait

$$[x \otimes_\iota y + y \otimes_\iota x, f] = 0$$

quel que soit y. Identifiant $I(X)^*$ avec l'espace des formes hermitiennes sur $X \times X$ comme il a été dit plus haut, on voit que cette condition équivaut à la suivante : il existe sur $X \times X$ une forme hermitienne $F \neq 0$ telle que $\tau(F(x,y)) = 0$ pour tout $y \in X$. En remplaçant y par ty, donc $F(x,y)$ par $F(x,y)t^\iota$, dans cette condition, on voit qu'elle revient à dire que $F(x,y) = 0$ quel que soit y; en remplaçant alors x par tx, on voit que cela revient à dire que $F(z,y) = 0$ quels que soient $z \in \mathcal{A}x$ et $y \in X$. Posons $Z = \mathcal{A}x$; Z est le sous-module de X engendré par x. Par passage au quotient, l'espace des formes hermitiennes sur $X \times X$ ayant la propriété qu'on vient d'énoncer s'identifie à l'espace des formes hermitiennes sur $(X/Z) \times (X/Z)$, c'est-à-dire au dual de $I(X/Z)$, ou encore à $Q((X/Z)/\mathcal{A})$, ce qui achève la démonstration.

16. Désormais, *nous supposerons une fois pour toutes que l'algèbre $\mathcal{A}$ est semisimple.* Nous allons d'abord énoncer, dans le langage qui nous sera commode, quelques-uns des théorèmes de structure classiques au sujet de ces algèbres, et fixer quelques notations.

Une telle algèbre $\mathcal{A}$, comme on sait. est somme directe d'une famille finie d'algèbres simples $\mathcal{A}_\nu (\nu \in N)$; pour chaque ν, on choisira une fois pour toutes un $\mathcal{A}_\nu$-module à gauche simple A_ν, qu'on pourra aussi considérer d'une manière évidente comme $\mathcal{A}$-module (l'annulateur de A_ν dans $\mathcal{A}$ étant la somme des $\mathcal{A}_\mu$ pour $\mu \neq \nu$). On notera A la somme directe des A_ν, considérée comme $\mathcal{A}$-module à gauche. L'anneau $\mathrm{End}(A_\nu)$ des endomorphismes de A_ν considéré comme module à gauche, soit sur $\mathcal{A}_\nu$, soit sur $\mathcal{A}$, est une algèbre à division

28 A. WEIL

sur k (donc un corps, commutatif ou non) qu'on notera $\mathfrak{k}_\nu$; A_ν est alors un espace vectoriel à droite sur $\mathfrak{k}_\nu$, dont la dimension sera notée m_ν, et A_ν n'est pas autre chose que l'anneau des endomorphismes de cet espace vectoriel. Par suite, A_ν est isomorphe à l'anneau $M_{m_\nu}(\mathfrak{k}_\nu)$ des matrices d'ordre m_ν sur $\mathfrak{k}_\nu$. On désignera par $\mathcal{B}$ la somme directe des $\mathfrak{k}_\nu$; alors les A_ν, et par suite A, peuvent, d'une manière évidente, être considérés comme $\mathcal{B}$-modules à droite; $\mathcal{B}$, opérant ainsi sur A, n'est autre d'ailleurs que l'anneau $\mathrm{End}_A(A)$ des endomorphismes de A considéré comme $\mathcal{A}$-module à gauche. Réciproquement, $\mathcal{A}$, opérant à gauche sur A, est l'anneau $\mathrm{End}_\mathcal{B}(A)$ des endomorphismes de A considéré comme $\mathcal{B}$-module à droite. Comme les opérations de $\mathcal{A}$ et de $\mathcal{B}$ sur A sont permutables les unes avec les autres, on peut considérer A comme bimodule sur $\mathcal{A}$ et sur $\mathcal{B}$.

Soit X un $\mathcal{A}$-module à gauche; il est somme directe de modules simples, dont chacun est isomorphe à l'un des A_ν; on désignera par X_ν la somme de celles des composantes simples de X qui sont isomorphes à A_ν, et par n_ν le nombre de ces composantes. La famille d'entiers $n = (n_\nu)_{\nu \in N}$ s'appellera le *rang* de X; X est déterminé d'une manière unique par son rang, à un isomorphisme près. Si $x \in X$, le rang du sous-module $\mathcal{A}x$ de X engendré par x s'appellera le *rang* de x; si celui-ci est égal au rang de X, c'est-à-dire si x engendre X, on conviendra de dire que x est *de rang maximal dans* X; pour qu'il existe de tels éléments dans X, il faut et il suffit que X soit « monogène ».

17. Avec les mêmes notations que ci-dessus, soit encore $B = \mathrm{Hom}_A(X, A)$; c'est l'ensemble des applications $\mathcal{A}$-linéaires de X dans A, ceux-ci étant considérés comme $\mathcal{A}$-modules à gauche; on considérera B comme opérant à droite sur X, et on lui donnera sa structure « naturelle » de $\mathcal{B}$-module à droite. De même, soit B_ν l'ensemble des applications $\mathcal{A}_\nu$-linéaires de X_ν dans A_ν; B_ν est « naturellement » espace vectoriel à droite sur $\mathfrak{k}_\nu$, et, comme tel, il a la dimension n_ν; B est alors somme directe des B_ν. L'application de X dans A définie par un élément b de B étant notée $x \to xb$, il s'ensuit que, pour tout $x \in X$, $b \to xb$ est une application $\mathcal{B}$-linéaire de B dans A, ceux-ci étant considérés comme $\mathcal{B}$-modules à droite; et toute application $\mathcal{B}$-linéaire de B dans A est de cette forme. Autrement dit, on peut identifier X avec l'espace $\mathrm{Hom}_\mathcal{B}(B, A)$ de ces applications. Cette identification permet d'énoncer le lemme suivant :

LEMME 8. *Soient $\mathcal{A}$, A, X, B comme ci-dessus; soient x_0, x_1 deux éléments de X, et soient N_0, N_1 leurs noyaux quand on les considère comme applications de B dans A. Alors, pour que $\mathcal{A}x_0 \supset \mathcal{A}x_1$, il faut et il suffit que $N_0 \subset N_1$; pour que $\mathcal{A}x_0 = X$, il faut et il suffit que $N_0 = \{0\}$.*

Il est clair que $\mathcal{A}x_0 \supset \mathcal{A}x_1$ équivaut à $x_1 \in \mathcal{A}x_0$ et entraîne $N_0 \subset N_1$. Pour démontrer a réciproque, on peut se borner au cas où $\mathcal{A}$ est une algèbre simple, le cas général résultant trivialement de celui-ci. On peut donc supposer que A et B sont des espaces vectoriels à droite sur un corps $\mathfrak{k}$ et que $\mathcal{A} = \mathrm{End}_{\mathfrak{k}}(A)$ et $X = \mathrm{Hom}_{\mathfrak{k}}(B, A)$. Soient C_0, C_1 les images de B dans A par x_0, x_1; par passage au quotient, x_0 détermine un isomorphisme u_0 de B/N_0 sur C_0, et, si $N_1 \supset N_0$, x_1 détermine une application $\mathfrak{k}$-linéaire u_1 de B/N_0 sur C_1. Il existe alors un endomorphisme a de A qui coïncide avec $u_1 \circ u_0^{-1}$ sur C_0; par exemple, on peut achever de le déterminer en lui imposant de s'annuler sur un supplémentaire arbitrairement choisi de C_0 dans A. On a alors $x_1 = ax_0$, ce qui démontre la première partie du lemme. La seconde s'ensuit si on observe qu'à tout $b \in B$ correspond au moins un $x \in X$ tel que $xb \neq 0$.

Il résulte en particulier du lemme 8 que, si $\mathcal{A}$ est une algèbre simple, le rang d'un élément x de X, tel qu'il a été défini ci-dessus, n'est autre que le rang de x en tant qu'application $\mathfrak{k}$-linéaire de B dans A.

18. Si on s'est donné de plus une involution ι sur $\mathcal{A}$, celle-ci détermine sur l'ensemble N des composantes simples $\mathcal{A}_\nu$ de $\mathcal{A}$ une permutation $\nu \to \nu^\iota$ d'ordre 2. La détermination de $\mathcal{A}$, en tant qu'algèbre à involution, se ramène alors à celle des « algèbres à involution simples » $\mathcal{A}_\nu$ (pour $\nu = \nu^\iota$) et $\mathcal{A}_\nu \oplus \mathcal{A}_\mu$ (pour $\nu^\iota = \mu \neq \nu$). Comme on sait (cf. p. ex. [1], Chap. X), celles-ci sont nécessairement, à un isomorphisme près, de l'un des types suivants :

(I) $\nu = \nu^\iota$; $\mathcal{A}_\nu$ est l'algèbre de matrices $M_m(\mathfrak{k})$ sur une algèbre à division $\mathfrak{k}$ munie d'une involution $\xi \to \xi'$, et ι est l'involution $x \to h^{-1} \cdot {}^t x' \cdot h$, où h est une matrice inversible satisfaisant à ${}^t h' = \eta h$, avec $\eta = \pm 1$;

(II) $\nu^\iota = \mu \neq \nu$; $\mathcal{A}_\nu$ est l'algèbre de matrices $M_m(\mathfrak{k})$ sur une algèbre à division $\mathfrak{k}$; $\mathcal{A}_\mu$ est l'algèbre $M_m(\mathfrak{k}')$, où $\mathfrak{k}'$ est telle qu'il existe un anti-isomorphisme α de $\mathfrak{k}$ sur $\mathfrak{k}'$; et ι est l'involution $(x, y) \to ({}^t y^{\alpha^{-1}}, {}^t x^\alpha)$ de $M_m(\mathfrak{k}) \oplus M_m(\mathfrak{k}')$.

Pour des raisons évidentes, la plupart des problèmes qu'on peut se poser au sujet des algèbres semisimples à involution se ramènent aux problèmes correspondants dans les cas « simples » (I) et (II). Nous allons maintenant achever de fixer les notations en ce qui concerne ceux-ci et démontrer divers résultats auxiliaires.

Dans le cas (I), on se donne donc une algèbre à division $\mathfrak{k}$ sur k, munie d'une involution $\xi \to \xi'$. On notera $\mathfrak{z}$ le centre de $\mathfrak{k}$, et $\mathfrak{z}_0$ le sous-corps de $\mathfrak{z}$ formé des éléments de $\mathfrak{z}$ invariants par l'automorphisme induit sur $\mathfrak{z}$ par $\xi \to \xi'$; suivant que ce dernier est ou non l'automorphisme identique, on a $\mathfrak{z} = \mathfrak{z}_0$, ou bien $\mathfrak{z}$ est une extension quadratique de $\mathfrak{z}_0$. Si V est un espace vectoriel sur k, on étendra $\xi \to \xi'$ à une application k-linéaire de $V \otimes_k \mathfrak{k}$ sur lui-même en posant $(v \otimes \xi)' = v \otimes \xi'$ pour $v \in V$, $\xi \in \mathfrak{k}$. En particulier, si V est l'espace $M_{m,n}(k)$ des matrices à m lignes et n colonnes sur k, $V \otimes_k \mathfrak{k}$ sera l'espace analogue $M_{m,n}(\mathfrak{k})$ sur $\mathfrak{k}$, et, si $x \in M_{m,n}(\mathfrak{k})$, x' sera la matrice obtenue en appliquant à chaque élément de la

30 A. WEIL

matrice x l'involution $\xi \to \xi'$. On écrira $M_m(k)$, $M_m(\mathfrak{k})$ au lieu de $M_{m,m}(k)$, $M_{m,m}(\mathfrak{k})$. Pour tout m, $u \to {}^t u'$ est une involution de $M_m(\mathfrak{k})$. On notera τ_m la trace réduite prise dans $M_m(\mathfrak{k})$ *sur* $\mathfrak{z}_0$ *considéré comme corps de base.*

Soit h un élément inversible de $M_m(\mathfrak{k})$ tel que ${}^t h' = \eta h$ avec $\eta = \pm 1$. On prend alors pour $\mathcal{A}$ l'algèbre $M_m(\mathfrak{k})$ munie de l'involution ι définie par $u^\iota = h^{-1} \cdot {}^t u' \cdot h$. On vérifie facilement que, si λ est une forme k-linéaire sur $\mathfrak{z}_0$, $\tau = \lambda \circ \tau_m$ est une fonction trace sur $\mathcal{A}$ pourvu que $\lambda \neq 0$, et que réciproquement toute fonction trace sur $\mathcal{A}$ est de cette forme.

Conformément aux conventions du n° 16, on posera ici $A = M_{m,1}(\mathfrak{k})$; $\mathcal{A}$ opérant sur A par multiplication matricielle, A est bien un $\mathcal{A}$-module simple à gauche. De même, pour tout n, $M_{m,n}(\mathfrak{k})$ est, pour $\mathcal{A}$ opérant à gauche par multiplication matricielle, un $\mathcal{A}$-module de rang n. Quels que soient n et p, toute application $\mathcal{A}$-linéaire de $M_{m,n}(\mathfrak{k})$ dans $M_{m,p}(\mathfrak{k})$ est de la forme $x \to x\alpha$ avec $\alpha \in M_{n,p}(\mathfrak{k})$. En particulier, si on pose $X = M_{m,n}(\mathfrak{k})$ et, comme au n° 17, $B = \mathrm{Hom}_\mathcal{A}(X, A)$, on peut identifier B avec $M_{n,1}(\mathfrak{k})$, puis X avec $\mathrm{Hom}_{\mathfrak{k}}(B, A)$, c'est-à-dire avec l'espace des applications $\mathfrak{k}$-linéaires de B dans A lorsque ceux-ci sont considérés comme espaces vectoriels à droite sur $\mathfrak{k}$. Comme on l'a déjà observé, le rang d'un élément x de X au sens du n° 16 coïncide avec son rang en tant que matrice à m lignes et n colonnes sur $\mathfrak{k}$. On notera que l'anneau $\mathrm{End}_\mathcal{A}(X)$ des endomorphismes de X considéré comme $\mathcal{A}$-module à gauche, et l'anneau $\mathrm{End}_{\mathfrak{k}}(B)$ des endomorphismes de B considéré comme espace vectoriel à droite sur $\mathfrak{k}$, s'identifient tous deux à $M_n(\mathfrak{k})$ et s'identifient donc l'un avec l'autre.

19. Si $X = M_{m,n}(\mathfrak{k})$, $Y = M_{m,p}(\mathfrak{k})$, on voit aisément que toute forme sesquilinéaire F sur $X \times Y$ peut s'écrire $F(x,y) = x \cdot w \cdot {}^t(hy)'$, avec $w \in M_{n,p}(\mathfrak{k})$; l'espace de ces formes, c'est-à-dire, d'après le n° 15, le dual de $X \otimes_\iota Y$, peut donc alors s'identifier avec $M_{n,p}(\mathfrak{k})$ au moyen de cette formule; si l'on fait cette identification, (15) s'écrit

$$[x \otimes_\iota y, w] = \tau(xw \cdot {}^t(hy)') = \lambda(\tau_n(w \cdot {}^t(hy)' \cdot x)).$$

Mais $(w_1, w_2) \to \lambda(\tau_n(w_1 \cdot {}^t w_2'))$ est une forme bilinéaire non dégénérée sur $M_{n,p}(\mathfrak{k}) \times M_{n,p}(\mathfrak{k})$; si on identifie $M_{n,p}(\mathfrak{k})$ avec son dual au moyen de cette forme, on voit que $X \otimes_\iota Y$ s'identifie aussi avec $M_{n,p}(\mathfrak{k})$, au moyen de la formule $x \otimes_\iota y = {}^t x' \cdot h \cdot y$. En particulier, pour $X = Y$, c'est-à-dire pour $n = p$, on voit que l'automorphisme s de $X \otimes_\iota X$ défini par $s(x \otimes_\iota y) = y \otimes_\iota x$ devient l'automorphisme $w \to \eta\, {}^t w'$ de $M_n(\mathfrak{k})$; $I(X)$ est l'espace des $w \in M_n(\mathfrak{k})$ tels que $w = \eta\, {}^t w'$, et i_X est l'application $x \to {}^t x' \cdot h \cdot x$ de X dans $I(X)$.

Suivant l'usage, si V et W sont des espaces vectoriels à droite sur $\mathfrak{k}$, φ une application $\mathfrak{k}$-linéaire de V dans W, et f une forme sesquilinéaire (par exemple η-hermitienne) sur $W \times W$, on notera $f[\varphi]$ la forme sesquilinéaire $f \circ (\varphi, \varphi)$ sur $V \times V$, où (φ, φ) désigne l'applica-

LA FORMULE DE SIEGEL ET LES GROUPES CLASSIQUES   31

tion $(v_1, v_2) \to (\varphi(v_1), \varphi(v_2))$ de $V \times V$ dans $W \times W$. Les espaces A, X, B étant comme ci-dessus, considérons alors sur $A \times A$ la forme η-hermitienne définie par $(a_1, a_2) \to {}^t a_1' \cdot h \cdot a_2$, et convenons de la désigner aussi par h; de même, à tout $w \in M_n(\mathfrak{k})$ tel que $w = \eta \, {}^t w'$, faisons correspondre la forme η-hermitienne $(b_1, b_2) \to {}^t b_1' \cdot w \cdot b_2$ sur $B \times B$, et identifions $I(X)$ avec l'espace des formes η-hermitiennes sur $B \times B$ au moyen de cette correspondance. Il résulte alors de ce qui précède que, si on identifie X avec $\mathrm{Hom}_{\mathfrak{k}}(B, A)$ comme plus haut, i_X n'est autre que l'application $x \to h[x]$ de ce dernier espace dans l'espace des formes η-hermitiennes sur $B \times B$.

LEMME 9. *Soient respectivement δ et δ' les dimensions, sur k, de $\mathfrak{k}$ et de l'espace des éléments ξ de $\mathfrak{k}$ tels que $\xi' = \eta \xi$, et soit $\varepsilon = \delta'/\delta$. Alors, si X est un $\mathcal{A}$-module de rang n, $I(X)$ a la dimension $\delta n(n + 2\varepsilon - 1)/2$ sur k. De plus, pour que i_X soit submersive en un point x de X, il faut et il suffit que x soit de rang n ou bien que $\varepsilon = 0$ et que x soit de rang $n - 1$.*

La première assertion résulte de ce qui précède; la seconde suit de là, du lemme 7 du n° 15, et du fait que, si x est de rang r, $X/\mathcal{A}x$ est de rang $n - r$.

20. Nous plaçant toujours dans le cas (I), nous allons, avec les notations ci-dessus, préciser la structure du groupe $Ps(X/\mathcal{A})$ quand X est un $\mathcal{A}$-module de rang n.

Soit φ un isomorphisme de X sur $M_{m,n}(\mathfrak{k})$. Comme X^* a même dimension que X sur k, à savoir δmn, X^* est aussi de rang n. Au moyen des résultats du n° 19, on voit immédiatement alors qu'on peut choisir, d'une manière et d'une seule, un isomorphisme ψ de X^* sur $M_{m,n}(\mathfrak{k})$ de manière à avoir

$$\{x, x^*\} = (x\varphi) \cdot {}^t(x^*\psi)' \cdot h.$$

Désignons par ω l'isomorphisme $(x, x^*) \to (x\varphi, x^*\psi)$ de $X \oplus X^*$ sur $M_{m,n}(\mathfrak{k}) \oplus M_{m,n}(\mathfrak{k})$, ou, ce qui revient au même, sur $M_{m,2n}(\mathfrak{k})$. D'après le n° 14, pour qu'un automorphisme σ de $X \oplus X^*$ soit symplectique, il faut et il suffit qu'il laisse invariante la forme sesquilinéaire

$$((x_1, x_1^*), (x_2, x_2^*)) \to \{x_1, x_2^*\} - \{x_2, x_1^*\}^t$$

sur $(X \oplus X^*) \times (X \oplus X^*)$. Comme le montre un calcul facile, il revient au même de dire que l'automorphisme $s = \omega \sigma \omega^{-1}$ de $M_{m,2n}(\mathfrak{k})$ laisse invariante la forme

$$(u_1, u_2) \to u_1 \cdot e \cdot {}^t u_2' \cdot h$$

sur $M_{m,2n}(\mathfrak{k}) \times M_{m,2n}(\mathfrak{k})$, où e désigne la matrice $(-\eta)$-hermitienne donnée par

$$e = \begin{pmatrix} 0 & 1_n \\ -\eta \cdot 1_n & 0 \end{pmatrix}. \tag{16}$$

Mais cette condition équivaut évidemment à $s \cdot e \cdot {}^t s' = e$. Autrement dit, l'application $(\sigma, f) \to \omega \sigma \omega^{-1}$ est un isomorphisme de $Ps(X/\mathcal{A})$ sur le groupe des éléments s de $M_{2n}(\mathfrak{k})$ qui satisfont à $s \cdot e \cdot {}^t s' = e$. De plus, il est clair que l'image de $P(X/\mathcal{A})$ par cet isomorphisme est l'ensemble des éléments de ce dernier groupe qui sont de la forme

$$s = \begin{pmatrix} a & b \\ 0 & d \end{pmatrix}$$

avec a, b, d appartenant à $M_n(\mathfrak{k})$.

21. *Dans le cas* (II), on procèdera de même en se donnant d'abord une algèbre à division $\mathfrak{k}$ sur k, dont le centre sera noté $\mathfrak{z}_0$. On désignera par $\mathfrak{k}'$ l'algèbre « opposée » à k, et par $\xi \to \xi'$ l'antiautomorphisme « canonique » de $\mathfrak{k}$ sur $\mathfrak{k}'$, ainsi que son inverse, de sorte qu'on a $(\xi')' = \xi$ et que $\xi \to \xi'$ induit l'identité sur $\mathfrak{z}_0$ (qui est donc le centre commun de $\mathfrak{k}$ et de $\mathfrak{k}'$).

Pour simplifier les notations, on conviendra, dans ce n°, d'écrire $M_{m,n}$, $M'_{m,n}$ au lieu de $M_{m,n}(\mathfrak{k})$, $M_{m,n}(\mathfrak{k}')$, et de même M_m, M'_m au lieu de $M_m(\mathfrak{k})$, $M_m(\mathfrak{k}')$. On prendra $\mathcal{A} = M_m \oplus M'_m$, l'involution ι sur $\mathcal{A}$ étant donnée par $(u,v)^\iota = ({}^t v', {}^t u')$. On notera τ_m la trace réduite prise, soit dans M_m, soit dans M'_m, sur $\mathfrak{z}_0$ considéré comme corps de base. La fonction trace τ sur $\mathcal{A}$ sera alors donnée par

$$\tau(u,v) = \lambda(\tau_m(u) + \tau_m(v)),$$

où λ est une forme k-linéaire sur $\mathfrak{z}_0$, et $\lambda \neq 0$.

On posera $A = A_0 \oplus A'_0$, avec $A_0 = M_{m,1}$ et $A'_0 = M'_{m,1}$; on notera que A'_0 peut s'identifier d'une manière évidente avec le dual de A_0 sur $\mathfrak{k}$. Tout $\mathcal{A}$-module de rang (p,q) est isomorphe au module $M_{m,p} \oplus M'_{m,q}$, $\mathcal{A}$ opérant sur celui-ci par multiplication matricielle dans chaque composante. Toute application $\mathcal{A}$-linéaire de $M_{m,p} \oplus M'_{m,q}$ dans $M_{m,r} \oplus M'_{m,s}$ est de la forme $(x,y) \to (x\alpha, y\beta)$, avec $\alpha \in M_{p,r}$, $\beta \in M'_{q,s}$. En particulier, si on pose de nouveau $B = \mathrm{Hom}_\mathcal{A}(X,A)$, et qu'on prenne $X = X_0 \oplus X'_0$ avec $X_0 = M_{m,p}$, $X'_0 = M'_{m,q}$, on aura $B = B_0 \oplus B'_0$ avec $B_0 = M_{p,1}$, $B'_0 = M'_{q,1}$, puis $X_0 = \mathrm{Hom}_\mathfrak{k}(B_0, A_0)$ et $X'_0 = \mathrm{Hom}_{\mathfrak{k}'}(B'_0, A'_0)$.

Si X est comme ci-dessus, et si $Z = M_{m,r} \oplus M'_{m,s}$, toute forme sesquilinéaire sur $X \times Z$ s'écrit :

$$((x,y),(z,t)) \to (x \cdot v \cdot {}^t t', y \cdot w \cdot {}^t z')$$

avec $v \in M_{p,s}$ et $w \in M'_{q,r}$; cela permet d'identifier le dual de $X \otimes_\iota Y$ avec $M_{p,s} \oplus M'_{q,r}$. Raisonnant comme au n° 19, on en conclut qu'on peut identifier $X \otimes_\iota X$ avec $M_{q,p} \oplus M'_{p,q}$, puis qu'on peut identifier $I(X)$ avec $M_{q,p}$ de manière à avoir $i_X(x,y) = {}^t y' \cdot x$. Cela donne en particulier :

LEMME 10. *Soit δ la dimension de $\mathfrak{k}$ sur k. Alors, si X est un $\mathcal{A}$-module de rang (p,q), $I(X)$ a la dimension δpq sur k; et, pour que i_X soit submersive en un point x de rang (p',q') dans X, il faut et il suffit qu'on ait $p=p'$ ou $q=q'$.*

Toujours avec les mêmes notations, on pourra identifier le dual X^* de X avec $M_{m,q}\oplus M'_{m,p}$ de manière à avoir

$$\{(x,y),(x^*,y^*)\}=(x\cdot{}^t(y^*)',y\cdot{}^t(x^*)').$$

Le dual d'un module de rang (p,q) est donc de rang (q,p). En posant $n=p+q$, $X\oplus X^*$ s'identifie d'une manière évidente à $M_{m,n}\oplus M'_{m,n}$; d'après ce qu'on a vu, l'anneau des endomorphismes de ce dernier module s'identifie à $M_n\oplus M'_n$. Pour qu'un automorphisme $\sigma=(\lambda,\mu)$ de $X\oplus X^*$ soit symplectique, il faut et il suffit qu'il laisse invariante la forme sesquilinéaire

$$\{(x_1,y_1),(x_2^*,y_2^*)\}-\{(x_2,y_2),(x_1^*,y_1^*)\}^t.$$

Un calcul facile montre que, si on pose

$$e=\begin{pmatrix}0 & 1_p\\-1_q & 0\end{pmatrix},$$

cette condition équivaut à $\mu=e^{-1}\cdot{}^t\lambda'^{-1}\cdot e$. Il s'ensuit qu'avec ces notations l'application $(\sigma,f)\to\lambda$ est un isomorphisme de $Ps(X/\mathcal{A})$ sur $GL(n,\mathfrak{k})$. On vérifie facilement alors que l'image de $P(X/\mathcal{A})$ par cet isomorphisme est le sous-groupe de $GL(n,\mathfrak{k})$ formé des éléments de la forme

$$\lambda=\begin{pmatrix}\lambda_1 & \lambda_2\\0 & \lambda_3\end{pmatrix}$$

avec $\lambda_1\in GL(p,\mathfrak{k})$, $\lambda_2\in M_{p,q}(\mathfrak{k})$, $\lambda_3\in GL(q,\mathfrak{k})$.

22. Revenant au cas général des n°s 16–17, nous désignerons par G le groupe des éléments u de $\mathcal{A}$ tels que $u\cdot u'=1$. Il est clair que G est le produit direct des groupes analogues relatifs aux composantes « simples » de $\mathcal{A}$, celles-ci pouvant être de type (I) ou (II). Dans le cas (I), avec les notations du n° 18, G est le groupe des éléments u de $M_m(\mathfrak{k})$ qui satisfont à ${}^tu'\cdot h\cdot u=h$, c'est-à-dire à $h[u]=h$; autrement dit, si $\mathrm{Aut}(A)=GL(m,\mathfrak{k})$ désigne le groupe des automorphismes de l'espace vectoriel à droite $A=M_{m,1}(\mathfrak{k})$ sur $\mathfrak{k}$, G est le sous-groupe $\mathrm{Aut}(A,h)$ de $\mathrm{Aut}(A)$ formé des éléments de $\mathrm{Aut}(A)$ qui laissent invariante la forme η-hermitienne h. Dans le cas (II), avec les notations du n° 21, G est le groupe des éléments de $\mathcal{A}$ de la forme $(u,{}^tu'^{-1})$ avec $u\in\mathrm{Aut}(A_0)=GL(m,\mathfrak{k})$, et est donc isomorphe à ce dernier groupe. Dans le cas général, G est donc un produit de « groupes classiques ».

La définition de i_X montre qu'on a, quels que soient $x\in X$, $t\in\mathcal{A}$:

34   A. WEIL

$$i_X(tx) = (tx) \otimes_\iota (tx) = x \otimes_\iota t'(tx).$$

Il s'ensuit que, pour $u \in G$, on a $i_X(ux) = i_X(x)$ quel que soit $x \in X$. En d'autres termes, i_X est invariant par G opérant à gauche sur X.

Dans les chapitres suivants, on aura besoin de divers résultats sur les orbites de G, et de certains groupes apparentés à G, dans X; ces résultats vont être établis dans les n°s 22–25. Dans le cas où $\mathcal{A}$ est de type (I), et où X est de rang 1 sur $\mathcal{A}$, ils sont en substance contenus dans le théorème de Witt; le lecteur qui n'a que ce cas en vue (cf. l'Introduction) pourra donc se dispenser de lire la plus grande partie des démonstrations qui vont suivre.

PROPOSITION 3. *Pour tout* $i \in I(X)$, *soit* $U(i)$ *l'ensemble des éléments de* $i_X^{-1}(\{i\})$ *qui sont de rang maximal dans* X; *alors, si* $U(i)$ *n'est pas vide, c'est une orbite de* G *dans* X.

Soit $x_0 \in U(i)$, ce qui veut dire qu'on a $i_X(x_0) = i$ et $\mathcal{A}x_0 = X$. Il est clair que, si $x_1 = ux_0$ avec $u \in G$, on a $x_1 \in U(i)$. Pour démontrer la réciproque, il suffit évidemment de traiter les cas (I) et (II). Dans le cas (I), avec les notations des n°s 18–19, l'hypothèse signifie que $h[x_0] = h[x_1] = i$ et que x_0, x_1 sont de rang maximal, c'est-à-dire (d'après le lemme 8 du n° 17) qu'ils sont de noyau $\{0\}$ si on les considère comme applications de B dans A. Alors x_0, x_1 déterminent des isomorphismes $\bar{x}_0$, $\bar{x}_1$ de B sur des sous-espaces L_0, L_1 de A, et $z = \bar{x}_1 \bar{x}_0^{-1}$ est un isomorphisme de L_0 sur L_1. Soient h_0, h_1 les formes η-hermitiennes induites par h sur $L_0 \times L_0$ et sur $L_1 \times L_1$, respectivement. L'hypothèse $h[x_0] = h[x_1]$ équivaut à $h_0 = h_1[z]$, c'est-à-dire que z, en un sens évident, est un isomorphisme de (L_0, h_0) sur (L_1, h_1). Le théorème de Witt dit alors que z peut être prolongé à un automorphisme u de (A, h), c'est-à-dire à un élément de G; et on a bien $x_1 = ux_0$.

Dans le cas (II), reprenons les notations du n° 21, et considérons deux éléments (x_0, y_0), (x_1, y_1) de $U(i)$. On voit, comme plus haut, que y_0, y_1 déterminent des isomorphismes $\bar{y}_0$, $\bar{y}_1$ de B'_0 sur des sous-espaces L'_0, L'_1 de A'_0, et $\bar{y}_1 \bar{y}_0^{-1}$ est un isomorphisme de L'_0 sur L'_1, qu'on peut prolonger à un automorphisme v de A'_0, de sorte qu'on a $y_1 = vy_0$. En remplaçant (x_0, y_0) par $({}^tv'^{-1} \cdot x_0, vy_0)$, on est donc ramené à traiter le cas où $y_0 = y_1$. Soit alors $z_0 = {}^ty'_0$, de sorte qu'on a $z_0 x_0 = z_0 x_1$. Comme $z_0 \in M_{q,m}(\mathfrak{k})$, on peut considérer z_0 comme application $\mathfrak{k}$-linéaire de $A_0 = M_{m,1}(\mathfrak{k})$ dans $M_{q,1}(\mathfrak{k})$; soit N_0 le noyau de cette application. D'autre part, x_0, x_1 déterminent des isomorphismes $\bar{x}_0$, $\bar{x}_1$ de B_0 sur des sous-espaces L_0, L_1 de A_0, de sorte que $\bar{u} = \bar{x}_1 \bar{x}_0^{-1}$ est un isomorphisme de L_0 sur L_1. Comme on a $z_0(x_1 - x_0) = 0$, on a $\bar{u}a - a \in N_0$ quel que soit $a \in L_0$, et de même $\bar{u}^{-1}a - a \in N_0$ quel que soit $a \in L_1$; on en conclut aussitôt que $L_0 + N_0 = L_1 + N_0$, et aussi que $\bar{u}$ induit sur $L_0 \cap N_0$ un isomorphisme de $L_0 \cap N_0$ sur $L_1 \cap N_0$; on peut alors prolonger ce dernier isomorphisme à un automorphisme v de N_0. Comme $\bar{u}$ et v coïncident sur $L_0 \cap N_0$, il existe un endomorphisme u_0 de $L_0 + N_0$ et un seul qui coïncide avec $\bar{u}$ sur L_0 et avec v sur N_0; de même, il existe un endomorphisme u_1 de

LA FORMULE DE SIEGEL ET LES GROUPES CLASSIQUES   35

$L_0 + N_0$ et un seul qui coïncide avec $\bar{u}^{-1}$ sur L_1 et avec v^{-1} sur N_0. On a donc $u_0 u_1 = 1$, de sorte que u_0 est un automorphisme de $L_0 + N_0$. Soient enfin L' un supplémentaire de $L_0 + N_0$ dans A_0, et u l'automorphisme de A_0 qui coïncide avec u_0 sur $L_0 + N_0$ et avec l'identité sur L'. On a alors $x_1 = u x_0$; et $u - 1$ applique A_0 dans N_0, de sorte qu'on a $z_0 u = z_0$, ou encore $y_0 = {}^t u'^{-1} \cdot y_0$. Cela achève la démonstration de la proposition 3.

COROLLAIRE. *Pour que deux points x_0, x_1 de X appartiennent à une même orbite pour G, il faut et il suffit qu'on ait $i_X(x_0) = i_X(x_1)$ et $\mathcal{A} x_0 = \mathcal{A} x_1$.*

Ces conditions sont évidemment nécessaires. Supposons-les satisfaites, et soit $X' = \mathcal{A} x_0$. Comme $\mathcal{A}$ est semisimple, X' a un supplémentaire dans X; par suite, d'après le n° 15, on peut identifier $I(X')$ avec le sous-espace de $I(X)$ engendré par les éléments $i_X(x')$ pour $x' \in X'$, et $i_{X'}$ avec l'application de X' dans ce sous-espace de $I(X)$ qui est induite par i_X. Alors x_0 et x_1 sont des éléments de X' de rang maximal dans X', et on a $i_{X'}(x_0) = i_{X'}(x_1)$; d'après la proposition 3, ils appartiennent donc à une même orbite de G dans X'.

23. La proposition 3 montre que, si $U(i)$ n'est pas vide, c'est un espace homogène par rapport au groupe G. Pour déterminer complètement sa structure, il faut connaître le groupe de stabilité g_0, dans G, d'un élément x_0 de $U(i)$.

Ici encore, on peut se borner aux cas (I) et (II). Dans le cas (I), considérons i comme forme η-hermitienne sur $B \times B$; soit B' le sous-espace de B qui, par rapport à i, est orthogonal à tous les vecteurs de B, et soit B'' un supplémentaire de B' dans B; alors la forme η-hermitienne induite par i sur $B'' \times B''$ est non-dégénérée. Soit r le rang de i; alors B', B'' sont de dimensions $n - r$ et r, respectivement. Soit $x_0 \in U(i)$; comme x_0 est de rang maximal, il définit un isomorphisme $\bar{x}_0$ de B sur un sous-espace L_0 de A; comme on a $i = h[x_0]$, la forme induite par h sur $L_0 \times L_0$ est celle qui se déduit de i par $\bar{x}_0$. Par suite, si L', L'' sont les images de B', B'' par x_0, la forme induite par h sur $L'' \times L''$ est non-dégénérée, et L' est l'intersection de L_0 avec l'orthogonal de L_0 par rapport à h dans A. Soit M l'orthogonal de L'' par rapport à h dans A; la forme induite par h sur $M \times M$ est non-dégénérée; comme L' est un sous-espace « totalement isotrope » de M, on sait ([5], p. 21) qu'il existe un sous-espace totalement isotrope L'_1 de M, supplémentaire dans M de l'orthogonal de L' dans M. Soit enfin L_1 l'orthogonal de $L'' + L' + L'_1$ dans A. Il est facile de vérifier que A est somme directe de L'', L', L_1, L'_1; donc L_1 est de dimension $m - 2n + r$, ce qui implique $m \geqslant 2n - r$. De plus, la forme h_1 induite par h sur $L_1 \times L_1$ est non-dégénérée. Alors, si on prolonge tout élément de $\operatorname{Aut}(L_1, h_1)$ à un automorphisme de A en lui imposant d'induire l'identité sur $L_0 + L'_1$, on obtient un sous-groupe g_1 du groupe de stabilité g_0 de x_0 dans G, qui est évidemment isomorphe à $\operatorname{Aut}(L_1, h_1)$; de plus, on voit facilement que g_0 est produit semidirect de g_1 et d'un groupe g'_0 qui induit l'identité sur L'' et sur L', qui laisse invariants les espaces

36 A. WEIL

$L'+L_1$ et $L'+L_1+L_1'=M$, et qui induit l'identité sur $(L'+L_1)/L'$ et sur $M/(L'+L_1)$; g_0' est donc unipotent, de sorte qu'en définitive g_0 est isomorphe à un produit semidirect de Aut (L_1, h_1) et d'un groupe unipotent. En particulier, si i est non-dégénéré, donc de rang n, L' et L_1' se réduisent à $\{0\}$, L_1 est de dimension $m-n$, et g_0 est isomorphe à Aut(L_1, h_1).

Dans le cas (II), soit $i \in M_{q,p}(\mathfrak{k})$, et soit r le rang de i; $U(i)$ est l'ensemble des couples $(x, {}^t z')$ avec x de rang p dans $M_{m,p}(\mathfrak{k})$, z de rang q dans $M_{q,m}(\mathfrak{k})$, et $zx=i$. Soit $(x_0, {}^t z_0')$ un tel couple, et soit g_0 son groupe de stabilité dans G; quand on identifie G avec $GL(m, \mathfrak{k})$ comme au n° 22, g_0 s'identifie au groupe des $u \in GL(m, \mathfrak{k})$ tels que $ux_0=x_0$ et $z_0 u=z_0$. Soit L_0 l'image de $B_0=M_{p,1}(\mathfrak{k})$ par x_0 dans $A_0=M_{m,1}(\mathfrak{k})$; L_0 est de dimension p. Soit N_0 le noyau de z_0 considéré comme application de A_0 dans $M_{q,1}(\mathfrak{k})$; N_0 est de dimension $m-q$. Comme i est de rang r, z_0 induit sur L_0 une application de rang r de L_0 dans $M_{q,1}(\mathfrak{k})$, de sorte que $L_0 \cap N_0$ a la dimension $p-r$. Posons $L'=L_0 \cap N_0$; soient L'', L_1 des supplémentaires de L' dans L_0 et dans N_0, respectivement; L_1 est de dimension $m-p-q+r$, ce qui entraîne $m \geqslant p+q-r$. Soit encore L_1' un supplémentaire de L_0+N_0 dans A_0, et soit $M=L'+L_1+L_1'$. Si on prolonge tout automorphisme de L_1 à un automorphisme de A_0 en lui imposant d'induire l'identité sur L_0+L_1', on obtient un sous-groupe g_1 de g_0, isomorphe à Aut(L_1). Soit g_0' le sous-groupe de G qui induit l'identité sur L'' et sur L', qui laisse invariants les espaces $L'+L_1$ et M, et qui induit l'identité sur $(L'+L_1)/L'$ et sur $M/(L'+L_1)$. Alors g_0 est produit semidirect de g_1 et du groupe unipotent g_0'. Si $p=q=r$, L' et L_1' se réduisent à $\{0\}$, L_1 est de dimension $m-p$, et g_0 est isomorphe à Aut(L_1). Enfin, on notera que, dans le cas (II), la condition $m \geqslant p+q-r$ est, non seulement nécessaire, mais aussi suffisante pour que $U(i)$ ne soit pas vide.

24. En même temps que G, on fera opérer sur X, mais à droite, l'anneau End$_A(X)$ des endomorphismes de X considéré comme A-module à gauche, et en particulier le groupe des éléments inversibles de cet anneau, c'est-à-dire des automorphismes de X, groupe qu'on notera simplement Aut(X). Si B est défini comme au n° 17, il est immédiat que End$_A(X)$ s'identifie à l'anneau End$_B(B)$ des endomorphismes de B considéré comme B-module à droite; par suite, Aut(X) s'identifie au groupe Aut(B) des automorphismes de B.

Par transport de structure, tout automorphisme v de X détermine un automorphisme de $I(X)$ qu'on notera $\bar{v}$, de sorte qu'on aura $i_X(xv)=i_X(x)\bar{v}$. Pour tout $i \in I(X)$, on notera Aut(X, i) le sous-groupe de Aut(X) qui laisse i invariant, c'est-à-dire le groupe des $v \in$ Aut(X) tels que $i\bar{v}=i$. On conviendra d'autre part de faire opérer le groupe $G \times$ Aut(X) sur X au moyen de la formule

$$(u,v) \cdot x = uxv^{-1} \qquad (u \in G, \ x \in X, \ v \in \text{Aut}(X)).$$

Dans ces conditions, il est clair que l'ensemble $i_X^{-1}(\{i\})$ est invariant par le groupe

$G \times \mathrm{Aut}(X, i)$. On va maintenant démontrer quelques résultats auxiliaires, qui serviront au Chapitre III, au sujet des orbites de ce dernier groupe et de certains de ses sous-groupes dans $i_X^{-1}(\{i\})$; dans le cas où $\mathcal{A}$ est de type (I) et X de rang 1, ces résultats sont triviaux ou sont des conséquences triviales de ce qui précède.

Reprenant les notations du n° 17, considérons d'abord l'espace $B^* = \mathrm{Hom}_{\mathcal{A}}(X^*, A)$ attaché à X^* comme B l'est à X; supposant chaque composante « simple » de $\mathcal{A}$ mise sous la forme décrite au n° 18, et les composantes correspondantes de X mises sous la forme décrite aux n°ˢ 19 et 21, nous allons définir un isomorphisme de $X \otimes_\iota X$ sur l'espace $\mathrm{Hom}_B(B, B^*)$ des morphismes de B dans B^* pour leurs structures de $\mathcal{B}$-modules à droite; pour cela, il suffira évidemment de décrire cet isomorphisme séparément dans les cas (I) et (II); pour abréger, nous ne nous occuperons pas de savoir dans quel mesure il est « canonique ». Dans le cas (I), nous identifions X avec $M_{m,n}(\mathfrak{k})$ et $X \otimes_\iota X$ avec $M_n(\mathfrak{k})$ comme au n° 19, cette dernière identification se faisant au moyen de la formule $x \otimes_\iota y = {}^t x' \cdot h \cdot y$. Comme au n° 20, identifions X^* avec $M_{m,n}(\mathfrak{k})$ au moyen de la formule $\{x, x^*\} = x \cdot {}^t(x^*)' \cdot h$; puis identifions B et B^* avec $M_{n,1}(\mathfrak{k})$ comme au n° 18. Dans ces conditions, à tout élément w de $X \otimes_\iota X$, on fera correspondre le morphisme λ_w de B dans B^* donné par $\lambda_w(b) = w \cdot b$ pour tout $b \in B$. En particulier, pour $i \in I(X)$, λ_i sera donc le morphisme $b \to i \cdot b$; d'autre part, d'après le n° 19, i satisfait alors à ${}^t i' = \eta i$, et est la matrice de la forme η-hermitienne $(b_1, b_2) \to {}^t b_1' \cdot i \cdot b_2$ sur $B \times B$; il s'ensuit que le noyau de λ_i dans B est le sous-espace B' de B qui est orthogonal, par rapport à i, à tous les vecteurs de B. De plus, pour $x \in X$ et $i = i_X(x)$, on a $i = {}^t x' \cdot h \cdot x$, de sorte que le noyau de x dans B est contenu dans celui de λ_i.

De même, dans le cas (II), on identifiera de nouveau X avec $M_{m,p} \oplus M'_{m,q}$ et $X \otimes_\iota X$ avec $M_{q,p} \oplus M'_{p,q}$ comme au n° 21, cette dernière identification se faisant au moyen de la formule

$$(x, y) \otimes_\iota (z, t) = ({}^t t' \cdot x, {}^t z' \cdot y)$$

pour x et z dans $M_{m,p}$ et y et t dans $M'_{m,q}$. On identifiera X^* avec $M_{m,q} \oplus M'_{m,p}$ et B avec $M_{p,1} \oplus M'_{q,1}$ comme au n° 21, et de même B^* avec $M_{q,1} \oplus M'_{p,1}$ Alors, pour tout $(u, v) \in X \otimes_\iota X$, on définira le morphisme $\lambda_{(u, v)}$ de B dans B^* en posant, pour tout élément (b, c) de B :

$$\lambda_{(u, v)}(b, c) = (ub, vc).$$

En particulier, pour $(x, y) \in X$ et $i = i_X(x, y)$, λ_i sera donné, d'après le n° 21, par la formule

$$\lambda_i(b, c) = ({}^t y' \cdot x \cdot b, {}^t x' \cdot y \cdot c),$$

d'où il résulte que le noyau de (x, y) dans B est contenu dans celui de λ_i, comme dans le cas (I).

38   A. WEIL

25. Ces définitions étant étendues d'une manière évidente, composante par composante, au cas général où $\mathcal{A}$ est seulement supposée semisimple, on voit qu'on fait ainsi correspondre à tout $i \in I(X)$ un morphisme λ_i de B dans B^* ayant les propriétés qui résultent de ce qui précède. En particulier, pour $i = i_X(x)$, le noyau de λ_i contient toujours celui de x quand x est considéré comme application de B dans A.

On dira qu'un élément i de $I(X)$ est *non-dégénéré* si le noyau de λ_i se réduit à $\{0\}$; les formules du n° 24 montrent immédiatement dans les cas (I) et (II) qu'alors λ_i est un isomorphisme de B sur B^*, et par suite qu'alors X est isomorphe à son dual X^*; il s'ensuit que cette conclusion reste valable dans le cas général. Pour qu'il existe des éléments non-dégénérés dans $I(X)$, il est donc nécessaire que X soit isomorphe à X^*; mais cela n'est pas suffisant. Si $x \in X$ et que $i_X(x)$ soit non-dégénéré, le noyau de x dans B doit être $\{0\}$; d'après le lemme 8 du n° 17, cela revient à dire que x est de rang maximal. Autrement dit, si i est non-dégénéré, on a $U(i) = i_X^{-1}(\{i\})$; par suite, d'après la proposition 3 du n° 22, le groupe G opère alors transitivement sur $i_X^{-1}(\{i\})$.

D'autre part, soit $i \in I(X)$; soit B' le noyau de λ_i; soit B'' un supplémentaire de B' dans B. Désignons par g' le sous-groupe de $\mathrm{Aut}(B)$ formé des automorphismes de B qui laissent B' et B'' invariants et induisent l'identité sur B''. On vérifie immédiatement, dans le cas (I) et dans le cas (II), que g' laisse i invariant; identifiant $\mathrm{Aut}(B)$ avec $\mathrm{Aut}(X)$ comme au n° 24, on peut donc considérer g' comme un sous-groupe de $\mathrm{Aut}(X, i)$; et cette conclusion, une fois vérifiée dans les cas (I) et (II), reste évidemment valable dans le cas général. Avec ces notations, on a alors le résultat suivant :

PROPOSITION 4. *Pour que deux éléments de $i_X^{-1}(\{i\})$ appartiennent à une même orbite de $G \times g'$, il faut et il suffit qu'ils aient même rang.*

La condition est évidemment nécessaire. Réciproquement, soient x_0 et x_1 deux éléments de $i_X^{-1}(\{i\})$, et soient N_0 et N_1 leurs noyaux dans B; d'après ce qui précède, N_0 et N_1 sont des sous-modules du noyau B' de λ_i pour la structure de $\mathcal{B}$-module à droite de B. Mais $\mathcal{B}$ est somme directe des corps $\mathfrak{k}_\nu$; si on décompose B, B', N_0 et N_1 en leurs composantes relatives aux $\mathfrak{k}_\nu$, ces composantes sont des espaces vectoriels à droite sur les $\mathfrak{k}_\nu$, et l'hypothèse qu'on a faite sur les rangs de x_0 et x_1 équivaut à dire que, pour chaque ν, les composantes de N_0 et de N_1 relatives à $\mathfrak{k}_\nu$ sont des espaces de même dimension sur $\mathfrak{k}_\nu$, contenus tous deux dans la composante correspondante de B'. Il y a donc un automorphisme v' de B' qui transforme N_1 en N_0. Alors l'automorphisme v de B qui coïncide avec v' sur B' et avec l'identité sur B'' appartient à g' et laisse donc i invariant, de sorte que $x_0 v$ appartient encore à $i_X^{-1}(\{i\})$; et $x_0 v$ a même noyau N_1 que x_1, ce qui implique, d'après le lemme 8 du n° 17 et la proposition 3 du n° 22, que $x_0 v$ et x_1 appartiennent à une même orbite de G.

COROLLAIRE. *Pour que deux éléments de $i_X^{-1}(\{i\})$ appartiennent à une même orbite de $G \times \mathrm{Aut}(X, i)$, il faut et il suffit qu'ils aient même rang.*

La condition est évidemment nécessaire, et la proposition 4 montre qu'elle est suffisante.

La proposition 4 et son corollaire montrent en particulier que les groupes $G \times g'$ et $G \times \mathrm{Aut}(X, i)$ n'ont qu'un nombre fini d'orbites dans $i_X^{-1}(\{i\})$. On observera que la condition qui y intervient est en général plus faible que celle du corollaire de la proposition 3 du n° 22, mais est équivalente à celle-ci dans certains cas. Soient en effet $n = (n_\nu)$ et $n' = (n'_\nu)$ les rangs de X et d'un point x_0 de X, et supposons que, pour tout ν, on ait, soit $n'_\nu = n_\nu$, soit $n'_\nu = 0$ (ce qui aura lieu par exemple si x_0 est de rang maximal dans X, mais aussi chaque fois que $n_\nu \leqslant 1$ quel que soit ν). Il est clair qu'alors on aura $\mathcal{A}x_0 = \mathcal{A}x_1$ chaque fois que x_1 a même rang que x_0.

26. Supposons $\mathcal{A}$ absolument semisimple, ce qui revient à dire que, pour tout ν, le centre de $\mathfrak{k}_\nu$ est séparable sur k; il en sera toujours ainsi lorsque k est de caractéristique 0. Alors, si on étend $\mathcal{A}$ par un corps $K \supset k$, l'algèbre étendue $\mathcal{A}_K$ est encore semisimple; si en même temps, comme il a été dit au n° 14, on étend par K l'involution ι, la trace τ, et les modules sur $\mathcal{A}$, on pourra leur appliquer tout ce qui a été dit ci-dessus. On va maintenant décrire les changements de structure que peut entraîner une telle extension; il suffira pour cela de se placer successivement dans les cas (I) et (II). Pour simplifier, on supposera dans les deux cas que $\mathfrak{z}_0 = k$, le cas général se ramenant à celui-ci pour des raisons bien connues; rappelons que $\mathfrak{z}_0$ a été défini, dans le cas (I), comme étant l'ensemble des éléments du centre de $\mathfrak{k}$ qui sont invariants par ι, et, dans le cas (II), comme étant le centre commun de $\mathfrak{k}$ et de $\mathfrak{k}'$. Il s'ensuit, dans le cas (I), que le centre $\mathfrak{z}$ de $\mathfrak{k}$ est, soit k, soit de degré 2 sur k.

Plaçons-nous d'abord dans le cas (I). Supposons d'abord qu'on ait $\mathfrak{z} \neq k$ et $K \supset \mathfrak{z}$; alors $\mathfrak{z}_K$ est somme directe de deux corps isomorphes à K, et $\mathcal{A}_K$ est somme directe de deux algèbres simples de centre K, échangées par l'involution ι; l'extension par K fait donc passer du type (I) au type (II). De plus, $\mathfrak{k}_K$ est alors somme directe de deux algèbres simples, anti-isomorphes l'une à l'autre, qu'on pourra écrire $M_\nu(\mathfrak{R})$ et $M_\nu(\mathfrak{R}')$, où $\mathfrak{R}$ et $\mathfrak{R}'$ sont deux algèbres à division de centre K, anti-isomorphes l'une à l'autre, de sorte que $\mathcal{A}_K$ sera isomorphe à la somme directe de $M_{m_K}(\mathfrak{R})$ et de $M_{m_K}(\mathfrak{R}')$, avec $m_K = m\nu$. Si δ désigne comme précédemment la dimension de $\mathfrak{k}$ sur k, et si δ_K désigne celle de $\mathfrak{R}$ sur K, on a $\delta = 2\delta_K \nu^2$. Si X est un $\mathcal{A}$-module à gauche de rang n, X_K sera un $\mathcal{A}_K$-module de rang (n_K, n_K) avec $n_K = n\nu$.

Supposons maintenant qu'on soit dans le cas (I) avec $\mathfrak{z} = k$, ce qui donne $\mathfrak{z}_K = K$, ou bien avec $\mathfrak{z} \neq k$ et $K \not\supset \mathfrak{z}$, ce qui entraîne que $\mathfrak{z}_K$ est une extension quadratique de K. Alors

40 A. WEIL

A_K est une algèbre simple; $\mathfrak{k}_K$ est de la forme $M_\nu(\mathfrak{K})$, où $\mathfrak{K}$ est une algèbre à division de centre $\mathfrak{z}_K$, et A_K est alors isomorphe à $M_{m_K}(\mathfrak{K})$ avec $m_K = m\nu$. Si δ et δ_K sont les dimensions de $\mathfrak{k}$ sur k et de $\mathfrak{K}$ sur K, respectivement, on a $\delta = \delta_K \nu^2$. Si X est un A-module à gauche de rang n, X_K est un A_K-module à gauche de rang $n_K = n\nu$. Enfin on a déjà noté au n° 15 que $I(X_K)$ s'identifie à $I(X)_K$, de sorte que la dimension de $I(X_K)$ sur K est égale à celle de $I(X)$ sur k; en appliquant à ces dimensions le lemme 9 du n° 19, on en conclut qu'on a

$$2\varepsilon_K - 1 = (2\varepsilon - 1)\nu \qquad (17)$$

si ε est défini comme au n° 19, et si ε_K est le nombre défini de même pour l'algèbre à involution A_K sur K.

Si A est de type (II), A_K sera aussi de type (II); $\mathfrak{k}_K$ sera de la forme $M_\nu(\mathfrak{K})$, $\mathfrak{K}$ étant une algèbre à division de centre K; si $\mathfrak{K}'$ est anti-isomorphe à $\mathfrak{K}$, A_K sera somme directe de $M_{m_K}(\mathfrak{K})$ et de $M_{m_K}(\mathfrak{K}')$, avec $m_K = m\nu$; on aura $\delta = \delta_K \nu^2$ si δ et δ_K sont les dimensions de $\mathfrak{k}$ sur k et de $\mathfrak{K}$ sur K. Enfin, si X est un A-module à gauche de rang (p,q), X_K sera un A_K-module à gauche de rang (p_K, q_K) avec $p_K = p\nu$, $q_K = q\nu$.

On notera que, si on est dans le cas (I) avec $\mathfrak{z} \ne k$, on a nécessairement $\varepsilon = \frac{1}{2}$; si donc on convient de définir ε comme ayant la valeur $\frac{1}{2}$ chaque fois que A est de type (II), la formule (17) restera valable dans tous les cas.

Enfin, il est immédiat que le dual $(X_K)^*$ de X_K peut toujours s'identifier à $(X^*)_K$, et que tout élément de X de rang maximal dans X est encore de rang maximal dans X_K. On peut vérifier aussi que tout élément de $I(X)$ qui est non-dégénéré dans $I(X)$ l'est encore dans $I(X_K)$.

27. Dans tous les cas qui nous intéressent, k est, soit un corps local, soit un corps de nombres algébriques, soit un corps de fonctions algébriques de dimension 1 sur un corps fini. Si k est l'un de ces corps, il est bien connu que toute algèbre à division $\mathfrak{k}$ sur k sur laquelle il existe une involution laissant invariants tous les éléments du centre de $\mathfrak{k}$ est commutative ou bien est une algèbre de quaternions sur son centre. On en conclut aisément que les algèbres à involution de type (I) sur k se répartissent comme suit en sous-types, dont chacun est caractérisé par la valeur correspondante du nombre ε défini dans le lemme 9 du n° 19 :

(I_0) $\varepsilon = 0$; c'est le cas où on a, avec les notations du n° 18, $\mathfrak{k} = \mathfrak{z} = \mathfrak{z}_0$ et $\eta = -1$, l'involution ι étant donc définie par une forme alternée h sur un corps commutatif $\mathfrak{z}_0$; le groupe G est le groupe symplectique à m variables, $G = Sp(m, \mathfrak{z}_0)$. Comme h doit être non-dégénérée, m est pair.

(I_1) $\varepsilon = \frac{1}{4}$; on a $\mathfrak{z} = \mathfrak{z}_0$, et $\mathfrak{k}$ est une algèbre de quaternions sur $\mathfrak{z}_0$; $\xi \to \xi'$ est l'involution « usuelle » sur $\mathfrak{k}$, définie par le fait que $\xi + \xi'$ est la trace réduite de ξ sur $\mathfrak{z}_0$; et $\eta = 1$. La forme h est hermitienne (ou, si l'on veut préciser, hermitienne-quaternionique) sur $\mathfrak{k}$, par rapport à l'involution usuelle.

(I_2) $\varepsilon = \frac{1}{2}$; c'est le cas où $\mathfrak{z}$ est une extension quadratique de $\mathfrak{z}_0$, c'est-à-dire où ι induit un automorphisme non trivial sur le centre de $\mathcal{A}$; il est d'usage de dire alors que ι est une involution « de 2e espèce ». On peut supposer que $\eta = 1$, c'est-à-dire que h est une forme hermitienne.

(I_3) $\varepsilon = \frac{3}{4}$; on a $\mathfrak{z} = \mathfrak{z}_0$, $\mathfrak{k}$ est une algèbre de quaternions sur $\mathfrak{z}_0$, $\xi \to \xi'$ est l'involution usuelle sur $\mathfrak{k}$, et $\eta = -1$, c'est-à-dire que h est antihermitienne, ou, si l'on veut préciser, antihermitienne-quaternionique, par rapport à l'involution usuelle.

(I_4) $\varepsilon = 1$; on a $\mathfrak{k} = \mathfrak{z} = \mathfrak{z}_0$ et $\eta = 1$; h est une forme quadratique, et G est le groupe orthogonal de h.

L'effet sur ces sous-types d'une extension par un corps $K \supset k$ se déduit immédiatement de la formule (17) du n° 26. Comme au n° 26, supposons pour simplifier qu'on ait $\mathfrak{z}_0 = k$. Alors l'extension par K transforme une algèbre de type (I_0) ou (I_4) en une algèbre de même type; elle transforme une algèbre de type (I_1) ou (I_3) en une algèbre de même type, si elle ne « décompose » pas l'algèbre de quaternions correspondante $\mathfrak{k}$ (c'est-à-dire si $\mathfrak{k}_K$ est sans diviseurs de zéro), et transforme le type (I_1) en (I_0), et (I_3) en (I_4), dans le cas contraire. Enfin, comme on l'a vu au n° 26, elle transforme une algèbre de type (I_2) en une algèbre de même type, ou bien de type (II), suivant que K ne contient pas le centre $\mathfrak{z}$ de l'algèbre en question ou qu'il contient $\mathfrak{z}$. En particulier, par extension au domaine universel (ou à n'importe quel corps algébriquement clos), les cas (I_1), (I_2), (I_3) se ramènent respectivement à (I_0), (II), (I_4), tandis que ceux-ci subsistent tels quels.

28. On a défini le groupe G au n° 22 comme le groupe des éléments u de $\mathcal{A}$ tels que $u \cdot u^\iota = 1$; les résultats ci-dessus permettent dans chaque cas de déterminer la structure de G en tant que groupe algébrique (c'est-à-dire après extension au domaine universel).

Pour cela, convenons de désigner par $\mathcal{A}_\nu^{(1)}$, pour chaque ν, le groupe des éléments de $\mathcal{A}_\nu$ dont la norme réduite relativement au centre de $\mathcal{A}_\nu$ est égale à 1; soit $\mathcal{A}^{(1)} = \prod \mathcal{A}_\nu^{(1)}$, et soit $G_1 = G \cap \mathcal{A}^{(1)}$. Dans les cas ($I_0$) et ($I_1$), on a $G = G_1$; G est connexe, simple et simplement connexe pour tout $m > 0$. Dans les cas (I_2) et (II), G est connexe, réductif, et produit (non direct) de son centre et de G_1; G_1 se réduit à $\{1\}$ pour $m = 1$, $\mathfrak{k} = \mathfrak{z}$ dans le cas (I_2), pour $m = 1$, $\mathfrak{k} = \mathfrak{k}' = \mathfrak{z}_0$ dans le cas (II), et est connexe, simple et simplement connexe dans tout autre cas. Enfin, dans les cas (I_3) et (I_4), G, en tant que groupe algébrique, a deux composantes connexes, dont l'une est G_1; il se trouve d'ailleurs que, dans le cas (I_3), tout point

42 A. WEIL

de G, rationnel sur le corps de base, appartient à G_1; quant à G_1, il est réduit à $\{1\}$ pour $m=1$ dans le cas (I_4); c'est un tore connexe, de dimension 1, pour $m=2$ dans le cas (I_4) et pour $m=1$ dans le cas (I_3); il est connexe et semisimple dans tout autre cas; il est même simple pour $m=3$ et pour $m\geqslant 5$ dans le cas (I_4), et pour $m\geqslant 3$ dans le cas (I_3). Ces énoncés sont à modifier d'une manière évidente si on ne suppose pas $\mathfrak{z}_0=k$.

On déduit aisément de là, dans chaque cas, la structure du groupe $Ps(X/\mathcal{A})$. Dans le cas (II), cette structure est donnée par les résultats du n° 21, où on a défini un isomorphisme de $Ps(X/\mathcal{A})$ sur $GL(p+q,\mathfrak{k})$; dans ce cas, le sous-groupe de $Ps(X/\mathcal{A})$ qui correspond à $SL(p+q,\mathfrak{k})$ par cet isomorphisme sera désigné par $Ps'(X/\mathcal{A})$. Dans le cas (I), il résulte du n° 20 que $Ps(X/\mathcal{A})$ est le groupe analogue à G déterminé par l'algèbre $M_{2n}(\mathfrak{k})$ munie de l'involution $u\to e\cdot{}^t u'\cdot e^{-1}$, e étant l'élément de $M_{2n}(\mathfrak{k})$ donné par (16) et satisfaisant donc à ${}^t e' = -\eta e$; si $\mathcal{A}$ est de type (I_ν), avec $0\leqslant\nu\leqslant 4$, cette dernière algèbre est de type $(I_{4-\nu})$. Si $\mathcal{A}$ est de type (I_0) et qu'on ait $n=1$, on posera $Ps'(X/\mathcal{A})=\{1\}$; sinon, on désignera par $Ps'(X/\mathcal{A})$ le groupe (analogue à G_1) formé des éléments de $Ps(X/\mathcal{A})$ dont la norme réduite, prise dans l'algèbre $M_{2n}(\mathfrak{k})$ relativement à son centre, a la valeur 1. En vertu de cette définition, $Ps'(X/\mathcal{A})$ se réduit à $\{1\}$ si $\mathcal{A}$ est de type (I_0) et si $n=1$, ou bien si $\mathcal{A}$ est de type (II) avec $\mathfrak{k}=\mathfrak{z}_0$ et si $p+q=1$, et est connexe et semisimple dans tout autre cas. Si $\mathcal{A}$ est seulement supposée semisimple, on désignera par $Ps'(X/\mathcal{A})$ le produit direct des groupes analogues relatifs aux composantes simples de $\mathcal{A}$; ce groupe est donc toujours, soit connexe et semisimple, soit réduit à $\{1\}$.

29. Voici enfin deux résultats auxiliaires au sujet du sous-groupe parabolique $P(X/\mathcal{A})$ de $Ps(X/\mathcal{A})$ qui a été défini au n° 51 de [14] et dont la structure dans les cas (I) et (II) a été donnée dans les n°s 20 et 21 ci-dessus.

LEMME 11. *$P(X/\mathcal{A})\cdot Ps'(X/\mathcal{A})$ est un sous-groupe d'indice fini de $Ps(X/\mathcal{A})$.*

Il suffit naturellement de le vérifier quand $\mathcal{A}$ est de type (I) ou (II). Dans le cas (II), d'après le n° 21, le premier groupe est même égal au second. Quand $\mathcal{A}$ est de type (I_0) avec $n>1$, ou bien de type (I_1), (I_3) ou (I_4), $Ps'(X/\mathcal{A})$ coïncide avec $Ps(X/\mathcal{A})$ ou bien est d'indice 2 dans celui-ci. Quand $\mathcal{A}$ est de type (I_0) avec $n=1$, $P(X/\mathcal{A})$ est d'indice 2 dans $Ps(X/\mathcal{A})$. Dans le cas (I_2), désignons par N la norme réduite prise dans $M_{2n}(\mathfrak{k})$ relativement à $\mathfrak{z}$, de sorte que $Ps'(X/\mathcal{A})$ est le noyau de l'homomorphisme de $Ps(X/\mathcal{A})$ dans le groupe multiplicatif de $\mathfrak{z}$ qui est induit par N; si ν est l'indice de l'image de $P(X/\mathcal{A})$ dans celle de $Ps(X/\mathcal{A})$ par cet homomorphisme, ν sera aussi l'indice de $P(X/\mathcal{A})\cdot Ps'(X/\mathcal{A})$ dans $Ps(X/\mathcal{A})$. Mais, d'après la proposition 8 de [14], n° 51, tout élément de $Ps(X/\mathcal{A})$ appartient à la classe bilatère par rapport à $P(X/\mathcal{A})$ définie par un élément de la forme $s_1=d'(\gamma_1)\otimes e_2$, où $\otimes$

se rapporte à une décomposition en somme directe $X = X_1 \oplus X_2$ et où γ_1 est un isomorphisme de X_1^* sur X_1 qu'on peut choisir à volonté. Il est facile alors de voir que, si X_1 et X_2 sont donnés, on peut choisir γ_1 de manière que $N(s_1) = 1$; par suite, dans ce cas, les deux groupes dont il s'agit coïncident.

LEMME 12. *Soit Δ_P le module algébrique du groupe $P = P(X/\mathcal{A})$. Soient $g \in Q(X/\mathcal{A})$, $\lambda \in \mathrm{Aut}(X)$ et $p = t(g)d(\lambda)$; et soit $\Delta(\lambda)$ le déterminant, par rapport à une base quelconque de $Q(X/\mathcal{A})$ sur k, de l'automorphisme $f \to f \circ \lambda$ de $Q(X/\mathcal{A})$. Alors on a $\Delta_P(p) = \Delta(\lambda)^{-1}$.*

En effet, si $p = t(g)d(\lambda)$ est un élément générique de P, et si $dg, d\lambda$ sont des jauges invariantes sur l'espace vectoriel $Q(X/\mathcal{A})$ et sur $\mathrm{Aut}(X)$, respectivement, $dp = dg \wedge d\lambda$ est une jauge invariante à droite sur P. La conclusion suit immédiatement de là et des résultats du n° 4. Bien entendu, $f \circ \lambda$ désigne ici la forme quadratique $x \to f(x\lambda)$, qui a été notée $f^{\lambda^{-1}}$ dans [14].

III. Le problème local

30. Avant d'aborder l'objet propre de ce Chapitre, on va établir encore un résultat auxiliaire. Soit G un groupe algébrique unimodulaire, défini sur k; soient P et U des sous-groupes algébriques de G, définis aussi sur k, tels que $P \cap U = \{e\}$ et que l'algèbre de Lie de G soit somme directe de celles de P et de U. Alors $(p, u) \to pu$ est un k-isomorphisme de $P \times U$ sur une partie k-ouverte de G (au sens de la topologie de Zariski); pour $g = pu \in P \cdot U$ on pourra donc écrire $p = \varpi(g)$, $u = \sigma(g)$, où ϖ, σ sont des morphismes de $P \cdot U$ dans P et dans U, respectivement. Soient dg, dp, du des jauges invariantes à gauche dans G, P et U, respectivement. Dans $P \cdot U$, on pourra écrire $dg = f(p, u)dp \wedge du$, où f est une fonction partout finie et non nulle dans $P \times U$; on aura alors $f(p'p, uu') = f(p, u)\Delta_U(u')^{-1}$, et par suite f ne diffère de Δ_U^{-1} que par un facteur constant. Si on suppose que U soit aussi unimodulaire, on aura $dg = dp \wedge du$ à un facteur constant près qu'on pourra supposer égal à 1.

Quel que soit $g_0 \in G$, l'ensemble $U_0 = U \cap P \cdot Ug_0$ est une partie k-ouverte de U. Pour $u \in U_0$, posons $p' = \varpi(ug_0^{-1})$, $u' = \sigma(ug_0^{-1})$; on aura $ug_0^{-1} = p'u'$, d'où $p'^{-1}u = u'g_0$ et par suite $p' = \varpi(u'g_0)^{-1}$, $u = \sigma(u'g_0)$ et $u' \in U_0' = U \cap P \cdot Ug_0^{-1}$; il s'ensuit que $u \to u'$ est un isomorphisme de U_0 sur U_0'. On a alors, dans $P \cdot U_0$, $d(pug_0^{-1}) = d(pp'u')$, c'est-à-dire

$$dp \wedge du = d(pp') \wedge du' = \Delta_P(p')dp \wedge du'$$

et par suite

$$du = \Delta_P(p')du'. \tag{18}$$

Supposons maintenant que k soit un corps local, et aussi que G soit un groupe réductif et P un sous-groupe « parabolique » (non nécessairement minimal) de G, ce qui revient à dire que G/P est isomorphe à une variété projective. Pour simplifier les notations, on écrira G, P, U au lieu de G_k, P_k, U_k; on notera $|dg|$, $|dp|$, $|du|$ les mesures de Haar sur ces groupes déduites des jauges dg, dp, du comme il a été dit au n° 3 du Chapitre I. Comme d'habitude, pour $x \in k$, on notera $|x|$ le module de x dans k. Avec ces notations, G, P et U sont des variétés k-analytiques, et G/P est une variété k-analytique compacte; il en est de même de l'espace $V = P\backslash G$ des classes à gauche suivant P dans G.

LEMME 13. *Soit ψ une représentation de P dans le groupe multiplicatif $\mathbf{R}_+^*$; soit $\psi' = |\Delta_P| \cdot \psi$; soit f_0 une fonction continue, partout > 0 sur G, telle que $f_0(pg) = \psi(p)f_0(g)$ quels que soient $p \in P$, $g \in G$. Alors, pour que $\int_U f_0(u)|du| < +\infty$, il faut que, pour tout $g_0 \in G$, il y ait un voisinage U' de e dans U tel que $\psi'(\varpi(ug_0)^{-1})$ soit intégrable dans $U' \cap P \cdot Ug_0^{-1}$, et il suffit que toute classe à gauche suivant P dans G contienne un élément g_0 qui possède cette propriété.*

Comme $V = P\backslash G$ est compact, il faut et il suffit, pour que f_0 soit intégrable sur U, que tout point de V (c'est-à-dire toute classe à gauche Pg_0 suivant P) ait un voisinage V' tel que f_0 soit intégrable dans $U \cap V'$; comme Ug_0 est transversale à Pg_0 en g_0, on peut d'ailleurs toujours supposer que V' est pris de la forme $V' = P \cdot U'g_0$, où U' est un voisinage de e dans U. La condition qu'on vient d'énoncer revient alors à dire que $f_0(u)|du|$ est intégrable dans $U \cap P \cdot U'g_0$. En faisant le changement de variable $u = \sigma(u'g_0)$, cela s'écrit aussi, d'après (18) :

$$\int_{U_1'} f_0(p'\,u'\,g_0)\,|\Delta_P(p')| \cdot |du'| < +\infty$$

avec $p' = \varpi(u'g_0)^{-1}$ et $U_1' = U' \cap P \cdot Ug_0^{-1}$. Si on tient compte des hypothèses faites sur f_0, on obtient le résultat annoncé.

Il·est bien connu que, si ψ est donnée, il existe toujours une fonction f_0 ayant les propriétés énoncées dans le lemme 13 (cf. [4], § 2, n° 4, prop. 7). Par suite, si la condition du lemme 13 est satisfaite, et si C est une partie compacte de G telle que $G = P \cdot C$, l'intégrale $\int_U f(u)|du|$ sera absolument convergente, uniformément sur tout ensemble de fonctions continues f sur G, uniformément bornées sur C et satisfaisant à $f(pg) = \psi(p)f(g)$ quels que soient $p \in P$ et $g \in G$. En effet, si $|f| \leqslant M$ sur C, et si $m = \inf_C (f_0)$, on aura $|f_0^{-1}f| \leqslant m^{-1}M$ sur C, donc aussi en tout point de G puisque $f_0^{-1}f$ est constante sur les classes à gauche suivant P dans G.

31. *Dans tout le reste de ce chapitre, k désignera un corps local de caractéristique autre que 2, A une algèbre semisimple sur k munie d'une involution, et X un A-module à gauche.*

On conservera les hypothèses et notations de [14], Chap. II, n° 24, de [14], Chap. V, n°ˢ 49–51, et du Chapitre II ci-dessus. Pour abréger, on écrira Q, Ps, P au lieu de $Q(X/\mathcal{A})$, $Ps(X/\mathcal{A})$, $P(X/\mathcal{A})$.

Dans le présent Chapitre, on se propose principalement d'appliquer la proposition 1 du Chapitre I, n° 2, au cas où X est comme ci-dessus, où $G=I(X)$, et où on prend pour f l'application i_X de X dans $I(X)$. Pour cela, il faut avant tout déterminer dans quels cas i_X satisfait à la condition (A) de cette proposition.

On posera donc, pour $\Phi \in S(X)$ et $i^* \in I(X)^*$:

$$F_{\Phi}^*(i^*) = \int_X \Phi(x)\,\chi\left([i_X(x),\,i^*]\right)\,|dx|.$$

Identifiant $I(X)^*$ avec $Q=Q(X/\mathcal{A})$ comme il a été dit au n° 15, on pourra encore écrire, pour $q \in Q$:

$$F_{\Phi}^*(q) = \int_X \Phi(x)\,\chi\left(q(x)\right)\,|dx|.$$

Dire que i_X satisfait à la condition (A) équivaut alors à dire que la fonction F_{Φ}^* ainsi définie est intégrable sur Q, et cela uniformément par rapport à Φ sur toute partie compacte de $S(X)$; quand il en sera ainsi, on dira que $\mathcal{A}$ *et* X *ont la propriété* (A) ou encore *satisfont à la condition* (A).

Pour abréger, nous nous bornerons au cas où X est isomorphe à son dual X^*. Nous démontrerons entre autres le résultat suivant :

PROPOSITION 5. *Si* X *est isomorphe à son dual* X^*, *il faut et il suffit, pour que* $\mathcal{A}$ *et* X *aient la propriété* (A), *qu'il en soit ainsi de chaque composante simple de* $\mathcal{A}$ *et de la composante correspondante de* X. *Pour que* $\mathcal{A}$ *et* X *aient la propriété* (A), *il suffit qu'on ait* $m \geqslant 2n+4\varepsilon-2$ *si* $\mathcal{A}$ *est de type* (I) *et* X *de rang* n, *ou* $m \geqslant 2p$ *si* $\mathcal{A}$ *est de type* (II) *et* X *de rang* (p,p).

Soit γ un isomorphisme de X^* sur X. Avec les notations de [14], Chap. III, on aura

$$F_{\Phi}^*(q) = |\gamma|^{\frac{1}{2}}\,\mathbf{d}'(\gamma)\,\mathbf{t}(q)\,\Phi(0).$$

Mais, en vertu de la définition du groupe $Mp(X/\mathcal{A})$ et de sa projection canonique π sur $Ps=Ps(X/\mathcal{A})$ (cf. [14], Chap. III, et Chap. V, n° 51), on peut définir sur Ps une fonction continue f_{Φ} en posant, pour tout $\mathbf{S} \in Mp(X/\mathcal{A})$:

$$f_{\Phi}(\pi(\mathbf{S})) = |\mathbf{S}\,\mathbf{d}'(\gamma)\Phi(0)|.$$

Pour tout élément $p=t(q)d(\lambda)$ de P, avec $q \in Q$, $\lambda \in \mathrm{Aut}(X)$, posons $\psi(p)=|\lambda|_X^{\frac{1}{2}}$, où $|\lambda|_X$

46   A. WEIL

désigne comme d'habitude le module de l'automorphisme λ de X. Posons aussi $\Phi' = \mathbf{S}\,\mathbf{d}'(\gamma)\Phi$, et $s = \pi(\mathbf{S})$; d'après la définition de $t(q)$ et de $\mathbf{d}(\lambda)$ aux n°s 13 et 34 de [14], on aura

$$t(q)\,\mathbf{d}(\lambda)\,\Phi'(x) = |\lambda|_X^{\frac{1}{2}}\,\Phi'(x\lambda)\,\chi(q(x))$$

et par suite

$$f_\Phi(ps) = |\mathbf{t}(q)\,\mathbf{d}(\lambda)\,\Phi'(0)| = |\lambda|_X^{\frac{1}{2}} \cdot |\Phi'(0)| = \psi(p)\,f_\Phi(s).$$

Soit d'autre part U le sous-groupe de Ps formé des éléments $t'(q')$ avec $q' \in Q' = Q(X^*/\mathcal{A})$; pour $G = Ps$, les sous-groupes P et U ont bien les propriétés énoncées ci-dessus au n° 30. De plus, $q \to -q \circ \gamma$ est un isomorphisme de Q sur Q', de sorte que $q \to t'(-q \circ \gamma)$ est un isomorphisme de Q sur U. On vérifie aisément d'ailleurs qu'on a, quel que soit $q \in Q$:

$$t'(-q \circ \gamma) = d'(\gamma)t(q)d'(\gamma)^{-1}.$$

Il s'ensuit qu'on a, dans ces conditions :

$$|F_\Phi^*(q)| = |\gamma|^{\frac{1}{2}} f_\Phi(t'(-q \circ \gamma)),$$

ce qui montre que l'intégrabilité de F_Φ^* sur Q équivaut à celle de f_Φ sur U. Compte tenu de la remarque finale du n° 30, on voit donc que la condition (A) pour $\mathcal{A}$ et X équivaut à la condition du lemme 13 du n° 30 pour les groupes $G = Ps$, P et U et la représentation ψ de P tels qu'on vient de les définir.

32. Le module Δ_P de P, qui figure dans la condition du lemme 13, est donné par le lemme 12 du n° 29. D'autre part, dans cette condition, on peut prendre pour représentants des classes à gauche suivant P ceux qui sont donnés par la proposition 8 de [14], n° 51. D'après celle-ci, pour obtenir de tels représentants, on doit choisir de toutes les manières possibles un sous-module X_1 de X, isomorphe à son dual X_1^*; pour chaque X_1, on choisit un isomorphisme γ_1 de X_1^* sur X_1 et un supplémentaire X_2 de X_1 dans X; enfin on choisit, de toutes les manières possibles, un élément q_1 de $Q(X_1/\mathcal{A})$, et, pour chaque q_1, on écrit

$$s_0 = d'(\gamma_1)t(q_1) \otimes e_2. \tag{19}$$

Les s_0 forment le système de représentants en question.

Avec les notations du n° 30, il reste à calculer $\psi'(p')$ pour $p' = \varpi(us_0)^{-1}$, $u \in U \cap P \cdot Us_0^{-1}$, s_0 étant donné par (19). Puisque $u \in U$, on peut l'écrire sous la forme $u = t'(q')$ avec $q' \in Q'$. Par définition de ϖ, il y aura alors $q'' \in Q'$ tel que l'on ait

$$t'(q')s_0 = p'^{-1}t'(q''). \tag{20}$$

Ecrivons $p' = t(q)d(\lambda)$ avec $q \in Q$, $\lambda \in \mathrm{Aut}(X)$, et explicitons les éléments du groupe $Sp(X/\mathcal{A})$ qui correspondent aux deux membres de (20). Si on note

LA FORMULE DE SIEGEL ET LES GROUPES CLASSIQUES

47

$$\sigma_0 = \begin{pmatrix} \alpha_0 & \beta_0 \\ \gamma_0 & \delta_0 \end{pmatrix}$$

celui qui correspond à s_0, et qu'on désigne par ϱ' le morphisme symétrique de X^* dans X associé à la forme quadratique q' sur X^*, on trouve ainsi que (20) entraîne en particulier la relation $\lambda^* = \varrho' \beta_0 + \delta_0$.

Désignons encore par ϱ_1 le morphisme symétrique de X_1 dans X_1^* associé à q_1; pour les décompositions $X = X_1 \oplus X_2$, $X^* = X_1^* \oplus X_2^*$ de X et X^* en sommes directes, β_0 et δ_0 s'écrivent sous forme matricielle comme suit :

$$\beta_0 = \begin{pmatrix} -\gamma_1^{*-1} & 0 \\ 0 & 0 \end{pmatrix}, \qquad \delta_0 = \begin{pmatrix} \gamma_1 \varrho_1 & 0 \\ 0 & 1 \end{pmatrix}.$$

Si nous écrivons ϱ' sous forme matricielle pour cette même décomposition de X et de X^*, on aura, puisque ϱ' est symétrique :

$$\varrho' = \begin{pmatrix} \varrho_1' & \tau \\ \tau^* & \varrho_2' \end{pmatrix} \tag{21}$$

où ϱ_1', ϱ_2' sont des morphismes symétriques de X_1^* dans X_1 et de X_2^* dans X_2, respectivement, et où τ est un morphisme de X_1^* dans X_2. On aura alors

$$\lambda^* = \begin{pmatrix} \gamma_1 \varrho_1 - \varrho_1' \gamma_1^{*-1} & 0 \\ -\tau^* \gamma_1^{*-1} & 1 \end{pmatrix},$$

ou, ce qui revient au même, et en posant de plus $\bar{\varrho}_1 = \gamma_1 \varrho_1 \gamma_1^*$:

$$\lambda = \begin{pmatrix} \gamma_1^{-1}(\bar{\varrho}_1 - \varrho_1') & -\gamma_1^{-1}\tau \\ 0 & 1 \end{pmatrix}. \tag{22}$$

Ici $\bar{\varrho}_1$ est le morphisme symétrique de X_1^* dans X_1 associé à la forme quadratique $\bar{q}_1 = q_1 \circ \gamma_1$ sur X_1^*, de sorte que $\bar{\rho}_1 - \rho_1'$ est un morphisme symétrique de X_1^* dans X_1; si celui-ci est un isomorphisme, (22) définit un automorphisme λ de X_1. De plus, quand cette dernière condition est satisfaite, il est aisé de voir, en appliquant la proposition 1 de [14], n° 7, à $s = d(\lambda)t'(q')s_0 d'(\gamma)$, qu'on peut déterminer q et q'' de manière à satisfaire à (20), ce qui montre qu'alors $u = t'(q')$ appartient à $P \cdot U s_0^{-1}$.

Toujours avec les mêmes notations, on a alors, d'après ce qui précède :

$$\psi'(p') = \psi'(\varpi(u s_0)^{-1}) = |\lambda|_X^{\frac{1}{2}} |\Delta(\lambda)|^{-1}. \tag{23}$$

Donc, pour que **(A)** soit satisfaite, il faut et il suffit que cette expression, considérée comme fonction de q', soit intégrable au voisinage de 0 dans Q', et cela pour tout s_0 de la forme (19).

48 A. WEIL

33. Cette question se ramène évidemment aux questions analogues relatives aux composantes simples de $\mathcal{A}$; cela démontre la première assertion de la proposition 5. Supposons maintenant que $\mathcal{A}$ soit de type (I); alors, avec nos notations habituelles, $\mathrm{Aut}(X)$ s'identifie à $GL(n, \mathfrak{k})$, c'est-à-dire au groupe des éléments inversibles de $M_n(\mathfrak{k})$. On sait que tout caractère de ce groupe, rationnel sur k (au sens de la théorie des groupes algébriques) est de la forme $\lambda \to \nu_n(\lambda)^N$, où N est un entier et où ν_n est la norme réduite prise dans $M_n(\mathfrak{k})$ relativement à k. Il en sera donc ainsi, en particulier, de $\Delta(\lambda)$, et aussi du déterminant $D(\lambda)$ de l'automorphisme λ de X, pris par rapport à une base quelconque de X sur k. Pour achever de déterminer ceux-ci, il suffit de les calculer, ainsi que $\nu_n(\lambda)$, dans le cas où λ est de la forme $t \cdot 1$, avec $t \in k$, $t \neq 0$. Si δ désigne comme toujours la dimension de $\mathfrak{k}$ sur k, et α^2 celle de $\mathfrak{k}$ sur son centre $\mathfrak{z}$, on aura, pour ce choix de λ :

$$\nu_n(\lambda) = t^{\delta n/\alpha}, \qquad D(\lambda) = t^{\delta m n},$$

et, d'après le lemme 9 du n° 19 :

$$\Delta(\lambda) = t^{\delta n(n+2\varepsilon-1)}.$$

On a donc, quel soit $\lambda \in \mathrm{Aut}(X)$:

$$D(\lambda) = \nu_n(\lambda)^{\alpha m}, \qquad \Delta(\lambda) = \nu_n(\lambda)^{\alpha(n+2\varepsilon-1)}.$$

Comme on a d'ailleurs $|\lambda|_X = |D(\lambda)|$, (23) s'écrit donc :

$$\psi'(p') = |\nu_n(\lambda)|^{\alpha(m-2n-4\varepsilon+2)/2}.$$

Mait λ est donné par (22) chaque fois que (22) définit un automorphisme de X. Posons $\varrho = \bar{\varrho}_1 - \varrho_1'$; si n_1 est le rang du module X_1, ϱ est une matrice η-hermitienne à n_1 lignes et n_1 colonnes, et on a :

$$\nu_n(\lambda) = \nu_{n_1}(\gamma_1)^{-1} \cdot \nu_{n_1}(\varrho).$$

Nous avons à exprimer que $\psi'(p')$, considéré comme fonction de q', ou, ce qui revient au même, de ϱ', ou, ce qui revient encore au même d'après (21), de $(\varrho_1', \varrho_2', \tau)$, est intégrable au voisinage de 0 dans le complémentaire de l'ensemble des points où $\nu_{n_1}(\varrho) = 0$. Cela équivaut à dire que $\psi'(p')$, considéré comme fonction de ϱ, est intégrable dans ce complémentaire au voisinage de $\bar{\varrho}_1$. En d'autres termes, on a démontré ce qui suit :

Lemme 14. *Soient $\mathcal{A}$ de type* (I), *et X de rang n. Pour que $\mathcal{A}$ et X aient la propriété* (A), *il faut et il suffit que, pour tout $n_1 \leqslant n$, la fonction*

$$\varphi(\varrho) = |\nu_{n_1}(\varrho)|^{\alpha(m-2n-4\varepsilon+2)/2}$$

soit localement intégrable au voisinage de tout point dans l'espace des matrices η-hermitiennes à n_1 lignes et n_1 colonnes sur $\mathfrak{k}$.

Comme cette fonction est partout continue pour $m \geqslant 2n + 4\varepsilon - 2$, la seconde assertion de la proposition 5 est contenue dans ce résultat.

Soient maintenant $\mathcal{A}$ de type (II), et X de rang (p,p). Avec nos notations habituelles, X s'identifie à la somme directe de $M_{m,p}(\mathfrak{k})$ et de $M_{m,p}(\mathfrak{k}')$, et par suite $\mathrm{Aut}(X)$ à

$$GL(p, \mathfrak{k}) \times GL(p, \mathfrak{k}').$$

Soient v_p, v'_p les normes réduites prises relativement à k dans $M_p(\mathfrak{k})$ et $M_p(\mathfrak{k}')$, respectivement. En raisonnant comme plus haut, on voit aisément que, si $\lambda = (v,w)$ appartient à $\mathrm{Aut}(X)$, on a :

$$\big| \lambda \big|_X = \big| v_p(v) \, v'_p(w) \big|^{\alpha m}, \qquad \big| \Delta(\lambda) \big| = \big| v_p(v) \, v'_p(w) \big|^{\alpha n},$$

où on a de nouveau désigné par α^2 la dimension de $\mathfrak{k}$ sur son centre. Procédant alors comme dans le cas (I), on obtient le résultat suivant :

LEMME 15. *Soient $\mathcal{A}$ de type (II), et X de rang (p,p). Pour que $\mathcal{A}$ et X aient la propriété* (A), *il faut et il suffit que, pour tout $p_1 \leqslant p$, la fonction*

$$\varphi(r) = \big| v_{p_1}(r) \big|^{\alpha(m - 2p)}$$

soit localement intégrable au voisinage de tout point dans l'espace $M_{p_1}(\mathfrak{k})$.

La dernière assertion de la proposition 5 est un cas particulier de ce lemme.

34. En fait, une analyse un peu plus poussée montrerait que, dans les conditions du lemme 14, la fonction $\big| v_n(\varrho) \big|^{\alpha s}$ est localement intégrable au voisinage de tout point, dans l'espace des éléments η-hermitiens de $M_n(\mathfrak{k})$, chaque fois que $s > -\varepsilon$ si $\varepsilon \neq 0$, chaque fois que $s > -\frac{1}{2}$ si $\varepsilon = 0$, et qu'elle cesse de l'être au voisinage de 0 si s ne satisfait pas à cette condition. De même, dans les conditions du lemme 15, la condition d'intégrabilité locale de $\big| v_p(r) \big|^{\alpha s}$ est $s > -1$. Enfin, si on cesse de supposer que X soit isomorphe à son dual, on trouve que la première assertion de la proposition 5 reste vraie; et, dans le cas (II), on trouve que (A) équivaut à $m \geqslant p + q$ si X est de rang (p, q).

Convenons de dire que $\mathcal{A}$ *et X satisfont à la condition* (A') *si $\varepsilon = 0$ et $m > 2n - 3$ ou bien si $\varepsilon \neq 0$ et $m > 2n + 2\varepsilon - 2$ dans le cas (I), si $m \geqslant p + q$ dans le cas (II), et, dans le cas général, si ces dernières conditions sont satisfaites par chaque composante simple de $\mathcal{A}$ et par la composante correspondante de X. Il résulte de ce qu'on vient de dire qu'en fait (A) est toujours équivalente à (A'). D'ailleurs, si $\mathcal{A}$ est de type (I), (A') ne diffère de la

4 – 652922. *Acta mathematica.* 113. Imprimé le 26 février 1965.

50 **A. WEIL**

condition suffisante fournie par la proposition 5 que dans les cas (I_3), (I_4); (A') donne $m \geqslant 2n$ dans le cas (I_3) et $m \geqslant 2n+1$ dans le cas (I_4), tandis que la proposition 5 donnerait seulement $m \geqslant 2n+1$ et $m \geqslant 2n+2$, respectivement.

35. Dans le reste de ce Chapitre, nous supposerons une fois pour toutes que la condition (A) est satisfaite, c'est-à-dire qu'on a le droit d'appliquer à i_X la proposition 1 du n° 2. On peut donc, d'une manière et d'une seule, définir pour tout $i \in I(X)$ une mesure μ_i, de support contenu dans $i_X^{-1}(\{i\})$, de telle sorte que, pour toute fonction Φ continue à support compact sur X, la fonction $F_\Phi(i) = \int \Phi \, d\mu_i$ soit continue sur $I(X)$ et satisfasse à $\int \Phi |dx| = \int F_\Phi |di|$.

Avec les notations du Chapitre II, n° 24, soient alors $u \in G$, $v \in \operatorname{Aut}(X)$. On a $i_X(uxv) = i_X(x)\bar{v}$, où $\bar{v}$ est l'automorphisme de $I(X)$ déduit de v par transport de structure. Dans la formule

$$\int_X \Phi(x)\,|dx| = \int_{I(X)} \left(\int \Phi(x)\,d\mu_i(x) \right) |di|,$$

remplaçons Φ par la fonction Ψ donnée par

$$\Psi(x) = \Phi(u^{-1}xv^{-1});$$

puis remplaçons x par uxv dans les deux membres, et i par $i\bar{v}$ au second membre. Cela donne

$$|u|_X \cdot |v|_X \int_X \Phi(x)\,|dx| = |\bar{v}|_{I(X)} \int_{I(X)} \left(\int \Phi(x)\,d\mu_{i\bar{v}}(uxv) \right) |di|,$$

où $|u|_X, |v|_X, |\bar{v}|_{I(X)}$ désignent bien entendu les modules de $u, v, \bar{v}$ dans X, X et $I(X)$, respectivement. En vertu de la propriété d'unicité des μ_i qu'on a rappelée plus haut, on en conclut :

$$d\mu_{i\bar{v}}(uxv) = |u|_X \cdot |v|_X \cdot |\bar{v}|_{I(X)}^{-1} \cdot d\mu_i(x). \tag{24}$$

En particulier, pour tout $i \in I(X)$, μ_i est relativement invariante par $G \times \operatorname{Aut}(X, i)$, et on a, pour $\mu = \mu_i$, $u \in G$, $v \in \operatorname{Aut}(X, i)$:

$$d\mu(uxv) = |u|_X \cdot |v|_X \cdot |\bar{v}|_{I(X)}^{-1} \cdot d\mu(x). \tag{25}$$

Mais le corollaire de la proposition 4 du Chapitre II, n° 25, montre que $G \times \operatorname{Aut}(X, i)$ n'a qu'un nombre fini d'orbites dans $i_X^{-1}(\{i\})$; cela permet d'appliquer la remarque élémentaire suivante, qu'on formulera sous forme de lemme :

LEMME 16. *Soit G un groupe localement compact, dénombrable à l'infini, opérant sur un espace localement compact E; supposons que G n'ait qu'un nombre fini d'orbites distinctes*

E_α dans E. Alors chaque orbite E_α est relativement ouverte dans son adhérence et est isomorphe au quotient G/g_α de G par le groupe de stabilité g_α de l'un de ses points; et toute mesure μ sur E s'écrit d'une manière et d'une seule comme somme de mesures μ_α respectivement portées par les orbites E_α.

On procédera par récurrence sur le nombre N des orbites E_α. Soient a_α, pour $1 \leqslant \alpha \leqslant N$, des représentants de ces orbites. Soit V un voisinage compact de e dans G; par hypothèse, G admet un recouvrement par une famille dénombrable d'ensembles de la forme $g_i V$; les ensembles $g_i V a_\alpha$ forment donc un recouvrement de E. Comme tout espace localement compact a la « propriété de Baire », il s'ensuit que l'un au moins des $g_i V a_\alpha$ a un point intérieur; pour cette valeur de α, l'orbite $E_\alpha = G a_\alpha$ est donc ouverte dans E, et à plus forte raison dans son adhérence dans E. Le même raisonnement montre alors que, si V' est un voisinage compact de e dans V, $V' a_\alpha$ a un point intérieur; donc $x \rightarrow x a_\alpha$ est une application ouverte de G sur E_α, et, si g_α est le groupe de stabilité de a_α, E_α est isomorphe à G/g_α. Pour obtenir la première partie du lemme, il n'y a qu'à appliquer l'hypothèse de récurrence à $E' = E - E_\alpha$, qui est fermé dans E et est réunion de $N - 1$ orbites de G. Soient enfin μ une mesure sur E, μ_α sa restriction à l'orbite ouverte E_α, et $\mu' = \mu - \mu_\alpha$; le support de μ' étant contenu dans E', on peut lui appliquer l'hypothèse de récurrence, d'où la dernière conclusion.

Appliquant le lemme 16 à la mesure μ_i et aux orbites du groupe $G \times \mathrm{Aut}(X,i)$ dans $i_X^{-1}(\{i\})$, on voit qu'on peut écrire μ_i comme somme de mesures respectivement portées par ces orbites; il résulte alors de l'unicité de cette décomposition que chacune de ces dernières mesures satisfait, comme μ_i, à la condition (25).

36. On va maintenant achever de déterminer μ_i en montrant qu'une seule de ces orbites, au plus, peut porter une telle mesure. Pour cela, introduisons encore une définition. Supposons d'abord $\mathcal{A}$ de type (I) ou (II); on conviendra de dire qu'un élément x de X est *de rang quasimaximal* s'il est de rang maximal, ou bien si $\mathcal{A}$ est de type (I_0), si $m = 2n - 2$, si $i_X(x) = 0$ et si x est de rang $n - 1$. En général, on dira qu'un élément x de X est *de rang quasimaximal* si, pour chacune des composantes simples de $\mathcal{A}$, la composante correspondante de x est de rang quasimaximal. Pour tout $i \in I(X)$, on désignera par $\bar{U}(i)$ l'ensemble des éléments de $i_X^{-1}(\{i\})$ qui sont de rang quasimaximal dans X. On observera que, si $\mathcal{A}$ est de type (I) et si un élément x de X est de rang maximal n et satisfait à $i_X(x) = 0$, on a $m \geqslant 2n$; c'est là un cas particulier des résultats du n° 23. On en conclut immédiatement, d'abord dans les cas (I) et (II), puis dans le cas général, que tous les éléments de $\bar{U}(i)$ ont même rang pour i donné; d'après le corollaire de la proposition 4 du Chapitre II, n° 25, $\bar{U}(i)$ est donc, soit vide, soit une orbite de $G \times \mathrm{Aut}(X,i)$.

LEMME 17. *Supposons que $\mathcal{A}$ et X satisfassent à la condition* (A') *du n° 34; soit $i \in I(X)$, et soit U une orbite de $G \times \mathrm{Aut}(X,i)$ dans $i_X^{-1}(\{i\})$ sur laquelle il existe une mesure $\mu \neq 0$ satisfaisant à* (25). *Alors $U = \bar{U}(i)$.*

Soit x_0 un point de U, de sorte qu'on a $i = i_X(x_0)$; soient $n = (n_\nu)$ et $n' = (n'_\nu)$ les rangs de X et de x_0, respectivement. Reprenant les notations du Chapitre II, n° 25, désignons par N_0 le noyau de x_0 dans B, par B' celui de λ_i, par B'' un supplémentaire de B' dans B, et par g' le groupe des automorphismes de B qui laissent B' et B'' invariants et induisent l'identité sur B''. Alors N_0 est un sous-module de B', et, d'après la proposition 4 du n° 25 et son corollaire, U est l'orbite de x_0 par $G \times g'$. Soit G_0 le groupe de stabilité de x_0 dans $G \times g'$. Comme G et g' sont unimodulaires, il en est de même de $G \times g'$; d'après les théorèmes connus sur les mesures relativement invariantes dans les espaces homogènes (cf. [4], § 2, n° 6, th. 3), toute mesure sur U, relativement invariante par $G \times g'$, doit satisfaire, pour tout $(u,v) \in G_0$, à la formule

$$d\mu(uxv^{-1}) = \left| \Delta_{G_0}(u,v) \right| d\mu(x). \tag{26}$$

Soit g'' le groupe des éléments v de g' tels que $(1,v) \in G_0$, ou autrement dit tels que $x_0 = x_0 v$; si B'_0 est un supplémentaire de N_0 dans B', on peut définir aussi g'' comme formé des automorphismes v de B qui, pour la décomposition $B = N_0 \oplus B'_0 \oplus B''$ de B en somme directe, s'écrivent sous forme matricielle comme suit :

$$v = \begin{pmatrix} v'' & w & 0 \\ 0 & 1 & 0 \\ 0 & 0 & 1 \end{pmatrix} \tag{27}$$

avec $v'' \in \mathrm{Aut}(N_0)$, $w \in \mathrm{Hom}(B'_0, N_0)$. Soit G'' le sous-groupe de G_0 formé des éléments de la forme $(1,v)$, avec $v \in g''$; pour v donné par (27), désignons par $U''(v'', w)$ l'élément $(1,v)$ de G''.

Soit d'autre part G' le groupe des éléments (u,v) de G_0 tels que v induise l'identité sur N_0 et laisse B'_0 invariant. Si $U_0 = (u,v)$ appartient à G_0, on a $ux_0 v^{-1} = x_0$, ce qui implique que v laisse N_0 invariant; on voit aisément alors qu'on peut, d'une manière et d'une seule, déterminer $v_1 \in g''$ de manière que $v \cdot v_1^{-1}$ induise l'identité sur N_0 et laisse B'_0 invariant; il revient au même de dire que U_0 se met d'une manière et d'une seule sous la forme $U_0 = U'U''$, avec $U' \in G'$, $U'' \in G''$. On a donc $G_0 = G' \cdot G''$, et G_0 est le produit semidirect de G' et G''. Soient dU' une jauge invariante à gauche sur G', et dv'', dw des jauges invariantes sur $\mathrm{Aut}(N_0)$ et sur le groupe additif $\mathrm{Hom}(B'_0, N_0)$, respectivement. Si on écrit $U_0 = U' \cdot U''(v'', w)$ et qu'on pose

$$\omega(U_0) = dU' \wedge dv'' \wedge dw, \tag{28}$$

on voit aussitôt que $\omega(U_0)$ est une jauge relativement invariante à gauche, donc aussi à droite, sur G_0, au moyen de laquelle on pourra calculer Δ_{G_0} comme il a été dit au n° 4 du Chapitre I.

Supposons maintenant qu'on ait $n_\nu' < n_\nu$ pour une certaine valeur de ν. Reprenons les notations des n°s 16, 17 et 25; désignons aussi par N_ν, B_ν, B_ν', B_ν'' les composantes relatives à $\mathfrak{k}_\nu$ de N_0, B, B_0' et B'', respectivement; ce sont des espaces vectoriels à droite sur $\mathfrak{k}_\nu$; B_ν est somme directe de N_ν, B_ν' et B_ν''; B_ν est de dimension n_ν, et N_ν de dimension $n_\nu - n_\nu'$, sur $\mathfrak{k}_\nu$. Pour $t \in k$, $t \neq 0$, soit v_t'' l'automorphisme de N_0 qui induit $t \cdot 1$ sur N_ν, et l'identité sur toutes les autres composantes de N_0; soit v_t l'automorphisme de B qui induit v_t'' sur N_0 et l'identité sur B_0' et sur B''; $(1, v_t)$ appartient à G''. On va appliquer (25) avec $u=1$, $v = v_t^{-1}$, et (26) avec $u=1$, $v=v_t$, et comparer les résultats. Comme $(1, v_t)$ est permutable avec tout élément de G' et que dv'' est invariante à droite et à gauche dans $\mathrm{Aut}(N_0)$, on a, avec les notations de (28) :

$$\omega((1, v_t)^{-1} \cdot U_0 \cdot (1, v_t)) = dU' \wedge dv'' \wedge d(v_t^{-1} w).$$

Compte tenu des résultats du n° 4 du Chapitre I, on aura donc, en posant $r = n_\nu - n_\nu'$ et en désignant par s la dimension de B_ν' sur $\mathfrak{k}_\nu$:

$$\Delta_{G_0}(1, v_t) = t^{-\delta r s},$$

où δ est la dimension de $\mathfrak{k}_\nu$ sur k.

Considérons d'abord le cas où $\mathcal{A}_\nu$ est de type (I); reprenant nos notations habituelles relatives à ce type, écrivons m, n au lieu de m_ν, n_ν, et n' au lieu de n_ν' d'où $r = n - n'$. Il est immédiat qu'on a :

$$|v_t|_X = |t|^{\delta r m}, \quad |\bar{v}_t|_{I(X)} = |t|^{\delta r(n+2\varepsilon-1)}$$

La comparaison de (25) et de (26) donne alors

$$m = n + 2\varepsilon - 1 + s.$$

Comme $s \leqslant n' \leqslant n-1$, on en conclut $m \leqslant 2n + 2\varepsilon - 2$, ce qui contredit l'hypothèse (A′) si $\varepsilon \neq 0$. Si $\varepsilon = 0$, (A′) donne $m \geqslant 2n-2$; on doit donc avoir $m = 2n-2$, $s = n' = n-1$, $r = 1$, de sorte que $N_\nu \oplus B_\nu'$ est de dimension n et coïncide donc avec B_ν. Comme $N_\nu \oplus B_\nu'$ est l'espace des vecteurs de B_ν orthogonaux à B_ν par rapport à la forme η-hermitienne déterminée par la composante i_ν de i relative à $\mathcal{A}_\nu$, on en conclut que $i_\nu = 0$, ce qui achève de montrer que la composante de x_0 relative à $\mathcal{A}_\nu$ est de rang quasimaximal au sens de la définition donnée plus haut.

Supposons enfin que l'involution ι transforme $\mathcal{A}_\nu$ en $\mathcal{A}_{\nu'}$, avec $\nu' \neq \nu$, de sorte que $\mathcal{A}_\nu \oplus \mathcal{A}_{\nu'}$ est de type (II); reprenant nos notations habituelles relatives à ce type, écrivons m, p, q au lieu de m_ν, n_ν, $n_{\nu'}$, et p' au lieu de n_ν', d'où $r = p - p'$. On a alors

$$|v_t|_X = |t|^{\delta r m}, \qquad |\bar{v}_t|_{I(X)} = |t|^{\delta r q}.$$

La comparaison de (25) et de (26) donne ici $m = q + s$. Comme on a $s \leqslant p' \leqslant p - 1$, cela contredit (A'), ce qui achève la démonstration.

37. Si (A) et (A') sont toutes deux satisfaites, il résulte du n° 35 et du lemme 17 que, pour tout $i \in I(X)$, la mesure μ_i est portée par l'orbite $\bar{U}(i)$. Les lemmes 9 du n° 19 et 10 du n° 21 montrent d'ailleurs que i_X est submersive en tout point de $\bar{U}(i)$; et il est immédiat, d'abord dans les cas (I) et (II), puis en général, que $\bar{U}(i)$ est toujours une partie ouverte de $i_X^{-1}(\{i\})$. D'après le n° 6 du Chapitre I, μ_i coïncide avec la mesure $|\theta_i|$ déterminée sur $\bar{U}(i)$ par la jauge

$$\theta_i(x) = \left(\frac{dx}{d i_X(x)} \right)_i, \tag{29}$$

cette formule ayant le sens expliqué au n° 6 du Chapitre I; autrement dit, quel que soit $x_0 \in \bar{U}(i)$, $\theta_i(x)$ coïncide au voisinage de x_0 avec la forme induite sur $\bar{U}(i)$ par n'importe quelle forme différentielle $\eta(x)$ dans X satisfaisant au voisinage de x_0 à la relation $dx = \eta(x) \wedge d i_X(x)$.

On peut résumer comme suit les résultats ci-dessus :

PROPOSITION 6. *Supposons que $\mathcal{A}$ et X satisfassent à (A) et à (A'); soit $i \in I(X)$; soit $\bar{U}(i)$ l'ensemble des points de $i_X^{-1}(\{i\})$ de rang quasimaximal dans X, et soit θ_i la jauge sur $\bar{U}(i)$ définie par (29). Alors la mesure $|\theta_i|$ sur $\bar{U}(i)$ détermine une mesure tempérée dans X. De plus, pour tout $\Phi \in \mathcal{S}(X)$, les fonctions F_Φ, F_Φ^* respectivement définies sur $I(X)$ et sur $I(X)^*$ par les formules*

$$F_\Phi(i) = \int_{\bar{U}(i)} \Phi(x) |\theta_i(x)|, \qquad F_\Phi^*(i^*) = \int_X \Phi(x) \chi([i_X(x), i^*]) |dx|$$

sont continues, intégrables, et sont les transformées de Fourier l'une de l'autre; en particulier, on a $\int \Phi |dx| = \int F_\Phi |di|$.

En réalité, comme on l'a annoncé au n° 34, (A) est équivalente à (A'); mais, dans les chapitres suivants, il nous suffira de savoir que l'une et l'autre de ces conditions sont conséquences des conditions suffisantes énoncées dans la proposition 5 du n° 31.

38. Lorsque les hypothèses de la proposition 6 sont vérifiées, celle-ci montre en particulier qu'on ne peut avoir $\mu_i = 0$, pour i donné dans $I(X)$, que si $\bar{U}(i)$ est vide; il est souvent important de savoir dans quels cas cette circonstance peut se présenter; à cet égard, nous nous contenterons d'énoncer les résultats suivants, qui en substance sont bien connus.

Convenons d'abord de dire que $\mathcal{A}$ et X *satisfont à la condition* (**B**) si $m > 2n + 4\varepsilon - 2$ dans le cas (I), si $m > p + q$ dans le cas (II), et, dans le cas général, si ces conditions sont satisfaites par chaque composante simple de $\mathcal{A}$ et par la composante correspondante de X; convenons aussi de dire que $\mathcal{A}$ et X *satisfont à la condition* (**B'**) si $m \geqslant 2n + 4\varepsilon - 2$ dans le cas (I), si $p = q$ et $m \geqslant p + q$ dans le cas (II), et, dans le cas général, si ces conditions sont satisfaites par chaque composante simple de $\mathcal{A}$ et par la composante correspondante de X; (**B'**) n'est autre que la condition suffisante de la proposition 5 du n° 31, qui, d'après cette proposition, entraîne (**A**), et qui entraîne évidemment aussi (**A'**).

Cela posé, on a déjà fait observer au n° 23 du Chapitre II que, dans le cas (II), la condition $m \geqslant p + q$, c'est-à-dire (**B'**), est nécessaire et suffisante pour que $U(0)$ ne soit pas vide, et suffisante pour que $U(i)$ ne soit pas vide quel que soit $i \in I(X)$. Dans le cas (I$_0$), on démontre élémentairement que $m \geqslant 2n - 2$, c'est-à-dire encore (**B'**), est nécessaire et suffisant pour que $\bar{U}(0)$ ne soit pas vide, et qu'alors $U(i)$ n'est pas vide quel que soit $i \neq 0$; il en serait ainsi même si on ne supposait pas que k fût un corps local. Dans le cas (I) avec $\varepsilon \neq 0$, on sait, pour $n = 1$ (cf. p. ex. [9]), et on vérifie aisément à partir de là par récurrence sur n, dans le cas général, que $U(i)$ n'est jamais vide quand la condition (**B**) est satisfaite, pourvu que k soit un corps local *à valuation discrète*. Par suite, si k est un corps local à valuation discrète, (**B**) entraîne toujours $U(i) \neq \varnothing$ quel que soit $i \in I(X)$.

Rappelons enfin que, si $\mathcal{A}$ est de type (I) sur le corps local k et que X soit de rang $n = 1$, la condition $U(0) = \varnothing$ équivaut à la compacité du groupe G; G n'est jamais compact dans le cas (II).

IV. La série d'Eisenstein–Siegel

39. *A partir de maintenant, on supposera une fois pour toutes que le corps de base k est un corps de nombres algébriques*, et on adoptera les hypothèses et notations de [14], Chapitres II et V, ainsi que celles des Chapitres I et II ci-dessus; en particulier, $\mathcal{A}_k$ désignera toujours une algèbre semisimple sur k, et X_k un $\mathcal{A}_k$-module à gauche.

Soit $\Phi \in S(X_A)$; le groupe $Mp(X/\mathcal{A})_A$ opère sur $S(X_A)$ comme il a été expliqué dans [14], Chapitres III et V, de sorte que $S\Phi$ est défini pour tout $S \in Mp(X/\mathcal{A})_A$; en particulier, pour $s \in Ps(X_k/\mathcal{A}_k)$, $\mathbf{r}_k(s)\Phi$ est défini, et même est donné explicitement par la formule (38) de [14], Chapitre III, n° 40. Au moyen de cette formule, ou directement, on voit aussitôt que $\mathbf{r}_k(p)\Phi(0) = \Phi(0)$ quel que soit $p \in P(X_k/\mathcal{A}_k)$; il s'ensuit que, pour Φ donné, $\mathbf{r}_k(s)\Phi(0)$ est constant sur les classes à gauche suivant $P(X_k/\mathcal{A}_k)$ dans $Ps(X_k/\mathcal{A}_k)$. Si R est un système de représentants de ces classes, la série

$$E(\Phi) = \sum_{s \in R} \mathbf{r}_k(s)\Phi(0), \tag{30}$$

qu'on appellera la *série d'Eisenstein-Siegel* relative à $\mathcal{A}_k$ et X_k, est donc indépendante du choix de R. Son étude formera l'objet principal de ce chapitre.

Il s'agira avant tout de donner une condition suffisante de convergence pour la série $E(\Phi)$. Observons d'abord que la question ne se pose pas quand $\mathcal{A}$ est de type (II) et que $p=0$ ou $q=0$, puisqu'alors, d'après le n° 21, $P(X_k/\mathcal{A}_k)$ coïncide avec $Ps(X_k/\mathcal{A}_k)$, de sorte que $E(\Phi)$ se réduit à $\Phi(0)$, ni quand $\mathcal{A}$ est de type (I$_0$) avec $n=1$, puisqu'alors, comme on l'a fait remarquer au n° 29, $P(X_k/\mathcal{A}_k)$ est d'indice 2 dans $Ps(X_k/\mathcal{A}_k)$.

Pour aborder la question dans le cas général, on suivra une méthode analogue à celle qui a servi à traiter le « problème local » au n° 31. Pour abréger, écrivons de nouveau Ps, P, Q au lieu de $Ps(X/\mathcal{A})$, $P(X/\mathcal{A})$, $Q(X/\mathcal{A})$, de sorte que la série $E(\Phi)$ est étendue à $P_k\backslash Ps_k$; π dénotant cette fois la projection canonique de $Mp(X/\mathcal{A})_A$ sur Ps_A, on définira une fonction continue f_Φ sur Ps_A en posant, pour tout $S \in Mp(X/\mathcal{A})_A$:

$$f_\Phi\,(\pi(S)) = |\,S\,\Phi(0)\,|.$$

Pour tout élément $p=t(q)d(\lambda)$ de P_A, avec $q \in Q_A$, $\lambda \in \operatorname{Aut}(X)_A$, posons $\psi(p) = |\lambda|_X^{\frac{1}{2}}$, où $|\lambda|_X$ désigne le module de l'automorphisme λ de X_A. En raisonnant exactement comme on a fait au n° 31 dans le cas local, on voit qu'on a $f_\Phi(ps) = \psi(p)f_\Phi(s)$ quels que soient $p \in P_A$ et $s \in Ps_A$. Pour $\lambda \in \operatorname{Aut}(X)_k$, λ laisse invariant X_k, qui est un sous-groupe discret de X_A à quotient compact, de sorte que $|\lambda|_X=1$; on a donc $\psi(p)=1$ pour $p \in P_k$.

LEMME 18. *Soit f_0 une fonction continue, partout >0 sur Ps_A, telle que $f_0(ps)=\psi(p)f_0(s)$ quels que soient $p \in P_A$ et $s \in Ps_A$. Alors, pour que la série $E(\Phi)$ soit absolument convergente quelle que soit $\Phi \in S(X_A)$, il faut et il suffit que la série $\sum_R f_0(s)$ soit convergente; et, quand il en est ainsi, $E(\Phi)$ est absolument convergente, uniformément par rapport à Φ sur toute partie compacte de $S(X_A)$.*

Comme P est un sous-groupe parabolique de Ps, l'espace $P_A\backslash Ps_A$ des classes à gauche suivant P_A dans Ps_A est compact, et isomorphe à $(P\backslash Ps)_A$; soit C_0 une partie compacte de Ps_A telle que $Ps_A=P_A\cdot C_0$. En raisonnant alors comme on a fait dans le cas local à la fin du n° 30, on voit immédiatement qu'on peut, à toute partie compacte C de $S(X_A)$, faire correspondre $c>0$ tel que $f_0^{-1}f_\Phi \leqslant c$ sur Ps_A quel que soit $\Phi \in C$; donc, si $\sum_R f_0(s)$ est convergente, $E(\Phi)$ est absolument convergente uniformément sur C. Quant à la réciproque, soit Φ telle que $\Phi(0) \neq 0$, donc $f_\Phi(e) \neq 0$; en vertu de la compacité de C_0, on peut choisir des $s_i \in Ps_A$ et des $c_i>0$, en nombre fini, tels que $f_0(s) \leqslant \sum c_i f_\Phi(ss_i)$ quel que soit $s \in C_0$, et par suite aussi quel que soit $s \in Ps_A$. Pour chaque i, soient $S_i \in Mp(X/\mathcal{A})_A$ tel que $\pi(S_i)=s_i$, et $\Phi_i = S_i\Phi$; on aura $f_\Phi(ss_i) = f_{\Phi_i}(s)$. La convergence absolue des séries $E(\Phi_i)$ entraîne donc celle de $\sum_R f_0(s)$.

Comme dans le cas local, il existe toujours des fonctions f_0 ayant les propriétés énoncées dans le lemme 18. On conclut immédiatement du lemme 18, en particulier, que la convergence absolue de $E(\Phi)$ quelle que soit $\Phi \in S(X_A)$, pour A et X donnés, équivaut à la conjonction des conditions analogues relatives à chacune des composantes simples de A et à la composante correspondante de X. Autrement dit, il suffit de discuter la convergence de $E(\Phi)$ quand A est de type (I) ou (II). De plus, au moyen de l'opération de « restriction du corps de base » (cf. [13], Chap. I), on voit que, dans l'un et l'autre de ces cas, on peut toujours supposer $\mathfrak{z}_0 = k$; pour des raisons analogues, on fera presque toujours cette hypothèse dans toute la suite de ce travail.

40. On va maintenant établir le théorème suivant :

Théorème 1. *Pour que la série $E(\Phi)$, définie par (30) au n° 39, soit absolument convergente quel que soit $\Phi \in S(X_A)$, et le soit uniformément sur toute partie compacte de $S(X_A)$, il suffit que A_k et X_k satisfassent à la condition* (**B**) *du n° 38; en particulier, il suffit pour cela que $m > 2n + 4\varepsilon - 2$ si A_k est de type* (I), *et que $m > p + q$ si A_k est de type* (II).

D'après ce qui précède, on peut se borner à considérer les cas (I) et (II), en supposant $\mathfrak{z}_0 = k$; on exclura de plus le cas trivial où A_k est de type (II) et où $p = 0$ ou $q = 0$, puisqu'alors $E(\Phi)$ se réduit à $\Phi(0)$, et aussi le cas (I_0) avec $n = 1$, où $E(\Phi)$ ne comprend que deux termes. Dans tout autre cas, considérons à nouveau le sous-groupe $Ps' = Ps'(X/A)$ de $Ps(X/A)$ qu'on a introduit au n° 28; soit $P' = Ps' \cap P$, et soit R' un système de représentants des classes à gauche suivant P'_k dans Ps'_k. Alors Ps' est connexe et semisimple, P' est un sous-groupe parabolique de Ps', et le lemme 11 du Chapitre II, n° 29, montre qu'on peut prendre pour R la réunion d'un nombre fini d'ensembles de la forme $R'r$; il se trouve même que ce nombre est égal à 2 dans le cas (I_0) et à 1 dans tout autre cas, mais peu nous importe ici. Mais, si r est donné dans Ps_k, et si f_0 est la fonction considérée dans le lemme 18 du n° 39, $f_0(s)^{-1}f_0(sr)$ est bornée sur Ps_A; donc, pour que la série $\sum_R f_0(s)$ soit convergente, il faut et il suffit que la série analogue restreinte à R' le soit.

On appliquera alors à cette série un critère de convergence dû à Godement (cf. [7]), d'après lequel il suffit, pour que la série en question soit convergente, que l'on ait, pour tout $p \in P'_A$:

$$\psi(p) = \left| \Delta_{P'}(p) \right|_A^{-\tau} \tag{31}$$

avec $\tau > 1$; naturellement, ψ est ici la fonction introduite au n° 39. Comme P' est un sous-groupe invariant de P, $\Delta_{P'}$ coïncide avec Δ_P sur P' (cf. la remarque finale du n° 5 du Chapitre I), et Δ_P est donné par le lemme 12 du Chapitre II, n° 29, c'est-à-dire par $\Delta_P(p) = \Delta(\lambda)^{-1}$ pour $p = t(q)d(\lambda)$; de plus, on a alors $\psi(p) = \left| D(\lambda) \right|_A^{\frac{1}{2}}$ si $D(\lambda)$ désigne, comme au n° 33,

58   A. WEIL

le déterminant de λ par rapport à une base de X_k sur k. Dans le cas (I), le calcul de $D(\lambda)$, $\Delta(\lambda)$ a déjà été effectué au n° 33 à l'occasion du problème local; il montre que ψ est bien de la forme (31), avec $\tau = m/(2n+4\varepsilon-2)$, ce qui achève la démonstration dans ce cas. Dans le cas (II), on a un calcul tout à fait analogue, à partir des résultats du n° 21 du Chapitre II; comme il ne présente pas de difficulté, nous l'omettrons ici; on trouve que $D(\lambda)$ et $\Delta(\lambda)$ sont en général (ou, plus précisément, chaque fois que $p \neq q$) des caractères indépendants de $\mathrm{Aut}(X)$, mais que, sur P', on a de nouveau une relation de la forme (31), avec $\tau = m/(p+q)$, d'où le résultat annoncé.

Divers exemples donnent à penser que la condition suffisante du théorème 1 est aussi nécessaire, en excluant bien entendu le cas où $\mathcal{A}_k$ a une composante de type (II) avec $pq = 0$. Il serait intéressant de trancher cette question dans le cas général.

41. Dans tout le reste de ce Chapitre, on supposera que $\mathcal{A}_k$ et X_k satisfont à la condition (B) du n° 38. On va expliciter $E(\Phi)$ en prenant pour système de représentants R de $P_k \backslash Ps_k$ celui qui est donné par la proposition 8 de [14], n° 51, et dont on a déjà fait usage dans le cas local au n° 32 du Chapitre III. Autrement dit, R se compose de tous les éléments de Ps_k de la forme $s = d'(\gamma_1)t(q_1) \otimes e_2$ lorsqu'on choisit de toutes les manières possibles un sous-module X_1 de X_k isomorphe à son dual X_1^*, puis, pour chaque X_1, un isomorphisme γ_1 de X_1^* sur X_1 et un supplémentaire X_2 de X_1 dans X_k, et qu'on prend pour q_1 tous les éléments de $Q(X_1/\mathcal{A}_k)$. Pour un tel élément s, on peut calculer $\mathbf{r}_k(s)\Phi$ au moyen de la formule (38) de [14], n° 40, ou bien directement au moyen des formules de [14], n° 13. En écrivant Z_k au lieu de X_1, on obtient

$$\mathbf{r}_k(s)\,\Phi\,(0) = \int_{Z_A} \Phi(z)\,\chi\,(q_1(z))\,\big|dz\big|_A.$$

Cela conduit à grouper dans la série $E(\Phi)$ tous les termes relatifs à un même sous-module Z_k de X_k. On conviendra donc d'écrire, chaque fois que Z_k est un sous-module de X_k isomorphe à son dual Z_k^* :

$$E_Z(\Phi) = \sum_{q \in Q_Z} \int_{Z_A} \Phi(z)\,\chi\,(q(z))\,\big|dz\big|_A \tag{32}$$

où on a posé $Q_Z = Q(Z_k/\mathcal{A}_k)$. On a donc :

$$E(\Phi) = \sum_{Z_k} E_Z(\Phi), \tag{33}$$

la sommation étant étendue à tous les sous-modules Z_k de X_k tels que Z_k soit isomorphe à Z_k^*; et, d'après le théorème 1, (B) entraîne que les séries (32) et (33) sont absolument convergentes, uniformément en Φ sur toute partie compacte de $\mathcal{S}(X_A)$.

Pour étudier les séries $E_Z(\Phi)$, on peut évidemment se borner au cas où X_k lui-même est isomorphe à son dual X_k^*, et où $Z_k = X_k$. Supposons donc qu'il en soit ainsi, et identifions $Q(X_k/A_k)$ avec le dual $I(X_k)^* = I(X)_k^*$ de l'espace $I(X_k) = I(X)_k$ comme il a été dit au n° 15 du Chapitre II. Posons de plus, pour tout $i^* \in I(X)_A^*$:

$$F_\Phi^*(i^*) = \int_{X_A} \Phi(x)\,\chi([i_X(x), i^*])\,|dx|_A.$$

On aura alors :
$$E_X(\Phi) = \sum_{i^* \in I(X)_k} F_\Phi^*(i^*),$$

et la convergence absolue de cette série, uniformément en Φ sur toute partie compacte de $S(X_A)$, résulte de ce qui précède. Autrement dit, si on substitue X_A, $I(X)_A$, $I(X)_k$ et i_X à X, G, Γ et f, respectivement, dans la proposition 2 du n° 2, Chapitre I, la condition (B_1) de la fin de ce n° est satisfaite. Comme, en vertu des résultats de [14], la condition (B_0) l'est évidemment aussi, il s'ensuit que la condition (B) de la proposition 2 est satisfaite. On a donc, en vertu de cette proposition :

$$E_X(\Phi) = \sum_{i \in I(X)_k} F_\Phi(i) \tag{34}$$

où F_Φ est la transformée de Fourier de F_Φ^*; de plus, cette transformée de Fourier est donnée, pour tout $i \in I(X)_A$, par la formule

$$F_\Phi(i) = \int \Phi(x)\,d\mu_i(x), \tag{35}$$

où μ_i est une mesure positive tempérée sur X_A, de support contenu dans $i_X^{-1}(\{i\})$; et F_Φ et F_Φ^* sont des fonctions continues et intégrables, sur $I(X)_A$ et $I(X)_A^*$ respectivement. Enfin, la proposition 2 du n° 2 fait voir que le second membre de (34) est absolument convergent; comme les μ_i sont des mesures positives, on conclut de là, au moyen du lemme 5 de [14], n° 41, que ce second membre converge uniformément sur toute partie compacte de $S(X_A)$. D'après le lemme 2 du n° 2, cela montre que E_X est une mesure tempérée positive, donnée par

$$E_X = \sum_{i \in I(X)_k} \mu_i.$$

Enfin on conclut de même au moyen de (33) que E est une mesure tempérée positive, somme des mesures E_Z.

42. Supposons de nouveau, jusqu'à nouvel ordre, que A_k et X_k satisfont à (B) et que X_k est isomorphe à son dual X_k^*. D'après les résultats du n° 26 du Chapitre II, et en particulier d'après la formule (17) de ce n°, il s'ensuit que, pour tout corps $K \supset k$, A_K et X_K ont ces mêmes propriétés, donc à plus forte raison qu'ils satisfont à la condition (B') du n° 38 du

60 A. WEIL

Chapitre III. Par suite, pour tout v, $\mathcal{A}_v$ et X_v ont les propriétés (A) et (A') du Chapitre III, de sorte qu'on peut leur appliquer tous les résultats de ce Chapitre, et en particulier la proposition 6 du n° 37. Comme d'ailleurs (B) implique $m > 2n - 2$ dans le cas (I_0), il n'y aura pas ici de distinction à faire entre les variétés désignées par $U(i)$ et $\bar{U}(i)$ au Chapitre III.

Prenons alors pour Φ, dans les formules du n° 41, une fonction de la forme

$$\Phi(x) = \prod_v \Phi_v(x_v) \qquad (x = (x_v) \in X_A),$$

où le produit est étendu à toutes les places v de k, où Φ_v appartient à $S(X_v)$ quel que soit v, et où, pour presque tout v, Φ_v est la fonction caractéristique de X_v°. La fonction Φ étant ainsi choisie, désignons par F_v et F_v^*, pour tout v, les fonctions respectivement définies sur $I(X)_v$ et sur $I(X)_v^*$ par les formules

$$F_v(i) = \int_{U_v(i)} \Phi_v(x) \left| \theta_i(x) \right|_v, \qquad F_v^*(i^*) = \int_{X_v} \Phi_v(x) \chi_v([i_X(x), i^*]) \left| dx \right|_v;$$

ici on a noté $U_v(i)$ la variété formée des points de rang maximal de $i_X^{-1}(\{i\})$ dans X_v, et θ_i la jauge définie sur cette variété par la formule (29) du n° 37. D'après la proposition 6 du n° 37, F_v et F_v^* sont continues, intégrables, et transformées de Fourier l'une de l'autre. D'après l'hypothèse faite sur Φ, on voit immédiatement que F_v^* prend la valeur constante 1 sur $(I(X)^*)_v^\circ$ pour presque tout v; ici, conformément à nos notations générales (cf. Chapitre I, n° 3), $(I(X)^*)_v^\circ$ désigne le réseau dans $I(X)_v^\circ$ engendré par une base $(I(X)^*)^\circ$ arbitrairement choisie de $I(X)_k^*$ sur k.

Il est immédiat alors qu'on a, quel que soit $i^* = (i_v^*) \in I(X)_A^*$:

$$F_\Phi^*(i^*) = \prod_v F_v^*(i_v^*);$$

pour tout i^*, d'après ce qui précède, presque tous les facteurs du second membre ont la valeur 1. On en déduit

$$\int \left| F_\Phi^*(i^*) \right| \cdot \left| di^* \right|_A = \prod_v \int \left| F_v^*(i^*) \right| \cdot \left| di^* \right|_v.$$

Dans cette relation, le premier membre est $< +\infty$; il est $\neq 0$ sauf si $F_\Phi^* = 0$; d'ailleurs, on peut toujours modifier un nombre fini des fonctions Φ_v de manière à avoir $F_\Phi^* \neq 0$, par exemple en prenant $\Phi_v \geq 0$ et $\Phi_v \neq 0$ quel que soit v, ce qui entraîne $F_\Phi \neq 0$ et par suite $F_\Phi^* \neq 0$. Comme presque tous les facteurs du second membre sont ≥ 1 d'après ce qui précède, il s'ensuit que ce second membre est absolument convergent (au sens défini dans la note(^{1}) de la page 11). On en conclut aisément que la transformée de Fourier F_Φ de F_Φ^* est le produit des transformées de Fourier F_v des F_v^*, c'est-à-dire qu'on a, quel que soit $i = (i_v) \in I(X)_A$:

$$F_\Phi(i) = \prod_v F_v(i_v),$$

le produit du second membre étant absolument convergent.

Si on désigne par μ_v la mesure tempérée sur $I(X)_v$ déterminée par la mesure $|\theta_{i_v}|_v$ sur $U_v(i_v)$, $F_v(i_v)$ n'est autre que $\mu_v(X_v^\circ)$ chaque fois que Φ_v est la fonction caractéristique de X_v°. La formule ci-dessus montre donc que le produit des $\mu_v(X_v^\circ)$ est absolument convergent, et que la mesure μ_i qui figure dans l'expression (35) de F_Φ n'est pas autre chose que $\prod \mu_v$.

43. Quand i appartient à $I(X)_k$, l'ensemble $i_X^{-1}(\{i\})$, sur le domaine universel, est une partie k-fermée de X. On désignera par $U(i)$ l'ensemble des points de rang maximal de cet ensemble; c'est une partie k-ouverte de $i_X^{-1}(\{i\})$; d'après la proposition 3 du Chapitre II, n° 22, quand $U(i)$ n'est pas vide, c'est une orbite du groupe G, pris lui aussi sur le domaine universel. On conclut facilement du lemme 8 du Chapitre II, n° 17, que, si $K \supset k$, l'ensemble $U(i)_K$ des points de $U(i)$ qui sont rationnels sur K n'est autre que l'ensemble des points de $i_X^{-1}(\{i\})$ dans X_K qui sont de rang maximal dans X_K. En particulier, pour $K = k_v$, on voit que $U(i)_v$ est l'ensemble qui a été désigné par $U_v(i)$ au n° 42.

LEMME 19. *Pour tout $i \in I(X)_k$, 1 est un système de facteurs de convergence pour $U(i)$, et on a $\mu_i = |\theta_i|_A$.*

Si Φ est choisi comme au n° 42, on a, d'après ce qui précède :

$$\int_{X_A} \Phi \, d\mu_i = \prod_v \int_{U(i)_v} \Phi_v |\theta_i|_v.$$

Soit $\lambda = (\lambda_v)$ un système de facteurs de convergence pour $U(i)$. Comme l'injection canonique de $U(i)$ dans X est un morphisme, on a, pour presque tout v, $U(i)_v^\circ \subset X_v^\circ$. Si on suppose que $\Phi_v \geqslant 0$ pour tout v, on aura, d'après les définitions du n° 4 du Chapitre I :

$$\int_{U(i)_A} \Phi \cdot |\lambda \theta_i|_A = \prod_v \lambda_v \int_{U(i)_v} \Phi_v \cdot |\theta_i|_v.$$

La comparaison de ces formules montre bien que, si on a le droit de prendre $\lambda = 1$, Φ induit sur $U(i)_A$ une fonction intégrable pour $|\theta_i|_A$, et qu'on a alors $\mu_i = |\theta_i|_A$.

Il reste à démontrer la première assertion du lemme; il suffit évidemment pour cela de considérer le cas où $\mathcal{A}_k$ est de type (I) ou (II) avec $\mathfrak{z}_0 = k$. Si $U(i)$ contient un point x_0 rationnel sur k, soit g_0 le groupe de stabilité de x_0 dans G. Alors $U(i)$ est isomorphe à

62 A. WEIL

G/g_0, et tout revient (d'après [13], théorèmes 2.4.2 et 2.4.3) à vérifier qu'il y a un système de facteurs de convergence commun à G et à g_0; or c'est là une conséquence immédiate des résultats du n° 23 du Chapitre II, joints aux résultats connus sur les groupes classiques (cf. [13]).

Supposons que $U(i)_k$ soit vide; d'après les remarques du n° 38 du Chapitre III, cela implique que $\mathcal{A}_k$ n'est ni de type (II), ni de type (I$_0$). En vertu du « principe de Hasse » (dont il sera question au n° 53 du Chapitre VI), cela implique même que $U(i)_A$ est vide; mais, comme nous ne désirons pas faire usage de ce principe ici, nous ramènerons comme suit ce cas au précédent. D'après l'hypothèse (**B**), on a $m \geqslant 2n$; en désignant par A, comme au Chapitre II, l'espace $M_{m,1}(\mathfrak{k})$, il est aisé de déduire de là qu'on peut définir sur $A \times A$ une forme η-hermitienne non dégénérée h_1 telle que $h_1[x_1] = i$ ait une solution x_1 de rang maximal dans X_k, ou autrement dit que $U_1(i)_k$ ne soit pas vide, $U_1(i)$ étant défini à partir de h_1 comme $U(i)$ l'est à partir de h. Soit S un ensemble de places de k, comprenant en particulier toutes les places à l'infini, toutes les places « paires » (celles pour lesquelles $\mathfrak{p}_v$ divise 2) et les places v, en nombre fini d'après le n° 4 du Chapitre I, pour lesquelles $U(i)_v^\circ$ ou $U_1(i)_v^\circ$ est vide; pour $v \notin S$, soient N_v, N_v^1 les nombres de points de $U(i)_v^\circ$ et de $U_1(i)_v^\circ$, respectivement, modulo $\mathfrak{p}_v$; nous sommes ramenés à démontrer que $\prod (N_v/N_v^1)$ est absolument convergent, puisqu'alors, d'après les résultats rappelés au n° 4 du Chapitre I, tout système de facteurs de convergence pour $U_1(i)$ en sera un aussi pour $U(i)$. On vérifie alors facilement que, pour presque tout v, N_v est le nombre d'éléments d'un ensemble non vide, qui est un espace homogène analogue à $U(i)_k$ sur le corps fini $\mathfrak{o}_k/\mathfrak{p}_k$; par suite, c'est le quotient du nombre d'éléments d'un groupe analogue à G par celui d'un groupe analogue à g_0; il en est de même, bien entendu, de N_v^1. Les formules connues sur le nombre d'éléments des groupes classiques sur les corps finis montrent alors immédiatement que $N_v = N_v^1$ pour presque tout v si $\mathcal{A}_k$ est de type (I$_1$) ou (I$_2$); elles montrent que $N_v/N_v^1 = 1 + O(N\mathfrak{p}_v^{-2})$ si $\mathcal{A}_k$ est de type (I$_4$), et aussi si $\mathcal{A}_k$ est de type (I$_3$) puisqu'alors $\mathcal{A}_v$ est de type (I$_4$) pour presque tout v. On pourra observer que le développement complet des indications qui précèdent contient la démonstration des résultats rappelés plus haut sur les systèmes de facteurs de convergence des groupes classiques et rendrait donc inutile la distinction des deux cas ci-dessus et l'introduction de l'orbite $U_1(i)$.

44. Nous pouvons maintenant résumer comme suit les résultats obtenus dans ce chapitre.

THÉORÈME 2. *Supposons que $\mathcal{A}_k$ et X_k satisfassent à la condition* (**B**), *et que X_k soit isomorphe à son dual X_k^*. Posons, pour $\Phi \in S(X_A)$:*

$$E_X(\Phi) = \sum_{q \in Q_X} \int_{X_A} \Phi(x)\, \chi(q(x))\, |dx|_A,$$

où la sommation est étendue à $Q_X = Q(X_k/A_k)$. Alors la série du second membre est absolument convergente, et E_X est une mesure tempérée positive. De plus, pour tout $i \in I(X)_k$, 1 est un système de facteurs de convergence pour la variété $U(i)$ des points de $i_X^{-1}(\{i\})$ de rang maximal; et, si θ_i désigne la jauge sur cette variété définie par la formule

$$\theta_i(x) = \left(\frac{dx}{di_X(x)}\right)_i,$$

la mesure $|\theta_i|_A$ sur $U(i)_A$ définit une mesure tempérée positive μ_i dans X_A, et on a

$$E_X = \sum_{i \in I(X)_k} \mu_i.$$

Théorème 3. *Supposons que A_k et X_k satisfassent à la condition* (B). *Posons, pour* $\Phi \in S(X_A)$:

$$E(\Phi) = \sum_{s \in P_k \backslash Ps_k} \mathbf{r}_k(s)\, \Phi(0),$$

où $Ps_k = Ps(X_k/A_k)$, $P_k = P(X_k/A_k)$. *Alors la série du second membre est absolument convergente; E est une mesure tempérée positive; et on a* :

$$E = \sum_{Z_k} E_Z.$$

où la sommation est étendue à tous les sous-modules Z_k de X_k tels que chaque Z_k soit isomorphe à son dual Z_k^*, et où E_Z, pour tout Z_k, est défini par le théorème 2.

Formellement, le théorème 3 reste vrai, mais devient trivial, dans le cas où A_k est de type (II) et où $p = 0$ ou $q = 0$, même si (B) n'est pas satisfaite; $E(\Phi)$ se réduit alors à $\Phi(0)$, et le seul sous-module de X_k isomorphe à son dual est $Z_k = \{0\}$. En général, on notera E_0, au lieu de $E_{\{0\}}$, la mesure E_Z correspondant à $Z_k = \{0\}$; elle n'est autre évidemment que la mesure de Dirac δ_0 relative au point 0.

Si A_k est de type (I) et X_k de rang 1, ou si A_k est de type (II) et X_k de rang (1,1), on a $E = E_0 + E_X$ puisqu'alors il n'y a pas de sous-module de X_k, isomorphe à son dual, autre que $\{0\}$ et X_k. En particulier, si A_k est de type (I_0) et X_k de rang 1, on a déjà observé au n° 39 que la série d'Eisenstein–Siegel qui définit E se réduit à deux termes; d'ailleurs, comme on a alors $Q_X = \{0\}$, on a $E_X(\Phi) = \int \Phi\, |dx|_A$; la plupart des résultats ci-dessus sont triviaux dans ce cas.

45. Les mesures introduites ci-dessus possèdent d'importantes propriétés d'invariance qu'on va maintenant énoncer.

64   A. WEIL

Pour cela, on transposera par dualité, à l'espace des distributions tempérées sur X_A, l'opération du groupe métaplectique $Mp(X/A)_A$ sur $S(X_A)$; autrement dit, pour tout élément $\mathbf{S}$ de ce groupe, et toute distribution tempérée T sur X_A, on définira $T^\mathbf{S}$ au moyen de $T^\mathbf{S}(\Phi) = T(\mathbf{S}\Phi)$ pour tout $\Phi \in S(X_A)$. La définition de la série d'Eisenstein–Siegel $E(\Phi)$ montre alors que E est invariante par $\mathbf{r}_k(s)$ pour tout $s \in Ps(X_k/A_k)$, ce qu'on exprimera plus brièvement en disant que E est invariante par $Ps(X_k/A_k)$. En vertu de la proposition 8 de [14], n° 51, il revient au même de dire que E est invariante par les opérateurs suivants :

(a) $\mathbf{t}(q)$, pour tout $q \in Q(X_k/A_k)$; autrement dit, *on a $E(\Phi) = E(\Phi')$ chaque fois que Φ' est défini par $\Phi'(x) = \Phi(x)\chi(q(x))$, avec $q \in Q(X_k/A_k)$*;

(b) $\mathbf{d}(\lambda)$, pour tout $\lambda \in \mathrm{Aut}(X_k)$; autrement dit, *$E$ est invariante par l'automorphisme $x \to x\lambda$ de X_A pour tout $\lambda \in \mathrm{Aut}(X_k/A_k)$*;

(c) $\mathbf{d}'(\gamma_1) \otimes e_2$ chaque fois qu'on a écrit X_k comme somme directe de deux sous-modules X_1, X_2 dont le premier est isomorphe à son dual, et que γ_1 est un isomorphisme de X_1^* sur X_1; autrement dit, chaque fois qu'il en est ainsi et qu'on a identifié $X_1^* \oplus X_2$ avec $X_1 \oplus X_2$ au moyen de γ_1, *E est invariante par la « transformation de Fourier partielle » relative à* $(X_1)_A$.

Quand X_k est isomorphe à son dual, (c) entraîne en particulier la condition suivante :

(c′) *E est invariante par la transformation de Fourier lorsqu'on identifie X_A^* avec X_A au moyen d'un isomorphisme γ de X_k^* sur X_k*.

Réciproquement, (c′), jointe à (a) et (b), entraîne (c) chaque fois que $Ps(X_k/A_k)$ est engendré par $d'(\gamma)$ et $P(X_k/A_k)$. Il en est ainsi par exemple chaque fois que X_k est isomorphe à son dual et que A_k n'a pas de composante de type (I_0), comme on le voit en répétant la démonstration du corollaire 3 de la proposition 6, [14], n° 47.

D'autre part, le corollaire de la proposition 9, [14], n° 51, montre immédiatement que E possède aussi la propriété suivante :

(d) *E est invariante par l'automorphisme $x \to ux$ de X_A quel que soit $u \in G_A$*, ou autrement dit pour tout $u \in A_A$ tel que $u \cdot u^\iota = 1$.

En fait, ce corollaire montre que chaque terme de la série qui définit E possède cette propriété; il en est donc de même des mesures E_Z, puisque celles-ci ont été introduites au n° 41 comme des séries partielles de la série d'Eisenstein–Siegel. Comme chacune des mesures E_Z, d'après le théorème 2, a son support contenu dans la réunion des ensembles $i_X^{-1}(\{i\})$ pour $i \in I(X)_k$, et qu'on a $\chi(q(x)) = 1$ sur chacun de ces ensembles pour $q \in Q(X_k/A_k)$, les E_Z ont aussi la propriété (a). Il est évident aussi que, si un automorphisme λ de X_k transforme Z_k en Z_k', il transforme E_Z en $E_{Z'}$; en particulier, pour tout Z_k, E_Z est invariant par $\mathrm{Aut}(Z_k/A_k)$.

V. Théorèmes d'unicité

46. Lorsque $\mathcal{A}_k$ est de type (I), on peut caractériser par des propriétés intrinsèques la mesure E et les mesures E_X qu'on a étudiées au Chapitre IV; c'est là l'objet du présent Chapitre. La méthode qu'on va suivre s'étend sans difficulté au cas où $\mathcal{A}_k$ est de type (II) et X_k de rang $(1,1)$, à condition de remplacer partout le groupe $Ps(X/\mathcal{A})$ par le sous-groupe $Ps'(X/\mathcal{A})$ qui a été défini au Chapitre II, n° 28. Sans doute pourrait-elle même s'étendre au cas où $\mathcal{A}_k$ est de type (II) et X_k de rang (p,p) avec $p>1$, mais on aurait besoin pour cela d'une modification du lemme 6 du n° 13 dont je ne sais si elle est valable. Le cas (II), qui d'ailleurs ne semble pas pour l'instant se prêter à des applications arithmétiques intéressantes, sera complètement laissé de côté dans ce qui suit.

Dans ce Chapitre, nous supposerons donc une fois pour toutes que $\mathcal{A}_k$ *est de type* (I) et que $\mathcal{A}_k$ *et* X_k *satisfont à la condition* (**B**), c'est-à-dire à $m>2n+4\varepsilon-2$; on supposera aussi $\mathfrak{z}_0=k$. Comme précédemment, on écrira le plus souvent Ps au lieu de $Ps(X/\mathcal{A})$, donc Ps_k au lieu de $Ps(X_k/\mathcal{A}_k)$ et Ps_A au lieu de $Ps(X/\mathcal{A})_A$, et de même Mp_A au lieu de $Mp(X/\mathcal{A})_A$. Nous identifierons Ps_k avec son image dans Mp_A au moyen de $\mathbf{r}_k$ chaque fois que cela ne risquera pas d'entraîner de confusion; comme au n° 45, cela permet de dire d'une mesure tempérée sur X_A qu'elle est invariante par Ps_k quand elle l'est par $\mathbf{r}_k(s)$ quel que soit $s \in Ps_k$ au sens qui a été expliqué au n° 45. D'autre part, comme au n° 45, on dira qu'une mesure (tempérée ou non) dans X_A est invariante par un élément u de G_A si elle l'est par l'application $x \to ux$ de X_A sur lui-même. Rappelons que, d'après le corollaire de la proposition 9, [14], n° 51, les automorphismes $\Phi \to S\Phi$ et $\Phi(x) \to \Phi(ux)$ de $S(X_A)$, pour $S \in Mp_A$ et $u \in G_A$, sont permutables; il en est donc de même des automorphismes correspondants de l'espace des distributions tempérées sur X_A.

Soit $\hat{E}$ une mesure tempérée sur X_A, invariante par Ps_k, et soit $\Phi \in S(X_A)$; alors $S \to \hat{E}(S\Phi)$ est une fonction continue sur Mp_A, invariante à gauche par Ps_k. On va commencer par donner des conditions pour que cette fonction soit bornée sur Mp_A, uniformément en Φ sur toute partie compacte de $S(X_A)$; pour cela, on appliquera au groupe Ps les résultats de la « théorie de la réduction » qu'on a rappelés aux n°s 9 et 10 du Chapitre I.

Comme aux n°s 18–19 du Chapitre II, identifions X_k avec $M_{m.n}(\mathfrak{k})$, et par suite $\mathrm{Aut}(X_k)$ avec $GL(n,\mathfrak{k})$. Pour $x \in M_{m.n}(\mathfrak{k})$, on désignera par $x_1,...,x_n$ les colonnes de la matrice x, de sorte qu'on a $x_\alpha \in M_{m,1}(\mathfrak{k})$ pour $1 \leqslant \alpha \leqslant n$, et on écrira $x=(x_1,...,x_n)$. Soit $t=(t_1,...,t_n)$ un élément de $(G_m)^n$, où G_m désigne comme d'habitude le groupe multiplicatif à une variable; on désignera par λ_t l'automorphisme de X défini par la matrice diagonale dont les éléments diagonaux sont $t_1,...,t_n$; il s'écrit aussi

$$x=(x_1,...,x_n) \to x\lambda_t=(x_1 t_1,...,x_n t_n).$$

5 – 652922. *Acta mathematica*. 113. Imprimé le 1 mars 1965.

66 **A. WEIL**

Comme au n° 19 du Chapitre II, identifions $I(X)_k$ avec l'espace des matrices η-hermitiennes $i = (i_{\alpha\beta})_{1 \leqslant \alpha, \beta \leqslant n}$ sur $\mathfrak{k}$. Pour $t \in (G_m)^n$, on notera $\bar{\lambda}_t$ l'automorphisme de $I(X)$ déterminé par l'automorphisme λ_t de X; il s'écrit aussi

$$i = (i_{\alpha\beta}) \rightarrow i\,\bar{\lambda}_t = (i_{\alpha\beta}\, t_\alpha\, t_\beta).$$

Si δ désigne comme toujours la dimension de $\mathfrak{k}$ sur k, les déterminants de λ_t et de $\bar{\lambda}_t$, par rapport à des bases de X_k et de $I(X)_k$ sur k, seront respectivement

$$D(\lambda_t) = (t_1 \ldots t_n)^{m\delta}, \qquad D(\bar{\lambda}_t) = (t_1 \ldots t_n)^{(n+2\varepsilon-1)\delta}.$$

On en conclut que la jauge $\theta_i(x)$ sur $U(i)$, définie dans le théorème 2 du Chapitre IV, n° 44, est transformée par λ_t en la jauge

$$\theta_i\,(x\,\lambda_t^{-1}) = (t_1 \ldots t_n)^{(-m+n+2\varepsilon-1)\delta}\,\theta_{i'}\,(x) \tag{36}$$

sur $U(i')$, avec $i' = i\bar{\lambda}_t$.

En particulier, pour $t \in (I_k)^n$, λ_t et $\bar{\lambda}_t$ seront des automorphismes de X_A et de $I(X)_A$, respectivement. Si on pose, pour abréger, $|t|_A = |t_1 \ldots t_n|_A$, le module de λ_t dans X_A sera $|\lambda_t|_X = |t|_A^{m\delta}$, de sorte qu'on aura, pour $\Phi \in S(X_A)$, $x = (x_1, \ldots, x_n)$:

$$\mathbf{d}(\lambda_t)\,\Phi\,(x) = |t|_A^{m\delta/2}\,\Phi\,(x_1\, t_1, \ldots, x_n\, t_n). \tag{37}$$

47. Comme on l'a vu au n° 28 du Chapitre II, Ps est un groupe algébrique réductif. On désignera par T l'image de $(G_m)^n$ dans Ps par $t \rightarrow d(\lambda_t)$; il est bien connu que T est un tore trivial maximal de Ps. La détermination des racines de T dans Ps se fait sans difficulté; on trouve qu'on peut les ordonner de manière que les racines strictement positives (c'est-à-dire $\neq 1$ et $\succ 1$) soient les $t_\alpha\, t_\beta^{-1}$ et les $t_\alpha t_\beta$ pour $1 \leqslant \alpha < \beta \leqslant n$, ainsi que les t_α^2 pour $1 \leqslant \alpha \leqslant n$ dans le cas où $\varepsilon > 0$. Soit T_A^+ la partie de T_A définie au moyen de ces racines comme il a été dit au n° 10 du Chapitre I; d'après les résultats de ce n°, il y a une partie compacte C_1 de Ps_A telle que l'on ait $Ps_A = C_1 \cdot T_A^+ \cdot Ps_k$. Soit T_A' la partie de T_A formée des éléments $d(\lambda_t)$ de T_A pour lesquels on a

$$|t_1|_A \geqslant \ldots \geqslant |t_n|_A \geqslant 1.$$

Pour $\varepsilon > 0$, on vérifie aussitôt qu'on a $T_A^+ = T_A'^{-1}$, de sorte qu'en posant $C = C_1^{-1}$, on aura $Ps_A = Ps_k \cdot T_A' \cdot C$. Si $\varepsilon = 0$, appliquons les résultats obtenus au sujet de Ps au n° 20 du Chapitre II, où il faut alors prendre $\mathfrak{k} = k$ et $\eta = -1$; on voit que la matrice

$$s_1 = \begin{pmatrix} 1_{n-1} & 0 & 0 & 0 \\ 0 & 0 & 0 & 1 \\ 0 & 0 & 1_{n-1} & 0 \\ 0 & 1 & 0 & 0 \end{pmatrix}$$

appartient à Ps_k; c'est d'ailleurs l'élément de Ps_k qui, avec nos notations habituelles, s'écrit $e' \otimes d'(\gamma'')$ si on écrit X_k comme somme directe des modules X'_k, X''_k respectivement formés des éléments $(x_1, ..., x_{n-1}, 0)$ et $(0, ..., 0, x_n)$ et qu'on prenne pour e' l'élément neutre de $Ps(X'_k/A_k)$ et pour γ'' l'isomorphisme évident de $(X''_k)^*$ sur X''_k quand on identifie X''_k et $(X''_k)^*$ avec $M_{m,1}(\mathfrak{k})$ comme il a été dit au n° 20 du Chapitre II. Cela posé, on vérifie aussitôt que T_A^+ est la réunion de T'^{-1}_A et de $s_1^{-1} T'^{-1}_A s_1$. Il s'ensuit qu'on aura de nouveau $Ps_A = Ps_k \cdot T'_A \cdot C$ à condition de prendre $C = C_1^{-1} \cup s_1 C_1^{-1}$.

Par abus de langage, on conviendra dans ce qui suit d'identifier $(I_k)^n$ avec T_A au moyen de l'isomorphisme $t \to d(\lambda_t)$, et aussi avec son image dans Mp_A au moyen de l'isomorphisme $t \to \mathbf{d}(\lambda_t)$, chaque fois que cela ne risquera pas d'entraîner de confusion. Avec cette convention, on peut donc écrire $Mp_A = Ps_k \cdot T'_A \cdot \pi^{-1}(C)$, où π est comme d'habitude la projection canonique de Mp_A sur Ps_A; $\pi^{-1}(C)$ est alors une partie compacte de Mp_A. Cela entraîne le lemme suivant :

LEMME 20. *Soit $\hat{E}$ une mesure tempérée sur X_A, invariante par Ps_k; soit T''_A une partie de T'_A telle qu'on ait $T'_A \subset T_k \cdot T''_A \cdot C'$, C' étant une partie compacte de T_A. Alors, pour que la fonction $S \to \hat{E}(S\Phi)$ soit bornée sur Mp_A, uniformément en Φ sur toute partie compacte de $S(X_A)$, il faut et il suffit qu'elle le soit sur T''_A.*

48. Soit μ' une mesure (tempérée ou non) sur X_A. Pour qu'elle satisfasse à la condition (a) du n° 45, Chapitre IV, ou autrement dit pour qu'elle soit invariante par $\mathbf{t}(q)$ chaque fois que $q \in Q(X_k/A_k)$, il faut et il suffit évidemment que son support soit contenu dans l'ensemble des points x de X_A tels que $\chi(q(x)) = 1$ quel que soit $q \in Q(X_k/A_k)$. Si on identifie $Q(X_k/A_k)$ avec $I(X)_k^*$ comme il a été dit au n° 15 du Chapitre II, cette dernière condition revient à dire qu'on a $\chi([i_x(x), i^*]) = 1$ quel que soit $i^* \in I(X)_k^*$, ou encore $i_x(x) \in I(X)_k$. Autrement dit, la condition (a) est équivalente à la suivante :

(a') *le support de μ' est contenu dans la réunion des ensembles $i_x^{-1}(\{i\})$ pour $i \in I(X)_k$.*

Cela peut aussi s'exprimer en disant que μ' est *somme de ses restrictions μ'_i aux ensembles* $i_x^{-1}(\{i\})$ *pour $i \in I(X)_k$.*

Supposons qu'en même temps μ' satisfasse à condition (b) du n° 45, Chapitre IV, c'est-à-dire soit invariante par $x \to x\lambda$ quel que soit $\lambda \in \text{Aut}(X_k)$; alors, si $\bar{\lambda}$ est l'automorphisme de $I(X)_k$ déterminé par λ, λ détermine la permutation $\bar{\lambda}$ sur l'ensemble des mesures μ'_i, c'est-à-dire qu'on a, pour $i \in I(X)_k$, $i' = i\bar{\lambda}$:

$$d\mu'_i(x\lambda^{-1}) = d\mu'_{i'}(x).$$

D'autre part, identifiant comme plus haut $I(X)_k$ avec un sous-espace de $M_n(\mathfrak{k})$, convenons, pour tout $i \in I(X)_k$, de désigner par $i_1, ..., i_n$ les colonnes de la matrice i, et d'écrire

$i = (i_1, ..., i_n)$. On aura donc $i_\alpha \in M_{n,1}(\mathfrak{k})$ pour $1 \leqslant \alpha \leqslant n$; si $i = i_X(x)$, on a $i_\alpha = {}^t x' \cdot h \cdot x_\alpha$. Pour $0 \leqslant \alpha \leqslant n$, on désignera par $I_k^{(\alpha)}$ l'ensemble des éléments $i = (i_1, ..., i_n)$ de $I(X)_k$ tels que $i_1 = ... = i_\alpha = 0$ et $i_{\alpha+1} \neq 0$; $I(X)_k$ est donc réunion disjointe des $I_k^{(\alpha)}$ pour $0 \leqslant \alpha \leqslant n$.

LEMME 21. *Soit $\hat{E}$ une mesure tempérée positive, invariante par T_k, dont le support soit contenu dans la réunion des $i_X^{-1}(\{i\})$ pour $i \in I_k^{(0)}$. Alors la fonction $S \to \hat{E}(S\Phi)$ est bornée sur T_A', uniformément en Φ sur toute partie compacte de $S(X_A)$.*

Comme au n° 9 du Chapitre I, désignons par $\Theta(T)$ l'ensemble des éléments de T_A de la forme $(a_{\tau_1}, ..., a_{\tau_n})$, avec $\tau_\alpha \in \mathbf{R}_+^*$ pour $1 \leqslant \alpha \leqslant n$; posons $\Theta' = \Theta(T) \cap T_A'$; Θ' est l'ensemble des éléments de la forme ci-dessus pour lesquels $\tau_1 \geqslant ... \geqslant \tau_n \geqslant 1$. Il y a évidemment une partie compacte C' de T_A' telle que $T_A' = T_k \cdot \Theta' \cdot C'$. Soit C_0 une partie compacte de $S(X_A)$; soit C_0' l'ensemble des $S\Phi$ pour $S \in C'$, $\Phi \in C_0$. Appliquons le lemme 6 du Chapitre I, n° 13, aux espaces $X_k = M_{m,n}(\mathfrak{k})$, $X_k^{(\alpha)} = M_{m,1}(\mathfrak{k})$ pour $1 \leqslant \alpha \leqslant n$, $Y_k = M_{n,1}(\mathfrak{k})$, et au morphisme $x \to p(x) = {}^t x' \cdot h \cdot x_1$ de X dans Y; on en conclut qu'il y a $\Phi_0 \in S(X_A)$ tel que l'on ait $|S\Phi| \leqslant \Phi_0$ sur le support de $\hat{E}$ quels que soient $S \in \Theta'$, $\Phi \in C_0'$. La conclusion du lemme s'ensuit aussitôt.

Le lemme 21 est particulièrement utile dans le cas $n = 1$, puisqu'alors $I(X)_k = I_k^{(0)} \cup \{0\}$. On obtient par exemple ainsi le résultat suivant :

PROPOSITION 7. *Soient A_k de type (I) et X_k de rang 1, satisfaisant à (B), c'est-à-dire à $m > 4\varepsilon$. Soit ν une mesure positive à support compact sur G_A/G_k, telle que $\nu(G_A/G_k) = 1$. Alors la formule*

$$E'(\Phi) = \int_{G_A/G_k} \sum_{\xi \in X_k} \Phi(u\xi) \cdot d\nu(u)$$

définit une mesure tempérée positive E' sur X_A, invariante par Ps_k; et la fonction

$$S \to E'(S\Phi) - E(S\Phi)$$

est bornée sur Mp_A, uniformément en Φ sur toute partie compacte de $S(X_A)$.

Soit C une partie compacte de G_A dont l'image dans G_A/G_k contienne le support de ν; soit C_0 une partie compacte de $S(X_A)$. D'après le lemme 5 de [14], n° 41, il y a $\Phi_0 \in S(X_A)$ telle que $|\Phi(ux)| \leqslant \Phi_0(x)$ quels que soient $\Phi \in C_0$, $u \in C$, $x \in X_A$. L'intégrale qui définit $E'(\Phi)$ est évidemment majorée par l'intégrale analogue étendue à C, avec Φ remplacée par $|\Phi|$, et l'est donc à plus forte raison par $\nu(C) \sum \Phi_0(\xi)$ pour $\Phi \in C_0$. D'après le lemme 2 du Chapitre I, n° 2, elle définit donc une distribution tempérée E', qui est évidemment une mesure positive. L'invariance de E' par Ps_k est une conséquence immédiate du théorème 6 de [14], n° 41, joint à la proposition 9 de [14], n° 51. Ecrivons maintenant

$$\hat{E}(\Phi) = \int_{G_A/G_k} \sum_{\xi \in X_k - \{0\}} \Phi(u\xi) \cdot d\nu(u),$$

ce qui donne $E' = \hat{E} + \delta_0$ en vertu de l'hypothèse faite sur ν. Appliquons le lemme 6 du Chapitre I, n° 13, en y prenant $n = 1$, $X_k = Y_k$, p étant l'application identique de X sur X. Raisonnant sur $\hat{E}(\Phi)$ comme on a fait tout à l'heure sur $E'(\Phi)$, on en conclut qu'il y a $\Phi_0 \in S(X_A)$ telle que $\hat{E}(S\Phi)$ soit majorée par $\nu(C) \sum \Phi_0(\xi)$ chaque fois que $S \in \Theta'$ et $\Phi \in C_0$. D'autre part, appliquons à E les théorèmes 2 et 3 du Chapitre IV, n° 44; avec les notations de ces théorèmes, on a d'abord $E = E_X + \delta_0$, puis $E_X = \mu_0 + \hat{E}_X$, où $\hat{E}_X$ a son support dans la réunion des ensembles $i_X^{-1}(\{i\})$ pour $i \in I(X)_k$, $i \neq 0$. On peut donc appliquer à $\hat{E}_X$ le lemme 21, qui montre que $\hat{E}_X(S\Phi)$ reste borné pour $S \in \Theta'$, $\Phi \in C_0$. Enfin, comme μ_0 est la mesure déterminée par la jauge θ_0 sur $U(0)_A$, on a, d'après la formule (36) du n° 46 :

$$d\mu_0(x\lambda_t^{-1}) = |t|_A^{(-m+2\varepsilon)\delta} \, d\mu_0(x)$$

pour $t \in I_k$, et par suite, d'après la formule (37) du n° 46:

$$\int \mathbf{d}(\lambda_t) \Phi \cdot d\mu_0 = |t|_A^{-(m-4\varepsilon)\delta/2} \int \Phi \cdot d\mu_0.$$

Puisque par hypothèse on a $m > 4\varepsilon$, cette expression reste bornée pour $|t|_A \geqslant 1$, ou autrement dit sur T'_A, uniformément en Φ sur toute partie compacte de $S(X_A)$. Comme on a $E' - E = \hat{E} - \mu_0 - \hat{E}_X$, il s'ensuit que $E' - E$ satisfait aux conditions du lemme 20 du n° 47, ce qui achève la démonstration.

La proposition 7 s'applique par exemple au cas où on a pris $\nu = \delta_1$, c'est-à-dire $E'(\Phi) = \sum \Phi(\xi)$. Le résultat qu'on obtient ainsi comprend comme cas particuliers les théorèmes classiques d'après lesquels la partie principale d'une forme modulaire définie par une série thêta est donnée par une série d'Eisenstein (ou, ce qui revient au même, les résultats sur la « série singulière » qui donne la partie principale du nombre de représentations d'un entier par une forme quadratique).

49. Comme le montre l'exemple de la mesure δ_0, on n'a pas le droit de remplacer $I_k^{(0)}$ par $I(X)_k$, ni par $I_k^{(\alpha)}$ pour $\alpha > 0$, dans le lemme 21, à moins d'introduire des hypothèses supplémentaires sur $\hat{E}$; c'est ce qui va être fait dans le lemme 23.

Pour nous exprimer plus commodément, nous ferons la convention suivante. Soit $i \in I(X)_k$; soit j l'injection canonique de $U(i)$ dans X, qui est un morphisme de variétés algébriques; j détermine alors une application injective j_A de $U(i)_A$ dans X_A, et plus précisément dans $i_X^{-1}(\{i\})$. Nous dirons alors qu'une mesure dans X_A est *portée par* $U(i)_A$ si c'est l'image par j_A d'une mesure sur $U(i)_A$. Par exemple, il en est ainsi, par définition, de la mesure μ_i, image de $|\theta_i|_A$ par j_A, qui figure dans le théorème 2 du Chapitre IV, n° 44. Dans le cas où i est un élément non-dégénéré de $I(X)_k$, il résulte des remarques du Cha-

70 A. WEIL

pitre II, n° 25, que j_A est un isomorphisme de $U(i)_A$ sur $i_X^{-1}(\{i\})$; dans ce cas, toute mesure de support contenu dans $i_X^{-1}(\{i\})$ est portée par $U(i)_A$.

D'autre part, dans ce qui suit, on se donnera une fois pour toutes une place v de k, et on écrira $X_A = X_v \times X'$, où X' est défini à partir des X_w et des X_w°, pour $w \neq v$, comme X_A l'est à partir des X_v et des X_v°; pour $x \in X_A$, on écrira $x = (x_v, x')$, où x_v et x' sont les projections de x sur X_v et sur X'. On écrira de même $U(i)_A = U(i)_v \times U(i)'$.

LEMME 22. *Soit $i \in I(X)_k$, et soit G_v' un sous-groupe de G_v qui opère transitivement sur $U(i)_v$. Soit μ une mesure tempérée positive portée par $U(i)_A$ et invariante par G_v'. Alors, à toute fonction $\Phi' \in S(X')$, on peut faire correspondre $c(\Phi')$ de manière à avoir, quel que soit $\Phi_v \in S(X_v)$* :

$$\int \Phi_v(x_v)\,\Phi'(x')\,d\mu((x_v, x')) = c(\Phi') \int_{U(i)_v} \Phi_v \cdot |\theta_i|_v. \tag{38}$$

Par hypothèse, μ est image d'une mesure ν sur $U(i)_A$, c'est-à-dire que le premier membre de (38) est l'intégrale de $\Phi_v(x_v)\Phi'(x')$ sur $U(i)_v \times U(i)'$ par rapport à ν. Supposons d'abord $\Phi' \geq 0$. Par hypothèse, l'intégrale en question est finie chaque fois que Φ_v est ≥ 0 et appartient à $S(X_v)$, donc aussi chaque fois que Φ_v est continue à support compact sur X_v, et à plus forte raison chaque fois que Φ_v est continue à support compact sur $U(i)_v$. Elle peut donc s'écrire $\int \Phi_v d\nu_v$, où ν_v est une mesure positive sur $U(i)_v$. D'après l'hypothèse faite sur μ, ν_v est invariante par G_v'. On peut d'ailleurs supposer G_v' fermé dans G_v (sinon, on le remplacerait par son adhérence), et par suite identifier $U(i)_v$ avec l'espace homogène déterminé par G_v' et le groupe de stabilité d'un de ses points dans G_v'. Mais la définition de la jauge θ_i dans le théorème 2 du Chapitre IV, n° 44, montre qu'elle est invariante par G, à un facteur ± 1 près; par suite, la mesure $|\theta_i|_v$ est invariante par G_v, et à plus forte raison par G_v'. Les théorèmes connus sur l'unicité de la mesure invariante dans les espaces homogènes (cf. p. ex. [4], § 2, n° 6) montrent alors que ν_v ne peut différer de $|\theta_i|_v$ que par un facteur scalaire $c(\Phi')$. Le cas général où on ne suppose pas $\Phi' \geq 0$ se ramène immédiatement au précédent.

LEMME 23. *Soit $\hat{E}$ une mesure tempérée positive, invariante par T_k et somme de mesures $\hat{\mu}_i$ respectivement portées par les $U(i)_A$ pour $i \in I(X)_k$. Supposons qu'il existe une place v de k, et un sous-groupe G_v' de G_v opérant transitivement sur $U(i)_v$ quel que soit $i \in I(X)_k$, tels que $\hat{E}$ soit invariante par G_v'. Alors la fonction $S \to \hat{E}(S\Phi)$ est bornée sur T_A', uniformément en Φ sur toute partie compacte de $S(X_A)$.*

Soit $\hat{E}_\alpha$, pour $0 \leq \alpha \leq n$, la somme des $\hat{\mu}_i$ pour $i \in I_k^{(\alpha)}$; on aura $\hat{E} = \hat{E}_0 + \ldots + \hat{E}_n$. Si $t \in T_k$, $\bar{\lambda}_t$ détermine une permutation sur chacun des ensembles $I_k^{(\alpha)}$, de sorte que chacune des mesures $\hat{E}_\alpha$ est invariante par T_k. D'autre part, G_A laisse invariant chacun des ensembles $i_X^{-1}(\{i\})$; avec les hypothèses de l'énoncé, il s'ensuit que G_v' laisse invariante chacune des mesures $\hat{\mu}_i$, donc aussi chacune des $\hat{E}_\alpha$; celles-ci satisfont donc aux mêmes hypothèses que $\hat{E}$, et on est ramené à faire la démonstration pour les $\hat{E}_\alpha$.

Soit donc α tel que $0 \leqslant \alpha \leqslant n$. Il y a une constante q, égale à 1 si v est une place à l'infini et à $N(\mathfrak{p}_v)$ dans le cas contraire, telle qu'il existe, pour tout $\tau \in \mathbf{R}_+^*$, un élément y de k_v satisfaisant à $\tau \leqslant |y|_v \leqslant q\tau$; et il existe une partie compacte C de I_k telle que tout élément t de I_k satisfaisant à $1 \geqslant |t|_A \geqslant q^{-1}$ puisse s'écrire sous la forme ϱc avec $\varrho \in k$, $c \in C$; on notera C^n la partie compacte de T_A formée des éléments $(c_1,...,c_n)$ avec $c_\beta \in C$ pour $1 \leqslant \beta \leqslant n$. Donnons-nous aussi une partie compacte C_0 de $S(X_A)$, et appliquons le lemme 6 du Chapitre I, n° 13, à l'espace $X_k = M_{m,n}(\mathfrak{k})$ considéré comme produit des espaces

$$X_k^{(1)} = M_{m,\,\alpha+1}(\mathfrak{k}), \quad X_k^{(2)} = ... = X_k^{(n-\alpha)} = M_{m,\,1}(\mathfrak{k})$$

de telle manière que les projections de $x = (x_1,...,x_n)$ sur ces espaces soient respetivement $(x_1,...,x_{\alpha+1})$, $x_{\alpha+2},...,x_n$; on prendra $Y_k = M_{n,\,\alpha+1}(\mathfrak{k})$, et p sera le morphisme de X dans Y donné par

$$p(x) = {}^t x' \cdot h \cdot (x_1, ..., x_{\alpha+1}).$$

On en conclut qu'il existe $\Phi_0 \in S(X_A)$ tel que l'on ait

$$\left| \mathbf{d}(\lambda_\theta)\, \mathbf{d}(\lambda_c)\, \Phi(x) \right| \leqslant \Phi_0(x)$$

chaque fois que $x \in X_A$, $i_X(x) \in I_k^{(\alpha)}$, $c \in C^n$, $\Phi \in C_0$, et que θ appartient à l'ensemble Θ_α' des éléments $(a_{\tau_1}, ..., a_{\tau_n})$ de $\Theta(T)$ qui satisfont à la condition

$$\tau_1 = ... = \tau_{\alpha+1} \geqslant ... \geqslant \tau_n \geqslant 1.$$

De plus, on peut supposer que Φ_0 a été pris de la forme $\Phi_v(x_v)\Phi'(x')$, avec

$$\Phi_v \in S(X_v), \quad \Phi' \in S(X').$$

Soit maintenant $t = (t_1, ..., t_n)$ un élément de T_A'. Pour $1 \leqslant \beta \leqslant \alpha$, soit $y_\beta \in k_v$ tel que $|y_\beta|_v$ soit compris entre $|t_\beta t_{\alpha+1}^{-1}|_A$ et $q |t_\beta t_{\alpha+1}^{-1}|_A$; soit $y_\beta = 1$ pour $\beta \geqslant \alpha+1$; on aura $|y_\beta|_v \geqslant 1$ pour $1 \leqslant \beta \leqslant n$. D'autre part, pour $\beta \geqslant \alpha+1$, soit $\tau_\beta \in \mathbf{R}_+^*$ tel que $|a_{\tau_\beta}|_A = |t_\beta|_A$, et soit $\tau_\beta = \tau_{\alpha+1}$ pour $1 \leqslant \beta \leqslant \alpha$. Pour tout β, on aura

$$1 \geqslant \left| t_\beta y_\beta^{-1} a_{\tau_\beta}^{-1} \right|_A \geqslant q^{-1},$$

de sorte qu'on pourra écrire $t_\beta = \varrho_\beta y_\beta a_{\tau_\beta} c_\beta$, avec $\varrho_\beta \in k$, $c_\beta \in C$, pour $1 \leqslant \beta \leqslant n$. En posant

$$y = (y_1, ..., y_n), \quad \theta = (a_{\tau_1}, ..., a_{\tau_n}),$$

72 A. WEIL

on aura donc $t = \varrho y \theta c$ avec $\varrho \in T_k$, $y \in T_v$, $\theta \in \Theta_\alpha'$ et $c \in C^n$. Comme $\hat{E}_\alpha$ est invariante par T_k, il s'ensuit qu'on a

$$\left| \hat{E}_\alpha \left(\mathbf{d}\left(\lambda_t\right) \Phi \right) \right| \leqslant \hat{E}_\alpha \left(\mathbf{d}\left(\lambda_y\right) \Phi_0 \right)$$

chaque fois que $\Phi \in C_0$, Φ_0 étant choisie comme ci-dessus.

Pour évaluer le second membre de cette inégalité, on appliquera le lemme 22 à chacune des mesures $\hat{\mu}_i$ pour $i \in I_k^{(\alpha)}$; en notant $c_i(\Phi')$ la constante qui apparaît au second membre de (38) lorsqu'on substitue $\hat{\mu}_i$ à μ au premier membre, on obtient :

$$\hat{E}_\alpha \left(\mathbf{d}\left(\lambda_y\right) \Phi_0 \right) = \sum_{i \in I_k^{(\alpha)}} c_i\left(\Phi'\right) \int_{U(i)_v} \mathbf{d}\left(\lambda_y\right) \Phi_v \cdot \left| \theta_i \right|_v.$$

Comme on a $y_\beta = 1$ pour $\beta \geqslant \alpha + 1$, il résulte de la définition de $I_k^{(\alpha)}$ que l'automorphisme $\bar{\lambda}_y$ de $I(X)_v$ déterminé par λ_y laisse invariants tous les éléments de $I_k^{(\alpha)}$. En appliquant aux termes du second membre de la relation ci-dessus les formules (36) et (37) du n° 46, on obtient alors

$$\hat{E}_\alpha \left(\mathbf{d}\left(\lambda_y\right) \Phi_0 \right) = \left| y_1 \cdots y_\alpha \right|_v^{(-m + 2n + 4\varepsilon - 2)\delta/2} \hat{E}_\alpha \left(\Phi_0 \right).$$

Comme on a supposé (**B**) satisfaite, l'exposant du second membre est < 0. Comme on a $\left| y_\beta \right|_v \geqslant 1$ quel que soit β, on obtient en définitive

$$\left| \hat{E}_\alpha \left(\mathbf{d}\left(\lambda_t\right) \Phi \right) \right| \leqslant \hat{E}_\alpha \left(\Phi_0 \right),$$

cette inégalité étant valable chaque fois que $t \in T_A'$ et $\Phi \in C_0$. Cela achève la démonstration.

50. Nous sommes maintenant en mesure de démontrer le résultat principal que nous avions en vue dans ce chapitre.

THÉORÈME 4. *Soient A_k une algèbre de type* (I) *et X_k un A_k-module à gauche, satisfaisant à* (**B**), *c'est-à-dire à $m > 2n + 4\varepsilon - 2$. Soient v une place de k telle que $U(0)_v$ ne soit pas vide, et G_v' un sous-groupe de G_v opérant transitivement sur $U(i)_v$ quel que soit $i \in I(X)_k$. Soit E' une mesure tempérée positive sur X_A, invariante par $Ps_k = Ps(X_k/A_k)$ et par G_v', et telle que $E' - E$ soit somme de mesures portées par les $U(i)_A$ pour $i \in I(X)_k$. Alors on a $E' = E$.*

Avec les notations des théorèmes 2 et 3 du Chapitre IV, n° 44, on a $E = \sum E_Z$, la sommation étant étendue à tous les sous-modules Z_k de X_k; E_X est somme des mesures $\left| \theta_i \right|_A$ respectivement portées par les $U(i)_A$, tandis que E_Z a son support contenu dans Z_A quel que soit $Z_k \neq X_k$. Sur le domaine universel, soit U l'ensemble des points de X de rang maximal; il est k-ouvert; c'est une orbite pour le groupe des éléments inversibles de A; quel que soit $i \in I(X)_k$, $U(i)$ est une sous-variété de U et est donc k-fermée dans U. Soit

$F = X - U$; c'est une partie k-fermée de X, invariante par le groupe des éléments inversibles de $\mathcal{A}$ et à plus forte raison par G, et qui contient Z chaque fois que $Z_k \neq X_k$. Par suite, F_A est une partie fermée de X_A, invariante par G_A et évidemment aussi par $\mathrm{Aut}(X_k)$, qui contient Z_A pour $Z_k \neq X_k$, et qui est sans point commun avec $U(i)_A$ quel que soit $i \in I(X)_k$. Il s'ensuit que E_X est la restriction de E à l'ensemble ouvert $X_A - F_A$, et que la somme $\sum E_Z$, étendue à tous les $Z_k \neq X_k$, est la restriction de E à F_A. L'hypothèse faite sur E' implique alors que la restriction $\hat{E}$ de E' à $X_A - F_A$ est somme de mesures $\hat{\mu}_i$ respectivement portées par les $U(i)_A$ pour $i \in I(X)_k$, et que la restriction de E' à F_A est la même que celle de E, de sorte qu'on a $E' - \hat{E} = E - E_X$; de plus, comme E' et F_A sont invariants par G'_v et par $\mathrm{Aut}(X_k)$, il en est de même de $\hat{E}$, qui satisfait donc aux hypothèses du lemme 23 du n° 49.

D'après ce lemme, la fonction $S \to \hat{E}(S\Phi)$ est donc bornée sur T'_A, uniformément en Φ sur toute partie compacte de $S(X_A)$. Cette conclusion s'applique en particulier à E_X, qui est déduit de E comme $\hat{E}$ l'est de E'; elle s'applique donc aussi à la mesure tempérée E'' donnée par

$$E'' = E' - E = \hat{E} - E_X.$$

Mais celle-ci est invariante par Ps_k, puisqu'il en est ainsi de E, et aussi, par hypothèse, de E'; on peut donc lui appliquer le lemme 20 du n° 47, qui montre que la fonction $S \to E''(S\Phi)$ est bornée sur Mp_A, quelle que soit $\Phi \in S(X_A)$. Pour tout $\Phi \in S(X_A)$, on désignera par $M(\Phi)$ la borne supérieure de $|E''(S\Phi)|$ pour $S \in Mp_A$; on aura $M(S\Phi) = M(\Phi)$ quel que soit $S \in Mp_A$.

La mesure E'' est somme des mesures $\mu''_i = \hat{\mu}_i - \mu_i$, où μ_i désigne de nouveau la mesure $|\theta_i|_A$ portée par $U(i)_A$. On a donc, pour $\Phi \in S(X_A)$:

$$E''(\Phi) = \sum_{i \in I(X)_k} \int \Phi \, d\mu''_i \, ;$$

dans cette formule, la série du second membre est absolument convergente, uniformément en Φ sur toute partie compacte de $S(X_A)$, puisqu'il en est évidemment ainsi des séries analogues formées au moyen des mesures positives $\hat{\mu}_i$ et μ_i. Soit $i^* \in I(X)^*_A$; soit q l'élément de $Q(X/\mathcal{A})_A$ qui correspond à i^* en vertu des isomorphismes du Chapitre II, n° 15, c'est-à-dire qui est défini par $q(x) = [i_X(x), i^*]$ pour $x \in X_A$. On a alors, pour $\Phi \in S(X_A)$:

$$t(q)\Phi(x) = \Phi(x)\chi(q(x)) = \Phi(x)\chi([i_X(x), i^*]),$$

et par suite

$$E''(t(q)\Phi) = \sum_{i \in I(X)_k} \chi([i, i^*]) \int \Phi \, d\mu''_i .$$

On peut considérer cette formule comme donnant le développement du premier membre en série de Fourier sur le groupe compact $I(X)_A^*/I(X)_k^*$. Comme le premier membre, en valeur absolue, est $\leqslant M(\Phi)$, on aura, en vertu des formules de Fourier

$$\left|\int \Phi\, d\mu_i''\right| \leqslant M(\Phi),$$

et par suite, en remplaçant Φ par $S\,\Phi$:

$$\left|\int S\,\Phi \cdot d\mu_i''\right| \leqslant M(\Phi), \tag{39}$$

cette inégalité étant valable quels que soient $S \in Mp_A$, $i \in I(X)_k$ et $\Phi \in S(X_A)$.

Prenons Φ de la forme $\Phi_v(x_v)\Phi'(x')$, avec $\Phi_v \in S(X_v)$, $\Phi' \in S(X')$. En vertu des hypothèses faites sur E', les $\hat{\mu}_i$ sont invariantes par G_v', et il en est bien entendu de même des μ_i; on peut donc leur appliquer le lemme 22 du n° 49. Par suite, on peut écrire

$$\int \Phi\, d\mu_i'' = c_i\,(\Phi') \int_{U(i)_v} \Phi_v \cdot |\theta_i|_v.$$

Dans cette formule, remplaçons Φ par $\mathbf{d}(\lambda_t)\Phi$, avec $t \in T_v$; cela revient à ne pas changer Φ' et à remplacer Φ_v par $\mathbf{d}(\lambda_t)\Phi_v$, cette dernière fonction étant donnée par la formule analogue à (37), relative à X_v. En posant $i' = i\bar{\lambda}_t$, cela donne, d'après (36) :

$$\int \mathbf{d}(\lambda_t)\,\Phi \cdot d\mu_i'' = c_i\,(\Phi')\,|t_1 \dots t_n|_v^{(-m+2n+4\varepsilon-2)\delta/2} \int_{U(i')_v} \Phi_v \cdot |\theta_{i'}|_v. \tag{40}$$

Désignons par $F(i')$ l'intégrale qui figure au second membre; la proposition 6 du Chapitre III, n° 37, montre que c'est une fonction continue de i' dans $I(X)_v$, de sorte que $F(i')$ tend vers $F(0)$ quand on fait tendre tous les $|t_\alpha|_v$ vers 0. Comme l'exposant de $|t_1 \dots t_n|_v$, au second membre de (40), est <0 en vertu de la condition (B), et que, d'après (39), ce second membre doit rester borné quel que soit $t \in T_v$, on en conclut qu'on doit avoir $c_i(\Phi')\,F(0)=0$. Mais $F(0)$ est donné par

$$F(0) = \int_{U(0)_v} \Phi_v \cdot |\theta_0|_v\ ,$$

et, par hypothèse, $U(0)_v$ n'est pas vide; on peut donc choisir Φ_v de manière que $F(0)$ ne soit pas nul. On a donc $c_i(\Phi')=0$, et par suite $\int \Phi\, d\mu_i''=0$ chaque fois que Φ est de la forme $\Phi_v(x_v)\Phi'(x')$. Cela entraîne évidemment $\mu_i''=0$. Comme il en est ainsi quel que soit $i \in I(X)_k$, on a donc $E''=0$, c'est-à-dire $E'=E$.

On observera que le théorème 4 fournit une caractérisation de la mesure E_X, par récurrence sur le rang n de X_k, à partir de $E_0=\delta_0$.

VI. La formule de Siegel

51. La « formule de Siegel », au sens où nous l'entendons ici, donne la relation entre la « série d'Eisenstein-Siegel » $E(\Phi)$ qu'on a introduite et étudiée au Chapitre IV, et certaines intégrales du type considéré au Chapitre I, n°s 7, 8 et 12.

L'algèbre à involution $\mathcal{A}_k$ et le module X_k étant donnés comme précédemment, on continuera à désigner par $\mathcal{A}$ l'extension de $\mathcal{A}_k$ au domaine universel et par G le groupe réductif des éléments u de $\mathcal{A}$ tels que $u \cdot u^\iota = 1$. On désignera par ϱ la représentation de G (dans le groupe des automorphismes de l'espace vectoriel sous-jacent à X) qui est donnée par $\varrho(u)x = ux$. On considérera de nouveau le sous-groupe G_1 de G qui a été défini au n° 28 du Chapitre II; on notera φ_1 l'injection canonique de G_1 dans G, et ϱ_1 la représentation de G_1 définie par $\varrho_1 = \varrho \circ \varphi_1$. Lorsque $\mathcal{A}_k$ est de type (I_4) avec $m \geqslant 3$, ou de type (I_3) avec $m \geqslant 2$, on désignera par $\tilde{G}$ le revêtement simplement connexe de G_1 (le groupe « spin »), par $\tilde{\varphi}_1$ l'homomorphisme canonique de $\tilde{G}$ sur G_1 (dont le noyau est un groupe à deux éléments), et on posera $\tilde{\varphi} = \varphi_1 \circ \tilde{\varphi}_1$, $\tilde{\varrho} = \varrho \circ \tilde{\varphi}$.

Avec ces notations, écrivons, pour $\Phi \in S(X_A)$:

$$I(\Phi) = \int_{G_A/G_k} \sum_{\xi \in X_k} \Phi(\varrho(u)\xi) \cdot d\mu(u),$$

où μ est une mesure de Haar sur G_A. Pour $\Phi \geqslant 0$, $\Phi(0) = 1$, cette intégrale est $\geqslant \mu(G_A/G_k)$; pour qu'elle converge quel que soit $\Phi \in S(X_A)$, il faut donc que G_A/G_k soit de mesure finie. Dans ces conditions, on conviendra de normer μ par la condition $\mu(G_A/G_k) = 1$.

On désignera par $I_1(\Phi)$ et $\tilde{I}(\Phi)$ les intégrales obtenues en substituant, d'une part G_1 et ϱ_1, d'autre part (lorsque $\tilde{G}$ est défini) $\tilde{G}$ et $\tilde{\varrho}$ à G et ϱ.

On va d'abord déterminer les cas où ces intégrales satisfont aux conditions suffisantes de convergence contenues dans le lemme 5 du Chapitre I, n° 12; on se bornera pour cela aux cas où $\mathcal{A}_k$ est de type (I) ou de type (II). Dans le cas (I), avec nos notations habituelles, l'involution ι sur $\mathcal{A}_k$ est définie au moyen d'une forme η-hermitienne h sur $A \times A$, A étant un espace vectoriel à droite de dimension m sur $\mathfrak{k}$; on désignera par r l'indice de h, c'est-à-dire la dimension sur $\mathfrak{k}$ d'un sous-espace totalement isotrope maximal pour h dans A.

PROPOSITION 8. *Si $\mathcal{A}_k$ est de type (I), l'intégrale $I(\Phi)$ est absolument convergente, quelle que soit $\Phi \in S(X_A)$, chaque fois que $r = 0$ ou que $m - r > n + 2\varepsilon - 1$; il en est de même de $I_1(\Phi)$, et de $\tilde{I}(\Phi)$ quand $\tilde{G}$ est défini. Si $\mathcal{A}_k$ est de type (II), $I_1(\Phi)$ est absolument convergente quelle que soit $\Phi \in S(X_A)$, chaque fois que $m = 1$ ou que $m > p + q$.*

L'assertion est triviale quand G (resp. G_1, $\tilde{G}$) est « anisotrope », c'est-à-dire ne contient aucun tore trivial, puisqu'alors G_A/G_k, ou l'espace analogue pour G_1 ou $\tilde{G}$, est compact. Il

76 A. WEIL

en est ainsi, comme on sait, pour $r = 0$ dans le cas (I), et pour $m = 1$, en ce qui concerne le groupe G_1, dans le cas (II). Ces cas étant laissés de côté, plaçons-nous d'abord dans le cas (I); h étant d'indice $r > 0$, on sait qu'on peut choisir une base dans A pour laquelle h soit donnée par une matrice de la forme

$$h = \begin{pmatrix} 0 & 0 & 1_r \\ 0 & h_0 & 0 \\ \eta \cdot 1_r & 0 & 0 \end{pmatrix},$$

où h_0 est la matrice (d'ordre $m - 2r$) d'une forme η-hermitienne d'indice 0 (ou « anisotrope »); cela implique qu'on a $m \geqslant 2r$. Pour $t = (t_1, ..., t_r) \in (G_m)^r$, désignons par $f(t)$ la matrice diagonale d'ordre m dont les éléments diagonaux sont

$$(t_1, ..., t_r, \ 1, ..., 1, \ t_1^{-1}, ..., t_r^{-1}).$$

Il est bien connu que f est alors un isomorphisme de $(G_m)^r$ sur un tore trivial maximal T de G; T est aussi un tore trivial maximal de G_1, et un tore trivial maximal $\tilde{T}$ de $\tilde{G}$, dans les cas où $\tilde{G}$ est défini, est donné par $\tilde{T} = \tilde{\varphi}^{-1}(T)$. Identifions T avec $(G_m)^r$ au moyen de f, et désignons par δ, comme toujours, la dimension de $\mathfrak{k}$ sur k. Alors il est aisé de voir qu'on peut ordonner les racines de G de manière que les racines strictement positives (c'est-à-dire $\neq 1$ et $\succ 1$) soient les suivantes : $t_i t_j^{-1}$ et $t_i t_j$, pour $1 \leqslant i < j \leqslant r$, chacune avec la multiplicité δ; t_i et t_i^2 pour $1 \leqslant i \leqslant r$, avec les multiplicités respectives $\delta(m - 2r)$ et $\delta(1 - \varepsilon)$. Les poids de ϱ sont les t_i et les t_i^{-1} pour $1 \leqslant i \leqslant r$, chacun avec la multiplicité δn. Les racines de G_1 et les poids de ϱ_1 sont les mêmes que ceux de G et de ϱ; ceux de $\tilde{G}$ et de $\tilde{\varrho}$ s'en déduisent par l'homomorphisme de $\tilde{T}$ sur T induit par $\tilde{\varphi}$. L'application du lemme 5 du Chapitre I, n° 12, se réduit alors à un calcul qui ne présente aucune difficulté, et donne le résultat annoncé. La vérification se fait de même dans le cas (II).

Comme on a $m \geqslant 2r$, d'où $m - r \geqslant m/2$, dans le cas (I), on voit que la condition (B) du Chapitre III, n° 38 (c'est-à-dire $m > 2n + 4\varepsilon - 2$ dans le cas (I) et $m > p + q$ dans le cas (II)) entraîne toujours la condition de convergence de la proposition 8, dans le cas (I) comme dans le cas (II); elle lui est même équivalente, dans le cas (I), si $m = 2r$, et, dans le cas (II), si $m \neq 1$.

52. Nous pouvons maintenant démontrer la « formule de Siegel »; elle est contenue dans le théorème suivant :

THÉORÈME 5. *Soient A_k une algèbre de type (I) et X_k un A_k-module à gauche, satisfaisant à* (B) *c'est-à-dire à $m > 2n + 4\varepsilon - 2$. Soient v une place de k telle que $U(0)_v$ ne soit pas vide, et G'_v un sous-groupe de G_v qui opère transitivement sur $U(i)_v$ quel que soit $i \in I(X)_k$.*

Soit v une mesure positive sur G_A/G_k, invariante par G_v', telle que $v(G_A/G_k) = 1$ et que l'intégrale

$$I_v(\Phi) = \int_{G_A/G_k} \sum_{\xi \in X_k} \Phi(\varrho(u)\xi) \cdot dv(u)$$

soit absolument convergente quelle que soit $\Phi \in S(X_A)$. Alors on a $I_v(\Phi) = E(\Phi)$, et, pour tout $i \in I(X)_k$:

$$\int_{G_A/G_k} \sum_{\xi \in U(i)_k} \Phi(\varrho(u)\xi) \cdot dv(u) = \int \Phi \, d\mu_i, \tag{41}$$

où μ_i est la mesure $|\theta_i|_A$ déterminée sur $U(i)_A$ par la jauge θ_i définie au théorème 2 du Chapitre IV, n° 44. Ces résultats restent valables quand on y remplace G et ϱ par G_1 et ϱ_1, ou bien, dans les cas (I_3), (I_4), par $\tilde{G}$ et $\tilde{\varrho}$. Ils sont valables en particulier quand on prend pour v la mesure de Haar sur G normée par $v(G_A/G_k) = 1$, ou encore la mesure de Haar sur G_1 (ou, dans les cas (I_3), (I_4), sur $\tilde{G}$) normée de même.

On procédera par récurrence sur le rang n de X_k; pour cela, on va montrer d'abord que les hypothèses faites sur v et v relativement à X_k entraînent que v et v ont les propriétés analogues relativement à tout $\mathcal{A}_k$-module X_k' de rang $n' \leqslant n$. Tous les $\mathcal{A}_k$-modules de même rang étant isomorphes, il suffit de démontrer cette assertion quand X_k' est un sous-module de X_k. En ce qui concerne les conditions imposées à v, l'assertion est évidente. En ce qui concerne v, convenons, pour tout $i' \in I(X')_k$, de désigner par $U'(i')_v$ l'ensemble des éléments x' de X_v', de rang maximal dans X_v', qui satisfont à $i_{X'}(x') = i'$. Considérons d'abord l'hypothèse $U(0)_v \neq \emptyset$, dont nous voulons faire voir qu'elle entraîne $U'(0)_v \neq \emptyset$. Reprenons les notations du n° 26 du Chapitre II, en y prenant $K = k_v$ et écrivant m_v, n_v au lieu de m_K, n_K. Supposons d'abord que $\mathcal{A}_v$ soit de type (I); comme au n° 26 du Chapitre II, écrivons $\mathcal{A}_v$ sous la forme $M_{m_v}(\mathfrak{K})$, où $\mathfrak{K}$ est une algèbre à division sur k_v et où $m_v = mv$; l'involution ι sur $\mathcal{A}_v$ est alors définie par une involution sur $\mathfrak{K}$, et par une matrice h_v à m_v lignes et m_v colonnes sur $\mathfrak{K}$, η_v-hermitienne par rapport à cette involution. Dire que $U(0)_v \neq \emptyset$ revient alors à dire que h_v est d'indice $\geqslant n_v = nv$, et $U'(0)_v \neq \emptyset$ revient de même à dire que cet indice est $\geqslant n_v' = n'v$; pour $n' \leqslant n$, la première assertion entraîne évidemment la seconde. Si $\mathcal{A}_v$ est de type (II), $U(0)_v \neq \emptyset$ et $U'(0)_v \neq \emptyset$ sont respectivement équivalentes à $m_v \geqslant 2n_v$ et à $m_v \geqslant 2n_v'$, d'après le n° 23 du Chapitre II, et on en tire la même conclusion; on pourra remarquer d'ailleurs que, dans ce cas, on a $\varepsilon = \frac{1}{2}$ d'après le n° 26 du Chapitre II, donc $m > 2n$ d'après (B), de sorte qu'on a certainement $U(0)_v \neq \emptyset$ et $U'(0)_v \neq \emptyset$. Passons à la transitivité de G_v' sur les ensembles $U(i)_v$, $U'(i')_v$. Identifions X_k, comme d'habitude, avec $M_{m,n}(\mathfrak{k})$, et X_k' avec le module des éléments de $M_{m,n}(\mathfrak{k})$ de la forme $(x_1, \ldots, x_{n'}, 0, \ldots, 0)$; désignons par X_k'' le module des éléments de $M_{m,n}(\mathfrak{k})$ de la forme $(0, \ldots, 0, x_{n'+1}, \ldots, x_n)$,

78 **A. WEIL**

de sorte qu'on a $X_k = X'_k \oplus X''_k$. Identifions $I(X_k)$ et $I(X'_k)$ avec les espaces de matrices η-hermitiennes sur $\mathfrak{k}$, d'ordre n et d'ordre n', respectivement, comme il a été expliqué au n° 19 du Chapitre II. Soit $i' \in I(X'_k)$, et soit i l'élément de $I(X_k)$ donné par la matrice $\begin{pmatrix} i' & 0 \\ 0 & 0 \end{pmatrix}$ à n lignes et n colonnes. Supposons d'abord que $\mathcal{A}_v$ soit de type (I); avec les mêmes notations que ci-dessus, on peut identifier $I(X_v)$ avec l'espace des matrices η_v-hermitiennes à n_v lignes et n_v colonnes sur $\mathfrak{R}$, et faire de même pour $I(X'_v)$. L'isomorphisme canonique de $I(X_k) \otimes k_v$ sur $I(X_v)$, dont la définition résulte du n° 15 du Chapitre II, induit sur $I(X_k)$ une application k-linéaire de $I(X_k)$ dans $I(X_v)$; il serait aisé d'expliciter celle-ci, en introduisant quelques notations supplémentaires, mais cela est inutile pour notre objet. Soit i_v l'élément de $I(X_v)$, image de i par cette application; si i'_v est l'élément de $I(X'_v)$ déduit de même de i', on aura $i_v = \begin{pmatrix} i'_v & 0 \\ 0 & 0 \end{pmatrix}$. D'après le n° 19 du Chapitre II, $U(i)_v$ s'identifie à l'ensemble des matrices x à m_v lignes et n_v colonnes sur $\mathfrak{R}$, de rang maximal (c'est-à-dire égal à n_v), qui satisfont à $h_v[x] = i_v$; on a une assertion analogue pour $U'(i')_v$. Par hypothèse, $U(0)_v$ n'est pas vide, ce qui veut dire que h_v est d'indice $\geq n_v$; on en déduit aisément, par un raisonnement élémentaire, que $U(i)_v$ n'est pas vide; soit $a \in U(i)_v$. Alors, si a', a'' sont les projections de a sur X'_v, X''_v pour la décomposition $X_v = X'_v \oplus X''_v$ de X_v en somme directe, on aura

$$h_v[(a', a'')] = i_v = \begin{pmatrix} i'_v & 0 \\ 0 & 0 \end{pmatrix},$$

donc $h_v[a'] = i'_v$; de plus, comme a est de rang maximal (égal à n_v) dans X_v, a' doit être de rang maximal (égal à n'_v) dans X'_v; on a donc $a' \in U'(i')_v$. Soit alors $x' \in U'(i')_v$. D'après la proposition 3 du Chapitre II, n° 22, il y a $u \in G_v$ tel que $x' = ua'$. Alors a et ua appartiennent tous deux à $U(i)_v$, de sorte que, par hypothèse, il y a $u' \in G'_v$ tel que $ua = u'a$, d'où $x' = u'a'$. Cela montre bien que G'_v opère transitivement sur $U'(i')_v$. La démonstration se fait d'une manière tout à fait analogue lorsque $\mathcal{A}_v$ est de type (II).

Soient alors v et ν satisfaisant aux hypothèses du théorème 5 relativement à un module X_k de rang n, et considérons d'abord le cas de l'intégrale I_ν formée au moyen de G et de ϱ. Pour $n = 0$, les assertions du théorème se réduisent à $I_\nu = \delta_0$, ce qui est une conséquence évidente de l'hypothèse $v(G_A/G_k) = 1$. Procédons par récurrence sur n, et supposons $n \geq 1$. Comme $I_\nu(\Phi)$ est convergente par hypothèse quelle que soit $\Phi \in S(X_A)$, le lemme 2 du Chapitre I, n° 2, joint au lemme 5 de [14], n° 41, montre aussitôt que I_ν est une mesure tempérée positive. Le théorème 6 de [14], n° 41, et la proposition 9 de [14], n° 51, montrent alors que I_ν est invariante par Ps_k; elle l'est évidemment aussi par G'_v. Pour les mêmes raisons, si on note $I_{\nu,i}(\Phi)$ le premier membre de (41), $I_{\nu,i}$ est une mesure tempérée positive.

Soit $I_{\nu,X}$ la somme des $I_{\nu,i}$ pour $i \in I(X)_k$; on peut considérer $I_{\nu,X}$ comme défini par l'intégrale analogue à celle qui définit I_ν, mais où la sommation est restreinte aux éléments ξ
de X_k qui sont de rang maximal dans X_k. De même, pour tout sous-module Z_k de X_k,
désignons par $I_{\nu,Z}$ la mesure tempérée positive définie par l'intégrale analogue à celle qui
définit I_ν, mais où la sommation est restreinte aux éléments ξ de Z_k qui sont de rang maximal
dans Z_k, ou autrement dit aux éléments ξ de X_k qui satisfont à $A_k \cdot \xi = Z_k$. Tenant compte
du théorème 2 du Chapitre IV, n° 44, on voit que le théorème 5 pour X_k implique que
$I_{\nu,X} = E_X$; par suite, l'hypothèse de récurrence implique que $I_{\nu,Z} = E_Z$ pour tout sous-
module Z_k de X_k, autre que X_k. On a donc, en vertu de cette hypothèse :

$$I_\nu = \sum_{i \in I(X)_k} I_{\nu,i} + \sum_{Z_k \neq X_k} E_Z. \tag{42}$$

D'après le théorème 3 du Chapitre IV, n° 44, la seconde somme du second membre n'est
pas autre chose que $E - E_X$. D'autre part, d'après la proposition 3 du Chapitre II, n° 22,
ceux des $U(i)_k$ qui ne sont pas vides sont des orbites de G_k dans X_k; compte tenu du changement de notation, la formule (11) du Chapitre I, n° 7, montre alors que les mesures $I_{\nu,i}$
sont respectivement portées par les $U(i)_A$, au sens où ce terme a été défini au n° 49 du
Chapitre V. Par conséquent, I_ν satisfait à toutes les hypothèses du théorème 4 du Chapitre
V, n° 50. D'après ce théorème, on a donc $I_\nu = E$, et par suite $I_{\nu,X} = E_X$ d'après (42). Comme
$I_{\nu,i}$ et μ_i sont les restrictions de $I_{\nu,X}$ et de E_X, respectivement, à l'ensemble $i_X^{-1}(\{i\})$, il
s'ensuit qu'on a $I_{\nu,i} = \mu_i$ quel que soit $i \in I(X)_k$. Pour voir que le résultat ainsi obtenu
s'applique quand on prend pour ν la mesure de Haar sur G_A, il suffit de prendre $G'_v = G_v$,
la place v étant choisie de manière que $U(0)_v$ ne soit pas vide; or il en est ainsi pour presque
tout v, par exemple d'après les résultats rappelés au n° 4 du Chapitre I. Cela achève la
démonstration en ce qui concerne G et ϱ.

Il n'y aurait rien à changer à ce qui précède, en ce qui concerne G_1 et ϱ_1 (resp. $\tilde{G}$ et
$\tilde{\varrho}$) si on était assuré, dans tous les cas, que $(G_1)_K$, opérant sur X_K au moyen de ϱ_1 (resp.
$\tilde{G}_K$ opérant au moyen de $\tilde{\varrho}$), eût les mêmes orbites que G_K dans X_K, quel que soit le corps
$K \supset k$; mais cette question ne semble pas toujours facile à trancher, et on peut se contenter
de résultats partiels à cet égard. La question ne se pose pas si A_k est de type (I_0) ou (I_1),
puisqu'alors $\tilde{G}$ n'est pas défini et $G_1 = G$. Si A_K est de type (II), A_k doit être de type (I_2)
d'après le n° 26 du Chapitre II, de sorte qu'on a $\varepsilon = \frac{1}{2}$, donc $m > 2n$ d'après (B), d'où $m_K >$
$2n_K$; au moyen des résultats du n° 23 du Chapitre II, on vérifie alors facilement que $(G_1)_K$
opère transitivement sur les orbites de G_K dans X_K. Il en sera ainsi, en particulier, si A_k
est de type (I_2) et qu'on prenne pour K le domaine universel. Quand A_K est de type (I_4),
on vérifie de même que $(G_1)_K$ opère transitivement sur les orbites de G_K dans X_K pourvu
que $m_K > 2n_K$; (B) étant toujours supposée satisfaite, il en sera ainsi chaque fois que A_k

80   A. WEIL

est de type (I_3) ou (I_4) et que K est le domaine universel. Enfin, l'homomorphisme $\tilde{\varphi}_1$ de $\tilde{G}$ sur G_1 détermine un homomorphisme de $\tilde{G}_K$ sur $(G_1)_K$ chaque fois que K est algébriquement clos; donc $\tilde{G}_K$ opère alors transitivement sur les orbites de $(G_1)_K$ dans X_K, et il en est ainsi en particulier quand K est le domaine universel. Cela posé, si on reprend la démonstration donnée ci-dessus de la première partie du théorème 5 pour G, on voit qu'elle s'applique aussi à G_1 (resp. à $\tilde{G}$) pourvu qu'on sache que les $I_{\nu,i}$ sont des mesures respectivement portées par les $U(i)_A$. Or $U(i)_k$ est en tout cas une réunion d'orbites de $(G_1)_k$ (resp. $\tilde{G}_k$), à chacune desquelles on peut appliquer la formule (11) du Chapitre I, n° 7; comme, dans cette formule, $H(\omega)$ désigne l'orbite de ξ_ω sur le domaine universel, on voit qu'il suffit ici de savoir que $U(i)$ est l'orbite de tout point de $U(i)_k$ par G_1 (resp. $\tilde{G}$) sur le domaine universel; or cela résulte de ce qui précède.

Il ne reste plus qu'à vérifier la dernière assertion du théorème 5 en ce qui concerne G_1 (resp. $\tilde{G}$); pour cela, il suffit de faire voir qu'on peut choisir v de manière que $U(0)_v$ ne soit pas vide et que $(G_1)_v$ (resp. $\tilde{G}_v$) opère transitivement sur les $U(i)_v$. Si $\mathcal{A}_k$ est de type (I_0) ou (I_1), il n'y a rien à démontrer. Si $\mathcal{A}_k$ est de type (I_2), il suffit, d'après ce qui précède et d'après le n° 23 du Chapitre II, de choisir v de manière que $\mathcal{A}_v$ soit de type (II). Soit $\mathcal{A}_k$ de type (I_3) ou (I_4); pour presque tout v, $U(0)_v$ est non vide et $\mathcal{A}_v$ est de type (I_4), et par suite, d'après ce qui précède, $G'_v = (G_1)_v$ aura les propriétés voulues. En ce qui concerne $\tilde{G}_v$, choisissons v comme on vient de le dire, en supposant de plus que v ne soit pas une place à l'infini. La condition (B) implique alors $m_v - 2n_v \geqslant 3$; en faisant usage des résultats du n° 23 du Chapitre II et des propriétés connues de la « norme spinorielle », on conclut aisément qu'alors $\tilde{G}_v$ opère transitivement sur les orbites de $(G_1)_v$ dans X_v. Cela achève la démonstration du théorème 5.

Quand on prend pour v la mesure de Haar dans G_A, la formule $I_v = E$ est celle même qui a été annoncée dans le mémoire précédent ([14], n° 52).

53. Appliquant maintenant le théorème 5 du n° 52 au groupe G, et à la mesure de Haar v sur G, nous allons dégager de la formule (41) quelques résultats arithmétiques qui s'y trouvent renfermés. Le premier, de nature qualitative, s'obtient en observant que la mesure tempérée définie par le premier membre de (41) est 0 chaque fois que $U(i)_k$ est vide, alors que la mesure μ_i qui figure au second membre ne peut être 0, en vertu de sa définition, que si $U(i)_A$ est vide. Par suite, *quand* (**B**) *est satisfaite, les assertions* $U(i)_k \neq \emptyset$ *et* $U(i)_A \neq \emptyset$ *sont équivalentes*. Compte tenu des résultats mentionnés au n° 4 du Chapitre I, il revient au même de dire que, si (**B**) est satisfaite, $U(i)_k \neq \emptyset$ équivaut à l'assertion « $U(i)_v \neq \emptyset$ quel que soit v ». Sous cette forme, on reconnaît le « principe de Hasse », à cela près que ce principe, comme on sait, reste valable même pour certaines valeurs de m et n qui ne satisfont pas à (B); par exemple, si $\mathcal{A}_k$ est de type (I_4), il est valable quels que soient m et n. En revanche, les remarques de la fin du Chapitre III, n° 38, jointes à ce qu'on vient de démontrer, font voir que, si (B) est satisfaite, $U(i)_k \neq \varnothing$ équivaut même à l'assertion « $U(i)_v \neq \varnothing$ quelle que soit la place à l'infini v de k ». Par exemple, pour $k=\mathbf{Q}$, $\mathcal{A}_k$ de type (I_4), $n=1$ et $i=0$, on obtient ainsi le théorème classique de Meyer, d'après lequel toute forme quadratique indéfinie à $m \geqslant 5$ variables, sur $\mathbf{Q}$, « représente 0 ».

De (41), on va tirer maintenant des résultats quantitatifs concernant les « nombres de Tamagawa » des groupes classiques. Observons d'abord qu'en vertu de la proposition 3 du Chapitre II, n° 22, et de son corollaire, la condition (W) du n° 8 du Chapitre I est bien satisfaite par G opérant sur X au moyen de la représentation ϱ, de sorte qu'on peut appliquer les résultats du n° 8 du Chapitre I au premier membre de (41). Soit donc ξ un élément de rang maximal de X_k; soit $i=i_X(\xi)$, et soit g le groupe de stabilité de ξ dans G; d'après le n° 8 du Chapitre I, on peut identifier $U(i)$ avec G/g et $U(i)_A$ avec G_A/g_A; de plus, d'après ce n°, g_A/g_k est de mesure finie, ce qu'il est d'ailleurs facile de vérifier directement au moyen des résultats du n° 23 du Chapitre II qui donnent la structure de g. Soit ν_0 la mesure de Haar sur g, normée par la condition $\nu_0(g_A/g_k)=1$. Le n° 8 du Chapitre I montre alors que la mesure $I_{\nu,i}$ définie par le premier membre de (41) n'est autre que la mesure ν/ν_0 portée par $G_A/g_A=U(i)_A$; (41) peut donc s'exprimer en disant que $\nu/\nu_0=|\theta_i|_A$.

Soient du, dv des jauges invariantes sur G et sur g, respectivement; on en déduit, comme on sait (cf. [13], Th. 2.4.1) une jauge invariante du/dv sur $U(i)$, qui doit donc coïncider avec θ_i à un facteur scalaire près; par suite, en multipliant au besoin du par un tel facteur, on peut faire en sorte qu'on ait $du/dv=\theta_i$. Soit λ un système de facteurs de convergence pour G; alors, d'après un résultat général ([13], Theorem 2.4.3) joint au lemme 19 du Chapitre IV, n° 43, λ est aussi un système de facteurs de convergence pour g, et on a

$$|\theta_i|_A = |\lambda du|_A / |\lambda dv|_A.$$

Chaque fois que λ est un système de facteurs de convergence pour un groupe G, on conviendra de noter $\tau_\lambda(G)$ la mesure de G_A/G_k pour la mesure de Haar $|\lambda du|_A$ sur G_A, du étant une jauge invariante sur G; pour $\lambda=1$, $\tau_\lambda(G)$ est par définition le « nombre de Tamagawa » de G. Avec cette notation, les mesures ν, ν_0 définies plus haut, sur G_A et sur g_A respectivement, peuvent s'écrire :

$$d\nu(u)=\tau_\lambda(G)^{-1}|\lambda du|_A, \quad d\nu_0(v)=\tau_\lambda(g)^{-1}|\lambda dv|_A.$$

Tenant compte de ce qui précède, on voit que (41) équivaut à la formule

$$\tau_\lambda(g) = \tau_\lambda(G), \tag{43}$$

qui est donc valable chaque fois que (B) est satisfaite et que g est le groupe de stabilité dans G d'un point ξ de X_k de rang maximal dans X_k.

6 – 652922. *Acta mathematica*. 113. Imprimé le 11 mars 1965.

82   A. WEIL

54. Plaçons-nous d'abord dans le cas (I_0); alors G est le groupe symplectique $Sp(m)$ à m variables, m étant nécessairement pair. On peut alors prendre $\lambda = 1$. Prenons $n = 1$; alors on a $I(X)_k = \{0\}$, et le n° 23 du Chapitre II fait voir que g est isomorphe à un produit semidirect de $Sp(m-2)$ et d'un groupe unipotent. Par suite, (43) montre, pour $m > 2$, que $Sp(m)$ a même nombre de Tamagawa que $Sp(m-2)$, et, pour $m = 2$, que ce nombre a la valeur 1.

Si $\mathcal{A}_k$ n'est pas de type (I_0), on peut, par le choix d'une base convenable, faire en sorte que la forme η-hermitienne h soit donnée par une matrice diagonale; soient $a_1, ..., a_m$ les éléments diagonaux de celle-ci; convenons d'écrire alors $G(a_1, ..., a_m)$ au lieu de G, et $\tau_\lambda(a_1, ..., a_m)$ au lieu de $\tau_\lambda(G)$. Prenons $n = 1$, X_k s'identifiant alors à $M_{m,1}(\mathfrak{k})$, et appliquons (43) au groupe de stabilité g de $\xi = (0, ..., 0, 1)$. Soit d'après le n° 23 du Chapitre II, soit directement, on voit aussitôt que g est isomorphe à $G(a_1, ..., a_{m-1})$; on a donc

$$\tau_\lambda(a_1, ..., a_{m-1}) = \tau_\lambda(a_1, ..., a_m)$$

chaque fois que $m > 4\varepsilon$. De même, appliquons (43) au cas où on a pris

$$G = G(a_1, ..., a_{m-2}, 1, -1), \quad \xi = (0, ..., 0, 1, 1);$$

comme on a alors $i_X(\xi) = 0$, le n° 23 du Chapitre II montre que g est isomorphe à un produit semidirect de $G(a_1, ..., a_{m-2})$ et d'un groupe unipotent; on a donc

$$\tau_\lambda(a_1, ..., a_{m-2}) = \tau_\lambda(a_1, ..., a_{m-2}, 1, -1)$$

chaque fois que $m > 4\varepsilon$, à condition de convenir que le premier membre a la valeur 1 pour $m = 2$.

Dans le cas (I_1), on peut prendre $\lambda = 1$, et il résulte de ce qui précède que le nombre de Tamagawa de G est toujours 1. Dans les cas (I_2), (I_3), (I_4), on peut seulement en conclure que $\tau_\lambda(a_1, ..., a_m)$ est indépendant des a_μ et de m pourvu que $m > 4\varepsilon - 2$. Ce résultat est nouveau, à ce qu'il semble, dans le cas (I_3), et aussi dans le cas (I_2) si $\mathfrak{k}$ n'est pas commutatif.

Rappelons qu'on peut déterminer $\tau_\lambda(G)$ directement, au moyen des « isomorphismes canoniques », pour $m = 3$ dans le cas (I_4), pour $m = 2$ dans le cas (I_3), et aussi pour $m = 1$ dans le cas (I_2) lorsque $\mathfrak{k}$ est commutatif ou bien est une algèbre de quaternions sur son centre. Par suite, dans tous ces cas, on obtient ainsi, en substance, la détermination complète des nombres de Tamagawa.

Enfin, quand les groupes G_1 et $\tilde{G}$, introduits plus haut, satisfont à la condition (W) du Chapitre I, n° 8, on peut leur appliquer la même méthode, et en déduire des conséquences analogues.

55. Désignons par $\mathcal{G}$ l'un des groupes considérés ci-dessus, c'est-à dire G, G_1 ou $\tilde{G}$. Soit $\mathcal{G}'$ un sous-groupe ouvert de $\mathcal{G}_A$, et soit $\mathcal{G}'_k = \mathcal{G}_k \cap \mathcal{G}'$. On peut, d'une manière évidente, identifier $\mathcal{G}'/\mathcal{G}'_k$ avec $\mathcal{G}'\mathcal{G}_k/\mathcal{G}_k$, c'est-à-dire avec l'image de $\mathcal{G}'$ dans $\mathcal{G}_A/\mathcal{G}_k$; celle-ci est une partie ouverte et fermée de $\mathcal{G}_A/\mathcal{G}_k$. Si ν désigne de nouveau la mesure de Haar dans $\mathcal{G}_A$, normée par $\nu(\mathcal{G}_A/\mathcal{G}_k) = 1$, on aura donc :

$$0 < \nu(\mathcal{G}'\mathcal{G}_k/\mathcal{G}_k) \leqslant 1.$$

Posons $\alpha = \nu(\mathcal{G}'\mathcal{G}_k/\mathcal{G}_k)$, et soit f la fonction caractéristique de l'ensemble $\mathcal{G}'\mathcal{G}_k$ dans $\mathcal{G}_A$. Dans $\mathcal{G}_A$, considérons la mesure ν_1 donnée par

$$d\nu_1(u) = \alpha^{-1} f(u)\, d\nu(u). \tag{44}$$

Cette mesure est invariante à droite par $\mathcal{G}_k$ et détermine, par passage au quotient, une mesure sur $\mathcal{G}_A/\mathcal{G}_k$, qu'on notera encore ν_1; celle-ci induit sur $\mathcal{G}'\mathcal{G}_k/\mathcal{G}_k$, ou, ce qui revient au même, sur $\mathcal{G}'/\mathcal{G}'_k$, une mesure ν', invariante à gauche par $\mathcal{G}'$ et satisfaisant à $\nu'(\mathcal{G}'/\mathcal{G}'_k) = 1$; il est clair que ν' est complètement déterminée par ces dernières conditions.

Désignons par $\mathcal{J}(\Phi)$ l'intégrale analogue à $I_\nu(\Phi)$, où G est remplacé par $\mathcal{G}$ (et ϱ par ϱ, ϱ_1 ou $\tilde{\varrho}$ suivant les cas); d'après le théorème 5, on a $\mathcal{J} = E$. Désignons par $\mathcal{J}'(\Phi)$ l'intégrale analogue prise au moyen de ν' sur $\mathcal{G}'/\mathcal{G}'_k$, ϱ étant remplacée par la représentation de $\mathcal{G}'$ dans X_A induite par ϱ, ϱ_1 ou $\tilde{\varrho}$. On peut aussi considérer $\mathcal{J}'(\Phi)$ comme étant l'intégrale analogue à $I_\nu(\Phi)$ prise sur $\mathcal{G}'\mathcal{G}_k/\mathcal{G}_k$ au moyen de ν', ou, ce qui revient au même, prise sur $\mathcal{G}_A/\mathcal{G}_k$ au moyen de ν_1. Cette dernière définition fait voir que, pour $\Phi \geqslant 0$, $\mathcal{J}'(\Phi)$ est majorée par $\alpha^{-1}\mathcal{J}(\Phi)$, donc que cette intégrale est absolument convergente quelle que soit $\Phi \in S(X_A)$.

Les travaux de Siegel sur les formes quadratiques indéfinies conduisent à se demander à quelles conditions on a $\mathcal{J}' = E$. D'après le théorème 5, il suffit pour cela qu'il y ait une place v de k telle que $U(0)_v$ ne soit pas vide et que la mesure ν_1, ou, ce qui revient au même, l'ensemble $\mathcal{G}'\mathcal{G}_k$, soient invariants à gauche par un sous-groupe de $\mathcal{G}_v$ qui opère transitivement sur $U(i)_v$ quel que soit $i \in I(X)_k$.

Il en sera évidemment ainsi s'il existe v telle que $U(0)_v$ ne soit pas vide et que $\mathcal{G}_v \cap \mathcal{G}'$ ait la propriété de transitivité en question. De plus, lorsqu'il en est ainsi, le théorème 5 montre que l'analogue de (41) est valable pour $\mathcal{J}'$. Il s'ensuit en particulier que, dans ces conditions, le support de la mesure définie par le premier membre de (41) est $U(i)_A$; par suite, *l'ensemble des éléments $\varrho(u)\xi$, pour $u \in \mathcal{G}'$, $\xi \in U(i)_k$, est partout dense dans $U(i)_A$* quand les conditions précédentes sont satisfaites (y compris la condition (B)). C'est là le « théorème d'approximation » qui a été annoncé dans l'Introduction.

56. Il y aurait lieu de comparer ce dernier résultat avec les théorèmes d'approximation qui ont été obtenus dans ces dernières années par voie arithmétique, et principalement

84   A. WEIL

avec celui de M. Kneser ([8]) qui semble les comprendre tous comme cas particuliers. Nous n'entreprendrons pas cette comparaison ici; mais nous appliquerons le théorème de Kneser à la solution du problème de Siegel dans des cas où on ne peut raisonner comme on a fait plus haut.

Pour cela, supposons qu'on ait pris G' de la forme $\prod G'_v$, où G'_v est, pour tout v, un sous-groupe ouvert de G_v, avec $G'_v = G^\circ_v$ pour presque tout v; supposons de plus qu'il y ait une place v pour laquelle on ait $G'_v = G_v$ et pour laquelle G_v ne soit pas compact. On va voir qu'alors on a $\mathfrak{J}' = E$.

Désignons par $\tilde{G}$ le groupe G lorsque A_k est de type (I_0) ou (I_1), le groupe G_1 lorsque A_k est de type (I_2), et le groupe $\bar{G}$ lorsque A_k est de type (I_3) ou (I_4). Dans tous les cas, $\tilde{G}$ est donc connexe et simplement connexe, et on peut lui appliquer le théorème de Kneser. En particulier, si $G = \tilde{G}$, celui-ci montre qu'avec les hypothèses ci-dessus on a $G'G_k = G_A$, donc $\mathfrak{J}' = \mathfrak{J}$, d'où le résultat annoncé. Dans tout autre cas, soit ψ l'homomorphisme de $\tilde{G}$ dans G défini au n° 51 (c'est-à-dire φ_1 dans le cas (I_2) si $G = G$, $\bar{\varphi}$ dans les cas (I_3), (I_4) si $G = G$, et $\bar{\varphi}_1$ dans ces mêmes cas si $G = G_1$); ψ détermine un homomorphisme ψ_A de $\tilde{G}_A$ dans G_A. Posons $\tilde{G}' = \psi_A^{-1}(G')$; d'après le théorème de Kneser, on a $\tilde{G}'\tilde{G}_k = \tilde{G}_A$.

On va montrer qu'alors la mesure ν_1 définie par (44) est invariante à gauche par $\tilde{G}_A$ opérant sur G_A par ψ_A; pour cela, il suffit de faire voir qu'il en est ainsi de l'ensemble $G'G_k$, c'est-à-dire qu'on a $\psi_A(g)xy \in G'G_k$ quels que soient $g \in \tilde{G}_A$, $x \in G'$, $y \in G_k$. Or on vérifie facilement, dans chacun des cas qu'on a à envisager ici, que $\psi_A(\tilde{G}_A)$ est un sous-groupe invariant de G_A. Il s'ensuit que, si $g \in \tilde{G}_A$ et $x \in G_A$, $x^{-1}\psi_A(g)x$ appartient à $\psi_A(\tilde{G}_A)$ et est donc de la forme $\psi_A(\tilde{x}\tilde{y})$ avec $\tilde{x} \in \tilde{G}'$, $\tilde{y} \in \tilde{G}_k$ d'après le théorème de Kneser. On a donc

$$\psi_A(g)\,xy = x\psi_A(\tilde{x}) \cdot \psi_A(\tilde{y})\,y;$$

le second membre appartient bien à $G'G_k$. On a ainsi montré que ν_1 est invariante par $\tilde{G}_A$, donc par $\tilde{G}_v$ quel que soit v. Comme on a fait voir à la fin de la démonstration du théorème 5 qu'il existe toujours v tel que $U(0)_v$ ne soit pas vide et que $\tilde{G}_v$ opère transitivement sur les $U(i)_v$, le théorème 5 s'applique à ν_1, ce qui achève la démonstration.

On a ainsi retrouvé, quelque peu généralisés, tous les résultats démontrés par Siegel au cours de ses travaux sur les formes quadratiques, ainsi que ceux qui sont énoncés à la fin de [12], à l'exception des suivants. Tout d'abord, nous n'avons pas abordé l'étude du cas où $m = 2n + 4\varepsilon - 2$; or les résultats obtenus par Siegel dans le cas où A_k est de type (I_4) sur $k = \mathbf{Q}$ ou $k = \mathbf{Q}(\sqrt{-1})$, et où on prend $m = 4$, $n = 1$, donnent à penser que, si $m = 2n + 4\varepsilon - 2$, la série d'Eisenstein–Siegel cesse d'être absolument convergente, mais qu'on peut néanmoins, lorsque la condition de convergence de la proposition 8 du n° 51 est satisfaite, « sommer » la série d'Eisenstein–Siegel au moyen de « facteurs de sommation » convenablement choisis, et retrouver ainsi l'analogue de la formule de Siegel. Il resterait aussi à examiner, du point de vue qui a été le nôtre dans ce travail, les résultats de Siegel sur les fonctions zêta des formes quadratiques indéfinies, qui sont étroitement liés aux questions qu'on a étudiées ici.

57. Le cas où $\mathcal{A}_k$ est de type (II) ne semble pas se prêter pour l'instant à des résultats aussi généraux ou aussi simples que le cas (I). Cependant, si $\mathcal{A}_k$ est de type (II) et X_k de rang $(1,1)$, on peut procéder comme suit. Comme toujours, supposons **(B)** satisfaite, ce qui revient ici à $m > 2$. Reprenons l'intégrale $I_1(\Phi)$ qui figure dans la proposition 8 du n° 51; on va la décomposer suivant les orbites de $(G_1)_k$ dans X_k, par application des résultats des n°ˢ 7–8 du Chapitre I.

Modifiant un peu nos notations habituelles, écrivons X_k comme somme directe de deux modules Y_k, Z_k, de rangs respectifs $(1,0)$ et $(0,1)$; ceux-ci sont respectivement isomorphes à $M_{m,1}(\mathfrak{k})$ et à $M_{m,1}(\mathfrak{k}')$. Les groupes G_k, $(G_1)_k$ s'identifient respectivement à $GL(m,\mathfrak{k})$ et à $SL(m,\mathfrak{k})$; G et G_1 s'identifient donc aux groupes algébriques correspondants, que nous noterons pour abréger GL_m et SL_m; pour abréger aussi, on écrira F au lieu de $(SL_m)_A/(SL_m)_k$. Alors $I_1(\Phi)$ s'écrit :

$$I_1(\Phi) = \int_F \sum_{\eta,\,\zeta} \Phi(u\eta, {}^t u'^{-1}\zeta) \cdot d\mu(u),$$

où la sommation est étendue à $\eta \in Y_k$, $\zeta \in Z_k$, et où μ est la mesure de Haar sur $(SL_m)_A$, normée par $\mu(F) = 1$. Comme on sait, 1 est un système de facteurs de convergence pour SL_m; on posera $\tau_m = \tau_1(SL_m)$; c'est le nombre de Tamagawa de SL_m; si du est une jauge invariante sur SL_m, on a $d\mu(u) = \tau_m^{-1}|du|_A$.

D'après la proposition 3 du Chapitre II, n° 22, G_k a deux orbites dans Y_k, à savoir $\{0\}$ et l'orbite $U'_k = Y_k - \{0\}$ des points de rang maximal dans Y_k. Si on étend $\mathcal{A}_k$ et Y_k au domaine universel, et qu'on note U' l'ensemble des points de rang maximal dans Y, U' est une orbite de G, et U'_k est l'ensemble des points de U' qui sont rationnels sur k. De même, pour tout corps $K \supset k$, l'ensemble U'_K des points de U' qui sont rationnels sur K coïncide avec l'ensemble des points de rang maximal de Y_K et est donc une orbite de G_K. De plus, on vérifie immédiatement que le groupe $(G_1)_K$ opère transitivement sur U'_K. De même, si U'' est l'ensemble des points de rang maximal de Z, U''_K est une orbite de G_K, et aussi de $(G_1)_K$, quel que soit $K \supset k$, et on a $U''_k = Z_k - \{0\}$.

D'après le n° 21 du Chapitre II, on peut ici identifier $I(X)_k$ avec $\mathfrak{k}$. D'après la proposition 3 du Chapitre II, n° 22, et son corollaire, les orbites de G_k dans X_k sont d'une part les

86   A. WEIL

$U(i)_k$ pour $i \in I(X)_k$, et d'autre part les trois orbites $U'_k \times \{0\}$, $\{0\} \times U''_k$ et $\{0\}$. On vérifie immédiatement que $(G_1)_k$ opère transitivement sur ces orbites et qu'elles satisfont à la condition (W) du Chapitre I, n° 8. La détermination des groupes de stabilité des points de ces orbites dans G_1 se fait sans difficulté, soit au moyen du n° 23 du Chapitre II, soit directement; ces groupes sont respectivement isomorphes à SL_{m-1} (pour les points des orbites $U(i)_k$ avec $i \neq 0$), à un produit semidirect de SL_{m-2} et d'un groupe unipotent (pour les points de $U(0)_k$), et à un produit semidirect de SL_{m-1} et d'un groupe unipotent (pour les points de $U'_k \times \{0\}$ et de $\{0\} \times U''_k$). Les résultats du Chapitre I, n°s 7–8, donnent alors, en raisonnant comme au n° 53 :

$$I_1(\Phi) = \Phi(0,0) + c' \int_{U'_A} \Phi(y,0)\,|dy|_A + c'' \int_{U''_A} \Phi(0,z)\,|dz|_A + \sum_{i \in t} c_i \int_{U(i)_A} \Phi \cdot |\theta_i|_A,$$

avec $c_i = \tau_{m-1}/\tau_m$ pour $i \neq 0$, $c_0 = \tau_{m-2}/\tau_m$, et $c' = c'' = \tau_{m-1}/\tau_m$.

Les théorèmes d'unicité relatifs au cas où nous nous plaçons ici, théorèmes auxquels il a été fait allusion au début du Chapitre V, permettraient de conclure de là qu'on a $c_i = 1$ quel que soit i, donc que τ_m est indépendant de m pour $m \geqslant 1$. Comme en fait il est bien connu qu'on a même $\tau_m = 1$ quel que soit m (cf. [13], Chap. III), cela n'apprendrait rien de nouveau. De quelque manière qu'on procède, on voit que les coefficients c_i, c', c'' de la formule ci-dessus ont tous la valeur 1. Comme on sait aussi que U'_A, U''_A sont les complémentaires d'ensembles négligeables dans Y_A et Z_A, pour les mesures $|dy|_A$ et $|dz|_A$ respectivement (cf. [13], Lemma 3.4.1), on obtient donc en définitive([1]) :

$$I_1(\Phi) = E(\Phi) + \int_{Y_A} \Phi(y,0)\,|dy|_A + \int_{Z_A} \Phi(0,z)\,|dz_A|.$$

Bibliographie

[1]. ALBERT, A. A., *Structure of algebras*. Amer. Math. Soc. Colloquium Series, vol. XXIV, Providence, Amer. Math. Soc. 1961.

[2]. BOREL, A., Some finiteness properties of adele groups over number-fields. *Publ. Math. I.H.E.S.* n° 16, 1963.

[3]. BOREL, A. & HARISH-CHANDRA, Arithmetic subgroups of algebraic groups. *Ann. of Math.*, 75 (1962), 485–535.

[4]. BOURBAKI, N., *Intégration*, Chapitre VII: *Mesure de Haar*. Paris, Hermann, 1963.

[5]. DIEUDONNÉ, J., *La Géométrie des Groupes Classiques*. Ergeb. d. Math. (N.F.) Bd. 5, 2ᵉ éd., J. Springer 1963.

([1]) Je saisis cette occasion pour indiquer, à la prière de Siegel, que la formule de [12], p. 378, ligne 4 du bas, doit être corrigée comme suit : au second membre, remplacer l'exposant $-m$ par $-m/2$, ajouter un terme $+2\,y^{-m/2}$, et remplacer la condition $m > 1$ par $m > 2$. Après cette rectification, qui m'a été communiquée par Siegel il y a quelque temps déjà, sa formule devient un cas particulier de celle du texte.

[6]. GODEMENT, R., Domaines fondamentaux des groupes arithmétiques. *Séminaire Bourbaki*, *15ᵉ année* (1962–63), nᵒ 257.

[7]. —— Convergence des séries d'Eisenstein. A paraître.

[8]. KNESER, M., Starke Approximation in algebraischen Gruppen. A paraître, *Crelles J.*

[9]. —— Galois-Kohomologie halbeinfacher algebraischen Gruppen über 𝔭-adischen Körpern I. A paraître, *Math. Zeitschr.*

[10]. LANGWEIL, S. A., Number of points of varieties in finite fields. *Amer. J. of Math.*, 76 (1954), 819–827.

[11]. ROSENLICHT, M., Some rationality questions on algebraic groups. *Ann. di Mat. Pura e Appl.* (IV), 43 (1957), 25–50.

[12]. SIEGEL, C. L., Indefinite quadratische Formen und Funktionentheorie. *Math. Ann.*, 124 (1952), 17–54 et 364–387.

[13]. WEIL, A., *Adèles and algebraic groups*. Princeton, Inst. for Adv. Study 1961.

[14]. —— Sur certains groupes d'opérateurs unitaires. *Acta Math.*, 111 (1964), 143–211.

Reçu le 8 juin 1964

[1966] Fonction zêta et distributions

Il s'agit d'une réinterprétation de la démonstration d'Iwasawa-Tate pour l'équation fonctionnelle de la fonction zêta, considérée plus particulièrement sous la forme que lui a donnée Tate dans sa thèse.

Les distributions dont il s'agira ici seront exclusivement des distributions tempérées dans des espaces vectoriels, soit sur des corps locaux ($\mathbb{R}$, $\mathbb{C}$, ou corps p-adique en caractéristique 0, corps de séries formelles à une indéterminée sur un corps fini en caractéristique p), soit sur l'anneau des adèles sur un corps de nombres ou un corps de fonctions algébriques de dimension 1 sur·un corps fini. Dans un vectoriel sur $\mathbb{R}$ (ou sur $\mathbb{C}$), les distributions tempérées sont bien entendu celles de Schwartz (formes linéaires continues sur l'espace $\mathscr{S}$ de Schwartz). Sur un corps local à valuation discrète, les notions correspondantes sont celles définies par Bruhat: l'espace $\mathscr{S}$ est l'espace des fonctions localement constantes à support compact; les distributions tempérées sont identiques aux mesures *simplement* additives sur la famille des ensembles ouverts compacts. Sur les définitions correspondantes pour les espaces vectoriels sur un anneau d'adèles, cf. A. Weil, *Acta* t. 111 (1964), pp. 143–211, et plus particulièrement n° 11 (pp. 157–158) et n° 29 (pp. 177–178).

Soit X l'un des espaces ci-dessus; soit G un groupe opérant sur X par $(g, x) \to gx$; G opère aussi sur les fonctions définies sur X, par $(f, g) \to f^g$ défini par $f^g(x) = f(gx)$, et, par dualité, sur les distributions, par $(g, \Delta) \to g\Delta$ défini par $(g\Delta)(f) = \Delta(f^g)$ pour $f \in \mathscr{S}$. Soit ω une représentation de G de dimension 1. On considère le problème $P(X, G, \omega)$: *Déterminer toutes les distributions* (tempérées!) Δ *telles que* $g\Delta = \omega(g)^{-1}$. Δ pour tout $g \in G$. Généralisation évidente au cas où ω est une représentation de G dans un espace Y, la distribution Δ devant alors prendre ses valeurs dans Y.

1. *Le problème local*

Soit K un corps local (commutatif); on prend $X = K$, $G = K^\times$ (groupe multiplicatif de K, opérant sur K de manière évidente). On prend sur K une mesure de Haar, notée dx, et sur $K^\times$ une mesure de Haar notée $d^\times x$. On écrit, pour $a \in K^\times$, $d(ax) = |a|_K \, dx$, et $|0|_K = 0$. (N.B. si $K = \mathbb{C}$, $|x|_K$ n'est pas la valeur absolue usuelle $|x|$, mais $|x|^2 = x\bar{x}$.) On a $d^\times x = \mu |x|_K^{-1} \, dx$ avec $\mu > 0$. On peut normaliser dx, $d^\times x$ de diverses manières (cf. infra). On vérifie immédiatement que tout homomorphisme ω de $K^\times$ dans $\mathbb{R}_+^\times$ est de la forme $x \to |x|_K^\sigma$ avec $\sigma \in \mathbb{R}$; donc, pour tout homomorphisme ω de $K^\times$ dans $\mathbb{C}^\times$, il y a $\sigma \in \mathbb{R}$ tel que $|\omega(x)| = |x|_K^\sigma$; on écrit alors $\sigma = \sigma(\omega)$. On désigne par ω_s l'homomorphisme $x \to |x|_K^s$, pour tout $s \in \mathbb{C}$; donc $\omega_0(x) = 1$ pour tout x.

On considère le problème $P(K, K^\times, \omega)$ qu'on notera $P(K, \omega)$ pour abréger. Soit Δ une solution de ce problème; quand on prend pour f une fonction à support compact dans $K^\times$ (qu'on prolonge à K par continuité), on voit que $f \to \Delta(f)$ est une distribution dans $K^\times$, relativement invariante par $K^\times$ (elle prend le facteur $\omega(a)$ par une translation à gauche a dans $K^\times$); en la régularisant par convolution dans $K^\times$, on trouve, comme il est bien connu, que c'est une mesure de la forme $c\omega(x)d^\times x$ dans $K^\times$, avec $c \in \mathbb{C}$. Il s'ensuit que, si Δ, Δ' sont deux solutions et que Δ ne soit pas de support $\{0\}$, il y a $c \in \mathbb{C}$ tel que $\Delta' - c\Delta$ soit de support $\{0\}$. Si K est à valuation discrète, il n'y a pas d'autres distributions de support $\{0\}$ que les multiples $c\delta_0$ de la distribution de Dirac (masse 1 au point 0); celle-ci est solution du problème $P(K, \omega_0)$; cela implique déjà que, dans ce cas, il y a (à un facteur près) au plus une solution de $P(K, \omega)$ pour $\omega \neq \omega_0$. Si $K = \mathbb{R}$, les distributions de support $\{0\}$ sont de la forme $\sum c_i D^i$, avec $c_i \in \mathbb{C}$, $D = d/dx$; si $K = \mathbb{C}$, ce sont $\sum c_{ij} D^i \bar{D}^j$, avec $c_{ij} \in \mathbb{C}$, $D = \partial/\partial x$; dans l'un et l'autre cas, une telle distribution ne peut être solution d'un problème $P(K, \omega)$ que si tous les c_i (resp. c_{ij}) sont 0 sauf un seul; sur $\mathbb{R}$, D^i est solution de $P(\mathbb{R}, \omega)$ avec $\omega(x) = x^{-i}$; sur $\mathbb{C}$, $D^i \bar{D}^j$ est solution de $P(\mathbb{C}, \omega)$ avec $\omega(x) = x^{-i} \bar{x}^{-j}$; en dehors de ces ω, il y a donc, à un facteur près, au plus une solution pour $P(K, \omega)$, $K = \mathbb{R}$ ou $\mathbb{C}$.

Pour que l'intégrale $\int |x|_K^\sigma\, dx$, prise dans un voisinage compact de 0, soit $< +\infty$, il faut et il suffit que $\sigma > -1$ (notoire pour $\mathbb{R}$, facile pour les autres cas). Par suite, pour que l'intégrale

$$\Delta_\omega(f) = \int_{K^\times} f(x)\omega(x)d^\times x = \int_K f(x)\omega(x) \cdot \mu |x|_K^{-1}\, dx \tag{1}$$

soit absolument convergente quelle que soit la fonction $f \in \mathscr{S}$, il faut et il suffit que $\sigma(\omega) > 0$. Lorsqu'il en est ainsi, elle définit évidemment une solution de $P(K, \omega)$; de plus, celle-ci est la seule, à un facteur près, car on a $\sigma(\omega) \leq 0$ dans tous les cas où $P(K, \omega)$ a une solution de support $\{0\}$.

Pour obtenir une solution pour $\sigma(\omega) \leq 0$, on dispose de trois méthodes:

(a) Fourier. Soit χ un caractère non trivial du groupe additif K; on identifie alors K avec son "dual topologique" (le dual au sens de la théorie des groupes localement compacts) en posant $\langle x, y \rangle = \chi(xy)$, de sorte que la transformée de Fourier de f est $f^*(y) = \int f(x)\chi(xy)dx$; il convient de prendre pour dx la mesure de Haar "self-duale" par rapport à χ, c'est-à-dire celle pour laquelle la formule d'inversion de Fourier, et la formule de Plancherel, sont valables (sans facteur constant); naturellement cette mesure dépend de χ (cf. infra). Si Δ est une distribution, sa transformée de Fourier Δ^* est donnée par $\Delta^*(f) = \Delta(f^*)$. Il est immédiat que, si Δ est solution de $P(K, \omega)$, Δ^* est solution de $P(K, \omega_1\omega^{-1})$, et réciproquement. Donc $(\Delta_\omega)^*$ est la solution unique de $P(K, \omega_1\omega^{-1})$, à un facteur près, pour $\sigma(\omega) > 0$. Comme $\sigma(\omega_1\omega^{-1}) = 1 - \sigma(\omega)$, on obtient ainsi une solution (unique) chaque fois que $\sigma(\omega) < 1$. On notera que, pour $0 < \sigma(\omega) < 1$, $\omega' = \omega_1\omega^{-1}$, $\Delta_{\omega'}$ et $(\Delta_\omega)^*$ sont toutes deux définies, et ne peuvent différer que par un facteur scalaire, ce qui pose le problème de la détermination de ce facteur.

(b) Prolongement analytique. On prend $s \in \mathbb{C}$, et, au lieu de ω, on prend $\omega_s\omega$; (1) définit une solution, pour $\mathrm{Re}(s) > -\sigma(\omega)$; on peut espérer alors que celle-ci, considérée comme fonction de s à valeurs distributionnelles, peut se prolonger dans tout le plan, et que ce prolongement continue à donner une solution du problème. En fait, il en est bien ainsi; le prolongement est partout méromorphe, avec des pôles correspondant exactement aux ω pour lesquels $P(K, \omega)$ a une solution de

Fonction zêta et distributions

support $\{0\}$. En dehors de ces ω, on désignera encore par Δ_ω la distribution obtenue par prolongement de (1); la question se pose de nouveau de trouver le facteur scalaire par lequel $(\Delta_\omega)^*$ diffère de $\Delta_{\omega'}$, pour $\omega' = \omega_1\omega^{-1}$, pour tout ω cette fois (en dehors des pôles).

(c) Méthode dite de la "partie finie" (ou de la "valeur principale") de (1) considérée comme intégrale singulière. On peut considérer d'ailleurs que c'est là une méthode pour effectuer le prolongement analytique mentionné dans (b); de ce point de vue, (c) est un cas particulier de (b).

Commençons par le cas de K à valuation discrète; soient R l'anneau des "entiers" de K, P l'idéal maximal de R (R et P sont donnés par $|x|_K \leq 1$ resp. $|x|_K < 1$); soit $\pi \in R$ tel que $P = \pi R$. Soit v le plus grand entier tel que le caractère χ qu'on s'est donné sur K soit 1 sur P^{-v}; en appliquant Fourier à la fonction caractéristique de R, on voit immédiatement que la mesure de Haar "self-duale" dx sur K est celle pour laquelle $\int_R dx = q^{-v/2}$, où $q = [R:P]$. Faisons d'abord le prolongement analytique de Δ_ω pour $\omega = \omega_s$, $s \in \mathbb{C}$; écrivons $\Delta(s)$ au lieu de Δ_{ω_s} et considérons l'intégrale

$$\Delta'(s)(f) = \int_{K^\times} (f(x) - f(\pi^{-1}x))\omega_s(x)d^\times x$$

$$= \mu \int_K (f(x) - f(\pi^{-1}x))|x|_K^{s-1}\, dx. \tag{2}$$

Comme f est localement constante, la fonction à intégrer est 0 au voisinage de 0, donc l'intégrale a toujours un sens. D'autre part, pour Re $(s) > 0$, on a

$$\Delta'(s)(f) = \int_{K^\times} f(x)\omega_s(x)d^\times x - \int_{K^\times} f(\pi^{-1}x)\omega_s(x)d^\times x$$

$$= (1 - q^s)\Delta(s)(f).$$

Ces formules donnent évidemment le prolongement analytique de $\Delta(s)$ dans tout le plan. D'autre part, dans la dernière intégrale de (2), on peut, puisque f est localement constante et à support compact, remplacer $|x|_K^{s-1}$ par la fonction égale à $|x|_K^{s-1}$ sur $P^{-m} - P^n$, où m, n sont assez grands, et à 0 dans P^n et en dehors de P^{-m}; c'est là une combinaison linéaire finie de fonctions caractéristiques d'ensembles P^i, dont les transformées de Fourier sont évidentes. Appliquant Plancherel (ou plus exactement la bilinéarisation de Plancherel) à l'intégrale en question, on l'exprime alors au moyen d'une intégrale portant sur f^*, ce qui donne la transformée $\Delta'(s)^*$ de $\Delta'(s)$. On trouve:

$$\Delta'(s)^* = q^{(s-\frac{1}{2})v}\Delta'(1 - s),$$

d'où aussitôt, si l'on veut, la formule donnant $\Delta(s)^*$ au moyen de $\Delta(1 - s)$. On notera que, comme on l'a annoncé précédemment, $\Delta(s)$ a un pôle en $s = 0$, ce qui correspond à la mesure de Dirac. On conviendra désormais de normaliser la mesure $d^\times x$ sur $K^\times$ de telle sorte que le sous-groupe compact $R^\times = R - P$ des éléments inversibles de R soit de mesure 1 pour $d^\times x$. Dans ces conditions, on vérifie facilement que $\Delta'(0) = \delta_0$, et aussi que $\Delta'(s)(\phi_R) = 1$ pour tout s si ϕ_R est la fonction caractéristique de R.

Fonction zêta et distributions

Pour que ω soit de la forme ω_s, il faut et il suffit que ω soit 1 sur $R^\times$; on dit alors que ω est non ramifié, et que son conducteur est R. Sinon, on dit que ω est ramifié, et P^f s'appelle le conducteur de ω si f est le plus petit entier ≥ 1 tel que ω soit 1 sur le sous-groupe $1 + P^f$ de $R^\times$. Dans ce cas, l'intégrale (1), prise sur $K - P^n$, est indépendante de n dès que n est assez grand ; la valeur de cette intégrale pour n assez grand sera prise pour "valeur principale" de l'intégrale (1) sur K quand celle-ci n'est pas absolument convergente ; cela définit une distribution $\Delta(\omega)$, solution de $P(K, \omega)$, qui prolonge analytiquement (1) au sens (b). On calcule Fourier à peu près comme ci-dessus (en intégrant toujours sur les "couronnes" $P^i - P^{i+1}$). On obtient :

$$\Delta(\omega)^* = \omega(\pi)^{-v-f}\gamma(\omega)\Delta(\omega_1\omega^{-1}),$$

où $\gamma(\omega)$ est une "somme de Gauss" dépendant seulement des valeurs prises par ω sur $R - P$, et du choix de π ; $\gamma(\omega)$ ne change donc pas si on remplace ω par $\omega_s\omega$.

Pour $K = \mathbb{R}$, on prendra $\chi(x) = e^{2\pi i x}$; la mesure "self-duale" est alors la mesure de Lebesgue usuelle, dx. Pour $K = \mathbb{C}$, on prendra $\chi(x) = e^{2\pi i(x+\bar{x})}$; la mesure self-duale est $|dx \wedge d\bar{x}|$. On peut mettre ω, d'une manière et d'une seule, sous la forme $\omega(x) = x^{-a}|x|^s$ pour $K = \mathbb{R}$, avec $a = 0$ ou 1, $s \in \mathbb{C}$, et $\omega(x) = x^{-a}\bar{x}^{-b}(x\bar{x})^s$ avec a, b entiers ≥ 0, a ou $b = 0$, $s \in \mathbb{C}$, pour $K = \mathbb{C}$. La distribution $\Delta(\omega)$ est alors $Pf(\omega(x)d^\times x)$ où Pf désigne la "partie finie" bien connue des analystes, sauf pour $K = \mathbb{R}$ et $s = 0, -2, -4, \ldots$, et pour $K = \mathbb{C}$ et $s = 0, -1, -2, \ldots$, qui correspondent aux pôles de $\Delta(\omega)$, et, comme il convient, aux ω pour lesquels il existe une distribution de support $\{0\}$; dans ces pôles, on reconnaît ceux de $\Gamma(s/2)$ resp. de $\Gamma(s)$, ce qui conduit à poser $\Delta'(\omega) = \Gamma(s/2)^{-1}\Delta(\omega)$ resp. $= \Gamma(s)^{-1}\Delta(\omega)$. Les analystes savent apparemment obtenir la transformée de Fourier de $Pf(\omega(x)d^\times x)$ par calcul direct ; on peut aussi, puisqu'on sait déjà que $\Delta(\omega)^*$ est de la forme $c\Delta(\omega_1\omega^{-1})$, obtenir le facteur c en prenant la valeur de la distribution $\Delta(\omega_1\omega^{-1})$ pour la fonction $f(x) = x^a e^{-x^2}$ resp. $x^a\bar{x}^b e^{-x\bar{x}}$, ce qui se ramène immédiatement à l'intégrale qui définit la fonction gamma, et $\Delta(\omega)$ pour f^* qui est de même forme que f. Le résultat s'écrit :

$$\Delta'(\omega)^* = (\pi i)^a \pi^{\frac{1}{2}-s}\Delta'(\omega_1\omega^{-1}) \qquad (K = \mathbb{R}),$$

$$\Delta'(\omega)^* = (2\pi i)^{a+b}(2\pi)^{1-2s}\Delta'(\omega_1\omega^{-1}) \qquad (K = \mathbb{C}).$$

2. *Le problème global*

Soit k un corps de nombres algébriques, ou bien un corps de fonctions algébriques de dimension 1 sur un corps fini. On note A_k l'anneau des adèles de k ; le groupe des éléments inversibles $A_k^\times$ de A_k est alors le groupe des idèles de k (sa topologie n'étant pas celle qui est induite sur $A_k^\times$ par celle de A_k, mais celle qui est induite par celle de $A_k \times A_k$ sur l'image de $A_k^\times$ dans $A_k \times A_k$ au moyen de l'application $x \to (x, x^{-1})$). On identifie k avec un sous-anneau discret de A_k, et $k^\times$ avec un sous-groupe discret de $A_k^\times$, de la manière usuelle. On considère exclusivement des homomorphismes ω de $A_k^\times$ dans $\mathbb{C}$ qui prennent la valeur 1 sur k ; pour un tel ω, on considère le problème $P(A_k, A_k^\times . \omega)$, qu'on note pour abréger $P'(k, \omega)$.

On notera k_v l'une des complétions de k (par rapport à une valuation, discrète ou

Fonction zêta et distributions

non); v s'appelle une place; presque toutes les places sont "finies" (i.e. à valuation discrète); pour une place finie, on note r_v l'anneau des entiers de k_v, p_v son idéal maximal. Alors A_k est union ("limite inductive") des produits $\prod k_v \times \prod r_v$, où le premier produit est étendu à un ensemble fini de places, comprenant toutes les places "infinies," et le second produit à l'ensemble de toutes les autres places. Un adèle s'écrit donc $x = (x_v)$, avec $x_v \in r_v$ pour presque tout v. Sur A_k, on prend un caractère χ non trivial, égal à 1 sur k; on peut écrire $\chi(x) = \prod \chi_v(x_v)$. La mesure self-duale est la "mesure de Tamagawa", pour laquelle le groupe (compact) A_k/k est de mesure 1. Tout ω, égal à 1 sur $k^\times$ comme il a été convenu, s'écrit de même $\omega(x) = \prod \omega_v(x_v)$. L'espace $\mathscr{S}$ de Schwartz-Bruhat sur A_k contient toutes les fonctions f de la forme $f(x) = \prod f_v(x_v)$, où f_v est une fonction de Schwartz-Bruhat sur k_v pour tout v, et est la fonction caractéristique de r_v pour presque tout v; les combinaisons linéaires de telles fonctions sont partout denses dans $\mathscr{S}$. Soit Δ une solution de $P'(k, \omega)$; en prenant $\Delta(f)$ avec $f = \prod f_v$, et laissant fixes toutes les fonctions f_v sauf une seule, on voit facilement qu'on définit une solution Δ_v de $P(k_v, \omega_v)$, et que réciproquement Δ est définie par les Δ_v; on a $\Delta(f) = \prod \Delta_v(f_v)$, ce qu'on écrira $\Delta = \prod \Delta_v$. Réciproquement, donnons-nous ω; du fait que ω est continu sur $A_k^\times$, il s'ensuit que ω_v est non ramifié pour presque tout v. Pour chaque v, choisissons une solution Δ_v de $P(k_v, \omega_v)$ de sorte qu'on ait $\Delta_v(\varphi_{r_v}) = 1$ pour presque tout v, ϕ_{r_v} étant comme au n° 1 la fonction caractéristique de r_v; autrement dit, pour presque toute place finie v où ω_v est non ramifié, on écrit $\omega_v(x) = |x|_v^s$, et on prend pour Δ_v la solution $\Delta'(s)$ définie au n° 1. Pour $f = \prod f_v$, on prendra alors $\Delta(f) = \prod \Delta_v(f_v)$; il est facile de vérifier que Δ se prolonge, par linéarité et continuité, à une distribution sur A_k. Cela démontre l'existence, et l'unicité à un facteur près, d'une solution de $P'(k, \omega)$; sa transformée de Fourier Δ^* est donnée par $\Delta^* = \prod \Delta_v^*$.

Pour $a \in A_k^\times$, on définit $|a|$ par $d(ax) = |a| dx$, où dx est la mesure de Tamagawa. Si $a = (a_v)$, on a $|a| = \prod |a_v|_v$. Si $a \in k^\times$, $x \to ax$ est un automorphisme de A_k qui induit un automorphisme sur k et détermine donc un automorphisme sur le groupe compact A_k/k, d'où $|a| = 1$ ("formule du produit" d'Artin). On posera $\omega_s(x) = |x|^s$ pour $s \in \mathbb{C}$; pour tout ω, il y a $\sigma = \sigma(\omega) \in \mathbb{R}$ tel que $|\omega| = \omega_\sigma$. Comme dans le cas local, si Δ est solution de $P'(k, \omega)$, Δ^* est solution de $P'(k, \omega_1 \omega^{-1})$.

En un sens évident, on prendra pour mesure de Haar $d^\times x$ sur $A_k^\times$ le produit des mesures $d^\times x$ relatives aux k_v (normalisées, pour les places finies v, comme il a été dit au n° 1, c'est-à-dire de sorte que $r_v^\times$ soit de mesure 1). On considère l'intégrale

$$\Delta(\omega)(f) = \int_{A_k^\times} f(x)\omega(x)d^\times x \tag{3}$$

où f est une fonction de Schwartz-Bruhat sur A_k. Pour $f = \prod f_v$, elle s'écrit comme produit des intégrales analogues relatives aux $k_v^\times$, qui sont celles mêmes qu'on a étudiées au n° 1. De plus, ce calcul fait voir que (3) est absolument convergent, quelle que soit f, pour $\sigma(\omega) > 1$; quand il en est ainsi, elle définit une solution $\Delta(\omega)$ de $P'(k, \omega)$. D'autre part, on peut calculer (3) en sommant $f(x)\omega(x)$ sur les classes modulo $k^\times$ dans $A_k^\times$, puis intégrant sur $A_k^\times/k^\times$. La somme ne différant d'une somme sur k que par le terme $f(0)$, on peut lui appliquer la formule de Poisson; c'est l'idée de Tate-Iwasawa. Elle donne le prolongement analytique de (3) à toutes les valeurs de ω sauf ω_0 et ω_1 qui sont des pôles (pour lesquels on a respectivement

Fonction zêta et distributions

les solutions $\Delta = \delta_0$ et $\Delta = dx$), ainsi que la transformée de Fourier de $\Delta(\omega)$, qui est $\Delta(\omega_1\omega^{-1})$ *sans facteur scalaire*, ou, si l'on préfère, avec un facteur égal à 1.

Mais d'autre part, comme on l'a montré, $\Delta(\omega)$ s'écrit aussi comme produit infini de solutions locales Δ_v (les facteurs scalaires dans celles-ci étant ajustés convenablement, et Δ_v étant de la forme $\Delta'(s)$ pour presque tout v). Comme les facteurs scalaires qui apparaissent lorsqu'on prend la transformée de Fourier de chaque Δ_v sont connus d'après le n° 1, on en conclut que le produit de ces facteurs est 1. Ce résultat n'est pas autre chose que l'équation fonctionnelle classique, à la fois pour ζ_k et pour toutes les fonctions L du corps k. Par exemple, on obtient le résultat relatif à ζ_k en prenant $\omega = \omega_s$ dans (3). Pour toute place v de k, on prend les solutions locales $\Delta'(s)$ du n° 1; notons-les $\Delta'_v(s)$. Les formules du n° 1 donnent alors, quand $\Delta(\omega_s)$ est défini par (3), c'est-à-dire pour $\mathrm{Re}(s) > 1$:

$$\prod \Delta'_v(s) = \pi^{r_1(\frac{1}{2}-s)}(2\pi)^{r_2(1-2s)} \prod (1 - q_v^{-s}) \cdot \Delta(\omega_s),$$

où r_1 (resp. r_2) est le nombre de places pour lesquelles $k_v = \mathbb{R}$ (resp. $k_v = \mathbb{C}$), qui est bien entendu 0 si k est de caractéristique $p > 1$, et le produit infini est étendu aux places finies, avec $q_v = [r_v : p_v]$. Tenant compte des résultats du n° 1, il s'ensuit que ζ_k se prolonge dans tout le plan et satisfait à l'équation fonctionnelle bien connue.

3. *Questions ouvertes*

On peut commencer par se proposer d'étendre ce qui précède à une algèbre simple sur k, ayant k pour centre. Le problème se décompose en deux parties: problèmes locaux, problème global. Quant à celui-ci il n'y a aucune difficulté s'il s'agit d'une algèbre à division sur k (un corps gauche de centre k); la méthode de Tate-Iwasawa s'applique tout aussi bien à l'intégrale (3); en revanche, s'il y a des diviseurs de 0, leur présence crée, dans le passage du groupe multiplicatif au groupe additif qui est nécessaire pour pouvoir appliquer Poisson, une difficulté provisoirement insurmontable.

Quant au problème local, la méthode indiquée au n° 1 s'applique très bien à une algèbre à division sur un corps local K. Malheureusement, la localisation d'une algèbre à division sur k introduit des algèbres simples sur les corps k_v qui sont loin d'être des corps gauches, puisque bien au contraire ce sont, pour presque toutes les places v, des algèbres de matrices sur k_v.

Il serait très intéressant de traiter le problème local pour toute algèbre simple sur un corps local. Chose curieuse, l'existence de solutions résulte immédiatement de l'application de Tate-Iwasawa au problème global pour une algèbre à division, puisqu'on a vu plus haut que toute solution globale Δ détermine une solution locale Δ_v pour toute place v. J'ai cru comprendre que Stein avait obtenu une démonstration directe pour $M_n(\mathbb{C})$, ainsi qu'une formule explicite pour la transformation de Fourier dans ce cas; j'ai cru comprendre aussi que Cartier avait une démonstration directe d'existence pour $M_n(\mathbb{C})$ et $M_n(\mathbb{R})$. A ma connaissance, on ne sait rien actuellement sur la question d'unicité.

Naturellement, le problème se pose aussi de savoir si on peut espérer attacher des distributions, locales d'une part, globales de l'autre, à d'autres types de fonctions zêta.

[1967a] Über die Bestimmung Dirichletscher Reihen durch Funktionalgleichungen

Angesichts der Gelegenheit, für welche die vorliegende Note bestimmt ist, ist der Versuch gewiß nicht unangebracht, einen berühmten Heckeschen Ansatz weiterzuführen; daran soll auch der obige Titel erinnern. Grundlegend bei diesem Ansatz ist das folgende Lemma:

Lemma 1. *Es seien* $(a_1, a_2, \ldots)$ *und* $(b_1, b_2, \ldots)$ *zwei Folgen komplexer Zahlen; für irgendein* $\sigma > 0$ *sei* $a_n = O(n^\sigma)$ *und* $b_n = O(n^\sigma)$. *Die Funktionen* φ, ψ, Φ, Ψ, F, G *seien durch*

$$\varphi(s) = \sum_1^\infty a_n n^{-s}, \qquad \psi(s) = \sum_1^\infty b_n n^{-s},$$

$$\Phi(s) = (2\pi)^{-s}\, \Gamma(s)\, \varphi(s), \quad \Psi(s) = (2\pi)^{-s}\, \Gamma(s)\, \psi(s),$$

$$F(\tau) = \sum_1^\infty a_n e^{2\pi i n \tau}, \qquad G(\tau) = \sum_1^\infty b_n e^{2\pi i n \tau}$$

in der Halbebene $\mathrm{Re}(s) > \sigma$ *bzw. in der oberen Halbebene* $\mathrm{Im}(\tau) > 0$ *definiert. Es sei* $C \neq 0$, $A > 0$, $k > 0$. *Dann sind die folgenden Aussagen (A) und (B) gleichwertig:*

(A) Φ *und* Ψ *lassen sich in der ganzen s-Ebene holomorph fortsetzen und bleiben dabei in jedem Vertikalstreifen* $\sigma' \leqq \mathrm{Re}(s) \leqq \sigma''$ *beschränkt, und es ist*

$$\Phi(s) = C A^{\frac{k}{2}-s}\, \Psi(k - s).$$

(B) *In der oberen Halbebene ist*

$$F(\tau) = C A^{\frac{k}{2}} \left(\frac{A\tau}{i}\right)^{-k} G\left(\frac{-1}{A\tau}\right).$$

Zwar behandelt HECKE ([1]) nur den Fall $(a_n) = (b_n)$, allerdings unter Zulassung einfacher Pole bei $s = 0$, $s = k$ für $\Phi = \Psi$; der Beweis bleibt aber für den Fall zweier Folgen (a_n), (b_n) Wort für Wort derselbe.

Weiterhin sei k eine positive *ganze* Zahl; $GL_+(2, \mathbf{R})$ sei die Gruppe der reellen Matrizen $\begin{pmatrix} a & b \\ c & d \end{pmatrix}$ mit positiver Determinante. Es sei $\alpha = \begin{pmatrix} a & b \\ c & d \end{pmatrix}$ ein Element dieser Gruppe, und F sei irgendeine holomorphe Funktion in der oberen Halbebene $\mathrm{Im}(\tau) > 0$. In Anlehnung an HECKE definieren wir

$$(F|\alpha)(\tau) = F\left(\frac{a\tau + b}{c\tau + d}\right)(c\tau + d)^{-k}(ad - bc)^{\frac{k}{2}};$$

dann ist ebenfalls $F|\alpha$ eine in der oberen Halbebene holomorphe Funktion. Für $\alpha = \begin{pmatrix} a & 0 \\ 0 & a \end{pmatrix}$ ist $F|\alpha = (\mathrm{sgn}\,a)^k F$.

Für $b \in \mathbf{R}$ bzw. $B > 0$ definieren wir

$$\alpha(b) = \begin{pmatrix} 1 & b \\ 0 & 1 \end{pmatrix}, \quad \omega(B) = \begin{pmatrix} 0 & -1 \\ B & 0 \end{pmatrix}.$$

Die rechte Seite der letzten Formel in Lemma 1 läßt sich dann in der Form $C i^k(G|\omega(A))$ schreiben. Ferner sei ω ein Element des Gruppenringes der Gruppe $GL_+(2, \mathbf{R})$, also eine lineare Kombination $\omega = \sum u_i \alpha_i$ von Elementen α_i dieser Gruppe mit komplexen Koeffizienten u_i; wir definieren dann

$$F|\omega = \sum u_i(F|\alpha_i).$$

Für ein gegebenes F bezeichnen wir durch Ω_F die Gesamtheit der Elemente ω des Gruppenringes von $GL_+(2, \mathbf{R})$ mit der Eigenschaft $F|\omega = 0$; das ist offensichtlich ein Rechtsideal im Gruppenring.

Nun sei $(c_1, c_2, \ldots)$ eine Folge komplexer Zahlen, nicht alle 0; es sei $c_n = O(n^\sigma)$ mit irgendeinem $\sigma > 0$. Für jeden Modul m und jeden *primitiven* Charakter χ der ganzen Zahlen modulo m setzen wir

$$L_\chi(s) = \sum_1^\infty c_n \chi(n) n^{-s},$$

$$\Lambda_\chi(s) = \left(\frac{m}{2\pi}\right)^s \Gamma(s) L_\chi(s),$$

$$F_\chi(\tau) = \sum_1^\infty c_n \chi(n) e^{2\pi i n \tau};$$

für $m = 1$, also für den Hauptcharakter $\chi = 1$, schreiben wir einfach L, Λ, F statt L_1, Λ_1, F_1. Für $m > 1$ sei $g(\chi)$ die Gaußsche Summe

$$g(\chi) = \sum_{x \bmod m} \chi(x) e^{-2\pi i \frac{x}{m}}.$$

Dann ist bekanntlich für alle n:

$$\chi(n) = \frac{g(\chi)}{m} \sum_{a \bmod m} \bar{\chi}(a) e^{2\pi i \frac{na}{m}},$$

und daher mit den oben erklärten Bezeichnungen

$$F_\chi = F\left|\frac{g(\chi)}{m} \sum_{a \bmod m} \bar{\chi}(a) \alpha\left(\frac{a}{m}\right)\right..$$

Fortan sei A eine positive *ganze* Zahl; $C = C_1$, C_χ seien komplexe Konstanten. Als unmittelbare Folge des Heckeschen Lemmas haben wir:

Dirichletsche Reihen und Funktionalgleichungen   151

Lemma 2. *Folgende Aussagen sind gleichwertig:* (A2) Λ *ist eine ganze Funktion, beschränkt in jedem Vertikalstreifen, und genügt der Funktionalgleichung*

$$\Lambda(s) = C A^{\frac{k}{2}-s} \Lambda(k-s) \, ;$$

(B2) *es ist*

$$1 \equiv C i^k \omega(A) \quad (\operatorname{mod} \Omega_F).$$

(B2) ist nämlich nur eine Umschreibung für (B) in Lemma 1, falls Λ statt Φ und Ψ gesetzt ist. Selbstverständlich muß hierbei $C = \pm 1$ sein, was wir auch weiterhin benutzen werden.

Lemma 3. *Für $m > 1$ sind folgende Aussagen gleichwertig:* (A3) Λ_χ, $\Lambda_{\overline{\chi}}$ *sind ganze Funktionen, beschränkt in jedem Vertikalstreifen, und genügen der Gleichung*

$$\Lambda_\chi(s) = C_\chi A^{\frac{k}{2}-s} \Lambda_{\overline{\chi}}(k-s) \, ;$$

(B3) *es ist*

$$g(\chi) \sum_{a \bmod m} \overline{\chi}(a) \, \alpha\!\left(\frac{a}{m}\right) \equiv C_\chi i^k g(\overline{\chi}) \sum_{a \bmod m} \chi(a) \, \alpha\!\left(\frac{a}{m}\right) \omega(Am^2) \quad (\operatorname{mod} \Omega_F).$$

Falls die c_n reell sind, sieht man sofort, durch Übergang zum komplexkonjugierten, daß $|C_\chi| = 1$ sein muß.

Für $(a, m) \neq 1$ ist $\chi(a) = 0$; in der Summation auf beiden Seiten von (B3) kommen also nur solche a in Betracht, die zu m teilerfremd sind. Es werde nun angenommen, daß $(A, m) = 1$, also daß m zu A teilerfremd sei. Dann gibt es zu jedem a mit $(a, m) = 1$ eine ganze Zahl b derart, daß $Aab \equiv -1 \pmod m$, also $1 = mn - Aab$ mit ganzzahligem n. Die Matrix

$$\gamma(a, b) = \begin{pmatrix} m & -b \\ -Aa & n \end{pmatrix}$$

gehört alsdann zur Modulgruppe; genauer gesagt gehört sie zur Untergruppe $\Gamma_0(A)$ der Modulgruppe, die aus allen ganzzahligen Matrizen $\begin{pmatrix} r & s \\ t & u \end{pmatrix}$ mit $1 = ru - st$, $t \equiv 0 \pmod A$ besteht. Eine leichte Rechnung ergibt nun

$$\alpha\!\left(\frac{a}{m}\right) \omega(Am^2) = \omega(A) \, \gamma(a, b) \, \alpha\!\left(\frac{b}{m}\right) \begin{pmatrix} m & 0 \\ 0 & m \end{pmatrix}.$$

Jedem b mit $(b, m) = 1$ werde ein a so zugeordnet, daß $Aab \equiv -1 \pmod m$; dann sei $1 = mn - Aab$, und es werde $\gamma(b)$ statt $\gamma(a, b)$ geschrieben. Wenn b ein volles System von zu m teilerfremden und modulo m inkongruenten Zahlen durchläuft, so tut a dasselbe. Da aus $Aab \equiv -1 \pmod m$ folgt, daß $\chi(a) = \overline{\chi}(-Ab)$, so läßt sich nun (B3) durch folgende äquivalente Formel ersetzen:

$$(\text{B3}') \quad \sum_{b \bmod m} \overline{\chi}(b) \left[1 - \frac{C_\chi i^k g(\overline{\chi}) \overline{\chi}(-A)}{g(\chi)} \omega(A) \, \gamma(b) \right] \alpha\!\left(\frac{b}{m}\right) \equiv 0 \quad (\operatorname{mod} \Omega_F).$$

152 A. Weil:

Es sei nun ε ein (nicht notwendig primitiver) Charakter modulo A. Wir erinnern daran, daß F eine Modulform vom Heckeschen Typus $(-k, A, \varepsilon)$ heißt, falls für jede Matrix $\gamma = \begin{pmatrix} r & s \\ t & u \end{pmatrix}$ aus $\Gamma_0(A)$ die Gleichung $F|\gamma = \varepsilon(r)^{-1} F$ besteht und außerdem F gewissen Regularitätsbedingungen an den Spitzen von $\Gamma_0(A)$ genügt. Für $\gamma = \begin{pmatrix} -1 & 0 \\ 0 & -1 \end{pmatrix}$ folgt daraus, daß $\varepsilon(-1) = (-1)^k$. Wenn noch angenommen wird, daß F die Eigenschaft (B2) hat, also der Bedingung $F|\omega(A) = C^{-1} i^{-k} F$ genügt, so ergibt sich aus der Gleichung

$$\omega(A) \begin{pmatrix} r & s \\ At & u \end{pmatrix} \omega(A)^{-1} = \begin{pmatrix} u & -t \\ -As & r \end{pmatrix},$$

daß $\varepsilon(r) = \varepsilon(u)$ für $ru \equiv 1 \ (\mathrm{mod}\, A)$, also $\varepsilon(r)^2 = 1$, $\varepsilon(r) = \pm 1$. Unter diesen Umständen muß also der Charakter ε reell sein.

Satz 1. *Es sei ε ein Charakter modulo A. Die Bezeichnungen und Voraussetzungen seien wie oben, also insbesondere $F(\tau) = \sum_1^\infty c_n e^{2\pi in\tau}$ und $c_n = O(n^\sigma)$ mit einem $\sigma > 0$; F sei eine Modulform vom Heckeschen Typus $(-k, A, \varepsilon)$, und es sei $F|\omega(A) = C^{-1} i^{-k} F$. Dann genügt Λ der Bedingung (A2) in Lemma 2, und für jeden primitiven Charakter χ mit einem zu A teilerfremden Führer $m = f_\chi$ genügen Λ_χ, $\Lambda_{\bar\chi}$ der Bedingung (A3) von Lemma 3, mit der Konstanten*

$$C_\chi = C \varepsilon(f_\chi) \frac{g(\chi)}{g(\bar\chi)} \chi(-A).$$

Die erste Behauptung ist nämlich in Lemma 2 enthalten; die zweite folgt unmittelbar aus Lemma 3, wenn man darin (B3) durch (B3') ersetzt, was wegen $(A, m) = 1$ erlaubt ist.

Jetzt handelt es sich um die Umkehrung von Satz 1. Es sei $\mathfrak{M}$ die Menge, die aus der Zahl 4 und allen ungeraden Primzahlen besteht. Für $m \in \mathfrak{M}$ sind sämtliche Charaktere modulo m primitiv, mit der einzigen Ausnahme des Hauptcharakters $\chi = 1$.

Lemma 4. *Es sei $m \in \mathfrak{M}$, $(A, m) = 1$; C_m' sei eine komplexe Zahl $\neq 0$. Folgende Aussagen sind gleichwertig: (A4) die Bedingung (A3) in Lemma 3 ist für jeden primitiven Charakter χ modulo m erfüllt, mit*

$$C_\chi = C_m' i^{-k} \frac{g(\chi)}{g(\bar\chi)} \chi(-A);$$

(B4) *es ist, für alle b, b' mit $(b, m) = (b', m) = 1$:*

$$\left[1 - C_m' \,\omega(A)\, \gamma(b)\right] \alpha\!\left(\frac{b}{m}\right) \equiv \left[1 - C_m'\, \omega(A)\, \gamma(b')\right] \alpha\!\left(\frac{b'}{m}\right) \quad (\mathrm{mod}\, \Omega_F).$$

Bezeichnen wir nämlich mit $\lambda(b)$ die linke Seite der Gleichung in (B4). Wenn man in Lemma 3 (B3) durch (B3') ersetzt, so sieht man, daß (A4) mit der folgenden Bedingung gleichwertig ist:

(B4') $$\sum_{b \bmod m} \bar\chi(b)\, \lambda(b) \equiv 0 \quad (\mathrm{mod}\, \Omega_F),$$

Dirichletsche Reihen und Funktionalgleichungen 153

wenn man darin für χ alle primitiven Charaktere modulo m, d. h. alle Charaktere modulo m mit Ausnahme von $\chi = 1$, einsetzt. Falls (B4) erfüllt ist, ist offensichtlich auch (B4′) erfüllt. Umgekehrt bekommt man (B4), indem man (B4′) mit $\chi(b') - \chi(b'')$ multipliziert und über alle primitiven Charaktere χ summiert.

Lemma 5. *Es sei* $\gamma = \begin{pmatrix} m & -b \\ -Aa & n \end{pmatrix}$ *ein Element von* $\Gamma_0(A)$ *mit* $m \in \mathfrak{M}$, $n \in \mathfrak{M}$.
Die Bedingung (A4) von Lemma 4 sei sowohl für den Führer m wie für den Führer n erfüllt, und es sei $C'_m C'_n = (-1)^k$. *Außerdem genüge F der Bedingung (A2) von Lemma 2. Dann ist* $F|\gamma = C'^{-1}_m C i^k F$.

Wir setzen noch $\gamma' = \begin{pmatrix} m & b \\ Aa & n \end{pmatrix}$. In (B4) ersetzen wir b, b' durch b, $-b$; da $b \not\equiv -b(\mathrm{mod}\, m)$, können wir dabei annehmen, daß $\gamma(b) = \gamma$, $\gamma(-b) = \gamma'$. Wegen Lemma 2 ergibt sich dann aus Lemma 4:

$$(1 - \xi\gamma)\, \alpha\left(\frac{b}{m}\right) \equiv (1 - \xi\gamma')\, \alpha\left(\frac{-b}{m}\right) \quad (\mathrm{mod}\, \Omega_F)$$

mit $\xi = C'_m C^{-1} i^{-k}$, oder auch, da Ω_F Rechtsideal ist:

$$1 - \xi\gamma' \equiv (1 - \xi\gamma)\, \alpha\left(\frac{2b}{m}\right) \quad (\mathrm{mod}\, \Omega_F).$$

Andererseits hat man

$$\gamma^{-1} = \begin{pmatrix} n & b \\ Aa & m \end{pmatrix}, \quad \gamma'^{-1} = \begin{pmatrix} n & -b \\ -Aa & m \end{pmatrix}.$$

Da (B4) auch für den Führer n gilt, ergibt sich genau wie oben

$$(1 - \xi'\gamma^{-1})\, \alpha\left(\frac{-b}{n}\right) \equiv (1 - \xi'\gamma'^{-1})\, \alpha\left(\frac{b}{n}\right) \quad (\mathrm{mod}\, \Omega_F)$$

mit $\xi' = C'_n C^{-1} i^{-k}$. Wegen $C'_m C'_n = (-1)^k$, $C = \pm 1$ ist $\xi' = \xi^{-1}$, also

$$1 - \xi'\gamma'^{-1} = -(1 - \xi\gamma')\xi^{-1}\gamma'^{-1}.$$

Da Ω_F Rechtsideal ist, hat man also

$$1 - \xi\gamma' \equiv -\xi(1 - \xi^{-1}\gamma^{-1})\, \alpha\left(\frac{-2b}{n}\right) \gamma'$$

$$\equiv (1 - \xi\gamma)\gamma^{-1}\alpha\left(\frac{-2b}{n}\right)\gamma' \quad (\mathrm{mod}\, \Omega_F).$$

Durch Vergleich mit der oben erhaltenen Kongruenz für $1 - \xi\gamma'$ ergibt sich

$$(1 - \xi\gamma)(1 - \mu)\, \alpha\left(\frac{2b}{m}\right) \equiv 0 \quad (\mathrm{mod}\, \Omega_F),$$

wo man gesetzt hat

$$\mu = \gamma^{-1}\alpha\left(\frac{-2b}{n}\right)\gamma'\alpha\left(\frac{-2b}{m}\right) = \begin{pmatrix} 1 & -\dfrac{2b}{m} \\ \dfrac{2Aa}{n} & \dfrac{4}{mn} - 3 \end{pmatrix}.$$

154   A. WEIL:

Es sei nun $G = F|(1 - \xi\gamma) = F - \xi(F|\gamma)$. Dann ist die zuletzt erhaltene Gleichung gleichbedeutend mit $G|(1 - \mu) = 0$, d. h. $G = G|\mu$. Die Eigenwerte der Matrix μ sind aber die Wurzeln der Gleichung

$$T^2 + 2\left(1 - \frac{2}{mn}\right)T + 1 = 0\,;$$

sie sind imaginär und sind keine Einheitswurzeln; also ist μ elliptisch von unendlicher Ordnung. Dann ist aber bekanntlich $G = 0$ die einzige in der oberen Halbebene holomorphe Lösung der Gleichung $G = G|\mu$. Aus $G = 0$ folgt nun $F = \xi(F|\gamma)$, w. z. b. w.

Satz 2. *Es sei $\mathfrak{M}'$ eine Untermenge von $\mathfrak{M}$ mit nicht-leerem Durchschnitt mit jeder arithmetischen Progression vom Teiler 1 (d. h. mit jeder Folge ganzer Zahlen a, $a + b$, $a + 2b$, … für welche $(a, b) = 1$, $b > 0$); außerdem sei $(A, m) = 1$ für alle $m \in \mathfrak{M}'$. Es sei ε ein Charakter modulo A. Mit denselben Bezeichnungen wie oben erfülle F die Bedingung (A 2) von Lemma 2; weiter sei die Bedingung (A 3) von Lemma 3 für jeden primitiven Charakter χ mit einem Führer $f_\chi \in \mathfrak{M}'$ erfüllt, und es sei*

$$C_\chi = C\varepsilon(f_\chi)\frac{g(\chi)}{g(\overline{\chi})}\chi(-A)\,.$$

Dann ist F eine ganze Modulform vom Typus $(-k, A, \varepsilon)$, und es ist $F|\omega(A) = Ci^{-k}F$. Ist die Dirichletsche Reihe $L(s)$ für $s = k - \delta$ mit irgendeinem $\delta > 0$ absolut konvergent, so ist F sogar eine Spitzenform.

Es sei $\gamma = \begin{pmatrix} a & b \\ Ac & d \end{pmatrix}$ ein Element von $\Gamma_0(A)$; wir müssen zuerst beweisen, daß $F|\gamma = \varepsilon(a)^{-1}F$. Für $b = 0$, $a = d = 1$ ist das klar wegen Lemma 2 und der Gleichung

$$\begin{pmatrix} 1 & 0 \\ Ac & 1 \end{pmatrix} = \omega(A)\cdot\begin{pmatrix} 1 & -c \\ 0 & 1 \end{pmatrix}\cdot\omega(A)^{-1}\,.$$

Es sei $b \neq 0$. Da $1 = ad - Abc$, ist $(a, Ab) = 1$, $(d, Ab) = 1$; wegen der Annahme über $\mathfrak{M}'$ gibt es also Zahlen

$$m = a + Abs \in \mathfrak{M}'\,, \quad n = d + Abt \in \mathfrak{M}'$$

mit ganzzahligen s, t. Schreiben wir

$$b' = c + mt + ns - bst\,, \quad \gamma' = \begin{pmatrix} m & b \\ Ab' & n \end{pmatrix}.$$

Die Voraussetzungen von Lemma 5 sind für m und n erfüllt mit $C'_m = Ci^k\varepsilon(m)$, $C'_n = Ci^k\varepsilon(n)$; da $mn \equiv ad \equiv 1 \pmod{A}$, ist $\varepsilon(m)\varepsilon(n) = 1$, also $C'_m C'_n = 1$ wegen $C = \pm 1$. Lemma 5 zeigt, daß $F|\gamma' = \varepsilon(m)^{-1}F$; nun ist aber

$$\gamma = \begin{pmatrix} 1 & 0 \\ -At & 1 \end{pmatrix}\gamma'\begin{pmatrix} 1 & 0 \\ -As & 1 \end{pmatrix},$$

woraus die Behauptung für γ folgt, weil sie für alle drei Matrizen auf der rechten Seite zutrifft. Schließlich, falls $b = 0$, $a = d = -1$, kann man das eben Bewiesene auf $\gamma\alpha(u)$ anwenden, mit u ganz und $\neq 0$.

Dirichletsche Reihen und Funktionalgleichungen·   155

Um den Beweis zu Ende zu führen, muß noch das Verhalten von F bei Annäherung an die reelle Achse untersucht werden. Anfangs wurde angenommen, daß $c_n = O(n^\sigma)$ mit einem gewissen $\sigma > 0$. Wegen der Stirlingschen Formel gibt es also ein $C > 0$, so daß

$$|c_n| \leqq C \, \frac{\Gamma(\sigma + n + 1)}{\Gamma(\sigma)\,\Gamma(n+1)}.$$

Daraus ergibt sich, für $y > 0$:

$$|F(x + iy)| \leqq C(1 - e^{-2\pi y})^{-1-\sigma},$$

also $F(x + iy) = O(y^{-1-\sigma})$ für $y \to 0$. Daraus folgt bekanntlich, daß F eine ganze Modulform ist. Nun sei $L(s)$ für $s = k - \delta$ mit $0 < \delta < k$ absolut konvergent. Dann ist

$$s_n = \sum_{\nu=1}^{n} |c_\nu| \leqq n^{k-\delta} \sum_{\nu=1}^{\infty} |c_\nu|\, \nu^{-k+\delta},$$

also $s_n = O(n^{k-\delta})$. Andererseits bekommt man, durch „partielle Summation“[1]

$$|F(x + iy)| \leqq (1 - e^{-2\pi y}) \sum_{1}^{\infty} s_n e^{-2\pi n y},$$

also, genau wie oben, $F(x + iy) = O(y^{-k+\delta})$ für $y \to 0$. Daher ist F eine Spitzenform.

An die obigen Resultate lassen sich noch Überlegungen über Zetafunktionen elliptischer Kurven anknüpfen, die vielleicht auch einige Aufmerksamkeit verdienen.

Es sei C eine elliptische Kurve, definiert über dem rationalen Zahlkörper **Q**, etwa durch eine Weierstraßsche Gleichung $y^2 = x^3 - ax - b$ mit rationalen Koeffizienten. Bekanntlich (vgl. Néron [2]) läßt sich für jede Primzahl p ein (im wesentlichen eindeutig bestimmtes) „Néronsches Modell“ C_p für C angeben, welches mit C über dem p-adischen Körper $\mathbf{Q}_p$ birational äquivalent ist; C_p ist durch eine Gleichung

$$Y^2 + \lambda X Y + \mu Y = X^3 + \alpha X^2 + \beta X + \gamma$$

mit ganzen p-adischen Koeffizienten gegeben; wenn man diese Gleichung modulo p reduziert, bekommt man die Gleichung einer *irreduziblen* Kurve $\bar{C}_p$ über dem Primkörper $\mathbf{F}_p$. Wir unterscheiden nun drei Fälle:

(I) $\bar{C}_p$ ist vom Geschlecht 1 und hat also eine Zetafunktion mit einem Zähler von der Form $1 - c_p T + p T^2$; dabei ist $1 - c_p + p$ die Anzahl der über $\mathbf{F}_p$ rationalen Punkte auf der Kurve $\bar{C}_p$, und es ist $|c_p| \leqq 2\sqrt{p}$. Wir setzen dann

$$L_p(s) = (1 - c_p p^{-s} + p^{1-2s})^{-1}.$$

(II) $\bar{C}_p$ hat einen gewöhnlichen Doppelpunkt. Wir setzen $\varepsilon_p = +1$ oder -1, je nachdem die Tangenten am Doppelpunkt rational über $\mathbf{F}_p$ sind oder nicht, und schreiben

$$L_p(s) = (1 - \varepsilon_p p^{-s})^{-1}.$$

---

[1] Diesen Schluß verdanke ich einem freundlichen Hinweis von A. Selberg.

Dieser Fall kann übrigens nur dann eintreten, wenn entweder $p = 2$ oder 3 oder die absolute Invariante j von C nicht p-ganz ist.

(III) $\bar{C}_p$ hat eine Spitze. Dann setzen wir $L_p(s) = 1$.

Ferner sei Δ_p die Diskriminante der Gleichung der Kurve C_p; setzen wir $\delta_p = \text{ord}(\Delta_p)$; dann ist $\delta_p = 0$ im Fall (I); sonst ist $\delta_p > 0$. Die auf p bezügliche Faser des Néronschen singularitätenfreien Minimalmodells für C_p ist im Fall (I) nichts anderes als $\bar{C}_p$; sonst ist sie ein Zyklus; in allen Fällen sei μ_p die Anzahl ihrer Komponenten. Nach einer Angabe von Ogg (vgl. [3]) setzen wir $A_p = p^a$ mit $a = \delta_p - \mu_p + 1$. Nach Néron [2] ist $a = 0$ im Fall (I), $a \geq 1$ im Fall (II), $a \geq 2$ im Fall (III); es ist immer $a = 1$ im Fall (II) und $a = 2$ im Fall (III), falls $p \neq 2, 3$.

Wir schreiben nun

$$A = \prod_p A_p, \quad L(s) = \prod_p L_p(s) = \sum_1^\infty c_n n^{-s}$$

und nennen A den *Führer* und L die *Zetafunktion* der Kurve C. Mit den Koeffizienten c_n von L bilden wir dann die Funktionen Λ, F, L_χ, Λ_χ, genau wie oben.

Aus gewissen theoretischen Gründen darf man mit ziemlicher Sicherheit vermuten, daß Λ eine Funktionalgleichung besitzt, oder, genauer gesagt, daß sie die Bedingung (A 2) von Lemma 2 mit $k = 2$ erfüllt. Weiter läßt sich vermuten, daß für jeden primitiven Charakter χ mit einem zu A teilerfremden Führer die Bedingung (A 3) von Lemma 3 ebenfalls erfüllt ist, wieder mit $k = 2$. In allen mir zugänglichen Sonderfällen habe ich nun gefunden, daß C_χ dabei die in den Sätzen 1 und 2 vorgesehene Form hat, sogar mit $\varepsilon = 1$. Nach Satz 2 ist dann F eine Spitzenform vom Heckeschen Haupttypus $(-2, A)$, und $F(\tau) \, d\tau$ ist ein Differential 1. Gattung auf der durch $\Gamma_0(A)$ bestimmten Riemannschen Fläche R; nach einer Mitteilung von G. Shimura muß sogar dieses Differential zu einer über $\mathbf{Q}$ definierten elliptischen Kurve C' gehören, die in der Jacobischen Mannigfaltigkeit von R enthalten ist; der Periodenmodul von $F(\tau) \, d\tau$ ist also mit demjenigen von C' kommensurabel. Es ist natürlich naheliegend zu erwarten, daß unter diesen Umständen C' mit C isogen ist; das bestätigt sich tatsächlich in einigen Fällen. Ob die Dinge immer, d. h. für jede über $\mathbf{Q}$ definierte Kurve C, sich so verhalten, scheint im Moment noch problematisch zu sein und mag dem interessierten Leser als Übungsaufgabe empfohlen werden.

Literatur

[1] Hecke, E.: Über die Bestimmung Dirichletscher Reihen durch ihre Funktionalgleichung. Math. Ann. **112**, 664—699 (1936); Mathematische Werke, Göttingen 1959 (Nr. 33, S. 591—626).

[2] Néron, A.: Modèles minimaux des variétés abéliennes sur les corps locaux et globaux. Publ. Math. I.H.E.S. **21**, 1—128 (1964).

[3] Ogg, A. P.: Elliptic curves and wild ramification. Erscheint im Am. J. Math.

Professor André Weil
Institute for Advanced Study
Princeton, N.J.

(Eingegangen am 10. Januar 1966)

[1967b] Review: "The Collected Papers of Emil Artin"

This handsome volume, illustrated by two portraits of Artin in his Hamburg days, cannot but recall, to the minds of those old enough to have had this experience, the times when one used to glance breathlessly through the table of contents of each new number of the *Hamburger Abhandlungen*, with the hope, seldom disappointed, of finding Artin's name there. Here they all are—the papers on the L-series, the law of reciprocity, the real fields, the hypercomplex arithmetic, the excursions into topology. The excellent photographic reproduction brings back even the distinctive typography of the journal; one misses only the texture of the paper, which somehow had become part of the magic.

These articles make up the solid core of the volume, as one would realize even better if the editors had not chosen to discard the chronological order in favor of a less natural and less enlightening arrangement according to subjects. If the former had been adopted, it would have brought to light more clearly the unusual nature of Artin's mathematical career. Apart from a few reviews and lectures on general topics, this volume consists of 44 papers. Of these, 22 were written between 1921 and 1931; the other 22 appeared from 1940 to 1955. The earlier papers, if one leaves aside Artin's thesis as rather untypical of his mature style, occupy 236 out of the 560 pages of the volume; almost everyone of them is a gem of dazzling brilliance. Not a few of the later ones are valuable and useful, and some manage to catch a sparkle of the original fire; but the magic is gone.

Perhaps the best part of this career may be described as a love affair with the zeta function. It all began with Artin's thesis (by far the longest paper he ever wrote), where he elaborately carries over the whole classical theory of quadratic number-fields to quadratic extensions of the field of rational functions over a prime field of odd characteristic, with a never ending delight at finding the correct analogy for every classical concept. At that time, he was very young, and, as he used to say later, "very ignorant". He quotes Dedekind, of course, but not Dedekind and Weber, whose work would have been even more relevant to his purposes. He does quote Kornblum; this had been a brilliantly gifted young man, killed in the early days of the First World War, whose thesis, edited and published by Landau, had introduced the analogue in characteristic p of Dirichlet's original L-series, and used them, as Dirichlet had done, to prove the theorem of the primes in arithmetic progressions. Artin may have derived some inspiration from Kornblum; he may also have rediscovered the idea by himself, and added the reference as an afterthought. Neither of

238   BOOK REVIEWS

them saw then the connection with the theory of algebraic functions, already worked out by Dedekind and Weber by algebraic means. In particular, the relation between the zeta-function and the theorem of Riemann-Roch escaped them altogether. Nevertheless, their work had given the initial impulse; and Artin had raised the question of the Riemann hypothesis in characteristic p and supplied some experimental evidence for it. Where this has already led us is well-known; where it may still take us is one of the most fascinating mysteries in modern mathematics.

The next step for Artin, and for him a more decisive one, was to go back to zeta-functions of algebraic number-fields, and begin to exploit classfield theory in order to split them into factors. Weber, with remarkable intuition, had introduced the L-series belonging to characters of ideal class-groups modulo a conductor for an algebraic number-field k; as Artin now observed, Takagi's results, then quite new, implied that the zeta-function of an abelian extension of k is a product of L-series of Weber's type. Very soon he derived, from the concept of the Frobenius substitution, a more "functorial" splitting into factors; these are his famous "non-abelian L-functions". It was not immediately apparent, except under somewhat restrictive assumptions, that these must coincide with Weber's functions in the abelian case; the identity between the two is precisely the content of Artin's law of reciprocity, conjectured by him in 1923, proved in 1927, the best-known and probably the greatest of his discoveries. This crowning achievement of classfield theory opened the way at once to further inroads into non-abelian problems, up to and including Artin's general theory of conductors.

In those days, great hopes were being raised by the early investigations on semisimple algebras and their arithmetic. The results have not been quite so far-reaching as had then been expected; but Artin's work, and some theses written in Hamburg under his guidance on the zeta-functions of those algebras, are still the foundation for everything of importance in this field.

In retrospect, his beautiful work on "real fields" appears perhaps to have chiefly historical value. For centuries, a main task for "algebraists" had been to discuss the number of real roots of algebraic equations. At a time when Artin and others, following in the footsteps of Steinitz and Emmy Noether, were carrying out a thorough revision of all the main concepts of algebra, it suddenly seemed paradoxical that a theory involving real numbers should be considered as part of it. By hitting at the true foundations for that theory, Artin restored it to its proper place; while doing so, he found he had solved one of Hilbert's famous problems. But perhaps his very first result in that direction is of more value to us; it says that the field of all algebraic numbers has, up to automorphisms, only one finite group of automorphisms, which is of order 2. Even now, this is an altogether isolated result of great depth, whose significance for the future is not to be assessed lightly. It is in extending it to more general fields, and in proving that fields of characteristic p have no such automorphisms, that Artin and Schreier were led to introduce the standard operation, for generating cyclic p-extensions in characteristic p, which is known under their name.

A briefer mention may suffice for other topics. The theory of braids, invented by Artin in 1925 and taken up again by him in 1947, stands out as a kind of first approximation to knot theory which can be handled by purely algebraic means. The joint work with Whaples in 1945 played an important role in the introduction of the adele concept in algebraic number-theory. The papers on the orders of the classical groups were intended to clarify a side issue in the theory of simple finite groups and did so with a remarkable economy of means, almost reminding one of the seemingly effortless manner in which Artin at his best had been wont to penetrate to the heart of the deepest problems. Those who look for models of mathematical writing, apart from the nature of the contents, will still find great pleasure with these and others among Artin's later papers. As to those who can best enioy watching the quick thrust of the rapier when it is aimed at a worthy opponent, they may always go back to the earlier portions of this volume, where everything will be a source of delight. If only for the sake of those 100 pages on algebraic number-fields, everyone with the slightest taste for number-theory should wish to own this volume.

A. WEIL

THE INSTITUTE FOR ADVANCED STUDY
PRINCETON, NEW JERSEY

[1967c] Basic Number Theory (Foreword)

$$\mathit{A}\rho\iota\theta\mu\acute{o}\nu,\ \acute{\varepsilon}\xi o\chi o\nu\ \sigma o\varphi\iota\sigma\mu\acute{a}\tau\omega\nu$$

$$A\grave{\iota}\sigma\chi.,\ \Pi\rho o\mu.\ \varDelta\varepsilon\sigma\mu.$$

The first part of this volume is based on a course taught at Princeton University in 1961–62; at that time, an excellent set of notes was prepared by David Cantor, and it was originally my intention to make these notes available to the mathematical public with only quite minor changes. Then, among some old papers of mine, I accidentally came across a long-forgotten manuscript by Chevalley, of pre-war vintage (forgotten, that is to say, both by me and by its author) which, to my taste at least, seemed to have aged very well. It contained a brief but essentially complete account of the main features of classfield theory, both local and global; and it soon became obvious that the usefulness of the intended volume would be greatly enhanced if I included such a treatment of this topic. It had to be expanded, in accordance with my own plans, but its outline could be preserved without much change. In fact, I have adhered to it rather closely at some critical points.

To improve upon Hecke, in a treatment along classical lines of the theory of algebraic numbers, would be a futile and impossible task. As will become apparent from the first pages of this book, I have rather tried to draw the conclusions from the developments of the last thirty years, whereby locally compact groups, measure and integration have been seen to play an increasingly important role in classical number-theory. In the days of Dirichlet and Hermite, and even of Minkowski, the appeal to "continuous variables" in arithmetical questions may well have seemed to come out of some magician's bag of tricks. In retrospect, we see now that the real numbers appear there as one of the infinitely many completions of the prime field, one which is neither more nor less interesting to the arithmetician than its p-adic companions, and that there is at least one language and one technique, that of the adeles, for bringing them all together under one roof and making them cooperate for a common purpose. It is needless here to go into the history of these developments; suffice it to mention such names as Hensel, Hasse, Chevalley, Artin; every one of these, and more recently Iwasawa, Tate, Tamagawa, helped to make some significant step forward along this road. Once the presence of the real field, albeit at infinite distance, ceases to be regarded as a necessary ingredient in the arithmetician's brew, it

VI   Foreword

goes without saying that the function-fields over finite fields must be granted a fully simultaneous treatment with number-fields, instead of the segregated status, and at best the separate but equal facilities, which hitherto have been their lot. That, far from losing by such treatment, both races stand to gain by it, is one fact which will, I hope, clearly emerge from this book.

It will be pointed out to me that many important facts and valuable results about local fields can be proved in a fully algebraic context, without any use being made of local compacity, and can thus be shown to preserve their validity under far more general conditions. May I be allowed to suggest that I am not unaware of this circumstance, nor of the possibility of similarly extending the scope of even such global results as the theorem of Riemann-Roch? We are dealing here with mathematics, not with theology. Some mathematicians may think that they can gain full insight into God's own way of viewing their favorite topic; to me, this has always seemed a fruitless and a frivolous approach. My intentions in this book are more modest. I have tried to show that, from the point of view which I have adopted, one could give a coherent treatment, logically and aesthetically satisfying, of the topics I was dealing with. I shall be amply rewarded if I am found to have been even moderately successful in this attempt.

Some of my readers may be surprised to find no explicit mention of cohomology in my account of classfield theory. In this sense, while my approach to number-theory may be called a "modern" one in the first half of this book, it may well be described as thoroughly "unmodern" in the second part. The sophisticated reader will of course perceive that a certain amount of cohomology, and in fact no more and no less than is required for the purposes of classfield theory, hides itself in the theory of simple algebras. For anyone familiar with the language of "Galois cohomology", it will be an easy and not unprofitable exercise to translate into it some of the definitions and results of our Chapters IX, XII and XIII; in one or two places (the most conspicuous case being that of the "transfer theorem" in Chapter XII, § 5), this even makes it possible to substitute more satisfactory proofs for ours. For me to develop such an approach systematically would have meant loading a great deal of unnecessary machinery on a ship which seemed well equipped for this particular voyage; instead of making it more seaworthy, it might have sunk it.

In charting my course, I have been careful to steer clear of the arithmetical theory of algebraic groups; this is a topic of deep interest, but obviously not yet ripe for book treatment. Partly for this reason, I have refrained from discussing zeta-functions of simple algebras beyond what was needed for the sake of classfield theory. Artin's non-abelian L-func-

Foreword   VII

tions have also been excluded; the reader of this book will find it easy to proceed to the study of Artin's beautiful papers on this subject and will find himself well prepared to enjoy them, provided he has some knowledge of the representation theory of finite groups.

It remains for me to discharge the pleasant duty of expressing my thanks to David Cantor, who prepared from my lectures at Princeton University the set of notes which reappears here as Chapters I to VII of this book (in many places with no change at all), and to Chevalley, who generously allowed me to make use of the above-mentioned manuscript and expand it into Chapters XII and XIII. My thanks are also due to Iwasawa and Lazard, who read the book in manuscript and offered many suggestions for its improvement; to H. Pogorzelski, for his assistance in proofreading; to B. Eckmann, for the interest he took in its publication; and to the staff of the Springer Verlag, and that of the Zechnersche Buchdruckerei, for their expert cooperation and their invaluable help in the process of bringing out this volume.

Princeton, May 1967.   ANDRÉ WEIL

[1968a] Zeta-functions and Mellin transforms

Classically, the concept of Mellin transform serves to relate Dirichlet series with automorphic functions. Recent developments indicate that this seemingly special device lends itself to broad generalizations, which promise to be of great importance for number-theory and group-theory. My purpose in this lecture is to discuss a typical example, arising from a specific number-theoretical problem.

By an A-field, I understand either an algebraic number-field or a function-field of dimension 1 over a finite field of constants. Such fields, also sometimes called "global fields", are those for which one can build up a classfield theory and the theory of L-functions; these topics are treated in my book *Basic Number Theory* ([3]; henceforth quoted as BNT), and the notations in that book will be used freely here. In particular, if k is an A-field, its adele ring and its idele group will be denoted by k_A and by $k_A^\times$, respectively; I shall write $|z|$, instead of $|z|_A$, for the module of an idele z.

Write $\mathfrak{M}$ for the free group generated by the finite places of k; this will be written multiplicatively; it may be identified in an obvious manner with the group $I(k)$ of the fractional ideals of k, if k is an algebraic number-field, and with the group $D(k)$ of the divisors of k, if k is a function-field (except that $D(k)$ is written additively). For each finite place v of k, write $\mathfrak{p}_v$ for the corresponding generator of $\mathfrak{M}$; then we define a morphism μ of $k_A^\times$ onto $\mathfrak{M}$ by assigning, to each idele $z = (z_v)$, the element $\mu(z) = \Pi\, \mathfrak{p}_v^{n(v)}$ of $\mathfrak{M}$, where $n(v) = \mathrm{ord}(z_v)$ and the product is taken over all the finite places of k. If $\mathfrak{m} = \mu(z)$, we write $|\mathfrak{m}| = \Pi\, |z_v|_v$, the product being taken over the same places; thus we have $|\mathfrak{m}| = \mathfrak{N}(\mathfrak{m})^{-1}$ if k is an algebraic number-field, $\mathfrak{N}$ denoting the norm of an ideal in the usual sense, and $|\mathfrak{m}| = q^{-\deg(\mathfrak{m})}$ if k is a function-field, q being the number of elements of the field of constants of k (i.e., of the largest finite field in k). We say that $\mathfrak{m} = \Pi\, \mathfrak{p}_v^{n(v)}$ is integral if $n(v) \geqslant 0$ for all v,

Reprinted by permission of the editors of *Stud. in Math.*

ANDRÉ WEIL

410

and we write $\mathfrak{M}_+$ for the set (or semigroup) of all such elements of $\mathfrak{M}$; clearly $|\mathfrak{m}| \leq 1$ if $\mathfrak{m}$ is in $\mathfrak{M}_+$, and $|\mathfrak{m}| < 1$ if at the same time $\mathfrak{m} \neq 1$.

By a *Dirichlet series belonging to k*, we will understand any *formal* series L, with complex-valued coefficients, of the form

$$L(s) = \Sigma c(\mathfrak{m}) |\mathfrak{m}|^s \tag{1}$$

where the sum is taken over all integral elements $\mathfrak{m}$ of $\mathfrak{M}$, i.e. over all $\mathfrak{m} \in \mathfrak{M}_+$. Such series make up a ring (addition and multiplication being defined formally in the obvious manner); the invertible ones, in that ring, are those for which the constant term $c(1)$ is not 0. Set-theoretically, one may identify this ring with the set of all mappings $\mathfrak{m} \to c(\mathfrak{m})$ of $\mathfrak{M}_+$ into the field $\mathbf{C}$ of complex numbers; it will always be understood that such a mapping, when it arises in connexion with a Dirichlet series, is extended to $\mathfrak{M}$ by putting $c(\mathfrak{m}) = 0$ whenever $\mathfrak{m}$ is not integral. The series (1) is absolutely convergent in some half-plane $\mathrm{Re}(s) > \sigma$ if and only if there is $\alpha \in \mathbf{R}$ such that $c(\mathfrak{m}) = O(|\mathfrak{m}|^{-\alpha})$; then it determines a holomorphic function in that half-plane; this will be so for all the Dirichlet series to be considered here. However, the knowledge of that function does *not* determine the coefficients $c(\mathfrak{m})$ uniquely, except when $k = \mathbf{Q}$, so that it does not determine the Dirichlet series (1) in the sense in which we use the word here. A case of particular importance is that in which the function given by (1) in its half-plane of absolute convergence can be continued analytically, as a holomorphic or as a meromorphic function, throughout the whole s-plane; then the latter function is also usually denoted by $L(s)$.

Let v be a finite place of k, and let $\mathfrak{p}_v$ be as above. We will say that the series L given by (1) is *eulerian* at v if it can be written in the form

$$(1 + c_1 |\mathfrak{p}_v|^s + \ldots + c_m |\mathfrak{p}_v|^{ms})^{-1} . \Sigma c(\mathfrak{m}) |\mathfrak{m}|^s,$$

where the sum in the last factor is taken over all the elements $\mathfrak{m}$ of $\mathfrak{M}_+$ which are disjoint from $\mathfrak{p}_v$ (i.e. which belong to the subgroup of $\mathfrak{M}$ generated by the generators of $\mathfrak{M}$ other than $\mathfrak{p}_v$). The first factor in the same product is then called the *eulerian factor of L*

ZETA-FUNCTIONS AND MELLIN TRANSFORMS   411

at v. The above condition can also be expressed by saying that there is a polynomial $P(T) = 1 + c_1 T + \dots + c_m T^m$ such that, if we expand $P(T)^{-1}$ in a power-series $\sum_0^\infty c_i' T^i$, we have, whenever $\mathfrak{m}$ is in $\mathfrak{M}_+$ and disjoint from $\mathfrak{p}_v$, $c(\mathfrak{m}\mathfrak{p}_v^i) = c(\mathfrak{m})\, c_i'$ for all $i > 0$. We say that L is *eulerian* if it is so at all finite places of k.

Let ω be any character or "quasicharacter" of the idele group $k_A^\times$, trivial on $k^\times$. It is well known that one can associate with it an eulerian Dirichlet series

$$L(s, \omega) = \sum \omega(\mathfrak{m}) \,|\,\mathfrak{m}\,|^s = \prod_v (1 - \omega(\mathfrak{p}_v)|\,\mathfrak{p}_v\,|^s)^{-1}, \qquad (2)$$

known as the L-series attached to the "Grössencharakter" defined by ω; its functional equation, which is due to Hecke, is as follows. For each infinite place w of k, write the quasicharacter ω_w induced by ω on $k_w^\times$ in the form $x \to x^{-A}\,|\,x\,|^s{}_w$, with $A = 0$ or 1, if $k_w = \mathbf{R}$, and $z \to z^{-A}\,\bar{z}^{-B}(z\bar{z})^s{}_w$, with $\inf(A, B) = 0$, if $k_w = \mathbf{C}$. Write $G_1(s) = \pi^{-s/2}\,\Gamma(s/2)$, $G_2(s) = (2\pi)^{1-s}\,\Gamma(s)$, $G_w = G_1$ or G_2 according as w is real or imaginary, and put

$$\Lambda(s, \omega) = L(s, \omega) \prod_w G_w(s + s_w),$$

where the product is taken over the infinite places of k. Define the constant $\kappa = \kappa(\omega)$ and the idele b as in Proposition 14, Chapter VII-7, of BNT (page 132); we recall that, if d is a "differential idele" (cf. BNT, page 113) attached to the "basic character" of k_A used in the construction of $\kappa(\omega)$, and if $f(\omega) = (f_v)$ is an idele such that f_v is 1 at all infinite places and all places where ω is unramified, and otherwise has an order equal to that of the conductor of ω, then we can take $b = f(\omega)d$. That being so, the functional equation is

$$\Lambda(s, \omega) = \kappa(\omega).\, \omega(f(\omega)d)|\,f(\omega)d\,|^{s-1/2}\Lambda(1 - s, \omega^{-1}). \qquad (3)$$

Let now L be again the Dirichlet series defined by (1); with it, we associate the family of Dirichlet series L_ω given by

$$L_\omega(s) = \sum c(\mathfrak{m})\omega(\mathfrak{m})|\,\mathfrak{m}\,|^s \qquad (4)$$

for all choices of the quasicharacter ω of $k_A^\times/k^\times$, $\omega(\mathfrak{m})$ being as in (2). Some recent work of mine (c.f. [2]) and some related un-

412 ANDRÉ WEIL

published work by Langlands and by Jacquet[†] has shown that the knowledge of the functional equation, not only for L, but also at the same time for "sufficiently many" of the series L_ω provides us with valuable information about L and its possible relationship to automorphic functions of certain types. In particular, this is so whenever L is the zeta-function of an elliptic curve E over k, provided E is such that the functional equations for the series L_ω can effectively be computed. Unfortunately there are not as many such curves as one could wish; as "experimental material", I have been able to use only the following: (a) in characteristic 0, all the curves E with complex multiplication; their zeta-functions have been obtained by Deuring; (b) also in characteristic 0, some curves, uniformized by suitable types of automorphic functions, which can be treated by the methods of Eichler and Shimura; a typical example is the curve belonging to the congruence subgroup $\Gamma_0(11)$ of the modular group, whose equation, due to Fricke[‡], is $Y^2 = 1 - 20X + 56X^2 - 44X^3$ (Tate has observed that it is isogenous to the curve $Y^2 - Y = X^3 - X^2$); (c) in any characteristic $p > 3$, any curve E of the form $wY^2 = X^3 + aX^2 + bX + c$ where $Y^2 = X^3 + aX^2 + bX + c$ is the equation of an elliptic curve E_0 over the field of constants k_0 of k, and w is in $k^\times$ and not in $(k^\times)^2 k_0^\times$. All these examples exhibit some common features, which can hardly fail to be significant and will now be described.

For the definition of the zeta-function $L(s)$ of the elliptic curve E over k, the reader is referred to [2]; there it is given only for $k = \mathbf{Q}$, but in such terms that its extension to the general case is immediate and requires no comment. It is eulerian. Also the conductor of E is to be defined as explained in [2]; it is an integral element $\mathfrak{a}$ of $\mathfrak{M}$;

[†] That work is still in progress. No attempt will be made here to describe its scope, but the reader should know that I have freely drawn upon it; my indebtedness will soon, I hope, be made apparent by their publication. In particular, my definition of the Mellin transform when k is not totally real is based on Langlands' more general "local functional equation" for $GL(2, \mathbf{C})$, even though it is also implicit in some earlier work of Maass (c.f. [1], pages 79-80).

[‡] C.f. F. Klein und R. Fricke, *Theorie der elliptischen Modulfunktionen*, Bd. II, Leipzig 1892, page 436.

we will write $a = (a_v)$ for an idele such that $\mathfrak{a} = \mu(a)$ and that $a_v = 1$ whenever v is not one of the finite places occurring in $\mathfrak{a}$. For the examples quoted above, the zeta-functions are as follows: (a) if E has complex multiplication, and k' is the field generated over k by any one of the complex multiplications of E, $L(s)$ is an L-series over k', with a "Grössencharakter", if $k' \neq k$, and the product of two such series if $k' = k$; (b) for Fricke's curve belonging to $\Gamma_0(11)$, Eichler has shown that the zeta-function is the Mellin transform of the cusp-form belonging to that same group; the curve's conductor is 11; (c) in the last example, let χ be the character belonging to the quadratic extension $k(w^{1/2})$ of k, and let q^α, q^β be the roots of the zeta-function of the curve E_0 over k_0; then the zeta-function of E is $L(s - \alpha, \chi)L(s - \beta, \chi)$.

In all these examples, one finds that the functional equation for L_ω has a simple form whenever the conductor $\mathfrak{f} = \mu(f(\omega))$ of ω is disjoint from the conductor $\mathfrak{a}$ of the given curve E, and that it is then as follows. For each infinite place w of k, define s_w, A, B by means of ω, as explained above in describing the functional equation (3) for $L(s, \omega)$. Put $\mathcal{G}_w(s) = G_2(s + s_w - A)$ if w is real; put $\mathcal{G}_w(s) = G_2(s + s_w)^2$ if w is imaginary and $A = B = 0$, and $\mathcal{G}_w(s) = G_2(s + s_w).G_2(s + s_w - 1)$ if w is imaginary and $A + B > 0$. Put $\Lambda_\omega(s) = L_\omega(s).\Pi\ \mathcal{G}_w(s)$, the product being taken over all the infinite places of k. Call R the number of such places where $A = 0$ (if the place is real) or $A = B = 0$ (if it is imaginary). Then :

$$\Lambda_\omega(s) = \pm (-1)^R\ \kappa(\omega)^2\ \omega(a\,f(\omega)^2\,d^2)|\,a\,f(\omega)^2\,d^2\,|^{s-1}\Lambda_{\omega^{-1}}(2 - s), \quad (5)$$

where the sign $\pm$ is independent of ω, and notations are as in (3).

For $k = \mathbf{Q}$, it has been shown in [2] that L must then be the Mellin transform of a modular form belonging to the congruence subgroup $\Gamma_0(a)$ of the modular group. Our purpose is now to indicate that similar results hold true in general.

Once for all, we choose a "basic" character ψ of k_A, trivial on k and not on k_A, and a "differental idele" $d = (d_v)$ attached to ψ; we may choose ψ so that $d_w = 1$ for every infinite place w of k (c.f. BNT, Chapter VIII-4, Proposition 12, p. 156; this determines ψ

414 ANDRÉ WEIL

uniquely if k is of characteristic 0); we will assume that it has been so chosen.

We write G for $GL(2)$, so that G_k is $GL(2, k)$; as usual, we write then G_v, G_A for $GL(2, k_v)$, $GL(2, k_A)$. We identify the center of G with the " multiplicative group " $GL(1)$, hence the centers of G_k, G_v, G_A with $k^\times$, $k_v^\times$, $k_A^\times$, respectively, by the isomorphism $z \to z.1_2$. *All functions to be considered on any one of the groups G_v, G_A will be understood to be constant on cosets modulo the center*, so that they are actually functions on the corresponding projective groups. It is nevertheless preferable to operate in $GL(2)$, since our results can easily be extended to functions with the property $f(gz) = f(g)\omega(z)$, where ω is a given character of the center, and these useful generalizations can best be expressed in terms of $GL(2)$. By an *automorphic function*, we will always understand a continuous function on G_A, left-invariant under G_k (and, as stated above, invariant under the center $k_A^\times$ of G_A), with values in $\mathbf{C}$ or in a vector-space of finite dimension over $\mathbf{C}$; this general concept will be further restricted as the need may arise.

For a matrix of the form $\begin{pmatrix} x & y \\ 0 & 1 \end{pmatrix}$, we write (x, y); we write B for the group of such matrices (and B_k, B_v, B_A for the corresponding subgroups of G_k, G_v, G_A). The group $B.G_m$, with $G_m = GL(1)$, consists of the matrices $\begin{pmatrix} x & y \\ 0 & z \end{pmatrix}$, and $G/(B.G_m)$ may be identified in an obvious manner with the projective line D. In particular, $G_A/(B_A.k_A^\times)$ is the " adelized projective line " D_A; it is compact, and its " rational points " (i.e. the " rational projective line " D_k) are everywhere dense in it. It amounts to the same to say that $G_k.B_A.k_A^\times$ is dense in G_A. Consequently, an automorphic function on G_A is uniquely determined by its values on B_A. Let Φ be such a function; call F the function induced on B_A by Φ; F is left-invariant under B_k, and in particular under $(1, \eta)$ for each $\eta \in k$, so that, for each $x \in k_A^\times$, the function $y \to F(x, y)$ on k_A can be expanded in a Fourier series on k_A/k. Using the basic character ψ, and making use of the fact that F is also left-invariant under

ZETA-FUNCTIONS AND MELLIN TRANSFORMS   **415**

$(\xi, 0)$ for all $\xi \in k^\times$, one finds at once that this Fourier series may be written as

$$F(x, y) = f_0(x) + \sum_{\xi \in k^\times} f_1(\xi x)\psi(\xi y), \tag{6}$$

where f_0, f_1 are the functions on $k_A^\times$ respectively given by

$$f_0(x) = \int_{k_A/k} F(x, y)dy, \quad f_1(x) = \int_{k_A/k} F(x, y)\psi(-y)\, dy.$$

We have $f_0(\xi\, x) = f_0(x)$ for all $\xi \in k^\times$; we will say that Φ is *B-cuspidal* if $f_0 = 0$.

Conversely, when such a Fourier series is given, the function F defined by it on B_A is left-invariant under B_k and may therefore be extended to a function on $G_k.B_A.k_A^\times$, left-invariant under G_k (and, as is always assumed, invariant under $k_A^\times$), and the question arises whether this can be extended by continuity to G_A. In order to give a partial answer to this question, we must first narrow down the kind of automorphic function which we wish to consider.

We first choose an element $\mathfrak{a}$ of $\mathfrak{M}_+$, which will play the role of a conductor, and, as before, an idele $a = (a_v)$ such that $\mathfrak{a} = \mu(a)$ and that $a_v = 1$ whenever v does not occur in $\mathfrak{a}$. Also, write $\mathbf{d} = (\mathbf{d}_v)$ for the element $(d, 0)$ of B_A, d being the differential idele chosen above. At each finite place v of k, the group $GL(2, r_v) = M_2(r_v)^\times$ is a maximal compact subgroup of G_v, consisting of the matrices $\begin{pmatrix} x & y \\ z & t \end{pmatrix}$, with coefficients x, y, z, t in the maximal compact subring r_v of k_v, such that $|xt - yz|_v = 1$ (i.e. that $xt - yz$ is in $r_v^\times$); then $\mathbf{d}_v^{-1}.M_2(r_v)^\times.\mathbf{d}_v$ is also such a subgroup of G_v, consisting of the matrices $\begin{pmatrix} x & d_v^{-1}\, y \\ d_v z & t \end{pmatrix}$, where x, y, z, t are as before. We will write $\mathfrak{K}_v$ for the subgroup of the latter group, consisting of the matrices of that form with $z \in a_v\, r_v$; this is a compact open subgroup of G_v, equal to $M_2(r_v)^\times$ at all the finite places which do not occur in $\mu(ad)$. On the other hand, we take for $\mathfrak{K}_w$ the orthogonal group $O(2)$ in 2 variables if w is real, and the unitary group $U(2)$ if w is imaginary. Then the product $\mathfrak{K} = \prod \mathfrak{K}_v$, taken over all the places of k, defines a compact subgroup

416 ANDRÉ WEIL

$\Re$ of G_A; it is open in G_A if k is of characteristic $p > 1$, but not otherwise. We have $G_v = B_v.k_v^\times.\Re_v$ for all places v of k, except those occurring in $\mathfrak{a}$; consequently, $B_A.k_A^\times.\Re$ is open in G_A.

We also introduce an element $\mathbf{a} = (\mathbf{a}_v)$ of G_A, which we define by putting $\mathbf{a}_v = \mathbf{d}_v^{-1}. \begin{pmatrix} 0 & -1 \\ a_v & 0 \end{pmatrix}. \mathbf{d}_v$ for v finite, and $\mathbf{a}_w = 1_2$ for w infinite. Clearly $\Re \mathbf{a} = \mathbf{a}\Re$.

The automorphic functions Φ which we wish to consider are to be right-invariant under $\Re_v$ for every finite place v of k; thus, if k is of characteristic $p > 1$, they are right-invariant under $\Re$, hence locally constant. Clearly, if Φ has that property, the same is true of the function Φ' given by $\Phi'(g) = \Phi(g\,\mathbf{a})$. If k is of characteristic $p > 1$, we take our functions Φ to be complex-valued. If k is a number-field, our purposes require that they take their values in suitable vector-spaces, that they transform according to given representations of the groups $\Re_w$ at the infinite places w of k, and that, at those places, they satisfy additional conditions to be described now.

It is well-known that, if $k_w = \mathbf{R}$ (resp. $\mathbf{C}$), the " Riemannian symmetric space" $G_w/k_w^\times \Re_w$ may be identified with the hyperbolic space of dimension 2 (resp. 3), i.e. with the Poincaré half-plane (resp. half-space). This can be done as follows. Let B_w^+ be the subgroup of B_w consisting of the matrices $b = (p, y)$ with $p\in\mathbf{R}_+^\times$ (i.e. $p\in\mathbf{R}$, $p>0$) and $y \in k_w$. Every element g of G_w can be written as $g = b z \mathfrak{k}$ with $b\in B_w^+$, $z\in k_w^\times$, $\mathfrak{k}\in\Re_w$; here $b = (p, y)$, and $z\mathfrak{k}$, are uniquely determined by g. We identify $G_w/k_w^\times \Re_w$ with the Poincaré half-plane (resp. half-space) $H_w = \mathbf{R}_+^\times \times k_w$ by taking, as the canonical mapping of G_w onto $G_w/k_w^\times \Re_w$, the mapping ϕ_w of G_w onto H_w given by $\phi_w(g) = (p, y)$ for $g = b z \mathfrak{k}, b = (p, y)$ as above. The invariant Riemannian metric in H_w is the one given by $ds^2 = p^{-2}(dp^2 + dy d\bar{y})$. On H_w, consider the differential forms which are left-invariant under B_w^+; a basis for these consists of the forms $\alpha_1 = p^{-1}(dp + idy)$, $\alpha_2 = p^{-1}(dp - idy)$ if $k_w = \mathbf{R}$, and of $\alpha_1 = p^{-1}dy$, $\alpha_2 = p^{-1}dp$, $\alpha_3 = p^{-1}d\bar{y}$ if $k_w = \mathbf{C}$. Writing E_w' for the vector-space $M_{2,1}(\mathbf{C})$ resp. $M_{3,1}(\mathbf{C})$ of column-vectors (with 2 resp. 3 rows) over $\mathbf{C}$, we will denote by α_w the vector-valued differential form on H_w, with values in

E'_w, whose components are α_1, α_2 resp. α_1, α_2, α_3. One can then describe the action of $k_w^\times \Re_w$ on these forms by writing

$$\alpha_w(\phi_w(z \, \mathfrak{k} \, b)) = \mathfrak{M}_w(\mathfrak{k}) \, \alpha_w(b),$$

where $\mathfrak{M}_w$ is a representation of $\Re_w$ in the space E'_w; for $k_w = \mathbf{R}$, for instance, this is given by

$$\mathfrak{M}_w \left(\left(\begin{matrix} \cos\theta & \sin\theta \\ -\sin\theta & \cos\theta \end{matrix} \right) \right) = \left(\begin{matrix} e^{-2i\theta} & 0 \\ 0 & e^{2i\theta} \end{matrix} \right), \; \mathfrak{M}_w \left(\left(\begin{matrix} -1 & 0 \\ 0 & 1 \end{matrix} \right) \right) = \left(\begin{matrix} 0 & 1 \\ 1 & 0 \end{matrix} \right).$$

A basis for the left-invariant differential forms on G_w which are 0 on $k_w^\times \Re_w$ is then given by the components of the vector-valued form

$$\beta_w(g) = \mathfrak{M}_w(\mathfrak{k})^{-1} \alpha_w(\phi_w(g))$$

where $\mathfrak{k}$ is given, as above, by $g = bz \, \mathfrak{k}$.

Now write E_w for the space of row-vectors $M_{1,2}(\mathbf{C})$ resp. $M_{1,3}(\mathbf{C})$; we regard this as the dual space to E'_w, the bilinear form $e.e'$ being defined by matrix multiplication for $e \in E_w$, $e' \in E'_w$. Then, if h is an E_w-valued function on G_w, $h.\beta_w$ is a complex-valued differential form on G_w; it is the inverse image under ϕ_w of a differential form on H_w if and only if $h(gz \, \mathfrak{k}) = h(g)\mathfrak{M}_w(\mathfrak{k})$ for all $g \in G_w$, $z \in k_w^\times$, $\mathfrak{k} \in \Re_w$; when that is so, h is uniquely determined by its restriction $(p, y) \to h(p, y)$ to B_w^+. We will say that h, or its restriction to B_w^+, is *harmonic* if $h.\beta_w$ is the inverse image under ϕ_w of a harmonic differential form on the Riemannian space H_w, or, what amounts to the same, if h has the property just stated and if $h(p, y).\alpha_w$ is harmonic on H_w. For $k_w = \mathbf{R}$, this is so if and only if the two components of the vector-valued function $p^{-1}h(p, y)$ on H_w are respectively holomorphic for the complex structures defined on H_w by the complex coordinates $p \pm iy$. We will say that h is *regularly harmonic* if it is harmonic and if $h(p, y) = O(p^N)$ for some N when $p \to +\infty$, uniformly in y on every compact subset of k_w. If h is harmonic, so is $g \to h(g_0 g)$ for every $g_0 \in G_w$, since the Riemannian structure of H_w is invariant under G_w and since the form β_w is left-invariant on G_w. If h is regularly harmonic, so is $g \to h(b_0 g)$ for every $b_0 \in B_w^+$. It is easily seen that there is, up to a constant factor, only one regularly harmonic function $\mathbf{h}_w$ such that

418 ANDRÉ WEIL

$$\mathbf{h}_w((1, y)\, g) = \psi_w(y)\, \mathbf{h}_w(g)$$

for all $y \in k_w$, $g \in G_w$; this is given by

$$\mathbf{h}_w(p, y) = \psi_w(y)\mathbf{h}_w(p),$$

$$\mathbf{h}_w(p) = p.(e^{-2\pi p},\, 0) \text{ if } k_w = \mathbf{R},$$

$$\mathbf{h}_w(p) = p^2.(K_1(4\pi p),\, -2iK_0(4\pi p),\, K_1(4\pi p)) \text{ if } k_w = \mathbf{C},$$

where K_0, K_1 are the classical Hankel functions[†]. For any $x \in k_w^\times$, we write $\mathbf{h}_w(x)$ instead of $\mathbf{h}_w((x, 0))$.

It is essential to note that $\mathbf{h}_w$ satisfies a " local functional equation ", which, following Langlands, we can formulate as follows. Let ω be a quasicharacter of $k_w^\times$; as before, we write it in the form $x \to x^{-A}|x|^s$ with $A = 0$ or 1, if $k_w = \mathbf{R}$, and $z \to z^{-A} \bar{z}^{-B}(z\bar{z})^s$ with $\inf(A, B) = 0$, if $k_w = \mathbf{C}$. For $k_w = \mathbf{R}$, put $\mathscr{G}_w(\omega) = G_2(1 + s - A)$; for $k_w = \mathbf{C}$, put $\mathscr{G}_w(\omega) = G_2(s + 1)^2$ if $A = B = 0$, and $\mathscr{G}_w(\omega) = G_2(s)\, G_2(s + 1)$ otherwise. Write j for the matrix $j = \begin{pmatrix} 0 & 1 \\ -1 & 0 \end{pmatrix}$, and put, for $g \in G_w$:

$$I_w(g, \omega) = \int_{k_w^\times} \mathbf{h}_w((z, 0)\, g)\omega(z)d^\times z, \tag{7}$$

where $d^\times z$ is a Haar measure on $k_w^\times$; this is convergent for $\mathrm{Re}(s)$ large. Then the functional equation is

$$\mathscr{G}_w(\omega)^{-1}I_w(g, \omega) = (-1)^\rho \mathscr{G}_w(\omega^{-1})^{-1}I_w(j^{-1}g, \omega^{-1}) \tag{8}$$

with $\rho = 1$ if $k_w = \mathbf{R}$, or if $k_w = \mathbf{C}$ and $A = B = 0$, and $\rho = A + B$ if $k_w = \mathbf{C}$ and $A + B > 0$. By (8), we mean that both sides, for given A, B, g, can be continued analytically, as holomorphic functions of s, over the whole s-plane, and are then equal. This can of course be verified by a straightforward calculation for $k_w = \mathbf{R}$. A similar calculation for $k_w = \mathbf{C}$ might not be quite so easy. Both cases, however, are included in more general results of Langlands; moreover, a simple proof for (8) itself in the case $k_w = \mathbf{C}$, communicated to me by Jacquet, is now available. It will be

---

† Cf. G. N. Watson, *A treatise on the theory of Bessel functions*, 2nd. ed., Cambridge 1952, page 78.

noticed that the gamma factors in (8) are essentially the same as those occurring in (5).

Now we write k_∞, $k_\infty^\times$, G_∞, $\Re_\infty$, H_∞, etc., for the products Πk_w, $\Pi k_w^\times$, ΠG_w, $\Pi \Re_w$, ΠH_w, etc., taken over the infinite places of k. We write E_∞, E_∞' for the tensor-products $\otimes E_w$, $\otimes E_w'$, taken over the same places; these may be regarded as dual to each other. Then $\beta_\infty = \otimes \beta_w$ is a left-invariant differential form on G_∞ with values in E_∞' ; its degree is equal to the number r of infinite places of k; if h is any function on G_∞ with values in E_∞, $h.\beta_\infty$ is then a complex-valued differential form of degree r on G_∞. We will say that h is *harmonic* if $h.\beta_\infty$ is the inverse image of a harmonic differential form on H_∞; writing $p = (p_w)$, $y = (y_w)$ for elements of $(\mathbf{R}_+^\times)^r$ and k_∞, so that (p, y) is an element of H_∞, we will say that the harmonic function h is *regularly harmonic* if there is N such that $h(p, y) = O(p_w^N)$ for each w when $p_w \to +\infty$, uniformly over compact sets with respect to all variables except p_w. Up to a constant factor, the only regularly harmonic function $\mathbf{h}_\infty$ such that

$$\mathbf{h}_\infty((1,y)g) = \psi_\infty(y)\, \mathbf{h}_\infty(g)$$

for all $y \in k_\infty$, $g \in G_\infty$ is given by $\mathbf{h}_\infty(g) = \otimes \mathbf{h}_w(g_w)$ for $g = (g_w)$.

We will say that a continuous function Φ on G_A, with values in E_∞, is a harmonic automorphic function with the conductor $\mathfrak{a}$, or, more briefly, that it is $(h, \mathfrak{a})$-*automorphic* if it is left-invariant under G_k, invariant under $k_A^\times$, right-invariant under $\Re_v$ for every finite place v of k, and if, for every $g_0 \in G_A$, the function on G_∞ given for $g \in G_\infty$ by $g \to \Phi(g_0\, g)$ is harmonic; if k is not of characteristic 0, the latter condition is empty, and we take $E_\infty = \mathbf{C}$. The function Φ' given by $\Phi'(g) = \Phi(g\, \mathfrak{a})$ is then also $(h,\mathfrak{a})$-automorphic. For such a function Φ, we shall now consider more closely the Fourier series defined by (6). As Φ is harmonic on G_∞ and right-invariant under $\Re_v$ for every finite v, the same is true of the functions

$$\Phi_0(g) = \int_{k_A/k} \Phi((1, y)g)dy, \quad \Phi_1(g) = \int_{k_A/k} \Phi((1, y)g)\, \psi(-y)\, dy$$

whose restrictions to B_A are $F_0(x, y) = f_0(x)$, $F_1(x, y) = f_1(x)\, \psi(y)$, where f_0, f_1 are as in (6). In particular, for every finite v, F_1 is right-

420 ANDRÉ WEIL

invariant under the group $B_v \cap \Re_v$, hence under all matrices $(u, 0)$ with $u \in r_v^\times$, and all matrices $(1, d_v^{-1} z)$ with $z \in r_v$; in view of the definition of the idele $d = (d_v)$, the latter fact means that $f_1(x) = 0$ unless $x_v \in r_v$ for all finite v, i.e. unless the element $\mathfrak{m} = \mu(x)$ of $\mathfrak{M}$ is integral ; the former fact means that $f_1(x)$ depends only upon $\mathfrak{m}$ and upon the components x_w of x at the infinite places w of k. Putting $x_\infty = (x_w)$, we can therefore write $f_1(x) = f_1(\mathfrak{m}, x_\infty)$, and this is 0 unless $\mathfrak{m}$ is in $\mathfrak{M}_+$. For similar reasons, we can write $f_0(x) = f_0(\mathfrak{m}, x_\infty)$.

If k is of characteristic $p > 1$, this can be written $f_1(x) = f_1(\mathfrak{m})$, $f_0(x) = f_0(\mathfrak{m})$. As $f_1(\mathfrak{m})$ is 0 unless $\mathfrak{m}$ is in $\mathfrak{M}_+$, only finitely many terms of the Fourier series (6) can be $\neq 0$ for each (x, y); they are all 0, except possibly $f_0(x)$, if $|x| > 1$, since this implies $|\xi x| > 1$ for all $\xi \in k^\times$. On the other hand, if k is of characteristic 0, the convergence of the Fourier series follows from the fact that Φ, being harmonic, must be analytic in $g_\infty = (g_w)$.

Now we add three more conditions for Φ.

(I) Φ should be B-cuspidal, i.e. f_0 should be 0.

(II) If k is of characteristic 0, Φ should be regularly harmonic on G_∞, when the coordinates g_v at the finite places are kept constant. Then the same is true of Φ_1 ; in view of what we have found above, this implies that $f_1(\mathfrak{m}, x_\infty)$ is a constant scalar multiple of $\mathbf{h}_\infty(x_\infty)$ for every $\mathfrak{m}$, so that we can write

$$f_1(\mathfrak{m}, x_\infty) = c(\mathfrak{m})\, \mathbf{h}_\infty(x_\infty),$$

where $c(\mathfrak{m})$ is a complex-valued function on $\mathfrak{M}$, equal to 0 outside $\mathfrak{M}_+$. In the case of characteristic $p > 1$, we write $c(\mathfrak{m}) = f_1(\mathfrak{m})$.

(III) We assume that $c(\mathfrak{m}) = O(|\mathfrak{m}|^{-\alpha})$ for some α; (I) and (II) being assumed, this implies that $F(x,y) = O(|x|^{-1-\alpha})$ for $|x| < 1$, uniformly in y. Conversely, if $F(x,y) = O(|x|^{-\beta})$ for $|x| < 1$, uniformly in y, for some β, we have $c(\mathfrak{m}) = O(|\mathfrak{m}|^{-\beta})$.

Clearly (III) amounts to saying that the Dirichlet series (1) with the coefficients $c(\mathfrak{m})$ is absolutely convergent in some half-plane. This may be regarded as the Mellin transform of Φ. It is more appropriate for our purposes, however, to use that name for the series

ZETA-FUNCTIONS AND MELLIN TRANSFORMS   421

$$Z(\omega) = \sum c(\mathfrak{m})\,\omega\,(\mathfrak{m}), \tag{9}$$

where ω is a quasicharacter of $k_A^\times/k^\times$, and $\omega(\mathfrak{m})$ is as in (2). For $s \in \mathbf{C}$, we write ω_s for the quasicharacter $\omega_s(z) = |z|^s$, and, for every quasicharacter ω, we define $\sigma = \sigma(\omega)$ by $|\omega(z)| = |z|^\sigma$, i.e. $|\omega| = \omega_\sigma$ (where $|\quad|$ in the left-hand side is the ordinary absolute value $|t| = (t\bar{t})^{\frac{1}{2}}$ for $t \in \mathbf{C}$). Then our condition (III) implies that (9) is absolutely convergent for $\sigma(\omega) > 1 + \alpha$. If we replace ω by $\omega.\omega_s$ in (9), (9) becomes the same as the series (4); in other words, the knowledge of the function Z given by (9) on the set of all the quasi-characters of $k_A^\times/k^\times$ is equivalent to that of all the functions given by (4). As before, we define $Z(\omega)$ by analytic continuation in the s-plane, whenever possible, when it is not absolutely convergent.

Conversely, let the coefficients $c(\mathfrak{m})$ be given for $\mathfrak{m} \in \mathfrak{M}_+$; assume (III), and put $c(\mathfrak{m}) = 0$ outside $\mathfrak{M}_+$. Let Z be defined by (9); at the same time, define f_1 on $k_A^\times$ by putting $f_1(x) = c(\mathfrak{m})$ with $\mathfrak{m} = \mu(x)$ if k is of characteristic $p > 1$, and $f_1(x) = c(\mathfrak{m})\mathbf{h}_\infty(x_\infty)$ otherwise, with $x_\infty = (x_w)$; put $f_0(x) = 0$, and define $F(x,y)$ by the Fourier series (6), whose convergence follows at once from (III) and the definition of $\mathbf{h}_\infty$ if k is of characteristic 0, and is obvious otherwise. As we have said, the question arises now whether F can be extended to a continuous function Φ on G_A, left-invariant under G_k (and invariant under $k_A^\times$); if so, we may then ask whether this is an $(h, \mathfrak{a})$-automorphic function, which clearly must then satisfy (I) and (III) and is easily shown to satisfy (II). In that case we say that Φ and the series Z given by (9) are the *Mellin transforms* of each other.

We are now able to state our main results.

THEOREM 1. *Let Φ be an $(h, \mathfrak{a})$-automorphic function on G_A; let Φ' be the $(h, \mathfrak{a})$-automorphic function given by $\Phi'(g) = \Phi(g\mathfrak{a})$. Assume that Φ and Φ' satisfy (I), (II), (III). Call Z the series (9) derived from Φ as explained above, and Z' the series similarly derived from Φ'. Then, for all the quasicharacters ω whose conductor is disjoint from $\mathfrak{a}$, we have*

$$Z(\omega) \prod \mathscr{G}_w(\omega) = (-1)^{r-R}\kappa(\omega)^2\,\omega(af(\omega)^2 d^2)\,Z'(\omega^{-1}) \prod \mathscr{G}_w(\omega^{-1}). \tag{10}$$

Moreover, if Z is eulerian at any finite place v of k, not occurring in $\mathfrak{a}$,

422   ANDRÉ WEIL

*Z′ is also eulerian there, and they have the same eulerian factor at v,
which is of the form*

$$(1 - c\,|\,\mathfrak{p}_v\,|^s + |\,\mathfrak{p}_v\,|^{1+2s})^{-1} \tag{11}$$

with $c = c(\mathfrak{p}_v)$.

In (10), the two products are taken over the infinite places w
of k, $\mathscr{G}_w$ being as in (8); r is the number of such places; $\kappa(\omega)$ and
$f(\omega)$ are as in (3) and (5), and R as in (5). Moreover, by (10), we mean
that, if $\omega.\omega_s$ is substituted for ω, both sides can be continued analytically as holomorphic functions of s in the whole s-plane, bounded
in every strip $\sigma < \mathrm{Re}(s) < \sigma'$, and that they are equal; (10) and
similar formulas should also be understood in that same sense in
what follows.

It is worth noting[†] that, for Z to be eulerian at v in Theorem 1,
it is necessary and sufficient that Φ should be an eigenfunction of
the "Hecke operator" T_v which maps every function Φ on G_A onto
the function $T_v\,\Phi$ given by

$$(T_v\Phi)(g) = \int\limits_{\mathfrak{R}_v} \Phi(g\mathfrak{k}.(\pi,\,0))d\mathfrak{k},$$

where $d\mathfrak{k}$ is a Haar measure in $\mathfrak{R}_v$, and π is a prime element of k_v.
More precisely, take $d\mathfrak{k}$ so that the measure of $\mathfrak{R}_v$ is 1; then, if
$T_v\Phi = \lambda\Phi$, one finds, by taking $g = (x, y)$ in the above formula and
expressing $\Phi(x, y)$ by (6), that Z has the eulerian factor (11) at v,
with $c = (1 + |\,\mathfrak{p}_v\,|)\lambda$. We also note that here T_v generates the Hecke
algebra for G_v, so that Φ is then an eigenfunction for all the operators
in that algebra.

THEOREM 2. *Let a series Z be given by (9), and let $Z′$ be a similar
series; assume that both satisfy (III). Let $\mathfrak{s}$ be a finite set of finite
places of k, containing all the places which occur in $\mathfrak{a}$. Assume that
$Z, Z′$ are eulerian at every finite place of k outside $\mathfrak{s}$, with the same
eulerian factor of the form (11); also, assume (10), in the sense explained
above, for all the quasicharacters ω whose conductor is disjoint from $\mathfrak{s}$.
Then there is an $(h, \mathfrak{a})$-automorphic function Φ on G_A, satisfying*

---

†I owe this observation to Jacquet.

ZETA-FUNCTIONS AND MELLIN TRANSFORMS   **423**

(I), (II), (III), *such that Z and Z' are the Mellin transforms of Φ, and of the function $\Phi'(g) = \Phi(g\mathbf{a})$, respectively.*

There is no doubt that the assumptions in Theorem 2 are much more stringent than they need be. For $k = \mathbf{Q}$, it has been found in [2] that the eulerian property is not required at all; in the general case, it might perhaps be enough to postulate it at some suitable finite set of places. For $k = \mathbf{Q}$, the functional equation has to be assumed only for a rather restricted set of characters (those mentioned in [2], Satz 2), or even for a finite set of characters, depending upon $\mathfrak{a}$, when $\mathfrak{a}$ is given (since Hecke's group $\Gamma_0(A)$ is finitely generated). It seems quite possible that some such results may be true in general. One will also observe that, for $k = \mathbf{Q}$, Theorems 1 and 2 correspond merely to the case $\epsilon = 1$ of the results obtained in [2]; there is no difficulty in extending them so as to cover the case where ϵ is arbitrary; then, if they apply to two series Z, Z', and to the conductor $\mathfrak{a}$, they also apply to any pair Z_1, Z_1' given by $Z_1(\omega) = Z(\chi\omega)$, $Z_1'(\omega) = Z'(\chi^{-1}\omega)$, where χ is any quasicharacter whose conductor $\mathfrak{f}(\chi)$ is disjoint from $\mathfrak{a}$; the conductor for the latter pair is $\mathfrak{a}_1 = \mathfrak{a}\,\mathfrak{f}(\chi)^2$. Leaving those topics aside, we shall now sketch briefly the proof for Theorems 1 and 2.

Consider first the question raised by Theorem 2. Starting from the series Z, we construct a function F on B_A by means of (6) as explained above; we construct F' similarly, starting from Z'. For these to be the restrictions to B_A of two $(h, \mathfrak{a})$-automorphic functions Φ, Φ' related to each other by $\Phi'(g) = \Phi(g\mathbf{a})$, it is obviously necessary that one should have $F(b) = F'(b')\mathfrak{M}_\infty(\mathfrak{f}_\infty)$, with $\mathfrak{M}_\infty = \otimes\,\mathfrak{M}_w$, whenever $b = jb'\,\mathfrak{f}z\mathbf{a}$ with $j = \begin{pmatrix} 0 & 1 \\ -1 & 0 \end{pmatrix} \in G_k$, $\mathfrak{f} = (\mathfrak{f}_v) \in \mathfrak{R}$, $z \in k_A^\times$. By using the fact that G_k is the union of $B_k.k^\times$ and of $B_k j B_k.k^\times$, one shows that this condition is sufficient. Clearly, it is not affected if one restricts b, b' to a subset $\mathfrak{B}$ of B_A containing a full set of representatives of the right cosets in B_A modulo $B_A \cap \mathfrak{R}$. For $\mathfrak{B}$, we choose the set consisting of the elements (xfd, xe) with $x \in k_A^\times$, $f = (f_v) \in k_A^\times$, $e = (e_v) \in k_A$, with f and e restricted as follows. For each infinite place w, we take $f_w > 0$ and

$f_w^2 + e_w \bar{e}_w = 1$. For each finite place v, we take f_v, e_v in r_v, with $f_v \neq 0$ and $\sup(|f_v|_v, |e_v|_v) = 1$. Then we call $\mathfrak{f} = \mu(f)$ the conductor of the element $b = (xfd, xe)$ of $\mathfrak{B}$. Take two such elements $b = (xfd, xe)$, $b' = (x'f'd, x'e')$, such that $b = jb'\mathfrak{k}za$ with $\mathfrak{k} \in \mathfrak{K}$, $z \in k_A^\times$; it is easily seen that they must have the same conductor $\mathfrak{f}$, and that this is disjoint from $\mathfrak{a}$; moreover, when x, f, e are given, one may choose $x', f', e', \mathfrak{k}, z$ so that $f' = f$, that $e', \mathfrak{k}, z$ are uniquely determined in terms of f and e, and that $x' = ax^{-1}$. Therefore the condition to be fulfilled can be written as

$$F(xfd,xe) = F'(ax^{-1}fd,\ ax^{-1}e')\mathfrak{M}_\infty(\mathfrak{k}_\infty), \tag{12}$$

with e' uniquely determined in terms of f, e, and $\mathfrak{k}_\infty$ in terms of f_∞, e_∞. Actually, one finds that it is enough, for Φ and Φ' to exist as required, that this should be so when $\mathfrak{f}$ is disjoint, not merely from $\mathfrak{a}$, but from any fixed set $\mathfrak{F}$ of places, containing $\mathfrak{a}$, provided it is finite, or at least provided its complement is "not too small" in a suitable sense. We must now seek to express (12) in terms of the original series Z, Z'.

In order to do this, we multiply (12) with an arbitrary quasi-character ω, and write *formally* the integrals of both sides over $k_A^\times / k^\times$. This, taken literally, is meaningless, since it leads to divergent integrals ; leaving this aspect aside for the moment, we note first that, if we replace F in the left-hand side by the Fourier series which defines it, that side may be formally rewritten as

$$\sum c(\mathfrak{m}) \int \mathbf{h}_\infty(x_\infty)\psi(xef^{-1}d^{-1})\omega(xf^{-1}d^{-1})d^\times x, \tag{13}$$

where $d^\times x$ is the Haar measure in $k_A^\times$, and the integral, in the term corresponding to $\mathfrak{m}$, is taken over the subset of $k_A^\times$ determined by $\mu(x) = \mathfrak{m}$; this is a coset of the kernel of μ, i.e. of the open subgroup $k_\infty^\times \times \prod r_v^\times$ of $k_A^\times$. These integrals are easily calculated (by means of Proposition 14, Chapter VII-7, of BNT, page 132) in terms of the product $J = \prod I_w((1, e_w), \omega_w)$, where the I_w are as defined in (7); they converge for $\sigma(\omega)$ large enough. One sees at once that they are 0 for all $\mathfrak{m}$ unless the conductor $\mathfrak{f}(\omega)$ of ω divides $\mathfrak{f} = \mu(f)$. If $\mathfrak{f}(\omega) = \mathfrak{f}$, one finds that (13) is no other than $J.Z(\omega)$, up to a simple scalar factor. A similar formal calculation for the right-hand side of (12) transforms it into the product of a scalar factor, of an integral similar to J, and of $Z'(\omega^{-1})$; comparing both sides and taking (8) into account, one gets the functional equation (10), for which we will now write $E(\omega)$. If we do not assume $\mathfrak{f}(\omega) = \mathfrak{f}$, but merely $\mathfrak{f} = \mathfrak{f}(\omega)\mathfrak{f}_1$ with $\mathfrak{f}_1 \in \mathfrak{M}_+$, the same procedure leads to a similar equation $E_1(\omega)$ connecting two Dirichlet series $Z_1(\omega)$, $Z_1'(\omega)$ whose coefficients depend only upon $\mathfrak{f}_1$ and the coefficients of Z and of Z', respectively.

If k is of characteristic $p > 1$, there is no difficulty in replacing the above formal argument by a correct proof. The same can be achieved for characteristic 0 by a straightforward application of Hecke's lemma (c.f. [2], page 149). The conclusion in both cases is that the validity of the equations $E_1(\omega)$ for all divisors $\mathfrak{f}_1$ of $\mathfrak{f}$ and all quasicharacters ω with the conductor $\mathfrak{f}\mathfrak{f}_1^{-1}$ is necessary and sufficient for (12) to hold for all e and all x, when $\mathfrak{f}$ is given. This proves Theorem 1 except for the last part, which one obtains easily by comparing the equations $E(\omega)$ and $E_1(\omega)$ for $\mathfrak{f}_1 = \mathfrak{p}_v$ when the eulerian property is postulated for Z at v. On the other hand, we see now, in view of what was said above, that, when Z and Z' are given, Φ and Φ' exist as required provided the functional equations $E(\omega)$, $E_1(\omega)$ are satisfied whenever $\mathfrak{f}(\omega)$ and $\mathfrak{f}_1$ are both disjoint from the given set $\mathfrak{F}$. If one assumes that Z, Z' are eulerian at each one of the places occurring in $\mathfrak{f}_1$, with an eulerian factor of the form (11), one finds that $Z_1(\omega)$, $Z_1'(\omega)$ differ from $Z(\omega)$, $Z'(\omega)$ only by an "elementary" factor and that $E_1(\omega)$ is a consequence of $E(\omega)$. This proves Theorem 2.

Examples for Dirichlet series satisfying the conditions in Theorem 2 are given, as we have seen, by the zeta-functions of elliptic curves (taking $Z(\omega) = L_\omega(1)$, $Z'(\omega) = \pm L_\omega(1)$, where $L(s)$ is the zeta-function) in the cases (a), (b), (c) where these can be effectively computed; other similar examples, not arising from elliptic curves, can easily be constructed, as Hecke L-functions over quadratic extensions of k, or products of two such functions over k. Jacquet has pointed out that, when Z is a product of two Hecke L-functions, the automorphic function Φ is an Eisenstein series; this is the case

426 ANDRÉ WEIL

in example (c), and in (a) when k contains the complex multiplications of the curve E; it cannot happen (according to [2], Satz 2) when $k = \mathbf{Q}$.

If k is a number-field with r infinite places, and if the zeta-function of an elliptic curve E over k satisfies the assumptions in Theorem 2, that theorem associates with it the differential form $\Phi.\beta_\infty$ of degree r; since it is locally constant with respect to the coordinates at the finite places, it may be regarded as a harmonic differential form of degree r on the union of a certain finite number of copies (depending on the class-number of k) of the Riemannian symmetric space H_∞ belonging to G_∞. For $k = \mathbf{Q}$, some examples suggest that the periods of that form may be no other than those of the differential form of the first kind belonging to E. In the general case, one can at least hope to discover a relation between the periods of $\Phi.\beta_\infty$ and those of the differential form of the first kind on E and on its conjugates over $\mathbf{Q}$. When k is of characteristic $p > 1$, however, Φ is a scalar complex-valued function on the discrete space $G_k \backslash G_A / \Re k_A^\times$, and it seems hard even to imagine a connexion between this and the curve E, closer than the one given by the definition of Φ in terms of Z.

REFERENCES

1. H. Maass: Automorphe Funktionen von mehreren Veränderlichen und Dirichletsche Reihen, *Hamb. Abh. Bd.* 16, Heft 3-4 (1949), 72-100.

2. A. Weil: Über die Bestimmung Dirichletscher Reihen durch Funktionalgleichungen, *Math. Ann.* 168 (1967), 149-156.

3. A. Weil: *Basic Number Theory (Grundl. Math. Wiss. Bd.* 144), Springer, Berlin-Heidelberg-New York, 1967.

The Institute for Advanced Study,
Princeton, N. J., U.S.A.

[1968b] Sur une formule classique

Dans un mémoire célèbre ([2]), Hecke a établi que les séries de Dirichlet satisfaisant à un certain type d'équation fonctionnelle correspondent au moyen de la transformation de Mellin à certains types de formes modulaires; divers travaux, et tout particulièrement ceux de H. Maass, ont considérablement étendu la portée de cette méthode. D'autre part, on sait maintenant (cf. [4]) que, même sans quitter le cadre des formes modulaires usuelles, la méthode de Hecke peut être appliquée à des problèmes plus généraux que ceux qu'il avait envisagés lui-même, et tout indique qu'on peut encore aller beaucoup plus loin dans les voies ainsi tracées.

Du point de vue de Hecke, il s'agissait avant tout de ramener la recherche de séries de Dirichlet satisfaisant à des équations fonctionnelles à celle des formes modulaires correspondantes, considérées comme mieux connues. Mais la théorie a maintenant fait assez de progrès pour qu'on puisse aussi appliquer utilement les mêmes résultats en sens inverse, et mettre au service de la théorie des fonctions automorphes nos connaissances sur les séries de Dirichlet. Mon propos ici est seulement d'illustrer ce principe au moyen d'un exemple particulièrement simple, et que sans doute Hecke a dû connaître, bien que je n'en aie pas rencontré de mention explicite chez lui ni chez ses successeurs.

Considérons les fonctions

$$\varphi(s) = \zeta(s)\zeta(s+1), \qquad \Phi(s) = (2\pi)^{-s}\Gamma(s)\varphi(s).$$

L'équation fonctionnelle de la fonction zêta, jointe aux propriétés classiques de la fonction gamma, donne aussitôt pour Φ l'"équation fonctionnelle":

$$\Phi(s) = \Phi(-s).$$

Il est immédiat que Φ a un pôle double en $s=0$, des pôles simples en $s=\pm 1$, est holomorphe partout ailleurs, et est bornée pour $\sigma \leqq \mathrm{Re}\,(s) \leqq \sigma'$, $\mathrm{Im}\,(s) \geqq \varepsilon$, quels que soient σ, σ' et $\varepsilon > 0$. Il est clair aussi que Φ a le résidu $\zeta(2)/2\pi = \pi/12$ en $s=1$, le résidu $-\pi/12$ en $s=-1$, et que $\Phi(s)+1/2s^2$ est holomorphe en $s=0$.

La fonction φ est évidemment donnée, pour $\mathrm{Re}\,(s) > 1$, par la série de

Dirichlet

$$\varphi(s)=\sum_{m,n=1}^{\infty}\frac{m^{-1}}{(mn)^{s}}\,.$$

La série de puissances en $q=e^{2\pi i\tau}$ qui a les mêmes coefficients est donc :

$$F(\tau)=\sum_{m,n=1}^{\infty}m^{-1}q^{mn}=\sum_{n=1}^{\infty}\Big(\sum_{m=1}^{\infty}m^{-1}(q^{n})^{m}\Big)=-\sum_{n=1}^{\infty}\log\,(1-q^{n})\,.$$

On reconnaît là, à un terme près, le logarithme de la fonction de Dedekind, $\eta(\tau)=q^{1/24}\prod(1-q^{n})$. Plus précisément, on a :

$$F(\tau)=\frac{\pi i\tau}{12}-\log\eta(\tau)\,.$$

On voit en même temps que F est la transformée de Mellin de $\varPhi$, c'est-à-dire qu'on a :

$$\varPhi(s)=\int_{0}^{\infty}F(it)t^{s-1}dt\,,\qquad F(\tau)=\frac{1}{2\pi i}\int_{\sigma-i\infty}^{\sigma+i\infty}\varPhi(s)(\tau/i)^{-s}ds\,,$$

la première formule étant valable pour $\mathrm{Re}\,(s)>1$, et la seconde pour $\sigma>1$, $\mathrm{Im}\,(\tau)>0$; dans celle-ci, on doit entendre que l'intégrale est prise le long de la droite $\mathrm{Re}\,(s)=\sigma$. La méthode de Hecke consiste à déplacer cette dernière droite parallèlement à elle-même de manière à l'amener sur la droite $\mathrm{Re}\,(s)=-\sigma$; en ce faisant, on doit tenir compte des résidus de l'intégrande aux points $s=0,\ \pm1$; le comportement de $\varPhi$ à l'infini dans la bande $-\sigma\leqq\mathrm{Re}(s)\leqq\sigma$ garantit la légitimité de l'opération, qui donne :

$$F(\tau)=\frac{\pi i}{12\tau}-\frac{\pi\tau}{12i}+\frac{1}{2}\,\log(\tau/i)+\frac{1}{2\pi i}\int_{-\sigma-i\infty}^{-\sigma+i\infty}\varPhi(s)(\tau/i)^{-s}ds\,.$$

En raison de l'équation fonctionnelle obtenue pour $\varPhi$, le dernier terme est égal à $F(-1/\tau)$, d'où en définitive :

$$\log\eta(-1/\tau)=\log\eta(\tau)+\frac{1}{2}\,\log\,(\tau/i)\,.$$

On reconnaît là le résultat classique de Dedekind ([1]). Bien entendu, on peut eu donner une démonstration plus directe (v. p. ex. [3]). Mais c'est sur le principe appliqué ci-dessus que j'ai surtout voulu attirer l'attention. On aurait pu traiter exactement de même la fonction $\varphi(s)=\zeta(s)\zeta(s-1)$ (c'est la fonction zêta de l'algèbre simple $M_{2}(\boldsymbol{Q})$ sur le corps $\boldsymbol{Q}$ des rationnels) ; pour ce choix de φ, la fonction $\varPhi$ définie par la même formule que plus haut satisfait cette fois à l'équation fonctionnelle $\varPhi(s)=-\varPhi(2-s)$, d'où on déduit le comportement de la transformée de Mellin de $\varPhi$, qui est la fonction $F(\tau)=\frac{1}{24}-\frac{1}{2\pi i}\,\frac{d}{d\tau}\,\log\eta(\tau)$. On notera que, dans ces exemples, l'équation fonctionnelle de $\varPhi$ ne comporte pas de facteur exponentiel ; c'est ce qui permet de les traiter au moyen du

402   A. WEIL

seul théorème de Hecke. Lorsqu'il en est autrement, il devient nécessaire de mettre en oeuvre les moyens supplémentaires que fournit ma note [4].

Bibliographie

[1] R. Dedekind, Erläuterungen zu den Fragmenten XXVIII, in B. Riemann, Ges. Math. Werke, 2, Aufl., Leipzig 1892, SS. 466–478 (=R. D., Ges. Math. Werke, Bd. I, Vieweg 1930, SS. 159–172).

[2] E. Hecke, Über die Bestimmung Dirichletscher Reihen durch ihre Funktionalgleichung, Math. Ann., 112 (1936), 664–699 (=E. H., Math. Werke, Göttingen 1959, SS. 591–626).

[3] C. L. Siegel, A simple proof of $\eta(-1/\tau) = \eta(\tau)\sqrt{\tau/i}$, Mathematika, 1 (1954), 4 (=C. L. S., Ges. Abh., Bd. III, Springer 1966, S. 188).

[4] A. Weil, Über die Bestimmung Dirichletscher Reihen durch Funktionalgleichungen, Math. Ann., 168 (1967), 149–156.

[1970] On the analogue of the modular group in characteristic p

1. It is well-known that the classical concept of modular forms may be introduced as follows. Write G for one of the two algebraic groups $GL(2)$, $SL(2)$; take for k the field Q of rational numbers, R being then the completion k_∞ of k at its infinite place; let Γ be the subgroup G_Z of G_R (i.e. the group of the matrices in $M_2(Z)$ with the determinant ± 1 if $G=GL(2)$, and $+1$ if $G=SL(2)$). On G_R, consider the complex-valued functions which are left-invariant under Γ (or at any rate under some congruence subgroup of Γ), behave in a prescribed manner under a translation belonging to the center of G_R, and behave in a prescribed manner under the right translations belonging to the usual maximal compact subgroup of G_R and under the Casimir operator for G_R; the two latter conditions ensure that this determines in the upper half-plane a modular form of prescribed degree which is an eigenfunction for the Beltrami operator (in particular, if the corresponding eigenvalue is 0, it is holomorphic, or at any rate the sum of a holomorphic and an antiholomorphic function). If we write A for the ring of adeles of k and G_A for the adelized group G, one can then, from such a function, derive a function on G_A, left-invariant under G_k, and behaving in a prescribed manner under the center, under right-translations belonging to the usual maximal compact subgroup of G_A (or at any rate under a subgroup of finite index of that group), and under the Casimir operator for G_∞. Such an interpretation is useful if one wishes to extend the classical theory to arbitrary number-fields or function-fields.

On the present occasion, we wish to take for k the field of rational functions in one indeterminate over a finite field. Then, just as in the case $k=Q$, it is unnecessary to use the adele language, and the relevant concepts can be described in a completely elementary manner.

2. Accordingly, we put $k=F(T)$, where F is a finite field and T an indeterminate over F; we call q the number of elements of F. As usual, we write ∞ for the place of k for which $|T|_\infty > 1$; then the completion k_∞ of k at that place is the field of formal power-series $x=\sum \alpha_i T^{-i}$ in T^{-1}, where $\alpha_i \in F$ for all $i \in Z$ and there is n such that $\alpha_i = 0$ for $i < n$;

14*

if at the same time $\alpha_n \neq 0$, we have then $|x|_\infty = q^{-n}$. The elements x of k_∞ for which $|x|_\infty \leq 1$, i.e. $\alpha_i = 0$ for all $i < 0$, make up the maximal compact subring r_∞ of k_∞; its maximal ideal is $T^{-1} \cdot r_\infty$, and k_∞, as an additive group, is the direct sum of that ideal and of the ring $\boldsymbol{F}[T]$ of the polynomials in T with coefficients in $\boldsymbol{F}$. If $P \in \boldsymbol{F}[T]$ and $P \neq 0$, then $|P|_\infty = q^{deg(P)}$.

We will confine ourselves to the group $GL(2)$; to simplify notations, we write G (instead of G_∞) for the group $GL(2, k_\infty)$, i.e. for the group of invertible matrices $\begin{pmatrix} x & y \\ z & t \end{pmatrix}$ in the ring $M_2(k_\infty)$ of the matrices of size 2 over k_∞. The matrices of that form for which $z = 0$ (the "triangular" matrices) make up a subgroup B of G; those for which $z = 0$, $t = 1$ and $x = T^n$ with $n \in \boldsymbol{Z}$ make up a subgroup of B which we denote by B_1. We write $\Re$ for the group of the invertible matrices in $M_2(r_\infty)$ (i.e. the matrices in $M_2(r_\infty)$ whose determinant is in $r_\infty^\times$), and $\mathfrak{Z}$ for the center of G; $\Re$ is a maximal compact subgroup of G, and we have $G = B \cdot \Re = B_1 \cdot \Re\mathfrak{Z}$. We write Γ for the "modular group" consisting of the invertible matrices in $M_2(\boldsymbol{F}[T])$, i.e. of the matrices $\begin{pmatrix} P & Q \\ R & S \end{pmatrix}$, with P, Q, R, S in $\boldsymbol{F}[T]$ and $PS - QR$ in $\boldsymbol{F}^\times$; this is a discrete subgroup of G. In obvious analogy with the classical theory, one can define congruence subgroups of Γ. In particular, take any unitary polynomial A in $\boldsymbol{F}[T]$ (i.e. one whose highest coefficient is 1); then we write Γ_A for the subgroup of Γ consisting of the matrices $\begin{pmatrix} P & Q \\ R & S \end{pmatrix}$ in Γ for which $R \equiv 0$ (mod. A), i.e. $R \in A \cdot \boldsymbol{F}[T]$; these are the most interesting congruence subgroups of Γ for us, because of their connection (discovered by Hecke in the classical case) with the theory of Mellin transforms.

3. Just as in the classical theory, Γ operates in a "properly discontinuous manner" on the space $G/\Re\mathfrak{Z}$ (which takes here the place of the upper half-plane). For every $n \in \boldsymbol{Z}$, write $\sigma_n = \begin{pmatrix} T^n & 0 \\ 0 & 1 \end{pmatrix}$. We begin by proving the following:

Every element g of G can be written as $g = \gamma \sigma_n g_0$ with $\gamma \in \Gamma$, $n \geq 0$, $g_0 \in \Re\mathfrak{Z}$; moreover, when g is given, the integer n in this formula is uniquely determined.

In substance, this is equivalent to the well-known classification of the projective line-bundles over a projective line (i.e. of the rational non-singular ruled surfaces) over the groundfield $\boldsymbol{F}$; that aspect of our problem will not be further considered here. On the other hand, the above result corresponds to the determination of the usual fundamental domain for the action of the classical modular group in the upper half-plane, and, as will be shown now, it can be proved similarly. For each non-zero vector (x, y), with x and y in k_∞, put $h(x, y) = \sup(|x|_\infty, |y|_\infty)$. Then h is invariant under $\mathfrak{R}$, i.e. we have $h((x, y) \cdot \mathfrak{k}) = h(x, y)$ for all $\mathfrak{k} \in \mathfrak{R}$. If g is any element of G, there is $C > 0$ such that

$$h((x, y) \cdot g^{-1}) \leqq C \cdot h(x, y),$$

or, what amounts to the same,

$$h(x, y) \leqq C \cdot h((x, y) \cdot g)$$

for all vectors (x, y). At the same time, for each $C' > 0$, there are only finitely many vectors (R, S) with R and S in $\boldsymbol{F}[T]$, such that $h(R, S) \leqq C'$. From these facts, it follows at once that, for a given $g \in G$, one can choose an element γ of Γ such that, if we put $\gamma^{-1} g = \begin{pmatrix} x & y \\ z & t \end{pmatrix}$, $h(z, t)$ has its smallest value h_0. Assume that γ has been so chosen, and put $\gamma^{-1} g = b_0 \mathfrak{k}$ with $b_0 = \begin{pmatrix} x_0 & y_0 \\ 0 & t_0 \end{pmatrix} \in B$ and $\mathfrak{k} \in \mathfrak{R}$, so that we have $h_0 = |t_0|_\infty$. Take any $\gamma' \in \Gamma$, and put $\gamma' \gamma^{-1} g = \begin{pmatrix} x' & y' \\ z' & t' \end{pmatrix}$; in view of our choice of γ, we have $h(z', t') \geqq h_0$. Writing $\gamma' b_0 = \begin{pmatrix} x'' & y'' \\ z'' & t'' \end{pmatrix}$, we have $(z', t') = (z'', t'') \cdot \mathfrak{k}$. Therefore:

$$h(z'', t'') = h(z', t') \geqq h_0 = |t_0|_\infty.$$

Now take $\gamma' = \begin{pmatrix} 0 & 1 \\ 1 & S \end{pmatrix}$, with $S \in \boldsymbol{F}[T]$; then $(z'', t'') = (x_0, y_0 + S t_0)$, so that we must have, for all S:

$$\sup(|x_0|_\infty, |y_0 + S t_0|_\infty) \geqq |t_0|_\infty.$$

As k_∞ is the direct sum of $\boldsymbol{F}[T]$ and $T^{-1} \cdot r_\infty$, we can write $y_0 t_0^{-1}$ in the form $S_0 + v$, with $S_0 \in \boldsymbol{F}[T]$ and $|v|_\infty < 1$. Taking now $S = -S_0$ in the above inequality, we have

$$|y_0 + S t_0|_\infty = |v t_0|_\infty < |t_0|_\infty$$

and therefore $|x_0|_\infty \geqq |t_0|_\infty$, so that we may write $x_0 t_0^{-1} = T^n u$ with $n \geqq 0$ and $|u|_\infty = 1$. Then:

$$g = \gamma \cdot \begin{pmatrix} 1 & S_0 \\ 0 & 1 \end{pmatrix} \cdot \sigma_n \cdot \begin{pmatrix} u & T^{-n} v \\ 0 & 1 \end{pmatrix} \cdot \mathfrak{k} \cdot \begin{pmatrix} t_0 & 0 \\ 0 & t_0 \end{pmatrix}$$

In the right-hand side, the first two factors belong to Γ, the fourth and fifth ones to $\mathfrak{R}$, and the last one to $\mathfrak{Z}$. This proves the first part of our theorem, which we can also express by saying that the matrices σ_n for $n \geq 0$ contain a full set of representatives for the double cosets $\Gamma \backslash G / \mathfrak{K} \mathfrak{Z}$ in G. Now we must show that, if two such matrices σ_n, σ_m are in the same double coset, then $n = m$. In fact, our assumption means that we have $\sigma_m = \gamma \sigma_n \mathfrak{k} \mathfrak{z}$ with $\gamma \in \Gamma$, $\mathfrak{k} \in \mathfrak{K}$, $\mathfrak{z} \in \mathfrak{Z}$. Write $\gamma = \begin{pmatrix} P & Q \\ R & S \end{pmatrix}$ and $\mathfrak{z} = T^{-i} u \cdot 1_2$ with $i \in \mathbf{Z}$, $|u|_\infty = 1$. Then the matrix

$$T^{-i} \cdot \begin{pmatrix} T^{-m} & 0 \\ 0 & 1 \end{pmatrix} \cdot \begin{pmatrix} P & Q \\ R & S \end{pmatrix} \cdot \begin{pmatrix} T^n & 0 \\ 0 & 1 \end{pmatrix} = \begin{pmatrix} T^{n-m-i}P & T^{-m-i}Q \\ T^{n-i}R & T^{-i}S \end{pmatrix}$$

must be in $\mathfrak{K}$, so that its determinant must be in $r_\infty^\times$; as the determinant $PS - QR$ of γ is in $\mathbf{F}^\times$, this gives $n - m = 2i$. As $T^{n-i}R$ and $T^{-i}S$ must be in r_∞, and the polynomials R and S are not both 0, we must have $i - n \geq \deg(R)$ if $R \neq 0$, and otherwise $i \geq \deg(S)$, hence in both cases $i \geq 0$ and $n \geq m$. Interchanging n and m, we get $n = m$, as was to be proved.

4. It is also useful to find out when an element g of G can be written in the above form in two different ways (this amounts to determining when an element γ of Γ, acting on $G / \mathfrak{K} \mathfrak{Z}$, can have a fixed point; here the analogy with the classical case would be misleading). Clearly it amounts to the same to find out when the matrix $\sigma_n^{-1} \gamma \sigma_n$, with $n \geq 0$, $\gamma \in \Gamma$, can be in $\mathfrak{K} \mathfrak{Z}$. By considering its determinant, we see that, if it is in $\mathfrak{K} \mathfrak{Z}$, it is in $\mathfrak{K}$, and that it is in $\mathfrak{K}$ if and only if it is in $M_2(r_\infty)$. Writing $\gamma = \begin{pmatrix} P & Q \\ R & S \end{pmatrix}$, we see that this is so if and only if P and S are in $\mathbf{F}$, Q is at most of degree n (hence also in $\mathbf{F}$ if $n = 0$), and R is 0 if $n > 0$ and is in $\mathbf{F}$ if $n = 0$. For $n = 0$, this gives $\gamma \in GL(2, \mathbf{F})$; for $n > 0$, it gives $\gamma = \begin{pmatrix} \alpha & Q \\ 0 & \beta \end{pmatrix}$ with α and β in $\mathbf{F}^\times$ and $\deg(Q) \leq n$.

5. One may now consider those complex-valued functions on G which are right-invariant under $\mathfrak{K} \mathfrak{Z}$ and left-invariant under Γ or some congruence subgroup of Γ; an important example is given by the "Eisenstein series"

$$f(g) = |\det(g)|_\infty^{s/2} \sum_{R, S} a(R, S) h((R, S) \cdot g)^{-s};$$

here the summation is taken over all pairs of mutually prime polynomials R, S in $\mathbf{F}[T]$; the coefficients $a(R, S)$ depend only upon the congruence classes of R and S modulo some fixed polynomial A; and s is any complex number such that $Re(s) > 2$, so that the series is absolutely convergent (if this were not so, one could still attach a value to it by analytic continuation in the s-plane). These series will not be further considered here.

We restrict our attention to the "Hecke groups" Γ_A defined in no. 2; a complex-valued function on G, left-invariant under Γ_A and right-invariant under $\Re\mathfrak{Z}$, will be called an *automorphic function of level A on G*. A complete set of representatives of $\Gamma_A\backslash\Gamma$, i.e. of the left cosets $\Gamma_A\gamma$ in Γ, can be obtained as follows. In the set of all pairs (R, S) of mutually prime polynomials in $\boldsymbol{F}[T]$, consider the equivalence relation $(R, S)\sim(R', S')$ given by $RS'\equiv SR'$ (mod. A); write S/R mod. A for the equivalence class of the pair (R, S) for this relation, and D_A for the set of all such classes; for obvious reasons, the finite set D_A may be called the projective line modulo A (or, more accurately, the projective line over the ring $\boldsymbol{F}[T]/A\cdot\boldsymbol{F}[T]$). For each $\varrho\in D_A$, choose a representative (R_ϱ, S_ϱ), and two polynomials P_ϱ, Q_ϱ such that $P_\varrho S_\varrho - Q_\varrho R_\varrho = 1$; put $\gamma_\varrho = \begin{pmatrix} P_\varrho & Q_\varrho \\ R_\varrho & S_\varrho \end{pmatrix}$; then the elements γ_ϱ of Γ, for $\varrho\in D_A$, make up a complete set of representatives of $\Gamma_A\backslash\Gamma$. Consequently, in view of the theorem in no. 3, the elements $\gamma_\varrho\sigma_n$, for $\varrho\in D_A$, $n\geq 0$, contain a complete set of representatives of the double cosets $\Gamma_A\backslash G/\Re\mathfrak{Z}$ in G. Therefore, if f is an automorphic function of level A on G, and if we put $f_n(\varrho) = f(\gamma_\varrho\sigma_n)$ for every $\varrho\in D_A$ and every $n\in\boldsymbol{Z}$, f is completely determined by the functions f_n on D_A for $n\geq 0$.

In view of our results in no. 4, we have, for every $n\geq 0$, $f(\gamma'\sigma_n) = f(\gamma\sigma_n)$ whenever $\gamma^{-1}\gamma'$ is of the form $\begin{pmatrix} 1 & Q \\ 0 & 1 \end{pmatrix}$ with $\deg(Q)\leq n$; if we define $\varrho+Q$, for $\varrho = S/R$ mod. A, by $\varrho+Q = (S+QR)/R$ mod. A, this gives $f_n(\varrho) = f_n(\varrho+Q)$ for $\deg(Q)\leq n$. Similarly, for $\varrho = S/R$ mod. A and $\alpha\in\boldsymbol{F}^\times$, define $\alpha\varrho = (\alpha S)/R$ mod. A and $\varrho^{-1} = R/S$ mod. A. As the matrix $\begin{pmatrix} 1 & 0 \\ 0 & \alpha \end{pmatrix}$ is in Γ and in $\Re$ and commutes with σ_n for all $n\in\boldsymbol{Z}$, we have $f_n(\alpha\varrho) = f_n(\varrho)$ for all $n\in\boldsymbol{Z}$ and all $\alpha\in\boldsymbol{F}^\times$. Finally, for $\gamma = \begin{pmatrix} P & Q \\ R & S \end{pmatrix}\in\Gamma$, put $\gamma' = \begin{pmatrix} Q & P \\ S & R \end{pmatrix}$; we have

$$\gamma\sigma_{-n} = \gamma'\sigma_n \cdot \begin{pmatrix} 0 & T^{-n} \\ T^{-n} & 0 \end{pmatrix}.$$

As the last matrix in the right-hand side is in $\Re\mathfrak{Z}$, this gives $f(\gamma\sigma_{-n}) = f(\gamma'\sigma_n)$, hence, for $\gamma = \gamma_\varrho$, $f_{-n}(\varrho) = f_n(\varrho^{-1})$ for all $n\in\boldsymbol{Z}$ and all $\varrho\in D_A$.

6. As in the classical case, one can attach "Hecke operators" to the places of the field k; we begin with the places other than ∞, since for these the analogy is more obvious. Let Π be a unitary prime polynomial in $\boldsymbol{F}[T]$, not a divisor of A; call π its degree. Consider all the matrices $\begin{pmatrix} P & Q \\ R & S \end{pmatrix}$ with coefficients P, Q, R, S in $\boldsymbol{F}[T]$, $R\equiv 0$ (mod. A),

216 A. WEIL:

whose determinant is of the form $\alpha \Pi$ with $\alpha \in \boldsymbol{F}^{\times}$. It is easily seen that these matrices make up a union of finitely many left cosets of Γ_A in $GL(2, k)$, and that a complete set of representatives for these cosets consists of $\begin{pmatrix} \Pi & 0 \\ 0 & 1 \end{pmatrix}$ and of the matrices $\begin{pmatrix} 1 & M \\ 0 & \Pi \end{pmatrix}$ when one takes for M any complete set of representatives of the congruence classes modulo Π in $\boldsymbol{F}[T]$, for instance all the polynomials of degree $< \pi$. Now, for any function f on G, consider the function f_Π on G given by

$$f_\Pi(g) = f\left(\begin{pmatrix} \Pi & 0 \\ 0 & 1 \end{pmatrix} \cdot g\right) + \sum_M f\left(\begin{pmatrix} 1 & M \\ 0 & \Pi \end{pmatrix} \cdot g\right),$$

the sum in the right-hand side being taken over all the polynomials of degree $< \pi$ in $\boldsymbol{F}[T]$. If f is right-invariant under $\mathfrak{K}\mathfrak{Z}$, so is f_Π; and one sees at once that, if f is left-invariant under Γ_A, f_Π has the same property. Therefore the mapping $f \to f_\Pi$ induces, on the space of automorphic functions of level A on G, an operator which we denote by H_Π. As in the classical case, it is easily seen that any two of these operators commute with each other.

From a birational point of view, there is no difference between the place ∞ of k and those attached to the prime polynomials Π; therefore we may expect to find a Hecke operator attached to ∞. Had we used the adele language, we would not need a special definition for this; here, as we have given a special role to play to the place ∞, we shall proceed as follows. For each function f on G, right-invariant under $\mathfrak{K}\mathfrak{Z}$, consider the function f_∞ given by

$$f_\infty(g) = \int_{\mathfrak{K}} f(g\mathfrak{k}\sigma_{-1})\, d\mathfrak{k}$$

where $d\mathfrak{k}$ is a suitably normalized Haar measure on the compact group $\mathfrak{K}$. Clearly f_∞ is right-invariant under $\mathfrak{K}\mathfrak{Z}$; if f is left-invariant under Γ_A, so is f_∞. We write H_∞ for the operator induced by the mapping $f \to f_\infty$ on the space of automorphic functions of level A on G; obviously it commutes with the operators H_Π.

In the integral defining f_∞, the integrand is constant on the right cosets modulo $\mathfrak{K} \cap \sigma_{-1}\mathfrak{K}\sigma_1$ in $\mathfrak{K}$; it is easily seen that a complete set of representatives for these cosets is given by $\begin{pmatrix} 0 & 1 \\ 1 & 0 \end{pmatrix}$ and $\begin{pmatrix} 1 & \xi \\ 0 & 1 \end{pmatrix}$ for $\xi \in \boldsymbol{F}$. If we normalize $d\mathfrak{k}$ so that the measure of each such coset is 1, and if we observe that

$$\begin{pmatrix} 0 & 1 \\ 1 & 0 \end{pmatrix} \cdot \sigma_{-1} = \sigma_1 \cdot \begin{pmatrix} 0 & 1 \\ 1 & 0 \end{pmatrix} \cdot T^{-1},$$

On the Analogue of the Modular Group in Characteristic p **217**

we get (since f was assumed to be right-invariant under $\Re\mathfrak{Z}$):

$$f_\infty(g) = f(g\sigma_1) + \sum_{\xi \in F} f\left(g \cdot \begin{pmatrix} T^{-1} & \xi \\ 0 & 1 \end{pmatrix}\right).$$

Assume now that f is automorphic of level A; as in no. 5, put $f_n(\varrho) = f(\gamma_\varrho \sigma_n)$ for $\varrho \in D_A$, $n \in \mathbf{Z}$, and write $(H_\infty f)_n$ for the function similarly derived from $H_\infty f$. Observe that we have

$$\sigma_n \cdot \begin{pmatrix} T^{-1} & \xi \\ 0 & 1 \end{pmatrix} = \begin{pmatrix} 1 & \xi T^n \\ 0 & 1 \end{pmatrix} \cdot \sigma_{n-1}.$$

Taking now $g = \gamma_\varrho \sigma_n$ with $n \geq 0$ in the above formula for $f_\infty(g)$, we get:

$$(H_\infty f)_n(\varrho) = f_{n+1}(\varrho) + \sum_\xi f_{n-1}(\varrho + \xi T^n).$$

In particular, assume that f is an eigenfunction of H_∞; this corresponds, in the classical case, to prescribing that the function f on $GL(2, \mathbf{R})$ be an eigenfunction of the Casimir operator (or that the modular form determined by f be an eigenfunction of the Beltrami operator in the upper half-plane). Let λ be the eigenvalue of H_∞ to which f belongs. Then $H_\infty f = \lambda f$, and we have, for all $n \geq 1$:

$$f_{n+1}(\varrho) = \lambda f_n(\varrho) - \sum_\xi f_{n-1}(\varrho + \xi T^n).$$

This shows that f_n is uniquely determined for all $n > 2$ when f_0 and f_1 are given on D_A. As D_A is a finite set, and as we have seen that f is uniquely determined by the values of f_n for all $n \geq 0$, this shows that the automorphic functions of given level, belonging to a given eigenvalue of H_∞, make up a vector-space of finite dimension over C.

7. As we have observed before, we have $G = B_1 \cdot \Re\mathfrak{Z}$, where B_1 is as defined in no. 2; therefore a function f on G, right-invariant under $\Re\mathfrak{Z}$, is uniquely determined by the function φ induced by it on B_1, i.e. by the function

$$\varphi(n, y) = f\left(\begin{pmatrix} T^n & y \\ 0 & 1 \end{pmatrix}\right)$$

for all $n \in \mathbf{Z}$ and $y \in k_\infty$.

Conversely, let φ be given; we wish to investigate whether there is an automorphic function of level A on G, inducing φ on B_1. For this to be so, it is obviously necessary that φ should be right-invariant under the group $B_1 \cap \Re\mathfrak{Z}$; as this consists of the matrices $\begin{pmatrix} 1 & v \\ 0 & 1 \end{pmatrix}$ with $v \in r_\infty$, we must have $\varphi(n, y + T^n v) = \varphi(n, y)$ for all $v \in r_\infty$. When that is so, φ can be extended in one and only one way to a function f on G, right-invariant under $\Re\mathfrak{Z}$; we have now to investigate whether f is left-invariant under $\varGamma_A$. Express first that it is left-invariant under $\begin{pmatrix} \alpha & 0 \\ 0 & 1 \end{pmatrix}$ for $\alpha \in F^\times$; as this is also in $\Re$, and as we have

$$\begin{pmatrix} \alpha & 0 \\ 0 & 1 \end{pmatrix} \cdot \begin{pmatrix} T^n & y \\ 0 & 1 \end{pmatrix} \cdot \begin{pmatrix} \alpha & 0 \\ 0 & 1 \end{pmatrix}^{-1} = \begin{pmatrix} T^n & \alpha y \\ 0 & 1 \end{pmatrix},$$

we get $\varphi(n, y) = \varphi(n, \alpha y)$ for all n, y and $\alpha \in F^\times$. Express now that f is left-invariant under $\begin{pmatrix} 1 & Q \\ 0 & 1 \end{pmatrix}$ for all $Q \in F[T]$; this gives $\varphi(n, y) = \varphi(n, y + Q)$; in other words, for each n, the function $y \to \varphi(n, y)$ can be expanded in a Fourier series on the compact group $k_\infty / F[T]$. Take a fixed non-trivial character ψ_0 of the additive group of F; for every element $x = \sum \alpha_i T^{-i}$ of k_∞, put $\psi(x) = \psi_0(\alpha_1)$. Then the characters of k_∞, trivial on $F[T]$, are those of the form $y \to \psi(Q y)$ with $Q \in F[T]$. This gives:

$$\varphi(n, y) = \sum_Q c(n, Q) \psi(Q y),$$

where the sum is taken over all $Q \in F[T]$. Writing that φ is invariant under $y \to \alpha y$ for all $\alpha \in F^\times$, and under $y \to y + T^n v$ for all $v \in r_\infty$, we get $c(n, \alpha Q) = c(n, Q)$ for all n, Q and $\alpha \in F^\times$, and $c(n, Q) = 0$ unless $Q = 0$ or $n + \deg(Q) \leq -2$. In particular, for a given value of n, only finitely many terms in the Fourier series for φ can be other than 0, viz., the term with $Q = 0$ if $n \geq -1$, and otherwise that term and those for which $\deg(Q) \leq -n - 2$. We will say that φ and f are *B-cuspidal* when $c(n, 0) = 0$ for all $n \in \mathbf{Z}$.

8. Let notations be as in no. 7, and let f_∞ be as defined in no. 6; as observed there, f_∞ is right-invariant under $\Re \mathfrak{Z}$ since f is so, and therefore we have $f_\infty = \lambda f$ if and only if f_∞ coincides with λf on B_1; in view of the formula given for f_∞ in no. 6, this can be written as follows:

$$\lambda \varphi(n, y) = \varphi(n+1, y) + \sum_{\xi \in F} \varphi(n-1, y + \xi T^n).$$

In particular, if f is automorphic of level A, this expresses that it is an eigenfunction of H_∞ belonging to the eigenvalue λ. Replacing φ by its Fourier series, we get the equivalent condition

$$\lambda c(n, Q) = c(n+1, Q) + c(n-1, Q) \sum_\xi \psi(\xi T^n Q).$$

The sum in the last term in the right-hand side has the value 0 or q according as the polynomial Q contains a non-zero term in T^{-n-1} or not. For $Q = 0$, this gives

$$\lambda c(n, 0) = c(n+1, 0) + q c(n-1, 0)$$

On the Analogue of the Modular Group in Characteristic p 219

for all n. For $Q \neq 0$, put $d = \deg(Q)$, so that $c(n, Q) = 0$ for $n \geq -d-1$. Then the above condition is trivially fulfilled for $n \geq -d-1$; for $n \leq -d-2$, it gives a recurrence relation which is easily solved by writing the formal power-series expansion

$$\left(1 - \frac{\lambda}{q}\, U + \frac{1}{q}\, U^2\right)^{-1} = \sum_{i=0}^{\infty} a_i U^i.$$

Then $c(n, Q) = a_{-n-d-2}\, c(-d-2, Q)$ for $n \leq -d-2$ (and for all n if we put $a_i = 0$ for $i < 0$). When the coefficients $c(n, Q)$, for $Q \neq 0$, have that property, for some value of λ, we will say (for reasons which will become clearer presently) that they are *eulerian at* ∞.

On the other hand, take Π, and define f_Π, as in no. 6; write φ_Π for the function induced by f_Π on B_1. We have

$$\varphi_\Pi(n, y) = f\left(\begin{pmatrix} \Pi T^n & \Pi y \\ 0 & 1 \end{pmatrix}\right) + \sum_M f\left(\begin{pmatrix} T^n & y+M \\ 0 & \Pi \end{pmatrix}\right),$$

where the sum is taken over all the polynomials M of degree $< \pi = \deg(\Pi)$. As f is right-invariant under $\mathfrak{RB}$, this can also be written as

$$\varphi_\Pi(n, y) = f\left(\begin{pmatrix} T^{n+\pi} & \Pi y \\ 0 & 1 \end{pmatrix}\right) + \sum_M f\left(\begin{pmatrix} T^{n-\pi} & \Pi^{-1}(y+M) \\ 0 & 1 \end{pmatrix}\right)$$

$$= \varphi(n+\pi, \Pi y) + \sum_M \varphi(n-\pi, \Pi^{-1}(y+M)).$$

Replacing φ by its Fourier series, we get

$$\varphi_\Pi(n, y) = \sum_Q c(n+\pi, Q)\psi(Q\Pi y) + \sum_Q c(n-\pi, Q)\psi(Q\Pi^{-1}y) \sum_M \psi(Q\Pi^{-1}M).$$

Here the sum with respect to M has the value q^π or 0 according as $\psi(Q\Pi^{-1}M)$ is 1 for all M or not, i.e. according as $Q \equiv 0 \pmod{\Pi}$ or not. Consequently the Fourier coefficients of φ_Π are

$$c_\Pi(n, Q) = c(n+\pi, \Pi^{-1}Q) + q^\pi c(n-\pi, \Pi Q)$$

provided we agree that the first term in the right-hand side is 0 unless $Q \equiv 0 \pmod{\Pi}$.

We can now express, in terms of the coefficients $c(n, Q)$, the conditions for f to be an eigenfunction of the operator $f \to f_\Pi$; if ω is the corresponding eigenvalue, we get, for $Q = 0$:

$$\omega c(n, 0) = c(n+\pi, 0) + q^\pi c(n-\pi, 0)$$

for all n; on the other hand, taking for Q a polynomial prime to Π, and substituting $\Pi^i Q$ for Q in the above formula, with $i \geq 0$, we get

$$\omega c(n, \Pi^i Q) = c(n+\pi, \Pi^{i-1}Q) + q^\pi c(n-\pi, \Pi^{i+1}Q).$$

                                  A. WEIL:

As before, this can be solved by writing the formal expansion

$$\left(1 - \frac{\omega}{q^{\pi}}\, U + \frac{1}{q^{\pi}}\, U^2\right)^{-1} = \sum_{i=0}^{\infty} A_i U^i.$$

Then we have $c(n, \Pi^i Q) = A_i c(n + i\pi, Q)$ for all $i \geq 0$. When that is so, we shall say that the coefficients $c(n, Q)$ are *eulerian at the place Π*.

9. The "eulerian" property can be expressed conveniently by introducing the formal power-series

$$P(U) = \sum_{n=0}^{\infty} \left(\sum_{Q}{}' c(-n-2, Q)\right) U^n$$

where $\sum'$ denotes the summation over all unitary polynomials in $\boldsymbol{F}[T]$. For each n, the sum $\sum'$ may be restricted to the polynomials of degree $\leq n$, since all the other terms in it are 0; therefore P is well-defined as a formal power-series. If f is B-cuspidal, we have $c(n, 0) = 0$ for all n; as $c(n, \alpha Q) = c(n, Q)$ for all $\alpha \in \boldsymbol{F}^{\times}$, this gives

$$f\left(\begin{pmatrix} T^{\pi} & 0 \\ 0 & 1 \end{pmatrix}\right) = \varphi(n, 0) = \sum_{Q} c(n, Q) = (q-1) \sum_{Q}{}' c(n, Q),$$

so that, in that case, the power-series P may be written

$$P(U) = (q-1)^{-1} \sum_{n=0}^{\infty} f\left(\begin{pmatrix} T^{-n-2} & 0 \\ 0 & 1 \end{pmatrix}\right) U^n.$$

As can be seen at once, the $c(n, Q)$ are eulerian at ∞ if P can be rewritten as

$$P(U) = \left(1 - \frac{\lambda}{q}\, U + \frac{1}{q}\, U^2\right)^{-1} \sum_{Q}{}' c\left(-\deg(Q) - 2, Q\right) U^{\deg(Q)}.$$

Here the series in the right-hand side may be regarded as corresponding, in the classical theory, to the Dirichlet series whose Mellin transform is the modular form defined by f, while the first factor corresponds to the gamma factor in the functional equation for that series.

On the other hand, notations being as in no. 8, the $c(n, Q)$ are eulerian at Π if and only if

$$P(U) = \left(1 - \omega \left(\frac{U}{q}\right)^{\pi} + \left(\frac{U^2}{q}\right)^{\pi}\right)^{-1} \sum_{n=0}^{\infty} \left(\sum_{Q}{}'' c(-n-2, Q)\right) U^n$$

where $\sum''$ denotes the summation over all unitary polynomials Q prime to Π in $\boldsymbol{F}[T]$.

10. We come back to the question, raised in no. 7, whether the function f (derived from φ as explained there) is automorphic of level A.

On the Analogue of the Modular Group in Characteristic p 221

If so, the function f' on G defined by

$$f'(g) = f\left(\begin{pmatrix} 0 & 1 \\ A & 0 \end{pmatrix} \cdot g\right)$$

is also automorphic of level A; one sees at once that, if f is an eigen-function of one of the Hecke operators H_∞, H_Π, f' is an eigenfunction of the same operator, belonging to the same eigenvalue.

We assume now that f, and consequently f', are automorphic of level A; moreover, to simplify matters, we will assume that they are both B-cuspidal. Call φ' the function induced by f' on B_1, $c'(n, Q)$ its Fourier coefficients, and P' the formal power-series derived from these just as P was derived from $c(n, Q)$ in no. 9. As f' is assumed to be B-cuspidal, this gives

$$P'(U) = (q-1)^{-1} \sum_{n=0}^{\infty} f'\left(\begin{pmatrix} T^{-n-2} & 0 \\ 0 & 1 \end{pmatrix}\right) U^n = (q-1)^{-1} \sum_{n=0}^{\infty} f\left(\begin{pmatrix} 0 & 1 \\ A T^{-n-2} & 0 \end{pmatrix}\right) U^n.$$

Now we have, for $u \neq 0$:

$$\begin{pmatrix} 0 & 1 \\ A T^{-n-2} & 0 \end{pmatrix} = \begin{pmatrix} A^{-1} T^{n+2} u^{-1} & 0 \\ 0 & 1 \end{pmatrix} \cdot \begin{pmatrix} 0 & u \\ 1 & 0 \end{pmatrix} \cdot A T^{-n-2}.$$

If we put $a = \deg(A)$ and $u = T^a A^{-1}$, this gives, since u is then in $r_\infty^\times$, and since f is right-invariant under $\Re\mathfrak{B}$:

$$f\left(\begin{pmatrix} 0 & 1 \\ A T^{-n-2} & 0 \end{pmatrix}\right) = f\left(\begin{pmatrix} T^{n+2-a} & 0 \\ 0 & 1 \end{pmatrix}\right).$$

Comparing now the power-series for P and for P', we get the "functional equation"

$$P(U) = U^{a-4} P'(U^{-1}),$$

which implies that both P and P' are polynomials of degree $a-4$. This corresponds to the fact, discovered by HECKE, that the Mellin transforms of modular forms of suitable type satisfy functional equations. Of course, here, we must have $P = P' = 0$ if $a < 4$.

11. As in the classical case, the above result can be significantly extended. Let M be a unitary polynomial in $F[T]$; call μ its degree. Let χ be a character of the multiplicative group of polynomials prime to M modulo M (i.e. of the group $(F[T]/M \cdot F[T])^\times$), which we extend to all polynomials by writing $\chi(Q) = 0$ when Q is not prime to M. Assume that χ is primitive, i.e. that there is no divisor M' of M, other than M, such that $\chi(Q) = 1$ whenever Q is $\equiv 1 \pmod{M'}$ and prime to M. We will also assume that χ is trivial on $F^\times$ (from a birationally invariant point of view, this guarantees that χ corresponds to a character

222   A. WEIL:

of $k_A^\times/k^\times$, trivial on $k_\infty^\times$). Together with the power-series P introduced in no. 9, we also consider, for all such characters χ whose conductor M is prime to the level A of f, the series

$$P(\chi, U) = \sum_{n=0}^{\infty} \left(\sum_Q{}' c(-n-2, Q)\chi(Q) \right) U^n$$

and the series $P'(\chi, U)$ similarly derived from f'. In order to establish the functional equations for these series, we observe that the characters of the additive group of $F[T]$ modulo M are $Q \to \psi(M^{-1}NQ)$, where N runs through a complete set of representatives of the congruence classes modulo M in $F[T]$, for instance the polynomials of degree $< \mu$ in $F[T]$. Therefore, on that group, the character χ may be written as a linear combination of such characters. Just as in the classical theory, this is

$$\chi(Q) = q^{-\mu} g(\chi) \sum_N \bar\chi(N)\psi(M^{-1}NQ)$$

where $g(\chi)$ is the "Gaussian sum"

$$g(\chi) = \sum_{Q \bmod M} \chi(Q)\psi(-M^{-1}Q).$$

Consequently, we have

$$P(\chi, U) = (q-1)^{-1} q^{-\mu} g(\chi) \sum_n \sum_N \bar\chi(N) f\left(\begin{pmatrix} T^{-n-2} & -M^{-1}N \\ 0 & 1 \end{pmatrix}\right) U^n$$

and similarly

$$P'(\bar\chi, U) = (q-1)^{-1} q^{-\mu} g(\bar\chi) \sum_{n'} \sum_{N'} \chi(N') f\left(\begin{pmatrix} 0 & 1 \\ A\,T^{-n'-2} & -A\,M^{-1}N' \end{pmatrix}\right) U^{n'}.$$

As A is prime to M, the congruence $ANN' \equiv 1$ (mod. M) determines a one-to-one correspondence between representatives N, N' of the congruence classes prime to M modulo M. For such a pair N, N', write $ANN' = 1 - MX$, with $X \in F[T]$. Then the matrix $\gamma = \begin{pmatrix} M & N \\ -AN' & X \end{pmatrix}$ is in Γ_A, and we have:

$$\begin{pmatrix} 0 & 1 \\ A\,T^{-n'-2} & -A\,M^{-1}N' \end{pmatrix} = \gamma \cdot \begin{pmatrix} T^{-n-2} & -M^{-1}N \\ 0 & 1 \end{pmatrix} \cdot \begin{pmatrix} 0 & u \\ v & 0 \end{pmatrix}$$

with $u = M^{-1}T^{n+2}$, $v = AMT^{-n'-2}$. The last factor in the right-hand side is in $\Re\mathfrak{Z}$ if $u^{-1}v$ is in $r_\infty^\times$, i.e. if $n + n' = a + 2\mu - 4$; therefore, when that is so, we have

$$f\left(\begin{pmatrix} T^{-n-2} & -M^{-1}N \\ 0 & 1 \end{pmatrix}\right) = f\left(\begin{pmatrix} 0 & 1 \\ A\,T^{-n'-2} & -A\,M^{-1}N \end{pmatrix}\right).$$

On the Analogue of the Modular Group in Characteristic p 223

From this, it follows at once that $P(\chi, U)$ and $P'(\bar{\chi}, U)$ are polynomials of degree $a + 2\mu - 4$ and satisfy the functional equation

$$P(\chi, U) = \frac{g(\chi)}{g(\bar{\chi})}\, \chi(A)\, U^{a+2\mu-4}\, P'(\bar{\chi}, U^{-1}).$$

12. The analogy with the classical case [cf. my note in Math. Ann. **168**, 149—156 (1967)] suggests the following problem. Let the coefficients $c(n, Q)$ be given; assume that $c(n, \alpha Q) = c(n, Q)$ for all n, Q and $\alpha \in \mathbf{F}^{\times}$, $c(n, 0) = 0$ for all n, and $c(n, Q) = 0$ for $Q \neq 0$ and $n + \deg(Q) \leq -2$. Define $P(U)$ as in no. 9, and $P(\chi, U)$ as in no. 11. Define φ on B_1 by

$$\varphi(n, y) = \sum_{Q} c(n, Q)\psi(Qy);$$

then, as we have seen in no. 7, φ is right-invariant under $B_1 \cap \mathfrak{K}\mathfrak{Z}$, and we can extend it to a function f on G, right-invariant under $\mathfrak{K}\mathfrak{Z}$. Similarly, let coefficients $c'(n, Q)$ be given, satisfying the same conditions as above; from these, derive power-series $P'(U)$, $P'(\chi, U)$ and functions φ', f' in the same manner. Now we ask: if P, P' and (for all primitive characters χ whose conductor M is prime to a fixed multiple B of A) the series $P(\chi, U)$, $P'(\bar{\chi}, U)$ satisfy the functional equations obtained in nos. 10—11, does it follow that f, f' are left-invariant under Γ_A and that $f'(g) = f\left(\begin{pmatrix} 0 & 1 \\ A & 0 \end{pmatrix} \cdot g\right)$?

The answer is affirmative, at any rate, if one adds the assumption that the coefficients $c(n, Q)$ are eulerian at almost all places of k; this is a special case of a more general result, valid for any number-field or function-field k. Perhaps, as the analogy with the classical case seems to suggest (cf. loc. cit.), it might be more appropriate to assume the eulerian property merely at ∞; perhaps even this could be dropped. As to these questions, I shall refrain from the temptation of offering "conjectures", which, in the absence of any evidence, would be mere guesswork; a more thorough investigation is clearly needed.

[1971a] Automorphic forms and Dirichlet series (Avertissement)

Invité par la <u>Scuola Normale Superiore</u> de Pise à y faire un cours
au printemps de 1969 dans le cadre des <u>Lezioni Fermiane</u>, j'y exposai
la théorie dont j'avais déjà brièvement indiqué les résultats à Bombay au
colloque de janvier 1968 (<u>Bombay Colloquium on Algebraic Geometry</u>,
T. I. F. R. , Bombay 1968, pp. 409-426). Le but final en était d'étendre
à tous les corps de nombres et de fonctions ("A-corps" ou "corps
globaux") les résultats classiques de Hecke sur les transformées de
Mellin des séries de Dirichlet, et plus particulièrement le complément
que j'y avais apporté dans une note de 1967 (Math. Ann. 168, pp. 149-156).

A Pise, il avait été question de publier ce cours tel qu'il avait été
fait, en italien. Mais j'en repris le sujet à Princeton en 1969-70, et une
rédaction provisoire en fut alors préparée par T. Miyake et H. Naganuma.
C'est en substance cette rédaction qu'on trouvera ici, quelque peu
remaniée et complétée par l'adjonction des Chapitres VIII et XI. Il n'est
que juste néanmoins qu'elle paraisse dans le cadre des <u>Lezioni Fermiane</u>,
puisque c'est à ce titre que j'eus l'occasion de traiter ce sujet avec
quelque détail pour la première fois. Je suis heureux d'adresser ici mes
remerciments chaleureux, avant tout à mes collègues de Pise, et tout
particulièrement à E. Vesentini, pour leur invitation et la cordialité de
leur accueil, et également à T. Miyake et H. Naganuma pour leur
collaboration et le soin intelligent apporté à la rédaction de leurs notes.

Comme je l'indiquais déjà dans ma conférence de Bombay, les
recherches exposées ici ne font guère, à bien des égards, que doubler
une partie de celles de H. Jacquet et R. Langlands, qui forment le
contenu de leur monumental ouvrage <u>Automorphic Forms on</u> GL(2),
2 lb. 3 oz. , Lecture-Notes No. 114, Springer 1970. Aussi jugera-t-on
peut-être que leur publication rendait celle-ci superflue, et cela d'autant
plus que leur point de vue (celui de la théorie des représentations) va

iv

sans doute plus au fond des choses que le mien, qui est essentiellement
élémentaire. Mais c'est justement en raison de cette différence de
points de vue, dans un domaine où le dernier mot ne sera sûrement pas
prononcé d'ici longtemps, que je n'ai pas cru tout à fait inutile de
mettre mes démonstrations à la disposition du public. Quant aux
"priorités" (s'il est quelqu'un qui s'y intéresse), il suffira de dire que
Jacquet et Langlands m'ont constamment tenu au courant de leur
travail, et qu'en plus d'emprunts purs et simples (par exemple tout ce
qui concerne l'"équation fonctionnelle locale" pour GL(2, $\mathbf{R}$) et GL(2, $\mathbb{C}$)),
je n'ai pu manquer, consciemment ou non, d'en subir l'influence en
mainte occasion. Faute d'être en état de rien dire de plus précis, je
dois me contenter de leur exprimer ma reconnaissance, et de renvoyer
à leur ouvrage (qu'on complètera utilement par R. Godement, <u>Notes on
Jacquet-Langlands</u>, I.A.S. 1970) le lecteur désireux de comparer leurs
résultats et les miens.

Enfin, c'est un agréable devoir pour moi de remercier Miss
Margaret Murray à qui est due la dactylographie du présent volume et
qui s'est acquittée de cette tâche parfois épineuse avec sa conscience
coutumière.

Princeton, le 26 novembre 1970.

[1971b] Notice biographique de J. Delsarte

Jean DELSARTE est né le 19 octobre 1903 à Fourmies (Nord), petite ville de Thiérache d'où la famille de sa mère tirait ses origines ; celle de son père provenait de Solesmes en Cambrésis. De part et d'autre, il semble que la lente ascension de la famille ait été liée à l'implantation de l'industrie textile dans ce coin de France rurale au climat sévère. Le père de Jean Delsarte, lui-même homme de valeur, fils d'un contremaître de tissage, était sorti de l'Ecole des Arts et Métiers de Châlons-sur-Marne ; en 1903, il était professeur de tissage et filature à l'école pratique de Fourmies ; revenu par la suite au métier d'ingénieur, il devait terminer sa carrière comme directeur d'usines de la S.F.R.F. (''Société des Filatures de la Région de Fourmies''). La tradition familiale le décrit comme un homme d'un tempérament vif, attaché à son autorité, mais foncièrement bon, gai, courageux et connu pour sa probité inflexible. Ses activités en pays envahi, pendant la guerre de 1914-1918, lui valurent de la part des Allemands un an de forteresse suivi de seize mois de travail forcé. Dans la ligne maternelle de Delsarte, on retrouve des propriétaires terriens ; le grand'père était acheteur de laines aux foires de Londres, pour une entreprise locale. Les deux familles étaient catholiques ; Delsarte devait demeurer fidèle à sa foi religieuse, qui s'alliait en lui à une rare ouverture d'esprit, et l'on est en droit de dire qu'elle tint une place importante dans son système de pensée et son comportement. Il fut l'aîné d'une famille de trois enfants.

A cette époque, dans un tel milieu, il était naturel qu'un enfant bien doué reçût une éducation classique avant de choisir une ''carrière''. Delsarte fit donc sa sixième classique, au Collège Saint-Pierre de Fourmies, en 1913-1914. Mais, dès le début de la guerre, sa famille, comme bien d'autres dans le Nord, se trouve disloquée. La mère et les enfants sont réfugiés en Seine-Inférieure, réduits à de maigres ressources tandis que le père est resté en pays occupé. Delsarte fait sa rentrée à l'école communale du Tréport, puis achève l'année scolaire dans une école primaire à Paris. En mai 1915 il passe le concours des bourses ; c'est comme boursier qu'il peut, en octobre 1915, reprendre ses études secondaires au Lycée Corneille à Rouen, mais comme interne cette fois, et en section

−17−

"moderne" à cause de l'interruption subie dans l'apprentissage du latin. Il eût dû y gagner la connaissance de l'anglais en même temps que celle de l'allemand ; en fait, il ne semble pas en avoir tiré grand profit, ce qui le gêna même quelque peu lorsqu'à partir de 1947 il commença à prendre goût aux voyages lointains.

L'internat est toujours une épreuve pénible pour un enfant habitué à être choyé au sein de sa famille ; il l'était d'autant plus, en temps de guerre, que les rations alimentaires étaient parcimonieusement mesurées ; Delsarte n'avait pas pour les compléter les ressources que ses condisciples normands trouvaient dans leurs familles toutes proches. Il n'en acheva pas moins brillamment ses études au lycée de Rouen, où ses succès scolaires ont laissé des souvenirs. Bachelier en 1921, il passe directement en "taupe" et est reçu normalien de la rue d'Ulm en 1922 (exploit qui ne serait guère possible aujourd'hui, semble-t-il, et qui alors même n'était pas fréquent). Dès lors sa voie était toute tracée, car, sur sa vocation de mathématicien, il ne paraît pas qu'il ait jamais eu le moindre doute.

En fait, c'est de cette promotion normalienne de 1922 et des suivantes qu'on peut dater le renouveau des études mathématiques en France, durement touchées par la guerre de 1914-1918. Qu'il suffise de citer, pour la promotion de 1922, Delsarte et l'auteur de cette notice ; pour celle de 1923, Cartan, Coulomb (passé plus tard à la géophysique), Dubreil, de Possel ; en 1924, Brelot, Dieudonné, Ehresmann ; en 1925, Herbrand, trop tôt disparu ; en 1926, Chevalley et Leray. Les jeunes gens d'aujourd'hui, saturés qu'ils sont de séminaires de toute sorte, imagineront difficilement combien, en ces temps reculés, leurs aînés furent livrés à eux-mêmes. De "séminaire", il n'y en avait qu'un ; il est vrai que c'était celui d'Hadamard, consacré à des analyses de travaux récents en tout domaine ; y prenaient part, dans une atmosphère de parfaite égalité exceptionnelle à cette époque, normaliens et mathématiciens "arrivés", rivalisant de zèle pour ces exposés où Hadamard ne manquait jamais d'intervenir avec sa vivacité incomparable. Mais, hors de là, l'inspiration faisait défaut. Lebesgue, au Collège de France, consacrait ses cours à l' "Analysis Situs", c'est-à-dire à une topologie combinatoire qui en était restée aux premiers travaux de Poincaré. Vessiot occupait la chaire de "théorie des transformations", sur laquelle Elie Cartan ne se serait donc pas permis d'empiéter, de sorte qu'il se cantonnait dans des sujets ternes, ou qui du moins paraissaient tels faute d'en saisir le contexte. L'enthousiasme de Julia aurait pu être contagieux s'il n'eût pas été par trop visible que la théorie des fonctions "de papa" était moribonde. Bref, c'est surtout au contact les uns des autres que ces jeunes gens pouvaient s'instruire, chacun faisant profiter ses camarades de ses lectures au cours d'interminables conversations.

Sortis de l'Ecole, les plus entreprenants s'avisèrent d'aller chercher à l'étranger ce dont ils avaient confusément senti le manque à Paris. Delsarte cependant ne choisit pas cette voie. Ayant, comme il convient, passé l'agrégation et accompli son service militaire, il devint pensionnaire de la Fondation Thiers en 1926. Il n'y avait pas alors de C.N.R.S. ; les bourses étaient rares et maigres. Il avait fallu un exceptionnel esprit de clairvoyance et de générosité pour créer en 1893 cette fondation, destinée à accueillir pour trois ans, et à libérer de tout souci matériel, quelques jeunes gens désireux de consacrer ce temps au "travail personnel" (comme on disait alors), c'est-à-dire à la recherche (comme la mode veut qu'on dise aujourd'hui). Delsarte y noua des relations d'amitié avec des littéraires et des juristes, Jean Guitton, Henri Puech (tous deux normaliens comme lui), René Poirier, Marcel Waline. Il y rédigea sa thèse de doctorat, ainsi que le premier au moins des mémoires qui y firent suite. Il n'y resta d'ailleurs qu'un an ; dès 1927, profitant d'une occasion que ses maîtres Goursat et Villat lui recommandèrent de ne pas laisser perdre, il fut nommé chargé de cours à la Faculté des Sciences de Nancy. C'est là que devait se dérouler toute sa carrière.

En 1929, il épouse une amie d'enfance, Mlle Thérèse Sutter ; deux filles leur naissent, Chantal en 1931, Micheline en 1932. En 1931, la famille s'établit dans cet appartement de la rue de l'Oratoire où tant d'amis du ménage s'habituèrent à trouver en toute circonstance l'accueil le plus chaleureux et dont ils gardent le durable souvenir. Jusqu'à la guerre, c'est le calme d'un bonheur sans histoire ; les plus beaux peut-être des travaux de Delsarte datent de cette période. La tentation sorbonnarde était sans prise sur lui. Ce n'est pas tant la modestie qui l'en préservait ; modeste, il l'était, à l'excès même sans doute, mais pas assez pour ne pas se savoir supérieur à nombre de collègues que la Sorbonne attirait invinciblement et qui y sont parvenus. Décidé une fois pour toutes à rester à Nancy, il mit, lui, toute son ambition à en faire un foyer de mathématique active.

Un premier pas fut fait quand des relations de bon voisinage commencèrent à s'établir entre Nancy et Strasbourg où enseignaient ses amis Henri Cartan et André Weil, l'un depuis 1931, l'autre à partir de 1933. Peu à peu on en vint à des rencontres régulières, alternant entre l'une et l'autre ville, et à la création d'une "branche de l'Est" de la Société Mathématique de France, dont les réunions attirèrent même des mathématiciens étrangers. D'autre part, une série de nominations où l'influence de Delsarte fut de plus en plus décisive vint renforcer beaucoup la mathématique nancéenne ; c'est ainsi que Dubreil, puis Leray et Dieudonné y furent appelés. Surtout, à partir de 1934, Delsarte joua un rôle de premier plan dans la formation de l'équipe des collaborateurs de Nicolas Bourbaki.

A ses débuts, cette entreprise, rendue possible avant tout par les liens de camaraderie et de mutuelle estime qui s'étaient formés dès l'Ecole Normale entre ses participants, s'était fixé des buts en quelque sorte pédagogiques. Pour ces jeunes maîtres de conférences, chargés tous à peu près des mêmes enseignements, il s'agissait d'en rénover et d'en fixer les principes dans un ouvrage qui pût se substituer aux Cours d'Analyse classiques et plus particulièrement à celui de Goursat, si longtemps base des cours de licence. Dans des déjeuners périodiques en un restaurant du quartier latin, l'on commença à discuter d'un plan d'ensemble, à répartir des chapitres. L'été suivant se tint pendant deux semaines, dans le Puy-de-Dôme, le premier de ces congrès où allaient pendant tant d'années (sans subvention d'aucun organisme civil ou militaire) se retrouver, dans une intimité quotidienne et une ardeur sans bornes, les collaborateurs de Nicolas Bourbaki. Bientôt ils s'aperçurent qu'avant de refondre les bases de leur enseignement ils ne pouvaient se dispenser de refondre celles des mathématiques, et que c'était là une tâche de plus longue haleine qu'ils n'avaient cru ; si quelques-uns alors se détachèrent du groupe, le zèle de la plupart d'entre eux n'en fut point du tout ralenti. Il est remarquable en particulier que Delsarte, malgré sa prédilection et son talent extraordinaire pour les calculs longs et difficiles dans le style des grands analystes d'autrefois, n'ait jamais cessé, tant que dura sa collaboration à ces travaux, d'y consacrer, utilement toujours, une part notable de son temps et de ses efforts. De plus, lorsqu'un minimum d'organisation et un secrétariat permanent devinrent indispensables, ce fut tout naturellement chez lui, devenu titulaire d'une chaire, que s'établit ce centre.

Ici se place un épisode qu'il convient de relater avec quelque détail. Depuis longtemps, un certain groupe de membres de l'Institut détenait la plupart des leviers de commande de la vie scientifique en France. Que dans une large mesure ils aient cru de bonne foi servir les intérêts de la science (ou, comme ils l'écrivaient avec prédilection, de la Science avec une majuscule), on ne saurait guère le mettre en doute. Que chez eux le zèle scientifique et l'appétit de domination se soient mêlés au point de n'être pas toujours aisément discernables, c'était humain assurément. Au centre de ce groupe se trouvait Jean Perrin, personnalité puissante et fougueuse, créateur du C.N.R.S. et premier sous-secrétaire d'Etat à la Recherche Scientifique. Il était donc souverain dispensateur des ressources d'un budget important, affecté pour la première fois à la recherche en France. Cela ne lui suffit pas ; il imagina un système de récompenses, à la fois honorifiques et pécuniaires, échelonnées depuis de modestes médaillettes jusqu'à la grande Médaille d'Or de 250 000 francs. Le décret qui les instituait, signé du ministre Jean Zay, parut dans l'été de 1937, alors que les collaborateurs de Bourbaki étaient réunis en congrès.

Pour qui connaît le comportement de l'universitaire moyen en face d'un appât de ce genre, il ne pouvait en résulter qu'un surcroît de mesquinerie et d'intrigues dans un système qui était déjà loin d'en être exempt ; Delsarte le comprit aussitôt. D'autres que lui et ses amis auraient peutêtre simplement haussé les épaules. Pour eux, la question fut bien plutôt de chercher comment faire opposition au décret. Celui-ci n'était pas immédiatement exécutable, faute de crédits au budget ; c'était là son point faible. Delsarte et ses amis s'occupèrent de recueillir dans les Facultés des signatures pour une pétition à soumettre au ministre. Grâce à des correspondants recrutés un peu partout, on en obtint environ 400, que Delsarte, avec un autre mathématicien, un physicien et un indianiste, alla porter personnellement à Jean Zay, qui n'en eut cure. Les esprits s'échauffaient. Tel jeune assistant, qui avait osé signer la pétition, fut l'objet de menaces précises. De son côté, Delsarte faisait imprimer à Nancy un pamphlet satirique, "Le Jeu de l'Oie", œuvre d'un camarade physicien, dont les exemplaires sont à présent fort recherchés des bibliophiles. Finalement, c'est au vote du budget par le Parlement que se joua la partie. Au cours des dernières navettes entre la Chambre et le Sénat, dans la nuit du 31 décembre au 1er janvier, alors que l'horloge, suivant la coutume de ce temps, avait été arrêtée à minuit (pour préserver la fiction du vote avant la fin de 1937), Jean Perrin défendit son projet jusqu'au petit matin à la Chambre, tandis qu'au Sénat le célèbre Joseph Caillaux, toujours à l'affût d'économies, retranchait les 2 millions des médailles chaque fois qu'il les voyait reparaître. Le lendemain, tous les parlementaires étaient partis en vacances ; peu d'entre eux sans doute auraient su dire ce qui était advenu de deux pauvres millions perdus dans un coin obscur du budget. Un contact officieux, pris avec une proche collaboratrice de Jean Perrin, montra seulement qu'on ne savait rien de part ni d'autre. En fait Delsarte et ses amis avaient gagné ; mais il fallut un épluchage minutieux du *Journal Officiel,* quand celui-ci parut huit ou dix jours plus tard, pour leur en donner la certitude.

Ainsi se termina, pour lors, la "guerre des médailles". Si nous nous y sommes un peu attardés, c'est d'abord que Delsarte lui-même a toujours montré quelque satisfaction à en rappeler les péripéties. C'est aussi qu'elle illustre bien son inflexible droiture chaque fois qu'un choix s'offrait entre l'attachement aux principes et un acquiescement complaisant. Mais surtout ces débats l'amenèrent à se poser dans toute son ampleur le problème des relations entre l'enseignement et la recherche, puis à réfléchir à la structure de l'Université, à son histoire, à ses vices de fonctionnement, à une éventuelle réforme. Ces réflexions se firent jour dans une série d'articles publiés dans la *Revue Scientifique* en 1939.

Ces importants articles auraient-ils eu le retentissement qu'ils méritaient, s'ils avaient paru à un moment plus propice ? Il serait exagérément optimiste de l'affirmer ; Delsarte lui-même avait pris la précaution

de mettre en épigraphe au dernier article (celui où il proposait des réformes) la devise classique : "Point n'est besoin d'espérer pour entreprendre..." Mais c'est avec de bien autres préoccupations qu'en septembre
1939 il se retrouva sous l'uniforme de capitaine, commandant d'une batterie de repérage par le son. "Il avait le souci de tout ce qui concernait la
vie de sa batterie", a écrit l'un de ceux qui furent lieutenants sous ses
ordres, "choix des positions, construction des abris, jusqu'aux détails
culinaires". Le 19 février 1940, il écrivait à un ami : "Peux-tu travailler ?
Tu dois manquer de livres. Je suis à peu près aussi dépourvu que toi. Toutes
mes paperasses sont à Nancy ; ma femme est à Poitiers, et je moisis dans
un bled alsacien. Activité militaire nulle ; activité mathématique nulle ;
papiers, notes, rapports sans nombre. Le terrible est que cette situation
peut durer quasi-indéfiniment. Bourbaki est agonisant..."

Comme chacun sait, cette situation ne se prolongea pas indéfiniment.
"...longue retraite", continue la notice citée plus haut, "qui devait nous
conduire de l'Alsace au Languedoc, à travers le Jura et les Alpes. Le sang-
froid (de Delsarte), son esprit de décision, la confiance qu'il inspirait purent
maintenir l'unité de la batterie au cours des situations les plus difficiles..."
En fait, il réussit l'exploit presque unique de la ramener intacte, avec ses
camions et son matériel, jusqu'à Nîmes où il la fit et se fit démobiliser.
Il contait que dans le Jura, longeant la frontière suisse, il fut frappé d'entendre dire à l'un de ses hommes : "Nous sommes l'armée de Bourbaki".
Autre anecdote caractéristique de l'époque : démobilisé, il voulut, fonctionnaire consciencieux, solliciter les instructions du directeur de l'enseignement supérieur. Les bureaux du ministère étaient réfugiés à Toulouse.
Delsarte sut que le fonctionnaire en question, personnage redouté dont
le nom faisait trembler les recteurs, avait établi ses assises dans une école
communale de quartier. Toujours en uniforme (ses vêtements civils étant
hors de portée), il entre et aperçoit à une table, dans le préau, un indi-
vidu d'assez triste apparence, qu'il prend pour un huissier ; du ton brusque
dont il était coutumier, il demande "Monsieur le Directeur, s'il vous
plaît" et s'entend répondre humblement "C'est moi, mon Capitaine..."
Finalement, comme Nancy se trouvait en "zone interdite" et que Fa-
vard, professeur à Grenoble, était prisonnier, il lui fut prescrit de suppléer
celui-ci, ce qu'il fit en 1940-41. Mais cette situation ambiguë ne tarda
pas à lui peser. Examinateur d'entrée à l'Ecole Normale, il avait les laissez-
passer voulus pour aller à Paris ; il en profita, en juillet 1941, pour se rendre
en reconnaissance clandestine à Nancy, et décida aussitôt de réintégrer sa
Faculté et son appartement dès la rentrée, en dépit des ordres officiels.
Lui d'une part, sa famille de l'autre, repassèrent donc en zone interdite
en septembre 1941, non sans menus incidents avec des sentinelles alle-
mandes heureusement peu rusées. C'est ainsi que Delsarte put reprendre
à Nancy ses cours, ses travaux et ses réflexions sur l'enseignement, et les

poursuivre au milieu des privations de la guerre et de l'immédiate après-guerre.

A ces privations, du reste, il y avait parfois des compensations, et l'on parle encore d'un certain congrès Bourbaki qui se tint en Bretagne avec une participation bien réduite, en un hôtel où la chère était restée savoureuse et surtout abondante ; les travaux de ce congrès furent particulièrement fructueux, et l'on réussit même à en faire parvenir le compte-rendu détaillé, par l'intermédiaire du courrier clandestin gaulliste, jusqu'aux collègues qui formaient alors la branche américaine.

C'est à la même époque, à partir de la fin de 1942, que Delsarte constitua, un peu à l'image de Bourbaki, un groupe de travail sur la réforme des études scientifiques en France, qui n'était pas exclusivement universitaire, et dont le rapport général, rédigé par Delsarte, parut au début de 1944. De bons esprits croyaient alors que la libération rendrait tout possible, y compris un assainissement de la vie française et un renouvellement des institutions, et qu'il n'était pas vain de s'y préparer. On sait ce qu'il en advint. Pour "réformer l'enseignement", la IVe République constitua la commission Langevin-Wallon, dont Delsarte fit partie ; il en revint passablement écœuré de voir qu'on s'y enlisait dans les slogans et le verbalisme au lieu d'aborder les vrais problèmes, qui selon lui étaient d'ordre technique. Il fut chagriné aussi de voir Langevin, pour qui sa génération avait eu beaucoup de respect, résigné à la situation de suiveur inconditionnel d'un parti politique totalitaire ; il citait à cet égard des anecdotes caractéristiques. A la suite de cette expérience, il semble que Delsarte se soit désormais désintéressé de ces problèmes auxquels il aurait pu apporter une si utile contribution si le terrain s'y fût mieux prêté.

En fait, ce sentiment d'étouffement et d'impuissance qui accablait alors toute l'Europe, ne tarda pas à éveiller, chez les scientifiques en particulier, un salutaire désir d'évasion et un appétit de voyages qu'il fut heureusement assez aisé de satisfaire ; car l'Amérique, forte de ses immenses ressources et désireuse de son côté de renouer les contacts interrompus, distribuait généreusement les invitations. Ainsi Delsarte, qu'autrefois ses amis taquinaient sur son tempérament un peu casanier, accepta volontiers une invitation à Princeton, à l'Institute for Advanced Study, où il séjourna de janvier à mai 1947. L'année suivante, ce fut un premier séjour au Bresil, à la Faculté de São Paulo où ses amis André Weil et Dieudonné l'avaient précédé, et où il retourna quatre années de suite, pour quatre mois chaque fois ; il n'avait pas à interrompre pour cela ses cours de Nancy, puisque l'été français est l'hiver brésilien. D'ailleurs il n'aurait pu quitter Nancy pour longtemps, car en 1945 il avait assumé la lourde charge du décanat, qu'il abandonna en 1949 lorsqu'il crut voir qu'un autre pouvait y servir plus utilement. Toujours au service de sa Faculté, il avait accepté de bonne grâce aussi la corvée traditionnelle du "cours public", à laquelle d'ordinaire les mathématiciens échappent aisément. Une certaine année, il choisit pour sujet l'astrologie, termina sur un horoscope du général de Gaulle (sur l'heure de naissance duquel il avait réussi à se procurer des renseignements précis), et, par l'application rigoureuse, affirmait-il, des règles traditionnelles, il lut dans les astres ce verdict : "orgueilleux et usurpateur".

Cependant, il avait pris goût aux voyages. Parmi les universités dont il accepta les invitations par la suite, citons (sans chercher à en épuiser la liste) Mexico en 1952 et en 1960, College Park en 1957, Bombay en 1959. Cela ne l'empêcha pas de donner une impulsion vigoureuse au département de mathématique de Nancy, et d'abord par son enseignement ; comme autrefois Emile Picard à Paris, il estimait en effet que le professeur d'analyse supérieure se doit de renouveler chaque année son sujet de cours et de présenter aux étudiants le panorama le plus étendu possible des branches des mathématiques à leur portée ; c'est ce qu'il fit avec conscience, au détriment peut-être de ses propres travaux. Désireux surtout de mettre en place une équipe solide, il réussit à grouper à Nancy, autour de lui-même et de Dieudonné, quelques-uns des meilleurs représentants de la jeune école française, à commencer par Laurent Schwartz et bientôt Godement. De tels noms ne pouvaient manquer d'attirer visiteurs et étudiants étrangers ; un premier colloque international fut organisé à Nancy dès 1947 sous les auspices du C.N.R.S. et avec le concours financier de la Fondation Rockefeller ; on y vit le célèbre et pittoresque Norbert Wiener. En même temps, n'espérant plus obtenir par la voie d'une réforme devenue chimérique une répartition plus raisonnable des meilleurs étudiants entre Paris et la province, Delsarte s'avisa que rien, dans le réglement de l'Ecole Normale, n'interdisait aux normaliens de passer une de leurs années d'école hors de Paris ; en certaines branches comme les langues modernes, c'est même la pratique courante. Grâce à des complicités parisiennes. il réussit ainsi pendant plusieurs années, quasi-clandestinement, à se faire envoyer quelques-uns des meilleurs parmi les "carrés" normaliens. Pour son département, il se proposa d'obtenir toute l'autonomie compatible avec la réglementation de l'époque ; la notion même de département n'était guère courante, et, pour en assurer l'existence, il fallut en rebaptiser une fraction sous le nom d'"institut Elie Cartan" et frapper à la porte du C.N.R.S. Témoignage visible de son succès, Delsarte put organiser à Nancy en 1956 un second colloque international, où il fit lui-même une très importante communication.

Sur ce succès, dont il n'avait jamais ignoré la fragilité, Delsarte ne se faisait pas d'illusion. Dans son rapport de 1944, il est vrai, il avait cru pouvoir prédire qu'après d'opportunes réformes l'esprit d'équipe et l'esprit de désintéressement seraient assez forts pour contrecarrer efficacement l'attraction de Paris. Mais les réformes n'avaient même pas été amorcées, et les collègues de Delsarte le quittaient l'un après l'autre. Pour maintenir les apparences, il en vint à transiger avec le principe de la résidence à Nancy, contrairement à ses convictions déclarées. Il eut du moins la chance de conserver auprès de lui, pendant huit ans, J.L. Lions, avec lequel s'établit une très fructueuse collaboration qui lui permit de reprendre et de développer quelques-unes de ses plus belles idées d'avant-guerre. "Ce qui me revient avant tout en mémoire", a dit Lions au sujet de cette collaboration[1] , "c'est, je crois, son extraordinaire habileté de calcul... C'est ensuite son incroyable enthousiasme... Aussitôt un calcul terminé, il arrivait chez moi en taxi, pour en discuter tout de suite...".

Mais dès lors Nancy, en tant que centre mathématique de renom international, touchait à sa fin, et Delsarte ne pouvait se le dissimuler plus longtemps, De plus, un premier et sérieux accident oculaire, un décollement de la rétine, survenu en 1960, n'avait pas peu contribué à son découragement. Aussi accepta-t-il, non sans hésitation d'abord, mais bientôt avec tout le zèle et l'enthousiasme d'une jeunesse retrouvée, l'idée de se dépayser en allant diriger à Tokyo, à partir de 1962, la Maison Franco-Japonaise. L'usage jusque là n'était guère de confier ce poste à un scientifique. La Maison, autrefois inaugurée par un indianiste illustre, avait été considérée surtout comme foyer d'études orientales et comme point d'attache commode pour les conférenciers envoyés de Paris. Du temps de sa fondation, d'ailleurs, les sciences au Japon étaient bien loin du haut degré de développement qu'on leur a connu depuis. Delsarte ne tarda pas à se convaincre que le moment était venu de tirer les conséquences de cette évolution et d'utiliser systématiquement la Maison afin de développer les relations scientifiques entre le Japon et la France pour le plus grand profit mutuel des deux pays. En cette tâche, où il eut la chance d'être pleinement appuyé par un ambassadeur de France, E. Dennery, lui-même d'origine universitaire et normalienne, tous les témoignages concordent à indiquer qu'il réussit brillamment.

En même temps, il ne fut pas sans ressentir profondément l'influence d'un système de pensée et d'un système de valeurs si différents de ceux auxquels il était accoutumé. L. Schwartz, que Delsarte fit inviter au Japon et qui séjourna un mois chez lui, s'exprime ainsi : "Pour Delsarte, homme essentiellement formé par la civilisation chrétienne et européenne, la rencontre avec la civilisation japonaise a été fondamentale (le mot est de lui); il m'a dit avoir trouvé ici des valeurs spirituelles nouvelles..."

----

(1) Cette citation, comme plus loin celle de L. Schwartz, est extraite d'une allocution prononcée à Tokyo le 2 avril 1969 lors d'une touchante cérémonie à la mémoire de Delsarte, sous la présidence de M. de Guiringaud, ambassadeur de France. Y prirent la parole également MM. Dollander, S. Iyanaga, H. Cartan et Marc Dupuis.

Est-il besoin de dire qu'il avait compté aussi poursuivre ses travaux personnels au Japon, et profiter de l'excellent milieu mathématique qu'il savait devoir y trouver ? Par malheur, dès 1963, l'état de ses yeux s'aggrava beaucoup. Un second décollement de la rétine rendit nécessaire une nouvelle intervention. Celle-ci avait réussi, au point qu'il crut pouvoir sans imprudence céder à son désir d'explorer le Japon ; mais bientôt, après une rechute, il dut redescendre, dans les souffrances qu'on imagine, la célèbre route en lacets du lac Chuzenji pour se faire transporter une fois de plus à l'hôpital. Finalement, après deux opérations encore, et un long séjour en clinique (pendant lequel sa femme le suppléa courageusement à la direction de la Maison Franco-Japonaise), il resta avec une vision très réduite, écrivant péniblement, lisant plus péniblement encore. Il n'envisageait pas sans appréhension, dans ces conditions, le moment où il lui faudrait reprendre son service à Nancy ; ce sentiment, joint à la certitude d'être utile à Tokyo et aux solides amitiés dont il s'y trouvait entouré, dut contribuer à lui faire accepter de prolonger d'un an son séjour, au delà des deux années réglementaires. Arrivé en 1962, il y resta ainsi jusqu'en 1965.

C'est à partir de cette époque que ses amis prirent l'habitude de recevoir de lui ces lettres dactylographiées, signées à gros traits et suivies de la mention "Lettre dictée et non relue", où les discussions mathématiques se mêlaient tout comme autrefois aux réflexions personnelles et aux menues nouvelles courantes. L'une de ces lettres mérite d'être citée presque en entier ; elle est datée de Nancy, le 18 novembre 1965.

"Nous sommes rentrés (du Japon) le 25 septembre. J'ai pu passer par la Chine, puis par Irkoutsk et Moscou. J'ai eu la chance de recevoir une invitation officielle de l'Academia Sinica. Je pense que je dois cela à une coïncidence favorable : après 18 mois de silence, les autorités chinoises ont brusquement décidé de signer l'accord culturel. J'ai, en somme, servi de cobaye !

"Dans ces conditions, mon voyage en Chine a été très agréable ; il a duré dix jours et ne m'a pas coûté un sou. J'ai été très bien reçu, moyennant les inconvénients du système, à savoir compagnie permanente (sauf la nuit) d'un interprète et de deux ou trois autres personnes. L'interprète était parfait et ne m'a soumis à aucune propagande. J'ai fait les promenades classiques à Pékin : cité interdite, jardins impériaux, commune populaire, usines métallurgiques, grande muraille, etc. : j'ai visité aussi Canton et Wuhan. J'ai fait des mathématiques, tant à Wuhan à l'Université qu'à Pékin dans les institutions académiques ; en tout six conférences. Il est très difficile de donner une opinion sur les mathématiciens chinois, car on ne peut avoir avec aucun d'eux la moindre conversation privée. Tout est collégial. A la fin de ma première conférence, j'ai demandé si quelqu'un désirait des explications complémentaires ; on m'a renvoyé au lendemain et on est arrivé avec une feuille de questions, du reste pertinentes, mais anonymes. De même ensuite. On m'a aussi posé un beau jour un assez grand nombre de questions sur mes papiers depuis 1934 ; rien n'était oublié ; les questions étaient fort raisonnables, et certaines m'ont embarrassé. Dans l'ensemble, tous ces gens m'ont paru fort spécialisés et bien au courant de leur spécialité ; certains ont été en France et parlent bien le français. . .

"Au point de vue général, je ne peux évidemment pas dire grand' chose. Les gens que j'ai vus, y compris les passants à Canton, Wuhan ou Pékin, paraissent bien nourris et sont habillés correctement. J'ai vu des magasins (genre grand magasin) paraissant assez bien garnis. Je n'ai jamais vu de mendiants. Naturellement, tout cela ne prouve pas grand'chose.

"La visite d'Irkoutsk a été agréable ; le Baïkal, à 50 km. de là, est dans un site splendide. Là, l'Intourist a bien fonctionné. L'hôtel est médiocre (moins bien qu'en Chine).

"Par contre, Moscou m'a déçu. Naturellement, la ville est assez belle, mais l'Intourist est complètement débordé, et l'organisation des visites et excursions est médiocre. . .

"Depuis mon retour, je me réadapte, non sans difficulté. La vie à Nancy est nettement moins agréable qu'à la Maison Franco-Japonaise. A cela s'ajoutent mes difficultés personnelles. La préparation des cours, en particulier, est très lente. Je ne lis presque pas ; j'écris peu, et suis obligé de me faire aider. J'arrive quand même à travailler, mais je mets finalement deux fois plus de temps pour faire deux fois moins d'ouvrage qu'autrefois. Ci-inclus un papier sur la généralisation de la formule de Poisson. Les formules (13) et (14) sont certainement très suggestives. . ."

Si du point de vue touristique il avait pu se dire déçu de son bref séjour à Moscou, il faut ajouter qu'il avait eu la satisfaction d'y faire la connaissance de B.M. Levitan, avec qui il correspondait de longue date, et dont l'œuvre mathématique, à bien des égards, prolonge la sienne ; celui-ci l'accueillit avec une cordialité dont Delsarte devait garder un souvenir ému.

La vie de Delsarte aurait dû s'écouler tranquille désormais, entre son département dont il tenait au moins à assurer le fonctionnement régulier, ses travaux qu'il n'entendait pas abandonner, et sa famille qui heureusement lui apportait des joies toujours renouvelées ; car elle s'était accrue de nombreux petits-enfants, et ses filles et ses gendres étaient établis tout près de lui à Nancy. Il avait besoin de calme, à vrai dire, car son cœur, depuis longtemps déjà, donnait des signes de fatigue. En revanche, des verres spéciaux, d'invention récente, promettaient de lui rendre à l'avenir le travail plus facile. C'est alors que survint le choc de mai 1968, auquel il ne devait pas résister.

Depuis longtemps, nous l'avons dit, il avait passionnément souhaité des réformes. Mais, si profondément novateur que fût dans son contenu essentiel son article de 1939, les principes directeurs qu'il y énonçait débutaient ainsi : "1° Tirer parti au maximum de ce qui existe ; 2° Supprimer le moins de choses possible. . .". C'est assez dire qu'ils étaient à l'antipode de ce que réclamèrent bruyamment les Cohn-Bendit de 1968. Qu'il fallût de toute nécessité instaurer le chaos, afin d'en faire sortir (peut-être) une société et par voie de conséquence une université nouvelles, cela passait l'entendement de Delsarte, et aussi (comme l'évènement ne tarda pas à le prouver) celui de la majorité des Français. L'avenir montrera si, dans la vie du pays, ces remous auront eu des conséquences plus profondes que de substituer un normalien à un militaire à la tête de l'Etat. Mais l'université, de nature essentiellement fragile, en sortit sérieusement ébranlée. Ebranlement salutaire, disent certains ; Delsarte, moins optimiste ou plus désabusé, n'en fut pas convaincu. Surtout il fut douloureusement affligé de tant de rancœurs, de démagogie facile, de préoccupations mesquines qui se firent jour à côté d'impulsions généreuses auxquelles sa sympathie restait acquise. "Avec les étudiants", confiait-il à un ami pendant l'été, "on arriverait à s'entendre ; avec les assistants, c'est plus difficile. . ." Il fallut bien assurer tant bien que mal la rentrée à l'automne 1968 ; il dut cacher aux siens qu'il avait pris sur lui un cours supplémentaire de mécanique pour lequel les bonnes volontés avaient fait défaut. Néanmoins il était plein de projets. Une lettre du 18 novembre le montre mettant sur pied un voyage au Japon pour la fin de 1969. Dans cette même lettre, il écrivait :

"Je pense, personnellement, que l'enseignement supérieur est démoli pour de nombreuses années. . . Au reste, les étudiants provinciaux scientifiques se sont montrés très raisonnables, Nous n'avons eu ici aucune difficulté [de ce côté]. Le danger véritable se trouve : 1° dans la sottise et la démagogie gouvernementales ; 2° dans la jalousie et la haine des cadres intermédiaires ; 3° dans l'énervement et la crainte (très justifiés) des jeunes professeurs. . ."

Mais il avait trop présumé de ses forces. Deux infarctus, coup sur coup, eurent raison de lui; le dernier suivit de peu une conversation avec son médecin sur le triste état où il voyait se débattre l'université française. Ainsi est mort Jean Delsarte, le 28 novembre 1968

A. WEIL

[1971c] L'œuvre mathématique de Delsarte

Sufro de aquel amigo que muriò
y que era como yo buen carpintero.
(Pablo Neruda)

Comme il a été indiqué dans la notice biographique, ce n'est guère auprès de leurs maîtres que Delsarte et ses camarades pouvaient trouver l'inspiration pour leurs premiers travaux. Quant à se faire "donner un sujet", l'idée n'en venait à personne, car la tradition française, saine à cet égard du moins, voulait que le débutant se trouvât lui-même un problème à son goût, le rôle des maîtres étant de donner des conseils parfois, mais surtout des encouragements. Ce fut donc un très grand mérite de la part de Delsarte, à peine sorti de l'Ecole Normale, d'avoir entrepris l'étude des groupes d'opérateurs linéaires dans l'espace de Hilbert. Malheureusement la question n'était pas mûre, et, pour l'aborder, Delsarte souffrait d'un lourd handicap. Il n'est jamais facile pour un jeune mathématicien de se dégager de l'influence du milieu où le hasard l'a placé ; quand l'orientation qu'il y trouve n'est pas la bonne, et que par surcroît il n'a pas su se familiariser de bonne heure avec les langues étrangères, la difficulté devient à peu près insurmontable. En ce qui concerne l'"espace fonctionnel", la tradition où puisait Delsarte accordait une importance excessive à l'équation de Fredholm. C'est donc exclusivement aux sous-groupes du "groupe de Fredholm" que Delsarte consacre ses premiers travaux ([1]-[14] et [22])([1]) ; il nomme ainsi, dans l'espace de Hilbert (réel) des fonctions de carré sommable dans [0 , 1], le groupe des opérateurs $f \rightarrow f + Tf$, où T est (comme on dirait aujourd'hui) un opérateur "de Hilbert-Schmidt", c'est-à-dire de la forme

$$(Tf)\,(x) = \int_0^1 K(x\,,y)\,f(y)\,dy$$

avec un noyau K de carré sommable dans [0 , 1] × [0 , 1]. En fait, Delsarte suppose même que les intégrales $\int_0^1 K^2 dx$, $\int_0^1 K^2 dy$ sont toutes deux

- - - - - - - - - - - - - - -

(1) Les numéros renvoient à la liste chronologique des travaux de Delsarte (pages 5-10) ; il est renvoyé aux inédits (pages 9-10) par In. 1,..., In. 11.

229

bornées dans $[0,1]$; cette hypothèse est introduite, en partie en raison d'une technique de l'intégration encore peu sûre, mais aussi pour garantir l'invariance, par les opérateurs en question, de notions dues à Gâteaux (suites "également" et "normalement" denses, "moyenne" d'une fonctionnelle, etc.) auxquelles, en France du moins, on attachait alors quelque importance. En premier lieu, Delsarte s'attaque aux opérateurs orthogonaux appartenant à ce "groupe de Fredholm", et, pour en déterminer les valeurs propres, introduit aussitôt la transformation de Cayley ([8], § 2) : idée brillante dont v. Neumann, plus heureusement placé, devait bientôt, indépendamment de Delsarte, tirer ie parti que l'on sait. Dans le même ordre d'idées, mais toujours dans le cadre trop étroit du "groupe de Fredholm", Delsarte en vient bientôt ([14]) à l'étude des sous-groupes de Lie de ce groupe, et d'abord des groupes à un paramètre et de leurs transformations infinitésimales ; il étend à ceux-ci, sans trop de peine, les résultats classiques, puis se pose à leur sujet des questions variées, qui témoignent de l'ingéniosité de son esprit, mais dont il ne semble pas qu'il y ait grand' chose à retenir, non plus que de ses observations sur les groupes à deux paramètres ; on notera seulement que c'était là une première tentative, bien prématurée, pour aborder l'étude des représentations d'un groupe résoluble dans l'espace de Hilbert.

Ces recherches prennent fin avec un fascicule du Mémorial ([22]), d'esprit déjà nettement plus moderne, paru en 1932 mais certainement écrit bien avant cette date ; on est surpris néanmoins que le nom de v. Neumann ne figure pas dans sa bibliographie. Sans doute Delsarte prit-il connaissance vers cette époque des travaux de celui-ci, du livre de Stone et surtout de celui de Banach, et comprit-il que dans cette voie il était largement dépassé. Aussi le voyons-nous se tourner aussitôt vers de tout autres problèmes.

Par tempérament, il s'était toujours intéressé aux questions de physique mathématique ; sans doute y avait-il en lui, si l'époque s'y fût mieux prêtée, l'étoffe des grands physico-mathématiciens du siècle précédent, d'un Fourier, d'un Poisson. En 1929 déjà il avait, sous l'influence de Villat, traité un problème de théorie des tourbillons ([15]-[16]), et fait voir aussi comment on peut aboutir à la théorie de Schrödinger, alors dans sa nouveauté, à partir de considérations très classiques ([18],[In. 1]). Dans les années qui suivent, il aborde, dans un esprit tout classique aussi, une question posée par la relativité. Il part d'une observation très simple : tous les ds^2 explicitement connus, solutions des équations d'Einstein (avec ou sans matière) sont d'un type particulier qu'il qualifie de "binaire" (et qu'on pourrait appeler "à variables partiellement séparées") :

$$ds^2 = \varphi(\xi)^2 \sum_{i,j} g_{ij}(x)\,dx^i dx^j + f(x)^2 \sum_{a,\beta} \gamma_{a\beta}(\xi)\,d\xi^a\,d\xi^\beta ,$$

où on a posé $x = (x^1, \ldots, x^p)$, $\xi = (\xi^1, \ldots, \xi^q)$. Cela posé, Delsarte n'hésite pas à rechercher *tous* les ds^2 de cette forme, solutions des équations d'Einstein ; il y parvient dans plusieurs cas importants ([24]-[29]), non sans retrouver au passage la solution de Friedmann et Lemaître. "Le problème se réduit", écrit-il à propos du cas le plus intéressant, "à l'intégration du système formé par ces deux équations [de Monge-Ampère]. Il est remarquable qu'on puisse obtenir des formules d'intégration complète avec des fonctions arbitraires. Les systèmes en question sont évidemment assez compliqués, et il ne paraît pas aisé d'expliquer pourquoi la méthode que nous allons indiquer réussit. . ." Là, comme plus tard dans le travail ([39]-[41]) sur la diffraction (qui, lui, aboutit à la solution d'équations intégro-différentielles), on demeure stupéfait de sa virtuosité au travers de calculs où l'on ne voit pas quelle intuition a pu le guider. La solution est suivie ([28], Chap. III) de la discussion qualitative des résultats obtenus dans le cas d'un ds^2 "à évolution sphérique" ; celle-ci fait apparaître des singularités, cavitations, fonctions multiformes, assez surprenantes du point de vue physique, mais dont le mathématicien ne saurait, sans sortir de son rôle, prétendre tirer des conclusions.

Ensuite s'ouvre pour Delsarte une période particulièrement active et féconde. Parmi les méthodes générales de développements en série hérités du XIXème siècle, le premier quart du XXème avait surtout retenu les développements en séries de fonctions orthogonales ; c'était là l'aboutissement naturel de l'œuvre de Lebesgue et de celle de Hilbert. Même les développements en séries d'exponentielles qui apparaissent dans la théorie de Bohr pouvaient être insérés dans le même cadre, comme H. Weyl le fit voir dans un travail célèbre. Cependant, dès ses premières recherches sur l'espace de Hilbert, Delsarte avait observé qu'on peut, dans cet espace même, utiliser des "coordonnées obliques" qui mettent en évidence des phénomènes nouveaux. Surtout, la pratique assidue de "Whittaker et Watson" ([1]), ainsi que du grand Traité de Watson sur les fonctions de Bessel, lui avait fait connaître des développements de type tout différent, et lui avait fait voir que, dans chaque cas, le formalisme préexiste à toute considération sur le mode de convergence de la série à étudier et conditionne celui-ci. C'est donc aux formalismes qui sont à la base de ces développements que Delsarte accordera en premier lieu son attention. D'une manière générale, il s'intéresse à tous les cas où on peut définir, dans un "espace fonctionnel" A, une suite de fonctions φ_i et de "fonctionnelles linéaires" L_i telles que toute fonction f appartenant à A soit déterminée d'une manière unique par le développement formel

$$f \sim S(f) = \sum_i L_i(f)\,\varphi_i$$

---

(1) Il s'agit naturellement du classique ouvrage : E.T. Whittaker and G.N. Watson, *A Course of Modern Analysis,* Cambridge 1927, volume qui, pendant une grande partie de la vie de Delsarte, ne quitta pas sa table de travail.

et que celui-ci converge vers f en un sens à préciser chaque fois. Evidemment une condition nécessaire pour cela est que les φ_i forment, en un sens convenable, un "système complet" dans A et qu'on ait les relations de "biorthogonalité" $L_i(\varphi_j) = \delta_{ij}$.

Un premier exemple important, découvert par Delsarte, est celui des fonctions "moyenne-périodiques" qu'il introduit ([30]-[33]) à partir de 1934. La théorie des fonctions presque périodiques avait fait une profonde impression lors de sa création par H. Bohr ; elle reposait évidemment sur la considération du groupe des translations de la droite (ou, ce qui revient au même, de sa transformation infinitésimale, $D = d/dx$) ; une tentative de généralisation aux groupes de Lie non commutatifs n'avait rien donné d'utile. Delsarte, sans quitter d'abord le groupe des translations de la droite, propose une généralisation d'un type tout différent. Soit K une fonction *à support compact* sur **R** ; une fonction f sera dite *moyenne-périodique* (de l'espèce définie par K) si l'on a, pour tout x :

$$(f * K)\,(x) = \int f(x - y)\,K(y)\,dy = 0 \; ;$$

naturellement, K, puis f, sont supposés tels que leur convolution $f * K$ ait un sens. On peut aussi, comme l'ont fait plus tard L. Schwartz, Kahane et Delsarte lui-même, remplacer K par une mesure ou même une distribution, mais toujours à support compact (cf. [63], qui contient une bibliographie de la question jusqu'en 1960). Le cas particulier des fonctions périodiques s'obtient, soit en prenant pour K la mesure égale à -1 en $x = 0$ et à $+1$ en $x = a$, soit (comme le fait Delsarte) en prenant $K = 1$ dans $[0\,,a]$ et $K = 0$ en dehors de cet intervalle ; avec ce dernier choix, $f * K = 0$ exprime que f est périodique de période a et de moyenne nulle, d'où sans doute le nom adopté par Delsarte. D'ailleurs, dès qu'on introduit quelques notions simples sur les espaces fonctionnels considérés comme espaces vectoriels topologiques (ce qu'il n'était guère possible de faire en 1934), on observe aussitôt ce qui suit : f étant donnée, pour qu'il existe (par exemple) une mesure μ à support compact, telle que $f * \mu = 0$, il faut et il suffit que, dans l'espace V des fonctions continues sur **R** avec la topologie de la convergence uniforme sur tout compact, l'espace engendré par f et ses translatées ait une adhérence $V_f \neq V$. On a donc affaire à un problème typique d'"analyse" et "synthèse" spectrales : l'analyse consistera ici à rechercher les sous-espaces de V_f de dimension finie, invariants par translation ; la synthèse consiste à écrire f comme combinaison linéaire (en un sens à définir) de fonctions appartenant à ces sous-espaces. Or il est clair que les fonctions dont les translatées engendrent un vectoriel de dimension finie sont les "exponentielles-monômes" $x^n e^{\alpha x}$; de plus, pour que $x^n e^{\alpha x}$ soit solution de $f * \mu = 0$, il faut et il suffit que α soit un zéro d'ordre $> n$ de la fonction entière

$$F(z) = \int e^{-zx}\,d\mu\,(x)\,,$$

"indicatrice" de la mesure μ. Heuristiquement, on cherchera donc à associer à toute solution f de $f * \mu = 0$ une série

$$(1) \qquad S(f) = \sum_\alpha \left(\sum_{i=0}^{n(\alpha)-1} c_{\alpha i} x^i e^{\alpha x} \right)$$

où les α sont les zéros de F et les $n(\alpha)$ leurs multiplicités respectives ; ces zéros, avec leurs multiplicités, forment le "spectre" de μ.

Soit I le plus petit intervalle fermé contenant le support de μ (dans la généralisation à $\mathbf{R}^n$, on prendrait pour I l'enveloppe fermée convexe de ce support). Choisissons $a \in \mathbf{R}$ arbitrairement ; pour f solution de $f * \mu = 0$, convenons de noter $f^{\cdot}$ la fonction définie par $f^{\cdot}(x) = f(x)$ pour $x \geqq a$ et $f^{\cdot}(x) = 0$ pour $x < a$, puis μ_f la mesure $f^{\cdot} * \mu$. Alors μ_f a son support contenu dans $I + a$; on notera F_f son indicatrice. Soit encore g une solution de $g * \mu = 0$; on définira de même $g^{\cdot}$, μ_g, F_g. Delsarte introduit la fonctionnelle bilinéaire

$$K(f, g) = \iint_D f(-x) g(x - y) \, dx \, d\mu(y)$$

où D est le domaine défini par $x \leqq A$, $y - x \leqq B$, $y \in I$, avec $A + B$ suffisamment grand ; les hypothèses faites sur f et g entraînent en effet qu'alors $K(f, g)$ est indépendant de A et B. Remplaçant x par $y - x$, on voit que $K(f, g)$ est symétrique. Prenant $B = -a$, puis échangeant f et g, on obtient

$$K(f, g) = \int f(-x) \, d\mu_g(x) = \int g(-x) \, d\mu_f(x) \quad ;$$

on voit de même, plus généralement, que $f * \mu_g = g * \mu_f$. En particulier, pour $f = x^i e^{\alpha x}$, $g = x^j e^{\beta x}$ (où par suite α, β appartiennent au spectre, et $i < n(\alpha)$, $j < n(\beta)$), on trouve facilement que $K(f, g) = 0$ lorsque $\alpha \neq \beta$. Si on suppose le spectre formé de points *simples*, on voit donc que les exponentielles $e^{\alpha x}$ forment un système orthogonal par rapport à la forme quadratique $K(f, f)$; dans ce cas, d'ailleurs, on a

$$K(e^{\alpha x}, e^{\alpha x}) = F'(\alpha).$$

d'où, formellement, la valeur des coefficients de (1) :

$$c_{\alpha 0} = F'(\alpha)^{-1} K(f, e^{\alpha x})$$

si l'on admet provisoirement que les $e^{\alpha x}$ forment un système complet dans l'ensemble des solutions de $f * \mu = 0$.

Revenons au cas général, et prenons de nouveau $f(x) = x^i e^{\alpha x}$, avec $i < n(\alpha)$; pour ce choix de f, écrivons $\mu_{\alpha i}$, $F_{\alpha i}$ au lieu de μ_f, F_f. On a :

$$F_{\alpha i}(z) = i! \, (z - \alpha)^{-i-1} F(z).$$

Soit ensuite f donnée par une somme *finie* de la forme (1), c'est-à-dire une telle somme où les $c_{\alpha i}$ non nuls sont en nombre fini. Il est clair alors que la somme $S_\alpha(f)$ des termes relatifs à α, dans $S(f)$, n'est autre que le résidu en $z = \alpha$ de la fonction méromorphe $F(z)^{-1} e^{xz} F_f(z)$. Cela peut encore s'écrire comme suit :

$$S_\alpha(f) = \operatorname{Res}_{z=\alpha} \left[F(z)^{-1} \int e^{z(x-y)} \, d\mu_f(y) \right] = g_\alpha * \mu_f \,,$$

où l'on a posé

$$g_\alpha(x) = \operatorname{Res}_{z=\alpha} \left[F(z)^{-1} e^{zx} \right].$$

Il est clair que g_α est combinaison linéaire des $x^i e^{\alpha x}$ pour $i < n(\alpha)$, donc solution de $g_\alpha * \mu = 0$. Finalement ([1]), on a

$$S_\alpha(f) = f * \mu_{g_\alpha}.$$

On en déduit aussitôt, pour chaque $c_{\alpha i}$, une expression

$$c_{\alpha i} = K(f, P_{\alpha i}(x) e^{\alpha x}),$$

où $P_{\alpha i}$ est un polynome de degré $< n(\alpha) - i$.

Pour *toute* solution f de $f * \mu = 0$, on conviendra alors de définir les $c_{\alpha i}$ par ces mêmes formules, et on notera $S(f)$ la série (1) formée avec ces coefficients. Il est à remarquer (et Delsarte ne manque pas d'insister sur ce point) que les $c_{\alpha i}$ ne dépendent que des valeurs de $f(x)$ pour $a - x \in I$, donc (puisque a est arbitraire) dans un intervalle quelconque de longueur $l(I)$ égale à celle de I.

Avec ces résultats, on est à pied d'œuvre ; il s'agit de savoir si, sous des conditions convenables et en un sens convenable, $S(f)$ converge vers f ; s'il en est ainsi, on en conclura que $S(f)$ détermine f d'une manière unique, de sorte que f est bien déterminée par ses valeurs dans un intervalle de longueur $l(I)$, comme c'est le cas pour les fonctions périodiques.

L'expression de $S(f)$ par une somme de résidus a été suggérée à Delsarte par une démonstration de Cauchy, exposée par E. Picard dans son *Traité d'Analyse* (tome II, Chap. VI, § II) ; s'inspirant de celle-ci, Delsarte fait la sommation de $S(f)$ par le "calcul des résidus", c'est-à-dire au moyen du théorème de Cauchy. Une analyse, d'ailleurs délicate (et qui, sur quelques points, demanderait sans doute à être revue) l'amène à conclure qu'il y a convergence, uniforme dans tout intervalle de continuité de f, sous les

----

(1) La formule donnée par Delsarte ([33], formule (1) p. 444) est entachée d'une erreur qui provient d'une faute de calcul banale dans l'évaluation du résidu. Après correction, elle devient identique, en substance, à celle que nous donnons ci-dessus, et qui, sous cette forme, est due à L. Schwartz.

conditions suivantes : a) μ est définie par une densité K, c'est-à-dire qu'on a, dans I, $d\mu(x) = K(x)dx$; b) K est absolument continue dans I, et $\neq 0$ aux extrémités de I ; c) f est à variation bornée dans tout intervalle borné.

Dans le même travail ([33], Chap. I), Delsarte s'occupe aussi de résoudre l'équation avec second membre $f * \mu = \varphi$, où μ est comme plus haut et φ est donnée. Ici, c'est sur la théorie des équations aux différences finies qu'il prend modèle. Il est amené ainsi, entre autre, à une généralisation étendue de la formule classique d'Euler-Maclaurin, reposant sur l'introduction de "polynomes bernouilliens" (à une ou plusieurs variables) ; pour le cas d'une variable, par exemple, ce sont les polynomes $B_n(x)$ définis par la formule

$$F(z)^{-1}\, e^{zx} \;=\; \sum_{n=0}^{\infty}\; B_n(x)\, z^n \,,$$

où F est comme ci-dessus, et où on a supposé $F(0) \neq 0$.

Dès lors, Delsarte envisageait l'extension à plusieurs variables de la théorie ci-dessus, qui offre des difficultés incomparablement plus grandes. En effet, si μ est une distribution et par exemple une mesure à support compact dans $\mathbf{R}^n$, son indicatrice F sera donnée, pour $z = (z_1, \ldots, z_n)$, par la formule

$$F(z) \;=\; \int\, \exp\, \Big(-\, \sum_{\nu}\, z_{\nu} x_{\nu}\Big)\, d\mu(x)\,.$$

Les zéros de F forment un ensemble analytique de codimension 1 dans $\mathbf{C}^n$; pour avoir un "spectre" discret, il faut se donner n mesures μ_{ν} telles que l'ensemble des zéros communs à leurs indicatrices F_{ν} (le "spectre") soit discret ; pour simplifier, on admettra en premier lieu que ces zéros sont simples, c'est-à-dire qu'en chacun d'eux le jacobien des F_{ν} est $\neq 0$. Heuristiquement, on cherchera alors à associer, à toute solution commune des équations $f * \mu_{\nu} = 0$ une série

$$S(f) \;=\; \sum_{a}\, c_a\, \exp\, \Big(\, \sum_{\nu}\, \alpha_{\nu}\, x_{\nu}\Big)\,,$$

où les $\alpha = (\alpha_1, \ldots, \alpha_n)$ sont les points du spectre. Dans son cours de Bombay de 1959 ([65]) et dans son mémoire de 1960 ([63]), Delsarte donne la solution formelle de ce problème au moyen des "déterminants de Jacobi" ; comme pour $n = 1$, les termes $S_a(f)$ de la série $S(f)$ peuvent s'écrire comme les résidus aux points $z = \alpha$ d'une fonction méromorphe attachée à f. Ensuite il s'attache principalement au cas où $n = 2$ et où μ_1, μ_2 sont sommes de mesures définies par des densités continues et suffisamment différentiables dans le carré $0 \leqq x_1, x_2 \leqq 1$ et de masses ponctuelles placées aux sommets du carré. Dans ces conditions, il montre entre autres que, si f est continue, et φ indéfiniment différentiable à support compact, la série

$$S(f * \varphi) = S(f) * \varphi = \Sigma \ \Phi(\alpha) c_\alpha \exp(\alpha_1 x_1 + \alpha_2 x_2)$$

(où Φ est l'indicatrice de φ) converge vers $f * \varphi$, uniformément sur tout compact. On reconnaît là une idée introduite par L. Schwartz dans le cas $n = 1$, et qui elle-même est apparentée à l'idée fondamentale de Riemann dans sa théorie des séries trigonométriques. Dans le cas traité par Delsarte, la démonstration repose sur d'assez laborieux passages à la limite à partir de mesures sommes finies de masses ponctuelles. On en conclut que f est déterminée par $S(f)$ d'une manière unique, et on peut en tirer aussi un procédé de "sommation" de la série formelle $S(f)$.

Mais c'est vers une autre généralisation, de portée encore plus vaste, que Delsarte se tourne en 1935 ; il semble y être parvenu comme suit. Dans $\mathbf{R}^n$, pour $n > 1$, reprenons le problème des fonctions moyenne-périodiques, mais en y ajoutant une condition de symétrie sphérique ; autrement dit, on s'assujettit à ne considérer que des fonctions, mesures et distributions invariantes par le groupe des rotations autour de 0. De telles mesures (ou distributions), supposées toujours à support compact, forment évidemment une algèbre commutative pour la convolution ; celle-ci, en un sens évident, peut être considérée comme engendrée, soit par les "mesures élémentaires" μ_r formées, pour tout $r \geqq 0$, par la masse totale 1 uniformément répartie sur la sphère de rayon r et de centre 0, soit par l'opérateur infinitésimal $\Delta = \Sigma \ \partial^2/\partial x_\nu^2$. Appliquons donc les opérateurs $f \to f * \mu_r$, $f \to \Delta f$ à une fonction f à symétrie sphérique ; si on écrit celle-ci $f(\rho)$ avec $\rho = (\Sigma \ x_\nu^2)^{1/2}$, on obtient les opérateurs $\mathbf{T}^r$, D données par

$$(2) \quad (\mathbf{T}^r f)(\rho) = \frac{\Gamma\left(\dfrac{n}{2}\right)}{\Gamma\left(\dfrac{1}{2}\right)\Gamma\left(\dfrac{n-1}{2}\right)} \int_0^\pi f((\rho^2 - 2r\rho\cos\varphi + r^2)^{1/2})\,(\sin\varphi)^{n-2}\,d\varphi,$$

$$(3) \quad (Df)(\rho) = \frac{d^2 f}{d\rho^2} + \frac{n-1}{\rho}\,\frac{df}{d\rho}\,.$$

Leurs fonctions propres peuvent s'obtenir à partir des exponentielles $\exp(\Sigma \ \alpha_\nu x_\nu)$ en prenant la moyenne sphérique de celles-ci autour de 0 et écrivant les fonctions obtenues sous la forme $j(\rho)$. On trouve ainsi les fonctions

$$j_\lambda(\rho) = \Gamma(p+1)\left(\frac{\lambda\rho}{2}\right)^{-p} J_p(\lambda\rho),$$

où l'on a posé

$$\lambda = (-\Sigma \; \alpha_\nu^2)^{1/2} \quad , \quad p = \frac{n}{2} - 1 \; ,$$

et où J_p est la fonction de Bessel d'ordre p ; et l'on a

$$(T^r j_\lambda)\,(\rho) = j_\lambda(r)\,j_\lambda(\rho) \quad , \quad D j_\lambda = -\lambda^2\,j_\lambda \; .$$

On tire de là le développement formel

$$T' = \sum_{n=0}^{\infty} \varphi_n(r)\,D^n \; ,$$

où les φ_n sont les coefficients du développement

$$j_\lambda(r) = \Sigma \; \varphi_n(r)\,(-\lambda^2)^n \; ,$$

ou, plus explicitement :

$$\varphi_n(r) = \frac{\Gamma(p+1)}{n!\,\Gamma(n+p+1)} \; \left(\frac{\rho}{2}\right)^{2n} \; .$$

On est ainsi naturellement conduit à étudier, de ce point de vue nouveau, les fonctions moyenne-périodiques, les fonctions presque périodiques, etc. Cependant Delsarte ne s'y arrête pas, car il s'aperçoit aussitôt que les opérateurs T^r et D définis par (2) et (3) conservent leurs propriétés essentielles même quand n n'est pas supposé entier ; cette observation fondamentale forme le point de départ d'une série de très importants travaux ([34]-[38], [42]-[52]). Il commence par axiomatiser entièrement les propriétés en question (dans [34], [36], [38], [47]) et part de là pour en élucider tout le mécanisme formel. C'est ensuite seulement qu'il revient aux opérateurs T^r, D donnés par (2) et (3), mais avec la seule restriction $\mathrm{Re}(p) > -1/2$ le plus souvent, ou éventuellement $-1/2 < \mathrm{Re}(p) < 1/2$, pour en faire le banc d'essai de sa méthode et en faire l'étude détaillée ; comme l'a observé Lions plus tard, certains résultats s'étendent même à $\mathrm{Re}(p) \leqq -1/2$ par prolongement analytique. Dans ce cadre, il traite entre autres la théorie des fonctions presque périodiques, pour lesquelles les fonctions j_λ, avec λ réel, jouent le même rôle que les exponentielles $e^{i\lambda x}$ dans la théorie de Bohr. Combinant ces idées avec celles qu'il avait introduites à propos des fonctions moyenne-périodiques, il retrouve la plupart des développements classiques en fonctions de Bessel (séries "de Fourier-Bessel", "de Bessel-Dini", "de Schlömilch"), ainsi que les développements, limités ou non, qui généralisent la formule de Taylor (avec ou sans reste) et la formule d'Euler-Maclaurin.

C'est encore au cours des mêmes recherches que Delsarte fait la découverte des "opérateurs de transmutation" auxquels son nom reste attaché.

Dans la théorie formelle des opérateurs T^x, D (où D, comme il a été indiqué joue le rôle d'une transformation infinitésimale, et les T^x celui de translations généralisées), il était apparu qu'on pouvait définir les T^x en résolvant des problèmes aux limites relatifs à l'équation

$$D_x F(x , y) = D_y F(x , y) \, ;$$

ce mode de définition des T^x met en évidence qu'ils commutent avec D. La même idée, appliquée à deux opérateurs D, D' distincts, et à l'équation

$$D_x F(x , y) = D'_y F(x , y)$$

conduit alors à des opérateurs, dits "de transmutation", qui transforment D en D'. C'est ce qui apparaît d'abord dans [51] pour l'opérateur D défini par (3), avec $n = 2p + 2$, $- 1/2 < \mathrm{Re}(p) < 1/2$, et $D' = d^2/dt^2$; grâce à la "transmutation" de D en D', on peut, formellement du moins (quitte à justifier en détail les conclusions qu'on en tire) appliquer à D, par simple transport de structure, tout ce qu'on sait de D'. La même idée est énoncée dans [50] pour des opérateurs différentiels très généraux du second ordre à une variable ; elle est plus amplement exposée, à la suite d'un travail de Lions, dans le cours de Delsarte à Bombay en 1959 ([67]). Elle a été étendue au domaine complexe (et alors pour les opérateurs d'ordre quelconque) par Delsarte lui-même, en collaboration avec Lions ([58]-[59]) ; elle joue un rôle important dans les travaux de Lions, de B.M. Levitan et d'autres auteurs, en particulier sur le problème de Sturm-Liouville. Sur ces questions, on consultera aussi le bel article de Levitan dont la traduction est reproduite plus loin (tome II).

Les mêmes idées sont à la base du "théorème des deux rayons" et de ses généralisations ([60]-[61] et [65]). Soit de nouveau μ_r la masse totale 1 uniformément répartie sur la sphère de centre 0 et de rayon r dans $\mathbf{R}^n$. Le théorème en question dit que, si une fonction f indéfiniment différentiable dans $\mathbf{R}^n$ satisfait à

$$f = f * \mu_a = f * \mu_b$$

avec $a > b > 0$, elle est harmonique (sauf tout au plus pour certaines valeurs exceptionnelles de a/b, en nombre fini quand n est donné). Si on pose $u(x , \rho) = (f * \mu_\rho) (x)$ pour $x \in \mathbf{R}^n$, $\rho \geqq 0$, alors u est solution d'un problème de Cauchy hyperbolique $\Delta_x u = Du$, où Δ_x est le laplacien dans $\mathbf{R}^n$ et D est défini par (3) ; les données aux limites sont $u(x , 0) = f(x)$, $(\partial u/\partial \rho)(x, 0) = 0$. On peut alors remplacer Δ_x par n'importe quel opérateur elliptique dans $\mathbf{R}^n$, et D par un opérateur du second ordre, à une variable, qui se laisse transformer en d^2/dt^2 par une transmutation. C'est même dans un cadre encore plus général que se placent Delsarte et Lions dans [61] ; le point essentiel consiste à ramener l'hypothèse initiale à une hypothèse de moyenne-périodicité (à une variable, mais à inconnue vectorielle), après quoi la démonstration s'achève sans difficulté.

Une autre possibilité de généralisation des formules (2) et (3) apparaît lorsqu'à $\mathbf{R}^n$ et au groupe des rotations on substitue un autre groupe de Lie G et un groupe compact A d'automorphismes de G. C'est là le point de vue qu'adopte Delsarte dans ses communications aux colloques de Louvain en 1953 ([56]) et de Nancy en 1956 ([57]) ; dans la première, il prend $G = \mathbf{C}^n$; dans l'autre, G n'est plus supposé commutatif. Il obtient ainsi d'importantes généralisations des fonctions de Bessel, des équations différentielles auxquelles elles satisfont, et de leurs théorèmes d'addition intégraux. Il est à noter aussi que [56] pose d'intéressantes questions relatives aux invariants des groupes linéaires (sur l'une de ces questions, Delsarte devait revenir brièvement dans la note [66]) (cf. [In. 10]). On y trouve également un critère (nouveau, semble-t-il, malgré sa simplicité) pour qu'un système d'équations linéaires aux dérivées partielles, en une fonction inconnue de n variables $x_1, \ldots, x_n$, n'admette qu'un nombre fini de solutions linéairement indépendantes : il suffit pour cela que, pour tout i, l'idéal différentiel engendré par les premiers membres contienne un opérateur différentiel où ne figure aucun des $\partial/\partial x_j$ pour $j \neq i$. Il est vrai que ce critère ne semble pas d'application aisée, même dans le problème en vue duquel Delsarte l'introduit ; de plus, il n'implique aucun procédé de calcul effectif pour la dimension de l'espace des solutions ; ce calcul pose un problème algébrique dont on s'étonne qu'il n'ait pas encore attiré l'attention. D'autre part, dans [57], Delsarte pose, et résout en partie, le problème de l'engendrement du quotient G/A (ou, comme dit Delsarte, de l'"hypergroupe" qu'il définit) par ses "transformations infinitésimales", donc par des opérateurs différentiels ; déjà dans le cas où A est le groupe des rotations dans $G = \mathbf{R}^n$, on a vu plus haut que la "transformation infinitésimale" D est du second ordre. Il s'agit donc de généraliser à G/A les théorèmes fondamentaux de la théorie de Lie ; c'est sur le "premier théorème" que Delsarte concentre son attention (cf. déjà [52]). Comme dans le cas de la transmutation des opérateurs à une variable, on aboutit à des équations aux dérivées partielles à variables séparées ; A étant supposé compact, on peut les résoudre par des intégrales prises sur A. D'ailleurs le même formalisme subsiste quand A n'est pas compact, et Delsarte indique plusieurs exemples remarquables où le problème peut être traité complètement. Dans le premier de ces exemples, G est GL(2,C) et A est le groupe des automorphismes intérieurs de G ; l'algèbre d'opérateurs, ou, pour parler comme Delsarte, l'"hypergroupe" correspondant est celui qui est engendré par le centre de l'algèbre enveloppante de l'algèbre de Lie, opérant sur les fonctions sur G invariantes par A. Delsarte touchait donc ici à un point crucial de la théorie des représentations de degré infini des groupes de Lie, à savoir les relations entre le centre de l'algèbre enveloppante et les opérateurs définis par l'intégration sur les classes d'éléments conjugués dans G ; ce point n'a commencé à être mis en évidence qu'assez récemment, et il y aurait lieu d'examiner si les idées de Delsarte ne sont pas de nature à jeter un jour nouveau sur une théorie qui, malgré de brillants succès, n'a sûrement pas encore pris figure définitive. Sur le problème général de l'engendrement d'un "hypergroupe" par ses opérateurs infinitesimaux, on consultera aussi l'article déjà cité de B.M. Levitan, qui à la suite de [57], a pu obtenir, dans ce cadre, les analogues des trois théorèmes de Lie. Ici comme ailleurs, Delsarte s'est contenté de faire oeuvre de pionnier loin des sentiers battus, laissant à d'autres le soin d'une exploration plus approfondie.

C'est à l'ensemble des recherches ci-dessus qu'il faut rattacher enfin un travail inédit ([In. 8]) sur les problèmes spectraux, qui montre à quel point Delsarte est resté préoccupé toute sa vie par l'aspect formel ou algébrique des développements en série. Dans une première partie ("Note A"), il reprend le problème des fonctions moyenne-périodiques sur **R**, mais en substituant à d/dx un opérateur différentiel linéaire quelconque D, d'ordre m, puis en se donnant m distributions $\mu_1, \ldots, \mu_m$ à support compact ; le spectre est ici l'ensemble des $\alpha \in$ C pour lesquels les équations $\mu_1(f) = 0, \ldots,$ $\mu_m(f) = 0$, $Df = \alpha f$ ont une solution $f_\alpha \neq 0$; c'est encore l'ensemble des zéros d'une fonction entière A(z). Supposant pour simplifier que A est à zéros simples, et supposant qu'une fonction g admet un développement formel $S(g) = \Sigma c_\alpha f_\alpha$, Delsarte obtient des formules explicites pour les termes $g_\alpha = c_\alpha f_\alpha$ de S(g), formules qui sont donc valables tout au moins chaque fois que les c_α non nuls sont en nombre fini. Tout comme dans le cas des fonctions moyenne-périodiques, ces termes se présentent comme les résidus d'une fonction méromorphe en z, A(z)$^{-1}$ B(z , x). Dans une deuxième partie ("Note B"), Delsarte combine ces idées avec celles de sa conférence de Louvain ([56]) pour donner une solution partielle du problème analogue dans le cas de n variables.

C'est avant tout par son œuvre d'analyste, telle que nous avons tenté (bien sommairement et incomplètement) de la décrire ci-dessus, que Delsarte s'imposera à l'historien des mathématiques de notre époque. Mais il s'est aussi, pendant de longues années, vivement intéressé à la théorie des nombres, et y a apporté en tout cas des aperçus et des points de vue originaux ; sa note de 1942 ([53]) fait la transition d'un domaine à l'autre. Il avait dû être frappé par la structure formelle de la célèbre formule de Hardy ([1]) exprimant le nombre de points de **Z**^{2} dans le cercle $x^2 + y^2 < r^2$ au

- - - - - - - - - - - - - - -

(1) Sur cette formule (dite aussi "de Hardy-Landau") et son histoire, cf. p. ex. G.H. Hardy, *Collected Papers*, vol. II, p. 330.

moyen de fonctions de Bessel ; l'apparition de celles-ci ne pouvait manquer de lui rappeler ses propres recherches sur les fonctions moyenne-périodiques à symétrie sphérique. Dans la note [53], il s'agit d'étendre la formule de Hardy à un groupe fuchsien $\mathfrak{g}$ opérant dans le demi-plan de Poincaré, pour obtenir le nombre des transformés par $\mathfrak{g}$ d'un point donné, contenus dans un cercle (non-euclidien) donné. D'une manière un peu plus générale, dans un manuscrit inédit ([In. 4]) dont on trouvera la partie essentielle au Tome II, Delsarte considère un groupe proprement discontinu $\mathfrak{g}$, opérant sur une surface Σ à courbure constante $\kappa = \pm 1/a^2$ qui est, soit le plan si $\kappa = 0$ (donc si $a = \infty$), soit la sphère si $\kappa > 0$, soit le demi-plan de Poincaré si $\kappa < 0$; il est supposé implicitement que $\Sigma/\mathfrak{g}$ est compact. Soient A et M deux points de Σ ; il s'agit d'étudier le nombre $\mathfrak{A}(x, \mathrm{A}, \mathrm{M})$ d'éléments s de $\mathfrak{g}$ tels que $s\mathrm{A}$ soit dans le cercle (non-euclidien) de centre M et d'aire (non-euclidienne) πx. Soit Δ l'opérateur de Beltrami sur Σ ; comme il est bien connu, on peut choisir sur $\Sigma/\mathfrak{g}$ un système orthonormal complet formé de fonctions propres de Δ, ou, ce qui revient au même, de fonctions propres φ_n de Δ sur Σ, invariantes par $\mathfrak{g}$; soient λ_n les valeurs propres correspondantes ; on peut prendre $\lambda_0 = 0$, $\varphi_0 = \sigma^{-1/2}$, où σ est l'aire de $\Sigma/\mathfrak{g}$. Dans ces conditions, Delsarte se propose de calculer le développement de $\mathfrak{A}(x, \mathrm{A}, \mathrm{M})$, considéré comme fonction de M invariante par $\mathfrak{g}$, suivant le système (φ_n) ; une analyse fort ingénieuse lui permet, formellement tout au moins, d'obtenir ce développement sous la forme

$$(4) \qquad \mathfrak{A}(x, \mathrm{A}, \mathrm{M}) = \frac{\pi x}{\sigma} + \sum_{n=1}^{\infty} c_n(x)\, \varphi_n(\mathrm{A})\, \varphi_n(\mathrm{M}) ,$$

où les coefficients $c_n(x)$ sont donnés par des fonctions hypergéométriques si $\kappa \neq 0$, et à la limite, si $\kappa = 0$, par des fonctions de Bessel, conformément à la formule de Hardy-Landau. Par exemple, pour $\kappa = -1/a^2$, on a :

$$c_n(x) = \mathrm{F}(\alpha_n, \beta_n ; 2 ; -x/4a^2) ,$$

où α_n, β_n sont les racines de $X^2 - X - \lambda_n a^2 = 0$. Il ne semble pas que Delsarte ait poussé plus loin dans cette voie, qui semblait pourtant pleine de promesses. Quelques calculs qui suivent son manuscrit (et qu'on n'a pas cru devoir reproduire dans cette édition) indiquent seulement qu'il s'était du moins assuré de la convergence absolue de la série qui forme le second membre de la formule (4).

Ensuite nous le voyons chercher un point de jonction entre l'arithmétique et les fonctions presque périodiques, et se demander dans quels cas une fonction arithmétique $f(n)$ peut être presque périodique, au sens de Bohr ou en un sens plus général. Si elle l'est, cela veut dire qu'elle admet, formellement du moins, un développement en série suivant les exponentielles $\chi_r(n) = e^{2\pi i r n}$, où $r \in \mathbf{Q}/\mathbf{Z}$, c'est-à-dire suivant les caractères de **Z**. Si on écrit $f \sim \Sigma\, a_r\, \chi_r$, la théorie de Bohr suggère de prendre pour a_r la valeur moyenne

$$M[f\,\overline{\chi}_r] = \lim_{N \to +\infty} \frac{1}{N} \sum_{n=1}^{N} f(n)\, \overline{\chi}_r(n)\,,$$

à supposer qu'elle existe. Essayant d'abord d'appliquer cette idée aux fonctions arithmétiques élémentaires classiques, Delsarte constate que, pour celles-ci, a_r dépend seulement de l'ordre du caractère χ_r, c'est-à-dire de q si l'on écrit $r = m/q$ avec $(m\,,q) = 1$. On posera donc

$$c_q(n) = \sum_m{}' \chi_{m/q}(n) = \sum_m e^{2\pi i mn/q}\,,$$

où la sommation s'étend à un système complet de restes m premiers à q modulo q ; et on écrira a_q au lieu de a_r, pour $r = m/q$ comme plus haut. Groupant ensemble, dans la série formelle pour f, les termes relatifs aux caractères de même ordre, on obtient une série formelle $\Sigma\, a_q c_q(n)$. C'est ainsi que, dans son mémoire de 1945 ([54]), Delsarte commence par retrouver ([1]) des résultats classiques de Ramanujan, pour les étendre ensuite dans diverses directions, et en particulier aux corps de nombres algébriques. En ce qui concerne ceux-ci, on peut, en langage moderne, présenter les choses comme suit. Soit $f(\mathfrak{q})$ une fonction d'un idéal entier $\mathfrak{q} \neq (0)$ du corps k ; soient $k_\mathfrak{p}$ les complétions $\mathfrak{p}$-adiques de k ; soit $r_\mathfrak{p}$ l'anneau des entiers de $k_\mathfrak{p}$; soit $a = (a_\mathfrak{p})$ un élément de $\Omega = \Pi r_\mathfrak{p}$ (un "idèle entier fini") tel que, pour tout $\mathfrak{p}$, $v_\mathfrak{p}(a_\mathfrak{p})$ soit égal à l'exposant de $\mathfrak{p}$ dans $\mathfrak{q}$; chaque fois qu'il en est ainsi, soit $f(a) = f(\mathfrak{q})$. Dans ces conditions, il s'agit de savoir si $f(a)$ peut être prolongée d'une manière naturelle (en particulier par continuité, ce qui correspond au cas des fonctions presque périodiques au sens de Bohr) à une fonction F sur le groupe additif de Ω ; lorsqu'il en est ainsi, on peut lui faire correspondre la série de Fourier $\Sigma\, a_\chi\chi$ de F sur Ω, les χ étant les caractères de Ω. D'ailleurs Ω est limite projective des anneaux $\mathfrak{r}/\mathfrak{a}$, où $\mathfrak{r}$ est l'anneau des entiers de k et où $\mathfrak{a}$ décrit l'ensemble des idéaux $\neq (0)$ de $\mathfrak{r}$. Les χ s'identifient donc aux caractères de ceux-ci. De plus, pour $\mathfrak{a}$ donné, tous les caractères "primitifs" de $\mathfrak{r}/\mathfrak{a}$ (c'est-à-dire ceux qui ne peuvent être définis modulo un diviseur strict de $\mathfrak{a}$) se déduisent les uns des autres par les automorphismes $\xi \to \lambda\xi$ du groupe additif $\mathfrak{r}/\mathfrak{a}$, quand on prend pour λ les élé-

- - - - - - - - - - - - - -

(1) C'est seulement à Princeton en 1947, semble-t-il, que Delsarte prit connaissance des travaux de Ramanujan (S. Ramanujan, *Collected Papers*, Cambridge 1927 ; v. en particulier no. XXI, p. 179) et du livre de Hardy (G.H. Hardy, *Ramanujan*, Cambridge 1940 ; v. en particulier Chap. IX, pp. 137-141). Dans [54], le nom de Ramanujan n'est pas cité, et Delsarte note $\Phi(\mathfrak{q}\,|n)$, et baptise "indicateur d'ordre n", la somme de Ramanujan $c_q(n)$.

ments inversibles de l'anneau $\mathfrak{r}/\mathfrak{a}$; on en conclut qu'ils ont même coefficient dans $\Sigma\, a_\chi \chi$. Cela conduit à regrouper dans cette série les termes correspondants et à l'écrire sous la forme

$$\Sigma\; a(\mathfrak{a})\, c(\mathfrak{a}\,;\,q)\,,$$

où la "somme de Ramanujan" $c(\mathfrak{a}\,;\,q)$ est la somme des $\chi(u)$ étendue aux χ primitifs modulo $\mathfrak{a}$.

Par la suite, Delsarte n'a plus publié sur la théorie des nombres qu'un seul travail assez court ([55]) ; là il s'agit d'étendre aux groupes abéliens finis la formule classique de Möbius. On considère donc des fonctions $G \to f(G)$ définies sur l'ensemble des groupes abéliens finis, telles que $f(G) = f(G')$ chaque fois que G, G' sont isomorphes ; on se propose de définir une telle fonction μ ayant la propriété suivante : pour tout couple de telles fonctions f, F, les relations

$$F(G) = \Sigma\, f(G')\; , \quad f(G) = \Sigma\, F(G')\, \mu\,(G/G')\,,$$

où les sommes sont étendues à tous les sous-groupes G' de G, sont équivalentes. Delsarte démontre l'existence et l'unicité de μ (qui bien entendu, pour les groupes cycliques, n'est autre que la fonction de Möbius classique) et l'applique à divers problèmes énumératifs.

Par la suite, comme le montrent ses notes inédites (v. en particulier [In. 6]), Delsarte s'est plus spécialement intéressé à la théorie des "séries singulières" de Hardy et Littlewood. Ces derniers attachaient à toute fonction arithmétique $f(n)$ la "série génératrice" $\Phi(z) = \Sigma\, f(n)\, z^n$; puis, supposant le rayon de convergence égal à 1, ils déterminaient le comportement de Φ aux points $z = e^{2\pi i r}$, avec $r \in \mathbf{Q}/\mathbf{Z}$, c'est-à-dire aux racines de l'unité. Supposons qu'en chacun de ces points $\Phi(z)$ ait pour partie principale une fraction rationnelle $\varphi_r(z)$ ayant ce point pour seul pôle ; on peut alors espérer représenter approximativement $\Phi(z)$ par la série $\Sigma\, \varphi_r(z)$. Comme Hardy et Littlewood l'avaient observé, un cas particulièrement important est celui où $\Phi(e^{2\pi i\tau})$ est une forme modulaire dans le demi-plan $\mathrm{Im}(\tau) > 0$; il en est ainsi par exemple lorsque $f(n)$ est le nombre des représentations de n par une forme quadratique positive ; $\Sigma\, \varphi_r(e^{2\pi i\tau})$ est alors la série d'Eisenstein de même degré, dont $\Phi(e^{2\pi i\tau})$ ne diffère que par une "forme parabolique", ce qui explique en ce cas le succès de la méthode et en précise la portée ; il n'est pas besoin de dire qu'on ne connaît encore aucune raison du même genre pour son succès dans le problème de Waring. Delsarte, lui, préfère adopter le point de vue de la théorie des fonctions presque périodiques. Considérons par exemple le nombre de représentations de l'entier $n > 0$ par une forme F de degré k à s variables, à coefficients entiers, c'est-à-dire le nombre de solutions dans $\mathbf{Z}^s$ de l'équation $F(x) = n$. Ce nombre n'étant pas fini en général, il convient d'adjoindre à cette équation des inégalités (homogènes) convenables, ou, ce qui revient au même, d'astreindre x à se trouver dans un cône donné Γ de sommet 0 ; on supposera que l'ensemble

$$V = \{x \in \Gamma \mid 0 \leqq F(x) \leqq 1\}$$

est borné ; soit Ω son volume. On désignera par $R(n)$ le nombre de solutions de $F(x) = n$ dans $\mathbf{Z}^s \cap \Gamma$. Soit encore $E(N)$ l'ensemble

$$E(N) = \{x \in \mathbf{Z}^s \cap \Gamma \mid 0 < F(x) \leqq N\}.$$

Le nombre de points de $E(N)$, qui n'est autre que $R(1) + \ldots + R(N)$, est évidemment $\sim \Omega N^{s/k}$ pour $N \to +\infty$; on peut donc dire que l'"ordre de grandeur moyen" de $R(N)$ est N^α avec $\alpha = \dfrac{s}{k} - 1$. Cela conduit à poser $r(n) = n^{-\alpha} R(n)$.

Delsarte observe alors que non seulement $r(n)$ mais encore $r(n) \chi(n)$ a une valeur moyenne sur l'ensemble des entiers $n > 0$, quel que soit le caractère χ de $\mathbf{Z}$; si a_χ est cette valeur moyenne, on pourra donc formellement associer à $r(n)$ la série $\Sigma a_\chi \bar\chi(n)$. Soit en effet q l'ordre de χ, de sorte qu'on aura $\chi(n) = \rho^n$, ρ étant une racine primitive q-ième de 1. On aura

$$N^{-1} \sum_{n=1}^{N} r(n) \chi(n) = N^{-1} \sum_{x \,\epsilon\, E(N)} F(x)^{-\alpha} \chi[F(x)].$$

Pour $a \in \mathbf{Z}^s$, soit $E(N, a)$ l'ensemble des $x \in E(N)$ tels que $x \equiv a \pmod{q}$; le second membre s'écrit aussi

$$N^{-1} \sum_{a} \chi[F(a)] \sum_{x \,\epsilon\, E(N, a)} F(x)^{-\alpha},$$

où la première somme est étendue à un système complet de restes modulo q dans $\mathbf{Z}^s$. Mais on a, pour $N \to +\infty$:

$$\sum_{x \,\epsilon\, E(N, a)} F(x)^{-\alpha} \sim N q^{-s} \int_V F(y)^{-\alpha}\, dy = N q^{-s} \frac{s}{k} \Omega ;$$

c'est dans l'application de ce principe, qui remonte à Gauss, que consiste le point essentiel de ce que Delsarte nomme la "*méthode volumétrique*" ; pour $\alpha > 0$, il a besoin d'une justification, d'ailleurs facile. Les valeurs moyennes a_χ sont donc bien définies et données par

$$a_\chi = \frac{s}{k} \Omega\, q^{-s}\, S_\chi ,$$

où S_χ est la "somme de Gauss"

$$S_\chi = \sum_a \chi[F(a)] \,.$$

Les S_χ sont liés d'une manière évidente aux nombres de solutions des congruences $F(x) \equiv n \pmod{q}$.

On est ainsi conduit à écrire symboliquement

$$r(n) \sim \frac{s}{k}\, \Omega\, \sum_\chi q^{-s}\, S_\chi\, \overline{\chi}(n) \,,$$

où la série est la "série singulière" ; elle ne dépend pas du cône Γ, qui n'intervient que par le coefficient Ω.

Si χ, Ψ sont les caractères d'ordres premiers entre eux, il est immédiat que $S_{\chi\Psi} = S_\chi S_\Psi$. La série singulière peut donc (formellement encore) s'écrire comme produit infini $\Pi T_p(n)$, étendu aux nombres premiers p, des séries partielles

$$T_p(n) = \sum_\chi q^{-s}\, S_\chi\, \overline{\chi}(n)$$

où cette fois la sommation est étendue aux seuls caractères χ dont l'ordre q est une puissance de p. Si l'on identifie ceux-ci aux caractères de l'anneau $\mathbf{Z}_p$ des entiers p-adiques, on peut encore écrire $T_p(n)$ sous la forme

$$T_p(n) = \sum_\chi \int \chi[F(x) - n]\,dx \,,$$

où la somme est étendue aux caractères de $\mathbf{Z}_p$, et où l'intégrale est prise sur $(\mathbf{Z}_p)^s$.

Pour aller plus loin, supposons avec Delsarte que l'hypersurface $F(x) = 0$, dans l'espace projectif $\mathbf{P}^{s-1}$, soit sans point singulier. Alors, pour tout $x \neq 0$, il y a i tel que $\partial F/\partial x_i \neq 0$; par suite, pour presque tout p, il en est de même après réduction modulo p. Pour un tel p, soit χ d'ordre $q = p^t$ avec $t > 1$; pour $a \not\equiv 0 \pmod{p}$, la somme $\Sigma\, \chi[F(a')]$, étendue aux $a' \equiv a \pmod{p^{t-1}}$, est 0. Donc S_χ n'est autre alors que $p^{s(t-1)}$ si $k \geqq t \geqq 2$, et $p^{s(k-1)} S_\Psi$ avec $\Psi(n) = \chi(p^k n)$ si $t > k$. On tire de là, par récurrence

$$q^{-s} S_\chi = p^{-s(m+1)} \qquad \text{si} \quad mk + 2 \leqq t \leqq (m+1)\,k \,,$$

$$q^{-s} S_\chi = p^{-s(m+1)} S_\omega \qquad \text{si} \quad t = mk + 1 \quad \text{et} \quad \omega(n) = \chi(p^{mk} n) \,.$$

En particulier, les S_χ sont complètement déterminés par ceux pour lesquels χ est d'ordre p, ou, ce qui revient au même, par les nombres de solutions des congruences $F(x) \equiv n \pmod{p}$. Il s'ensuit aussi que $T_p(n)$ est absolument convergente pour $s > k$.

—45—

Bien entendu, Delsarte n'ignorait pas que, dans l'évaluation de $r(n)$ et de $R(n)$, la construction de la série singulière n'est qu'un premier pas, et non le plus délicat. Il s'agit ensuite de savoir dans quelle mesure on peut conclure du comportement de cette série à celui de $r(n)$. Hardy et Littlewood avaient introduit pour cela leur célèbre méthode des arcs "majeurs" et "mineurs". D'après quelques notes fragmentaires, Delsarte aurait cherché une solution du même problème dans l'étude des séries de Dirichlet $\Sigma\, R(n)\, \rho^n\, n^{-\sigma}$ et de leur comportement en $\sigma = s/k$, mais, semble-t-il, sans aboutir à rien de satisfaisant.

La question du nombre de solutions de $F(x) \equiv n$ (mod. p) s'étend tout naturellement aux corps finis. Les méthodes classiques, basées sur l'emploi des caractères et des sommes de Gauss, permettent de traiter le cas de l'équation $\Sigma\, x_i^n = a$ qui apparaît dans le problème de Waring, et plus généralement de toute équation "diagonale" $\sum_{i=1}^{s} a_i\, x_i^{n_i} = a$. Pour $s = 2$, Hasse et Davenport, dès 1935, avaient tiré de là, au moyen de leur théorème sur les sommes de Gauss, la détermination complète de la fonction zêta de la courbe ainsi définie ; comme l'observa Weil en 1949, ces résultats s'étendent sans difficulté à $s > 2$. Delsarte, qui reprit la question dans un exposé du séminaire Bourbaki ([In. 7]), fit voir de plus qu'on peut traiter de même toute équation de la forme $\sum_{i} a_i\, M_i(x) = a$, où les $M_i(x) = \prod_{j} (x_j)^{n_{ij}}$ sont des monômes indépendants (autrement dit, tels qu'on ne puisse avoir identiquement $\Pi\, M_i(x)^{m_i} = 1$ que si les entiers m_i sont tous nuls).

La dernière publication de Delsarte ([67]) paraît lui avoir été inspirée par un travail de Kahane et Mandelbrojt. Comme il est bien connu, l'équation fonctionnelle de $\zeta(s)$ résulte de celle de la fonction thêta, conséquence elle-même de la formule de Poïsson ; celle-ci peut s'interpréter en disant que la distribution sur **R**, formée de masses 1 placées aux points de **Z**, est sa propre transformée de Fourier. D'après les auteurs cités, ce résultat admet une sorte de réciproque ; plus généralement, chaque fois qu'on a une équation fonctionnelle de type convenable entre deux séries de Dirichlet, on peut en conclure que deux distributions, sommes de masses ponctuelles sur **R**, sont transformées de Fourier l'une de l'autre. Delsarte fait voir qu'on peut tirer des conséquences analogues de l'équation fonctionnelle de $\zeta'(s)/\zeta(s)$. Notons $\rho = 1/2 + i\tau$ les zéros imaginaires de ζ ; si l'on admet l'hypothèse de Riemann, les τ sont réels, et les résultats de Delsarte peuvent s'interpréter comme suit : la distribution sur **R**, somme de masses 1 aux points τ, a pour transformée de Fourier la somme de masses ponctuelles placées aux points $\log(p^n)$ et d'une distribution élémentaire, explicitement connue. Entre autres applications, Delsarte tire de sa formule le prolongement analytique de la fonction $\Sigma \tau^{-s}$ comme fonction méromorphe dans tout le plan.

Dans la présente notice, nous avons essayé en quelque mesure de tenir compte des manuscrits inédits de Delsarte, dont un petit nombre seulement ont pu être retenus pour la publication. Mais, comme ses amis le savaient bien, son esprit abondait en idées originales qu'il n'a pas eu le temps ou surtout qu'il n'a pas eu l'occasion de développer et de faire aboutir. Nous nous contenterons d'en mentionner une seule. Il a toujours été vivement frappé du fait que les constantes de structure d'une algèbre de Lie de dimension donnée n forment les points d'un ensemble algébrique défini dans l'espace de dimension n^3 par des équations à coefficients entiers ; Il pensait que l'étude de cet ensemble, du point de vue de la géométrie algébrique, méritait d'être entreprise. Sur cet ensemble, le groupe linéaire GL(n) opère d'une manière évidente ; les points, lorsqu'il en existe, qui correspondent à des algèbres semi-simples jouent sans doute un rôle privilégié. Visiblement cette idée est apparentée à la notion de "schéma en groupes", qui a fait l'objet de travaux récents. Elle n'est pas sans rapport non plus, sans doute, avec les réflexions de Delsarte, dans ses dernières années, sur la classification de Mendéléief, qu'il avait cherché à interpréter, semble-t-il, au moyen de structures d'algèbres semi-simples ; parmi ses papiers se sont retrouvées sur ce sujet des ébauches dont on trouvera des extraits au Tome II de la présente édition. Les travaux réunis dans celle-ci suffiront amplement, en tout cas, à confirmer le renom de Delsarte comme l'un des meilleurs analystes et l'un des esprits les plus originaux parmi les mathématiciens de notre temps.

et formule le prolongement analytique de la fonction Z r comme fonction méromorphe dans tout le plan.

Dans la présente notice, nous avons essayé en quelque mesure de
tenir compte des manuscrits inédits de Riemann, dont un seul nombre
seulement ont pu être retenus pour la publication. Mais comme le texte
le veut est bien, des choix sera utile ou inutile sans nul doute.

[1972] Sur les formules explicites de la théorie des nombres

«Явные формулы»» в теории чисел выражают сумму значений функции в нулях L-ряда поля алгебраических чисел как сумму некоторых локальных слагаемых, соответствующих всем нормированиям этого поля. Для случая L-рядов Гекке такие формулы были раньше найдены автором. В этой работе они выводятся для рядов Артина — Гекке, соответствующих любым конечномерным представлениям группы $W_{k,K}$ — стандартного расширения группы классов иделей глобального поля K при помощи группы Галуа конечного расширения K/k. При этом оказывается, что слагаемые, соответствующие архимедовым и неархимедовым нормированиям, могут быть записаны в едином виде.

Il s'agira ici d'étendre des résultats déjà anciens [(^{6})(b)] relatifs aux fonctions L de Hecke, aux fonctions plus générales dites «d'Artin—Hecke» [v. (^{6})(a); cf. aussi (^{6}) (d), §§ 71—75 et 78]. Cette extension ne présente pas de difficulté, mais elle conduit à des formules dont la structure formelle semble mériter quelque attention. Pour la clarté de l'exposé, il va être nécessaire de reprendre d'abord quelques points de travaux antérieurs [(^{6}) (a), (^{6}) (b), (^{5}) (d)] et d'introduire quelques définitions.

1. Soit M une représentation de degré r fini d'un groupe G, c'est-à-dire une représentation de G dans $GL(r, \mathbf{C})$; soit $\chi = \mathrm{tr}\, M$ son caractère, c'est-à-dire sa trace; le degré est donné par $r = \chi(1_G)$. Si G' est un sous-groupe de G d'indice fini ν, et si M' est une représentation de G' de degré r', de caractère χ', on définit, comme on sait, une représentation M de G de degré $\nu r'$ qui est dite «induite» par M'. Si l'on prolonge χ' à G par la condition d'être 0 en dehors de G', le caractère χ de M est donné par la formule

$$\chi(g) = \sum_{\gamma \in G/G'} \chi'(\gamma^{-1} g \gamma), \tag{1}$$

où la sommation est étendue à un système complet de représentants des classes $\gamma G'$ suivant G' dans G. On écrira dans ces conditions

$$\chi = [\chi'; \ G' \to G].$$

---

* Les résultats de ce travail ont été exposés dans une conférence à l'Institut Mathématique Steklov de l'Académie des Sciences de l'URSS, le 23 avril 1971. Je suis heureux de pouvoir ici exprimer ma vive gratitude à l'Académie des Sciences de l'URSS pour sa flatteuse invitation, ainsi qu'à mes collègues de Moscou pour la cordialité et la générosité de leur accueil à l'occasion de mon séjour auprès d'eux.

4 A. ВЕЙЛЬ

Nous aurons principalement affaire à des groupes admettant un sous-groupe commutatif d'indice fini; si G est un tel groupe, il y a un morphisme φ de G sur un groupe fini $\mathfrak{g}$, de noyau commutatif H. Il est bien connu qu'alors toutes les représentations irréductibles de G sont de degré fini; toute représentation M irréductible, ou complètement réductible, de G est caractérisée à une équivalence près par son caractère $\chi = \operatorname{tr} M$; si M est irréductible, χ sera dit *premier*.

Une représentation irréductible de G sera dite *primitive* (relativement à H) si elle n'est pas «induite» par une représentation d'un groupe $G' \neq G$ entre G et H.

Soient G, φ, $\mathfrak{g}$ et H comme ci-dessus. On a le lemme:

LEMME 1. *Soit M une représentation irréductible et primitive de G dans $GL(r, \mathbf{C})$; soit Z le centre de $GL(r, \mathbf{C})$. Alors il y a un groupe fini Γ, extension centrale de $\mathfrak{g}$ par un groupe cyclique $\mathfrak{z}$, et une représentation μ de Γ dans $GL(r, \mathbf{C})$, tels que $M(G) \subset \mu(\Gamma) \cdot Z$.*

Comme M est primitive, il est bien connu que sa restriction à H est de la forme $h \to \omega(h) \cdot 1_r$, où ω est un «quasicaractère» de H (représentation de H dans $\mathbf{C}^{\times}$) invariant par les automorphismes intérieurs de G. Soit G_0 le sous-groupe de $\mathfrak{g} \times GL(r, \mathbf{C})$ formé des éléments $(\varphi(g), zM(g))$ pour $g \in G$, $z \in Z$; alors $\psi = (\varphi, M)$ est un morphisme de G dans G_0, et les projections de G_0 sur les deux facteurs de $\mathfrak{g} \times GL(r, \mathbf{C})$ sont, l'une un morphisme φ_0 de G_0 sur $\mathfrak{g}$, et l'autre une représentation M_0 de G_0 de degré r. Soit Z_0 le noyau de φ_0; il est formé des éléments $(1_\mathfrak{g}, z)$ avec $z \in Z$. Soit $\Gamma = G_0 \cap [\mathfrak{g} \times SL(r, \mathbf{C})]$; alors $G_0 = \Gamma \cdot Z_0$, et $\Gamma \cap Z_0$ est cyclique d'ordre r. En appelant μ la restriction de M_0 à Γ, on a satisfait à toutes les conditions du lemme.

R e m a r q u e. Si dans le lemme 1 on suppose que M soit unitaire (resp. que son noyau soit d'indice fini dans G), la démonstration et la conclusion restent valables lorsqu'on y remplace Z par le sous-groupe de Z déterminé par $z\bar{z} = 1_r$ (resp. par un sous-groupe cyclique fini convenable de Z).

2. On va faire servir le lemme 1 à étendre aux groupes tels que G le théorème classique de Brauer sur les groupes finis. Convenons d'appeler *élémentaire* (relativement à H) tout caractère de G de la forme $[\chi'; G' \to G]$ où G' est un groupe entre G et H et où χ' est un caractère premier de degré 1 (un «quasicaractère») de G'. Alors:

LEMME 2. *Tout caractère de G est combinaison linéaire à coefficients entiers de caractères élémentaires.*

Si une représentation M de G est «induite» par une représentation M' de G', et que G'' soit un groupe entre G et G', M est aussi «induite» par la représentation M'' de G'' «induite» par M'. En vertu de cette transitivité, il suffit de démontrer le lemme pour le caractère χ d'une représentation M irréductible et primitive. Appliquons à celle-ci le lemme 1; il est clair que μ sera aussi irréductible et primitive, donc que sa restriction à $\mathfrak{z}$ est de la forme $\zeta \to \lambda(\zeta) \cdot 1_r$, où λ est un caractère de $\mathfrak{z}$. Soit ψ le caractère de μ; en vertu du théorème de Brauer, il est combinaison linéaire, à coefficients entiers a_i, de caractères $[\psi_i; \Gamma_i \to \Gamma]$, où, pour chaque i, ψ_i est un caractère de degré 1 de Γ_i. Soit

$\Gamma'_i = \Gamma_i \cdot \mathfrak{z}$; on voit facilement que $[\psi_i; \Gamma_i \to \Gamma'_i]$ est la somme des caractères de degré 1 de Γ'_i qui coincident avec ψ_i sur Γ_i: en vertu de la transitivité rappelée plus haut, on peut donc remplacer les Γ_i par les Γ'_i, ou autrement dit supposer que $\Gamma_i \supset \mathfrak{z}$ pour tout i. Ecrivons:

$$\psi = \Sigma\, a_i\, [\psi_i;\ \Gamma_i \to \Gamma];$$

prenons la valeur des deux membres en un élément γ de Γ, et substituons $\gamma\zeta$ à γ, avec $\zeta \in \mathfrak{z}$; le premier membre est multiplié par $\lambda(\zeta)$, tandis que (par exemple en raison de (1)) les termes du second membre le sont respectivement par $\psi_i(\zeta)$. On peut donc supprimer dans la formule ci-dessus tous les termes pour lesquels la restriction de ψ_i à $\mathfrak{z}$ n'est pas λ. Pour chaque $\gamma \in \Gamma$, notons $\overline{\gamma}$ l'image de γ dans $\mathfrak{g} = \Gamma/\mathfrak{z}$; le groupe G_0 introduit dans la démonstration du lemme 1 est aussi le groupe formé des éléments $(\overline{\gamma}, z\mu(\gamma))$ pour $\gamma \in \Gamma$, $z \in Z$. Pour chaque i, soit $\mathfrak{g}_i$ l'image de Γ_i dans $\mathfrak{g}$; posons $G_i = \varphi^{-1}(\mathfrak{g}_i)$, $G_i^0 = \varphi_0^{-1}(\mathfrak{g}_i)$; G_i^0 est formé des éléments $(\overline{\gamma}, z\mu(\gamma))$ pour $\gamma \in \Gamma_i$, $z \in Z$, et on définit un caractère Ψ_i de G_i^0 en posant, pour $\gamma \in \Gamma_i$, $z \in Z$:

$$\Psi_i\,[(\overline{\gamma}, z\,\mu(\gamma))] = z\,\psi_i(\gamma),$$

puis un caractère χ_i de G_i au moyen de

$$\chi_i(g) = \Psi_i\,[(\varphi(g),\ M(g))]$$

pour tout $g \in G_i$. Il est trivial, dans ces conditions, que χ est bien donné par

$$\chi = \Sigma\, a_i\, [\chi_i;\ G_i \to G].$$

R e m a r q u e. En faisant usage de la remarque qui suit le lemme 1, on voit que le lemme 2 reste valable dans les conditions suivantes: (a) au lieu de «caractère», lire «caractère de représentation unitaire»; au lieu de «caractère élémentaire», lire «caractère induit par un caractère de degré 1, de valeur absolue 1»; (b) au lieu de «caractère», lire «caractère d'une représentation de noyau d'indice fini»; au lieu de «caractère élémentaire», lire «caractère induit par un caractère de degré 1 d'ordre fini».

3. On dira qu'un groupe topologique G est *modulé* si l'on s'est donné, en même temps que G, un morphisme propre non trivial $g \to |g|$ de G dans $\mathbf{R}_+^\times$; le noyau G_0 de ce morphisme est donc compact; on dira que $|g|$ est le *module* de g. On identifiera G/G_0 à l'image de G dans $\mathbf{R}_+^\times$ par ce morphisme: c'est, soit $\mathbf{R}_+^\times$, soit un sous-groupe infini discret de $\mathbf{R}_+^\times$; suivant le cas, on dira que G est *continûment* ou *discrètement* modulé. Dans ce dernier cas, G/G_0 a un générateur $\mu > 1$ qui sera dit le *module* du groupe G, et tout élément f de G tel que $|f| = \mu^{-1}$ sera dit *frobénien*. Pour tous les groupes discrètement modulés qui se présenteront par la suite, le module sera de la forme p^n, où p est un nombre premier et n est un entier $\geqslant 1$.

Soit G un groupe modulé; pour tout m réel >1, soit $G(m)$ la partie compacte de G donnée par $1 \leqslant |g| \leqslant m$; on peut, d'une manière et d'une seule, choisir la mesure de Haar sur G de façon que la mesure de $G(m)$ soit $\log m + O(1)$ pour $m \to +\infty$. Cette mesure sera dite *canonique*; c'est elle qu'on conviendra une fois pour toutes d'adopter sur tout groupe modulé, en la notant dg. On notera $d_0(g_0)$ la mesure de Haar sur le sous-groupe compact maximal G_0 de G, normalisée de sorte que la mesure de G_0 soit 1. Le groupe G/G_0 étant lui-même considéré comme groupe modulé au moyen de son injection naturelle dans $\mathbf{R}_+^\times$, on aura, pour toute fonction F sur G:

$$\int\limits_{G} F(g)\,dg = \int\limits_{G/G_0} \left[\int\limits_{G_0} F(gg_0)\,d_0(g_0) \right] d\dot{g}, \tag{2}$$

où $\dot{g} = |g|$ est l'image de g dans G/G_0, et où la fonction entre crochets est considérée comme fonction de $\dot{g}$. En particulier, si G est discrètement modulé de module μ, la mesure canonique de G_0 est $\log \mu$.

Un groupe modulé commutatif est quasicompact au sens de $(^6)$ (c), Chap. VII—3. En général, si G est un groupe modulé quelconque, on désignera par G^c son «groupe des commutateurs topologique» (adhérence dans G du sous-groupe engendré par les commutateurs d'éléments de G); on peut alors considérer G/G^c comme modulé lui-même par $g \to |g|$; il est donc quasicompact. Pour tout $s \in \mathbf{C}$, on posera $\omega_s(g) = |g|^s$; les représentations ω_s de G dans $\mathbf{C}^\times$ seront dites *principales*; ce sont celles qui sont triviales sur G_0. Soit ω une représentation quelconque de G dans $\mathbf{C}^\times$; elle détermine d'une manière évidente une représentation de G/G^c dans $\mathbf{C}^\times$ (c'est-à-dire un «quasicaractère» de G/G^c); de plus, il y a un $\sigma \in \mathbf{R}$ et un seul tel que $\omega_{-\sigma}\omega$ soit de valeur absolue 1, donc détermine un «caractère» de G/G^c au sens usuel.

4. Soit M une représentation du groupe modulé G dans $GL(r, \mathbf{C})$; sa restriction M_0 au groupe compact G_0 est complètement réductible; l'espace de représentation $\mathbf{C}^r$ de M se décompose d'une manière unique en somme directe de deux sous-espaces X, Y stables par M_0 tels que M_0 opère trivialement sur X et ne laisse invariant aucun vecteur $y \neq 0$ dans Y. Comme G_0 est invariant dans G, X et Y sont stables par M.

En particulier, si la restriction M_0 de M à G_0 ne contient pas la représentation triviale, c'est-à-dire si $X = \{0\}$, on aura, comme on sait, quel que soit $g \in G$:

$$\int\limits_{G_0} M(gg_0)\,d_0(g_0) = M(g) \int\limits_{G_0} M(g_0)\,d_0(g_0) = 0,$$

et par suite, si $\chi = \operatorname{tr} M$:

$$\int\limits_{G_0} \chi(gg_0)\,d_0(g_0) = 0. \tag{3}$$

Il revient au même de dire qu'on a alors:

$$\int_G F(|g|)\chi(g)\,dg = 0$$

quelle que soit la fonction F sur G/G_0. Il en est ainsi en particulier, d'après ce qu'on a vu plus haut, chaque fois que M est irréductible et non principale, c'est-à-dire chaque fois que χ est premier et non principal.

Supposons G modulé discrètement; soit f frobénien dans G, et soient X, Y définis comme plus haut. Alors $M(f)$ détermine sur X un automorphisme M_X indépendant du choix de f; par définition, le polynome caractéristique det $(1_X - t. M_X)$ de M_X s'appellera *le polynome caractéristique de M sur G.*

LEMME 3. *Soient G et M comme ci-dessus; soit $\chi = $ tr M, et soit $L(t)$ le polynome caractéristique de M sur G. Alors*:

$$d\log L(t) = -\frac{dt}{t}\sum_{n=1}^{\infty} t^n \int_{G_0} \chi(f^n g_0)\,d_0(g_0).$$

Comme M est somme de deux représentations N_X, N_Y opérant respectivement sur X et sur Y, il suffit de faire la démonstration pour celles-ci. Soient $\mu_1, ..., \mu_m$ les racines caractéristiques de $M_X = N_X(f)$; on a $L(t) = \Pi(1 - \mu_i t)$ et $N_X(f^n g_0) = M_X^n$, donc tr $N_X(f^n g_0) = \Sigma\mu_i^n$ pour tout $g\in G_0$. En ce qui concerne N_Y, il suffit d'appliquer (3).

5. Il est clair que tout sous-groupe fermé G' d'indice fini d'un groupe modulé G est lui-même modulé par la restriction de $|g|$ à G'; les caractères principaux de G' sont les restrictions à G' de ceux de G. Si G est discrètement modulé, il en est de même de G', mais bien entendu G et G' n'ont pas nécessairement même module.

Les groupes les plus importants pour nous sont les groupes modulés admettant un sous-groupe commutatif fermé d'indice fini; on peut leur appliquer les résultats des §§ 1—2. En particulier:

LEMME 4. *Soit M une représentation irréductible d'un groupe modulé G admettant un sous-groupe commutatif fermé d'indice fini. Alors il y a un $\sigma\in\mathbf{R}$ et un seul tel que $M\omega_{-\sigma}$ soit équivalent à une représentation unitaire. Si de plus G est totalement discontinu, il y a $s\in\mathbf{C}$ tel que $M\omega_{-s}$ soit à noyau d'indice fini.*

Comme pour la démonstration du lemme 2, on se ramène immédiatement au cas où M est primitive. Appliquons alors le lemme 1; Γ étant fini, il y a une forme hermitienne A sur $\mathbf{C}^r$, invariante par $\mu(\Gamma)$; il s'ensuit que, pour tout $g\in G$, l'automorphisme $M(g)$ de $\mathbf{C}^r$ multiplie A par un facteur scalaire $\lambda(g) > 0$. Il est évident que λ est une représentation de G dans $\mathbf{R}_+^\times$, donc de la forme $\omega_{2\sigma}$ avec $\sigma\in\mathbf{R}$. Cela démontre la première assertion. Si G est totalement discontinu, il est clair qu'il est modulé discrètement, donc engendré par G_0 et un élément frobénien f. Le noyau de la restriction de M à G_0 est d'indice fini; d'autre part, $M(f)$ ne diffère de l'une des matrices de $\mu(\Gamma)$, donc d'une matrice d'ordre fini dans $GL(r, \mathbf{C})$, que par un facteur scalaire λ; alors tout s tel que $\omega_s(f) = \lambda$ a la propriété requise.

6. On va considérer maintenant un p-corps commutatif K (extension de degré fini de $\mathbf{Q}_p$, ou bien corps de séries formelles à une indéterminée sur un corps fini $\mathbf{F}_q$ de caractéristique p). Soit K_{sep} la «clôture séparable» de K; soit K_0 l'extension non ramifiée maximale de K dans K_{sep}, engendrée par les racines de l'unité d'ordre premier à p. Soit $\mathfrak{K}$ un corps entre K_0 et K_{sep}, galoisien sur K; soit G_0 son groupe de Galois sur K_0 avec sa topologie usuelle, et soit φ un automorphisme de $\mathfrak{K}$ induisant sur K_0 l'automorphisme de Frobenius de K_0 sur K. Dans ces conditions [cf. (6) (c′), Appendice II] on appellera *W-groupe de $\mathfrak{K}$ sur K* le groupe W d'automorphismes de $\mathfrak{K}$ engendré par G_0 et φ, *topologisé* de telle sorte que W/G_0 soit discret (donc isomorphe à $\mathbf{Z}$) et *modulé* comme suit. Soit $w \in W$: il y a un nombre Q de la forme q^n, où q est le module de K et où $n \in \mathbf{Z}$, tel que, pour toute racine μ de 1 d'ordre premier à p dans $K_0^\times$, on ait $\mu^w = \mu^Q$; alors on pose $|w| = Q^{-1}$. Ainsi W est discrètement modulé de module q, et φ en est bien un élément frobénien.

La plupart des propriétés «fonctorielles» des groupes de Galois se transportent trivialement aux W-groupes. Le cas le plus important est celui où on prend pour $\mathfrak{K}$ l'extension abélienne maximale L_{ab} d'une extension galoisienne L de K de degré fini; on notera alors $W_{K,L}$ le W-groupe de L_{ab} sur K. Si $L = K$, il résulte du théorème fondamental du «corps de classes local» [cf. (3), Chap. XIV, ou bien (6) (c), Chap. XII] que $W_{K,K}$ s'identifie canoniquement au groupe $K^\times$, celui-ci étant modulé par mod_K.

Plus généralement, soit L galoisien de degré n sur K. D'après ce qui précède, $W_{K,L}$ peut être considéré comme extension par $L^\times = W_{L,L}$ du groupe de Galois $\mathfrak{g}$ de L sur K. On démontre que la classe de cohomologie qui détermine cette extension est la classe dite «fondamentale», générateur privilégié de $H^2(\mathfrak{g}, L^\times)$. Mais il est plus utile pour nous de savoir que la structure de $W_{K,L}$ est donnée comme suit par le théorème de Shafarevitch [v. (7) ou bien (6), (c′), Appendice III]. Soit A l'algèbre à division de centre K, de dimension n^2 sur K, d'invariant $h(A) = e^{2\pi i/n}$; on modulera $A^\times$ par $|a| = \text{mod}_K(\nu(a))$, où ν est la norme *réduite* prise dans A sur K, de sorte qu'on a $\text{mod}_A(a) = |a|^n$; le module de $A^\times$ est q (tandis que, d'après les définitions de (6) (c), Chap. I, celui de A serait q^n). On peut, d'une seule manière à un automorphisme intérieur près de A, plonger L dans A; pour $x \in L^\times$, on a alors $|x| = \text{mod}_L(x)$, et $W_{K,L}$ s'identifie canoniquement (toujours à un automorphisme intérieur près) au normalisateur de $L^\times$ dans $A^\times$, modulé par $|a|$.

Soit d'autre part K un corps local «archimédien», donc $\mathbf{R}$ ou $\mathbf{C}$. Par définition, on posera $W_{K,K} = K^\times$, le module étant mod_K; en particulier, $|x| = x\bar{x}$ si $K = \mathbf{C}$. Soit maintenant L une extension galoisienne de K, autre que K; on a donc $K = \mathbf{R}$, $L = \mathbf{C}$. Soit A l'algèbre à division sur K, d'invariant $h(A) = -1$; c'est algèbre des quaternions «usuels», définie par la base $\{1, i, j, k\}$ avec la table de multiplication bien connue; on plonge L dans A en posant $L = K(i)$. Comme plus haut, on module $A^\times$ au moyen de $|a| = \text{mod}_K(\nu(a))$, donc par $|a| = a\bar{a}$ si $a \to \bar{a}$ est l'antiautomorphisme usuel de A.

Alors, par définition, $W_{K, L}$ sera le normalisateur de $L^\times$ dans $A^\times$, donc le groupe engendré par $L^\times$ et par j: on a $j^2 = -1$, $j^{-1}xj = \bar{x}$ pour $x \in L^\times$, et $|j| = 1$.

7. Passons au cas d'un A-corps (ou «corps global») k. Supposons d'abord que k soit de caractéristique $p > 1$; c'est donc un corps de fonctions algébriques (de dimension 1) sur un corps de constantes $\mathbf{F}_q$. Soit k_0 l'extension de k dans k_{sep} par la clôture algébrique de $\mathbf{F}_q$, ou, ce qui revient au même, par les racines de 1 d'ordre premier à p. Alors ,si $\Re$ est un corps entre k_0 et k_{sep}, galoisien sur k, on définira le W-groupe de $\Re$ sur k au moyen de k, k_0, $\Re$ exactement comme on a fait au moyen de K, K_0, $\Re$ au § 6. On écrira de nouveau $W_{k,K}$ pour le W-groupe de K_{ab} sur k lorsque K est une extension galoisienne de k de degré fini. En vertu du théorème fondamental du «corps de classes» (cf. e. g. (^{6}) (c), Chap. XIII), $W_{k,k}$ s'identifie canoniquement au groupe $k_A^\times/k^\times$ des classes d'idèles de k modulé de la manière usuelle.

Lorsque k est un corps de nombres algébriques, la construction des groupes $W_{k,K}$ ne peut s'effectuer par les seuls moyens de la théorie de Galois, à cause des places à l'infini; nous nous contenterons d'indications très sommaires, renvoyant à (^{6}) (a) (ou bien à (^{1})) pour un exposé détaillé. Par définition, on prendra pour $W_{k,k}$ le groupe $k_A^\times/k^\times$ des classes d'idèles de k, modulé (continument, bien entendu) de la manière usuelle. Si K est une extension galoisienne de k de degré fini, de groupe de Galois $\mathfrak{g}$, on prend pour $W_{k,K}$ l'extension de $\mathfrak{g}$ par $W_{K,K} = K_A^\times/K^\times$ déterminée, comme pour $p > 1$, par la classe de cohomologie «fondamentale», générateur privilégié de $H^2(\mathfrak{g},\, K_A^\times/K^\times)$; ce groupe sera modulé comme suit. La correspondance «de type galoisien» entre les corps entre k et K et leurs W-groupes détermine en particulier un homomorphisme canonique φ de $W_{k,K}$ sur $W_{k,k}$, de noyau $(W_{k,K})^c$; alors, pour $w \in W_{k,K}$, on posera $|w| = |\varphi(w)|$, le second membre étant pris au sens de $W_{k,k} = k_A^\times/k^\times$. On vérifie que, pour $k \subset k' \subset K$, l'identification canonique de $W_{k',K}$ avec un sous-groupe de $W_{k,K}$, et, lorsque k' est galoisien sur k, l'homomorphisme canonique de $W_{k,K}$ sur $W_{k,k'}$ conservent les modules. En revanche, il n'en est pas de même de l'injection «naturelle» de $W_{k,k}$ sur un sous-groupe de $W_{k',k'}$, qui doit plutôt être considérée comme le «transfert» de $W_{k,K}/(W_{k,K})^c$ dans $W_{k',K}/(W_{k',K})^c$.

8. Par k on désignera désormais un A-corps choisi une fois pour toutes; on notera p sa caractéristique, et, si $p > 1$, on notera q le nombre d'éléments de son corps des constantes. Soit K une extension galoisienne de k de degré fini; dans ce qui suit, on écrira simplement W au lieu de $W_{k,K}$; on notera W_0 le noyau de $w \to |w|$ dans W. Comme on a vu, W/W^c s'identifie canoniquement à $W_{k,k} = k_A^\times/k^\times$, et W est de module q si $p > 1$.

Soit v une place de k; les places de K au dessus de v se déduisent les unes des autres par les automorphismes de K sur k; soit w l'une d'elles. Il est clair, pour $p > 1$, et on démontre pour $p = 0$ (v. (^{6}) (a); cf. aussi (^{6}) (d), § 73) qu'on peut plonger W_{k_v, K_w} dans W; ce plongement est canonique, à un automorphisme intérieur près de W, et conserve le module. On écrira W_v pour le groupe W_{k_v, K_w} ainsi plongé dans W, et on posera $W_v^0 = W_v \cap W_0$; de plus, pour chaque place v finie, on choisira un élément frobénien f_v de W_v.

Soit M une représentation de W de caractère χ. Pour chaque place v de k, soient M_v, χ_v les restrictions de M et χ à W_v. On leur attachera comme suit un «facteur local» $L_v(\chi, s)$:

(I) Pour chaque place finie v, soit q_v le module de k_v, qui est aussi celui de W_v; soit $L_v(t)$ le polynome caractéristique de M_v sur W_v, au sens du § 4. On pose alors:

$$L_v(\chi, s) = L_v(q_v^{-s})^{-1}.$$

(II) Si v est une place infinie, on écrira χ_v comme somme de caractères premiers α_t, et on prendra $L_v(\chi, s) = \prod L_{\alpha_t}(s)$, les facteurs de ce produit étant choisis comme suit:

(a) Si $k_v = K_w = \mathbf{R}$, donc $W = \mathbf{R}^\times$, tous les α_t sont de degré 1; soit α l'un d'eux. On peut écrire $\alpha(x) = |x|^\eta$ ou $\alpha(x) = x^{-1}|x|^\eta$ avec $\eta \in \mathbf{C}$, suivant que $\alpha(-1)$ est 1 ou -1. On prend alors $L_\alpha(s) = \pi G_1(s+\eta)$, où $G_1(s)$ est la fonction $\pi^{-s/2}\Gamma(s/2)$.

(b) Si $k_v = K_w = \mathbf{C}$, donc $W_v = \mathbf{C}^\times$, les α_t sont encore de degré 1. Si α est l'un d'eux, on peut l'écrire, soit $\alpha(x) = x^{-m}(x\bar{x})^\eta$, soit $\alpha(x) = \bar{x}^{-m}(x\bar{x})^\eta$, avec $\eta \in \mathbf{C}$, $m \in \mathbf{Z}$, $m \geqslant 0$; on prend $L_\alpha(s) = \pi G_2(s+\eta)$, où $G_2(s) = (2\pi)^{1-s}\Gamma(s)$.

(c) Si $k_v = \mathbf{R}$, $K_w = \mathbf{C}$, on a vu qu'on a $W_v = \mathbf{C}^\times \cup j\mathbf{C}^\times$ avec $j^2 = -1$, $xj = j\bar{x}$ pour $x \in \mathbf{C}^\times$; W_v admet l'homomorphisme τ sur $\mathbf{R}^\times$ donné par $\tau(x) = x\bar{x}$ pour $x \in \mathbf{C}^\times$, $\tau(j) = -1$. Les α_t sont de degré 1 ou 2; soit α l'un d'eux. Si α est de degré 1, il est de la forme $\beta \circ \tau$, où β est un caractère de $\mathbf{R}^\times$, et on prend pour L_α la fonction L_β définie comme dans (a). Si α est de degré 2, il est 0 sur $j\mathbf{C}^\times$, et sur $\mathbf{C}^\times$ il est de la forme $\beta(x) + \beta(\bar{x})$, où β est un caractère de $\mathbf{C}^\times$; alors on prend pour L_α la fonction L_β définie comme dans (b).

On notera que, si $p > 1$, il n'y a pas de places à l'infini, et tous les q_v sont de la forme q^n, de sorte que $L_v(s)$ est périodique de période $2\pi i(\log q)^{-1}$ quel que soit v; on posera alors $P = 2\pi(\log q)^{-1}$, et on dira que iP est *la période de k*.

9. Nous poserons maintenant

$$\Lambda_k(\chi, s) = \prod_v L_v(\chi, s),$$

le produit étant étendu à toutes les places de k; nous désignerons par $L_k(\chi, s)$ le produit analogue étendu aux seules places finies. Si $p > 1$, Λ_k ne diffère pas de L_k et est périodique de période iP. Il est clair que l'on a, quels que soient les caractères χ_1, χ_2 de W:

$$\Lambda_k(\chi_1 + \chi_2, s) = \Lambda_k(\chi_1, s)\Lambda_k(\chi_2, s)$$

et, pour tout caractère principal ω_a de W, et tout χ:

$$\Lambda_k(\chi\omega_a, s) = \Lambda_k(\chi, a+s). \tag{4}$$

De plus, si $\sigma \in \mathbf{R}$ est pris tel que $\chi\omega_{-\sigma}$ soit le caractère d'une représentation unitaire (comme dans le lemme 4, § 5), les produits pour L_k et Λ_k sont convergents et $\neq 0$ dans $\mathrm{Re}(s) > 1 + \sigma$. Nous rappelons les résultats suivants [cf. ([6]) (a), ([6]) (d)]:

(a) Si χ est de degré 1, on peut le considérer comme caractère de W/W^c, donc de $k_A^\times/k^\times$. Alors $L_k(\chi, s)$ est la fonction de Hecke «usuelle» attachée à ce caractère de $k_A^\times/k^\times$, et $\Lambda_k(\chi, s)$ est la même fonction munie des «facteurs gamma» qul l'accompagnent dans son équation fonctionnelle.

(b) Soient k' un corps entre k et K, χ' un caractère de $W' = W_{k',K}$, et $\chi = [\chi'; W' \to W]$. Alors $\Lambda_k(\chi, s) = \Lambda_{k'}(\chi', s)$. Il s'ensuit que, pour tout caractère élémentaire, $\Lambda_k(\chi, s)$ est une fonction de Hecke usuelle, donc, d'après le lemme 2 du § 2, que toutes les fonctions $\Lambda_k(\chi, s)$ sont méromorphes dans tout le plan et satisfont à des équations fonctionnelles. Celles-ci se déduisent aussitôt (cf. ([5]) et ([6]) (d), §§ 75 et 78) des équations connues pour les fonctions de Hecke, et s'écrivent:

$$\Lambda_k\left(\chi, \frac{1}{2} + s\right) = \eta(\chi)\, \Lambda_k\left(\hat{\chi}, \frac{1}{2} - s\right) \big| f(\chi)\, d^{\chi(1)} \big|^s, \tag{5}$$

où les notations sont les suivantes. On a noté $\hat{\chi}$ le caractère de la représentation ${}^t M^{-1}$ de W «contragrédiente» de M, de sorte que $\hat{\chi}(w) = \chi(w^{-1})$ pour $w \in W$. On a noté d un idèle «différental» de k, de sorte que $|d|^{-1}$ est au signe près le discriminant de k si $p = 0$ et a la valeur q^{2g-2} si k est un corps de fonctions de genre g (cf. ([6]) (c), Chap. VII—2, prop. 6). On a noté $f(\chi)$ un idèle dont le diviseur est le «conducteur» de χ (cf. ([6]) (d), § 73); il en sera plus amplement question au § 15. Enfin $\eta(\chi)$ est une constante qui a fait l'objet d'importants travaux de Dwork et de Langlands, mais dont la valeur ne nous intéresse pas ici.

10. D'après le lemme 3 du § 4, et la remarque qui suit le lemme 2 au § 2, on ne restreint par la généralité en se bornant une fois pour toutes aux caractères des représentations unitaires de W; c'est ce que nous ferons désormais, de sorte qu'en particulier il sera sous-entendu que tout caractère principal est de la forme ω_{ib} avec $b \in \mathbf{R}$. Dans ces conditions, les produits infinis L_k, Λ_k convergent pour $\mathrm{Re}(s) > 1$; de plus, on a $\hat{\chi} = \bar{\chi}$ pour tout χ, et par suite

$$\overline{\Lambda_k(\chi, s)} = \Lambda_k(\hat{\chi}, \bar{s}). \tag{6}$$

D'après (5), $\Lambda_k(\chi, s)$ est donc holomorphe et $\neq 0$ en dehors de la «bande critique» $0 \leqslant \mathrm{Re}(s) \leqslant 1$.

La fonction $L_k(1, s)$ n'est autre que la fonction zêta de k; d'après (4) on en conclut que, si χ est principal, donc de la forme ω_{ib} avec $b \in \mathbf{R}$, la fonction $\Lambda_k(\chi, s)$ est $\neq 0$ sur $\mathrm{Re}(s) = 0$ et $\mathrm{Re}(s) = 1$ et n'a sur ces droites d'autre pôle que $s = -ib$, $s = 1 - ib$ si $p = 0$, ou ces mêmes points modulo la période iP si $p > 1$; ces pôles sont simples. Si χ est de degré 1 et non principal, on sait (cf. e. g. ([6]) (c), Chap. XIII—12) que $\Lambda_k(\chi, s)$ est sans zéro ni pôle sur $\mathrm{Re}(s) = 0$ et $\mathrm{Re}(s) = 1$, et holomorphe partout. D'après le lemme 2, $\Lambda_k(\chi, s)$ ne peut donc en tout cas avoir qu'un nombre fini de zéros et de pôles sur ces droites, si $p = 0$; bien entendu, si $p > 1$, cette fonction n'a même qu'un nombre fini de zéros et de pôles modulo iP dans tout le plan.

11. P r o p o s i t i o n 1. *Soit χ le caractère d'une représentation unitaire de W. Pour tout α tel que $\mathrm{Re}(\alpha) = 0$, soit $n(\chi, \alpha)$ l'ordre de $\Lambda_k(\chi, s)$ en $s = \alpha$. Alors on a, pour toute fonction F sur W/W_0:*

$$\int_W F(|w|)\, \chi(w)\, dw = -\sum_\alpha n(\chi, \alpha) \int_{W/W_0} F(v)\, v^{-\alpha} dv, \qquad (7)$$

!a somme étant étendue à tous les points de $\mathrm{Re}(\alpha) = 0$ si $p = 0$, et à ces mêmes points modulo iP si $p > 1$.

Comme au § 3, dw et dv désignent ici les mesures canoniques sur W et W/W_0. D'après (2), (7) revient à dire qu'on a

$$\int_{W_0} \chi(ww_0)\, d_0(w_0) = -\sum n(\chi, \alpha)\, |w|^{-\alpha}$$

pour tout $w \in W$. C'est évident si χ est principal, d'après ce qui précède, et aussi si χ est de degré 1 et non principal, pour les mêmes raisons.

Soit maintenant $\chi = [\chi'; W' \to W]$, où $W' = W_{k',K}$ avec k' entre k et K; W' est un sous-groupe ouvert de W, d'indice $[k':k]$, et on a, d'après (1) du § 1:

$$\int_W F(|w|)\, \chi(w)\, dw = [W:W'] \int_{W'} F(|w'|)\, \chi'(w')\, dw',$$

où au second membre dw' désigne la restriction de dw à W'. Soit $d'w'$ la mesure canonique sur W'. Choisissons dans W des représentants w_i des classes suivant W'; soit m réel > 1; soit $W(m)$ la partie compacte de W définie par $1 \leqslant |w| \leqslant m$. On a alors $W(m) = \bigcup v_i W'_i(m)$, où W'_i est la partie de W' définie par $1 \leqslant |v_i w'| \leqslant m$. Pour $m \to +\infty$, par définition de la mesure canonique, la mesure de $W(m)$ pour dw, et celle de chacun des $W'_i(m)$ pour $d'w'$, sont de la forme $\log m + O(1)$. Donc $d'w' = [W:W']\, dw'$ sur W'. Par suite, le premier membre de (7) n'est pas changé si on y substitue W', w', χ' à W, w, χ. Comme $\Lambda_k(\chi, s)$ n'est autre que $\Lambda_{k'}(\chi', s)$, il en est de même du second membre, si $p = 0$; pour obtenir la même conclusion pour $p > 1$, nous procédons comme suit. Soit $q' = q^n$ le module de W', c'est-à-dire le nombre d'éléments du corps des constantes de k'; la période de k' est alors $iP' = iP/n$; W/W_0 et W'/W'_0 sont respectivement engendrés par q et par q^n, et la mesure canonique $d'v'$ sur W'/W'_0 est la restriction de la mesure $n.dv$ sur W/W_0. Au second membre de (7), groupons ensemble les termes relatifs aux points α congrus entre eux modulo iP'; $n(\chi, \alpha)$ a même valeur pour ces termes, et il est immédiat que pour eux $\Sigma v^{-\alpha}$ est $n.v^{-\alpha}$ ou 0 suivant que v est ou non dans W'/W'_0. On en tire bien la conclusion annoncée. D'après ce qu'on a vu précédemment, il s'ensuit que la proposition est vraie pour tout caractère élémentaire, donc aussi dans le cas général d'après le lemme 2 du § 2.

C o r o l l a i r e. *Si χ est un caractère premier non principal, $\Lambda_k(\chi, s)$ est sans zéro ni pôle en dehors de la bande $0 < \mathrm{Re}(s) < 1$.*

C'est évident d'après la proposition 1 et (3) du § 4.

12. Les questions que nous allons aborder maintenant peuvent être traitées plus élémentairement pour les corps de fonctions que pour les corps de nombres; c'est sur ceux-ci que nous porterons notre attention, en indiquant chaque fois entre crochets les modifications à faire quand p est >1. On sait d'ailleurs que dans ce dernier cas les fonction $\Lambda_k(\chi,\,s)$ sont des fonctions rationnelles en q^{-s}, et même des polynomes si χ est premier non principal, et que tous leurs zéros sont sur $\mathrm{Re}(s)=1/2$.

Les notations étant comme précédemment, nous identifierons encore W/W_0 avec l'image de W dans $\mathbf{R}_+^\times$ au moyen de $w \to |w|$, donc avec $\mathbf{R}_+^\times$ lui-même si $p=0$ [et avec le sous-groupe de $\mathbf{R}_+^\times$ engendré par q, si $p>1$]. Ce groupe sera noté N: comme toujours, nous y adoptons la mesure canonique au sens du § 3; pour éviter toute confusion, nous la noterons $d^\times v$; si $p=0$, c'est $d(\log v)$ au sens usuel [si $p>1$, c'est la mesure pour laquelle chaque élément a la mesure $\log q$]. Soit F une fonction sur N; on posera

$$\Phi(s) = \int_N F(v)\, v^{\frac{1}{2}-s}\, d^\times v. \tag{8}$$

Nous supposerons qu'il y a $b > \frac{1}{2}$ tel que $F(v)$ soit $O(v^b)$ pour $v \to 0$ et $O(v^{-b})$ pour $v \to +\infty$. Alors, si $\frac{1}{2} < A < b$, Φ est holomorphe dans la bande $\frac{1}{2}-A \leqslant \mathrm{Re}(s) \leqslant \frac{1}{2}+A$ [et périodique de période iP si $p>1$]. Ecrivant suivant l'usage $s = \sigma + it$ avec σ, t réels, on supposera de plus (pour $p=0$, bien entendu) que $\Phi(s)$ est uniformément $O(|t|^{-1-\varepsilon})$, avec $\varepsilon > 0$, pour $|\sigma - \frac{1}{2}| \leqslant A$: et on supposera F continue sur N, et de classe C^1 dans un voisinage de 1. On peut assurément élargir ces hypothèses (qui sont un peu plus strictes que celles de $(^6)$(b)); mais, du point de vue formel qui est le nôtre ici, on pourrait tout aussi bien, au contraire, prendre F indéfiniment différentiable à support compact, Φ étant alors holomorphe pour tout s et $O(|t|^{-n})$ pour tout n dans toute bande $A' \leqslant \sigma \leqslant A''$. En tout cas, pour $v \in N$, l'intégrale

$$\int \Phi(\sigma + it)\, v^{\sigma+it} dt,$$

prise de $t=-\infty$ à $t=+\infty$ [de $t=0$ à $t=P$, si $p>1$] est indépendante de σ pour $|\sigma - \frac{1}{2}| \leqslant A$; on obtient sa valeur, par exemple au moyen de la formule d'inversion de l'intégrale de Fourier [de la série de Fourier, si $p>1$] en y faisant $\sigma = \frac{1}{2}$. Cela donne:

$$\int \Phi(\sigma + it)\, v^{\sigma+it} dt = 2\pi v^{\frac{1}{2}} F(v). \tag{9}$$

13. Soit toujours χ le caractère d'une représentation unitaire de W. Pour chaque ρ dans la bande $0 \leqslant \mathrm{Re}(s) \leqslant 1$, soit $N(\chi,\,\rho)$ l'ordre de $\Lambda_k(\chi,\,s)$ en $s=\rho$; en particulier, on a, pour $\mathrm{Re}(\alpha)=0$, $N(\chi,\,\alpha)=n(\chi,\,\alpha)$, puis, d'après (5) et (6), $N(\chi,\,1+\alpha)=n(\chi,\,\alpha)$.

14 A. ВЕЙЛЬ

Le but du présent travail est d'évaluer la somme

$$S(\chi, F) = \sum_{\rho} N(\chi, \rho) \Phi(\rho) \tag{10}$$

étendue à tous les points ρ *intérieurs* à la bande en question [ou, si $p > 1$, à ces points pris modulo iP]. La série (10) est absolument convergente; il est bien connu en effet, pour les fonctions de Hecke, que le nombre de leurs zéros $\rho = \sigma + it$ avec $T \leqslant t \leqslant T+1$ est $O(\log|T|)$ pour $T \to +\infty$, et cette conclusion s'étend aussitôt aux zéros et aux pôles de $\Lambda_k(\chi, s)$ au moyen du lemme 2.

Soit R le rectangle $|\sigma - \frac{1}{2}| \leqslant A, T \leqslant t \leqslant T'$; soient R', R_0, R_1 ses intersections avec $0 < \sigma < 1$ et avec les droites $\sigma = 0$, $\sigma = 1$, respectivement. Soit C le contour de R orienté positivement; écrivons $C = C' + C''$, où C' est formé des côtés verticaux et C'' des côtés horizontaux. Posons

$$I = \frac{1}{2\pi i} \int_C \Phi(s) \, d\log \Lambda_k(\chi, s),$$

d'où $I = I' + I''$ si I', I'' sont les intégrales analogues prises respectivement sur C' et sur C''. On a $I = S' + S_0 + S_1$ si S', S_0, S_1 sont les sommes des termes de (10) relatifs aux points $\rho \in R'$, $\rho \in R_0$, $\rho \in R_1$, respectivement.

Des évaluations classiques (cf. e. g. ([6]) (b)) permettent de voir, pour les fonctions de Hecke, que I'' tend vers 0 pour $T \to -\infty$, $T' \to +\infty$, et cette conclusion s'étend aussitôt au cas général au moyen du lemme 2 [pour $p > 1$, on a $I'' = 0$ en prenant $T' = T + P$]: dans les mêmes conditions, I' tend vers l'intégrale J analogue à I, prise sur la frontière de la bande $|\sigma - \frac{1}{2}| \leqslant$ $\leqslant A$ (intégrale qui est absolument convergente sur $\sigma = \frac{1}{2} + A$ en raison d'évaluations triviales, puis sur $\sigma = \frac{1}{2} - A$ d'après (5) et (6)), et S' tend vers $S(\chi, F)$ [pour $p > 1$, $T' = T + P$, on a $S' = S(\chi, F)$ et on pose $J = I$]. Enfin, pour $-T$ et T' assez grands [pour $T' = T + P$, si $p > 1$], S_0 et S_1 ont respectivement pour valeurs:

$$s_0 = \sum n(\chi, \alpha) \Phi(\alpha), \quad s_1 = \sum n(\chi, \alpha) \Phi(1 + \alpha),$$

où la sommation est prise comme dans la proposition 1: en appliquant celle-ci, on trouve immédiatement, d'après (8):

$$s_0 + s_1 = - \int_W F(|w|) \chi(w) [\, |w|^{1/2} + |w|^{-1/2}\,] \, dw. \tag{11}$$

Ecrivons $J = J_+ + J_-$, où J_+, J_- sont les parties de J relatives à $\sigma = \frac{1}{2} + A$ et à $\sigma = \frac{1}{2} - A$, respectivement. On a:

$$J_\pm = \pm \frac{1}{2\pi i} \int \Phi\left(\frac{1}{2} \pm A + it\right) d\log \Lambda_k\left(\chi, \frac{1}{2} \pm A + it\right),$$

les intégrales étant prises de $t=-\infty$ à $t=+\infty$ [de $t=T$ à $t=T+P$, si $p>1$]. Dans la formule pour J_-, appliquons l'équation fonctionnelle (5), combinée avec (6). Posant pour abréger $\lambda(t)=\log\Lambda_k(\chi,\frac{1}{2}+A+it)$, on obtient:

$$J_- = -\frac{1}{2\pi i}\int\Phi\left(\frac{1}{2}-A+it\right)d\overline{\lambda(t)} - \frac{1}{2\pi}\log|f(\chi)\,d^{\chi(1)}|\cdot\int\Phi\left(\frac{1}{2}-A+it\right)dt.$$

D'après (9), la dernière integrale est égale à $F(1)$. Posons donc:

$$J_0 = \frac{1}{2\pi i}\int\Phi\left(\frac{1}{2}+A+it\right)d\lambda(t) - \Phi\left(\frac{1}{2}-A+it\right)d\overline{\lambda(t)}; \qquad (12)$$

$S(\chi, F)$ est alors donné par la formule

$$S(\chi, F) = J_0 - (s_0+s_1) - F(1)\log|f(\chi)\,d^{\chi(3)}|. \qquad (13)$$

14. Dans (12), remplaçons $\lambda(t)$ par sa définition, c'est-à-dire Λ_k par le produit de ses facteurs locaux. Pour toute place finie v, on a, d'après le lemme 3 du § 4:

$$\frac{d}{ds}\log\Lambda_v(\chi,s) = -\log q_v\sum_1^\infty q_v^{-ns}\int_{W_v^0}\chi_v(f_v^n w_0)\,d_0(w_0).$$

Comme M est unitaire, on a $|\chi(w)|\leqslant\chi(1)$ sur W. On en conclut facilement que, dans J_0, on peut échanger la sommation et l'intégration; il s'ensuit que J_0 est somme de termes locaux J_v qu'on va écrire maintenant. Pour une place finie v, on trouve aussitôt, en se servant de (9):

$$J_v = -\log q_v\sum_1^\infty F(q_v^{-n})q_v^{-n/2}\int\chi_v(f_v^n w_0)\,d_0(w_0) -$$

$$-\log q_v\sum_1^\infty F(q_v^n)q_v^{-n/2}\int\overline{\chi}_v(f_v^n w_0)\,d_0(w_0).$$

Comme on a $\overline{\chi}(w)=\chi(w^{-1})$ pour tout w, cela s'écrit aussi:

$$J_v = --\int_{W_v-W_v^0}F(|w|)\chi_v(w)\cdot\inf(|w|^{1/2}, |w|^{-1/2})\,dw. \qquad (14)$$

Si v est une place infinie, $L_v(\chi,s)$ est par définition le produit dès facteurs $L_\alpha(s)$ attachés aux caractères premiers figurant dans χ_v. Comme ici les α sont unitaires, chaque L_α est de la forme $\pi G_\varepsilon(s+\eta)$ avec $\varepsilon=1$ ou 2 et $\mathrm{Re}(\eta)\geqslant0$; tenant compte du fait que Φ est holomorphe dans $\left|\sigma-\frac{1}{2}\right|\leqslant A$, et de son ordre de grandeur, on voit que la contribution de L_α à J_v est:

$$J_\alpha = \frac{1}{2\pi i}\int\Phi(s)\,d\log G_\varepsilon(s+\eta) + \Phi(1-s)\,d\log G_\varepsilon(s+\overline{\eta}),$$

l'intégrale étant prise sur une droite $\sigma=$constante dans la bande $0<\sigma<1$. Cette intégrale s'évalue au moyen de la formule connue [v. (^{2}), page 76] qui donne $\Gamma'/\Gamma(s)$ comme transformée de Laplace de la «partie finie» d'une fonction élémentaire. Pour plus de commodité, introduisons sur $N=\mathbf{R}_+^\times$ les fonctions

$$f_0(v) = \inf(v^{1/2}, v^{-1/2}), \quad f_1 = f_0^{-1} - f_0;$$

convenons de plus, chaque fois qu'une fonction φ sur $\mathbf{R}_+^\times$ est telle qu'il y ait une constante c pour laquelle $\varphi - cf_1^{-1}$ soit intégrable sur $\mathbf{R}_+^\times$, de poser

$$PF \int \varphi d^\times v = \lim_{t\to+\infty} \left[\int(1 - f_0^{2t})\varphi\, d^\times v - 2c\log t\right]$$

et aussi $PF_0\int\varphi d^\times v = PF \int\varphi d^\times v + 2c\log 2\pi$; si Pf est la «partie finie» au sens de L. Schwartz, on a $PF=Pf-2c\Gamma'$ (1). Alors, d'après J. Lavoine (loc. cit.):

LEMME 5. *Pour* $\mathrm{Re}(s)>0$, *on a*

$$PF \int f_0^{2s-1} f_1^{-1} d^\times v = - 2\Gamma'/\Gamma(s).$$

On tire facilement de là:

LEMME 6. *Soit* $\eta=a+ib$, *avec* $a\geqslant 0$, $b\in\mathbf{R}$; *soient* $a'=2a-1$ *et* $\varepsilon'=2$ *si* $\varepsilon=1$; *soient* $a'=2a$ *et* $\varepsilon'=1$ *si* $\varepsilon=2$. *Alors:*

$$J_\alpha = - PF_0 \int F(v)\, v^{ib} f_0(v)^{a'} f_1(v^{\varepsilon'})^{-1} d^\times v.$$

Revenons au groupe W_v, avec le sous-groupe compact W_v^0; comme toujours, nous identifions W_v/W_v^0 avec $N=\mathbf{R}_+^\times$. Par analogie avec (14), il est tentant de chercher à mettre J_α sous la forme

$$J_\alpha = - PF_0 \int F(v) \left[\int_{W_v^0} \alpha(ww_0)\varphi(ww_0)d_0(w_0)\right] d^\times v,$$

où φ est une fonction convenablement choisie sur W_v, et où w est tel que $|w|=v$. Le cas le plus simple est celui où $k_v=K_w=\mathbf{R}$, $W_v=\mathbf{R}^\times$, puisqu'alors W_v^0 est à deux éléments. Dans ce cas, d'après le § 8, on a $\mathrm{Re}(\eta)=0$ ou 1, et φ se détermine immédiatement; on trouve:

$$\varphi(w) = |w|^{1/2} |1 - w|^{-1}. \tag{15}$$

Pour $k_v=K_w=\mathbf{C}$, $W_v=\mathbf{C}^\times$, W_v^0 est le sous-groupe $w\bar{w}=1$ de W_v; dans ce cas, les conditions ci-dessus déterminent la série de Fourier de $w_0\to$ $\to\varphi(ww_0)$ pour tout w, et un calcul simple montre que φ est encore donnée par (15). Enfin, si $k_v=\mathbf{R}$, $K_w=\mathbf{C}$, W_v^0 est un groupe non commutatif; si on impose à $w_0\to\varphi(ww_0)$ d'admettre un développement suivant les caractères de W_v^0, ou autrement dit si on impose à φ d'être invariante par les automorphismes intérieurs de W_v, φ est de nouveau déterminée d'une manière unique par les conditions ci-dessus, et on retrouve avec plaisir la formule (15), pourvu qu'on y prenne $1-w$ au sens de l'algèbre A des quaternions dans laquelle W_v se trouve plongé comme il a été dit au § 6; c'est aussi au sens du § 6 qu'on prendra $|1-w|$.

Or peut donc écrire en un sens évident, pour toute place v à l'infini:

$$J_v = -PF_0 \int\limits_{W_v} F(|w|)\,\chi_v(w)\,\frac{|w|^{1/2}dw}{|1-w|}. \tag{16}$$

Il est à noter que les mêmes calculs donnent également

$$\frac{d}{ds}\log L_v(\chi,s) = -PF_0 \int\limits_{|w|<1} \chi_v(w)\,\frac{|w|^{s}dw}{|1-w|}, \tag{17}$$

où PF_0 est défini par la condition que l'on ait

$$PF_0 \int\limits_{v<1} \varphi \dot{d}^{\times}v = \frac{1}{2} PF_0 \int\limits_N \varphi d^{\times}v$$

chaque fois que $\varphi(v^{-1})=\varphi(v)$ pour tout $v\in N$ et que le second membre est défini. D'après le lemme 3 du § 4, (17) reste valable pour toute place finie (le symbole PF_0 devenant alors inutile), puisque $|w|<1$ entraîne $|1-w|=1$ dans l'algèbre à division A sur k_v où on a plongé W_v au § 6. Autrement dit, (17) *définit* $L_v(\chi,s)$, à un facteur constant près, *pour toute place* v, finie ou infinie.

15. Pour obtenir le résultat que nous avions en vue, il reste à examiner le rôle du conducteur de χ, tel qu'il apparaît dans (13). En chaque place finie v, soit F_v l'ordre de $f(\chi)$; on aura:

$$\log|f(\chi)| = -\sum F_v \log q_v,$$

et d'autre part, si H_v est la «distribution de Herbrand» sur W_v^0(cf. (⁶)(c), Chap. VIII—3 et Chap. XII—4, et (⁶)(c′), Appendice IV):

$$F_v = \int\limits_{W_v^0} \chi_v(w_0)\,dH_v(w_0),$$

de sorte que la contribution du conducteur de χ_v à (13) s'écrit:

$$J'_v = \log q_v \int\limits_{W_v^0} F(|w_0|)\,\chi_v(w_0)\,dH_v(w_0).$$

On peut combiner cette intégrale avec le second membre de (14) en une seule intégrale prise sur W_v; et il est tentant de penser que celle-ci peut être écrite sous une forme analogue à (16). Heureusement, ou malheureusement, suivant les goûts, il n'est pas nécessaire pour cela d'ajouter à l'amas touffu de conjectures dont s'agrémente de nos jours la théorie des nombres. En effet, le résultat dont on a besoin ici a été fort opportunément démontré par Tate et Shankar Sen dès 1964 (v. (⁴), ou bien, dans un langage mieux adapté à notre présent objet, (⁶) (c′), Appendice IV). On ob tient une formule *identique* à (16), à condition de poser

$$PF_0 \int_{W_v} \frac{f(w)\,dw}{|1-w|} = \int_{W_v^0} \frac{[f(w)-f(1)]\,dw}{|1-w|} + \int_{W_v-W_v^0} \frac{f(w)\,dw}{|1-w|}$$

chaque fois que f est localement constant sur W_v et que la dernière intégrale a un sens. Comme au § 14, $1-w$ et $|1-w|$ sont à prendre ici au sens de l'algèbre à division A dans laquelle on a plongé W_v au § 6.

16. En définitive, pour chaque place v de k, finie ou non, soit D_v la distribution donnée sur W_v par la formule

$$D_v(F) = PF_0 \int_{W_v} F(w)\, \frac{|w|^{1/2}\,dw}{|1-w|}.$$

Soit D la distribution sur W, donnée par

$$D(F) = \int_W F(w)\,[\,|w|^{1/2} + |w|^{-1/2}]\,dw.$$

Soit δ_1 la mesure de Dirac, c'est-à-dire la masse 1 en $w=1$. Soit Δ la distribution sur W, donnée par

$$\Delta = \log|d^{-1}|\cdot\delta_1 + D - \sum_v D_v.$$

Notre résultat final s'écrit maintenant:

$$S(\chi, F) = \Delta[F(|w|)\chi(w)].$$

Comme dans (^{6}) (b), on observera que la positivité de la distribution Δ sur W équivaut à la conjonction de l'hypothèse de Riemann et de la conjecture d'Artin pour toutes les fonctions $L_h(\chi, s)$. Donc, pour $p > 1$, Δ est positive (et aussi «tempérée», en un sens qui serait facile à préciser). L'analogie entre les formules obtenues pour $p=0$ et pour $p>1$ est peut-être, à l'heure actuelle, l'argument le plus sérieux que je connaisse en faveur des conjectures en question pour les corps de nombres.

Поступило
15. VI. 1971

BIBLIOGRAPHIE

[1] A r t i n E. &. T a t e J., Classfield Theory, Harvard Math. Dept., 1961.

[2] L a v o i n e J., Calcul symbolique. Distributions et pseudofonctions, C. N. R. S., Paris, 1959.

[3] S e r r e J.- P., Corps locaux, Paris, Hermann, 1962.

[4] T a t e J. & S h a n k a r S e n, Ramification groups of local fields, J. Ind. Math. Soc., 27 (1964), 197 — 202.

[5] T a m a g a w a T., On the functional equation of the generalized L-function, J. Fac. Sc. Tokyo, 6 (1953), 421 — 428.

[6] W e i l A., (a) Sur la théorie du corps de classes, J. Math. Soc. Japan, 3 (1951), 1 — 35; (b) Sur les «formules explicites» de la théorie des nombres premiers, Comm. Sém. Math. Lund (vol. dédié à M. Riesz), Lund (1952), 252—265; (c) Basic Number Theory, Springer 1967; (c'). Основы теории чисел. М., «Мир», 1971 (-éd. russe de (^{6}) (c)); (d) Dirichlet series and automorphic forms (lezioni Fermiane), Lecture Notes in Math., vol. 189, Springer, 1971.

[7] Ш а ф а р е в и ч И. Р., О группах Галуа y-адических полей, Докл. АН СССР, 53 (1946), 15—16 (I. R. S h a f a r e v i c h, On Galois groups of y-adic fields, C. R. Ac. Sc. URSS, éd. internat., 53 (1946), 15—16).

[1973] Review of "The mathematical career of Pierre de Fermat, by M.S. Mahoney"

Nothing could be more welcome than a book on Fermat. This has been a desideratum for many years, and one wishes one could congratulate the author (an associate professor of the history of mathematics at Princeton University) and the Princeton University Press on the publication of this volume, which comes to us in a handsome jacket decorated with Fermat's engraved portrait from the *Varia Opera* of 1679. Fermat is one of the most fascinating mathematical personalities of all times, the creator (with Descartes) of analytic geometry, one of the founders of the calculus, the undisputed founder of modern number theory. The aura of mystery that still surrounds some of his best work provides an added attraction. Nor does such a project require extensive searches in many libraries. Fermat's complete writings and correspondence have been excellently published by Ch. Henry and P. Tannery in four splendid volumes (Gauthier-Villars, Paris, 1891–1912, with a supplementary volume, ibid., 1922); this includes authoritative French translations of all Latin texts, valuable commentaries, and virtually all relevant passages from the writings and correspondence of Fermat's contemporaries. If one adds to this two short pieces published by J. E. Hofmann in 1943 (Abh. d. Preuss. Akad. d. Wiss. **1943**, No. 9, one has Fermat's entire corpus. Of course one cannot easily separate Fermat from his great predecessors and contemporaries, Viète, Galileo, Descartes, Roberval, Torricelli, Schooten, Huyghens, Pascal, Wallis; fortunately, most of their work has been very well edited and is easily accessible.

Nevertheless, in order to write even a tolerably good book on Fermat, a modicum of abilities is required, and it is the reviewer's duty to consider whether the author appears to possess them. Such requisites are

(a) *Ordinary accuracy*. This is perhaps the primary virtue of the historian; unless he carefully checks all details, how can we trust him in his major conclusions? It may be accidental that the *Jahresbericht der deutschen Mathematiker-Vereinigung* is referred to as *Jahresbericht des deutschen Mathematiker-Vereins* (p. 147); as every mathematician knows, there has never been a "deutscher Mathematiker-Verein". But it can hardly be an accident when, in one of the introductory chapters, "Pell's equation" (so-called) is *twice* given as "$x^2 - py^2 = 1$ *for prime* p" (pp. 61, 63), whereas Fermat invariably specifies the equation to be $Ny^2 + 1 = x^2$ where N is *any* (positive) *nonsquare* integer. Perhaps that is why Mr. Mahoney's

Reprinted from Bulletin of the American Mathematical Society, Vl. 79, pp. 1138–1149 by permission of the American Mathematical Society. © 1973 by the American Mathematical Society.

BOOK REVIEWS   **1139**

discussion of "Pell's equation" in Chapter VI (pp. 319–322 and again pp. 330–336) is so confusingly and hopelessly irrelevant. Or take the following statement:

> In 1658, Digby reports that Fermat . . . having presided over the trial of a defrocked priest that resulted in death by fire, was so shaken by the episode that he could not work for a time (p. 23).

Actually Digby, after complaining to Wallis about Fermat's tardiness in sending some mathematical information he had promised, goes on to say:

> I have had nothing from him but excuses . . . . It is true it came to him upon the nick of his removing his seat of Judicature from Castres to Tholose; where he is supreme Judge in the soveraign Court of Parliament. And since that, he hath been taken up with some Capital causes of great importance; in which in the end he hath given a famous and much applauded sentence for the burning of a Priest that had abused his function; which is but newly finished; and execution done accordingly. But this which might be an excuse to many other, is none to Mons. Fermat, who is incredibly quick and smart in any thing he taketh in hand.

Sir Kenelm Digby was a fantastic character, whose *Memoirs* read like a novel and quite possibly are one; an inquisitive historian might do worse than try to find out whether the above story was not a figment of his lively imagination (certainly Fermat was not "supreme judge" in Toulouse). But the picture he chooses to draw is not one of a "gentle, retiring man" (p. 22) in distress for having had to pass a capital sentence.

   (b) *The ability to express simple ideas in plain English*. One begins to have doubts when one learns in the Introduction that "time and place define the two-dimensional matrix of history" (p. x). Look now at the chapter headings: I. *The personal touch*; II. *Nullum non problema solvere*; III. *The Royal Road*; IV. *Fashioning one's own luck*; V. *Archimedes and the theory of equations*; VI. *Between traditions*. Who would guess that they designate respectively Fermat's biography, a description of his scientific career, his analytic geometry, his differential calculus, his work on integration, and his number theory? Or take the 51 lines (pp. 84–85) devoted to a tiresomely obscure exposition of Fermat's perfectly lucid 8-line proof for the fact that an equation of the first degree in the plane defines a straight line (a fact that Descartes regarded as too elementary to deserve an explicit proof). According to Mr. Mahoney, that proof "illustrates Fermat's habit of abbreviating his proofs almost to the point of obscurity", but it is also "a classical example of a reductive analysis using Euclid's *Data*"[1] (p. 84). Equally obscure expositions of rather simple mathematical matters fill up many pages, sprinkled with an *ad hoc* vocabulary of questionable value ("biconditional", pp. 85, 319; "counterfactual", pp. 212–213, 190; "instantiation", pp. 99–102; "open-ended", pp. ix, xi, 71; "attitudinal", p. 142). Less serious no doubt, but hardly less jarring on the nerves of the unhappy reviewer, is the regular use of all the vulgarisms of modern jargon; a sharp transition is a "quantum jump" (pp. 345–347, 350); a piece of writing is not good or mediocre, it has to be "seminal" (p. 282) or "pedestrian" (p. xiii; why this gratuitous slur upon a fast vanishing species?); it is not enough that something should be clear, it must be "tragically clear" (p. 185); Fermat is not merely silent about a certain matter, "his silence is deafening" (p. 252), etc.

(c) *Some knowledge of French.* As to this, there is the famous remark made by Descartes to Schooten: "Monsieur Fermat est Gascon, moy non"; here "Gascon" refers of course to Fermat's native Gascogne, but it also carries the connotation of "a braggart" (no more, no less). There are indeed not a few passages in Fermat's letters to justify this reproof, but Fermat, who always spoke of Descartes (his senior by five years) with great respect, could have found ample reason to return the compliment. Unaccountably, Mr. Mahoney, on two separate occasions (pp. 15 and 59) and with particular emphasis, translates "Gascon" by "a rowdy".

(d) *Some knowledge of Latin.* It may be by pure negligence that Mr. Mahoney translates a passive (*implicabuntur*) by an active, a subjunctive (*quaerantur, designentur*) by an indicative (p. 212, lines 1–2), and interprets *in hac figura et similibus* (i.e. "in this figure, and others of a similar nature") as meaning that two paraboloids *CAV, BAR* are "similar solids" (p. 239), which they are not. One could quibble about his lengthy discussion (p. 265) on the word "*adaequarunt*" (which he translates "compare", when the very passages quoted in his footnote show that it means "show [two magnitudes] to be equal"); strangely enough, he sees there an "almost Freudian slip", because of the technical meaning which Fermat, in an altogether different context, has elsewhere attached to the same word. But on p. 78 he devotes nearly an entire page to his discovery of an ablative where the text has a dative,[2] thereby attributing some bad Latin to Fermat (who was famous for his elegant latinity) and proudly reading into his text a "stronger statement" than "previous translators" had noticed. The latter, he says, "have ignored the ablative *loco*". Suffice it to

---

[1] The implicit reference is to *Data* 41, i.e. to no more than one of the classical "cases of similitude" for triangles.

[2] *Fit locus loco*; this is modelled e.g. on *Huic edicto locus est*, Paul. Dig. 37.10.6. Mr. Mahoney's error might perhaps be explained, though hardly excused, by a reference to Commandinus's poor latin; cf. P. Tannery's footnote, p. 6 of Fermat's *Oeuvres*, vol. 1.

say that this reproof is addressed to no other than Paul Tannery, one of the best philologists of the turn of the century, who not only edited, but translated into Latin the whole of Diophantus.

(e) *Some historical sense.* Anyone who has taken any interest in the men of the XVIIth century knows how sensitive they were to class distinctions. It is therefore with no little surprise that one finds Mr. Mahoney conferring a peerage upon Fermat and Roberval, who appear as "Lord de Fermat" (p. 327), "Lord de Roberval" (p. 169). Actually these are his translations for the latin *Dominus de Fermat, Dominus de Roberval*, where of course *Dominus* is the normal latin translation for Monsieur. Sir Kenelm Digby is less lucky at his hands; when he appears in Latin as D. Digby (i.e. *Dominus Digby*), he loses both his knighthood and his initial to become, in Mr. Mahoney's English, plain D. Digby (p. 327).

(f) *Some familiarity with the work of Fermat's contemporaries and of his successors.* In fact, this is essential for at least two reasons. On the one hand, the gradual development of differential and integral calculus in the XVIIth century is very largely the product of a collective effort; however outstanding Fermat may have been, his work cannot be separated from that of Galileo, Cavalieri, Neper, Roberval, Descartes, Debeaune, Torricelli, Pascal, Heurat.

On the other hand, while Fermat was far ahead of the few who were also interested in number theory during his lifetime, and owed nothing to them, most of the work of Euler in that field may be regarded as an inspired commentary on the work of Fermat; in fact it is exceedingly plausible that many of the proofs devised by Euler for Fermat's statements were not substantially different from those which Fermat said he possessed.

Mr. Mahoney gives no sign of having read Euler. He cannot have read Neper, since he professes not to have understood Fermat's very interesting reference to logarithms (quoted p. 247, footnote 47). He does not seem to have read Cavalieri, whose deep influence on Fermat's late work on integration is obvious, but nowhere mentioned. Worse still, he has not read Pascal; had he done so,[3] he would not twice have called "fully unprecedented" (p. 257) the important theorem which for Fermat replaced both our integration by parts and our change of variables. He would have known that this is identical with propositions I–IV in Pascal's *Traité des trilignes* and is contained as a special case in the "general lemma" which opens that beautiful piece, published early in 1659. According to Mr. Mahoney, "1658 or 1659 seems most likely" (p. 244) as the date of Fermat's memoir; therefore he will not contradict us if we

---

[3] Or had he read N. Bourbaki's *Eléments d'histoire des mathématiques*, where those passages of Fermat and Pascal are discussed together (p. 199). This is not the only case where that book could have given Mr. Mahoney some useful hints.

1142 BOOK REVIEWS [November

assume, with N. Bourbaki, that the date is 1659. As Pascal gives (in 31 lines) a complete and beautiful proof of his "general lemma", one need not then ask why Fermat did not find it necessary to give a proof himself (even though one may suppose that he had discovered the theorem independently and found a proof for it, perhaps not substantially different from Pascal's); nor need one give, as Mr. Mahoney does clumsily in 59 lines (pp. 258–260), a thoroughly implausible "conjectural reconstruction" (for which, as he rightly says, there is "not a shred of evidence") of Fermat's proof.

But perhaps Mr. Mahoney has read Goldbach, or so he says; for, on the very last page of his chapter on Fermat's number theory (p. 348, footnote 141), he praises Goldbach's proof (*Demonstratio theorematis Fermatiani, Acta erud.* 1724) for Fermat's assertion that no triangular number except 1 can be a fourth power. "The proof", says Mr. Mahoney, "does not rely on infinite descent and is elegant in its simplicity"; that this is not a casual slip is shown by Mr. Mahoney's article GOLDBACH in the *Dictionary of scientific biography*, vol. V, where he has it that "Goldbach could be provocative on a fundamental level, as his articles *Demonstratio* . . . and *Criteria quaedam* . . . show". The theorem is not an easy one, and Euler gave a proof for it (by infinite descent, of course) in 1738; as to Goldbach's "proof", it is very brief and consists of a trivial and obvious blunder, as Goldbach cheerfully acknowledged in his letter to Euler of 9 October 1730.

(g) "Knowledge and sensitivity to mathematics", says Mr. Mahoney (p. x), "constitutes the biographer's most important tool for understanding Fermat", and one cannot but heartily agree. Take for instance Fermat's famous proof for the fact that the Diophantine equation $xy(x^2 - y^2) = z^2$ (or, equivalently, the equation $Z^2 = X^4 - Y^4$) has no solution; it is described briefly but lucidly in Obs. XLV on Diophantus (*Oeuvres*, vol. I, p. 340); the few missing details have been supplied, among others, by H. G. Zeuthen (*Gesch. d. Math. im* 16. *und* 17. *Jahrh.*, p. 163) and T. L. Heath (*Diophantus*, 2nd ed., p. 294). The proof makes use of the fact that, if $x^2 = y^2 + 2z^2$ in mutually prime integers, x must be of the form $p^2 + 2q^2$ "as we can prove very easily", Fermat says. On the latter assertion, Mr. Mahoney has this comment: "Fermat left no demonstration of this theorem, easy or otherwise, and one may seriously doubt that more recent proofs bear any relation to what he had in mind; they, like the theory of quadratic forms to which they belong, rely ultimately on the complex number field. That is, any rigorous demonstration of Fermat's assertion requires the use of numbers of the form $a + b\sqrt{-2}$, which lay totally beyond the conceptual realm of Fermat's mathematics", and further on: "As in the case of numbers of the form $p^2 + q^2$, he was relying on his algebraic intuition" (p. 346). Let us leave aside, for the moment, the fact that, beyond any reasonable doubt, one must credit Fermat with having possessed proofs (similar to those later given by Euler) for the representation of integers by the quadratic forms $x^2 + y^2$, $x^2 + 3y^2$, $x^2 \pm 2y^2$. As to the result quoted above, however, the proof is as follows. We have $2z^2 = (x + y)(x - y)$; as $x \pm y$ must be even, put $x + y = 2u$, $x - y = 2v$; then $z^2 = 2uv$; as u, v must be mutually prime, this gives either $u = p^2$, $v = 2q^2$ or $u = 2q^2$, $v = p^2$, and in either case $x = p^2 + 2q^2$. Not only is this to be found in Zeuthen and in Heath; it is a rather easy exercise for a first course in elementary number theory; to anyone who has had any experience with Fermat, or even with Diophantus, such proofs are a dime a dozen.

Take now the problem of representing an integer as $x^2 + y^2$. Until 1638, Fermat's correspondence shows him up as the rawest novice in number theory. Not only does Frenicle, as late as 1640, express himself quite contemptuously about him; but Fermat himself, in 1636, seems quite proud of having found that an integer N of the form $8n - 1$ cannot be a sum of four squares, even in fractions. His similar observation that N is not a sum of two squares if it is of the form $4n - 1$ must go back to the same period; both are discussed in Descartes's correspondence with Mersenne in March and May, 1638. Descartes rightly regards the question as trivial, proves part of it by writing congruences modulo 8, and then turns it over to a young man in his employment, Jean Gillot, who completes the solution, also by using congruences modulo 4 and modulo 8. In 1640, on resuming (after an interruption of three years) his correspondence with Roberval, Fermat reminds the latter of his old observation on numbers $4n - 1$, but then goes on to state a theorem of an entirely different type (a "quantum jump" if ever there was one, as Mr. Mahoney might have said): if $N = r^2 s$ with s squarefree, and s has a prime factor of the form $4n - 1$, then N is not a sum of two squares; in other words, if the odd prime p divides $a^2 + b^2$ with a, b mutually prime, then it has the form $4n + 1$.

Incidentally, this would seem to dispose of the purple passage which concludes the book: "The core of Fermat's creative achievement is located in the period 1629–1636; that is the period in which he laid the foundation of his analytic geometry . . . and his work on number-theory . . . It was the creative product of a young mind . . . . In that, too, Fermat joins the ranks of the greatest mathematicians in history" (pp. 354–355). But let us go back to the point at issue. A full page (pp. 316–317) is devoted to the description of a "fairly direct proof, in line with Fermat's habits of thought" for "Fermat's central theorem concerning numbers of the form $4n - 1$", firstly (in 10 lines) for the fact that these are not sums of two squares in integers, and then (in 16 lines) for the fact that they are not so in fractions. "Not only", says Mr. Mahoney, "does the above proof employ concepts fully at Fermat's command [and, we may add, at young Jean Gillot's command; actually Gillot's proof is rather more lucid than Mr. Mahoney's], but it has a feature . . . that lends it weight as a possible reconstruction of Fermat's own proof" (p. 317). This is mere verbiage; but there follow two pages of utter confusion, where the little sense that emerges is either tautological or palpably false (see p. 318, lines 15–18).

How is one to review such a book? Merely to set things right would require another volume. We will try to be brief.

The first two chapters are largely biographical. The first one, after attempting to describe the general mathematical scene in the XVIth and the early XVIIth century, gives the basic facts about Fermat's life and his career as a magistrate; after the painstaking investigations of Ch. Henry and P. Tannery, it was not to be expected that any new light could be shed upon it, and none is. Chapter II, the least unsatisfactory in the book, begins by going into some detail about Viète's algebra, rightly emphasizing its influence on Fermat, but wrongly belittling (pp. 26–27) that of Archimedes, which appears to have been no less profound. Then it proceeds to a description of Fermat's mathematical career, punctuated as it was, not by publications (he had almost none) but by his scientific correspondence and by his controversies with Descartes and Wallis.

Chapter III deals with Fermat's analytic geometry. We have first an exposition of his central work on the subject, the *Isagoge* or "Introduction"; then this is traced back to its sources, Apollonius, Pappus and Fermat's own restitution of Apollonius's *Plane loci*; then we are asked to proceed to Fermat's work after the *Isagoge*. As to the *Loci*, they contain two particularly interesting proofs, those of Proposition I.7 and of Proposition II.5. Tannery conjectured that the former was the one which Fermat once said had eluded him for several years; Mr. Mahoney argues that it was the latter, which he discusses at great length; he only fails to notice that it amounts to finding the coordinates of the center of gravity of a finite number of unit masses in the plane and might well be related to Fermat's early interest in "geostatics". On the other hand, he does not discuss Proposition I.7, which is doubly interesting, firstly because it is perhaps the earliest example of a proof clearly worked out by induction from n to $n + 1$ (a point raised by Mr. Mahoney in footnote 52, p. 102, without any mention of Proposition I.7), and also because in substance it already contains the essential fact of the linearity of changes of coordinates in the plane. Because of the clumsy organization of this chapter, the *Isagoge* is thus separated from Fermat's later work, which shows his increasing awareness of the basic principles underlying the *Isagoge*. One such principle is what we call the invariance of the dimension; Fermat came to realize that the solution of every problem depends upon a certain number $n \geq 0$ of arbitrary parameters, so that problems must be classified accordingly. The second principle is that of the invariance of the degree of a plane curve with respect to what we would call an arbitrary change of affine coordinates. These principles, together with the discovery (made also by Descartes) that curves of degree 1 and 2 are, respectively, the straight lines and the conics, make up Fermat's main innovations in this topic; neither one is clearly brought out by Mr. Mahoney; the word "degree" does not even occur in his index.

If Chapter III appears confusing, what is one to say of Chapters IV and V on Fermat's differential and integral calculus? "The confusion in Fermat's papers . . . makes the narrative argument of this chapter a complex one . . . . Hence the argument turns back on itself" (p. 146). It does indeed, with a vengeance. In order to achieve some elementary clarity, we must begin by indicating our own reading of this very interesting story.

When Fermat began, in or about 1629, very little was known about tangents and about maxima and minima. A tangent to a conic was a line which had just one point in common with it. On the other hand, Archimedes had given a brilliant determination of the tangent to a transcendental curve, the spiral, with an "apagogic" proof (i.e. a proof by reduction *ad absurdum* in the typical Archimedean style). About integration, much was known from Archimedes, who gave "apagogic" proofs for all his theorems, and much work was being done in Italy but did not become known to Fermat until a later date. Every competent mathematician of that time, having studied Archimedes, was expected to be able to construct a rigorous, i.e. Archimedean or "apagogic", proof in each specific case; but this always required the previous knowledge of the result for that case. Thus, what Fermat and others were after was "a method"[4] for obtaining such results; once the result was found, the rest was routine, as they never tired of repeating.

In the search for "a method" for tangents, one could be guided by the case of conics; this led to the purely algebraic problem of determining a parameter so that an algebraic equation acquires a double root. This method, which (in modern terms) belongs to algebraic geometry rather than differential calculus, was the one adopted by Descartes; of course, when he was challenged to find the tangent to the cycloid, he found himself in a quandary and got out of it by being illogical, improvising a beautiful kinematic method and inventing the instantaneous center of

---

[4] The Greek word *methodos* is explained by G. Budé and H. Estienne as "a way to be followed in pursuit of" something.

rotation. Fermat, led by a surer instinct, developed a method which slowly but surely brought him very close to modern infinitesimal concepts. What he did was to write congruences between functions of x modulo suitable powers of $x - x_0$; for such congruences, he introduces the technical term *adaequalitas*, *adaequare*, etc., which he says he has borrowed from Diophantus. As Diophantus V.11 shows, it means an approximate equality, and this is indeed how Fermat explains the word in one of his later writings.[5]

At first Fermat applies the method only to polynomials, in which case it is of course purely algebraic; later he extends it to increasingly general problems, including the cycloid. A similar development occurs in Fermat's no less outstanding work on integration, where the word "adequality" is again used more and more frequently to denote an increasingly conscious passage to the limit.[6] We will not attempt to describe the verbiage of Mr. Mahoney's two chapters on the whole subject, nor to enumerate his sins of omission or commission. About one point we should warn the reader; according to Mr. Mahoney, "the modern notation [for the integral] suggests the inverse relationship of differentiation and integration and for that reason presents a real danger of anachronism . . . . It will help to borrow from Leibniz . . . . We will write $\mathrm{Omn}_d\, y$ for "all y applied to the segment d" or $\mathrm{Omn}_x\, y$ when the axis of reference is defined, but not the segment" (p. 258). In other words, he writes $\mathrm{Omn}_d\, x$ for the modern $\int_d y\, dx$, where d is an interval on the x-axis, and $\mathrm{Omn}_x\, y$ for $\int y\, dx$; thus the latter denotes the *indefinite* integral (a Leibnizian concept, utterly foreign to Fermat's way of thinking), and implies precisely the anachronism in question. Worse still, Leibniz never wrote $\mathrm{Omn}_d\, y$ or $\mathrm{Omn}_x\, y$; for a brief period, he wrote $\mathrm{Omn}\, y$, and soon switched, first to $\int y$, then to $\int y\, dx$; and why should this be more anachronistic than $\mathrm{Omn}_x\, y$?

But let us examine Mr. Mahoney's conclusions in those chapters: "Almost every secondary account of it [i.e. of Fermat's work] sees in it some form of infinitesimal calculus . . . . By contrast, the *Analytic investigation* [i.e. the *Methodus de maxima et minima*, which Mr. Mahoney, rightly or wrongly, regards as describing Fermat's first version of his "method"] shows clearly that it contains no such thing, that it rests on purely finite algebraic concepts . . . . The two later versions, too, are devoid of infinitesimal considerations . . . " (p. 146); and later, when the evidence becomes overwhelming: "Those techniques, but adequality in particular, had exercised a dynamic of their own . . . . Adequation,

---

[5] *Adaequetur, ut ait Diophantus, aut fere aequetur*; in Mr. Mahoney's translation: "adequal, or almost equal" (p. 246).

[6] As to all this, cf. also N. Bourbaki, op. cit., pp. 182–200.

limit-sums . . . at all these concepts Archimedes would have shuddered. That Fermat could not or did not see this fact, that he did not fully appreciate the almost revolutionary character of his own advances, serves to show, etc." (pp. 263–264); "Hence, one cannot say with any degree of fairness or objectivity that Fermat's work in analysis of curves was even heading in the direction of the calculus. For it was not pointed toward the concept that underlies the calculus and its fundamental theorem . . . . Descartes was probably quite right when he said that Fermat was a brilliant problem-solver but basically inept at conceiving systematic questions" (p. 279; lest the reader be deceived, he should be warned that this is not translated from Descartes; it is a paraphrase in Mr. Mahoney's own style). Of course, if one still identifies "the calculus" with its so-called "fundamental theorem" (i.e. the inverse relationship between differentiation and integration), Mr. Mahoney is right to say that Fermat "did not invent the calculus" (p. 279). One wonders what may be the point of such a statement.

All this is nothing, alas, to what meets us in Chapter VI on Fermat's number theory. Mr. Mahoney calls it "a riddle wrapped in a mystery inside an enigma" (p. 282). It is such indeed, in his account of it; but it need not be so, especially if one seeks Euler's help. Take for instance Fermat's theorem $a^{p-1} \equiv 1$ modulo p, for any prime p and for a prime to p. Two proofs are known for this, a multiplicative one based on the fact that a generates a subgroup of the multiplicative group of the prime field modulo p, and an additive one, based on the binomial theorem and the fact that $(a + b)^p \equiv a^p + b^p$ modulo p. The latter proof occurs in Leibniz's unpublished manuscripts; Euler discovered it in 1736. He found the other proof somewhat later, and thought it the better one of the two. Looking at Fermat's formulation of the theorem, it is hardly possible to doubt that this was the proof he had in mind, of course not in group-theoretical language, but in the form in which Euler expressed it (and which became an essential step for the later development of the theory of finite groups). Not only does Mr. Mahoney state views to the contrary (without any evidence), but he makes a distinction between the "modern" form of the theorem, viz., $a^p \equiv a$ mod p for all a, and its "original" form $a^{p-1} \equiv 1$ mod p for a prime to p, which no mathematician would care to make.

The rest of the chapter is a hopeless jumble, where no classification of Fermat's results is even attempted, although this is both easy and illuminating. Lacking experience and models, Fermat began by studying all kinds of problems with little regard for their possible theoretical value. Thus, in his early career, he paid much attention to questions connected with the function $s(n)$, the sum of the divisors of n other than n; thus the solutions of $s(n) = n$ are the so-called perfect numbers, the solutions of $s(n) = n'$, $s(n') = n$ are the "amicable" numbers, etc. Although he long retained a fondness for such questions, it is clear that he soon realized their peripheral character. Fairly early, too, he considered problems about the representation of integers by quadratic forms $x^2 \pm Ny^2$, on which he focussed his attention more and more as time went on. It is idle to doubt that he eventually developed a complete theory for the forms $x^2 + y^2$, $x^2 + 3y^2$, $x^2 \pm 2y^2$, with proofs by infinite descent which cannot have been very different from those later found by Euler. The same can plausibly be said of the representation of integers by sums of four squares; on the other hand, no suggestion can be offered at present as to how Fermat could possibly have proved that every integer is a sum of three triangular numbers, and one cannot help thinking that on this point he may have deceived himself. As to "Pell's equation" $x^2 - Ny^2 = 1$ (where N is any nonsquare positive integer), there is every reason to think that Fermat's method was in substance much the same as Lord Brouncker's, as described by Wallis in the *Commercium epistolicum*; one also may well assume that he had found the way to add to this a rigorous proof of existence, since he criticizes Wallis on that point; actually it only takes the addition of one or two elementary lemmas to do this.

Finally, it is also striking (but nowhere noticed by Mr. Mahoney) that the greater part of Fermat's work on diophantine equations concerns curves of genus 1 (given by one equation in 2 unknowns, or 2 equations in 3 unknowns), and that his "method" in dealing with such curves (a method whose germ he found in Diophantus) consists simply in the duplication of the elliptic argument, expressed of course in purely algebraic terms. This includes the equation $z^2 = x^4 \pm 1$ in rational numbers (or, what amounts to the same, $z^2 = x^4 \pm y^4$ in integers), for which we have already said that Fermat's proof is available and quite complete, Mr. Mahoney notwithstanding. It also includes $z^3 = x^3 \pm 1$ in rationals (or $z^3 = x^3 \pm y^3$ in integers), for which Euler found a proof by infinite descent; it is true that the only proof published by Euler rests on the field $Q(\sqrt{-3})$ and an unproved assumption concerning that field, but we know from his correspondence that he had earlier obtained a complete proof based on the theory of the quadratic form $x^2 + 3y^2$, and there is no reason to doubt that Fermat had also found it. But what is one to say to Mr. Mahoney's final assertion in that chapter, that Kummer, while trying to prove Fermat's last theorem, "devised a complete theory of the complex number field" (p. 348)?

To all this is added an appendix, "Sidelights", where Fermat's work on mechanics, optics, probabilities is rather perfunctorily discussed. For lack of competence, I shall leave it aside, merely noting that some experts in modern probability theory[7] have found in Fermat's and Pascal's correspondence the germ of some important modern methods and concepts; this can be contrasted with Mr. Mahoney's statement: "Probability is not physics, and one may well wonder why Fermat did so little with the subject" (p. 358). But something must be said of the general characterization given by Mr. Mahoney of Fermat's mathematical personality.

He never tires of repeating that Fermat was a "problem-solver" (pp. 25, 91, 204, 205, 253, 278, 279, 306, 328, 341), that "proofs were not his forte" (p. 203; cf. pp. 25, 47–48, 242, 341, 347); "he could not be bothered by detailed demonstrations of theorems his superb mathematical intuition told him were true" (p. 347). At the same time, it is not easy to see what he means by "a problem-solver", since he once speaks of "Fermat's concern for general method as well as for solving particular problems" (p. 76), which is the very opposite of what mathematicians usually mean by a problem-solver, and which contradicts the passage quoted above: "Descartes was right to say that Fermat was a brilliant problem-solver but inept at conceiving systematic questions" (p. 279). Actually Fermat's weakness lay in the extreme difficulty he always experienced at writing up his discoveries. This is why he once tried to persuade Pascal to help him to do so, at least for his number theory, and one wishes Pascal had been more responsive. But no man can be a good mathematician, let alone a great one, if he cannot make the difference between a theorem and a conjecture, between intuition and proof. And Fermat was no more and no less of a problem-solver than any great mathematician in history. As Hilbert said, it is by solving problems that mathematics keeps alive.

Has then this book no redeeming feature at all? As we have noted, it does contain a lively account (Chapter II, §II, pp. 48–65) of Fermat's scientific career, of his position among his contemporaries as a scientist and of the human aspects of his controversies with Descartes and Wallis. That section can be read with profit by any one who is not already conversant with the scientific personalities of that period. Apart from that, a student of XVIIth century mathematics will find little in that volume that could be helpful to him, and much that can only confuse and mislead him.

Unfortunately, a book on such a subject, published with the imprint of the Princeton University Press, tends to pre-empt the field. Surely Fermat deserved a better treatment. Let us hope he still gets it.

A. WEIL

---

[7] E.g. P. Cartier (personal communication).

[1974a] Two lectures on number theory, past and present

To honor the memory of the late Professor Joseph Fels Ritt, his widow donated some funds to endow the Ritt Lecture Series, to be held at Columbia University on the initiative of its Department of Mathematics. The following two lectures, given there in March 1972, were part of this series. As the reader will see, they were "talks" rather than formal lectures, and no attempt has been made to modify their somewhat rambling conversational style ; they are reproduced here, with very little editing, from the transcript of a tape-recording ; only in the second lecture have a few additions been made, since its content had to be curtailed for lack of time. Thanks are due to Professor H. Clemens and his colleagues of the Department of Mathematics at Columbia University for organizing these lectures, taking them on tape and providing for their transcript.

First Lecture

I hope that seeing the title you were at once convinced that such a topic could not be covered in two lectures. Perhaps, with optimism, one could attempt to give a bird's eye view of it in two courses of lectures of one year each. So my title should not deceive anyone, because it should immediately be clear that no one could do it justice. The main thesis will be the continuity of number theory for the last three hundred years and the fact that what we are doing now is in direct continuation of what has been done by the greatest number-theorists since Fermat started it all in the seventeenth century.

Those were comfortable times for mathematicians, particularly for number-theorists because they were facing so little competition. In differential and integral calculus, even in the days of Fermat, this was not so, and mathematicians were troubled by some of the things which plague many of our contemporaries; e.g. priorities. It is interesting to notice, however, that in number-theory Fermat was essentially quite alone for the whole of the seventeenth century, and so was Euler for most of the following century,

---

Reprinted by permission of the editors of *Enseign. Math.*

— 88 —

until Lagrange joined him. Then came Legendre and then, of course, Gauss who already belongs to the nineteenth century and to the modern era. But it is very striking that, for such a long time, things were moving so slowly and in such a leisurely way; one had plenty of time to think about big problems without being bothered by the idea that maybe the next fellow was already cutting the grass under your feet. One could do number-theory in great peace and quiet in those days—indeed a little too much so: Fermat and Euler both complained of being too isolated in that field. I say again that this was far from being so in differential and integral calculus, where Fermat also made decisive contributions. But in number-theory he was alone, and this is one reason why he did not write up what he was doing. At one time he tried to interest Pascal in the subject and persuade him to collaborate with him, but Pascal was not a number-theorist by temperament, he was in bad health, and after a certain moment he became much more interested in religion than in mathematics. So, what Fermat was doing was never properly written up and was left for people like Euler to decipher.

Perhaps, before I go on, I ought to say something about what number-theory is. Housman, the English poet, once got one of those silly letters of inquiry from some literary magazine, asking him and others to define poetry. His answer was "If you ask a fox-terrier to define a rat, he may not be able to do it, but when he smells one he knows it." When I smell number-theory I think I know it, and when I smell something else, I think I know it too. For instance, there is a subject in mathematics (it's a perfectly good and valid subject and it's perfectly good mathematics) which is misleadingly called Analytic Number Theory. In a sense, it was born with Riemann who was definitely not a number-theorist; it was carried on, among others, by Hadamard, and later by Hardy, who were also not number-theorists (I knew Hadamard well); and to the best of my understanding, analytic number theory is *not* number-theory. What characterizes it as analysis (analysis applied to a special kind of problem, where arithmetical terms like "primes" occur frequently) is that it deals mostly with inequalities and asymptotic evaluations; this, to me, characterizes it as being something else than number-theory. I would classify it under analysis, just as probability calculus is a branch of integration theory with a vocabulary of its own. I will give a typical example of the deep gulf that separates number-theorists from an analyst like Hardy. In his famous book about Ramanujan, Hardy could not avoid discussing the "Ramanujan hypothesis" about the Δ-function (the "discriminant" in the theory of modular functions). I will try to say more about this later; for the moment it is enough to say that this is a specific

$$- 89 -$$

function arising from the theory of elliptic functions. Expand it into a power series

$$\Delta(q) = \sum_{n=1}^{\infty} \tau(n) q^n$$

and write the Dirichlet series

$$\sum \frac{\tau(n)}{n^s}$$

with the same coefficients. Ramanujan stated that this has an "Euler product" $\prod_p P_p(p^{-s})^{-1}$, with

$$P_p(T) = 1 - \tau(p) T + p^{11} T^2$$

for all primes p, and conjectured that, for each p, the roots of the quadratic polynomial $P_p(T)$ have the absolute value $p^{11/2}$ (this is obviously equivalent to the inequality $|\tau(p)| \leq 2 p^{11/2}$). The first statement was proved by Mordell not very long after Ramanujan; the conjecture is still very much of an open problem, although some progress has been made. There is not one among the number-theorists I know who wouldn't be very happy and proud if he could prove it. But Hardy's remarkable comment is: "We seem to have drifted into one of the back-waters of mathematics." To him it was just another inequality; he found it curious that anyone could get deeply interested in it. In fact, he becomes apologetic and explains that, in spite of the apparent lack of interest of this problem it might still have some features which made it not unworthy of Ramanujan's attention.

This story was meant to illustrate the essential difference in taste between number-theorists and other mathematicians. There is also something rather striking in the enthusiasm with which all those who have worked in number-theory speak about it. You will find many such enthusiastic statements in Euler, several in Gauss, more in Hilbert's foreword to his *Zahlbericht*, and so on. I have here a text from the foreword which Gauss wrote for a little volume where Eisenstein put together some of his contributions to number-theory and elliptic functions; we have already seen above how closely the two topics are tied up together. Here are Gauss's words: "The peculiar beauties of these fields have attracted all those who have been active there; but none has expressed this so often as Euler, who, in almost every one of his many papers on number-theory, mentions again and again his delight in such investigations, and the welcome change he finds there from tasks more directly related to practical applications." Then he illustrates Euler's

— 90 —

enthusiasm by quoting his words on receiving a paper by Lagrange on elliptic functions (Gauss is clearly not making any distinction between the two topics). "My admiration was boundless [1], writes Euler, when I heard that Lagrange had thus improved upon my own work."

Having written that, Euler proceeds to improve upon the work of Lagrange. It is a beautiful paper, written at a time when Euler was getting old and was already completely blind; he lost one eye at a comparatively early age and became blind when he was less than sixty. He was then in St. Petersburg, had a number of assistants, and developed a technique for working with their help. As you know, his complete works are still being published; at the moment, there are more than sixty volumes, and there is more to come. The number-theory alone occupies nearly eight volumes.

As an example of his work, I have written here for you, on the blackboard, a formula just as it can be found in Euler:

$$\frac{1 - 2^{n-1} + 3^{n-1} - 4^{n-1} + 5^{n-1} - 6^{n-1} + etc.}{1 - 2^{-n} + 3^{-n} - 4^{-n} + 5^{-n} - 6^{-n} + etc.} =$$

$$= \frac{-1 \cdot 2 \cdot 3 \ldots (n-1)(2^n - 1)}{(2^{n-1} - 1)\pi^n} \cos \frac{n\pi}{2} \, .$$

It is in a paper read to the Berlin Academy in 1749, but printed only in 1768; the paper (written in French) is entitled *Remarques sur un beau rapport entre les séries de puissances tant directes que réciproques.* Many of you, I hope, have recognized here the functional equation for the zeta-function. In the left-hand side, we have formally the quotient $\zeta(1-n)/\zeta(n)$, except that Euler has written alternating signs to make the series more tractable; the effect of this is merely to multiply $\zeta(n)$ by $1 - 2^{1-n}$, and $\zeta(1-n)$ by $1 - 2^n$. In the right-hand side we have the gamma function, which Euler had invented. Euler proves the formula for every positive integer n (using so-called Abel summation to give a meaning to the divergent series in the numerator of the left-hand side), and conjectures its validity for all n.

This just gives one example of Euler's discoveries in this field. He started his mathematical career as a student of the Bernoullis who were definitely not number-theorists but analysts. Undoubtedly Euler must have had it in his blood, but still it was, in a way, a lucky accident that, as a very young man (he was not quite twenty at the time) he left Basel for St. Petersburg,

---

[1] « Penitus obstupui... »; Euler was writing in latin.

because no job seemed available elsewhere. St. Petersburg had only just been founded by Peter the Great (who had died in the meanwhile). Peter had made plans for an Academy of Sciences, which his widow carried out. Two of the younger Bernoullis, Nicolas and Daniel, had already gone there; Nicolas had died soon after his arrival. Euler, on getting this appointment, proceeded by ship down the Rhine, as far as Mainz. Then, largely on foot, he went to Lübeck where he took another ship to St. Petersburg which at that time was little more than a glorified village; things were still rather chaotic. Soon Euler was given a good salary and some facilities for his work. Luckily there was a German named Goldbach, now remembered only for "Goldbach's conjecture" ("every even integer is a sum of two primes"); he was a kind of amateur, a man interested in mathematics and in many other things, such as languages. He had known Nicolas Bernoulli in Italy, had settled down in Russia, and had been instrumental in bringing there, first the brothers Bernoulli, then Euler. He was unofficially employed as secretary of the Academy of Sciences, lived mostly in Moscow, and we have all the correspondence between him, the Bernoullis, and Euler. Goldbach, in his amateurish fashion, was fond of number-theory; it was this correspondence which obviously started Euler on a long series of number-theoretical discoveries which he used to communicate to Goldbach before publishing them.

One must realize that Euler had absolutely nothing to start from except Fermat's mysterious-looking statements. Frequently Fermat states flatly "I have proved this", "I have proved that," but then he seems to say the same about "Fermat's equation"

$$x^n = y^n + z^n$$

(more about this later). There were among Fermat's statements, along with the impossibility of that equation, also the fact that every prime of the form $p = 4n + 1$ can be written as $x^2 + y^2$, and similar statements about conditions for a prime to be of the form $x^2 + 3y^2$, $x^2 + 2y^2$, and so on, and a statement about every integer being a sum of four squares. Euler was fascinated by such statements; but he first had to reconstruct for himself all the most basic theorems in number-theory. For instance, there was what is now known as the "little theorem" of Fermat: if p is a prime, then (in modern notation) $x^{p-1} \equiv 1$ modulo p for every integer x, not a multiple of p. For a man who took up Fermat at that time, one statement might well seem just as mysterious as the other, in spite of the ease with which one can verify many of them empirically up to large values. Euler had to reconstruct everything from scratch, all the things that are now to be found in all

— 92 —

elementary textbooks, and which now look so simple on the basis of two concepts, the group concept and the concept of a prime ideal. It took him some time. To begin with, he didn't know that the integers prime to any modulus n make up a group modulo n; of course he didn't have the concept, but also, at first, the existence of an inverse was not immediately obvious. Also there are the facts involved in the statement, which to us looks so elementary, that given a field (e.g. the prime field of integers modulo a prime) any equation in one unknown has at most as many roots in that field as its degree indicates. This was not proved by Euler and Lagrange until about 1760, about thirty years after Euler had started working on number-theory and when he was working on far more difficult questions. He had no way of knowing which questions were simple and which ones were not so. For instance, the fact that all primes $p = 4n + 1$ are of the form $x^2 + y^2$ looked neither more nor less difficult to him than the assertion that an equation of the fifth degree (modulo p, i.e. over a prime field) has at most five roots. In fact, he would have considered the former question as easier because it involves only squares and the other involves fifth powers; following Diophantus and Fermat, Euler took the degree as the first element in the classification of problems; of course, he could guess that there are other aspects, but he could not be sure.

So he had to reconstruct everything from scratch as I said. It is actually very fascinating to see in his correspondence with Goldbach how his ideas developed, how he solved one problem after the other. He solves some question, modulo something else—sometimes he explains "if I could prove this then I could prove that," and Goldbach has some remarks to make about it. Goldbach really took an interest even though he does not seem ever to have contributed anything of real value. As a correspondent, however, he was invaluable to Euler for many years. Later Lagrange appeared on the scene and started corresponding with Euler; he, of course, was a first-rate mathematician, and Euler realized this immediately.

For many years Euler worked on pure number-theory, taking as his starting point only Fermat's work. One main topic was about writing integers and particularly primes as sums of squares. Take e.g. Fermat's assertion that any prime p of the form $p = 4n + 1$ can be written as $p = x^2 + y^2$. Euler proves it in his correspondence to Goldbach in the year 1749; he says "at last now I have the valid and complete proof for this."

That proof is very interesting; I could describe it and explain what it has in common with the proof as one would give it now and in what they differ. But since my time is so limited, I'd rather notice the following case:

$$- 93 -$$

$$p = x^2 + 3 y^2 \,.$$

Let's take this as being more characteristic in some ways. Diophantus already knew that there is an identity

$$(x^2 + y^2)(u^2 + v^2) = (xu - yv)^2 + (xv + yu)^2$$

which guarantees that the product of two sums of two squares is the sum of two squares. The identity, as everybody knows, comes from the fact that

$$(x^2 + y^2)(u^2 + v^2) = |(x + iy)(u + iv)|^2$$

and therefore the product is the norm of the product of these two complex numbers. Quite similarly, for identities of the form $p = x^2 + 3 y^2$, one will use the fact that $x^2 + 3 y^2$ is the norm of $x + y \sqrt{-3}$. Euler eventually became completely conscious of this and used the fact frequently; Lagrange also uses it. On one occasion Euler even takes the trouble to compliment Lagrange on the fact that he has made good use of irrational and even, he says, imaginary numbers in his number-theoretic work when most people would think that this is a completely extraneous matter. This shows that the theory of algebraic number-fields goes back to fairly early days; in fact it is tempting to conjecture that already Fermat had used facts of the same kind, although there is no trace of it so far as I know in his writings.

At this stage it is worthwhile to take up the question whether Fermat had really, as he states, proved "Fermat's theorem"; this is not altogether an idle question, although of course one cannot be sure of the answer. The statement occurs as a marginal note in his copy of Diophantus; that copy is lost, but the notes were published by his son after his death; this was not an unreasonable thing to do, since they had clearly been written down with the intention of preparing some systematic work on number-theory, which never took shape. Right at the beginning there occurs the statement that a cube cannot be the sum of two cubes, nor a fourth power the sum of two fourth powers, and, he says, similarly for any power beyond the second. He adds, "I have a wonderful proof of that, but there is no room for it in this margin." He had the proof for fourth powers; indeed, his notes on Diophantus include a complete proof for the impossibility of the equation

$$x^4 - y^4 = z^2 \,,$$

which obviously implies the same for the equation $x^4 = y^4 + z^4$. I would guess (knowing what we know about his work) that he had also a complete

— 94 —

proof for the equation $x^3 - y^3 = z^3$; this proof could well have been the same that Euler, after many years of work, finally reconstructed in detail. Interestingly, Euler first proved the impossibility of this equation on the basis of an assumption which (in modern language) amounts to the fact that the field $Q(\sqrt{-3})$ of cubic roots of unity has only one ideal class. Later on, he succeeded in proving that assumption. It is rather clear, in view of everything that Fermat has written, that he had already the equivalent of the fact that the class number of $Q(\sqrt{-3})$ is 1. If you make the similar assumption about n-th roots of unity, then it is not too hard to prove Fermat's theorem for n-th powers; of course we know that the assumption is not true in general. Therefore one might fancy that Fermat had some proof based on this (or some equivalent) assumption, but then realized that it need not be valid for all n. Actually, in his correspondence with foreign mathematicians, Fermat never mentioned his equation for general n; he mentions it repeatedly for cubes. It seems rather unlikely, too, that he could even have attacked seriously the equation $x^5 = y^5 + z^5$, not merely because of its difficulty, but for a reason which I wish to explain now, and which has to do with Fermat's temperament as a mathematician.

Many people think that one great difference between mathematics and physics is that in physics there are theoretical physicists and experimentalists and that a similar distinction does not occur in mathematics. This is not true at all. In mathematics just as in physics the same distinction can be made, although it is not always so clear-cut. As in physics the theoreticians think the experimentalists are there only to get the evidence for their theories while the experimentalists are just as firmly convinced that theoreticians exist only to supply them with nice topics for experiments. To experiment in mathematics means trying to deal with specific cases, sometimes numerical cases. For instance an experiment may consist in verifying a statement like Goldbach's conjecture for all integers up to 1000, or (if you have a big computer) up to one hundred billion. In other words, an experiment consists in treating rigorously a number of special cases until this may be regarded as good evidence for a general statement. There are many ways of making experiments, some of which may involve no little theoretical knowledge; for instance nowadays there are people who are greatly interested in $GL(n)$ and who make experiments by taking first $n = 1$ (which is already non-trivial for many problems) and then $n = 2$ (which may be quite hard). Consequently the first-rate mathematician must have some strength on both sides, but still there is a distinction between temperaments. Now

— 95 —

Fermat was clearly a theoretician. He was interested in general methods and general principles and not really in special cases; this appears in all his work, in analysis as well as in number-theory. Euler, on the other hand, was basically an experimentalist. He was very happy when he could conjecture a general law, and he was willing to spend a great deal of time to prove it; but if, instead of a proof, he had merely some really convincing experimental evidence, that pleased him almost as well. Therefore he tends to branch out in all possible directions, whereas Fermat, being a theoretician, always speaks about "his methods," thus giving us fair indications about the range of his number-theoretic interests. Essentially he was concerned with quadratic forms, chiefly binary, i.e. with quadratic number-fields from the point of view which Gauss was to develop very widely later, and also with so-called Diophantine equations, but always equations of genus one. When Fermat speaks of "my method," this means usually a method for dealing with what is now known as elliptic curves. The equations $x^4 - y^4 = z^2$ and $x^3 = y^3 + z^3$ define such curves, but $x^5 = y^5 + z^5$ does not and so would be beyond the scope of Fermat's normal work.

This is the first time that a connection enters between elliptic curves and number-theory in this very natural way. Some of the most interesting equations are equations of genus one. This of course does not lead to elliptic functions until one starts integrating, and to Fermat and Euler there was a wide gap between differentiation and integration on the one hand, and number-theoretical formulas on the other hand, a gap which now from our present point of view doesn't exist any more; we know how to bridge it. It is striking that Euler became greatly interested in pure number-theory, particularly in proving Fermat's statements, which included the particularly difficult equations of genus one, and also became interested in the topic in at least two more ways. One is indeed closely connected with the equation $x^4 - y^4 = z^2$. Already Leibniz seems to have conjectured that

$$\int \frac{dx}{\sqrt{1 - x^4}}$$

cannot be integrated by means of elementary functions (including exponential and trigonometric functions). But Fagnano made the remarkable discovery that the differential equation

$$\frac{dx}{\sqrt{1 - x^4}} = \frac{dy}{\sqrt{1 - y^4}}$$

— 96 —

has rational integrals. This started Euler. According to Jacobi, the birth-
date of the theory of elliptic functions is the day in 1750 when Fagnano's
collection of mathematical papers reached the Berlin academy and was
submitted to Euler for refereeing. It was already printed, but, as the most
prominent member of the Berlin academy, Euler had to say whether the
collection was to receive its official approval. He immediately caught fire
and started writing a series of papers. It is in this connection that Lagrange,
as we have said, came to improve upon Euler's work, whereupon Euler
again improved upon Lagrange's work. Euler writes

$$\frac{d x}{\sqrt{P(x)}} = \frac{d y}{\sqrt{P(y)}}$$

where P is a polynomial of the fourth degree. He found that the case of the
fourth degree has special features which make it possible to find algebraic
integrals for this kind of equation, and also (as he noticed after a while) for

$$\frac{m\,d x}{\sqrt{P(x)}} = \pm \frac{n\,d y}{\sqrt{P(y)}}$$

with arbitrary integers m, n. From our point of view, all this amounts to the
addition and multiplication of elliptic functions.

Euler became deeply interested in this, and so was Lagrange, without
thinking much about possible connections with number theory. Now if he
had studied Fermat's proof of the impossibility of the equation $x^4 - y^4$
$= z^2$ from that point of view, he would have found that this proof included
the formula for the complex multiplication by $1 \pm i$ of this elliptic function.
You have only to put together Fermat's formulas to do this. If you iterate
this, you have duplication.

The way Fermat does it is the following. First there is the simple formula
which gives complex multiplication by $1 + i$. This sends you into the same
curve over the complex numbers, but in this case into another curve over
the rational numbers. Doing the same again with $1 - i$ brings you back to
the initial curve. In a sense he has duplicated the initial given point on the
curve. Furthermore, for reasons connected with this particular curve, the
process can be inverted. Starting from a given point on the curve, assuming
that there is one in rational numbers, you can rationally divide it by $1 - i$
and then again by $1 + i$ so that you have divided it by 2; this gives a point
with smaller coordinates on the same curve. This is the "infinite descent,"

$$- 97 -$$

which obviously leads to a contradiction since a sequence of integers cannot go on decreasing all the time.

Such is Fermat's proof. Euler (or Fagnano) could have read their formulas simply in Fermat's number-theoretic work if it had occurred to them to look at it that way.

Now we come to other aspects of Euler's work, some of which are also related to elliptic functions. There is one topic where Euler had virtually no predecessor: all his life he liked to play with the formal manipulation of series. The origin of all this was clearly in the discovery by Leibniz of the series

$$\frac{\pi}{4} = 1 - \frac{1}{3} + \frac{1}{5} - \frac{1}{7} + \cdots .$$

Euler was very much attracted by this kind of result and eventually he made a discovery of which he felt justifiably proud and which was quite sensational at the time:

$$1 + \frac{1}{2^2} + \frac{1}{3^2} + \cdots = \frac{\pi^2}{6} .$$

This he discovered in 1736; immediately he sent it to his friend Daniel Bernoulli who by this time was back in Switzerland, and who was deeply impressed. Euler proceeded at once to do the same for all even powers,

$$1 + \frac{1}{2^{2n}} + \frac{1}{3^{2n}} + \frac{1}{4^{2n}} + \cdots = \pi^{2n} R \quad (R \text{ rational});$$

but, for reasons that he could not discover, the odd powers resisted all his efforts. With this he became quite familiar with the series now known as the zeta-function and noticed that it can be written as an infinite product

$$\sum \frac{1}{n^s} = \prod_p \frac{1}{1 - p^{-s}} ,$$

now called an Euler product. Then he started playing with relations between infinite sums and infinite products. Incidentally, he noticed that this gives a new proof that there are infinitely many primes, and that a very elementary argument, based on a similar idea, proves that there are infinitely many primes in the two arithmetic progressions $\{ 4n + 1 \}$, $\{ 4n - 1 \}$.

Playing with series and products, he discovered a number of facts which

— 98 —

to him looked quite isolated and very surprising. He looked at this infinite product

$$(1-x)(1-x^2)(1-x^3)\ldots$$

and just formally started expanding it. He had many products and series of that kind; in some cases he got something which showed a definite law, and in other cases things seemed to be rather random. But with this one, he was very successful. He calculated at least fifteen or twenty terms; the formula begins like this:

$$\prod (1-x^n) = 1 - x + x^3 + x^5 + x^7 - x^{12} - x^{15} \ldots$$

where the law, to your untrained eyes, may not be immediately apparent at first sight. In modern notation, it is as follows:

$$\prod_1^{\infty} (1-q^n) = \sum_{-\infty}^{+\infty} (-1)^n q^{\frac{n(3n+1)}{2}}$$

where I've changed x into q since q has become the standard notation in elliptic function-theory since Jacobi. The exponents make up a progression of a simple nature. This became immediately apparent to Euler after writing down some 20 terms; quite possibly he calculated about a hundred. He very reasonably says, "this is quite certain, although I cannot prove it"; ten years later he does prove it. He could not possibly guess that both series and product are part of the theory of elliptic modular functions. It is another tie-up between number-theory and elliptic functions.

He has another very interesting statement which, as we know now, is also connected with elliptic functions. He states that certainly the most natural way of proving theorems about integers being sums of squares would be to compute the powers of this series:

$$x + x^4 + x^9 + x^{16} + \ldots;$$

for instance, the most natural way to prove Fermat's assertion about every number being a sum of four squares would be to get a formula for the fourth power of this series. Here again we are dealing with a problem on elliptic functions, and this is how Jacobi proved Fermat's theorem, long after Lagrange had given a purely arithmetical proof which was soon simplified by Euler himself.

Thus we see that number-theory brings us necessarily to the theory of elliptic functions and conversely; by hindsight, this is now apparent even in Fermat's work, and much more so with Euler. With Gauss's first investi-

— 99 —

gations, which he did not publish, and then with Jacobi and more or less simultaneously with Abel in their famous work on elliptic functions, the two theories are brought together. This was a necessary development, and in many essentials brings us where we are today, because today what we are doing is to elaborate on those various trends, pushing them further, but always trying to keep in mind their mutual relationships.

SECOND LECTURE

In Bourbaki's historical note on the calculus, it is said that the history of mathematics should proceed in the same way as the musical analysis of a symphony. There are a number of themes. You can more or less see when a given theme occurs for the first time. Then it gets mixed up with the other themes, and the art of the composer consists in handling them all simultaneously. Sometimes the violin plays one theme, the flute plays another, then they exchange, and this goes on.

The history of mathematics is just the same. You have a number of themes; for instance, the zeta-function; you can state exactly when and where this one started, namely with Euler in the years 1730 to 1750, as we saw yesterday. Then it goes on and eventually gets inextricably mixed up with the other themes. It would take a long volume to disentangle the whole story.

I will now spend some time discussing this particular theme, the zeta-function and its functional equation. As we saw yesterday, this equation was stated and partly proved by Euler as early as 1749. His proof consisted in calculating $\zeta(n)$ for all even integers ≥ 2, and, for all integers $n > 0$, the alternating sum $1 - 2^n + 3^n - \ldots$ What does that mean? Euler has of course a reputation for his supposedly reckless handling of divergent series. But no one who in his life has done so many numerical calculations with series as Euler can fail to make the difference between convergence and divergence; or perhaps it would be more correct to say that the distinction is between calculably convergent series and the others; from this point of view, $\zeta(n)$ is practically as bad for $n > 1$ as for $n < 0$; in both cases, it has to be transformed into something else that lends itself to numerical calculation. Actually, whenever Euler discusses a divergent series, he says exactly what he means; the only thing with which one could quarrel (and with which his contemporaries did quarrel) was his view that all "reasonable" methods of summation for a divergent series must lead to the same result;

— 100 —

this is of course meaningless as long as you cannot formulate a criterion for
"reasonableness," and Euler had no such criterion, only an extensive experience with such matters and a good intuitive feeling. In the case of the series
$1 - 2^n + 3^n - ...$, he uses what we call Abel summation; he takes the
power-series

$$F(x) = x - 2^n x^2 + 3^n x^3 - ... ;$$

he finds that it represents a rational function, and then takes its value for
$x = 1$. This he is able to do by using the so-called Euler-Maclaurin summation formula, which is what brings in the Bernoulli numbers. If you go
back to his original publication, you find that he did apply that formula
in a rather reckless fashion; later on he gave more satisfactory procedures.
But his instinct was perfectly sound.

Euler did not stop at the zeta-function; he also considered several series
of the form $\Sigma\, c\,(n)\,.\,n^{-s}$, where $c\,(n)$ depends only upon the value of n
modulo N for some small value of N. But this topic does not appear to
have been pursued further before Dirichlet, in the 1830's, took it up and
recognized in such series a major tool for number-theoretic investigations—
an accomplishment which appropriately conferred upon them the name of
"Dirichlet series," even though Dirichlet himself very properly acknowledges
his debt to Euler.

Dirichlet introduced both L-series over the rational numbers, such as

$$\sum_{n=1}^{\infty} \frac{\chi\,(n)}{n^s}$$

where χ is a character (the essential thing at the moment is that χ as a
function of n is periodic, i.e. $\chi\,(n+a) = \chi(n)$ for all n and some a) and also
series of the form

$$\sum_{m,\,n} \frac{1}{(am^2 + bmn + cn^2)^s}$$

where a, b, and c are integers. These we would now classify as zeta-functions
and L-series belonging to quadratic number fields. This second series involves
a quadratic form and we know—indeed already Dirichlet knew, not clearly,
but in a general way—that the theory of binary quadratic forms (expressions
like $a\,m^2 + b\,m\,n + c\,n^2$, where m, n are indeterminates and a, b, c are
integers) is essentially equivalent with what we call the theory of quadratic
number-fields.

— 101 —

The next episodes in our story belong to analysis rather than number-theory, but they have to be mentioned here. It is amusing to note that, in 1849, there were two entirely independent publications by two very respectable mathematicians, both giving the functional equation of the L-series

$$1 - \frac{1}{3^s} + \frac{1}{5^s} - \frac{1}{7^s} + \dots .$$

One of them, Schlömilch, published it as an exercise for advanced students in the *Archiv der Mathematik und Physik*; the other, Malmquist, included it, also without proof, in a paper in *Crelle's Journal*, and added similar statements for two other such series, with the remark that "he seemed to remember having seen something of that kind in Euler." Of course, if $L(s)$ is the above series, both $L(s)$ and $L(1-s)$ are convergent (though not absolutely) in the critical strip, and the statement was made only for that strip, so that the question of analytic continuation did not arise. In 1858, a professor in Dorpat, Clausen, sent to the *Archiv* a solution of Schlömilch's "exercise," done in orthodox fashion by using Cauchy's calculus of residues. Clearly they all regarded such matters as routine.

From our point of view, the case of Riemann is more curious. Of all the great mathematicians of the last century, he is outstanding for many things, but also, strangely enough, for his complete lack of interest for number-theory and algebra. This is really striking, when one reflects how close he was, as a student, to Dirichlet and Eisenstein, and, at a later period, also to Gauss and to Dedekind who became his most intimate friend. During Riemann's student days in Berlin, Eisenstein tried (not without some success, he fancied) to attract him to number-theory. In 1855, Dedekind was lecturing in Göttingen on Galois theory, and one might think that Riemann, interested as he was in algebraic functions, might have paid some attention. But there is not the slightest indication that he ever gave any serious thought to such matters. It is clearly as an analyst that he took up the zeta-function. Perhaps his attention had been drawn to the papers of Schlömilch and Malmquist in 1849, and of Clausen in 1858. Anyway, to him the analytic continuation of the zeta-function and its functional equation may well have seemed a matter of routine; what really interested him was the connection with the prime number theorem, and those aspects which we now classify as "analytic number-theory," which to me, as I have told you, is not number-theory at all. Nevertheless, there are two aspects of his famous 1859 paper on the zeta-function which are of vital importance to us here.

— 102 —

In the first place, he gives two proofs for the functional equation, and it is his second proof which concerns us now; this is the proof which connects the zeta-function, by means of what we call now the "Mellin transformation," with the function

$$f(q) \,=\, q \,+\, q^4 \,+\, q^9 \,+\, \dots \,.$$

We have seen that Euler had already considered $f(q)$, but merely as a formal power-series. As Riemann observes, this, or rather the function $2f(q) + 1$, is essentially Jacobi's theta-function. With this, a new "musical theme" enters into our symphony, a theme to which the work of Hecke on modular forms has given great prominence, and which is now very familiar to all those who are working in that field.

Just as the functional equation for $\zeta(s)$ relates the values of ζ at s and at $1 - s$, the theta-function has a functional equation relating its values at $q = e^{2\pi i t}$ and at $q' = e^{-2\pi i/\tau}$, and Riemann found that the former is a direct consequence of the latter. The equation for the theta-function had already been found by Gauss, as we know from his private papers; but he had never published it. It came out for the first time in Jacobi's work on elliptic functions, where the theta-function is an essential ingredient; Jacobi gave it more and more prominence in his later treatment of that topic, and Riemann must have been very familiar with it, not only from Jacobi's *Fundamenta*, but also from Eisenstein's lectures on elliptic functions which he heard during his first year as a student in Berlin. Here we may note that Jacobi was primarily an analyst but also deeply interested in number-theory, and that he used his theta-function for a proof of Fermat's theorem on sums of four squares, precisely as Euler had predicted almost a hundred years before.

But perhaps Riemann's main contribution to number-theory consisted in drawing attention to what we call the Riemann hypothesis. Here I may point out that in the old days, when one used the word "hypothesis" or "conjecture" (in German, *Vermutung*), this was not to be taken as simply a form of wishful thinking. Nowadays these two are often confused. For instance, the so-called "Mordell conjecture" on Diophantine equations says that a curve of genus at least two with rational coefficients has at most finitely many rational points. It would be nice if this were so, and I would rather bet for it than against it. But it is no more than wishful thinking because there is not a shred of evidence for it, and also none against it. In the old days, the word conjecture was reserved (and I suggest that it might

— 103 —

still be usefully reserved) for the case when there is some reasonably convincing evidence. For instance, when Euler first made the statement

$$\prod_{n} (1-q^{n}) = \sum (-1)^{n} q^{\frac{n(3n+1)}{2}}$$

that I quoted yesterday, he had calculated a very large number of terms, and reasonably regarded this as good evidence.

Similarly, when Riemann conjectured the Riemann hypothesis, he had much more up his sleeve than is proved in his paper; he knew, not only that there are infinitely many zeros of the zeta function on the straight line $Re(s) = \frac{1}{2}$, but that in some sense most of them are there; this was later disengaged from his private papers by Siegel (see Siegel's *Collected Works*, vol. I, no. 18).

I repeat that Riemann's interest was purely analytical, and he and some of his successors (for instance, Hadamard and de la Vallée Poussin) regarded this as a problem in analysis. In retrospect, it is clear to us that it is not so. Somehow, in some way that we cannot explain, the Riemann hypothesis expresses truly number-theoretical properties of algebraic number fields. The reason for this view lies essentially in the analogy with function fields over finite fields where the Riemann hypothesis has been proved and where it is an essentially arithmetical, although partly algebraic-geometric property.

After Riemann, the next major step was to introduce zeta-functions for arbitrary algebraic number-fields; this was done by Dedekind. Dedekind fully realized the value of these functions for the theory of algebraic number-fields. He found their Euler product as a direct consequence of his ideal theory, and he found their relation with the number of ideal-classes. There he had the work of Dirichlet to guide him, and, just as Dirichlet, he made no attempt to get the analytic continuation of his zeta-functions. It was enough for him that the series was obviously convergent for $Re(s) > 1$ and that its behavior for s tending to 1 is decisive for the calculation of the class number. The analytic continuation was carried out much later by Hecke.

With this, however, we have already entered into the theory of algebraic number-fields, whose history cannot be separated from that of quadratic forms and from the laws of reciprocity; new themes have come into play. Therefore we must now go back two centuries, and make a fresh start with Fermat.

Fermat grouped his number-theoretical investigations chiefly around two problems. One was the study of diophantine equations of genus one, for instance the famous equations $z^{2} = x^{4} - y^{4}$ and $z^{3} = x^{3} - y^{3}$. The

— 104 —

other was: given N, what are the integers, and particularly what are the primes, which can be written in the form $x^2 \pm N y^2$? He solved the problem to his full satisfaction for the forms $x^2 + y^2$, $x^2 + 3 y^2$, $x^2 \pm 2 y^2$. For instance, he found that a prime can be written as $x^2 + 3 y^2$ if and only if it is congruent to 1 modulo 3. But, when he came to investigate the form $x^2 + 5 y^2$, he found something that greatly puzzled him, and which he states as follows. Firstly, the possibility of p being of this form depends upon the residue of the prime p, not merely modulo 5, but modulo 20. To us this is clear, because $x^2 + 5 y^2$ depends upon the quadratic number field $Q(\sqrt{-5})$, and since -5 is congruent to -1 modulo 4, the discriminant of the field is -20. To Fermat this may already have come as a slight surprise. But what really puzzled him was the following fact which he discovered empirically—that is to say, by numerical experimentation. Of course, for trivial congruence reasons, no prime which is congruent to 3 or to 7 modulo 20 can be of the form $x^2 + 5 y^2$; nevertheless, as Fermat observed empirically but could not prove, the product of two such primes, or the square of such a prime, can always be written as $x^2 + 5 y^2$.

This is very characteristic in the history of mathematics. When there is something that is really puzzling and cannot be understood, it usually deserves the closest attention because some time or other some big theory will emerge from it. In fact, we would explain the above phenomenon like this. In the number-field $Q(\sqrt{-5})$, there are two ideal classes; Hilbert's classfield over it is the biquadratic field $Q(i,\sqrt{-5})$, contained in the field generated by the 20th roots of unity. Luckily, this is abelian over the rational field. Therefore, the behavior of a prime p in the field $Q(\sqrt{-5})$, including the class to which its ideal prime factors belong if it does split in that field, depends only upon the residue of p modulo 20. Consequently, if p is congruent to 1 or 9 modulo 20, it can be written as $x^2 + 5 y^2$; if it is congruent to 3 or 7, it can be represented by the other form of discriminant 20, that is by $2 x^2 + 2 x y + 3 y^2$, but the product of any two such primes can be written as $x^2 + 5 y^2$; in all other cases no such representation is possible. All this can also be expressed in the language of the classes and genera of quadratic forms, as Gauss would have done, but to us that language is less illuminating.

Coming back to Fermat's problem, however, there is an obvious necessary condition for the prime p to be of the form $x^2 \mp N y^2$; it is that p should be a "divisor" of that form, i.e. that p should divide $x^2 \mp N y^2$ for suitable values of x, y, not both multiples of p. This, as we know, is a much

— 105 —

simpler question; it just means that $\pm N$ must be congruent to a square: $\pm N \equiv (x/y)^2$ modulo p. That is, $\pm N$ is what already Euler started calling a quadratic residue for the prime p. For a given p, it is easy (for instance, by complete enumeration of the integers modulo p) to find out which are the quadratic residues.

But the serious problem comes when you ask what are the primes for which a given $\pm N$ is a quadratic residue. Numerical experimentation indicates that those primes arrange themselves into a number of arithmetic progressions, either modulo N or modulo $4\,N$, as the case may be.

This fact was empirically discovered by Euler after many years of thinking about such questions; he published it in his late work. Of course, once the problem had been clearly stated, it did not really take an Euler to find the answer by numerical experimentation. Legendre, who gave the first clear formulation of the law of quadratic reciprocity in 1785, was apparently not aware that Euler had already found it. Even Gauss seems to have missed that statement in Euler's paper; perhaps this was because it did not matter to him; he had not only found it but fully proved it; moreover, the statement was in Legendre, and Legendre had given a partial proof. It is surprising, in a way, that Euler, who had worked at it all his life, and was such a strong mathematician, did not prove it. Anyway, the first proof was completed by Gauss on the 8th of April 1796, just before his 19th birthday, and it is rightly regarded as one of his great achievements. With it, we have another main theme for our symphony; also in this, as you see, Euler had had a big share.

Gauss alone, however, was responsible for the next development, the law of biquadratic reciprocity. Very early he started thinking about the extension of the quadratic reciprocity law to cubic and biquadratic residues, and then he noticed that such laws cannot even be properly conjectured within the context of rational numbers; they require the fields of cubic roots and of fourth roots of unity. As I pointed out yesterday, already Euler had complimented Lagrange on his bold use of irrational "and even imaginary" numbers in number-theoretical questions; they had both seen, for instance, that numbers of the form $x + y\sqrt{-N}$, where x and y are ordinary integers, are of great value in discussing the form $x^2 + Ny^2$. Gauss undoubtedly knew this; but, in his published work, he never went so far; he only introduced the Gaussian integers $x + y\sqrt{-1}$ in his great work on biquadratic residues. In connection with this, I shall allow myself a digression to tell a personal anecdote.

$$- \ 106 \ -$$

In 1947, in Chicago, I felt bored and depressed, and, not knowing what to do, I started reading Gauss's two memoirs on biquadratic residues, which I had never read before. The Gaussian integers occur in the second paper. The first one deals essentially with the number of solutions of equations $a x^4 - b y^4 = 1$ in the prime field modulo p, and with the connection between these and certain Gaussian sums; actually the method is exactly the same that is applied in the last section of the *Disquisitiones* to the Gaussian sums of order 3 and the equations $a x^3 - b y^3 = 1$. Then I noticed that similar principles can be applied to all equations of the form $a x^m + b y^n + c z^r + \ldots = 0$, and that this implies the truth of the so-called "Riemann hypothesis" (of which more later) for all curves $a x^n + b y^n + c z^n = 0$ over finite fields, and also a "generalized Riemann hypothesis" for varieties in projective space with a "diagonal" equation $\sum a_i x_i^n \equiv 0$. This led me in turn to conjectures about varieties over finite fields, some of which have been proved later by Dwork, Grothendieck, M. Artin and Lubkin, and some of which are still open.

In this same connection, I may also mention in passing some biographical puzzles. In the very last entry in his diary, in 1814, Gauss makes a statement about the number of solutions of $1 = x^2 + y^2 + x^2 y^2$ in the prime field modulo p, which is equivalent to the "Riemann hypothesis" for that curve; he says he has discovered this "by induction" (i.e. empirically). If we put $z = y(1+x^2)$, we get $z^2 = 1 - x^4$, so that the curve can be treated easily by the method of his first paper on biquadratic residues. Surely he must have noticed this, since otherwise he would not have added that "this connects beautifully the lemniscatic functions with biquadratic residues"; but neither Dedekind nor Bachmann could see the connection. It is also puzzling to find him writing in that diary, in 1813, that he had finally mastered the theory of biquadratic residues "after almost seven years of concentrated efforts" (and "on the same day when his second son was born"; clearly he regards the former event as much more important) and then to find that he had already said the same in a letter to Sophie Germain in 1807 (dated "the day of my 30th birthday"). Does that mean that in 1807 he had discovered the main facts, but that he found the proofs only much later? In his second memoir on the subject, he still describes those results as a "most recondite mystery" and postpones the proofs to a later occasion; but, not long after that, Jacobi had the audacity of sending him a brilliant and rather short proof, and this may have discouraged Gauss from ever publishing his own.

Before we go on, however, with the reciprocity laws, we must say more about the appearance of algebraic number-fields. We have seen how Euler

— 107 —

and Lagrange started using algebraic numbers. As we have said, Gauss must have been aware of the relation between binary quadratic forms and quadratic fields. To have introduced the group of classes of binary quadratic forms of given discriminant had been Gauss's specific contribution (the concept of classes, and the finiteness of the class-number, had been discovered by Lagrange and further exploited by Legendre); but this did not immediately influence the study of quadratic fields; of course, in the case of the Gaussian integers, the class number is 1. On the other hand, Dirichlet proved (and Hermite almost proved) the theorem on the units in a ring of algebraic integers. But even Dirichlet and Eisenstein did not see how to circumvent the basic difficulty in the multiplicative theory of algebraic numbers, which we express by saying that the class-number need not be 1; it was left for Kummer, by a stroke of genius, to solve it once for all with his "ideal factors." This happened in 1845, and we can follow the story in detail in Kummer's letters to his former pupil Kronecker.

Actually what Kummer did was to determine explicitly all the valuations in the cyclotomic field $Q(\varepsilon)$, where ε is a primitive root of unity of prime order l; thus, he was at the same time determining the prime ideal decomposition of rational primes in that field. He extended this later to fields $Q(\varepsilon)$ where ε is a primitive n-th root of unity, and in part to the "Kummer fields" $Q(\varepsilon, \xi^{1/n})$ where ξ is in $Q(\varepsilon)$; for $n = 2$, this includes the quadratic fields. He applied this to Fermat's theorem, not that he attached any great importance to it, but, just like Gauss, he regarded it as a good testing ground for the theory of cyclotomic fields. But he and Eisenstein also used that theory extensively in their work on the higher reciprocity laws, where quite possibly there are valuable ideas which have not yet been fully exploited; the same can perhaps also be said of the connections discovered by Eisenstein between elliptic functions and the cubic and biquadratic reciprocity laws.

Eisenstein died very young. Kummer never bothered about the extension of ideal theory to all algebraic number-fields; he was quite willing to leave this to others, and it was done by Dedekind and by Kronecker.

Now, since our time is so limited, we must take a big jump, right into the present century, and we come to Artin and to what he did with two of our main themes, the zeta-function and the reciprocity laws. Already Hilbert had realized that all reciprocity laws had to do with abelian extensions of algebraic number-fields; this, of course, was based on the concept of the Galois group, and Kronecker had made essential contributions to the subject. Hilbert conjectured many of the basic facts about abelian extensions of number-fields; he proved some, and Furtwängler and Takagi proved the others. But the edifice still lacked a roof until Artin conjectured and then proved his law of reciprocity, one main part of which can be explained as follows. Let K be an abelian extension of degree n of a number-field k; let $Z(s)$ be the Dedekind zeta-function for K; then $Z(s)$ can be split into n factors which are L-functions attached to k. Such L-functions, which were first defined by H. Weber in 1897, are the direct generalization of those which had been introduced earlier by Dirichlet, and Hecke's proof for the functional equation of the zeta-function is also valid for them.

Most of you will not see the connection between this and the original law of quadratic reciprocity of Euler, Legendre and Gauss; even Gauss might not have seen it at once, but perhaps Dirichlet would. Nevertheless— here you have to take me on trust—there is a straight line, a clear line, connecting one with the other.

Here, at the hands of a great artist, two themes have been so fused together that only a careful analysis can separate them. But I must not fail to mention another development, also due to Artin. Dedekind and Weber, taking as their model Dedekind's theory of the algebraic number-fields, had treated the fields of algebraic functions of one variable over the prime field modulo p; this can be regarded as the theory of the congruences $F(x,y) \equiv 0$ modulo p, where F is any polynomial with integral coefficients. There is no difficulty in extending this to algebraic curves over all finite fields. Artin, in his thesis, showed how Dedekind's definition of the zeta-function for an algebraic number-field can be applied to such function-fields. To him, the new zeta-functions looked almost as mysterious as Dedekind's, although he had found that they were rational functions of p^{-s}; in particular, he saw no reason for hoping that the Riemann hypothesis for them would be easier to prove than the classical one. Nevertheless, this was done less than 25 years later, by a combination of number-theory and algebraic geometry. As we have noted above, the conjecture or theorem in Gauss's last entry in his diary is just a special case of this result; on the other hand, its extension to algebraic varieties is still an unsolved problem.

Here we have already reached our present front-line at one of its most sensitive points. Now let us go back to Gauss for a minute, and to his theory of binary quadratic forms. Looking at this as being, in essence, a theory of quadratic fields, we saw it develop into the theory of all algebraic number-fields. On the other hand, already Gauss took up another generalization, to quadratic forms in any number of variables; this line was pursued after him, for instance, by Hermite, Eisenstein, H. Smith, Minkowski, and more recently Siegel. From a modern point of view, this is the arithmetical theory of the orthogonal groups, while the theory of algebraic number-fields may be regarded as dealing with another kind of group, namely the so-called algebraic toruses; the latter point of view was already quite apparent in the work of Dirichlet and of Hermite on the units of those fields. All this can be subsumed now under one catchword: the arithmetical theory of algebraic groups (in particular, the so-called reductive groups).

With this we have again come so close to the present day that I can at least point out to you two of the most promising lines of advance. As we said, Artin's reciprocity law, which in a sense contains all previously known laws of reciprocity as special cases, deals with a strictly commutative problem. It establishes a relation between the most general extension of a number-field with a commutative Galois group on the one hand, and on the other hand the multiplicative group over that field. Where do we go from there? Well—of course we take up the non-commutative case.

In modern notation, the multiplicative group in one variable is called $GL(1)$. Leibniz would not have regarded this group as trivial, since a good deal of his work was concerned with the exponential and logarithmic functions; the same may be said about Euler; but perhaps many later writers would have looked at it with contempt. Nevertheless, there is a sense in which classfield theory and Artin's law of reciprocity are nothing but the theory of $GL(1)$ over a number-field, and now we are up against the problem of dealing with $GL(n)$ in a comparable sense. This is a huge problem; it is only quite recently that Jacquet and Langlands, for instance, have made some inroad into the study of $GL(2)$; their work indicates that there is a definite connection with Artin's non-abelian L-functions, so that the theme of the zeta-function appears here once more, and once more in some counterpoint with the reciprocity laws. Perhaps even the Riemann hypothesis will play a role here in some mysterious way.

But for a while now I have abandoned the theme of elliptic functions, modular functions and curves of genus 1, although it never really vanished out of sight; Eisenstein, Kronecker, H. Weber took good care to keep it going, and so did Fueter and Hasse more recently, in connection with complex multiplication and with the Riemann hypothesis in elliptic function-fields. But above all Hecke took up the subject of modular functions and put it back into number-theory where it always belonged, after Poincaré and Klein had vainly tried to push it into function-theory (of course Poincaré was too good a mathematician not to know that it had also its arithmetical aspects, and he wrote a paper entitled *L'arithmétique et les fonctions fuchsiennes* which is still worth reading). In a sense, this is again the theory

— 110 —

of GL (2), but seen from a rather different angle; here, too, Dirichlet series and generalizations of the old laws of reciprocity play a prominent role. This is not the time to give details, but I may refer you, for example, to the work of Shimura to indicate what I mean.

With this I hope to have convinced you that there is a complete continuity in the main lines of development in number-theory, at least from the days of Euler down to the present day. I could not hope to do more; if I have convinced you of this, I have more than accomplished my purpose.

EPILOGUE

(July 1973)

Reference has been made above to my conjectures of 1948, which included the extension of the "Riemann hypothesis" to algebraic varieties of arbitrary dimension over finite fields.

Those conjectures have now been proved by Deligne. In the meanwhile, he had also shown, in conjunction with the work of Ihara, that their truth would imply the truth of Ramanujan's conjecture on the τ-function, which has been described above as "very much of an open problem".

Number-theory is not standing still.

(Reçu le 11 juin 1973)

André Weil
  The Institute for Advanced Study
  Princeton, N.J., 08540

[1974b] Sur les sommes de trois et quatre carrés

A Carl Ludwig Siegel
en toute amitié

Comme chacun sait, c'est Lagrange qui a publié, en 1770, la première démonstration du célèbre théorème de Fermat sur la décomposition des entiers en quatre carrés [1]. Cette démonstration, qui prenait comme point de départ un travail antérieur d'Euler, fut bientôt améliorée par Euler lui-même [2]; traduite dans le langage des quaternions, elle a été exposée à nouveau par Hurwitz. C'est une démonstration par « descente infinie », et il est permis de supposer qu'elle ne diffère pas substantiellement de celle que Fermat disait avoir obtenue (« perfectam demonstrationem a me inventam moneo », *Œuvres* II, p. 403); on ne voit pas en effet pourquoi on mettrait en doute l'affirmation maintes fois réitérée de Fermat à cet égard.

Ni Lagrange ni Euler n'ont fait mention du nombre de représentations d'un entier par quatre carrés. Il est bien connu que la première détermination de ce nombre fut obtenue par Jacobi, par le moyen des fonctions thêta, au cours de ses recherches sur les fonctions elliptiques. Peu après, en 1834, Jacobi donna une démonstration élémentaire du même résultat [3], tout en ajoutant que celle-ci ne diffère que par la forme de la précédente. En 1856, Dirichlet se donna la peine d'en présenter une version améliorée dans une lettre à Liouville [4].

En ce qui concerne les sommes de trois carrés, ce qu'on pourrait appeler la préhistoire du sujet est plus obscure. A son affirmation sur les sommes de quatre carrés, Fermat en a plusieurs fois joint une autre sur les sommes de « nombres polygonaux »: tout nombre, dit-il, est somme de trois nombres triangulaires (au plus), de quatre carrés, de cinq nombres pentagonaux, etc. Des nuances de style, il est vrai, pourraient suggérer que parfois il ne s'est pas senti tout à fait sûr de lui sur ce terrain. En ce qui concerne les nombres triangulaires, son énoncé revient à dire que tout entier de la forme $8n + 3$ est somme de trois carrés. Or il spécifie qu'il ne sait pas démontrer que $2p$ est somme de trois carrés chaque fois que p est un nombre premier de la forme $8n - 1$ (*Œuvres* II, p. 405). Il est donc certain que ses méthodes,

---

Reprinted by permission of the editors of *Enseign. Math.*

303

— 216 —

quelles qu'elles fussent, ne lui permettaient pas de traiter des sommes de trois carrés en toute généralité.

Ce problème a été traité pour la première fois avec succès par Gauss dans les *Disquisitiones*, et a fait l'objet par la suite d'assez nombreux travaux qu'il serait superflu d'énumérer ici. L'énoncé de Fermat sur les nombres triangulaires figure comme cas particulier parmi les résultats de Gauss; mais ceux-ci sont présentés comme conséquences de la théorie des formes quadratiques binaires et ternaires; et, même à présent, on ne connaît aucune démonstration de l'énoncé de Fermat qu'on puisse attribuer à celui-ci avec la moindre vraisemblance.

Il y a cependant un travail de Kronecker [5], composé tout à fait dans l'esprit de la démonstration élémentaire de Jacobi-Dirichlet citée plus haut, et qui donne, non seulement le résultat annoncé par Fermat, mais la détermination complète du nombre de décompositions d'un entier en trois carrés. Comme ce travail est resté peu connu, il ne sera peut-être pas inutile d'en donner ici un exposé un peu simplifié (v. cependant [6]).

Pour $i = 2, 3, 4$, nous noterons $N_i(m)$ le nombre de solutions $(x_1, ..., x_i)$ de

$$m = x_1^2 + x_2^2 + ... + x_i^2; \ x_h > 0, x_h \equiv 1 \,(\text{mod. } 2), 1 \leqslant h \geqslant i \,.$$

Bien entendu, ce nombre est 0 sauf si $m > 0$, $m \equiv i$ (mod. 8). En vertu d'un raisonnement facile et élémentaire, basé sur l'identité

$$2(x^2 + y^2) = (x + y)^2 + (x - y)^2 \,,$$

le nombre de décompositions de tout entier en deux resp. quatre carrés doit être considéré comme connu dès qu'on connaît $N_2(m)$ resp. $N_4(m)$ pour tout m. Il n'en est pas de même pour les décompositions en trois carrés. Néanmoins, comme notre objet ici est de présenter le principe de la démonstration de Kronecker plutôt que d'obtenir des résultats complets qui sont bien connus par ailleurs, nous nous bornerons par la suite à la détermination de $N_3(m)$, ou, ce qui revient au même, du nombre de décompositions de m en trois carrés pour $m \equiv 3$ (mod. 8); il suffira au lecteur de savoir que la méthode de Kronecker s'applique aussi aux autres cas, au prix de quelques complications supplémentaires.

1. Rappelons d'abord le résultat bien connu (et qui en substance était déjà connu de Fermat; cf. *Œuvres* II, p. 214) au sujet de $N_2(m)$. Soit $\chi(n)$ égal à $+ 1$ ou à $- 1$, pour n impair > 0, suivant que n est $\equiv 1$ ou $\equiv - 1$ (mod. 4), et égal à 0 pour toute autre valeur de n. On a alors:

$$N_2(m) = \sum_{d/m} \chi(d) \quad (m \equiv 2 \,(\text{mod. } 4), m > 0) \,,$$

— 217 —

comme on le voit par exemple en écrivant la fonction zêta du corps $\mathbf{Q}\,(i)$ comme produit de $\zeta\,(s)$ et de la fonction L formée au moyen du caractère χ. Cela peut s'écrire aussi:

$$(1) \qquad N_2\,(m) \;=\; \sum_{m=2ab} \chi\,(a) \qquad (m \equiv 2\,(\text{mod. }4),\, m>0)\,.$$

On notera d'autre part qu'on a:

$$(2) \qquad\qquad \chi(n)\,\chi(n') \;=\; (-1)^{(n-n')/2}$$

chaque fois que $n \equiv n' \equiv 1$ (mod. 2), $n > 0$, $n' > 0$.

Passons au calcul de $N_4\,(m)$. Soit $m \equiv 4$ (mod. 8), $m > 0$. On a évidemment:

$$N_4\,(m) \;=\; \sum N_2\,(r)\,N_2\,(s) \;(m = r + s,\, r \equiv s \equiv 2\,(\text{mod. }4),\, r>0,\, s>0)\,.$$

D'après (1) et (2), cela donne:

$$N_4\,(m) \;=\; \sum\,(-1)^{(a-c)/2}$$
$$(m = 2ab + 2cd,\, a \equiv b \equiv c \equiv d \equiv 1\,(\text{mod. }2),\;\; a,b,c,d>0)\,.$$

Sur les indices de sommation, faisons le changement de variables:

$$a = x+y,\; c = x-y,\; b = z-t,\; d = z+t\,.$$

Les conditions imposées à a, b, c, d donnent alors:

$$(3) \quad m = 4\,(xz - yt),\; |\,y\,| < x,\; |\,t\,| < z,\; y \not\equiv x,\; t \not\equiv z \;(\text{mod. }2),$$

ce qui, d'après la condition imposée à m, implique

$$xz - yt \equiv 1,\; y \equiv t \equiv \frac{a-c}{2}\;(\text{mod. }2)\,.$$

On a donc $N_4\,(m) = \sum\,(-1)^y$, les conditions de sommation étant données par (3). Soient N_0, N_+, N_- les sommes $\sum\,(-1)^y$ étendues respectivement aux solutions de (3) pour lesquelles $y = 0$, $y > 0$, $y < 0$. Le calcul de N_0 est immédiat; pour $y = 0$, (3) donne $xz = m/4$, donc $x \equiv z \equiv 1$ (mod. 2), puis $|\,t\,| < z$, $t \equiv 0$ (mod. 2). Si donc d est un diviseur impair > 0 de m, il y aura d solutions de (3) pour lesquelles $y = 0$, $z = d$, $x = m/4d$. Cela donne $N_0 = \sum d$.

Dans (3), on peut changer (x, y, z, t) en $(x, -y, z, -t)$; on a donc $N_+ = N_-$. Soit d'autre part (x, y, z, t) une solution de (3) avec $y > 0$. Alors x/y est > 1 et ne peut être un entier impair, puisque $y \not\equiv x$ (mod. 2); il y a donc un entier u et un seul tel que $2u - 1 < x/y < 2u + 1$. Posons:

$$(4) \qquad x' = 2uz - t,\; y' = z,\; z' = y,\; t' = 2uy - x\,.$$

— 218 —

On vérifie immédiatement que (x', y', z', t') est aussi une solution de (3) avec $y' > 0$, $y' \not\equiv y$ (mod. 2). Réciproquement, si une telle solution (x', y', z', t') est donnée, u est aussi l'entier unique tel que $2u - 1 < x'/y' < 2u + 1$; autrement dit, (4) définit une permutation de l'ensemble de ces solutions. Donc $N_+ = - N_+$; par suite $N_+ = N_- = 0$, $N_4(m) = N_0 = \sum d$, et le théorème de Jacobi est démontré.

2. Telle est en substance la démonstration de Jacobi-Dirichlet. On peut aussi la présenter un peu autrement, au moyen d'un lemme qui jouera un rôle essentiel dans la démonstration de Kronecker. Pour plus de clarté nous ferons précéder ce lemme d'un autre plus simple, qui ne nous servira pas mais fera mieux comprendre de quoi il s'agit.

LEMME 1. — *Soient a, b, n des entiers > 0. Soit $f(a, b, n)$ le nombre de solutions entières de*

$$(5) \qquad aX + bY = n, \ 0 < X < b, \ Y > a, \ Y \not\equiv 0 \ (\text{mod.}\, a).$$

Alors $f(a, b, n) = f(b, a, n)$.

Il est clair que $f(a, b, n) = 0$ sauf si n est $\geqslant ab + a + b$ et est multiple du p.g.c.d. de a et b. Soit (X, Y) une solution de (5); soit u l'entier tel que $u < Y/a < u + 1$. Posons $X' = Y - ua$, $Y' = X + ub$. C'est une solution du problème obtenu en échangeant a et b dans (5). Comme u est aussi déterminé par $u < Y'/b < u + 1$, on a ainsi établi une bijection entre les solutions des deux problèmes.

LEMME 2. — *Soient a, b des entiers > 0; soit m un entier, et soient α, β des entiers modulo 2. Soit $\varphi(a, b, \alpha, \beta, m)$ le nombre de solutions de*

$$(6) \ aX + bY = m, \ |X| < b, \ Y > a, \ X \equiv \alpha \ (\text{mod.}\, 2), \ Y \equiv \beta \ (\text{mod.}\, 2),$$
$$Y \not\equiv a \ (\text{mod.}\, 2a).$$

Alors $\varphi(a, b, \alpha, \beta, m) = \varphi(b, a, \beta, \alpha, m)$.

Soit (X, Y) une solution de (6). Alors il y a un entier unique u tel que $|Y - 2ua| < a$, et, si on pose $X' = Y - 2ua$, $Y' = X + 2ub$, (X', Y') est une solution du problème obtenu en échangeant (a, α) et (b, β) dans (6). De plus, u est l'entier unique tel que $|Y' - 2ub| < b$. La conclusion s'ensuit comme pour le lemme 1. On notera que $\varphi(a, b, \alpha, \beta, m) = 0$ sauf si m est multiple du p.g.c.d. de a et b, $m \geqslant a + b$, et $m \equiv a\alpha + b\beta$ (mod. 2). On notera aussi que la condition $Y \not\equiv a$ (mod. $2a$), dans (6), est conséquence de $Y \equiv \beta$ (mod. 2) chaque fois que $a \not\equiv \beta$ (mod. 2).

— 219 —

Cela posé, reprenons les notations du n° 1, et considérons les solutions de (3) pour lesquelles y, z ont des valeurs données > 0; (3) implique d'ailleurs qu'on doit prendre $y \not\equiv z$ (mod. 2). Ecrivant $(y, z, -t, x)$ au lieu de (a, b, X, Y) dans (6), on voit immédiatement que le nombre de ces solutions n'est autre que $\varphi(y, z, y, z, m/4)$. On a donc:

$$N_+ = \sum (-1)^y \varphi(y, z, y, z, m/4),$$

la sommation étant étendue à tous les (y, z) tels que $y > 0$, $z > 0$ et $y \not\equiv z$ (mod. 2); c'est une somme finie, puisque les termes pour lesquels $y + z > m/4$ sont nuls. Echangeant y et z, et appliquant le lemme 2, on voit de nouveau que $N_+ = -N_+$.

3. Passons maintenant à la détermination de $N_3(m)$. La méthode de Kronecker exige (et c'est là son point faible) la connaissance préalable du résultat à démontrer. Pour énoncer celui-ci, nous noterons $H(m)$, pour tout m, le nombre de solutions (a, b, c) de

$$(7) \quad m = 4ac - b^2, \quad b > 0, \quad b < 2a, \quad b < 2c, \quad b \equiv 1 \quad (\text{mod. 2})$$

en entiers a, b, c. Naturellement $H(m)$ est nul sauf si $m > 0$, $m \equiv -1$ (mod. 4). De plus, si par exemple $a \leqslant c$, (7) entraîne $0 < b \leqslant 2a - 1$, $m + 1 \geqslant 4a(c-a+1)$, donc $H(m)$ est fini.

THÉORÈME. — *On a* $N_3(m) = H(m)$ *chaque fois que* $m \equiv 3$ (mod. 8). Il est clair d'abord qu'on a, pour $m \equiv 4$ (mod. 8):

$$N_4(m) = \sum N_3(m - x^2),$$

la sommation étant étendue aux entiers impairs $x > 0$. La valeur de $N_4(m)$ a été obtenue au n° 1. Si nous faisons voir que, pour tout $m \equiv 4$ (mod. 8), on a aussi

$$(8) \qquad\qquad N_4(m) = \sum H(m - x^2),$$

le théorème s'ensuivra aussitôt par récurrence sur m. Il suffira donc de démontrer cette dernière relation. Pour la commodité des notations, nous écrirons $m = 4n$ avec n impair, et nous désignerons par X_n le second membre de (8), qu'on peut écrire aussi:

$$X_n = \frac{1}{2} \sum H(4n - x^2)$$

si on étend cette fois la sommation à tous les entiers x impairs, positifs ou négatifs. De plus, si R désigne un système de relations (égalités, inégalités,

— 220 —

congruences) où figurent, outre n, des lettres a, b, c, x, y, etc., nous conviendrons d'écrire $\{R\}$ pour le nombre de solutions $(a, b, c, x, y, ...)$ du système R en nombres entiers, étant entendu que le nombre impair $n > 0$ est fixé une fois pour toutes. Nous pouvons écrire alors:

$$X_n = \frac{1}{2}\left\{ n = ac + \frac{x^2 - b^2}{4}, b > 0, b < 2a, b < 2c, b \equiv x \equiv 1 \,(\text{mod. } 2)\right\}.$$

Puisque $b \equiv x$ (mod. 2), on peut poser $b + x = 2y$, $b - x = 2z$ et écrire:

$$X_n = \frac{1}{2}\left\{ n = ac - yz, y + z > 0, y + z < 2a, y + z < 2c \; y \not\equiv z \,(\text{mod. } 2)\right\},$$

où nous notons que les conditions imposées entraînent que yz est pair, donc ac impair, donc $c - z \neq a - y$. Ces conditions étant symétriques en a et c, et en y et z, on diminue de moitié le nombre de solutions qui figure au second membre en ajoutant la condition $c - z > a - y$; mais alors, comme ces conditions entraînent aussi $y + z < a + c$, on a même $c - z > |a - y|$. Cela donne:

$$X_n = \{ n = ac - yz, y + z > 0, y + z < 2a, y + z < 2c,$$
$$c - z > |a - y|, y \not\equiv z \,(\text{mod. } 2) \}.$$

Soit A l'ensemble des (a, c, y, z) défini par ces dernières conditions; il est contenu dans l'ensemble B défini par

(B) $n = ac - yz, 0 < y + z < 2a, c - z > |a - y|, y \not\equiv z$ (mod. 2),

et la différence $C = B - A$ est l'ensemble défini par

(C) $n = ac - yz, 0 < y + z < 2a, y + z > 2c,$
        $c - z > |a - y|, y \not\equiv z$ (mod. 2).

Parmi ces dernières conditions, $y + z < 2a$ est conséquence des autres, à savoir de $0 < y + z$, $y + z > 2c$, $c - \dot{z} > y - a$, qui entraînent aussi $a > |c|$. Notons aussi que les conditions qui définissent B entraînent que yz est pair, donc a et c impairs.

Dans (B), nous ferons le changement de variables

$$y = a - u, z = u + w, c = u + v + w.$$

Il transforme B en l'ensemble des (a, u, v, w) qui satisfont à

(D) $n = u^2 + av + uw, |w| < a, v > |u|, w \not\equiv a$ (mod. 2).

— 221 —

Comme ces conditions sont équivalentes à (B), elles entraînent aussi $a \equiv 1$ (mod. 2), donc $w \equiv 0$ (mod. 2). Considérons d'abord les solutions de (D) pour lesquelles $u = 0$; celles qui correspondent à une valeur donnée de a sont au nombre de a, et, comme on peut prendre pour a n'importe quel diviseur > 0 de n, le nombre total de ces solutions n'est pas autre chose que le nombre $\sum d$ déjà obtenu au n° 1 comme valeur de $N_4 (4n)$. Comme de plus (D) ne change pas si on y change (u, w) en $(-u, -w)$, on voit que le nombre d'éléments de B est $N_4 (4n) + 2Y$, où Y est le nombre d'éléments de l'ensemble défini par

(D') $\quad n - u^2 = av + uw, \ |w| < a, \ v > u > 0, \ a \equiv 1, \ w \equiv 0$ (mod. 2).

D'ailleurs ces conditions impliquent $v \not\equiv u$ (mod. 2). Dans ces conditions, ceux des éléments de cet ensemble qui correspondent à des valeurs données de a et de u sont au nombre de $\varphi (u, a, 0, u+1, n-u^2)$, de sorte qu'on a:

$$Y = \sum \ \varphi (u, a, 0, u+1, n-u^2) \,,$$

où la sommation est étendue à tous les couples (u, a) pour lesquels $u > 0$, $a > 0$, $a \equiv 1$ (mod. 2). D'après ce qu'on a vu à la suite du lemme 2, tous les termes de cette somme sont nuls à l'exception de ceux pour lesquels $n - u^2 \geqslant u + a$, ce qui montre que l'ensemble B est fini.

Passons à (C), où, comme on l'a vu, on peut omettre la condition $y + z < 2a$. Cette fois nous ferons le changement de variables

$$a = u + v + w, \ y = u + w, \ z = c - u \,,$$

qui transforme C en l'ensemble des (u, v, w, c) défini par

$$n = u^2 + cv + uw, \ w > |c|, \ u > |v|, \ w \not\equiv c \ (\text{mod. } 2),$$

conditions qui entraînent de nouveau $c \equiv 1$, $w \equiv 0$ (mod. 2). Comme par conséquent $c \neq 0$, et qu'on peut changer (c, v) en $(-c, -v)$, le nombre d'éléments de C est $2Y'$, où Y' est le nombre d'éléments de l'ensemble défini par

$$n - u^2 = cv + uw, \ w > c > 0, \ u > |v|, \ c \equiv 1, \ w \equiv 0 \ (\text{mod. } 2).$$

Tout comme plus haut, les éléments de cet ensemble qui correspondent à des valeurs données de c et de u sont au nombre de $\varphi (c, u, u+1, 0, n-u^2)$, et l'on a

$$Y' = \sum \ \varphi (c, u, u+1, 0, n-u^2) \,,$$

où la somme est étendue aux couples (c, u) tels que $c > 0$, $u > 0$ et $c \equiv 1$ (mod. 2). Le lemme 2 donne $Y' = Y$, ce qui achève la démonstration.

— 222 —

BIBLIOGRAPHIE

[1] LAGRANGE. Démonstration d'un théorème d'arithmétique. *Nouveaux Mémoires de l'Acad. royale des Sc. et Belles-L. de Berlin*, 1770 = *Œuvres III*, 189-201.

[2] EULER. Novae demonstrationes circa resolutionem numerorum in quadrata. *Nova Acta Erud.* 1773, 193-211 = *Opera Omnia, (I) 3*, 218-239.

[3] JACOBI. De compositione numerorum e quatuor quadratis. *J. de Crelle 12* (1834), 167-172 = *Ges. Werke VI*, 245-251.

[4] DIRICHLET. Sur l'équation $t^2 + u^2 + v^2 + w^2 = 4m$, *J. de Liouville (II) 1* (1856), 210-214 = *Werke II*, 201-208.

[5] KRONECKER. Über bilineare Formen mit vier Variabeln. *Abh. d. K. Pr. Akad. d. Wiss* 1883_2, 1-60 = *Werke II*, 425-495.

[6] VENKOV, B.A. *Elementary number-theory* (transl. from the Russian), Wolters-Noordhoff, Groningen, 1970

André Weil

The Institute for Advanced Study
Princeton, N.J., 08540

(Reçu le 23 avril 1974)

[1974c] La cyclotomie jadis et naguère

Littéralement, « cyclotomie » signifie « division du cercle ». Les géomètres grecs ont enseigné à diviser le cercle en N parties égales, par la règle et le compas, pour N de la forme 2^n, $2^n.\,3$, $2^n.\,5$, $2^n.\,15$.

La découverte par Euler des relations entre fonctions trigonométriques et exponentielles ramenait le problème de la division du cercle à la résolution des équations binômes de la forme $X^n = 1$. Gauss, à 19 ans, reçut la médaille Fields (plus exactement il l'aurait reçue si elle avait existé) pour avoir résolu l'équation $X^{17} = 1$ par une succession de racines carrées, ce qui implique la division du cercle en 17 parties égales par la règle et le compas. Bien entendu, ce résultat, pour sensationnel qu'il fût, n'était pour Gauss qu'un premier pas dans la théorie des équations binômes.

1. C'est donc à juste titre qu'on qualifie de « cyclotomiques » les corps engendrés sur $\mathbf{Q}$ par les racines de l'unité, et leurs sous-corps, et le mot de « cyclotomie » pourrait s'appliquer à tout ce qui les concerne; on sait d'ailleurs, depuis Kronecker, que ces corps ne sont autres que les extensions abéliennes de $\mathbf{Q}$. Mais, depuis Jacobi, et pendant tout le XIXe siècle, l'usage s'est établi de réserver ce mot (en allemand, *Kreist(h)eilung*) à l'étude de certaines sommes remarquables de racines de l'unité, qu'on a pris de nos jours (depuis Hasse, semble-t-il) l'habitude d'appeler « sommes de Gauss »; nous adopterons ce terme, qui est commode, mais historiquement peu justifié. Plus précisément, nous conviendrons d'appeler *somme de Gauss* relative au corps fini $\mathbf{F}_q$ à $q = p^n$ éléments toute somme

$$(1) \qquad G = G(\chi, \psi) = \sum_{x \in \mathbf{F}_q^\times} \chi(x)\,\psi(x)$$

où χ est un caractère du groupe multiplicatif $\mathbf{F}_q^\times$, et ψ un caractère non trivial du groupe additif $\mathbf{F}_q$. Si ε est une racine primitive de $X^p = 1$, l'ensemble des valeurs de ψ est $\{1, \varepsilon, ..., \varepsilon^{p-1}\}$. Si χ est d'ordre m, m divise $q - 1$, et on peut écrire $q - 1 = mv$; on dira alors que G est *d'ordre m*; pour $m = 1$,

---

[1] Exposé au séminaire Bourbaki, Paris, juin 1974.

— 248 —

on a $G = -1$. Si r est un générateur du groupe cyclique $\mathbf{F}_q^\times$, χ est bien défini par la donnée de $\zeta = \chi(r)$, et ζ est une racine primitive de $Z^m = 1$; on peut écrire alors

$$(2) \qquad G = \sum_{i=0}^{q-2} \zeta^i \psi(r^i) = \sum_{i=0}^{m-1} \zeta^i \sum_{j=0}^{\nu-1} \psi(r^{i+mj}) \, .$$

La première propriété de $G(\chi, \psi)$ qui nous saute aux yeux est que c'est un entier algébrique du corps $\mathbf{Q}(\zeta, \varepsilon)$, et que tous ses conjugués sur $\mathbf{Q}$ sont aussi des sommes de Gauss; si un automorphisme de $\mathbf{Q}(\zeta, \varepsilon)$ change ζ en ζ^t et ε en ε^u, il change $G(\chi, \psi)$ en $G(\chi^t, \psi^u)$. De plus, avec des « abus de notations » évidents, on a $\psi^u(x) = \psi(ux)$, et par suite:

$$(3) \qquad G(\chi, \psi^u) = \chi(u)^{-1} G(\chi, \psi) \, ,$$

ce qui implique aussitôt que $G(\chi. \psi)^m$ est dans $\mathbf{Q}(\zeta)$.

Notons aussi dès maintenant qu'on a, pour G défini par (1):

$$(4) \qquad G\bar{G} = \sum_{x,y} \chi(xy^{-1}) \psi(x-y) = \sum_{z \neq 0} \chi(z) \sum_{y \neq 0} \psi(y(z-1))$$

$$= q - 1 - \sum_{z \neq 0,1} \chi(z) = \begin{cases} q \text{ si } \chi \neq 1 \\ 1 \text{ si } \chi = 1 \, . \end{cases}$$

Si $\mathbf{F}_q$ est le corps premier $\mathbf{F}_p = \mathbf{Z}/p\mathbf{Z}$, on pourra prendre $\psi(x) = \varepsilon^x$, et on aura

$$(5) \qquad G = \sum_{x=1}^{p-1} \chi(x) \varepsilon^x = \sum_{i=0}^{p-2} \zeta^i \varepsilon^{r^i} = \sum_{i=0}^{m-1} \zeta^i \sum_{j=0}^{\nu-1} \varepsilon^{r^{i+mj}} \, .$$

2. Nous avons anticipé sur l'ordre historique, auquel nous revenons à présent. Les sommes (5) sont des cas particuliers des sommes introduites par Lagrange dans son grand mémoire ([1 a]) sur la théorie algébrique des équations (la théorie de Galois « avant la lettre »). C'est là que Lagrange montre, entre autre, comment engendrer une extension cyclique de degré m au moyen d'une racine m-ième, après adjonction, s'il y a lieu, des racines m-ièmes de l'unité (engendrement dit, bien à tort, « kummérien »). Il introduit les sommes

$$(6) \qquad y = x_1 + \alpha x_2 + \dots + \alpha^{m-1} x_m \, ,$$

où $\alpha^m = 1$, et où $x_1, \dots, x_m$ sont les racines d'une équation de degré m, et il observe que y^m est invariant par toute permutation circulaire des x_i. Il fait voir par exemple qu'on « explique » ainsi les formules classiques de résolution par radicaux des équations du 3e et du 4e degré. Exposant à

— 249 —

nouveau sa méthode dans son *Traité* de 1808 ([1 b], Note XIII), il donne aux sommes (6) le nom de « *résolvantes* », qui leur est resté pendant tout le XIXe siècle.

3. En 1801, dans la VIIe section des *Disquisitiones* ([2 a]), Gauss donne un exposé complet de la « théorie de Galois » de $\mathbf{Q}(\varepsilon)$ considéré comme extension cyclique de $\mathbf{Q}$ de degré $p - 1$. Il montre en particulier que, pour $p - 1 = mv$, $\mathbf{Q}(\varepsilon)$ possède un sous-corps k_m (et un seul) de degré m sur $\mathbf{Q}$, engendré sur $\mathbf{Q}$ par l'une quelconque des « périodes d'ordre m »:

$$(7) \qquad \eta_i = \sum_{j=0}^{v-1} \varepsilon^{ri+mj} \qquad (0 \leqslant i < m),$$

celles-ci étant permutées circulairement par les automorphismes de $\mathbf{Q}(\varepsilon)$ sur $\mathbf{Q}$.

La question de la résolution par radicaux était trop implantée dans les esprits pour que Gauss pût la laisser complètement de côté. Soit qu'il ait eu connaissance directement ou indirectement de la méthode de Lagrange (comme il est vraisemblable), soit qu'il l'ait retrouvée par lui-même (comme il est possible), il l'applique aux corps intermédiaires entre $\mathbf{Q}$ et $\mathbf{Q}(\varepsilon)$; si k_m est comme plus haut, et si k est un sous-corps de k_m, cela conduit à former des résolvantes de Lagrange au moyen des η_i et de racines de l'unité auxiliaires, d'ordre $< p$. Pour $k = \mathbf{Q}$, ces résolvantes ne sont autres que les sommes (5). Mais Gauss ne semble pas leur attacher d'importance; il note en passant la relation $G \bar{G} = p$, et cela seulement pour dire que l'extraction de racines $(G^m)^{1/m}$ se ramène à une racine carrée et à la division par m d'un arc de cercle. Quand un peu plus tard Lagrange, dans son *Traité* ([1 b], Note XIV) donne un exposé des résultats de Gauss basé principalement sur les sommes (5), il se fait vertement critiquer par Gauss, pour n'avoir pas suffisamment tenu compte de l'ambiguïté qui résulte de l'emploi des racines de l'unité d'ordre $< p$.

4. Comme Gauss le fait voir, les périodes η_i ont une table de multiplication

$$(8) \qquad \eta_i \eta_j = \sum_k N_{ijk} \eta_k$$

où les N_{ijk} sont des entiers naturels, apparentés aux nombres de solutions des congruences $AX^m + BY^m \equiv C \pmod{p}$. Ce fait a des conséquences arithmétiques importantes, dont Gauss a aperçu quelques-unes (pour le

$$- 250 -$$

cas $m = 3$) dès les *Disq.* Plus tard, il en a développé d'autres pour $m = 4$ ([2 d]). Mais il s'est surtout intéressé au cas $m = 2$, le seul où il ait cru pouvoir utiliser les « sommes de Gauss » de préférence aux « périodes » (sans doute parce qu'alors il n'y a pas à introduire d'irrationalité accessoire). On a alors :

$$(9) \qquad G = \eta_0 - \eta_1 = 1 + 2\eta_0 = \sum_{x=0}^{p-1} \varepsilon^{x^2}.$$

Ici (3) donne $\bar{G} = \pm\, G$, donc $G^2 = \pm\, p$ d'après (4), le signe étant donné par $p \equiv \pm 1 \pmod 4$. Il s'ensuit que le corps quadratique k_2 contenu dans $\mathbf{Q}\,(\varepsilon)$ est $\mathbf{Q}\,(\sqrt{\pm p})$.

5. Comme Gauss le signale dès les *Disq.*, ce résultat se généralise à la somme

$$G = \sum_{x=0}^{N-1} \alpha^{x^2},$$

où α est une racine primitive N-ième de l'unité, avec N impair quelconque ; on a $G^2 = \pm\, N$, ce qui pose le problème de la détermination du signe de G, par exemple pour $\alpha = e^{2\pi i/N}$; énoncé sous cette forme, le problème n'est pas algébrique. « Nous observons », dit Gauss dans les *Disq.* (avec une ambiguïté sans doute voulue) qu'on a toujours $G = +\sqrt{N}$ resp. $+\, i\sqrt{N}$. En fait, il n'en obtint la démonstration qu'en 1805 ; celle-ci, publiée en 1811 ([2 b]) s'apparente, d'une manière très visible pour nous, à ses recherches (qu'il n'a pas publiées) sur les fonctions thêta. Pour $N = pq$, avec p, q premiers, Gauss en tire sa quatrième démonstration de la loi de réciprocité quadratique. Ce travail a donné lieu, et jusqu'à une époque toute récente, à d'importantes généralisations, que nous laisserons complètement de côté.

6. En 1818, Gauss publia sa sixième démonstration de la loi de réciprocité quadratique ([2 c]) ; elle est basée, elle aussi, sur les sommes de Gauss d'ordre 2, mais envisagées d'un point de vue strictement algébrico-arithmétique. Soit G défini par (9). Soit q un nombre premier impair $\neq p$; posons $p = 2p' + 1$, $q = 2q' + 1$. Au moyen du symbole de Legendre, la loi de réciprocité s'écrit :

$$\left(\frac{p}{q}\right) \cdot \left(\frac{q}{p}\right)^{-1} = (-1)^{p'q'}.$$

$$- 251 -$$

On a vu qu'on a $G^2 = (-1)^{p'} p$, d'où

$$G^{q-1} = (-1)^{p'q'} \cdot p^{q'} \equiv (-1)^{p'q'} \left(\frac{p}{q}\right) \bmod q \, .$$

Mais on a aussi, d'après la formule du binôme:

$$G^q \equiv \sum_x \varepsilon^{qx^2} = \left(\frac{q}{p}\right) G \bmod q \, ,$$

d'où la loi de réciprocité, puisque G est premier a q. Bien entendu Gauss ne se permet pas (ostensiblement) d'écrire des congruences dans l'anneau $\mathbf{Z}[\varepsilon]$; il les remplace par des congruences modulo $(q, 1 + X + ... + X^{p-1})$ dans l'anneau $\mathbf{Z}[X]$. Néanmoins il est incompréhensible que Jacobi, Cauchy et Eisenstein, tour à tour, aient publié des démonstrations virtuellement identiques à celle-là (et qu'ils aient même soulevé entre eux des questions de priorité à ce sujet) avant qu'Eisenstein ne fît observer qu'à la présentation près c'était toujours la sixième démonstration de Gauss.

7. Dans un projet de suite à la section VII des *Disq.* ([2 e]), Gauss, non seulement donne la démonstration de $G \bar{G} = p$, mais donne la formule de multiplication des sommes de Gauss. D'après (1), on peut écrire:

$$G(\chi, \psi) \, G(\chi', \psi) = \sum_{x, y \neq 0} \chi(x) \, \chi'(y) \, \psi(x + y)$$

$$= \sum_{z \neq 0} \psi(z) \Big[\sum_{\substack{x + y = z \\ x, y \neq 0}} \chi(x) \, \chi'(y) \Big] + \sum_{x \neq 0} \chi(x) \, \chi'(-x) \, .$$

Posons $\chi'' = \chi \chi'$. La dernière somme est 0 si $\chi'' \neq 1$ et $(q-1) \chi(-1)$ si $\chi'' = 1$; l'autre s'écrit $J.G(\chi'', \psi)$ à condition de poser:

$$(10) \qquad\qquad J = J(\chi, \chi') = \sum_{x \neq 0, 1} \chi(x) \, \chi'(1 - x) \, .$$

Pour $\chi'' = 1$, on observe que $x \mapsto x(1-x)^{-1}$ est une bijection de $\mathbf{F}_q - \{0, 1\}$ sur $\mathbf{F}_q - \{0, -1\}$, ce qui donne pour J la valeur $-\chi(-1)$ si $\chi \neq 1$ et $q - 2$ si $\chi = \chi' = 1$, donc, si $\chi \neq 1$:

$$(11) \qquad\qquad G(\chi, \psi) \, G(\chi^{-1}, \psi) = q\chi(-1) \, .$$

On est dans un cas trivial si $\chi = 1$ ou $\chi' = 1$. Si χ, χ', χ'' sont $\neq 1$, on a

$$(12) \qquad\qquad G(\chi, \psi) \, G(\chi', \psi) = J(\chi, \chi') \cdot G(\chi'', \psi) \, .$$

Si ζ est comme plus haut une racine primitive de $Z^m = 1$, et si les ordres de χ, χ' sont m ou des diviseurs de m, (10) montre que $J = J(\chi, \chi')$ est dans $\mathbf{Z}[\zeta]$; d'après (12) et (4), on a $J \bar{J} = q$.

— 252 —

Par récurrence, on tire de (12) la formule

$$(13) \qquad \prod_{i=1}^{n} G(\chi_i, \psi) = J \cdot G\left(\prod_{i=1}^{n}\chi_i, \psi\right),$$

où J est de nouveau un entier de $\mathbf{Q}(\zeta)$ si les ordres des χ_i divisent m. Si on pose $\chi_o = \prod_i \chi_i^{-1}$, on a, d'après (W2) et (11):

$$(14) \qquad \prod_{i=0}^{n} G(\chi_i, \psi) = q\,\chi_o(-1)\cdot J \,,$$

ce qui montre que $\chi_o(-1)\cdot J$ dépend symétriquement de $\chi_o, \chi_1, \ldots, \chi_n$, ceux-ci étant soumis à la condition $\chi_o\,\chi_1 \ldots \chi_n = 1$. Par exemple, considérons un automorphisme τ de $\mathbf{Q}(\zeta)$; s'il change ζ en ζ^t, il change χ_i en χ_i^t; si donc $(\chi_o^t, \ldots, \chi_n^t)$ est une permutation de $(\chi_o, \ldots, \chi_n)$, J sera invariant par τ. On peut ainsi faire en sorte que J appartienne à un sous-corps donné de $\mathbf{Q}(\zeta)$.

8. Naturellement, chez Gauss et ses successeurs immédiats jusqu'à Kummer, il ne s'agit que des sommes de Gauss relatives à un corps premier $\mathbf{F}_p$ et des sommes J correspondantes. Il ne semble pas que Gauss lui-même ait aperçu l'importance arithmétique des entiers J. Pourtant, il aurait pu être frappé par le fait que, dès les cas $m = 3$ et $m = 4$, ces entiers donnent la décomposition des nombres premiers rationnels dans les corps $\mathbf{Q}(j)$, $\mathbf{Q}(i)$, où $j^3 = 1$, $i^4 = 1$; ce fait lui était connu sous une autre forme (il l'exprimait au moyen des « périodes »). Soit en effet $p \equiv 1 \bmod 3$ (resp. mod 4); soit χ l'un des deux caractères d'ordre 3 (resp. d'ordre 4) de $\mathbf{F}_p^{\times}$; alors $J(\chi, \chi)$ est un facteur premier de p dans $\mathbf{Q}(j)$ (resp. $\mathbf{Q}(i)$), et satisfait de plus à d'importantes congruences. C'est ce que découvrit Jacobi; il eut même l'audace, en 1827, d'en faire part à Gauss ([3 a]), qui se montra encourageant (avec une pointe de condescendance), mais pensa peut-être, tout comme un peu plus tard dans l'affaire des fonctions elliptiques, qu'un jeune éléphant marchait sur ses plates-bandes.

9. A la différence de Gauss, Jacobi reconnut aussitôt la portée de cette méthode « cyclotomique »; cela justifie le nom de « sommes de Jacobi » qu'on donne de nos jours aux entiers J, bien qu'elles figurent déjà, comme on a vu, dans les papiers secrets de Gauss, et que Cauchy les ait introduites et largement utilisées, à partir de 1829 (indépendamment de Jacobi), dans quelques notes préliminaires et surtout dans son grand mémoire de 1830 sur la théorie des nombres ([4]), paru avec des notes additionnelles en 1840.

— 253 —

Cauchy fut surtout frappé de la possibilité (qui résulte de la remarque de la fin du n° 7) de construire des sommes J contenues dans une extension quadratique donnée de $\mathbf{Q}$. Soit par exemple $l = 4n + 3$ premier; soient $r_o, \ldots, r_n$ les résidus quadratiques mod l. Soit $p \equiv 1$ mod l; soit χ un caractère d'ordre l de $\mathbf{F}_p$; pour $0 \leqslant i \leqslant n$, soit $\chi_i = \chi^{r_i}$; alors (14) définit un entier J du corps $k = \mathbf{Q}(\sqrt{-l})$, et on a $J\bar{J} = p^{n-1}$. D'autre part, Cauchy détermine la plus grande puissance p^ν de p qui divise J; il peut donc affirmer que $4p^{n-1-2\nu}$ peut s'écrire sous la forme $x^2 + ly^2$. En langage moderne, cela signifie qu'on a, dans k, $(J) = \mathfrak{p}^\nu \mathfrak{p}^{n-1-2\nu}$, où $\mathfrak{p}$ est l'un des deux facteurs premiers de p. C'est là un résultat non trivial sur le groupe des classes d'idéaux de k, ou, dans le langage de l'époque, sur le groupe des classes de formes quadratiques de discriminant $- l$; Jacobi, en raisonnant de même (indépendamment de Cauchy), en tira même la conjecture correcte sur le nombre de ces classes, quelque temps avant que Dirichlet ne vérifiât cette conjecture en un travail célèbre (largement anticipé par Gauss, toujours dans ses « papiers secrets »).

10. Jacobi s'intéressa surtout aux applications de la « méthode cyclotomique » au problème le plus brûlant de la théorie des nombres à cette époque, la recherche des lois de réciprocité des n-ièmes puissances pour $n > 2$. Au sujet de la loi de réciprocité biquadratique, Gauss venait d'annoncer des résultats importants, en termes un peu grandiloquents (« mysterium maxime reconditum »). Fut-il vexé de voir Jacobi proclamer que ceux-ci se déduisaient « très simplement et très facilement » de sa méthode ? Toujours est-il qu'il ne publia jamais sa démonstration, qui était basée sur des principes tout différents. Jacobi non plus, d'ailleurs; la sienne resta enterrée dans ses notes de cours de Königsberg (1836-37); au dire de Jacobi, c'est celle même qui fut obtenue indépendamment, un peu plus tard, par Eisenstein encore étudiant. Pour les restes cubiques ([5 a]), on peut en présenter la partie essentielle comme suit.

Dans $\mathbf{Z}[j]$, 3 admet le diviseur premier $\rho = j - 1$. Pour tout nombre premier π, premier à 3, soit $q = N(\pi) = 3n + 1$. Pour x premier à π, on notera (x/π) celle des racines de l'unité 1, j, j^2 qui est $\equiv x^n$ mod π, et on étend ce « symbole de Legendre » à un « symbole de Jacobi » par la règle $(x/\alpha\beta) = (x/\alpha) . (x/\beta)$. Soit $p = 3v + 1$ premier rationnel, et soit π l'un de ses facteurs premiers dans $\mathbf{Z}[j]$; on peut, d'une manière et d'une seule, multiplier π par une racine (sixième) de 1 de manière que π devienne « primaire », c'est-à-dire $\equiv 1$ mod 3. Posons $\chi(x) = (x/\pi)$ pour $x \in \mathbf{F}_p^\times$; c'est un caractère d'ordre 3 de $\mathbf{F}_p^\times$. Sur $\mathbf{F}_p$, on prend $\psi(x) = e^{2\pi ix/p}$. Posons

— 254 —

$G = G(\chi, \psi), \quad J = J(\chi, \chi).$ On a alors $G(\chi^{-1}, \psi) = \bar{G}, \quad G^2 = J\bar{G},$
$G^3 = pJ, \quad G\bar{G} = J\bar{J} = p,$ puis

$$(15) \qquad J = \sum_{x=2}^{p-1} \chi(x)\chi(1-x) \equiv \sum_{x=1}^{p-1} x^v (1-x)^v \bmod \pi.$$

Mais, pour $n \not\equiv 0 \bmod (p-1)$, on a $\sum_{1}^{p-1} x^n \equiv 0 \bmod p$; donc $J \equiv 0 \bmod \pi$.

Comme $J\bar{J} = p$, J/π est donc une racine sixième de 1, qu'on détermine comme suit. On a posé $\rho = j - 1$, d'où $\rho^2 = -3j$ et $j^a = (1+\rho)^a \equiv 1 + \rho a \bmod 3$. Posons $\chi(x) = j^{i\,(x)}$; on a $i(xy) \equiv i(x) + i(y) \bmod 3$, d'où

$$J \equiv p - 2 + \rho \Big[\sum_{1}^{p-1} i(x) + \sum_{2}^{p-1} i(1-x) \Big] \equiv -1 + 2\rho \sum_{1}^{p-1} i(x)$$
$$\equiv -1 \bmod 3,$$

et par suite $J = -\pi$.

Soit maintenant σ premier dans $\mathbf{Z}[j]$, premier à $3p$; soit $s = N(\sigma) = \sigma\bar{\sigma}$; on a $s \equiv 1 \bmod 3$, $\chi^s = \chi$, donc

$$G^s \equiv \Sigma \chi(x)\psi(sx) \equiv \chi(s)^{-1} G \equiv (s/\pi)^{-1} G \bmod \sigma.$$

Mais d'autre part, si $s = 3t + 1$:

$$G^{s-1} = (G^3)^t = (-p\pi)^t \equiv (-\pi^2 \bar{\pi}/\sigma) \bmod \sigma.$$

On a $(-1/\sigma) = (-1/\sigma)^3 = 1$, et aussi, par transport de structure, $(\bar{\pi}/\sigma) = (\pi/\bar{\sigma})^{-1}$. Comme G est premier à σ, la combinaison des relations ci-dessus donne alors $(s/\pi) = (\pi/s)$, ce qui est la « loi d'Eisenstein ». Si maintenant on prend p' premier rationnel $\neq p$, $\equiv 1 \bmod 3$, et que π' soit un facteur premier primaire de p', on peut, dans ce qui précède, remplacer π, s successivement par π, p' et par π', p et combiner les résultats. Cela donne d'abord $(\pi/\pi')^2 = (\pi'/\pi)^2$, d'où évidemment $(\pi/\pi') = (\pi'/\pi)$.

On a ainsi tout l'essentiel de la loi de réciprocité cubique dans $\mathbf{Z}[j]$; les résultats complémentaires sont faciles à obtenir. Notons aussi dès maintenant, sur l'exemple ci-dessus, une propriété de J à laquelle Jacobi et ses contemporains attachaient beaucoup d'importance. Pour $x \in \mathbf{F}_p^\times$, on a $\chi(x) = (x/\bar{\pi})^{-1} = (x^{-1}/\bar{\pi}) \equiv x^{p-1-v} \bmod \bar{\pi}$, donc, d'après (15):

$$J \equiv \sum_{x=1}^{p-1} x^{2v}(1-x)^{2v} \equiv -\binom{2v}{v} \bmod \bar{\pi}.$$

Cette congruence, jointe à $J \equiv 0 \bmod \pi$, détermine complètement J

— 255 —

modulo p au moyen du coefficient binomial $\binom{2v}{v}$; compte tenu d'inégalités triviales, on peut même dire qu'elle détermine J, donc π, d'une manière unique.

11. L'exemple du n° 10 contient déjà tous les traits caractéristiques de « la cyclotomie », c'est-à-dire de la théorie des sommes de Gauss et de Jacobi, telle qu'elle s'est développée au XIXe siècle.

En premier lieu, pour utiliser ces sommes, il faut en déterminer la décomposition en facteurs premiers dans les corps cyclotomiques auxquels elles appartiennent. On a vu plus haut la solution pour les sommes d'ordre 3; pour l'ordre 4, elle est analogue; Jacobi examina aussi les sommes d'ordre 5, 8, 12, en utilisant le fait (dont il s'aperçut à cette occasion) que les corps correspondants n'ont que des idéaux principaux. Pour aller plus loin, évidemment, il fallait la création (par Kummer, à partir de 1845) de la théorie des idéaux. Ce qui en limita quelque temps la portée, c'est que Kummer (qui procédait par construction explicite des valuations dans les corps en question) ne traita d'abord que les corps $\mathbf{Q}(\zeta)$ avec $\zeta^l = 1$, l premier impair. L'un de ses premiers triomphes fut justement d'obtenir la décomposition en idéaux premiers de G^l dans $\mathbf{Z}[l]$, pour $\zeta^l = 1$, chaque fois que p est premier, $\equiv 1 \bmod l$, et que G est une somme de Gauss d'ordre l relative à $\mathbf{F}_p$. Un peu plus tard il s'aperçut (non pas pour les sommes de Gauss, mais, ce qui revient au même, pour les sommes de Jacobi) qu'on pouvait traiter de même les corps finis $\mathbf{F}_q$, ceux-ci se présentant comme corps de restes dans $\mathbf{Z}[\zeta]$ modulo un idéal premier p (premier à l) de degré > 1 (v. [6]).

12. La décomposition en facteurs premiers ne détermine les sommes en question qu'à une unité près; c'était déjà insuffisant pour les sommes d'ordre 3 et 4; il en est ainsi à plus forte raison pour les sommes d'ordre l, puisqu'il y a alors une infinité d'unités dans $\mathbf{Z}[\zeta]$, d'après le théorème de Dirichlet (publié en 1846). Aussi recherche-t-on des précisions supplémentaires sous forme de congruences. Comme au n° 11, celles-ci sont de deux sortes:

(a) les unes, pour les sommes relatives à $\mathbf{F}_p$ (resp. $\mathbf{F}_q$ avec $q = p^n$) donnent, non seulement leur ordre, mais leur partie principale aux places déterminées par les facteurs premiers de p;

(b) les autres, encore plus importantes, concernent le comportement local de ces sommes dans $\mathbf{Q}_l(\zeta)$, ou plus généralement aux places correspondant

— 256 —

aux facteurs premiers de m dans $\mathbf{Q}\,(\zeta)$ s'il s'agit de sommes d'ordre m non premier, et si $\zeta^m = 1$.

Ces questions ont conduit Kummer et Eisenstein à développer des techniques très raffinées d'analyse p-adique, malheureusement tombées par la suite dans un profond oubli.

13. Enfin, soulignons à nouveau que, pour Eisenstein et Kummer, la cyclotomie apparaissait surtout comme un moyen pour aborder le problème des lois de réciprocité, dans le cadre où celui-ci s'est posé jusqu'à Hilbert. Pour la loi des m-ièmes puissances, l'exemple de Gauss suggérait de se placer dans le corps $\mathbf{Q}\,(\zeta)$ et non au-delà, avec ζ, comme toujours, racine primitive de $Z^m = 1$. Pour $\mathfrak{p}$ premier à m dans $\mathbf{Z}\,[\zeta]$, de norme q, et x premier à $\mathfrak{p}$, on note $(x/\mathfrak{p})$ celle des racines ζ^i qui est $\equiv x^{(q-1)/m}$ mod $\mathfrak{p}$; on étend ce « symbole de Legendre » à un « symbole de Jacobi » par la règle $(x/\mathfrak{a}\mathfrak{b}) = (x/\mathfrak{a}) . (x/\mathfrak{b})$. On se propose alors d'obtenir une expression, la plus explicite possible, pour $(x/y) . (x/y)^{-1}$, et aussi les « lois complémentaires » donnant $(x/\mathfrak{p})$ quand x est une unité ou bien divise m.

Finalement les espoirs placés par Jacobi, Eisenstein et Kummer dans la cyclotomie ne se réalisèrent que partiellement. Elle donne la « loi d'Eisenstein », c'est-à-dire la valeur de $(x/y) . (y/x)^{-1}$ quand x (ou y) est dans $\mathbf{Z}$; ce n'est déjà pas un mince résultat. Pour $m = 4$, par un hasard heureux, on peut en tirer l'énoncé complet de la loi de réciprocité biquadratique au moyen des propriétés axiomatiques « évidentes » du symbole (x/y), c'est-à-dire, comme on dirait de nos jours, en faisant de la K-théorie; c'est ce que faisait sans doute Jacobi dans son cours de Könisgberg, et c'est ce que fit Eisenstein, qui par la suite appliqua ses idées sur la K-théorie à des problèmes beaucoup plus généraux. Mais de plus en plus, jusqu'à la fin de sa courte vie, Eisenstein se consacra plutôt à la mise en œuvre de la théorie des fonctions elliptiques en vue de ses applications arithmétiques; c'est de là en particulier qu'il tire les lois de réciprocité pour $m = 8$. Pendant le même temps, Kummer, se limitant une fois pour toutes aux lois des l-ièmes puissances pour l premier impair (et même en fait pour l « régulier »), faisait servir la cyclotomie, avec plein succès, à la recherche des « lois complémentaires », mais, à son grand chagrin, dut constater vers 1853 qu'avec ces résultats et la loi d'Eisenstein elle avait fourni tout ce dont elle était capable.

14. En 1890, Stickelberger reprit et compléta les résultats de Jacobi, Kummer et Eisenstein qui donnent la partie principale des sommes de Gauss

— 257 —

et d'Eisenstein. Nous allons résumer son travail ([7]) en langage p-adique, ce qui ne change rien au fond des choses mais permet d'être bref.

Soient p premier, $q = p^n$, et ω une racine primitive de $W^{q-1} = 1$; $k = \mathbf{Q}_p(\omega)$ est l'extension non ramifiée de $\mathbf{Q}_p$ de degré n; on peut identifier $\mathbf{F}_q$ avec $\mathbf{Z}_p[\omega]/(p)$, et $\mathbf{F}_p$ avec $\mathbf{Z}_p/(p)$. Les automorphismes de k sur $\mathbf{Q}_p$ transforment ω en ω^{p^v} pour $0 \leqslant v < n$, de sorte que, si t désigne la trace prise dans $k/\mathbf{Q}_p$, on a:

$$(16) \qquad t(\omega^i) = \omega^i + \omega^{ip} + \ldots + \omega^{ip^{n-1}},$$

et $t(\omega^i)$ est dans $\mathbf{Z}_p$.

Soit ε une racine primitive de $X^p = 1$ dans une extension de k; pour $a \in \mathbf{Z}_p$, on définit ε^a de la manière évidente (par continuité p-adique, si l'on veut). Alors $x \mapsto \varepsilon^{t(x)}$, pour $x \in \mathbf{Z}_p[\omega]$, définit, par passage au quotient, un caractère ψ du groupe additif $\mathbf{F}_q$. D'autre part, l'ensemble des racines de $X^q = X$ dans k est $M = \{0, 1, \omega, \ldots, \omega^{q-2}\}$; ce sont les représentants multiplicatifs de $\mathbf{F}_q$ dans k. Si donc, pour $x \in \mathbf{Z}_p[\omega]$, on note μ_x l'élément de M qui est $\equiv x \bmod p$, $x \mapsto \mu_x$ définit par passage au quotient un caractère de $\mathbf{F}_q^\times$ à valeurs dans k, et tout caractère de $\mathbf{F}_q^\times$, à valeurs dans k, est de la forme $x \mapsto \mu_x^{-a}$. Toutes les sommes de Gauss relatives à $\mathbf{F}_q$, sauf la somme triviale égale à -1, s'écrivent donc dans $k(\varepsilon)$ sous la forme:

$$(17) \qquad g_a = \sum_\mu \mu^{-a}\, \varepsilon^{t(\mu)} \qquad (0 < a < q-1),$$

la somme étant étendue aux $\mu \in M^\times = M - \{0\}$.

Dans $k(\varepsilon)$, $\pi = \varepsilon - 1$ est un élément premier, et on a, pour tout $z \in \mathbf{Z}_p$:

$$(18) \qquad \varepsilon^z = (1+\pi)^z = \sum_0^\infty \pi^i \binom{z}{i},$$

d'où, pour g_a, la série convergente

$$(19) \qquad g_a = \sum_{i=0}^\infty A_{a,i}\, \pi^i, \qquad A_{a,i} = \sum_\mu \mu^{-a} \binom{t(\mu)}{i}.$$

Exprimons $t(\mu)$ au moyen de (16), et observons que l'identité formelle $(1+T)^{\Sigma x_\rho} = \prod (1+T)^{x_\rho}$ donne

$$\binom{\Sigma x_\rho}{i} = \sum_{\Sigma i_\rho = i} \left(\prod_\rho \binom{x_\rho}{i_\rho} \right).$$

On obtient:

$$— 258 —$$

$$(20) \qquad A_{a,i} = \sum_{(i_\rho)} \sum_{\mu} \mu^{-a} \prod_{\rho} \binom{\mu^{p^\rho}}{i_\rho}$$

où $0 \leqslant \rho < n$, où la deuxième somme est étendue à $\mu \in M^\times$, et la première à tous les systèmes d'indices $(i_o, ..., i_{n-1})$ tels que $\sum i_\rho = i$; pour a donné, on va déterminer la plus petite valeur de i pour laquelle $A_{a,i} \neq 0$. Les coefficients du binôme qui figurent au second membre sont des polynômes en μ à coefficients dans $\mathbf{Q}$; d'ailleurs $\sum \mu^b$ a la valeur $q - 1$ ou 0 suivant que b est ou non multiple de $q - 1$.

Puisque $0 < a < q - 1$, on peut écrire $a = \sum a_\rho p^\rho$ avec $0 \leqslant a_\rho < p$ pour $0 \leqslant \rho < n$. On a

$$(21) \qquad \sum a_\rho = \min \left(\sum j_\rho \,\Big|\, \sum j_\rho p^\rho \equiv a \mod q-1; j_\rho \geqslant 0 \ (0 \leqslant \rho < n) \right),$$

le minimum étant atteint seulement pour $j_o = a_o, ..., j_{n-1} = a_{n-1}$. En effet, si l'un des j_ρ, par exemple j_λ, est $> p$, on peut diminuer $\sum j_\rho$ en remplaçant j_λ par $j_\lambda - p$ et $j_{\lambda+1}$ (resp. j_o si $\lambda = n - 1$) par $j_{\lambda+1} + 1$ (resp. $j_o + 1$); mais si tous les j_ρ sont $< p$, on a $\sum j_\rho p^\rho = a$, d'où $j_\rho = a_\rho$ pour tout ρ.

Cela posé, supposons $A_{a,i} \neq 0$. Le second membre de (20) doit donc contenir un terme de degré $\equiv 0 \mod q - 1$; cela implique qu'il y a des entiers i_ρ, j_ρ tels que $\sum i_\rho = i, 0 \leqslant j_\rho \leqslant i_\rho, \sum j_\rho p^\rho \equiv a \mod q - 1$, donc $i \geqslant \sum a_\rho$ d'après (21). De plus, si $i = \sum a_\rho$, ces conditions impliquent $i_\rho = j_\rho = a_\rho$ pour tout ρ, ce qui donne:

$$(22) \qquad A_{a,i} = (q-1) \prod_{\rho} (a_\rho!)^{-1}.$$

La partie principale de g_a est donc $- \prod_{\rho} (\pi^{a_\rho}/a_\rho!)$. C'est le résultat définitif sur la question; on peut dire que pour l'essentiel il se trouvait déjà dans Kummer. On en déduit évidemment la partie principale des sommes de Jacobi, que Jacobi avait déjà calculée dans des cas assez généraux ([3 b]). Les méthodes de Stickelberger et de Kummer, et même sans doute celles de Jacobi, ne diffèrent pas, pour l'essentiel, de celle qu'on vient d'exposer. Comme ce résultat donne l'ordre de toute somme de Gauss (ou de Jacobi) relative à $\mathbf{F}_q$, en toute place p-adique, il contient évidemment aussi la décomposition de toutes ces sommes en facteurs premiers.

15. Tout cela ne touche pas à la question (b) du n° 12, qui, en revanche, est liée, d'une part à la démonstration de la loi d'Eisenstein, et d'autre part à la propriété des sommes de Jacobi de définir des caractères de Hecke.

$$- 259 -$$

Commençons par la première, en nous plaçant d'abord dans le cas le plus général; nous suivons Eisenstein ([5 b]) librement, mais d'assez près.

Soit ζ une racine primitive de $Z^m = 1$; soit $k = \mathbf{Q}(\zeta)$. Soit $\mathfrak{p}$ idéal premier (premier à m) dans k, de norme $q = p^n$; on identifie $\mathbf{F}_q$ avec $\mathbf{Z}[\zeta]/\mathfrak{p}$; alors $(x/\mathfrak{p})$ détermine un caractère χ d'ordre m sur $\mathbf{F}_q$. Soit ε une racine primitive de $X^p = 1$; soit t la trace prise dans $\mathbf{F}_q/\mathbf{F}_p$; $x \mapsto \varepsilon^{t(x)}$ est un caractère additif ψ de $\mathbf{F}_q$. Posons $\Phi(\mathfrak{p}) = (-1)^m G(\chi, \psi)^m$; Φ ne dépend pas du choix de ε; on l'étend à tous les idéaux premiers à m dans k par la règle $\Phi(\mathfrak{ab}) = \Phi(\mathfrak{a})\Phi(\mathfrak{b})$. Appliquant le résultat du n° 14 à $G(\chi, \psi)$ aux places de k déterminées par $\mathfrak{p}$ et ses conjugués, on trouve facilement la décomposition de l'idéal principal $(\Phi(\mathfrak{p}))$, puis de $(\Phi(\mathfrak{a}))$, en facteurs premiers; elle est donnée par une puissance symbolique

$$(23) \qquad\qquad (\Phi(\mathfrak{a})) = \mathfrak{a}^\Theta ,$$

où Θ est un élément de l'anneau de groupe du groupe de Galois de $k/\mathbf{Q}$, défini comme suit. Pour tout $t \in (\mathbf{Z}/m\mathbf{Z})^\times$, soit σ_t l'automorphisme de k qui change ζ en ζ^t. Alors on a

$$(24) \qquad\qquad \Theta = \sum_{\substack{0 < t < m \\ (t,m)=1}} t \cdot \sigma_{-t}^{-1}$$

(résultat obtenu par Kummer pour m premier).

En particulier, on peut appliquer (23) à un idéal principal $\mathfrak{a} = (\alpha)$, de sorte qu'on peut écrire

$$(24) \qquad\qquad \Phi(\alpha) = \varepsilon(\alpha) \cdot \alpha^\Theta ,$$

où $\varepsilon(\alpha)$ est une unité de k. Mais d'autre part la valeur absolue des sommes de Gauss est donnée par (4); on en déduit aussitôt $\left| \Phi(\mathfrak{a}) \right|^2 = N(\mathfrak{a})^m$; tenant compte de (23) et (24), il s'ensuit que l'unité $\varepsilon(\alpha)$, ainsi que tous ses conjugués dans k, sont de valeur absolue 1. Le théorème de Kronecker montre qu'alors $\varepsilon(\alpha)$ est une racine de l'unité, de la forme $\pm\, \zeta^i$.

Soit maintenant $\mathfrak{p}'$ un idéal premier, premier à m, de norme $q' = p'^{n'} = mv + 1$. Pour $\mathfrak{p}$, χ, ψ comme précédemment, et $\mathfrak{p}$ premier à p', posons $G = G(\chi, \psi)$; on a:

$$G^{q'} \equiv \Sigma\, \chi(x)\, \psi(q'x) \equiv \chi(q')^{-1}\, G \equiv \left(\frac{N(\mathfrak{p}')}{\mathfrak{p}}\right)^{-1} G \bmod \mathfrak{p}' .$$

Mais on a aussi (cf. le cas $m = 3$ au n° 10):

$$G^{q'-1} = (G^m)^v \equiv \left(\frac{(-1)^m \Phi(\mathfrak{p})}{\mathfrak{p}'}\right) \equiv \left(\frac{\Phi(\mathfrak{p})}{\mathfrak{p}'}\right) \bmod \mathfrak{p}' .$$

— 260 —

Il s'ensuit qu'on a, chaque fois que $N(\mathfrak{a})$, $N(\mathfrak{b})$ sont premiers entre eux et à m:

$$\left(\frac{N(\mathfrak{b})}{\mathfrak{a}}\right) = \left(\frac{\Phi(\mathfrak{a})}{\mathfrak{b}}\right)^{-1},$$

puisqu'il en est ainsi pour $\mathfrak{a} = \mathfrak{p}$, $\mathfrak{b} = \mathfrak{p}'$. Prenons $\mathfrak{a} = (\alpha)$, et appliquons (24), en observant qu'on a, par transport de structure, pour $tu \equiv 1 \bmod m$, c'est-à-dire $\sigma_u = \sigma_t^{-1}$:

$$\left(\frac{\alpha^{\sigma_u}}{\mathfrak{b}^{\cdot}}\right) = \left(\frac{\alpha}{\mathfrak{b}^{\sigma_t}}\right)^{\sigma_u} = \left(\frac{\alpha}{\mathfrak{b}^{\sigma_t}}\right)^{u}.$$

On obtient ainsi:

(25)
$$\left(\frac{N(\mathfrak{b})}{\alpha}\right) = \left(\frac{\varepsilon(\alpha)}{\mathfrak{b}}\right)^{-1}\left(\frac{\alpha}{N(\mathfrak{b})}\right).$$

16. Pour tirer de là la loi d'Eisenstein, nous nous restreignons maintenant (comme le faisait Eisenstein dès le début) au cas où m est un nombre premier impair l. Dans ce cas, on a, avec $G = G(\chi, \psi)$ comme tout à l'heure:

$$(-G)^l \equiv -\sum_{x \neq 0} \chi(x)^l \psi(lx) \equiv -\sum_{x \neq 0} \psi(lx) = 1 \quad \bmod l,$$

donc $\Phi(\mathfrak{a}) \equiv 1 \bmod l$ quel que soit $\mathfrak{a}$ (ce qui répond à la question (b) du n° 12), et par suite $\varepsilon(\alpha) = \pm 1$ chaque fois que α est tel que $\alpha^{\theta} \equiv 1$ mod $(\zeta - 1)^2$; il suffit pour cela qu'on ait $\alpha \equiv x \bmod (\zeta - 1)^2$ avec $x \in \mathbf{Z} - l\mathbf{Z}$; Eisenstein dit alors que α est « primaire ». En langage moderne, ces résultats font voir aussi que $\mathfrak{a} \mapsto \Phi(\mathfrak{a})$ est un « caractère de Hecke » (un « Grössencharakter ») de conducteur $(\zeta - 1)^2$. Si dans (25) on prend α « primaire », et qu'on prenne pour $\mathfrak{b}$ un idéal premier $\mathfrak{p}$ de norme $q = p^n$, on obtient $(p/\alpha)^n = (\alpha/p)^n$. Mais n divise $l - 1$, donc est premier à l. On a donc $(p/\alpha) = (\alpha/p)$, d'où finalement $(a/\alpha) = (\alpha/a)$ chaque fois que a est entier rationnel premier à l, et que α est premier à a et « primaire ». C'est la loi d'Eisenstein.

17. En ce qui concerne les développements plus récents, nous serons très brefs.

Pour mémoire, rappelons que les sommes de Gauss figurent parmi les facteurs constants locaux dans les équations fonctionnelles des fonctions L; ces facteurs sont dits aussi « nombres radiciels » (« root-numbers », « Wurzelzahlen »), sans doute parce que Hilbert, qui avait une sorte de

— 261 —

génie pour les mauvaises terminologies, s'était avisé de baptiser « Wurzel-zahl » ce qu'avant lui on nommait « résolvante de Lagrange », et « Lagrange'sche Wurzelzahl » ce qu'on a nommé ici somme de Gauss. Les facteurs constants des équations fonctionnelles, pour les séries L de Dirichlet, apparaissent pour la première fois dans le calcul de L (1) par Dirichlet; ce calcul n'est pas autre chose, en substance, que la vérification de l'équation fonctionnelle qui relie L (1) à L (0). Naturellement, ils reparaissent, sous une forme plus générale, dans les équations fonctionnelles des fonctions L de Hecke, puis d'Artin. Ils ont fait l'objet de travaux considérables de Dwork et de Langlands, complétés en dernier lieu par Deligne. Langlands a mis en évidence le rôle essentiel joué par ces facteurs dans la théorie des représentations. L'auteur de ces lignes offre une médaille (en chocolat) à celui qui proposera la meilleure dénomination pour les facteurs en question.

18. Lorsqu'on rencontre des nombres algébriques qui, ainsi que tous leurs conjugués, ont une valeur absolue de la forme $p^{n/2}$ avec p premier, on est toujours tenté, de nos jours, de se demander si ce sont des racines de fonctions zêta en caractéristique p. Il en est effectivement ainsi des sommes de Gauss et de Jacobi, comme Hasse et Davenport s'en sont aperçus en 1934 ([8]; cf. [9 a]); c'est même à cette occasion qu'ils ont découvert l'importante relation entre sommes de Gauss à laquelle leur nom est resté attaché. En particulier, les sommes de Jacobi d'ordre m sont racines (ou pôles, suivant la dimension) des fonctions zêta des variétés $\sum a_i X_i^m = 0$; rétrospectivement, on constate que des cas particuliers, exprimés dans un autre langage, étaient déjà connus de Gauss, et que des cas assez généraux sont implicites chez Kummer. Notons en passant, à titre de curiosité historique, que le célèbre *Tagebuch* de Gauss s'ouvre et se referme sur la cyclotomie: il débute, en date du 30 mars 1796, par la division du cercle en 17 parties; il se termine, le 9 juillet 1814, par une note sur le nombre de solutions de $1 = x^2 + y^2 + x^2 y^2$ dans $\mathbf{F}_p$, relié à « la théorie des résidus biquadratiques » (donc aux « périodes » d'ordre 4).

Quant à la relation de Hasse-Davenport, elle relie les sommes de Gauss d'ordre m dans $\mathbf{F}_q$ et dans une extension $\mathbf{F}_Q$ de $\mathbf{F}_q$. Soit $Q = q^N$; soient t et n la trace et la norme dans $\mathbf{F}_Q/\mathbf{F}_q$; soit $G = G(\chi, \psi)$ une somme de Gauss relative à $\mathbf{F}_q$; soit G' la somme de Gauss de $G(\chi \circ n, \psi \circ t)$ relative à F_Q. Alors on a $-G' = (-G)^N$. Soit dit en passant, ceci montre une fois de plus qu'on a pris « le mauvais signe » dans la notation usuelle des sommes de Gauss. Il n'est sans doute pas trop tard pour rectifier cette faute.

— 262 —

19. On peut appliquer les résultats cités au n° 18, sur les fonctions zêta des variétés $\sum a_i X_i^m = 0$ (et, notons-le en passant, de toutes les variétés qu'on peut définir comme quotients de ces dernières par des groupes finis d'automorphismes) au calcul des fonctions zêta de ces mêmes variétés sur des corps de nombres algébriques. On trouve que ces fonctions sont des produits de fonctions L de Hecke, ce qui revient à dire que les sommes de Jacobi définissent des caractères de Hecke dans les corps cyclotomiques. Comme on l'a vu au n° 16, un cas particulier important (relatif aux sommes $(-G)^l$, où G est une somme de Gauss d'ordre l premier impair) formait le fond de la démonstration d'Eisenstein pour sa loi de réciprocité. En fait, il s'agit là d'un résultat très général sur les caractères de Hecke « cyclotomiques » dans tous les corps abéliens sur $\mathbf{Q}$ (cf. [9 b, c]); naturellement, ce sont les corps totalement imaginaires qui sont intéressants de ce point de vue.

Une fois obtenus ces caractères, on peut se proposer d'étudier les fonctions L de Hecke qui leur correspondent, et notamment leurs valeurs $L(s)$ pour s entier. Il y a lieu de citer à ce sujet un résultat remarquable de Chowla et Selberg (v. [10]); convenablement interprété, celui-ci fait voir que la valeur, en $s = 1$, de la fonction L définie par un certain caractère « cyclotomique » sur $\mathbf{Q}(\sqrt{-n})$ (pour n premier $\equiv 3$ mod 4, c'est celui même qu'on a défini d'après Cauchy au n° 9) s'exprime élémentairement au moyen de π et des valeurs de la fonction $\Gamma(s)$ pour $s = a/n$, $0 < a < n$. On pourrait sans doute aller beaucoup plus loin dans cette voie.

BIBLIOGRAPHIE

[1] LAGRANGE. (a) Réflexions sur la résolution algébrique des équations, *Nouveaux Mém. de l'Acad. R. des Sc. et B.-L. de Berlin*, 1770-1771 = *Oeuvres*, vol. III, p. 332;
   (b) Traité de la résolution numérique des équations. 2e éd., Paris 1808, Notes XIII-XIV = *Oeuvres*, vol. VIII, p. 295-367.
[2] GAUSS. (a) Disquisitiones arithmeticae. 1801 = *Werke*, vol. I;
   (b) Summatio serierum quorundam singularium. 1811 = *Werke*, vol. II, p. 11;
   (c) Theorematis fundamentalis in doctrina de residuis quadraticis demonstrationes et ampliationes novae, 1818 = *Werke*, vol. II, p. 51;
   (d) Theoria residuorum biquadraticorum. *Commentatio prima*, 1828 = *Werke*, vol. II, p. 65;
   (e) Disquisitionum circa aequationes puras ulterior evolutio. *Werke*, vol. II, p. 243.
[3] JACOBI. (a) Briefe an Gauss. *Werke*, vol. VII, p. 391-400;
   (b) Über die Kreistheilung und ihre Anwendung auf die Zahlentheorie. *Berl. Monatsber.* 1837, p. 127 = *Crelles J. Vol. 30* (1846), p. 166 = *Werke*, vol. VI, p. 254.
[4] CAUCHY. Mémoire sur la Théorie des Nombres. *Mém. Ac. Sc.* XVII (1840) = *Oeuvres* (I), vol. III.

— 263 —

[5] EISENSTEIN. (a) Beweis des Reciprocitätssatzes für die cubischen Reste in der Theorie der aus dritten Wurzeln der Einheit zusammengesetzten complexen Zahlen. *Crelles J. 27* (1844), p. 289;

(b) Beweis der allgemeinsten Reciprocitätsgesetze zwischen reellen und complexen Zahlen. *Monatsber. d. k. Akad. d. Wiss. zu Berlin*, 1850, p. 189.

[6] KUMMER. Ueber die Ergänzungssätze zu den allgemeinen Reciprocitätsgesetzen. *Crelles J. 44* (1851), p. 93.

[7] STICKELBERGER, L. Ueber eine Verallgemeinerung der Kreistheilung. *Math. Ann. 37* (1890), p. 321.

[8] DAVENPORT, H. und H. HASSE. Die Nullstellen der Kongruenzzetafunktionen in gewissen zyklischen Fällen, *Crelles J. 172* (1935), p. 151.

[9] WEIL, A. (a) Numbers of solutions of equations in finite fields. *Bull. Am. Math. Soc. 55* (1949), p. 197;

(b) Jacobi sums as „Grössencharaktere". *Trans. Am. Math. Soc. 73* (1952), p. 487;

(c) Sommes de Jacobi et caractères de Hecke. *Gött. Nachr.* (à paraître).

[10] SELBERG, A. and S. CHOWLA. On Epstein's Zeta-Function. *Crelles J. 227* (1967), p. 86.

(Reçu le 22 juin 1974)

André Weil

The Institute for Advanced Study
Princeton, N.J., 08540

[1974d] Sommes de Jacobi et caractères de Hecke

Vorgelegt von Herrn Deuring in der Sitzung vom 3. 5. 1974

Je me propose d'ajouter ici quelques compléments à un travail déjà ancien ([3b]) publié à peu près sous le même titre. Une remarque terminologique, d'abord: le terme de "Größencharakter" introduit par Hecke n'était déjà guère heureux, il me semble, en allemand; il se transcrit fort mal en anglais, et point du tout en français, en italien ni en russe. Je dirai ici "caractère de Hecke". Si l'on devait préférer un mot unique, je proposerais par exemple "hypercaractère"; ce n'est pas par un vain pédantisme que jadis on se servait volontiers de mots tirés du grec, mais parce que ce sont ceux-là qui se transcrivent le plus facilement dans toutes les langues occidentales.

Autre remarque, historique celle-là. Les expressions "sommes de Gauss", "sommes de Jacobi", sont assurément commodes, mais quelque peu trompeuses. Au lieu de "sommes de Gauss", il serait historiquement plus correct de parler de "résolvantes de Lagrange", comme l'ont fait tous les arithméticiens du XIXe siècle. Gauss lui-même, qui connaissait les "sommes de Gauss", en critiquait l'emploi, et leur préférait ce qu'il appelait les "périodes". Celles-ci n'ayant plus guère qu'un intérêt historique, je continuerai à parler de "sommes de Gauss", terme qui ne peut plus prêter à confusion. Quant aux "sommes de Jacobi", elles ont été introduites simultanément par Jacobi et par Cauchy, et celui-ci leur a consacré un mémoire, considérable à tous égards, qui occupe un volume entier (le tome III de la Ie série) dans ses *Oeuvres Complètes*. Cependant le terme de "sommes de Jacobi" n'est pas ambigu, et, pourvu qu'il n'empêche pas de rendre justice à Cauchy, il n'y a pas lieu de le changer.

1. J'ai peu de chose à dire sur le § 2 de [3b] et commence donc par là. Je m'y proposais seulement d'esquisser un premier exemple de fonction zêta d'une courbe sur un corps de nombres, et je l'ai fait d'une manière peut-être un peu trop rapide.

2 André Weil

En fait, en se basant de même sur les résultats de [3a], on peut aller beaucoup plus loin que je ne faisais alors, et je me contenterai de suggérer cette extension ici à titre d'exercice. Sur un corps algébriquement clos de caractéristique 0 ou première à m, considérons la variété projective V donnée dans P^r par l'équation $\sum_i x_i^m = 0$; il est commode aussi de la définir comme "hyperplan multiple" par les équations

$$\sum_{i=0}^{r} u_i = 0; \quad x_i^m = u_i \qquad (0 \leqq i \leqq r).$$

Cette variété se distingue par le fait qu'elle a un très grand groupe d'automorphismes; ce groupe G est le produit semidirect du groupe symétrique S_{r+1} par le produit direct G_0 de r groupes cycliques d'ordre m. C'est même là ce qui explique les résultats de [3a], du fait que, sur un corps fini, la fonction zêta d'une telle variété se décompose en fonctions L du premier degré, qu'on peut alors calculer explicitement au moyen des sommes de Jacobi. Mais on peut aller plus loin. Soit G' un sous-groupe quelconque de G. Soit W une variété, sur un corps fini ou un corps de nombres algébriques k, qui, sur la clôture algébrique $\bar{k}$ de k, devienne isomorphe à V/G'; alors on peut calculer la fonction zêta de W en suivant les indications de [3a] et [3b]. Il y a lieu de signaler particulièrement le cas où G' est un sous-groupe de G_0. Lorsque la dimension $r - 1$ de W est impaire, la fonction zêta de W semble intimement liée à la "jacobienne intermédiaire" de W relative à la dimension médiane. Je n'en indiquerai ici qu'un seul exemple. Prenons pour m un nombre premier $p = 4n + 3$; soient $a_0, a_1, \ldots, a_{2n}$ les résidus quadratiques modulo p. Prenons pour W la variété de dimension $2n - 1$ (c'est un "hyperplan p-uple" de cette dimension) définie par les équations

$$\sum_{i=0}^{2n} u_i = 0, \quad v^p = C \prod_{i=0}^{2n} (u_i)^{a_i},$$

avec $C \in k^*$. Un examen sommaire donne à penser que la jacobienne intermédiaire de W, dans la dimension médiane, est isogène au produit de $2n + 1$ courbes elliptiques admettant la multiplication complexe par $\sqrt{-p}$ et qu'en général cette jacobienne n'est pas définie sur k. Mais l'un et l'autre point seraient à examiner de plus près.

2. Au § 1 de [3b], j'ai fait voir que les sommes de Jacobi relatives au corps des racines m-ièmes de l'unité sont des caractères de Hecke de ce même corps; en 1952, j'ignorais encore que, pour le cas où m est un nombre premier, ce résultat, au langage près, se trouve déjà dans un mémoire aussi célèbre que mal connu d'Eisenstein ([1], pp. 192—193; cf. aussi [2], p. 121). Il va s'agir ici de définir de même des caractères de Hecke pour tous les sous-corps des corps cyclotomiques. Nous aurons besoin des notations suivantes.

Par des majuscules A, A', B, etc., on notera des suites finies d'éléments de $\mathbf{Q}/\mathbf{Z}$. Si $A = (\alpha_1, \ldots, \alpha_n)$ est une telle suite, on écrira $c(A)$ pour le nombre de termes $\alpha_i \neq 0$ de A, et on posera $|A| = \sum \alpha_i$. Si en même temps $B = (\beta_1, \ldots, \beta_m)$, on écrira (A, B) pour la suite à $n + m$ termes $(\alpha_1, \ldots, \alpha_n, \beta_1, \ldots, \beta_m)$; on écrira A^ν pour la suite $(A, A, \ldots, A)$ où A est répétée ν fois. On écrira (0) ou simplement 0 pour toute suite $(0, 0, \ldots, 0)$, quel que soit le nombre des termes. Pour tout n, on regardera les suites à n termes comme éléments du groupe $(\mathbf{Q}/\mathbf{Z})^n$, c'est-à-dire que $A + A'$ sera défini par l'addition terme à terme. Le cas échéant, on regardera $(\mathbf{Q}/\mathbf{Z})^n$ comme sous-groupe de $(\mathbf{Q}/\mathbf{Z})^m$ pour $n < m$ au moyen de l'injection $A \mapsto (A, 0)$.

Une fois pour toutes, nous choisissons une extension abélienne maximale $\mathbf{Q}_{ab}$ de $\mathbf{Q}$, réunion par conséquent de toutes les extensions cyclotomiques de $\mathbf{Q}$; tous les nombres que nous aurons à écrire seront éléments de $\mathbf{Q}_{ab}$. Nous choisissons aussi un isomorphisme fixe, noté $\alpha \mapsto 1^\alpha$, de $\mathbf{Q}/\mathbf{Z}$ sur le groupe des racines de l'unité dans $\mathbf{Q}_{ab}$. Lorsqu'il y aura lieu de plonger $\mathbf{Q}_{ab}$ dans $\mathbf{C}$, nous le ferons, pour fixer les idées, au moyen de $1^\alpha \mapsto \exp(2\pi i \alpha)$. Si $A = (\alpha_1, \ldots, \alpha_n)$, on pose $1^A = (1^{\alpha_1}, \ldots, 1^{\alpha_n})$.

3. Soit $\mathbf{F}_q$ un corps fini, avec $q = p^n$; pour $x \in \mathbf{F}_q$, considérons la trace $t(x) = x + x^p + \cdots + x^{p^{n-1}}$; c'est un élément de $\mathbf{F}_p$, de sorte que $\tau(x) = p^{-1} t(x)$ appartient à $\mathbf{Q}/\mathbf{Z}$. Une fois pour toutes, on posera $\Psi(x) = 1^{\tau(x)}$; Ψ s'appellera le caractère canonique du groupe additif de $\mathbf{F}_q$.

D'autre part, pour tout m, on posera $G_m = (\mathbf{Z}/m\mathbf{Z})^*$. Pour un m donné, soient $\zeta = 1^{1/m}$ et $K = \mathbf{Q}(\zeta)$. Pour $t \in G_m$, on notera $\bar{t}$ l'automorphisme de K donné par $\zeta \mapsto \zeta^t$, et on identifiera G_m avec le groupe de Galois de K sur $\mathbf{Q}$ au moyen de $t \mapsto \bar{t}$.

Soit alors $\mathfrak{P}$ un idéal premier de K, premier à m; soient $Q = N(\mathfrak{P})$ et $\nu = (Q - 1)/m$. Pour tout entier x premier à $\mathfrak{P}$ dans K, on définit un élément $I(\mathfrak{P}, x) = i$ de $\mathbf{Z}/m\mathbf{Z}$ au moyen de $\zeta^i \equiv x^\nu \pmod{\mathfrak{P}}$. On a évidemment, pour tout $t \in G_m$:

$$(1) \qquad\qquad I(\mathfrak{P}^{\bar{t}}, x^{\bar{t}}) = t \cdot I(\mathfrak{P}, x).$$

D'autre part, identifiant avec $\mathbf{F}_Q$ le corps des entiers de K modulo $\mathfrak{P}$, on peut y définir le caractère canonique Ψ comme il a été dit plus haut; il prend ses valeurs dans le corps $L = \mathbf{Q}(1^{1/p})$, si p est la caractéristique de $\mathbf{F}_Q$. Soit Ω l'anneau des entiers de L. Pour chaque $x \in \mathbf{F}_Q^*$, choisissons un représentant $i(x) \geqq 0$ de $I(\mathfrak{P}, x)$ dans $\mathbf{Z}$, et considérons le polynome

$$(2) \qquad\qquad \Phi_m(\mathfrak{P}, X) = -\sum_x \Psi(x) X^{i(x)},$$

la sommation étant étendue à $\mathbf{F}_Q^*$ ou autrement dit à un système complet de restes $\not\equiv 0 \bmod \mathfrak{P}$ dans K. En tant qu'élément de l'anneau quotient $\Omega[X]/(X^m - 1)$, ce polynome est indépendant du choix des représentants $i(x)$; jusqu'à nouvel ordre, tous les polynomes seront considérés dans cet anneau,

4 André Weil

et on notera que X y est inversible; plus généralement, dans cet anneau, on a $X^a = X^b$ chaque fois que $a \equiv b \pmod m$. Il résulte immédiatement de (1) que l'on a dans cet anneau, pour $t \in G_m$:

$$(3) \qquad \Phi_m(\mathfrak{P}^{\bar{t}}, X) = \Phi_m(\mathfrak{P}, X^t).$$

4. On a évidemment:

$$(4) \qquad \Phi_m(\mathfrak{P}, 1) = 1.$$

D'autre part, pour $\alpha \in m^{-1}\mathbf{Z}/\mathbf{Z}$, $\alpha \neq 0$, les quantités $-\Phi_m(\mathfrak{P}, 1^\alpha)$ ne sont autres que les sommes de Gauss (c'est-à-dire $g(\chi_\alpha)$ dans la notation de [3a] et $g(m\alpha)$ dans celle de [3b]). Pour tout $\alpha \in m^{-1}\mathbf{Z}/\mathbf{Z}$, nous poserons

$$(5) \qquad J_m((\alpha), \mathfrak{P}) = \Phi_m(\mathfrak{P}, 1^\alpha).$$

D'après (3), cela donne:

$$(6) \qquad J_m((\alpha), \mathfrak{P}^{\bar{t}}) = J_m((t\alpha), \mathfrak{P}) = J_m((\alpha), \mathfrak{P})^{\bar{t}}$$

pourvu qu'il soit entendu qu'on étend t à l'automorphisme de $L(\zeta)$ sur L qui coïncide avec t sur K.

D'autre part, pour $u \in \mathbf{F}_p^*$, notons $\bar{u}$ l'automorphisme de $K(1^{1/p})$ sur K qui transforme $1^{1/p}$ en $1^{u/p}$. Considérant $\mathbf{F}_p$ comme plongé dans $\mathbf{F}_Q$, on aura, si $i(x)$ est comme plus haut:

$$i(u^{-1}x) \equiv i(x) - i(u) \qquad \qquad (\mathrm{mod}\ m)$$

et par conséquent

$$(7) \quad \Phi_m(\mathfrak{P}, X)^{\bar{u}} = -\sum_x \Psi(ux) X^{i(x)} = -\sum_x \Psi(x) X^{i(x)-i(u)} = X^{-i(u)}\Phi_m(\mathfrak{P}, X),$$

toujours bien entendu au sens des congruences modulo $X^m - 1$. On a donc:

$$(8) \qquad J_m((\alpha), \mathfrak{P})^{\bar{u}} = 1^{-\alpha i(u)} J_m((\alpha), \mathfrak{P}),$$

comme il est bien connu.

5. Nous étendrons comme suit la définition des "sommes de Gauss modifiées" $J_m((\alpha), \mathfrak{P})$, en définissant $J_m(A, \mathfrak{A})$ chaque fois que A est une suite d'éléments de $m^{-1}\mathbf{Z}/\mathbf{Z}$ (autrement dit, une suite d'éléments de $\mathbf{Q}/\mathbf{Z}$ telle que $mA = 0$) et que $\mathfrak{A}$ est un idéal entier premier à m dans K. Ce symbole est défini par (5) lorsque A est une suite à un terme et que $\mathfrak{A}$ est premier; on le définira en général par les conditions

$$(9) \qquad \begin{aligned} J_m((A, B), \mathfrak{A}) &= J_m(A, \mathfrak{A}) \cdot J_m(B, \mathfrak{A}) \\ J_m(A, \mathfrak{A}\mathfrak{B}) &= J_m(A, \mathfrak{A}) \cdot J_m(A, \mathfrak{B}). \end{aligned}$$

De même qu'on a défini $J_m((\alpha), \mathfrak{P})$ au moyen de $\Phi_m(\mathfrak{P}, X)$, on peut définir ces nouveaux symboles au moyen de polynomes appropriés. Pour cela, si $\mathfrak{A}$

est comme plus haut, on définira $\Phi_m(\mathfrak{A}, X)$ par la condition

$$(10) \qquad \Phi_m(\mathfrak{A}\mathfrak{B}, X) = \Phi_m(\mathfrak{A}, X) \cdot \Phi_m(\mathfrak{B}, X).$$

D'autre part, pour tout n, on introduira n indéterminées $Y_1, \ldots, Y_n$; on posera $Y = (Y_1, \ldots, Y_n)$ et

$$(11) \qquad \Phi_m(\mathfrak{A}, Y) = \prod_{i=1}^{n} \Phi_m(\mathfrak{A}, Y_i),$$

ce qui donne:

$$(12) \qquad J_m(A, \mathfrak{A}) = \Phi_m(\mathfrak{A}, 1^A).$$

6. Avec ces définitions, la formule (6) s'étend immédiatement:

$$(13) \qquad J_m(A, \mathfrak{A}^{\bar{t}}) = J_m(tA, \mathfrak{A}) = J_m(A, \mathfrak{A})^{\bar{t}}.$$

Il est bien connu, d'autre part, que les sommes de Gauss sont de valeur absolue $(g\bar{g})^{1/2} = Q^{1/2}$; pour donner un sens à cette assertion dans $\mathbf{Q}_{ab}$, sans avoir à plonger ce corps dans $\mathbf{C}$, il suffit de définir $z \mapsto \bar{z}$ comme l'automorphisme de $\mathbf{Q}_{ab}$ qui transforme 1^α en $1^{-\alpha}$ pour tout α, et de poser $|z|^2 = z\bar{z}$. Dans ces conditions, nos définitions donnent aussitôt:

$$(14) \qquad |J_m(A, \mathfrak{A})|^2 = N(\mathfrak{A})^{c(A)}.$$

De même, la décomposition connue des sommes de Gauss en facteurs premiers dans le corps K, telle qu'elle est donnée par les résultats classiques de Stickelberger (c'est la formule (5) de [3b]) donne ici celle de $J_m(A, \mathfrak{A})$. Naturellement $J_m(A, \mathfrak{A})$ n'est pas en général dans K, mais en tout cas sa puissance m-ième s'y trouve; notant id (ξ) l'idéal principal défini dans K par un élément ξ de K, et étendant cette notation de la manière évidente à $\xi^{1/m}$, on obtient immédiatement, à partir des résultats en question:

$$(15) \qquad \text{id}\left(J_m(A, \mathfrak{A})\right) = \mathfrak{A}^\gamma$$

où γ est l'élément de l'anneau de groupe $\mathbf{Q}[G_m]$ donné par

$$(16) \qquad \gamma = \gamma(m, A) = \sum_i \sum_{t \in G_m} \langle -t\alpha_i \rangle t^{-1};$$

ici on a posé $A = (\alpha_1, \ldots, \alpha_n)$, comme plus haut, et, comme d'habitude, pour tout $\alpha \in \mathbf{Q}/\mathbf{Z}$, on note $\langle \alpha \rangle$ le représentant de α dans $\mathbf{Q}$ qui appartient à l'intervalle $[0, 1[$.

Soit maintenant m' un diviseur de m; soit $K' = \mathbf{Q}(1^{1/m'})$, et supposons que A satisfasse, non seulement à $mA = 0$, mais à $m'A = 0$. Je dis qu'on aura:

$$(17) \qquad J_m(A, \mathfrak{A}) = J_{m'}(A, N_{K/K'}(\mathfrak{A})).$$

En effet, il suffit évidemment de vérifier (17) lorsque A est une suite à un terme et $\mathfrak{A}$ un idéal premier. Mais dans ce cas (17) n'est autre, aux notations près, que le classique théorème de Hasse-Davenport (cf. p. ex. [3a], p. 503).

7. Nous pouvons maintenant aborder notre principal objectif. Les notations étant comme plus haut, soit de plus k un sous-corps de K, appartenant au sous-groupe H de G_m; H et G_m/H sont donc respectivement les groupes de Galois de K/k et de $k/\mathbf{Q}$. Le groupe des idéaux de k s'injecte naturellement dans celui de K, et nous noterons simplement $\mathfrak{a}$ l'image de l'idéal $\mathfrak{a}$ de k dans le groupe des idéaux de K; cela permet de parler de $J_m(A, \mathfrak{a})$ chaque fois que $mA = 0$ et que $\mathfrak{a}$ est premier à m.

On a $N_{K/k}(\zeta) = \zeta^S$ avec $S = \sum_{s \in H} s$; si $d = (m, S)$, ζ^S est une racine de l'unité d'ordre m/d. Il s'ensuit que, pour tout $\alpha \in m^{-1}\mathbf{Z}/\mathbf{Z}$, la condition $N_{K/k}(1^\alpha) = 1$ équivaut à $d\alpha = 0$. En particulier, si $mA = 0$, $N_{K/k}(1^{|A|}) = 1$ équivaut à $d\,|A| = 0$.

Lemme. *Si $mA = 0$ et $d\,|A| = 0$, $J_m(A, \mathfrak{a})$ est dans k^* quel que soit l'idéal $\mathfrak{a}$ premier à m dans k.*

Il suffit de traiter le cas où $\mathfrak{a}$ est un idéal premier $\mathfrak{p}$; $J_m(A, \mathfrak{p})$ appartient en tout cas à $K(1^{1/p})$ si p est le nombre premier rationnel multiple de $\mathfrak{p}$. D'après (13), $J_m(A, \mathfrak{p})$ est invariant par les automorphismes de H, étendus à $K(1^{1/p})$ par la condition de laisser $1^{1/p}$ invariant; il est donc dans $k(1^{1/p})$. Pour examiner l'effet sur $J_m(A, \mathfrak{p})$ des automorphismes de $k(1^{1/p})$ sur k, il suffira d'appliquer (8).

Pour cela, soit $\mathfrak{P}$ l'un des facteurs premiers de $\mathfrak{p}$ dans K; les autres seront de la forme $\mathfrak{P}^s$ avec $s \in H$. Plus précisément, soient $N_{k/\mathbf{Q}}(\mathfrak{p}) = q$, $N_{K/k}(\mathfrak{P}) = \mathfrak{p}^f$; on aura $q \in H$, $q^f = Q \equiv 1 \pmod{m}$, et les facteurs premiers distincts de $\mathfrak{p}$ dans K seront les idéaux premiers $\mathfrak{P}^{\bar r}$ où r décrit un système complet R de restes dans H modulo le sous-groupe cyclique $\{1, q, \ldots, q^{f-1}\}$. Soit u un élément de $\mathbf{F}_p^*$, ou, ce qui revient au même, un entier rationnel premier à p; (1) donne $I(\mathfrak{P}^t, u) = t \cdot I(\mathfrak{P}, u)$ quel que soit $t \in G_m$; en posant comme plus haut $i(u) = I(\mathfrak{P}, u)$, (8) donne donc:

$$J_m(A, \mathfrak{p}^u) = 1^\beta J_m(A, \mathfrak{p}),$$

où β est donné par

$$\beta = -\sum_i \sum_{r \in R} \alpha_i\, r\, i(u) = -|A| \sum_r r \cdot i(u).$$

Mais la norme relative, prise dans $\mathbf{F}_Q$ relativement à $\mathbf{F}_q$, applique $\mathbf{F}_Q^*$ surjectivement sur $\mathbf{F}_q^*$; à plus forte raison, u, qui est dans $\mathbf{F}_p^*$, est une telle norme, donc de la forme

$$u = v^{1+q+\cdots+q^{f-1}},$$

ce qui donne, d'après la définition de R:

$$\beta = -|A| \sum_{r \in R} \sum_{j=0}^{f-1} r q^j \cdot i(v) = -S\,|A|\,i(v),$$

donc par hypothèse $\beta = 0$, ce qui démontre le lemme. On notera que v, qui est assujetti à la condition que sa norme relative sur $\mathbf{F}_q$ soit dans $\mathbf{F}_p$, n'est en fait assujetti à aucune condition si $q = p$, c'est-à-dire si $\mathfrak{p}$ est du premier degré. Comme on peut toujours choisir $\mathfrak{p}$ ainsi, il s'ensuit que l'hypothèse $d \cdot |A| = 0$ est nécessaire pour que $J_m(A, \mathfrak{p})$ soit dans k quel que soit $\mathfrak{p}$.

Notre objet est maintenant de démontrer le théorème suivant:

Théorème. *Si* $mA = 0$ *et* $d\,|A| = 0$, $\mathfrak{a} \mapsto J_m(A, \mathfrak{a})$ *est un caractère de Hecke du corps* k, *à valeurs dans* k.

Si $k = K$, ce théorème devient identique à celui qui a été démontré dans [3b], et qui, pour m premier, avait déjà été démontré par Eisenstein.

8. La démonstration reposera principalement sur la considération du polynome (11), et nous commencerons par traiter ce polynome comme nous avons traité $J_m(A, \mathfrak{a})$ dans le lemme du n° 7. Procédant à partir de (3) et de (7) exactement comme nous avons fait à partir de (8) dans la démonstration du lemme, nous obtenons:

$$(18) \qquad \Phi_m(\mathfrak{p}, Y)^{\tilde{u}} = \Phi_m(\mathfrak{p}, Y) \cdot (Y_1 Y_2 \cdots Y_n)^b$$

avec b donné par

$$b = -\sum_{r \in R} r \cdot i(u) = -S \cdot i(v) \equiv 0 \qquad (\mathrm{mod}\ d).$$

D'après les conventions faites précédemment, $\Phi_m(\mathfrak{p}, Y)$ était à considérer comme élément de l'anneau quotient de $\Omega[Y] = \Omega[Y_1, \ldots, Y_n]$ par l'idéal engendré par les n polynomes $Y_i^m - 1$. Si maintenant nous le considérons comme élément de l'anneau

$$\Omega[Y]/(Y_1^m - 1, \ldots, Y_n^m - 1, (Y_1 Y_2 \cdots Y_n)^d - 1)$$

(18) signifie que l'élément ainsi défini dans cet anneau est invariant par les automorphismes de $L = \mathbf{Q}(1^{1/p})$ sur $\mathbf{Q}$. Comme dans cet anneau tout polynome peut être écrit d'une manière unique comme polynome de degré $< d$ en Y_1 et $< m$ en chacun des $Y_2, \ldots, Y_n$, il s'ensuit que, modulo l'idéal en question, $\Phi_m(\mathfrak{p}, Y)$ peut être écrit comme polynome à coefficients entiers rationnels. Cela implique évidemment qu'il en est de même de $\Phi_m(\mathfrak{a}, Y)$ quel que soit $\mathfrak{a}$ premier à m dans k. C'est ainsi que nous supposerons ces polynomes écrits dorénavant.

9. On peut même écrire ainsi $\Phi_m(\mathfrak{p}, Y)$ d'une manière explicite; c'est ce que nous allons indiquer rapidement, bien que ce ne soit pas nécessaire pour notre objet. Le lecteur qui n'a en vue que la démonstration du théorème du n° 7 pourra sauter le présent n°.

8   André Weil

Si h est l'ordre du groupe H, on a Card $(R) = h/f$. Explicitant la définition de $\Phi_m(\mathfrak{p}, Y)$, on obtient:

$$(19) \qquad \Phi_m(\mathfrak{p}, Y) = (-1)^{nh/f} \sum_{(x)} \Psi\big(\sum_{i,r} x_{ir}\big) \prod_i Y_i^{\Sigma r \cdot i(x_{ir})},$$

où chacun des x_{ir} parcourt $\mathbf{F}_Q^*$, r parcourt R, et i parcourt $\{1, 2, \ldots, n\}$. Pour $x \in \mathbf{F}_Q$, notons

$$t'(x) = x + x^q + \cdots + x^{q^{f-1}}$$

la trace relative prise dans $\mathbf{F}_Q$ sur $\mathbf{F}_q$; si Ψ' est (au sens du nº 3) le caractère canonique dans $\mathbf{F}_q$, on a $\Psi = \Psi' \circ t'$. Cela posé, pour tout $u \in \mathbf{F}_q$, groupons ensemble, au second membre de (19), tous les termes pour lesquels $t'(\sum x_{ir}) = u$. Autrement dit, posons pour un instant:

$$F_u(Y) = \sum \big(\prod_i Y_i^{\Sigma r \cdot i(x_{ir})}\big)$$

$$(t'(\textstyle\sum x_{ir}) = u).$$

Pour $u \neq 0$, on peut poser $x_{ir} = u \cdot y_{ir}$; cela donne:

$$F_u(Y) = F_1(Y) \cdot (Y_1 Y_2 \cdots Y_n)^{i(u) \Sigma r}.$$

Du fait que $u \in \mathbf{F}_q^*$, on peut, comme au nº 7, mettre u sous la forme

$$u = v^{1 + q + \cdots + q^{f-1}}$$

avec $v \in \mathbf{F}_Q^*$, et, comme au nº 7, on en conclut que $i(u) \sum r$ n'est autre que $i(v)S$, donc $\equiv 0 \pmod d$. Modulo $(Y_1 \cdots Y_n)^d - 1$, on a donc $F_u = F_1$ pour tout $u \neq 0$. Cela permet évidemment d'écrire

$$\Phi_m(\mathfrak{p}, Y) \equiv (-1)^{nh/f}\big(F_0(Y) + F_1(Y) \sum_{u \neq 0} \Psi'(u)\big)$$
$$\equiv (-1)^{nh/f}\big(F_0(Y) - F_1(Y)\big).$$

D'autre part, dans la définition des Φ_m, remplaçons Ψ par le caractère trivial de $\mathbf{F}_Q$, et notons Φ_m' les polynomes ainsi obtenus. En posant comme plus haut $\nu = (Q-1)/m$, et en désignant par $P(X)$ le polynome

$$P(X) = \nu(1 + X + \cdots + X^{m-1}),$$

on obtient aussitôt $\Phi_m'(\mathfrak{P}, X) = -P(X)$, et par suite

$$\Phi_m'(\mathfrak{p}, Y) \equiv (-1)^{nh/f}\big(P(Y_1) P(Y_2) \ldots P(Y_n)\big)^{h/f}.$$

D'autre part, si on écrit pour $\Phi_m'(\mathfrak{p}, Y)$ la formule analogue à (19) et qu'on transforme cette formule exactement comme on a fait plus haut, il vient

$$\Phi_m'(\mathfrak{p}, Y) \equiv (-1)^{nh/f}\big(F_0(Y) + (q-1)F_1(Y)\big).$$

Tirant $F_0(Y)$ de ces deux dernières formules, on obtient immédiatement pour $\Phi_m(\mathfrak{p}, Y)$ l'expression annoncée.

10. Les notations restant toujours les mêmes, l'homomorphisme canonique de G_m sur G_m/H détermine un homomorphisme de l'anneau de groupe $\mathbf{Q}[G_m]$ sur $\mathbf{Q}[G_m/H]$; soit γ' l'image par cet homomorphisme de l'élément γ défini par (16). Les hypothèses étant de nouveau celles du lemme et du théorème du n° 7, le lemme montre que γ' doit appartenir à $\mathbf{Z}[G_m/H]$; cela est d'ailleurs facile à vérifier, car, si t^{-1} est un représentant dans G_m d'un élément donné de G_m/H, le coefficient de ce dernier dans γ' est $\equiv -tS\,|A| \equiv 0 \pmod 1$. Avec ces mêmes hypothèses, on aura donc, d'après (12) et (15):

$$J_m(A, \mathfrak{a}) = \Phi_m(\mathfrak{a}, 1^A), \text{ id } J_m(A, \mathfrak{a}) = \mathfrak{a}^{\gamma'}.$$

Soit ξ un entier premier à m dans k^*; pour simplifier les notations, on écrira $J_m(A, \xi)$ au lieu de $J_m(A, \text{id }\xi)$, etc. Il est clair qu'on peut écrire

$$J_m(A, \xi) = \Phi_m(\xi, 1^A) = \varepsilon(A, \xi)\xi^{\gamma'},$$

$\varepsilon(A, \xi)$ désignant une *unité* du corps k; on peut même conclure de (14) que c'est une racine de l'unité, mais nous allons retrouver ce résultat autrement. Notons seulement qu'on a

$$|\xi^{\gamma'}|^2 = N_{K/\mathbf{Q}}(\xi)^{c(A)},$$

comme il résulte aussitôt de (16), et par suite, d'après (14) et (4):

$$|\varepsilon(A, \xi)|^2 = 1, \qquad \varepsilon(0, \xi) = 1.$$

Pour démontrer le théorème du n° 7, nous avons à faire voir que, pour M convenablement choisi, $\xi \equiv 1 \pmod M$ entraîne $\varepsilon(A, \xi) = 1$.

11. Il sera commode de traiter séparément le cas où k est un corps réel, c'est-à-dire où $-1 \in H$, et où en même temps $m > 2$: alors $S \equiv 0 \pmod m$, donc $d = m$. Il est clair qu'il suffit ici de faire la vérification pour le sous-corps réel maximal de K, correspondant au groupe $H = \{\pm 1\}$; la validité du théorème s'ensuivra à plus forte raison pour tout sous-corps de k.

Comme ici $d = m$, la suite A n'est assujettie qu'à la condition $mA = 0$; il suffit donc de considérer le cas d'une suite $A = (\alpha)$ à un seul terme, avec $\alpha \neq 0$; pour abréger, on écrira $J_m(\alpha, \mathfrak{a})$ pour $J_m((\alpha), \mathfrak{a})$. Comme $J_m(\alpha, \mathfrak{a})$ est dans k, donc réel, et a la valeur absolue $N_{k/\mathbf{Q}}(\mathfrak{a})$ d'après (14), on a

$$J_m(\alpha, \mathfrak{a}) = \pm N(\mathfrak{a}),$$

et il ne s'agit que de déterminer le signe $\sigma(\alpha, \mathfrak{a})$ de $J_m(\alpha, \mathfrak{a})$.

Soient $\mathfrak{p}$, $\mathfrak{P}$, f, q, Q comme au n° 7. On aura, soit $f = 1$, $\mathfrak{p} = \mathfrak{P}\bar{\mathfrak{P}}$, soit $f = 2$, $\mathfrak{p} = \mathfrak{P}$, suivant que $q \equiv 1$ ou $q \equiv -1 \pmod m$. Pour abréger, posons $J = J_m(\alpha, \mathfrak{P})$. Si $\mathfrak{p} = \mathfrak{P}\bar{\mathfrak{P}}$, on trouve (soit en combinant (6) et (8) pour $t = -1$, $u = -1$, soit par un calcul direct facile)

$$J_m(\alpha, \bar{\mathfrak{P}}) = 1^{-\alpha i(-1)} \cdot \bar{J},$$

10 André Weil

donc, puisque $J\bar{J} = Q = q$:

$$J_m(\alpha, \mathfrak{p}) = 1^{-\alpha i(-1)} \cdot q, \quad \sigma(\alpha, \mathfrak{p}) = 1^{-\alpha i(-1)}.$$

Si m est impair, on a $-1 = (-1)^m$, donc $i(-1) \equiv 0 \pmod{m}$ et $\sigma(\alpha, \mathfrak{p}) = 1$. Si m est pair, on a $-1 = \zeta^{m/2}$; la définition de $i(-1)$ donne alors $\zeta^{i(-1)} = (-1)^\nu$ avec $\nu = (Q-1)/m = (q-1)/m$, de sorte qu'on posant $\alpha = a/m$, on a $\sigma(\alpha, \mathfrak{p}) = (-1)^{\nu a}$.

Soit maintenant $\mathfrak{p} = \mathfrak{P}$, donc $q \equiv -1 \pmod{m}$ et $Q = q^2$. Dans $\mathbf{F}_Q$, la trace et la norme relatives sur $\mathbf{F}_q$ sont respectivement $x \mapsto x + x^q$ et $x \mapsto x^{1+q}$; si Ψ' est le caractère canonique dans $\mathbf{F}_q$, on a $\Psi(x) = \Psi'(x + x^q)$. D'autre part, comme la norme relative est surjective et que m divise $1 + q$, on a $i(u) = 0$ pour tout $u \in \mathbf{F}_q^*$. Dans la somme

$$J = J_m(\alpha, \mathfrak{P}) = -\sum \Psi(x) \zeta^{a i(x)}$$

qui définit J, groupons maintenant ensemble les $x \in \mathbf{F}_Q^*$ qui ont même trace relative $x + x^q = u$. Si on désigne par J_u la somme $\sum \zeta^{a i(x)}$ étendue aux $x \in \mathbf{F}_Q^*$ tels que $x + x^q = u$, on aura

$$J = -\sum \Psi'(u) J_u.$$

Pour $u \neq 0$, remplaçons x par ux dans la somme qui définit J_u; comme $i(u) = 0$, on voit que $J_u = J_1$, et on a donc $J = J_1 - J_0$. Comme $\alpha \neq 0$, donc $a \not\equiv 0 \pmod{m}$, la somme $\sum \zeta^{a i(x)}$, étendue à tous les $x \in \mathbf{F}_Q^*$, est 0; on a donc $J_0 + (q-1) J_1 = 0$. Si $p = 2$ (ce qui suppose m impair), $x + x^q = 0$ équivaut à $x = x^q$, donc à $x \in \mathbf{F}_q^*$, et alors $i(x) = 0$; cela donne $J_0 = q - 1$, $J_1 = -1$, $J = -q$. Si $p > 2$, $x + x^q = 0$ donne $x^2 = -x^{1+q} \in \mathbf{F}_q^*$ et $x \neq x^q$, donc $x \notin \mathbf{F}_q^*$; si w est un générateur du groupe cyclique $\mathbf{F}_Q^*$ pour lequel $i(w) = 1$, et qu'on écrive $x = w^i$, d'où $i(x) \equiv i \pmod{m}$, ces conditions reviennent à dire que i est un multiple impair de $(q+1)/2$; les $x \in \mathbf{F}_Q^*$ qui y satisfont sont donc au nombre de $q-1$, et pour chacun on a $i(x) \equiv (q+1)/2 \pmod{m}$. Cela donne la valeur de J_0, donc celle de J_1, et finalement

$$J = -q \zeta^{a(q+1)/2}.$$

Si m est impair, $q + 1$ est multiple de $2m$, et cela donne de nouveau $J = -q$. Si m est pair, posons $\mu = (q + 1)/m$; comme alors on a aussi $\zeta^{m/2} = -1$, on obtient $\sigma(\alpha, \mathfrak{p}) = -(-1)^{\mu a}$.

Soit en tout cas χ le caractère d'ordre 2 de k associé à l'extension quadratique K de k; ce qui précède montre que, si m est impair, $\sigma(\alpha, \mathfrak{p})$ n'est autre que $\chi(\mathfrak{p})$. Si m est pair, on peut écrire

$$\sigma(\alpha, \mathfrak{p}) = \chi(\mathfrak{p}) \chi'(\mathfrak{p})^a,$$

avec $\chi'(\mathfrak{p}) = (-1)^\nu$ ou $(-1)^\mu$ suivant que q est $\equiv 1$ ou $\equiv -1 \pmod{m}$. Soit alors k' le sous-corps réel maximal de $\mathbf{Q}(1^{1/2m})$; nous laisserons au lecteur le soin d'achever la démonstration en vérifiant que χ' est le caractère associé à l'extension quadratique k' de k, ce qui ne présente aucune difficulté.

Sommes de Jacobi et caractères de Hecke   11

Le cas $m = 2$, $k = K = \mathbf{Q}$ est bien entendu tout à fait élémentaire, et nous nous contentons d'indiquer le résultat (dû en substance à Gauss); on a $J_2(1/2, p) = p\,\chi(p)$, où χ est le caractère associé à $\mathbf{Q}(1^{1/4})$, égal à ± 1 suivant que p est $\equiv 1$ ou $\equiv -1 \bmod 4$.

12. Nous plaçant maintenant dans le cas général, conservons les notations et les hypothèses du n° 7, et donnons-nous de plus un diviseur e de d, c'est-à-dire un diviseur commun de m et de S. Pour un n donné, nous désignerons par $\mathbf{A}$ le groupe des suites A à n termes telles que $mA = 0$, $e\,|A| = 0$, c'est-à-dire le sous-groupe de $(\mathbf{Q}/\mathbf{Z})^n$ satisfaisant à ces conditions; et nous noterons $\mathbf{A}^*$ son dual, c'est-à-dire le groupe des caractères de $\mathbf{A}$.

Tout caractère de $\mathbf{A}$ peut s'écrire $A \mapsto \lambda(1^A)$, où $\lambda(Y)$ est un monome en $Y = (Y_1, \ldots, Y_n)$. Pour que deux tels monomes λ, λ' définissent le même caractère de $\mathbf{A}$, il faut et il suffit qu'on ait $\lambda \equiv \lambda'$ dans l'anneau $\mathbf{Z}[Y]$ modulo l'idéal engendré par $Y_1^m - 1, \ldots, Y_n^m - 1$ et $(Y_1 Y_2 \cdots Y_n)^e - 1$. On peut donc identifier l'anneau de groupe $\mathbf{Z}[\mathbf{A}^*]$ avec l'anneau quotient

$$(20) \qquad \mathbf{Z}[Y]/(Y_1^m - 1, \ldots, Y_n^m - 1, (Y_1 Y_2 \cdots Y_n)^e - 1).$$

Pour $mA = 0$, $d\,|A| = 0$, et ξ premier à m dans k, on a défini au n° 10 une unité $\varepsilon(A, \xi)$; donc $A \mapsto \varepsilon(A, \xi)$ est défini sur $\mathbf{A}$ et admet un développement suivant les caractères de $\mathbf{A}$:

$$(21) \qquad \varepsilon(A, \xi) = \sum_\lambda E_\lambda \cdot \lambda(1^A).$$

Si on pose $M = \mathrm{Card}\,(\mathbf{A}) = e m^{n-1}$, les coefficients E_λ sont donnés par

$$(22) \qquad E_\lambda = M^{-1} \sum_A \varepsilon(A, \xi)\,\lambda(1^{-A}).$$

D'ailleurs, si l'on tient compte de (13) et de (16), on obtient

$$\varepsilon(A, \xi)^{\bar{t}} = \varepsilon(tA, \xi),$$

d'où il s'ensuit que les E_λ donnés par (22) sont invariants par $\bar{t}$ quel que soit $t \in G_m$; ils sont donc dans $\mathbf{Q}$.

D'autre part, supposons que ξ, et par conséquent tous ses conjugués dans k, satisfasse à $\xi \equiv 1 \pmod{M}$. La définition de $\varepsilon(A, \xi)$ donne alors, dans le corps k, la congruence

$$(23) \qquad \varepsilon(A, \xi) \equiv \Phi_m(\xi, 1^A) \pmod{M}.$$

Mais d'après le n° 8 le polynome $\Phi_m(\xi, Y)$ peut s'écrire, modulo les $Y_i^m - 1$ et $(Y_1 Y_2 \cdots Y_n)^d - 1$, comme polynome à coefficients dans $\mathbf{Z}$; il détermine donc un polynome dans l'anneau (20), qu'on peut écrire $\sum C_\lambda \cdot \lambda(Y)$, avec des coefficients $C_\lambda \in \mathbf{Z}$. Les congruences (23) donnent alors

$$\varepsilon(A, \xi) \equiv \sum_\lambda C_\lambda \cdot \lambda(1^A) \pmod{M}.$$

[11]

12   André Weil

Mais alors (22) montre que les E_λ sont entiers dans le corps K; comme ils sont
rationnels, ils sont dans **Z**.

Cela étant, écrivons la relation de Parseval dans **A**:

$$\sum_\lambda |E_\lambda|^2 = M^{-1} \sum_A |\varepsilon(A,\xi)|^2.$$

Tous les termes de la somme du second membre ont la valeur 1. Il s'ensuit
que tous les E_λ sont nuls à l'exception d'un seul d'entre eux qui est ± 1; autre-
ment dit, il y a λ tel que $\varepsilon(A,\xi) = \pm\lambda(1^A)$ pour tout $A \in \mathbf{A}$; comme $\varepsilon(0,\xi) = 1$,
il faut prendre le signe $+$. De plus, si $A = (\alpha_1, \ldots, \alpha_n)$, il est clair que $\varepsilon(A,\xi)$
est invariant par toute permutation des α_i. Si on suppose $n \geq 3$, on en conclut
que $\varepsilon(A,\xi)$ est nécessairement de la forme $1^{r|A|}$, où r est un entier modulo m.
D'ailleurs, si $n' < n$, le groupe $\mathbf{A}'$ des suites A' à n' termes, satisfaisant à
$mA' = 0$, $e|A'| = 0$, se plonge dans $\mathbf{A}$ par l'injection $A' \mapsto (A', 0)$. On en
conclut qu'on a toujours $\varepsilon(A,\xi) = 1^{r|A|}$ chaque fois que $mA = 0$, $e|A| = 0$,
avec un entier r qui dépend de ξ mais qui est indépendant de n.

De plus, dans les conditions indiquées, $\varepsilon(A,\xi)$ est dans k, et $1^{|A|}$ est une ra-
cine e-ième de l'unité. Donc *la conclusion du théorème du n° 7 est valable pour*
$\mathfrak{a} \mapsto J_m(A,\mathfrak{a})$ *chaque fois que* $mA = 0$, $e|A| = 0$, *et que k ne contient pas d'autre*
racine e-ième de l'unité que 1. Elle l'est en particulier pour $e = 1$, ce qui con-
tient déjà le théorème principal de [3 b]; la démonstration ci-dessus ne diffère
guère d'ailleurs, pour ce cas, de celle qui figurait dans [3 b].

13. Supposant m et k fixés, notons J_A, pour abréger, la fonction $\mathfrak{a} \mapsto J_m(A,\mathfrak{a})$
définie par le théorème du n° 7. On a $J_{(0)} = 1$, $J_{(A,B)} = J_A J_B$; donc ces fonc-
tions forment un monoïde. D'après (13), on a $J_{-A} = \bar{J}_A$; alors, si on pose de
nouveau $h = \mathrm{Card}\,(H) = [K:k]$ et qu'on note J la fonction "triviale"
$\mathfrak{a} \mapsto N_{k/\mathbf{Q}}(\mathfrak{a})$, (14) s'écrit $J_A J_{-A} = J^{hc(A)}$. Si donc, dans le monoïde des fonctions J_A, on range dans une même classe d'équivalence toutes les fonctions
qui ne diffèrent les unes des autres que par un facteur "trivial" de la forme
J^n, ces classes forment un groupe, et il suffira de vérifier le théorème du n° 7
pour un système de générateurs de ce groupe.

Convenons de dire que A et J_A sont de rang e si e est le plus petit entier tel
que $e|A| = 0$. Soit $A = (\alpha_1, \ldots, \alpha_n)$ satisfaisant comme toujours à $mA = 0$,
$d|A| = 0$. Supposons $n > 1$, et posons:

$$A' = (\alpha_1 + \alpha_2, \alpha_3, \ldots, \alpha_n),$$

$$B = (\alpha_1 + \alpha_2, -\alpha_1, -\alpha_2), \quad B' = (\alpha_1, -\alpha_1), \quad B'' = (\alpha_2, -\alpha_2);$$

A' est une suite à $n-1$ termes; B, B', B'' sont des suites de rang 1, à 3 ou
à 2 termes, et on a $J_A J_B = J_{A'} J_{B'} J_{B''}$. Par récurrence sur n, il s'ensuit que
toute fonction J_A s'exprime au moyen de J, de fonctions J_B de rang 1 où B
est à 2 ou 3 termes, et d'une fonction $J_{(\alpha)}$ pour laquelle $d\alpha = 0$.

Or, pour les fonctions J_A de rang 1, le résultat est déjà acquis, comme on l'a vu à la fin du n° 12; nous savons même que ce sont des caractères de Hecke dont le conducteur divise m^{n-1}, donc m^2 si $n \leq 3$. Il ne nous reste plus qu'à examiner le cas des fonctions $J_{(\alpha)}(\mathfrak{a}) = J_m(\alpha, \mathfrak{a})$.

14. Arrivés à ce point, nous démontrerons le théorème du n° 7 par récurrence sur m. Plus précisément, nous démontrerons que la conclusion en est valable pour m et k donnés, pourvu qu'elle le soit pour tout diviseur $m' < m$ de m et pour tout corps $k' \subset \mathbf{Q}(1^{1/m'})$. Nous commençons par formuler un lemme:

Lemme. *Soient m, K, k, d comme précédemment; soient m' un diviseur de m, $K' = \mathbf{Q}(1^{1/m'})$, $k' = k \cap K'$. Soit A une suite telle que $m'A = 0$, $d\,|A| = 0$; soient $\nu = [K : kK']$ et $A' = A^\nu = (A, A, \ldots, A)$ (où A est répété ν fois). Alors pour tout idéal $\mathfrak{a}$ premier à m dans k, on a:*

$$J_m(A, \mathfrak{a}) = J_{m'}(A', N_{k/k'}(\mathfrak{a})).$$

Du fait que $k' = k \cap K'$ et que kK' est abélien sur k', on conclut que k et K' sont linéairement disjoints sur k'. Vérifions d'abord que A' satisfait, relativement à k' et K', à la condition analogue à $d\,|A| = 0$. Comme on a vu au n° 7, celle-ci équivaut à $N_{K/k}(1^{|A|}) = 1$. Comme $m'A = 0$, $1^{|A|}$ est dans kK', et cette dernière formule s'écrit aussi $N_{kK'/k}(1^{\nu|A|}) = 1$; comme $1^{|A|}$ est dans K' qui est linéairement disjoint de k sur k', cela équivaut à $N_{K'/k'}(1^{\nu|A|}) = 1$; comme $|A'| = \nu|A|$, cela démontre notre assertion. D'autre part, la formule (17) donne ici:

$$J_m(A, \mathfrak{a}) = J_{m'}(A, N_{K/K'}(\mathfrak{a})) = J_{m'}(A, N_{kK'/K'}(\mathfrak{a}))^\nu.$$

Toujours parce que k et K' sont linéairement disjoints sur k', $N_{kK'/K'}(\mathfrak{a})$ n'est autre que $N_{k/k'}(\mathfrak{a})$, ce qui démontre le lemme.

15. Revenant à m et k, disons qu'une suite A, et la fonction J_A correspondante, sont réductibles s'il y a un diviseur $m' < m$ de m tel que $m'A = 0$. D'après l'hypothèse de récurrence et le lemme du n° 14, la conclusion de notre théorème est valable pour toute fonction réductible. Si en particulier $d < m$, toute fonction J_α est réductible, puisque pour une telle fonction on doit avoir $d\alpha = 0$. Il ne reste plus qu'à examiner le cas $d = m$.

Supposons d'abord m de la forme $m = m'm''$ avec m', m'' premiers entre eux et > 1. On peut écrire $1 = rm' + sm''$ avec r, s entiers. Pour $m\alpha = 0$, posons $A = (\alpha, -rm'\alpha, -sm''\alpha)$. On a:

$$J_A = J_\alpha J_{-rm'\alpha} J_{-sm''\alpha}.$$

Ici J_A est de rang 1, et les deux derniers facteurs du second membre sont réductibles. Donc ils satisfont à la conclusion du théorème, et il en est même de J_α.

Enfin supposons m de la forme $m = p^n$ avec p premier, et $d = m$; d'après la définition de d, cela donne $N_{K/k}(\zeta) = 1$. Soit d'abord p impair, et soit $k' = \mathbf{Q}(1^{1/p})$. Si k contenait k', on aurait $N_{K/k'}(\zeta) = 1$, ce qui n'est pas le cas; donc k ne contient aucune racine p-ième de l'unité autre que 1, et notre conclusion est valable d'après la fin du n⁰ 12. Si $p = 2$, on sait que G_m est produit direct du sous-groupe $\{\pm 1\}$ et du sous-groupe cyclique d'ordre 2^{n-2} engendré par 5. On vérifie alors facilement que la condition $d = m$ équivaut à $-1 \in H$, c'est-à-dire que dans ce cas k est réel; ce cas a été traité au n⁰ 11.

La démonstration est donc achevée.

16. Comme dans [3b], notre démonstration fournit certaines indications sur les conducteurs des caractères de Hecke J_A. En particulier, ces conducteurs ne contiennent pas d'autre facteur premier que ceux de $2m$ dans k. Il serait aisé d'être plus précis, mais la détermination exacte de ces conducteurs ne serait sans doute pas très facile.

Il ne serait pas très facile non plus, sans doute, de caractériser, pour un corps k donné, l'ensemble des caractères de Hecke qu'on peut définir sur k par les procédés ci-dessus; il s'agit en fait de l'ensemble suivant. Soit m' un entier quelconque; soit $k' = k \cap \mathbf{Q}(1^{1/m'})$. D'après notre théorème, la fonction

$$\mathfrak{a} \mapsto J_{m'}(A, N_{k/k'}(\mathfrak{a}))$$

est un caractère de Hecke sur k, à valeurs dans k, chaque fois que A satisfait aux conditions requises relatives à m' et k', c'est-à-dire à $m'A = 0$ et $N_{K'/k'}(1^{|4|}) = 1$. L'exposé ci-dessus fournit un certain nombre de relations entre ces caractères, mais n'en fournit pas assez pour les classifier complètement. Bien entendu, chacun d'eux détermine, au moyen de (16), un élément de l'anneau de groupe $\mathbf{Z}[\mathrm{Gal}\,(k/\mathbf{Q})]$, et les éléments qu'on obtient ainsi forment un groupe de type fini, mais ce n'est là qu'un début de classification.

Une question encore plus intéressante concerne les fonctions L qu'on peut construire au moyen des caractères en question, et tout particulièrement les valeurs que prennent ces fonctions pour s entier; il n'est pas interdit de penser que certaines de ces valeurs sont susceptibles d'une interprétation arithmétique. Mais il serait prématuré de formuler à cet égard des conjectures trop précises.

Bibliographie

[1] G. Eisenstein, Beweis der allgemeinsten Reciprocitätsgesetze zwischen reellen und complexen Zahlen, Monatsber. d. preuss. Akad. d. Wiss. zu Berlin, 1850, S. 189—198.

[2] E. Kummer, Über die Ergänzungssätze zu den allgemeinen Reciprocitätsgesetzen, J. für r. u. ang. Math. 44 (1851), S. 93—146.

[3] A. Weil, (a) Numbers of solutions of equations in finite fields, Bull. Am. Math. Soc. 55 (1949), p. 497—508; (b) Jacobi sums as „Größencharaktere", Trans. Am. Math. Soc. 73 (1952), p. 487—495.

[1974e] Exercices dyadiques

A Jean-Pierre Serre

1. Soit k un p-corps, c'est-à-dire un corps localement compact à valuation discrète, de caractéristique résiduelle $p > 1$. Ecrivons, suivant l'usage, k_{sep} pour une clôture algébrique séparable de k, et k_{ab} pour l'extension abélienne maximale de k, contenue dans k_{sep}; soient $\mathfrak{G}$, $\mathfrak{A}$ leurs groupes de Galois respectifs sur k. La théorie du corps de classes local établit un isomorphisme canonique entre le groupe des caractères de $\mathfrak{A}$ et le groupe des caractères d'ordre fini du groupe multiplicatif $k^\times$ du corps k; la détermination de cet isomorphisme et de ses propriétés «fonctorielles» constitue même l'essentiel de la théorie en question.

Les caractères de $\mathfrak{A}$ ne sont pas autre chose que les représentations de $\mathfrak{G}$ dans $\mathbf{C}^\times = \mathrm{GL}(1, \mathbf{C})$; on peut écrire $\mathrm{GL}(1, k)$ pour $k^\times$. Des travaux récents (R. Langlands) suggèrent l'existence d'un lien analogue entre les représentations de $\mathfrak{G}$ dans $\mathrm{GL}(n, \mathbf{C})$ et un certain type très général de représentations (dites «admissibles») de $\mathrm{GL}(n, k)$; de même, il y aurait par exemple un lien entre les représentations de $\mathfrak{G}$ dans $\mathrm{SL}(n, \mathbf{C})$ et les représentations «admissibles» de $\mathrm{PL}(n, k)$. S'il en est bien ainsi, la découverte de tels liens fournirait une généralisation non abélienne de la théorie locale du corps de classes.

Notre connaissance des représentations de $\mathrm{GL}(n, k)$ est encore des plus fragmentaires, sauf pour $n = 2$, $p > 2$. Même le cas $n = 2$, $p = 2$ n'a pas encore été élucidé. En attendant, il n'est peut-être pas inutile d'examiner les représentations des groupes de Galois des corps locaux dans $\mathrm{GL}(2, \mathbf{C})$ et $\mathrm{SL}(2, \mathbf{C})$, particulièrement dans le cas $p = 2$. Tel est le but du présent article; si modeste que soit cet objectif, nous ne l'atteindrons même pas complètement. Pour la clarté de l'exposé, et aussi avec l'espoir de venir en aide aux futurs chercheurs, nous rassemblerons d'abord ici des remarques variées, dont aucune n'est nouvelle, sur les représentations dans $\mathrm{GL}(n, \mathbf{C})$. Pour abréger, on écrira GL_n, PL_n au lieu de $\mathrm{GL}(n, \mathbf{C})$, $\mathrm{PL}(n, \mathbf{C})$, et 1_n pour l'élément neutre de $\mathrm{GL}(n, \mathbf{C})$; le centre de GL_n est $\mathbf{C}^\times \cdot 1_n$, et on a $\mathrm{PL}_n = \mathrm{GL}_n/(\mathbf{C}^\times \cdot 1_n)$. Par un *caractère* d'un groupe G, on entendra toujours une représentation de G dans $\mathrm{GL}_1 = \mathbf{C}^\times$.

Soit φ le morphisme canonique de GL_n sur PL_n. Si M est une représentation d'un groupe G dans GL_n, on posera une fois pour toutes

2 A. Weil

$M^0 = \varphi \circ M$. On dira que deux représentations M, M' de G dans GL_n sont *associées* si $M^0 = M'^0$, c'est-à-dire si l'on a, pour tout $g \in G$, $M'(g) = M(g)\,\omega(g)$ avec $\omega(g) \in \mathbf{C}^\times$; alors ω est un caractère de G, et on a $M' = M \otimes \omega$.

2. Rappelons la solution (due essentiellement à I. Schur) du problème qui consiste à remonter d'une représentation dans PL_n à une représentation dans GL_n. Soient G un groupe, H un sous-groupe commutatif invariant de G, $\Gamma = G/H$; soient G' un groupe, H' un sous-groupe du centre de G', et $\Gamma' = G'/H'$; soit μ un morphisme de Γ dans Γ'. Pour tout $\sigma \in \Gamma$, choisissons un représentant g_σ de σ dans G et un représentant z_σ de $\mu(\sigma)$ dans G', et posons

$$h(\sigma, \tau) = g_{\sigma\tau}^{-1}\, g_\sigma\, g_\tau, \qquad \zeta(\sigma, \tau) = z_{\sigma\tau}^{-1}\, z_\sigma\, z_\tau;$$

ces formules définissent, comme on sait, des cocycles h, ζ de Γ, dans H et dans H' respectivement. Soit Ω une représentation de H dans H'; pour qu'il y ait une représentation M de G dans G' qui rende le «diagramme» (Ω, M, μ) «commutatif» (c'est-à-dire dont la restriction $M|_H$ à H soit Ω, et qui détermine μ par passage au quotient), il faut et il suffit que Ω soit invariant par les automorphismes intérieurs de G, et que l'image $\Omega(h)$ du cocycle h appartienne à la classe de cohomologie définie par le cocycle ζ dans $H^2(\Gamma, H')$.

En particulier, si $H = \{1\}$, $\Gamma = G$, $H^2(G, H') = 0$, toute représentation de G dans Γ' se relève à une représentation de G dans G'. Par exemple, soit $\mathfrak{G}$ le groupe de Galois introduit au n° 1. D'après un théorème qu'on peut qualifier de classique (cf. p. ex. S. S. Shatz, Ann. of Math. Studies n° 67, p. 232, Corollary), on a $H^3(\mathfrak{G}, \mathbf{Z}) = 0$, donc $H^2(\mathfrak{G}, \mathbf{C}^\times) = 0$. Par suite, toute représentation de $\mathfrak{G}$ dans PL_n se relève à une représentation dans GL_n. Bien entendu, $\mathfrak{G}$ est à considérer ici comme groupe «profini», c'est-à-dire comme groupe compact totalement discontinu, et il ne s'agit que de cocycles et de représentations continus, de sorte que les noyaux de celles-ci sont d'indice fini dans G.

3. Si H est un sous-groupe commutatif invariant d'un groupe G, et que s soit un représentant dans G d'un élément σ de $\Gamma = G/H$, on posera $h^\sigma = s^{-1} h s$ pour tout $h \in H$. Au n° 2, on a défini l'extension G de Γ par H au moyen du cocycle $h(\sigma, \tau)$; mais, comme on sait, ce n'est pas toujours le procédé le plus commode. Par exemple, si Γ est cyclique d'ordre n, il vaudra mieux prendre un générateur σ de Γ, un représentant s de σ dans G, et poser $h = s^n$. Le «cocycle» qui détermine G est alors l'unique élément h de H, soumis à la seule condition $h^\sigma = h$; il est trivial quand il est de la forme $h'^{1+\sigma+\cdots+\sigma^{n-1}}$, ce qui donne:

$$H^2(\Gamma, H) = \{h \in H \mid h^{\sigma-1} = 1\} / \{h^{1+\sigma+\cdots+\sigma^{n-1}} \mid h \in H\}.$$

Plus généralement, supposons Γ défini par des générateurs α_i et des relations $R_j(\alpha) = \varepsilon$, où ε est l'élément neutre de Γ. Supposons donné un morphisme de Γ dans le groupe des automorphismes de H, ou, ce qui revient au même, supposons donné, pour chaque i, un automorphisme A_i de H, de façon que les relations $R_j(A) = 1$ soient satisfaites. Pour chaque i, choisissons un représentant g_i de α_i dans G; alors, pour tout j, on a $R_j(g) = h_j \in H$, et la structure de G est bien déterminée par la donnée des h_j. On peut donc considérer (h_j) comme « le cocycle » qui détermine G; les h_j sont assujettis à des relations de la forme $M(h) = 1$, où chaque M est un monome formé au moyen des h_j^σ pour $\sigma \in \Gamma$. Pour que le cocycle (h_j) soit trivial, il faut et il suffit qu'on puisse écrire, pour tout i, $g_i = a_i h_i'$, où les a_i satisfont aux relations $R_j(a) = 1$; cela donne, pour tout j, $h_j = S_j(h')$, où les S_j sont des monomes formés au moyen des $h_i'^\sigma$; pour tout choix des h_i', les éléments $S_j(h')$ satisfont aux relations $M(h) = 1$ qui définissent les « cocycles ». Il serait aisé de formaliser ce qui précède, en écrivant Γ comme quotient d'un groupe libre par le plus petit sous-groupe invariant qui contient des éléments donnés R_j de ce groupe. Notons seulement qu'on peut souvent simplifier les relations $M(h) = 1$ en restreignant le choix des g_i par des conditions supplémentaires dépendant de la structure de Γ; on en verra des exemples par la suite.

4. Le problème qui nous intéresse s'offre sous deux variantes essentiellement équivalentes, suivant qu'on considère les groupes de Galois ou bien les « W-groupes »; ceux-ci sont des groupes de Galois modifiés, possédant exactement les mêmes propriétés « fonctorielles ». Tant qu'il ne s'agit que d'extensions finies, les deux notions coïncident; dans tout autre cas, le groupe de Galois est la compactification du W-groupe; k désignant toujours un p-corps, le W-groupe de k_{ab} sur k est canoniquement isomorphe à $k^\times$; par suite, si K est une extension galoisienne de degré fini de k, le W-groupe $W(K_{ab}/k)$ de K_{ab} sur k est une extension du groupe fini $\mathrm{Gal}(K/k)$ par $W(K_{ab}/K) = K^\times$.

Toute représentation d'un groupe de Galois détermine une représentation du W-groupe correspondant; réciproquement, toute représentation d'un W-groupe dans GL_n est associée à une représentation du groupe de Galois (cf. A. Weil, Izv. Akad. Nauk SSSR 36 (1972), p. 5). Les uns et les autres ont donc mêmes représentations dans les groupes PL_n.

Soit μ une représentation de $\mathfrak{G} = \mathrm{Gal}(k_{\mathrm{sep}}/k)$ dans PL_n; comme on l'a déjà noté, elle a un noyau $\mathfrak{H}$ d'indice fini, qui correspond donc à une extension galoisienne K de k de degré fini. D'après le n° 2, il y a une représentation M de $\mathfrak{G}$ dans GL_n telle que $M^0 = \mu$; $M(\mathfrak{H})$ est alors contenu dans $\mathbf{C}^\times \cdot 1_n$, et par suite le noyau de M contient le groupe $\mathfrak{H}^c$ engendré par les commutateurs de $\mathfrak{H}$. On peut donc considérer M comme une représentation dans GL_n du groupe $\mathfrak{G}/\mathfrak{H}^c = \mathrm{Gal}(K_{ab}/k)$, et à

4   A. Weil

plus forte raison de $W(K_{ab}/k)$. Réciproquement, toute représentation M de $\mathfrak{G}$ (ou, ce qui revient au même, du W-groupe de k_{sep} sur k) dans GL_n détermine une représentation $\mu = M^0$ dans PL_n; celle-ci se relève à une représentation M' d'un groupe $W(K_{ab}/k)$ dans GL_n, et M', en un sens évident, est associée à M.

Dans la suite, nous parlerons de W-groupes. Le lecteur pourra, s'il veut, lire partout «groupe de Galois» au lieu de «W-groupe», à condition de substituer chaque fois à $K^\times$ la compactification de $K^\times$. D'après ce qu'on vient de voir, il suffira d'examiner les représentations des groupes $W(K_{ab}/k)$.

5. Plaçons-nous d'abord, plus généralement, dans la situation suivante. Soit G un groupe; soit H un sous-groupe commutatif invariant de G, d'indice fini n dans G; soit $\Gamma = G/H$. Si $s \in G$, et si σ est l'image de s dans Γ, on a $h^{-1}s^{-1}hs = h^{\sigma - 1}$; l'image $H^{\sigma - 1}$ de H par $h \mapsto h^{\sigma - 1}$ est donc un sous-groupe du groupe G^c des commutateurs de G.

Pour simplifier le langage, nous nous exprimerons toujours comme si G, H, etc. étaient munis seulement de leurs structures de groupe. En fait, les groupes que nous avons en vue sont localement compacts (et même compacts, si ce sont des groupes de Galois), et l'on ne s'intéresse qu'à leurs représentations continues. Nous laisserons au lecteur le soin de s'assurer que les précautions nécessaires ont été prises pour que nos conclusions restent valables dans ce cadre.

On posera $N = H \cap G^c$, et on notera J le sous-groupe de H engendré par les sous-groupes $H^{\sigma - 1}$ pour $\sigma \in \Gamma$. Soit t le morphisme de transfert de G dans H; sa restriction $t|_H$ à H est donnée par $t(h) = h^{\Sigma \sigma}$, où $\sum$ est étendu à tous les éléments de Γ. On notera N' le noyau de $t|_H$; on a $N' \supset N \supset J$. Si Γ est commutatif, on a $N = G^c$. Si Γ est cyclique, et si σ est un générateur de Γ, on a $G^c = H^{\sigma - 1} = N = J$.

Pour $G = W(K_{ab}/k)$, $H = K^\times$, $\Gamma = \mathrm{Gal}(K/k)$, on sait que l'image de G dans H par le transfert t n'est autre que le sous-groupe $k^\times$ de $K^\times$ invariant par les automorphismes $h \mapsto h^\sigma$; on a $t|_H = N_{K/k}$ et $N' = G^c$; le groupe $N = H \cap G^c$ est le noyau de $N_{K/k}$.

6. Les notations étant comme ci-dessus, on entendra toujours, par «représentation», une représentation de G dans un groupe GL_r ou PL_r, ou encore, mais exceptionnellement, dans un groupe $\mathrm{GL}(r, F)$ ou $\mathrm{PL}(r, F)$, F étant un corps autre que $\mathbf{C}$. On sait que, si M est une représentation irréductible de G dans GL_r, le «degré» r de M divise l'indice n de H dans G.

Une représentation M de G dans GL_r sera dite *centrale* si $M(H) \subset \mathbf{C}^\times \cdot 1_r$, c'est-à-dire si H est contenu dans le noyau de la représentation M^0 de G dans PL_r; alors M^0 détermine une représentation μ

de $\Gamma = G/H$ dans PL_r; souvent, par abus de langage, nous ne distinguerons pas entre M^0 et μ. Pour que μ soit «fidèle», c'est-à-dire injectif, sur Γ, il faut et il suffit qu'on ait $M^{-1}(\mathbf{C}^\times \cdot 1_r) = H$; alors M sera dite *propre* (et impropre dans le cas contraire).

Soit G' un groupe entre G et H (c'est-à-dire un sous-groupe de G, contenant H). Soit M' une représentation de G' de degré r'. On notera $[M'; G' \to G]$ la représentation de G induite par M'; elle est de degré $r'[G:G']$. Toute représentation M de G, équivalente à une représentation $[M'; G' \to G]$ avec $G' \neq G$, $G' \supset H$, sera dite *imprimitive*, et on dira que G' est un *groupe d'imprimitivité de M*. Il est bien connu que, si M' est elle-même imprimitive, avec un groupe d'imprimitivité G'', G'' est aussi un groupe d'imprimitivité pour M. On dira que M est *primitive* quand elle n'admet aucun groupe d'imprimitivité entre G et H; on notera que cette définition dépend de H.

Soit H' un sous-groupe invariant de G entre G et H. Soit M une représentation irréductible de G dans GL_r. Alors, comme on sait, la restriction $M|_{H'}$ de M à H' est somme directe de ses composantes irréductibles; si M' est l'une de celles-ci, toutes les autres sont équivalentes aux transformées de M' par les automorphismes de H' induits sur H' par les automorphismes intérieurs de G. De plus, si ces transformées ne sont pas toutes équivalentes à M', M admet un groupe d'imprimitivité entre G et H'. De toute manière, ces transformées ont même degré r' que M'; par suite, r' divise à la fois r et $[H':H]$; en particulier, si r est premier à $[H':H]$, on a $r' = 1$. Pour que $M(H')$ soit un sous-groupe commutatif de GL_r, il faut et il suffit qu'on ait $r' = 1$; alors, si H'^c est le groupe des commutateurs de H', M détermine une représentation du groupe $G_1 = G/H'^c$, et celui-ci admet le sous-groupe invariant commutatif $H_1 = H'/H'^c$. De plus, si $r' = 1$, M admet un groupe d'imprimitivité entre G et H', à moins que $M(H')$ ne soit contenu dans $\mathbf{C}^\times \cdot 1_r$. En particulier, toute représentation irréductible est, soit imprimitive, soit centrale.

Si M est irréductible (resp. centrale, resp. propre, resp. primitive), il en est de même de toute représentation associée à M.

7. Supposons Γ cyclique; alors G est engendré par H et un élément s. Soit M une représentation irréductible de G, de degré $r > 1$. Si M était centrale, $M(G)$ serait contenu dans le sous-groupe de GL_r engendré par $\mathbf{C}^\times \cdot 1_r$ et $M(s)$, donc réductible. Donc M est équivalente à une représentation de la forme $[M; G' \to G]$, avec $G' \neq G$, $G' \supset H$; appliquant le même raisonnement à M', ou autrement dit procédant par récurrence sur l'ordre de Γ, on voit que M est équivalente à $[M; G' \to G]$ avec M' de degré 1; il en est trivialement de même, avec $G' = G$, si $r = 1$. Si $r > 1$,

6 A. Weil

le groupe d'imprimitivité G' de M est l'unique sous-groupe d'indice r de G entre G et H, et $M(G')$ est commutatif.

Plus généralement, supposons qu'il y ait un sous-groupe invariant H' de G, entre G et H, tel que H'/H soit cyclique d'ordre $m > 1$. Soient M une représentation irréductible de G, M' une composante irréductible de $M|_{H'}$, et r' le degré de M'. Alors r' divise m; de plus, d'après ce qui précède, si H'' est le sous-groupe d'indice r' de H' entre H' et H, H'' est un groupe d'imprimitivité de M', et $M'(H'')$ est commutatif. Il s'ensuit que $M(H'')$ aussi est commutatif. Donc, ou bien M admet un groupe d'imprimitivité entre G et H'', ou bien $M(H'') \subset \mathbf{C}^{\times} \cdot 1_r$. Si M est propre, et si $M(H'') \subset \mathbf{C}^{\times} \cdot 1_r$, on a $H'' = H$ et $r' = m$.

8. A toute représentation centrale M de G dans GL_r, on a associé une représentation μ de Γ dans PL_r, qui est fidèle si M est propre. Réciproquement, si on se donne μ, on a vu au n° 2 comment la méthode de Schur permet de construire une représentation M associée à μ, s'il en existe. Avec les notations du n° 2, on posera $M|_H = \Omega \cdot 1_r$, et on aura à satisfaire à la condition $\Omega(h) \sim \zeta$, où $\sim$ désigne l'homologie dans $H^2(\Gamma, \mathbf{C}^{\times})$. Comme deux solutions M, M' du problème sont nécessairement «associées» (au sens du n° 1), elles coïncident sur G^c, de sorte que les caractères correspondants Ω, Ω' coïncident sur $N = H \cap G^c$.

Plus généralement, donnons-nous une représentation μ de Γ dans $\mathrm{PL}(r, F)$, où F est un corps quelconque; pour simplifier, bornons-nous au cas où μ est fidèle. Soit Δ un sous-groupe de $\mathrm{GL}(r, F)$, dont l'image dans $\mathrm{PL}(r, F)$ soit $\mu(\Gamma)$; on pourra écrire $\Delta \cap (F^{\times} \cdot 1_r) = E \cdot 1_r$, où E est un sous-groupe de $F^{\times}$. Proposons-nous de rechercher une représentation M de G dans Δ, associée à μ; pour une telle représentation, on pourra poser $M|_H = \Omega \cdot 1_r$, Ω étant un morphisme de H dans E. Pour cela on appliquera le n° 2, en prenant $G' = \Delta$, $H' = E \cdot 1_r$; ζ est alors un cocycle de Γ dans E, et le problème se ramène à la recherche de Ω tel que $\Omega(h) \sim \zeta$ dans $H^2(\Gamma, E)$. Si en particulier Δ est un groupe fini, E est cyclique; s'il est d'ordre s, c'est le groupe E_s des racines s-ièmes de 1 dans F. Si en même temps la classe de cohomologie ζ est d'ordre s dans $H^2(\Gamma, E_s)$, alors Δ ne contient aucun sous-groupe (autre que Δ) dont l'image dans $\mathrm{PL}(r, F)$ soit $\mu(\Gamma)$, et une représentation M de G dans Δ, s'il en existe, est nécessairement surjective.

9. Toujours avec les mêmes hypothèses qu'au n° 8, on a $\Omega(h^{\sigma}) = \Omega(h)$ pour tout $h \in H$ et tout $\sigma \in \Gamma$; donc Ω et M sont triviales sur le sous-groupe J de H engendré par les $H^{\sigma - 1}$ (cf. n° 5). On peut donc, quand G est donné, passer au quotient par J, et substituer $G^* = G/J$, $H^* = H/J$ à G et H; H^* est contenu dans le centre de G^*. Si H^* n'est pas le centre de G^*, soit H'^* ce centre, et soit H' l'image réciproque de H'^* dans G.

Alors, si M est une représentation irréductible de G dans GL_r, on a $M(H') \subset \mathbf{C}^\times \cdot 1_r$, donc M^0 est triviale sur H'. Si donc μ est fidèle et projectivement irréductible (c'est-à-dire si μ ne laisse invariante aucune sous-variété linéaire de l'espace projectif P^{r-1} sur lequel opère PL_r), il ne peut exister aucune représentation M de G dans GL_r, telle que $M^0 = \mu$, à moins que H^* ne soit le centre de G^*.

10. Nous pouvons maintenant passer à la recherche des représentations de degré 2. Si une telle représentation de G est imprimitive (au sens du n° 6), elle admet un groupe d'imprimitivité d'indice 2 dans G; suivant qu'elle en admet un seul ou plusieurs, on dira qu'elle est *simplement* ou *multiplement* imprimitive.

Soit M une représentation de G dans GL_2; supposons-la irréductible et imprimitive, et soit G_1 un groupe d'imprimitivité de M; G_1 est d'indice 2, donc invariant dans G. Ecrivons $G = G_1 \cup s G_1$ et $M = [M_1; G_1 \to G]$; M_1 est de degré 1, et $M|_{G_1}$ se décompose en M_1 et sa transformée M_1' par l'automorphisme $x \mapsto s^{-1} x s$ de G_1. Si on avait $M_1' = M_1$, $M(G_1)$ serait contenu dans le centre $\mathbf{C}^\times \cdot 1_2$ de GL_2, $M(G)$ dans le groupe engendré par $M(s)$ et ce centre, et M serait réductible. Donc on a $M_1' \neq M_1$, et $M(G_1)$ est commutatif et non contenu dans $\mathbf{C}^\times \cdot 1_2$. Réciproquement, on a vu au n° 6 que, si ces dernières conditions sont remplies, M admet un groupe d'imprimitivité entre G et G_1, qui ne peut être que G_1.

Par suite, avec les notations ci-dessus, M est donnée (à une équivalence près) par les formules

$$M(g) = \begin{pmatrix} M_1(g) & 0 \\ 0 & M_1'(g) \end{pmatrix}, \qquad M(sg) = \begin{pmatrix} 0 & M_1'(g) \\ M_1(s^2 g) & 0 \end{pmatrix} \qquad (g \in G_1). \tag{1}$$

Comme $M_1' \neq M_1$, il y a $g_1 \in G_1$ tel que $M(g_1)$ ne soit pas dans $\mathbf{C}^\times \cdot 1_2$, et les formules (1) montrent que, si g_1 est un tel élément, G_1 est l'ensemble des éléments g de G tels que $M(g)$ soit permutable avec $M(g_1)$.

11. Nous distinguerons deux cas, suivant que M est simplement ou multiplement imprimitive. Le premier cas se ramène au cas $G_1 = H$; il suffit de remplacer G par G/G_1^c et H par G_1/G_1^c. On a alors $n = 2$, et on peut prendre pour M n'importe quelle représentation irréductible de G; d'après ce qui précède, une telle représentation est nécessairement non centrale.

Supposons maintenant que M admette un groupe d'imprimitivité $G_2 \neq G_1$, et posons $H' = G_1 \cap G_2$. Pour $i = 1, 2$, notons f_i l'homomorphisme canonique de G sur G/G_i, et identifions ce dernier groupe de la manière évidente avec le sous-groupe $E_2 = \{\pm 1\}$ de $\mathbf{C}^\times$. Alors (f_1, f_2) détermine un isomorphisme de G/H' sur $E_2 \times E_2$. Supposons qu'il y ait $h \in H'$ tel que $M(h)$ ne soit pas dans $\mathbf{C}^\times \cdot 1_2$; alors, comme on a vu au n° 10, G_1 est

8   A. Weil

l'ensemble des $g \in G$ tels que $M(g)$ soit permutable avec $M(h')$, et il en
est de même de G_2, contrairement à l'hypothèse $G_2 \neq G_1$. Donc
$M(H') \subset \mathbf{C}^\times \cdot 1_2$; compte tenu de (1), on a même $M^{-1}(\mathbf{C}^\times \cdot 1_2) = H'$. Par
suite, si M admet un troisième groupe d'imprimitivité, celui-ci doit
contenir H' et ne peut donc être autre que le noyau G_3 du morphisme
$f_1 f_2$ de G dans E_2. D'ailleurs G_3 est en effet un groupe d'imprimitivité
de M; car H' est d'indice 2 dans G_3, de sorte qu'on peut écrire
$G_3 = H' \cup g' H'$, et $M(G_3)$ est alors engendré par $M(g')$ et le sous-groupe
$M(H')$ de $\mathbf{C}^\times \cdot 1_2$ et est donc commutatif, mais non contenu dans $\mathbf{C}^\times \cdot 1_2$.
En définitive, on voit que M est triplement imprimitive; si on remplace
G par G/H'^c et H par H'/H'^c, on est ramené au cas où G/H est isomorphe
à $E_2 \times E_2$ et où M est centrale et propre.

12. Enfin, si la représentation M est irréductible et primitive, elle
est nécessairement centrale. Posant alors $H' = M^{-1}(\mathbf{C}^\times \cdot 1_2)$, on se
ramène au cas d'une représentation propre en remplaçant G par G/H'^c
et H par H'/H'^c.

Dorénavant, nous écarterons le cas d'une représentation simplement
imprimitive. D'après ce qui précède, on peut donc supposer une fois
pour toutes qu'on a affaire à une représentation M centrale et propre
de G dans GL_2; d'après le n° 9, elle est triviale sur J; elle détermine un
morphisme fidèle μ de $\Gamma = G/H$ dans PL_2. On identifiera désormais Γ
avec son image $\mu(\Gamma)$ dans PL_2.

Les sous-groupes finis de PL_2 ont été déterminés par F. Klein. Un
tel sous-groupe est contenu dans un sous-groupe compact maximal
de PL_2, et celui-ci est isomorphe au groupe des rotations dans l'espace
euclidien à 3 dimensions; la question se ramène donc à la recherche
des polyèdres réguliers. On trouve qu'un sous-groupe fini de PL_2 est
cyclique ou diédral, ou bien isomorphe à $\mathfrak{A}_4$ (groupe alterné sur 4 symboles, ou groupe du tétraèdre), à $\mathfrak{S}_4$ (groupe symétrique sur 4 symboles,
ou groupe du cube et de l'octaèdre), ou à $\mathfrak{A}_5$ (groupe alterné sur 5 symboles, ou groupe du dodécaèdre et de l'icosaèdre); à des isomorphismes
près, chacun de ces derniers groupes ne peut se plonger dans PL_2 que
d'une seule manière.

13. D'après le n° 7, le cas où Γ est cyclique nous fait retomber sur
une représentation simplement imprimitive, ce qu'on a exclu. Si Γ est
diédral, G admet un sous-groupe H' d'indice 2 tel que H'/H soit cyclique;
alors, si on définit r' et H'' comme au n° 7, on voit, d'après le n° 7, que
$H'' = H$ et $r' = 2$, ou bien que M est imprimitive. Dans l'un et l'autre
cas, d'après le n° 11 et les hypothèses faites ci-dessus, Γ ne peut être
autre que le groupe $E_2 \times E_2$ déjà considéré au n° 11. A côté de ce groupe,
nous n'avons plus à examiner que $\mathfrak{A}_4$, $\mathfrak{S}_4$, $\mathfrak{A}_5$.

Le groupe $\mathfrak{A}_5$ est simple d'ordre 60 et ne peut figurer comme groupe de Galois d'une extension d'un corps local; nous l'exclurons aussi désormais. Nous poserons $\Gamma_0 = \mathfrak{S}_4$, $\Gamma_1 = \mathfrak{A}_4$, $\Gamma_2 = E_2 \times E_2$. Nous regarderons $\mathfrak{A}_4$ comme sous-groupe de $\mathfrak{S}_4$ de la manière évidente, et nous identifierons Γ_2 avec l'unique sous-groupe d'ordre 4 de $\mathfrak{A}_4$. On a ainsi $\Gamma_0 \supset \Gamma_1 \supset \Gamma_2$; Γ_0 admet les suites de composition $(\Gamma_0, \Gamma_1, \Gamma_2, \Gamma')$, où Γ' est l'un des trois sous-groupes d'ordre 2 de Γ_2, et n'en admet pas d'autre. On en conclut facilement que, si $p > 2$, un p-corps ne peut avoir d'extension dont le groupe de Galois soit Γ_0 ou Γ_1. Si l'on accepte l'«hypothèse de travail» mentionnée au n° 1, cela «explique» la non-existence de représentations «extraordinaires» de $\mathrm{GL}(2, k)$ quand k est un p-corps et que $p > 2$.

14. On posera $\Gamma_2 = \{\varepsilon, \alpha, \beta, \gamma\}$, où ε est l'élément neutre; on a $\alpha \beta \gamma = \varepsilon$. Il y a un élément ρ d'ordre 3 de Γ_1 (et un seul) tel que l'automorphisme intérieur $\sigma \mapsto \rho^{-1} \sigma \rho$ transforme α, β, γ en β, γ, α respectivement. Il y a un élément λ d'ordre 2 de Γ_0 (et un seul) tel que $\sigma \mapsto \lambda^{-1} \sigma \lambda$ transforme $\rho, \alpha, \beta, \gamma$ en $\rho^{-1}, \beta, \alpha, \gamma$ respectivement. On choisira un plongement fixe μ_0 de Γ_0 dans PL_2, et on écrira μ_1, μ_2 pour ses restrictions à Γ_1, Γ_2. Comme les μ_i sont uniques à des automorphismes près, on pourra supposer que les images de $\alpha, \beta, \gamma, \rho, \lambda$ par μ_0 sont respectivement les images dans PL_2 des éléments

$$z_\alpha = \begin{pmatrix} i & 0 \\ 0 & -i \end{pmatrix}, \quad z_\beta = \begin{pmatrix} 0 & 1 \\ -1 & 0 \end{pmatrix}, \quad z_\gamma = \begin{pmatrix} 0 & i \\ i & 0 \end{pmatrix},$$

$$z_\rho = \frac{1+i}{2} \begin{pmatrix} i & 1 \\ i & -1 \end{pmatrix}, \quad z_\lambda = \frac{i}{\sqrt{2}} \begin{pmatrix} 1 & i \\ -i & -1 \end{pmatrix} \tag{2}$$

de SL_2. Pour $i = 0, 1, 2$, on notera Δ_i l'image réciproque de Γ_i dans SL_2; Δ_0 est engendré par $z_\alpha, z_\beta, z_\rho, z_\lambda$ et Δ_1 par $z_\alpha, z_\beta, z_\rho$; Δ_2 est le groupe $\{\pm 1, \pm z_\alpha, \pm z_\beta, \pm z_\gamma\}$ et est isomorphe au groupe U_8 des «unités quaternioniques» ($\{\pm 1, \pm i, \pm j, \pm k\}$ dans la notation usuelle des quaternions).

15. D'autre part, Γ_0 est isomorphe à $\mathrm{PL}(2, \mathbf{F}_3)$, où $\mathbf{F}_3$ est le corps premier $\mathbf{Z}/3\mathbf{Z}$. On définit un isomorphisme μ_0' de Γ_0 sur $\mathrm{PL}(2, \mathbf{F}_3)$ en prenant pour images de $\alpha, \beta, \gamma, \rho, \lambda$ par μ_0' les images dans $\mathrm{PL}(2, \mathbf{F}_3)$ des éléments

$$z_\alpha' = \begin{pmatrix} 1 & 1 \\ 1 & -1 \end{pmatrix}, \quad z_\beta' = \begin{pmatrix} -1 & 1 \\ 1 & 1 \end{pmatrix}, \quad z_\gamma' = \begin{pmatrix} 0 & -1 \\ 1 & 0 \end{pmatrix},$$

$$z_\rho' = \begin{pmatrix} 1 & -1 \\ 0 & 1 \end{pmatrix}, \quad z_\lambda' = \begin{pmatrix} 1 & 0 \\ 0 & -1 \end{pmatrix}$$

de $\mathrm{GL}(2, \mathbf{F}_3)$. Ces matrices engendrent $\mathrm{GL}(2, \mathbf{F}_3)$, et on posera $\Delta'_0 = \mathrm{GL}(2, \mathbf{F}_3)$. On écrira aussi $\Delta'_1 = \mathrm{SL}(2, \mathbf{F}_3)$; c'est le groupe engendré par $z'_\alpha, z'_\beta, z'_\rho$; il est isomorphe à Δ_1, et par suite le groupe Δ'_2 engendré par z'_α, z'_β est isomorphe à Δ_2. En revanche, Δ'_0 n'est pas isomorphe à Δ_0; on le vérifiera tout à l'heure. L'intérêt des groupes Δ' tient à ce qu'ils interviennent dans la trisection des courbes elliptiques.

Pour $i = 0, 1, 2$, l'intersection de Δ_i (resp. Δ'_i) avec $\mathbf{C}^\times \cdot 1_2$ (resp. $\mathbf{F}_3^\times \cdot 1_2$) est $E_2 = \{\pm 1_2\}$. Comme U_8 ne contient aucun sous-groupe isomorphe à $E_2 \times E_2$, Δ_2 (resp. Δ'_2) n'a pas de sous-groupe strict dont l'image dans PL_2 (resp. dans $\mathrm{PL}(2, \mathbf{F}_3)$) soit Γ_2; il en est donc de même pour tous les Δ_i, Δ'_i. D'après la remarque de la fin du n° 8, il s'ensuit que toute représentation (du type que nous étudions ici) d'un groupe G dans l'un de ces groupes est surjective.

16. Désormais on supposera $G/H = \Gamma_i$ avec $i = 0, 1$ ou 2; on se propose principalement de classifier les représentations centrales M de G dans GL_2, telles que $M^0 = \mu_i$, et subsidiairement de rechercher celles d'entre elles qui appliquent G sur Δ_i, et aussi, pour $i = 0$, les représentations analogues sur Δ'_0. Ces représentations seront dites respectivement «de type M_i», «de type Δ_i» et «de type Δ'_0». Comme précédemment, on posera toujours $M|_H = \Omega \cdot 1_2$.

Si $G/H = \Gamma_i$, avec $i = 0, 1$ ou 2, on conviendra d'écrire G_i au lieu de G, et on notera G_j, pour $i \leqq j \leqq 2$, l'image réciproque de Γ_j dans G_i, de sorte qu'on aura $G_j/H = \Gamma_j$. On posera $N_j = H \cap G_j^c$, donc en particulier $N_2 = G_2^c$ puisque Γ_2 est commutatif. On écrira J_j pour le sous-groupe de H engendré par les groupes $H^{\sigma - 1}$ pour $\sigma \in \Gamma_j$, de sorte qu'on a $J_j \subset N_j$. On posera $G_j^* = G_j/J_j$, $H_j^* = H/J_j$; H_j^* est alors contenu dans le centre de G_j^*, et est en tout cas le centre de G_j^* pour $i = 0$ ou 1.

Pour $i \leqq j \leqq 2$, on notera M_j la restriction de M à G_j; en particulier, on écrira M_i au lieu de M. Comme on l'a vu au n° 9, une telle représentation M_i est triviale sur J_i et peut être considérée comme une représentation de G_i^*; de plus, d'après le n° 9, il ne peut exister de telle représentation M_i que si H_i^* est le centre de G_i^*. On va commencer par étudier les groupes G_i^* et leurs représentations, successivement pour $i = 2, 1$ et 0. Pour simplifier les notations, nous écrirons provisoirement G_i, H_i au lieu de G_i^*, H_i^*, ou, ce qui revient au même, nous supposerons (jusqu'au n° 20 inclus) que H_i est le centre de G_i.

17. Soit d'abord $i = 2$. Soient A, B, C des représentants de α, β, γ dans G_2. Posons $A^2 = a$, $B^2 = b$, $C^2 = c$, $ABC = d$, $ABA^{-1}B^{-1} = f$; a, b, c, d, f sont dans H. Il est clair que G_2 est bien défini par H et par le «cocycle» (a, b, c, d); donc celui-ci détermine f, et en effet on a $f = d^{-2} a b c$. Pour que (a, b, c, d) soit un cocycle, c'est-à-dire détermine

Exercices dyadiques   11

une extension G_2 de H, il faut et il suffit qu'on ait $f^2 = 1$. Le cocycle (a, b, c, d) est trivial s'il est de la forme (u^2, v^2, w^2, uvw), avec u, v, w dans H; on a alors $f = 1$.

Le groupe G_2 est engendré par A, B et H; donc $G_2^c = \{1, f\}$.

Soit Ω un caractère de H. D'après le n° 8, pour qu'il existe M_2 induisant $\Omega \cdot 1_2$ sur H, il faut et il suffit que l'image par Ω du cocycle (a, b, c, d) appartienne à la classe déterminée dans $H^2(\Gamma_2, \mathbf{C}^\times)$ par les éléments $z_\alpha, z_\beta, z_\gamma$ donnés par (2) au n° 14. Ceux-ci déterminent le cocycle $(-1, -1, -1, -1)$; la condition imposée à Ω s'écrit donc:

$$\Omega(a) = -x^2, \quad \Omega(b) = -y^2, \quad \Omega(c) = -z^2, \quad \Omega(d) = -xyz. \quad (3)$$

Pour que ces équations aient une solution (x, y, z) dans $(\mathbf{C}^\times)^3$, il faut et il suffit que l'on ait $\Omega(f) = -1$. Pour qu'il existe un tel caractère Ω, il faut et il suffit que $f \neq 1$. De même, pour que Ω détermine une représentation M_2 de type Δ_2, il faut et il suffit que Ω soit d'ordre 2 et que (3) ait une solution dans $(E_2)^3$, c'est-à-dire qu'on ait

$$\Omega(a) = \Omega(b) = \Omega(c) = -1.$$

18. On obtient des résultats plus précis lorsque le groupe G_2 du n° 17 est muni d'un automorphisme ρ d'ordre 3 qui laisse H invariant et transforme α, β, γ en β, γ, α. On peut alors «normaliser» le choix de A, B, C, d'abord en convenant de prendre $B = A^\rho$, $C = B^\rho$, d'où $A = C^\rho$; cela donne $b = a^\rho$, $c = a^{\rho^2}$, $d = d^\rho$, $f = f^\rho = d^{-2} a^{1 + \rho + \rho^2}$. Cela fait, posons

$$A_1 = A d^{-1} a, \quad B_1 = A_1^\rho = B d^{-1} b, \quad C_1 = B_1^\rho = C d^{-1} c,$$

puis

$$a_1 = A_1^2, \quad d_1 = A_1 B_1 C_1.$$

On trouve alors $d_1 = f$ et $a_1 = (a^{\rho + 2})^{\rho - 1} f$. Après avoir au besoin remplacé A, B, C par A_1, B_1, C_1, on peut donc supposer le cocycle qui définit G_2 normalisé sous la forme $(a, a^\rho, a^{\rho^2}, f)$ avec $f = f^\rho$, $f^2 = 1$ et $a \in f \cdot H^{\rho - 1}$. On a $f = f^{1 + \rho + \rho^2}$; par conséquent f et a ne peuvent être dans $H^{\rho - 1}$ que si $f = 1$.

19. Passons au cas $i = 1$, H étant le centre de G_1. Soit R un représentant de ρ dans G_1; alors $R^3 = h \in H$. On peut appliquer les résultats des n°^{os} 17−18 au groupe G_2 muni de l'automorphisme $X \mapsto X^\rho = R^{-1} X R$; on a ici $H^{\rho - 1} = 1$, et on peut prendre pour α, β, γ des représentants A, B, C normalisés comme au n° 18. Alors le cocycle qui définit G_2 est (f, f, f, f), c'est-à-dire qu'on a

$$A^2 = B^2 = C^2 = ABC = ABA^{-1}B^{-1} = f, \quad f^2 = 1.$$

Elles expriment que A et B engendrent le groupe

$$\{1, A, B, C, f, fA, fB, fC\} \tag{4}$$

et que celui-ci est isomorphe à $\varDelta_2$ si $f \neq 1$ et à $\varGamma_2$ si $f = 1$. Dans ces conditions, G_1 est défini par le cocycle (f, h), soumis à la seule condition $f^2 = 1$; il est trivial s'il est de la forme $(1, h'^3)$ avec $h' \in H$. Le groupe G_1^c est engendré par f et les commutateurs $X^{-1} R^{-1} X R$ pour $X = A, B, C$. Mais on a par exemple:

$$A^{-1} R^{-1} A R = A^{-1} B = A^{-2} (ABC) C^{-1} = C^{-1}.$$

Donc G_1^c n'est autre que le groupe (4), et on a $J_1 = \{1, f\}$.

D'après (2), le cocycle qui définit $\varDelta_1$ est $(-1, 1)$. Alors, pour qu'un caractère $\varOmega$ de H détermine une représentation de type M_1, il faut et il suffit qu'on ait $\varOmega(f) = -1$; pour qu'il existe de tels caractères, il faut et il suffit que $f \neq 1$. Pour que $\varOmega$ détermine une représentation de type $\varDelta_1$, il faut et il suffit que $\varOmega$ soit d'ordre 2 et que $\varOmega(f) = -1$.

20. Soit enfin $i = 0$, H étant le centre de G_0; on choisira A, B, C, R comme au n° 19, de sorte que G_1 est déterminé par le cocycle (f, h).

Soit L un représentant de λ dans G_0; on a $L^2 = h_0 \in H$, et l'automorphisme $X \mapsto L^{-1} X L$ de G_0 est d'ordre 2. Il transforme G_1, donc aussi G_1^c, en eux-mêmes; comme il transforme α, β, γ en β, α, γ, il doit transformer A, B, C en B ou Bf, A ou Af, C ou Cf, respectivement; s'il transforme R en R', il transforme R' en R. L'image de R' dans $\varGamma_0$ est ρ^{-1}, donc on peut écrire $R' = R^{-1} h_1$ avec $h_1 \in H$; par suite, R et R' sont permutables. Appliquant l'automorphisme $X \mapsto L^{-1} X L$ aux relations $A = R^{-1} C R$, $B = R C R^{-1}$, on voit qu'il transforme (A, B, C), soit en (B, A, C), soit en (Bf, Af, Cf); en l'appliquant à la relation $ABC = f$, on voit qu'il transforme (A, B, C) en (Bf, Af, Cf).

Posons $S = R^{-1} L^{-1} R L = R^{-1} R'$. Comme $R^3 = h$, on a aussi $R'^3 = h$; comme R et R' sont permutables, on a $S^3 = R^{-3} R'^3 = 1$. On a $S = R^{-2} h_1$, donc $S = R h_2$ avec $h_2 = h^{-1} h_1$; donc S peut être substitué à R comme représentant de ρ dans G_1; la relation $S^3 = 1$ signifie que dans le cas présent G_1 est l'extension triviale de $\varGamma_1/\varGamma_2$ par G_2. De plus, $X \mapsto L^{-1} X L$ transforme $S = R h_2$ en $S' = R' h_2 = R S h_2 = S^2$; l'effet de cet automorphisme sur G_1 est ainsi complètement déterminé.

Le groupe G_0^c est engendré par S, par les commutateurs $X^{-1} L^{-1} X L$ pour $X = A, B, C$, et par G_1^c; d'après ce qui précède, on a donc $G_0^c = G_1^c \cup S G_1^c \cup S^2 G_1^c$, et $J_0 = \{1, f\}$. Le groupe G_0 est déterminé par le cocycle (f, h_0), avec la seule condition $f^2 = 1$; il est trivial s'il est de la forme $(1, h'^2)$ avec $h' \in H$. Les cocycles qui déterminent $\varDelta_0$ et $\varDelta_0'$ sont respectivement $(-1, -1)$ et $(-1, 1)$; ils ne sont pas équivalents dans

$H^2(\Gamma_0, E_2)$, ce qui vérifie que Δ_0 et Δ_0' ne sont pas isomorphes. Pour qu'un caractère Ω de H détermine une représentation de type M_0, il faut et il suffit que $\Omega(f) = -1$; si de plus il est d'ordre 2, il déterminera une représentation de type Δ_0 ou de type Δ_0' suivant que $\Omega(h_0)$ est -1 ou 1.

21. Revenons au cas général où on ne suppose pas H central dans G_i; on peut appliquer les nᵒˢ $17-20$ aux groupes $G_i^* = G_i/J_i$.

Pour $i = 0, 1, 2$, on choisira des représentants A, B de α, β dans G_i; on posera $A^2 = a$, $B^2 = b$, $ABA^{-1}B^{-1} = f$; a, b, f sont des éléments de H, bien déterminés modulo $H^{1+\alpha}$, modulo $H^{1+\beta}$, et modulo J_2, respectivement; on a $f^2 \in J_2$. Pour $i = 0$ ou 1, on peut appliquer à G_1/J_2 ce qui a été démontré au nᵒ 18; comme l'image de J_1 dans ce groupe est alors le groupe $(H_2^*)^{\rho-1}$ avec $H_2^* = H/J_2$, on voit que, si $f \notin J_2$, on a aussi $f \notin J_1$.

Pour $i = 0$, on choisira aussi un représentant L de λ dans G_0 et on posera $L^2 = h_0$; c'est un élément de H, bien déterminé modulo $H^{1+\lambda}$.

Nous avons démontré entre autre ce qui suit:

(A) On a toujours $N_i = H \cap G_i^c = J_i \cup fJ_i$; on a $G_2^c = N_2$; G_1^c/J_1 est isomorphe à Γ_2 ou à Δ_2 suivant que f est ou non dans J_1; G_0^c/J_0 est isomorphe à Γ_1 ou à Δ_1 suivant que f est ou non dans J_0.

(B) Pour que G_i admette une représentation de type M_i, il faut et il suffit que f ne soit pas dans J_i.

(C) Pour que G_i admette une représentation de type Δ_i (resp. Δ_0'), il faut et il suffit que H admette un caractère Ω d'ordre 2, trivial sur J_i, satisfaisant aux conditions suivantes:

$$\text{pour } i = 2, \quad \Omega(f) = -1 \quad \text{et} \quad \Omega(a) = \Omega(b) = -1;$$
$$\text{pour } i = 1, \quad \Omega(f) = -1;$$
$$\text{pour } i = 0, \quad \Omega(f) = -1 \quad \text{et} \quad \Omega(h_0) = -1 \quad \text{pour le type } \Delta_0$$
$$(\text{resp. } \Omega(h_0) = 1 \text{ pour le type } \Delta_0').$$

22. Le cas qui nous importe est celui où on se donne une extension galoisienne finie K d'un corps local k et où on prend $G = W(K_{ab}/k)$, $H = K^\times$, $\Gamma = \text{Gal}(K/k)$. On a vu au nᵒ 2 que tout morphisme μ de Γ dans un groupe PL_n se relève à une représentation M de G dans GL_n, telle que $M^0 = \mu$. Il en sera ainsi en particulier chaque fois que $n = 2$ et qu'on prend pour Γ et μ l'un des groupes Γ_i et le morphisme μ_i correspondant. Autrement dit, chaque fois qu'on se donne un corps local k, une extension K de k de groupe de Galois Γ_i, et qu'on prend $G = W(K_{ab}/k)$, $H = K^\times$, ces données satisferont à la condition (B) du nᵒ 21. Bien entendu, on pourrait le vérifier directement sans faire appel à la théorie générale citée au nᵒ 2; nous en laisserons l'amusement au lecteur.

23. Pour aller plus loin, nous adopterons les notations suivantes. Soit K un p-corps admettant Γ_i comme groupe d'automorphismes. Pour $i \leq j \leq 2$, on notera k_j le corps des invariants de Γ_j dans K, et on prendra $G_j = W(K_{ab}/k_j)$, $H = K^\times$; comme on l'a noté au n° 5, on peut identifier $k_j^\times$ avec G_j/G_j^c, et la norme N_{K/k_j} avec la restriction à $K^\times$ de l'homomorphisme canonique de G_j sur G_j/G_j^c. On écrira $N^{(j)}$ au lieu de N_{K/k_j}; le noyau de $N^{(j)}$ est $N_j = J_j \cup fJ_j$. Pour $\sigma \in \Gamma_i$, on notera K_σ le corps des invariants de σ dans K, et on posera $N_\sigma = N_{K/K_\sigma}$; le noyau de N_σ est $(K^\times)^{\sigma-1}$. On écrira aussi $k = k_i$, et on notera π, π_j, Π des éléments premiers de k, k_j, K, respectivement. On notera R l'anneau des entiers de K; alors $R^\times$ est le groupe des «unités» de K, et les groupes N_j sont contenus dans $R^\times$.

En vertu des résultats connus sur la ramification des corps locaux, les cas qui peuvent se présenter sont les suivants. Si $p > 2$, i ne peut prendre que la valeur 2; si k est donné, il admet une seule extension K de groupe de Galois Γ_2. Si $p = 2$, i peut prendre les valeurs 2, 1 et 0. Si $i = 1$ et qu'on se donne $k = k_1$, il y a une seule extension cyclique k_2 de degré 3 de k, ou il y en a quatre, suivant que k contient ou non les racines cubiques de 1; l'une est non ramifiée sur k, et les autres, s'il y en a, sont modérément ramifiées. Si $i = 0$, k_1 est l'unique extension non ramifiée de k de degré 2; k_2 est cyclique de degré 3, modérément ramifié sur k_1. Pour $i = 1$ ou 0, K est totalement (et même «sauvagement») ramifié sur k_2.

24. On a vu au n° 22 que la condition (B) du n° 21 est toujours vérifiée. En ce qui concerne (C), la question n'est pas si simple. On va voir d'abord, pour $i = 0$, que les conditions relatives à Δ_0 et à Δ_0' sont équivalentes. Dans ce cas, en effet, le groupe de Galois de K sur K_λ est $\{\varepsilon, \lambda\}$ et s'identifie au groupe de k_1 sur k; donc $K = K_\lambda k_1$. Comme k_1 est non ramifié sur k, K l'est sur K_λ. Alors, si L est un représentant de λ dans $W(K_{ab}/K_\lambda)$ et si $L^2 = h_0$, on sait que h_0 est un élément de K_λ d'ordre impair; on peut par exemple choisir L de façon que h_0 soit n'importe quel élément premier dans K_λ, et alors c'est aussi un élément premier dans K. Soit θ le caractère de $K^\times$ donné par $\theta(x) = (-1)^{\mathrm{ord}\,x}$; on a $\theta(h_0) = -1$, et θ est trivial sur $R^\times$, donc sur $N_0 = J_0 \cup fJ_0$. Si donc Ω est un caractère d'ordre 2 de $K^\times$, trivial sur J_0 et tel que $\Omega(f) = -1$, il en est de même de $\Omega\theta$, et l'un des caractères Ω, $\Omega\theta$ de $K^\times$ prend la valeur 1 en h_0 tandis que l'autre y prend la valeur -1.

Pour qu'un caractère de H soit d'ordre 2, il faut et il suffit qu'il soit trivial sur H^2. On voit donc que, pour $i = 0$ ou 1, la condition (C) du n° 21 peut être remplacée par la suivante: (C') $K^\times$ admet un caractère trivial sur $(K^\times)^2 J_i$ et $\neq 1$ en f; ou bien encore: $fJ_i \cap (K^\times)^2 = \emptyset$. Comme le noyau de $N^{(i)}$ est $N_i = J_i \cup fJ_i$, cela revient à dire que, pour $x \in K^\times$, $N^{(i)}(x^2) = 1$ entraîne $x^2 \in J_i$. Mais $N^{(i)}(x) = 1$ entraîne $x \in J_i$ ou $x \in fJ_i$, donc $x^2 \in J_i$ puisque $f^2 \in J_i$. Par suite (C) équivaut à dire que $N^{(i)}(x) = -1$ entraîne $x^2 \in J_i$. On voit en particulier que cette condition est toujours vérifiée si K est de caractéristique 2, puisqu'alors $-1 = 1$.

Nous bornerons à ces remarques l'examen de la condition (C), et nous laisserons au lecteur le soin de vérifier que, pour $p > 2$, un corps local k n'admet aucune extension de groupe de Galois $\Delta_2 = U_8$, ou bien en admet une et une seule, suivant qu'il contient ou non $\sqrt{-1}$.

25. Supposant dorénavant k donné, avec $p = 2$, nous allons procéder à la construction et à l'énumération des extensions K de k de groupe de Galois Γ_0 ou Γ_1; les notations seront comme ci-dessus.

Pour $i = 0$, on a déjà dit que k_1 ne peut être que l'unique extension non ramifiée de degré 2 de $k_0 = k$, et que k_2 doit être cyclique et modérément ramifié sur k_1. Soit $q = 2^m$ le module de k_0 (nombre d'éléments du corps résiduel $\mathbf{F}_q$); celui de k_1, k_2, K sera q^2, et k_1 contiendra les racines de $x^3 = 1$; un élément premier π de k en sera un aussi pour k_1. Soit η un générateur du groupe des racines de l'unité d'ordre impair dans k_1; ce groupe est d'ordre $q^2 - 1$, et η^{q+1} engendre le groupe analogue pour k_0. Il y a trois extensions modérément ramifiées de degré 3 de k_1; ce sont les corps $k_1(y)$, où y est racine d'une des équations $y^3 = \eta^a \pi$ avec $a \equiv 0, 1$ ou 2 mod 3. Si $q \equiv 1$ mod 3, donc si k_0 contient les racines de $x^3 = 1$, on peut prendre en même temps $a \equiv 0 \bmod (q + 1)$; mais alors $\eta^a \pi$ est dans k_0, et $k_0(y)$, donc aussi $k_1(y)$, sont abéliens sur k_0, ce qui est exclu. Dans le cas présent, on doit donc avoir $q \equiv 2$ mod 3, c'est-à-dire que m est impair. Mais alors $k_1(y)$ n'est galoisien sur k_0 que pour $a = 0$. Donc on a $k_2 = k_1(\pi_2)$ avec $\pi_2 = \pi^{\frac{1}{3}}$.

26. Pour $i = 1$, on peut en tout cas prendre pour k_2 l'unique extension non ramifiée de degré 3 de $k = k_1$. Si le module de k_1 est $q = 2^m$ avec m impair, c'est là la seule extension cyclique de degré 3 de k_1; on prendra alors $\pi_2 = \pi$. Si $q = 2^m$ avec m pair, k_1 contient les racines de $x^3 = 1$ et admet trois extensions modérément ramifiées de degré 3; ce sont les corps $k_1(\pi_2)$ avec $\pi_2^3 = \eta^a \pi$, où η est de nouveau un générateur du groupe des racines de 1 d'ordre impair dans k_1, et $a = 0, 1$ ou 2. Dans tous les cas, π_2^3 est dans k_1.

27. Pour chaque i, on notera P_i l'idéal maximal (π_i) dans l'anneau des entiers de k_i; $1 + P_i$ est alors le groupe des éléments $\equiv 1$ mod. P_i dans cet anneau, et $k_i^\times$ est produit direct de $1 + P_i$, du groupe des racines de 1 d'ordre impair dans k_i et du groupe engendré par π_i. Si $\mathbf{Z}_2$ désigne comme d'habitude l'anneau des entiers dyadiques, on peut, comme on sait, considérer le groupe multiplicatif $1 + P_i$ comme $\mathbf{Z}_2$-module; si N est le plus grand entier tel que k_i contienne les racines de 1 d'ordre 2^N, ces racines forment le module de torsion du module $1 + P_i$;

16 A. Weil

on a $N=0$ si k_i est de caractéristique 2. En tout cas, $1+P_i$ est produit direct de son module de torsion et d'un module libre, dont le rang δ_i sur $\mathbf{Z}_2$ est dénombrablement infini si k_i est de caractéristique 2, et est égal au degré de k_i sur $\mathbf{Q}_2$ dans le cas contraire. Comme k_2 est de degré 3 sur k_1, le module de torsion de $1+P_2$ est le même que celui de $1+P_1$.

28. Il s'agit maintenant de construire l'extension K de k_2; on peut le faire, soit directement, soit au moyen de la théorie du corps de classes local; nous commencerons par cette dernière méthode, qui s'applique également aux cas de caractéristique 0 et 2. De ce point de vue, tout revient à construire un sous-groupe $\mathfrak{g}$ de $k_2^\times$ tel que $k_2^\times/\mathfrak{g}$ soit isomorphe à Γ_2 et que le groupe de Galois de k_2 sur k opère sur $k_2^\times/\mathfrak{g}$ conformément aux données du problème. Soit χ l'un des trois caractères non triviaux de Γ_2, si $i=1$; soit χ celui des trois qui est donné par $\chi(\gamma)=1$, si $i=0$; les deux autres sont χ^ρ, χ^{ρ^2}; on a $\chi^{1+\rho+\rho^2}=1$, et $\chi=\chi^\lambda$ si $i=0$. On est donc ramené à construire un caractère ψ d'ordre 2 de $k_2^\times$ satisfaisant à $\psi^{1+\rho+\rho^2}=1$, et à $\psi=\psi^\lambda$ pour $i=0$; K sera l'extension de k_2 correspondant à l'intersection des noyaux de $\psi, \psi^\rho, \psi^{\rho^2}$; s'il y a N caractères ψ, il y aura $N/3$ corps K pour $i=1$, et il y en aura N pour $i=0$.

La condition $\psi^{1+\rho+\rho^2}=1$ s'écrit aussi $\psi(x^{1+\rho+\rho^2})=1$ pour tout $x\in k_2^\times$, ce qui revient à dire que ψ est trivial sur l'image de $k_2^\times$ par la norme N_{k_2/k_1}; comme cette image est d'indice 3 dans $k_1^\times$ et que ψ est d'ordre 2, il revient au même de dire que ψ est trivial sur $k_1^\times$. Comme on a vu qu'en tout cas π_2^3 est dans $k_1^\times$, on a donc $\psi(\pi_2)=1$. Evidemment, ψ est trivial aussi sur le groupe des racines de 1 d'ordre impair dans $k_2^\times$. Il n'y a donc à examiner que la restriction de ψ à $1+P_2$.

29. Pour la commodité de l'écriture, on va noter additivement les modules $1+P_i$; au lieu de $1+P_i$, on écrira $\mathfrak{M}_i$, et, pour $m\in\mathfrak{M}_i$, on notera σm l'image de m par un automorphisme σ de k_i. On rappelle que le module de torsion de $\mathfrak{M}_2$ est contenu dans $\mathfrak{M}_1$.

Pour $m\in\mathfrak{M}_2$, posons $m_1=(1+\rho+\rho^2)m$; alors m_1 est dans $\mathfrak{M}_1$, et il en est de même de $\frac{1}{3}m_1$ puisque $\frac{1}{3}$ est dans $\mathbf{Z}_2$. Si on pose $m'=m-\frac{1}{3}m_1$, m' sera dans le noyau $\mathfrak{M}'$ de l'endomorphisme $1+\rho+\rho^2$ de $\mathfrak{M}_2$. On voit donc que $\mathfrak{M}_2$ est somme directe de $\mathfrak{M}_1$, sur lequel ψ est trivial, et de $\mathfrak{M}'$, qui est donc un module libre sur $\mathbf{Z}_2$, de rang $2\delta_1$ sur $\mathbf{Z}_2$. Puisque $(1+\rho+\rho^2)\mathfrak{M}'=0$, on peut même considérer $\mathfrak{M}'$ comme module de rang δ_1 sur l'anneau $\mathbf{Z}_2[\rho]$ des entiers de l'extension $\mathbf{Q}_2(\rho)$ de $\mathbf{Q}_2$ par une racine cubique de 1; $\mathbf{Q}_2(\rho)$ est l'unique extension non ramifiée de degré 2 de $\mathbf{Q}_2$. Tout caractère ψ d'ordre 2 de $\mathfrak{M}'$ satisfait évidemment à la condition $\psi^{1+\rho+\rho^2}=1$. Il y a $2^{2\delta_1}-1$ tels caractères. Donc, pour un choix donné de k_2, il y a $(2^{2\delta_1}-1)/3$ extensions K de k_2 dont le groupe de Galois sur k_1 est Γ_1.

30. Pour $i=0$, il est clair que $\mathfrak{M}_1$ et $\mathfrak{M}'$ sont invariants par λ; λ est une involution «antilinéaire» du module $\mathfrak{M}'$ sur $\mathbf{Z}_2[\rho]$, c'est-à-dire qu'elle transforme ρ en ρ^{-1}. Pour $m\in\mathfrak{M}'$, posons:

$$m_1=\tfrac{1}{3}(\lambda+1)(1-\rho)\,m, \qquad m_2=-\tfrac{1}{3}(\lambda+1)(1+2\rho)\,m.$$

On vérifie aussitôt que $m=m_1+\rho\,m_2$; de plus, si $\mathfrak{M}''$ désigne l'ensemble des $m\in\mathfrak{M}'$ qui sont invariants par λ (c'est un module sur $\mathbf{Z}_2$, mais non sur $\mathbf{Z}_2[\rho]$), on a $m_1\in\mathfrak{M}''$, $m_2\in\mathfrak{M}''$. De plus, on vérifie immédiatement que $\mathfrak{M}''\cap(\rho\,\mathfrak{M}'')=\{0\}$. Donc $\mathfrak{M}'$ est somme directe de $\mathfrak{M}''$ et de $\rho\,\mathfrak{M}''$, ou autrement dit on peut mettre tout $m\in\mathfrak{M}'$, d'une manière et d'une seule, sous la forme $m_1+\rho\,m_2$ avec m_1, m_2 dans $\mathfrak{M}''$. On a, dans ces conditions,

$$\lambda(m_1+\rho\,m_2)=(m_1-m_2)-\rho\,m_2.$$

Par suite, pour qu'un caractère ψ de $\mathfrak{M}'$ soit invariant par λ, il faut et il suffit qu'on ait, pour tout $m_2\in\mathfrak{M}''$:

$$\psi(\rho\,m_2)=\psi(-m_2)\,\psi(-\rho\,m_2),$$

ce qui, pour ψ d'ordre 2, équivaut à dire que ψ doit être trivial sur $\mathfrak{M}''$; il peut alors être choisi arbitrairement sur $\rho\,\mathfrak{M}''$. Comme $\mathfrak{M}''$ et $\rho\,\mathfrak{M}''$ sont de rang δ_1 sur $\mathbf{Z}_2$, cela revient à dire qu'il y a $2^{\delta_1}-1$ choix possibles pour ψ, donc aussi pour K, lorsqu'on s'est donné k_0, k_1, k_2 comme au n° 25.

31. Quant à la construction effective de K, nous nous contenterons d'énoncer les résultats, en commençant par le cas de caractéristique 2; dans ce cas, d'après le n° 24, toute solution K du problème admet une extension quadratique K' dont le groupe de Galois sur k est Δ_i (resp. Δ'_0).

Pour $i=1$, supposons d'abord que $k=k_1$ ne contienne pas les racines de $j^3=1$. Alors $k_2=k\,\mathbf{F}_Q$ avec $Q=q^3$, q étant toujours le module de k, et ρ est l'automorphisme de Frobenius de k_2 sur k, donné par $x^\rho=x^q$ pour $x\in\mathbf{F}_Q$. Dans ce cas, K est de la forme $K=k_2(x, x', x'')$ avec $x^2-x=a$, $x'^2-x'=a^\rho$, $x''^2-x''=a^{\rho^2}$, où a est un élément de k_2 tel que $a+a^\rho+a^{\rho^2}=0$ et que K soit de degré 4 sur k_2.

Supposons maintenant qu'on ait $i=1$ et que $k=k_1$ contienne les racines de $j^3=1$, ou bien que $i=0$; dans les deux cas on a $k_1=k(j)$. On trouve que K est de la forme $K=k(x, y)$ avec $x^3=a$, $y^4-y=x$, avec a dans $k^\times$ et tel que K soit de degré 12 sur k_1. Si on prend $K'=K(z)$ avec $z^2-z=y^3$, K' est le corps défini sur k par la trisection de la courbe elliptique $Y^2+XY=X^3+X^2+a$; son groupe de Galois sur k est Δ_1 si $i=1$ et Δ'_0 si $i=0$.

Soit maintenant k de caractéristique 0. Au n° 29, on a noté $\mathfrak{M}_i$ le module $1+P_i$, écrit additivement, et on a introduit un sous-module $\mathfrak{M}'$

18 A. Weil

de $\mathfrak{M}_2$, qui est le noyau de $1+\rho+\rho^2$. Nous noterons maintenant U' le sous-groupe de $1+P_2$ qui correspond à $\mathfrak{M}'$; c'est l'intersection de $1+P_2$ avec le noyau de la norme N_{k_2/k_1} dans $k_2^\times$. Pour $i=0$, on a aussi introduit au n° 30 un sous-module $\mathfrak{M}''$ de $\mathfrak{M}'$; on notera U'' le sous-groupe correspondant de U'; c'est le groupe des éléments de U' invariants par λ; d'après le n° 30, il s'écrit aussi $U''=U'^{1+\lambda}$.

Cela posé, pour k_1 et k_2 donnés comme aux n°^{os} $25-26$, K sera donné par $K=k_2(x^{\frac{1}{2}}, y^{\frac{1}{2}}, z^{\frac{1}{2}})$ avec $y=x^\rho$, $z=x^{\rho^2}$, $x\in U'$ si $i=1$, et $x\in U''$ si $i=0$.

32. Une fois construites les représentations de type M_i des groupes $G=W(K_{ab}/k)$, la question la plus importante qui se pose à leur sujet est la détermination de leurs conducteurs. Nous ferons dépendre ce calcul de quelques lemmes généraux sur la «distribution de Herbrand» (cf. A. Weil, *Basic Number Theory*, Chap. VIII, § 3, et App. IV).

Soit k un p-corps. Dans k_{sep}, soit k_{nr} l'extension non ramifiée maximale de k, et soit k_{mr} son extension modérément ramifiée maximale; k_{nr} et k_{mr} sont engendrés, respectivement, par les racines de toutes les équations $X^n=1$, et par celles de toutes les équations $X^n=\pi$, où π est un élément premier de k et où on prend pour n tous les entiers premiers à p. Soient $\mathfrak{G}$, $\mathfrak{G}_0$, $\mathfrak{G}_1$ les groupes de Galois de k_{sep} sur k, k_{nr}, k_{mr}, respectivement; $\mathfrak{G}_0$, $\mathfrak{G}_1$ sont aussi les W-groupes de k_{sep} sur k_{nr}, k_{mr}, et la distribution de Herbrand $\mathbf{H}$ sur G est nulle en dehors de $\mathfrak{G}_0$ (*loc. cit.* App. IV). De plus:

Lemme 1. *Sur* $\mathfrak{G}_0-\mathfrak{G}_1$, $-\mathbf{H}$ *coïncide avec la mesure de Haar* $\mathbf{H}_0$ *sur* $\mathfrak{G}_0$, *normée par* $\mathbf{H}_0(\mathfrak{G}_0)=1$.

C'est une conséquence immédiate des définitions. Par «fonctorialité» (*loc. cit.* App. IV), on en déduit une propriété analogue pour tout groupe de Galois et tout W-groupe. Soit en particulier K une extension galoisienne de k de degré fini, de groupe de Galois Γ; soit $G=W(K_{ab}/k)$. Posons $k'=K\cap k_{nr}$, $k''=K\cap k_{mr}$; soient Γ', Γ'' les sous-groupes correspondants de Γ, c'est-à-dire le groupe d'inertie et le premier groupe de ramification de K sur k. Les images réciproques de Γ', Γ'' dans G sont les groupes $G'=W(K_{ab}/k')$, $G''=W(K_{ab}/k'')$. Le sous-groupe compact maximal de G est $G_c=W(K_{ab}/k_{nr})$; c'est aussi le groupe de Galois de K_{ab} sur k_{nr}. Notons de même G'_c, G''_c les sous-groupes compacts maximaux de G', G''; comme $k'\subset k_{nr}$, on a $G_c=G'_c$; G'_c, G''_c sont respectivement des extensions de Γ' et de Γ'' par le groupe $R^\times$ des «unités» de $K^\times$. Soit alors $\mathbf{H}$ la distribution de Herbrand sur G; elle est 0 en dehors de G_c. Le lemme 1 donne alors:

Lemme 2. *Sur* $G_c-G''_c$, $-\mathbf{H}$ *coïncide avec la mesure de Haar* $\mathbf{H}_0$ *sur* G_c, *normée par* $\mathbf{H}_0(G_c)=1$.

Soit maintenant M une représentation centrale de G dans GL_r au sens du n° 6, c'est-à-dire telle que sa restriction à $H = K^\times$ soit de la forme $M|_H = \Omega \cdot 1_r$; supposons de plus que Ω ne soit pas trivial sur $R^\times$. Posons $\chi = \operatorname{tr} M$. L'ordre F du conducteur de M est donné, comme on sait, par $F = \mathbf{H}(\chi)$.

Pour tout $\sigma \in \Gamma'$, on peut prendre un représentant g_σ dans G'_c. Comme H est 0 en dehors de G'_c, on a donc:

$$F = \mathbf{H}(\chi) = \sum_{\sigma \in \Gamma'} \int_{g_\sigma R^\times} \chi(g) \, d\mathbf{H}(g) = \sum_{\sigma \in \Gamma'} \chi(g_\sigma) \int_{R^\times} \Omega(x) \, d\mathbf{H}(g_\sigma x).$$

Puisque Ω n'est pas trivial sur $R^\times$, les termes relatifs aux éléments σ de $\Gamma' - \Gamma''$ sont nuls dans cette dernière somme, en vertu du lemme 2. On a donc $F = \int_{G''} \chi \, d\mathbf{H}$. Soit $\mathbf{H}''$ la distribution de Herbrand sur $G'' = W(K_{ab}/k'')$; on sait (*loc. cit.* App. IV) qu'on a $\mathbf{H}'' = e\mathbf{H} - d\delta_1$, où δ_1 est la masse 1 concentrée en l'élément neutre, où e est l'ordre de ramification de k'' sur k, et d son «exposant différental»; on a $e = [k'':k']$ et $d = e - 1$. Par suite, avec ces hypothèses:

Lemme 3. *Soit M'' la restriction de M à G''; soit F'' l'ordre du conducteur de M'', relativement au corps de base k''. Alors $eF = F'' + r(e-1)$, avec $e = [k'':k']$.*

33. En ce qui concerne les représentations de type M_i étudiées plus haut, le lemme 3 du n° 32 ramène le calcul de leurs conducteurs à ce même calcul pour $i = 2$; dans ce lemme, on doit prendre $r = 2$, $k'' = k_2$, $M'' = M_2$, et $e = 3$ ou 1 suivant que k_2 est ramifié ou non sur le corps de base k; cela donne $F = \frac{1}{3}(F'' + 4)$ resp. $F = F''$.

Quant au type M_2, soit K_α, comme précédemment, le corps des invariants de α dans K. Toujours avec les mêmes notations, le caractère Ω de $H = K^\times$ est trivial sur le noyau $H^{\alpha - 1}$ de la norme $N_\alpha = N_{K/K_\alpha}$; donc on peut écrire $\Omega = \omega_\alpha \circ N_\alpha$, où ω_α est un caractère de $K_\alpha^\times$. Soit F_α l'ordre du conducteur de ω_α dans K_α. Si G_α est l'image réciproque dans G_2 du sous-groupe $\{\varepsilon, \alpha\}$ de Γ_2, on peut identifier $K_\alpha^\times$ avec G_α/G_α^c et par suite considérer ω_α comme représentation de G_α de degré 1. Alors, d'après le n° 10, M'' n'est autre que $[\omega_\alpha; G_\alpha \to G_2]$; on sait que l'ordre du conducteur de M'' est alors $F'' = 2F_\alpha$ si K_α est non ramifié sur k_2 (ce qui ne peut arriver pour $i = 0$ ou 1), et $F'' = F_\alpha + D$ dans le cas contraire, D étant l'exposant différental de K_α sur k_2.

34. Pour terminer, nous donnerons l'énumération des types M_1, M_0 quand le corps de base est $k = \mathbf{Q}_2$.

Quant au type M_1, le n° 29 montre que K est déterminé d'une manière unique. On doit d'abord prendre $k_2 = \mathbf{Q}_2(\eta)$ avec $\eta^7 = 1$. Soit $a = (1-8)^{\frac{1}{4}} =$

20   A. Weil

$1-\frac{1}{2}\cdot 8+\cdots$; on a $a\in\mathbf{Z}_2$ et $a\equiv 5 \bmod 8$. Si on pose $y=\eta+\eta^2+\eta^4$, on a $y^2+y+2=0$, $y=\frac{1}{2}(\pm a-1)$; on peut supposer qu'on ait choisi la racine η de $\eta^7=1$ de façon que $y=\frac{1}{2}(a-1)$. On a alors:

$$N(Y-\eta)=(Y-\eta)(Y-\eta^2)(Y-\eta^4)$$

$$=Y^3-\frac{a-1}{2}Y^2-\frac{a+1}{2}Y-1,$$

d'où résulte que $N(1+2\eta)=6-a\equiv 1 \bmod 8$. On peut donc écrire $N(1+2\eta)=x^2$, puis $x=z^3$, avec x, z dans $\mathbf{Z}_2$ et $x\equiv z\equiv 1 \bmod 4$. Par suite $z^{-2}(1+2\eta)$ est dans le sous-groupe $1+P_2$ de $k_2^\times$, et en même temps dans le noyau de la norme $N_{k_2/k}$. D'après le n° 31, on pourra donc prendre $K=k_2(\xi,\xi',\xi'')$, avec

$$\xi^2=1+2\eta, \qquad \xi'^2=1+2\eta^2, \qquad \xi''^2=1+2\eta^4,$$

et il n'y a pas d'autre corps K satisfaisant aux conditions imposées. On peut supposer les notations choisies de manière que $\eta^\rho=\eta^2$.

35. On va montrer, au moyen du critère du n° 24, que la condition (C) du n° 21 n'est pas vérifiée, et même qu'on a $f\in(K^\times)^2 J_2$.

Si K_ρ est le corps des éléments de K invariants par ρ, on a $K=K_\rho(\eta)$; donc K_ρ est totalement ramifié sur $\mathbf{Q}_2$, et un élément premier Π de K_ρ (qui en est un aussi pour K) est racine d'un polynome d'Eisenstein sur $\mathbf{Q}_2$. Réciproquement, donnons-nous un tel polynome

$$F(X)=X^4+2aX^3+2bX^2+2cX+2,$$

avec a, b, c dans $\mathbf{Z}_2$; soit Π une racine de F. On sait que F est irréductible sur $\mathbf{Q}_2$ et que Π est un élément premier de $\mathbf{Q}_2(\Pi)$; donc le groupe de Galois de F, considéré comme groupe $\mathfrak{g}$ de permutations sur Π et ses conjugués, est transitif. Si le discriminant de F est un carré dans $\mathbf{Q}_2$, $\mathfrak{g}$ est un sous-groupe de $\mathfrak{A}_4=\Gamma_1$; c'est donc Γ_1 ou bien Γ_2. Si $\mathfrak{g}=\Gamma_1$, le corps engendré par Π et ses conjugués sur $\mathbf{Q}_2$ ne peut être que K; on peut identifier $\mathbf{Q}_2(\Pi)$ avec K_ρ; les autres racines de F sont alors $\Pi^\alpha, \Pi^\beta, \Pi^\gamma$ et sont dans $K=\mathbf{Q}_2(\Pi,\eta)$. Si $\mathfrak{g}=\Gamma_2$, toutes les racines de F sont dans $\mathbf{Q}_2(\Pi)$. Soit Π' une racine de F autre que Π; on peut en tout cas écrire

$$\Pi'=\sum_1^\infty \varepsilon_i \Pi^i,$$

où les coefficients ε_i sont 0 ou 1 si Π' est dans $\mathbf{Q}_2(\Pi)$ et sont 0 ou bien de la forme η^m si Π' est dans $\mathbf{Q}_2(\Pi,\eta)$. Ecrivant $F(\Pi')=0$, on trouve successivement $\varepsilon_1=1$, $c\equiv 0 \bmod 2$, puis que ε_2 ne peut être 0 ou 1 que si $a\equiv 0$ ou $b\equiv 0 \bmod 2$. D'ailleurs, si $a\equiv b\equiv 1$ et $c\equiv 0 \bmod 2$, on vérifie que le discriminant de F est bien un carré dans $\mathbf{Z}_2$. On pourra prendre par exemple

$$F(X)=X^4-2X^3-2X^2+2.$$

Par approximations successives, on trouve alors que F admet une racine de la forme $\Pi' = \Pi + \eta\, \Pi^2 + \eta^2\, \Pi^3 + \cdots$; on peut supposer les notations choisies de manière que $\Pi^\alpha = \Pi'$. On aura alors

$$\Pi^\beta = \Pi'^{\,\rho} = \Pi + \eta^2\, \Pi^2 + \eta^4\, \Pi^3 + \cdots .$$

Cela posé, on a $N_{K_\rho/\mathbf{Q}_2}(1 - \Pi) = -1$, c'est-à-dire

$$(1 - \Pi)^{1+\alpha+\beta+\gamma} = -1.$$

D'après le n° 24, il nous suffira, pour achever la démonstration, de faire voir qu'on ne peut satisfaire à l'équation

$$(1 - \Pi)^2 = u^{\alpha-1}\, v^{\beta-1}$$

avec u, v dans $K^\times$. On peut mettre u sous la forme

$$u = \eta^m\, \Pi^a \cdot (1 + e\,\Pi)\, u',$$

avec m et a dans $\mathbf{Z}$, e égal à 0 ou bien de la forme η^n, et $u' \equiv 1 \bmod \Pi^2$. On a alors, si a est pair:

$$u^{\alpha-1} \equiv 1 + \left(e\,\eta + \frac{a}{2}\,\eta^2\right) \Pi^2 + (e\,\eta^2 + e^2\,\eta)\, \Pi^3 \bmod \Pi^4,$$

et $u^{\alpha-1} \equiv 1 + \eta\,\Pi \bmod \Pi^2$ si a est impair. On a bien entendu des formules analogues pour $v^{\beta-1}$. Il est facile alors de vérifier que même la congruence

$$(1 - \Pi)^2 \equiv u^{\alpha-1}\, v^{\beta-1} \bmod \Pi^4$$

n'a pas de solution.

36. Passons au type M_2, toujours sur le corps de base $k = \mathbf{Q}_2$. Il faut prendre alors $k_1 = k(j)$, avec $j^2 + j + 1 = 0$ (donc $j^3 = 1$), puis $k_2 = k_1(\pi)$ avec $\pi^3 = 2$; on peut supposer les notations choisies de manière que $j^\lambda = j^2$, $\pi^\lambda = \pi$, $\pi^\rho = j\pi$. D'après le n° 30, il y a trois extensions K de k_2 satisfaisant aux conditions du problème; d'après le n° 31, elles sont de la forme $k_2(x^{\frac{1}{2}}, y^{\frac{1}{2}}, z^{\frac{1}{2}})$, où $y = x^\rho$, $z = x^{\rho^2}$, $x^\lambda = x$, $x \equiv 1 \bmod \pi$, et où $xyz = 1$; on peut d'ailleurs, sans rien changer, remplacer cette dernière condition par la condition plus faible $xyz \in (k_1^\times)^2$, c'est-à-dire $xyz \equiv 1 \bmod 4$. Pour que deux éléments x, x' satisfaisant à ces conditions déterminent le même corps K, il faut et il suffit que $x^{-1} x'$ soit dans $(k_2^\times)^2$, et il suffit que $x' \equiv x \bmod 4$. On pourra donc prendre pour x un produit de facteurs distincts de la forme $1 + \pi^m$ avec $1 \le m < 6$. Tenant compte des conditions ci-dessus, on trouve, comme prévu, trois solutions

$$K_{ab} = k_2\big((x_{ab})^{\frac{1}{2}},\, (x_{ab}^\rho)^{\frac{1}{2}}\big),$$

avec $x_{ab} = (1 + \pi)^a (1 + \pi^2)^b (1 + \pi^3)^a$ et $(a, b) = (1, 0), (0, 1)$ ou $(1, 1)$.

22   A. Weil

Les corps K_{10} et K_{01} proviennent de la trisection d'une courbe elliptique; plus précisément, la trisection des courbes

$$c\,Y^2 = X^3 + 3X + 2, \quad c\,Y^2 = X^3 - 3X + 1,$$

avec $c \in \mathbf{Q}_2^\times$, détermine des extensions quadratiques, de K_{10} et de K_{01} respectivement, dont le groupe de Galois sur $\mathbf{Q}_2$ est Δ_0'. Pour obtenir des extensions dont le groupe de Galois sur $\mathbf{Q}_2$ soit Δ_0, il faut, d'après le n° 24, «tordre» celles-là par une extension quadratique non ramifiée de k_1; comme cette extension est engendrée par $(1+4j)^{\frac{1}{2}}$, il s'ensuit qu'on obtiendra les corps en question par la trisection des courbes

$$c(1+4j)\,Y^2 = X^3 + 3X + 2, \quad c(1+4j)\,Y^2 = X^3 - 3X + 1,$$

avec $c \in \mathbf{Q}_2^\times$. Quant à K_{11}, on trouve que ce corps ne peut être obtenu par la trisection d'une courbe elliptique sur $\mathbf{Q}_2$. Nous laisserons à l'ordinateur de service le soin d'examiner si K_{11} admet une extension quadratique de groupe de Galois Δ_0 sur $\mathbf{Q}_2$, c'est-à-dire s'il satisfait ou non à la condition (C) du n° 21.

37. La recherche des extensions d'un corps k dont le groupe de Galois sur k est $\mathfrak{S}_4$ ou $\mathfrak{A}_4$ n'est pas autre chose, du point de vue des algébristes du XIXe siècle, que la théorie de l'équation du 4e degré. C'est un problème pour lequel ces algébristes n'avaient que du mépris; ils faisaient porter toute leur attention sur l'équation du 5e degré et sa résolution par l'équation modulaire du 5e degré, c'est-à-dire en somme par la quintisection des courbes elliptiques.

Pourtant, même dans le cadre modeste que nous nous étions fixé, nous n'avons pas élucidé complètement toutes les question posées. Nous n'avons pu faire l'énumération des extensions qui satisfont à la condition (C) du n° 21, et nous n'avons pas obtenu de critère pour qu'une extension donnée puisse s'engendrer par la trisection d'une courbe elliptique. Comme disait Poincaré, il n'y a pas de problème résolu; il n'y a que des problèmes plus ou moins résolus.

André Weil
Institute for Advanced Study
Princeton, N.J. 08540
USA

(Reçu le 20 mai 1974)

[1975a] Review of "Leibniz in Paris 1672-1676, his growth to mathematical maturity, by Joseph E. Hofmann"

As a postscript to the foreword tells us, "On 9 November 1972 Professor Hofmann was knocked down by a motor-car while on his early morning walk; some six months later he died, two months after his 73rd birthday" Such was the sad end of this pedestrian, one of the few thoroughly reliable and scholarly writers on XVIIth century mathematics among contemporary historians of science. Thus a review of his last work must turn into a kind of obituary.

This is not the place for a full-scale biography. It will be enough to say that he was born and bred in Munich, prepared himself for a teacher's career, but took a Ph.D. in mathematics in 1927. Soon after that, while teaching from 1928 to 1939 in Bavarian secondary schools, he turned his attention to the history of mathematics. It was his good fortune to be called upon to collaborate with H. Wieleitner, the best living historian of mathematics in those days, from whom he obviously got his training. In 1931, their joint paper *Die Differenzenrechnung bei Leibniz* was published (*Sitz. -ber. Pr. Ak. d. W.* 1931, pp. 562–590); in that same year the collaboration was cut short by Wieleitner's illness and death. From 1939 onwards, Hofmann was able to devote himself wholly to his favorite subject, being for many years editor-in-chief of the monumental Academy edition of *Leibniz' Complete Works*, and lecturing at various German Universities. Thus no one was better qualified to write on Leibniz, and his preeminence in that field became widely acknowledged.

As the author tells us, this book was written in the weeks following the end of hostilities, and completed in 1946; the German edition appeared in 1949. When the English version was undertaken, "it soon became clear", says Hofmann, "that the original would require thorough revision." Actually, footnotes have been added or expanded; if one may rely upon unsystematic spotchecks, the text itself has hardly undergone any change; mysteriously, a few passages have been lost in transit (e.g. the concluding sentences of Chapter XX). In all other respects, the translation, due to two well-known Newtonian scholars, seems excellent; it preserves faithfully the lively while unpretentious style of the original, a good pedestrian style in the true sense of the word.[1] The pace is that of a

---

[1] Must we remind the reader that "pedestrian" connotes *prose*, and need not be derogatory unless it is applied to poetry?

brisk long walk through a mostly attractive countryside, interrupted only by occasional thickets. After more than twenty years, the old gentleman is revisiting his favorite haunts; he knows every path, nay, every single tree, and invites some of his new friends to follow him. Would it not be boorish to decline the invitation, and ungracious to hint that a different itinerary might have been more to our personal taste?

His aim, as described in his preface, sounds modest enough at first: "The present [book] may serve to supplement the first volume, now in the press,[2] of Leibniz' *Mathematisch-naturwissenschaftlich-technischer Briefwechsel* (in the Berlin Academy edition); this contains all texts relating to Leibniz' formative stay in Paris during 1672–76 . . . . The present monograph seeks to make known to a wider circle of readers what seems to me the essence of this textual volume . . . ." In the conclusion of the book, however, he proclaims a higher purpose: "Leibniz, enthusiastically and unreservedly gathering and absorbing all the knowledge in any way accessible to him and then forming it in a grand new synthesis into a unified whole, is the first true historian of science. From him has been borrowed the method used in the present study . . . ." It may therefore not be wholly unfair to measure his book against the lofty standards he has set himself, while at the same time describing his not inconsiderable achievements.

We begin with a remark on style. The author has a good lively prose style, as we have said; this is true above all of most of the narrative passages and of his usually successful delineation of the characters (major and minor) in his story. Not only Leibniz, Huygens, Tschirnhaus, but also Oldenburg, Pell, Collins come out alive. Only the ever enigmatic Newton remains like a huge stone sphinx in the distance, but so he must also have appeared to Leibniz, who never met him. On the other hand, since this book consists largely of an account of what those people wrote in their letters and private papers, one is surprised at first glance by the total absence of quotation marks. This is deliberate, for we read in the German preface: "My main task was to indicate briefly the views of all concerned; this I have sought to do through the systematic use of indirect discourse". Indirect discourse is a dangerous device, to be used sparingly, as every apprentice writer soon learns. Especially when Leibniz has told a story, why not let him use his own words? In 1673, he had a memorable conversation with Huygens, to which he refers repeatedly in later life. Hofmann describes it thus (p. 47):

Huygens . . . gave him a copy of the *Horologium*, talked to him about

---

[2] That volume, said to be "in the press" in May 1972, had not yet reached Princeton in April 1975.

> this latest work of his . . . and how eventually everything went back
> to Archimedes' methods for centers of gravity. Leibniz listened
> intently; at the close he felt he had to say something, but what he
> brought up was clumsy to a degree; surely a straight line drawn
> through the centroid of a plane (convex) area will always bisect the
> area, will it not? This was nearly too much; if this had been one of
> his mathematical rivals like Gregory or Newton, then Huygens
> would probably never have condoned such a remark, but what this
> innocent young German had to say one could not really take amiss;
> good-humouredly, Huygens corrected his error and advised him to
> seek out further details from Pascal, Fabri, Gregory . . . Leibniz
> procured the books named by Huygens . . . and went really deeply
> into mathematics.

This is not badly told, though some of it is mere fancy. Now listen to
Leibniz, even in a weak rendering of his Latin letter of 1680 to Tschirnhaus:

> At that time, I had hardly given a few months to the study of geom-
> etry. Huygens, having published his book on the pendulum, gave me
> a copy. At that time I was quite ignorant of Cartesian algebra and of
> the method of indivisibles [i.e. infinitesimals]; I did not even know
> the true definition of a center of gravity. In fact, happening once to
> be talking with Huygens, I thought that a straight line, drawn through
> the center of gravity, must always divide an area into two equal
> parts, and I said so; as this is obviously true of squares, circles,
> ellipses and some other figures, I imagined that it must always be so.
> Hearing this, Huygens started laughing; nothing, he told me, could
> be further from the truth. Goaded, so to say, by this incident, I started
> studying higher geometry, having not even read the *Elements* [i.e.
> Euclid] . . . Huygens, taking me to be a better geometer than I was,
> gave me Pascal to read . . .

On another occasion, Hofmann summarizes (pp. 188–194) the decisive
private notes of 1675, where $\int$ and d occur for the first time in history.
He duly observes that $\int$ replaces the earlier notation *omn* while the paper
is in progress and that the inverse operation is at first written l/d and later
changed to dl. But there is no mention of Leibniz' fascinating dialogue
with himself throughout these notes: "It will be useful to write $\int$ for
omn . . . Thus the law of homogeneity always holds, which is useful in
order to avoid mistakes in the calculations . . . This is new and remarkable
enough, since it indicates a new kind of calculus [i.e. a new algorithm];
but let us go back a bit. Given is l, x is the independent variable, one asks
for $\int l$. This is done by considering the inverse operation; that is, if

$\int l = y$, we put $y = l/d \ldots$" And further on: "Last year I set myself the question ... But we have done nothing yet; we should therefore see ..." And, after a calculation involving perhaps the very first appearance of the symbol Log for the logarithmic function: "This is a quite memorable method ..." Then again: "In order to acquire more facility in dealing with the very hard questions of that type, it will be useful to take up the following one ... But now this is not hard to solve ..." Leibniz' greatest brainchild is being born, and we are witnessing the delivery. Hofmann does say at one point that "Leibniz has to gain familiarity with his newly introduced notation", but is that quite the same as to hear Leibniz say so to himself? Even if Hofmann had merely planned to give a supplement to the original texts, could he not have preserved a little more of their flavor by a judicious use of some direct quotations?

To paraphrase Leibniz' beautiful prose can only disfigure it. On the other hand, opening the book at random, we come across paragraphs beginning with such phrases as: "In Oldenburg's letter, he tells briefly (p. 31) ... Collins further gives a survey (p. 40) ... Collins next relates that (p. 137) ... Collins begins with the observation that (p. 202) ... In his introduction Tschirnhaus says that (p. 250) ... Collins now gives a lengthy survey (p. 255) ..." Of this last exchange, we are told (p. 257) that "as an episode in the general history of mathematics the discussion ... appears as largely fruitless ... and leads nowhere; for the purposes of the Leibniz scholar, it is, however, of the greatest importance ... because it provides evidence that Leibniz learnt through Tschirnhaus nothing of any significance regarding the results reached by the English mathematicians". But the reader, by definition, is not a Leibniz scholar; Leibniz scholars do not read paraphrases of readily available texts. Of an earlier letter (of 8 pages) from Collins, we were told (p. 139) that it was "long, poorly arranged"; but we were given, in 7 pages, a paraphrase, faithfully preserving the ill arrangement of the original. Of one of the main statements in it (about Gregory's work), we read (p. 132) that "from the isolated result that was sent to him Leibniz could not draw anything at all"; nor can the reader, unless he knows a good deal more about Gregory than he can learn from this book.

More is involved here than a clumsy stylistic device. Later exchanges between Leibniz, Tschirnhaus, Huygens, the Bernoullis were conducted for the sake of the advancement of science and of communicating mathematical ideas. Not so the correspondence between the English mathematicians, on the one hand, and Leibniz and Tschirnhaus on the other; even when they did not descend to the level of Newton's anagrams, those letters were written in order to establish priorities and conceal methods. Leibniz himself, a far more open man by nature than his English corre-

spondents, once erased from a first draft[3] two passages which might have
given away his method for deriving the power series for e^x and cos x
from their differential equations. When Newton makes a show of opening
up, he is really offering a rehash of old methods which he privately regards
as largely superseded by his more recent work.

The truth is that those celebrated letters are of little value to the historian
more concerned (as he should be) with ideas than with individual results.
Scrutinizing them too closely has always been a waste of time; para-
phrasing them does not make them more interesting than they were before.
As had long been known to all unprejudiced scholars, developments on the
continent and in England after 1670 (we leave aside Scotland, since Gregory
died in 1675) were essentially independent of one another. Newton learned
nothing from Leibniz[4] and did not care. Leibniz ardently wished to be
instructed, but the one thing of value he learned was that Gregory and
Newton had been far ahead of him in the theory of power series and that
a great deal of work would still be required of him in order to catch up
with them in that field. As to "the calculus", he was never given the oppor-
tunity of learning anything from Newton. In the early stages he could have
learned a good deal from Barrow's *Lectiones geometricae*; but, by the
time he read them, he found little there that he could not do better. At
any rate he says so (while at the same time giving high praise to Barrow).
In the absence of any serious evidence to the contrary, who but the surliest
of British die-hards would choose to disbelieve him?

Perhaps the reader of this volume would have been spared a great deal
of dull material if the author, at the outset, had made up his mind whether
to write the "grand synthesis" he seemed to promise us or to appear as
the lawyer for the defense in the absurd prosecution for plagiarism
launched against Leibniz in the early years of the XVIIIth century by
Sir Isaac's sycophants and eventually by Sir Isaac himself. Even if there
could ever have been a case against Leibniz, C. I. Gerhardt's excellent
publications seemed to have closed it long ago. But we find Hofmann
constantly on the defensive: in his introduction (p. 10–11), throughout

---

[3] This is the draft of the letter of 27 August 1676 to Oldenburg, discussed on pp. 155–
156 of the German edition; regrettably, the reference to the second deleted passage
has disappeared from the English edition. Some further details can be found in I.
Newton, *Correspondence* (ed. H. W. Turnbull), vol. II, p. 74, note 19.

[4] Here we may note one of the rare lapses from our author's usually faultless scholar-
ship. In 1676, Newton writes: "Leibniz' method of series expansion is quite elegant . . .
It pleased me all the more, since I knew three such methods and should scarcely have
expected another one". The paraphrase, p. 261, reads: "He knows three ways of expanding in series and scarcely expects there to be any more". A polite though grudging
compliment is turned into a churlish rebuke.

the book (pp. 77–78, 98, 140–142, 172, 186, 210, 225, 231–233, 251, 257, 275–276, 279–280), even in his final conclusion (p. 306). Whole chapters have no other purpose. How differently Leibniz himself had proceeded when attacked! He composed his *Historia et origo calculi differentialis*, where in a few masterly pages he gives the whole history of his major discoveries in a nutshell, beginning with the famous words:

> It is most useful that the true origins of memorable inventions be known, especially of those which were conceived not by accident but by an effort of meditation. The use of this is not merely that history may give everyone his due and others be spurred by the expectation of similar praise, but also that the art of discovery may be promoted and its method become known through brilliant examples. One of the noblest inventions of our time has been a new kind of mathematical analysis, known as the differential calculus; but, while its substance has been adequately explained, its source and original motivation have not been made public. It is almost forty years now that its author invented it . . . .

When Leibniz, in the heat of controversy, attempts to assess Newton's achievements, we may not always find him as fair as one could wish, in spite of his evident efforts to be so; but, as long as he speaks of his own work, he is not only strikingly sincere but (what is more) remarkably objective. As to his veracity, apart from some insignificant lapses of memory, it has been fully vindicated by Gerhardt's publications.

Hofmann does mention (p. 294) "rich new material" on which he claims to have based his exposition and thanks to which he hopes to have "spared the reader all the detours" necessary to correct the errors of earlier writers. Truly his knowledge of the Leibniz archives is impressive; there is not a scrap of paper he has not read and excerpted. Even so, a fairly careful scrutiny has failed to reveal more than two documents of substantial value, used in this book, which could not already be found in Gerhardt. One is the draft, already mentioned, of a letter to Oldenburg; the other and the more important one (said to contain "a fully rigorous proof" of some of Leibniz' results on integration) is a manuscript of 1676, summarized by D. Mahnke in his Appendix to the 1931 paper of Wieleitner and Hofmann quoted above; for more details, we shall have to await the Academy publication. Anyway, while those documents seem to provide interesting additional touches to the picture, there is nothing in this book to suggest that they change it materially.

But now, not without some reluctance, we must mention what appears to us the cardinal defect of this book. It is true that the *dramatis personae* come out alive; but, alas, the principal character, mathematics, never does;

this is *Hamlet* without the Prince of Denmark. What was Leibniz chiefly proud of as a mathematician? The invention of the differential calculus. In his own career, the prehistory of the subject begins some time before he came to Paris, with amateurish disquisitions into what we call the calculus of finite differences. It continues, after the first contacts with Huygens, with the "arithmetical quadrature", of which more anon; this was enough to impress Huygens (a good judge, and not easy to please), but neither the result nor the method went beyond the general framework of contemporary mathematics. Calculus was born in the notes of 1675 quoted above; it was developed over a long period, extending well into Leibniz' middle age and beyond it; in 1697, for instance, he found the rule for differentiating a definite integral with respect to a parameter, surely a notable discovery. But let us quote Hofmann (p. 294):

> What has induced us to confine the story of the development of Leibniz' mathematics to his time in Paris can be stated in a few words. In those few years he conceived his decisive ideas in mathematics, and brought them to a degree of completeness which allows us to view all his later researches as their offshoots . . . The multiplicity of his new tasks [in Hannover after 1676] makes it quite impossible for him to continue his mathematical researches with the same depth or intensity as before; mathematics . . . becomes a means of mental diversion and recreation, etc.

There are other occasions, too, when we find Hofmann indulging in rhetorical flourishes of debatable value. On p. 249 we are told that Leibniz was never to succeed "in obtaining from Huygens more than his polite agreement" on the merits of the calculus. Is that a fair way of describing an extensive correspondence on this and a host of other topics, which eventually brought from Huygens, on 17 September 1693, this handsome tribute: "your wonderful calculus (*votre merveilleux calcul*) which I can now handle with moderate ease"? On p. 293 a picture is drawn of Leibniz turning into a "recluse" in Hannover ("the graveyard of his hopes and aspirations") "in consequence of the lack of concern, understanding and interest surrounding him". Even the most casual reader of Leibniz' huge correspondence would fail to recognize him there. Actually, even though his irksome official position in that most provincial of capitals was in no way commensurate with his acknowledged talents, he was widely acclaimed as one of the best minds in Europe, traveling to Italy, Berlin, Vienna, actively engaged in a multitude of projects, setting up learned journals, founding academies. A recluse indeed!

Perhaps such extravaganzas are mostly harmless; knowledgeable readers will hardly take them seriously, and one assumes that Hofmann knew better. But when one of them is made to set the tune for the whole book, this is too much.

Who would have believed that a book on Leibniz' mathematics would barely include more than half a chapter on the calculus? Such is the result of Hofmann's misguidedly confining himself to Leibniz' Paris period. Apart from a few pages of little import (pp. 244–247) on some unpublished fragments of 1676, we get no more on that subject than a rather lifeless summary (pp. 188–194) of the notes of 1675. These notes[5] do contain the germs of the calculus, but the germs only. There is nothing in them about the higher differentials and their notation, to which Leibniz attached so much importance; the celebrated formula for $d^n(xy)$ came much later. Above all, throughout these notes, no distinction is made between the notations $\int y$ and $\int y\,dx$ for the integral of y when x is the independent variable. Both are Leibniz' substitute for what had previously been expressed in words as "*summa omnium y, ad x applicatarum*" or more briefly "*summa omnium y ad x*", or again (the independent variable being understood when there is no ambiguity) "*summa omnium y*", and in symbols *omn y ad x* or simply *omn y*. At first $\int$ is introduced merely as a shorter substitute for *omn*, and Leibniz writes $\int x = x^2/2$. On the next page, he sees that there is an inverse operator to $\int$; putting $l = \int y$, he writes at first $y = l/d$, then $y = dl$, seeks rules for the operator d, and finds some. Gradually and after no little fumbling, notations like $\int y\,dy$ creep in when y is not the independent variable. But there is no hint yet of Leibniz' decisive discovery of the invariance of the differential form $y\,dx$ with respect to *all* changes of variable. To us this is an all-important fact, more so perhaps than the so-called "fundamental theorem of the calculus", about which so much ink has been spilled in vain. It comes so effortlessly out of the Leibnizian notation, and that notation has so deeply penetrated our way of thinking, that usually historians fail to take any notice of it. That Leibniz' notation was finally chosen with this fact in mind, and that this happened "not by accident but by an effort of meditation" is shown by his comments in the *Acta eruditorum* of 1686. As Leibniz came to realize, and as he pointed out in his letter of 1680 to Tschirnhaus and elsewhere, Barrow had already had an equivalent result in geometric garb; in our language, it amounts to no more and no less than the general theorem on changes of variable under the integral sign. We may never know just when this basic discovery first occurred to Leibniz; there seems to be no allusion to it before 1680. Certainly there is no trace of it in the notes of 1675, and no hint of

---

[5] They bear the title "*Analysis tetragonistica*", i.e. *integral* calculus; only later did Leibniz come to refer to his method as *differential* calculus. Surely this is a notable change of emphasis which ought to have been pointed out somewhere.

it anywhere in Hofmann. Had the world possessed no more of Leibniz' work than is described in the present volume, it would have had to wait for another Leibniz to create the calculus.

A good deal is said of Leibniz' and Tschirnhaus' algebraic investigations, which all came to nothing, at least during those years; perhaps in an indirect way they stood Leibniz in good stead when he sought systematically to integrate rational functions, but this was almost thirty years later. There are a number of "flashbacks", intended to illuminate the scene into which Leibniz was stepping as a beginner, and this is as it should be; a long chapter (pp. 63–78) is devoted to Gregory, to Sluse's *Mesolabum*, to the writings of Huygens; but Pascal's all-important *Lettres de A. Dettonville*, which opened up a whole new world for Leibniz, as we know, are disposed of in a few lines (p. 48). One chapter (pp. 101–117) treats in considerable detail the "quarrel over rectification" after telling us that "at first glance it seems only loosely connected with Leibniz' affairs"; so it seems indeed, even after a second glance, since the dispute was between Huygens and the British. What the author means by saying that "it is of the greatest significance" for his story is that it did queer the pitch for Leibniz in his dealings with the English mathematicians, who, by that time, had rightly come to regard him as Huygens' *protégé* and close friend. Such a digression might have been a fortunate one if it had provided us with a good essay on the topic of "rectification", i.e. of arc lengths, in the XVIIth century; this could have shown how the work of many of the best mathematicians of that period gradually clarified the problem, at first by a study of special cases, then in full generality with Heuraet in 1659, until the whole subject was brought to its completion by the Leibnizian $s = \int ds$, $ds = \sqrt{dx^2 + dy^2}$. Mathematicians could have found there some food for thought. But, alas, this chapter tells us more about petty quarrels than about rectification. We do get some proofs, or sketches of proofs, by Huygens, Neil, Wren, Fermat; as they are out of context, the temptation is almost irresistible to skip them. Heuraet is lengthily mentioned as a character in the quarrel, but the mathematical content of his paper (perhaps the most decisive contribution to the whole subject) is dismissed in less than two lines. As to the formula $ds = \sqrt{dx^2 + dy^2}$, Leibniz was (rightly) proud of it, as appears from his words in *Historia et origo*: "Thus formulas could now express everything which previously required a reference to figures; for $\sqrt{dx^2 + dy^2}$ was the element of arc, $y\,dx$ the element of area ...'.". It is true that this formula, just as the notation d^2x, d^3x, ... for the higher differentials, does not seem to occur in any document within the time-span covered by Hofmann; but one may also doubt whether he truly appreciated its import, since he uses it casually (or rather the equivalent

$$s = \int_0^x \sqrt{1 + (dy/dx)^2}\, dx$$

in his exposition, not only (p. 189) of Leibniz' notes of 1675 where it is merely anachronistic, but also (p. 228) of Newton's letter (to Oldenburg, but intended for Leibniz) of 13 June 1676. Had that letter been as he thus describes it, it would have provided far more damaging evidence against Leibniz, in the dispute on plagiarism, than any that Hofmann is at pains to refute in his book. Of course no such formula occurs there; Newton had indeed long been in possession of substantially equivalent results, but carefully refrains from quoting them, since he would have had to express them in terms of his "fluents" and "fluxions". What Newton does is to mention some of the power series he had derived from those results. As to the formula itself, it is no more, but also no less, than a translation into a definitive algebraic notation of Heuraet's geometric theorem, which was a relation between two curves.

The same narrow outlook mars Hofmann's treatment of "transmutation". In the XVIIth century, this word served to denote the applications of the following principle. Let A, B be two areas or other magnitudes, such as volumes, moments, etc.; assume that they can be cut up into "indivisibles", i.e. infinitely small elements a, b (rectangles at first, then also prisms, triangles, etc); if then $a=b$ up to an infinitesimal of higher order, we say that B is derived from A by transmutation, and we have $A=B$. In a somewhat cruder form, one case of this served as the foundation for Cavalieri's epoch-making book of 1635 on "indivisibles" (and, could he have known it, already for Archimedes' heuristic treatise on *The method*): "transmutation" plays an important role in the work of Pascal, Fermat, Barrow, Huygens; this enabled them to do, in a variety of special cases, what we should do, and what Leibniz soon did, by changes of variable and integration by parts. Reading Pascal in 1673, Leibniz conceived a new variant of this method and applied it with brilliant success to several problems, including what he called the "arithmetical quadrature of the circle"; by this, he meant the power-series for arc tan x, and its celebrated special case, the series $1-(\tfrac{1}{3})+(\tfrac{1}{5})-\cdots$ for $\pi/4$. This was at the time a notable advance over Mercator's "quadrature of the hyperbola", i.e. the power series for $\log(1+x)$; but it was still quite in the geometric spirit of Leibniz' great predecessors. Always on the look-out for underlying general ideas, he soon conceived a remarkably broad formulation of the transmutation principle, which he described eventually in his answer of 1676 to Newton; regrettably, this is barely hinted at in a few lines (p. 235) in Hofmann's paraphrase of that letter. By that time

Leibniz had ceased to attach any great value to it, whatever he may have pretended in serving it as a kind of warmed up dish to the English mathematicians. He was already in possession of the first elements of the calculus; but Newton was not disclosing his secrets, and Leibniz saw no reason for being more open. He merely staked his claim in the final words of the letter, with a noble conclusion which we will quote in full: "In connection with centers of gravity, I have discovered a singular approach to altogether new considerations which promise to be of great use in geometry as well as mechanics. When (God willing) I shall have brought these to their conclusion, my task will be to devote the rest of my life (or as much of it as it will be permitted to me to spend on philosophical meditations) to the investigation of Nature."

That is the story of the Leibnizian transmutation. In his *Historia et origo*, he explains how he soon desisted from this line of investigation "after discovering that it had been developed, not only by Huygens, Wallis, Wren, Heuraet and Neil, but also by Gregory and Barrow"; "nevertheless", he says, "it did not seem useless to describe it, in order to make clear by what gradual steps access was gained to bigger things". A moment later, when he comes to the "arithmetical quadrature", he begins by explaining it in its original geometric form, but soon, as we might do ourselves, drops into the language and notation of the calculus. At any rate he does not fall into Hofmann's mistake of mixing up inextricably one notation with the other; nor does he try (as Hofmann does) to create the impression that his use of transmutation was essentially different from the use others had made of it before him. As he says, he could well have derived some of his inspiration from Barrow, had he read him at the right moment; there is no point in disputing this fact. He could have; but he says he did not; so he did not, and that is all. As to the arithmetical quadrature, and particularly the series for $\pi/4$, this was new indeed; Huygens congratulated him, saying that this was "une propriété du cercle très remarquable, ce qui sera célèbre à jamais parmi les géomètres". But the bigger things were yet to come.

Another serious disappointment is in store for the reader, especially if he knows of Hofmann's early collaboration with Wieleitner on Leibniz' calculus of finite differences. In the *Historia et origo* and elsewhere, Leibniz never tires of explaining how finite differences were at the source of his calculus. The analogies between the two topics, or rather (in view of his way of looking at them) their substantial identity, appear to have been at all times at the very center of his thoughts on this subject. In one case the differences are finite, while in the other they are infinitely small; more precisely, the differences of each order are so with respect to those of lower order. The Bernoullis and Euler did not view the matter differently. In a different context, those same analogies also played a role in English mathematics; the possibility of some cross-fertilization at a later stage cannot be excluded. In view of Hofmann's previous work, one expected this theme to be displayed prominently in his book; but it is nowhere mentioned. There is only the most casual reference to finite differences in Chapter I, where it leads up to Leibniz' early (and not particularly deep) work on series. There is not a word (if we are not mistaken) to suggest that there is a connection between this and the differential calculus.

Where then is the grand synthesis? The grand synthesis remains Leibniz' own *Historia et origo*. If an ampler one is ever to be written, it will require deeper mathematical insight than is displayed in the present volume, and it will have to deal with a far broader segment of Leibniz' mathematical career; we have given some examples to show how severely our author has been hampered by his self-imposed limitation to the Paris period, and we could easily have adduced some more.

Nevertheless, this book is not only a labor of love, but also a solid contribution, honestly written, generally reliable and thoroughly documented, to a fascinating subject. If it fails to capture (as the author had hoped) the essence of the original texts to be included in the Academy volume, it will provide for the novice a useful companion to that volume. Many readers, only too ready to skip mathematical passages, can find here the characters and atmosphere of an exciting moment in the history of science. If this sounds like faint praise, let the reader reflect how few are the books nowadays that would deserve it.

As to the presentation, the German edition was a well-printed but unassuming small volume of 252 pages brought out in conformity with the austerity standards of the early post-war years in Germany. Somehow one was reminded of the distressing circumstances under which the book had been written; this had an endearing effect of its own. The English translation makes its proud appearance as a fine volume of 372 pages; the enlarged size is due in part to the added footnotes, but chiefly to the more generous style of printing. The presentation and typography are what one has come to expect of the Cambridge University Press; need one say more? But . . . .

But the price is $23.50. No doubt, inflation must take its toll. Still, at such a price, one cannot avoid the question: to whom should one recommend buying the book? Libraries, of course. Leibniz scholars; but surely most of them already own the German edition and may well find that the added footnotes hardly justify the expense; for the others, the book provides, in a convenient arrangement, many details not easily assembled otherwise, and excellent indices, of great value as long as the Academy volume is not yet out. Those who are looking primarily for a history of major mathematical ideas will find little here to whet their appetite and less to satisfy it. Many others can read it with pleasure and profit, skipping what deserves to be skipped, and (we fear) maybe more. Most of them, perhaps, will choose to wait for the book to reappear as a *Penguin*, with much of the mathematics, some of the ballast and all the indices lifted out. When that happens, one may hope that it will have a wider audience.

A. Weil

[1975b] Introduction to *Collected Papers* by E.E. Kummer

Note. In Kummer's days, French was gradually replacing Latin as the international scientific language, and Kummer used both in his early publications, concurrently with German; eventually he wrote for *Liouville's Journal* an important expository paper in French [39], which, it must be confessed, had no perceptible effect on French mathematics. For much the same reasons, this Introduction has been written in English at the request of the publisher, in the hope that it may help to make Kummer's work more attractive to the international mathematical public of to-day.

The letters *L* and *F* refer respectively to E. Lampe's biographical notice (*Jahresbericht der deutschen Mathematiker-Vereinigung* 3 (1892–93), 13–21 = this vol., pp. 15–23) and to the *Festschrift* published in 1910 by K. Hensel (this vol., pp. 33–133). Numbers in square brackets refer to the bibliography appended to L (this vol., pp. 23–30); a reference such as [40; 120] designates paper [40], page 120 *of the original pagination* (not the pagination of this volume); similarly, [F; 46] refers to page 46 of the original pagination of the *Festschrift*.

The great number-theorists of the last century are a small and select group of men. The names of Gauss, Jacobi, Dirichlet, Kummer, Hermite, Eisenstein, Kronecker, Dedekind, Minkowski, Hilbert spring to mind at once. To these one may add a few more, such as the universal Cauchy, H. Smith, H. Weber, Frobenius, Hurwitz. Some of them were solely or chiefly number-theorists, while the work of others extends over a wide range of mathematical subjects. Most of them were no sooner dead than the publication of their collected papers was undertaken and in due course brought to completion. To this there are two notable exceptions: Kummer and Eisenstein. Did one die too young and the other live too long? Were there other reasons for this neglect, more personal and idiosyncratic perhaps than scientific? Hilbert dominated German mathematics for many years after Kummer's death. More than half of his famous *Zahlbericht* (viz., parts IV and V) is little more than an account of Kummer's number-theoretical work, with inessential improvements; but his lack of sympathy for his predecessor's mathematical style, and more specifically for his brilliant use of p-adic analysis, shows clearly through many of the somewhat grudging references to Kummer in that volume. Minkowski might at least have promoted the publication of Eisenstein, to which he refers in his correspondence; but he, too, died rather young.

It must now be a matter of high gratification to mathematicians, and particularly to all number-theorists, that the Springer-Verlag plans to fill this gap on our shelves and is printing the complete works of Kummer. Wisely they have decided to begin with Kummer's number-theory, which occupies the present volume.

It is not necessary here to add anything to Lampe's brief but excellent biographical note [L], nor to the extensive biography [F; 1–37] composed in 1910 by Kummer's pupil Hensel for the centenary of his teacher's birth. The latter is fittingly supplemented by some delightful letters from Kummer to his mother [F; 41–46], and, more valuable still, by his letters to Kronecker [F; 46–102], where we can follow, sometimes almost day by day, his progress in number-theory.

Introduction

As will be apparent from the above sources and from Lampe's bibliography, Kummer's mathematical career is made up of three distinct segments, with little overlap. Until the age of thirty-two, he concerned himself almost exclusively, and with notable success, with problems in what was then known as "function-theory". His papers deal with specific series and definite integrals, differential equations and series expansions; the most famous one (and deservedly so) treats the theory of the hypergeometric series as thoroughly as could be done before Riemann, i.e. without analytic continuation in the complex plane; actually, as Kronecker pointed out [L; 16], he left little for Riemann to do in this topic in the way of concrete results. All these papers show, not only an extraordinary skill in the handling of formulas, but a no less impressive sureness of instinct in following the right track in a maze of analytic transformations. It is possible that even now some new insights could be gained by a reconsideration of some of this work, e.g. the relations he finds between the hypergeometric series, elliptic integrals and the gamma-function. However that may be, it may safely be assumed that the experience he had thus gained stood him in good stead for his work on number-theory, to which we now turn.

During his first period, he had first of all been a brilliant student in Halle, then a teacher in his native town of Sorau; then (with an interruption of one year for his military service as a musketeer) a teacher in the Gymnasium in Liegnitz, where eventually Kronecker became his pupil. A short paper [8] on Fermat's equation, written in 1835, is the only indication, during those years, of a budding interest in number-theory. He took up this subject in earnest in 1842, when his appointment as a professor in Breslau appeared certain [F; 46]; to it he was to dedicate almost wholly the next seventeen years of his life, and in the work of those seventeen years lies his main claim to fame, even though his third and last period, from 1859 onwards, also produced some memorable results; most notable perhaps was the discovery of the family of surfaces (quartics with sixteen double points in P^3) which are still known as "Kummer's surfaces".

In 1842, his first footsteps in the arithmetical field, while hardly timid, are still rather uncertain [F; 46−52]. In the theory of λ-th roots of unity (where λ is any odd prime), Gauss had introduced the cyclotomic "periods" of order e:

$$\eta_i = \sum_j \alpha^{\gamma^{i+ej}}$$

where α is a primitive root of $\alpha\lambda = 1$, e is any divisor of $\lambda - 1$, γ is a "primitive root modulo λ" (i.e. a generator of the multiplicative group $F_\lambda^\times$ of the prime field $F_\lambda = Z/\lambda Z$) and where one takes $0 \leqq i < e$, $0 \leqq j < (\lambda - 1)/e$ (the notations are not Gauss's, but they are those invariably followed by Kummer from 1844 onwards). In 1805, Lagrange, using an old idea of his, improved upon this by introducing the "Lagrange resolvents"

$$g = \sum_i \eta_i \zeta^i ,$$

where ζ is any e-th root of unity. Actually they occur also in Gauss's early work, but Gauss steadfastly refused to acknowledge their superiority, probably because they involve the "extraneous" irrationality ζ. In modern parlance, they have become known as the "Gaussian sums" belonging to the prime field F_λ, and it will be convenient for us to use that name for them from now on.

Introduction

In the case $e = 2$, $\zeta = -1$, these "Gaussians sums" involve no extraneous irrationality, and they occur very prominently in Gauss under the guise

$$\sum_{n=0}^{\lambda-1} \alpha^{n^2} = 1 + 2\eta_0 = \eta_0 - \eta_1 = g \, .$$

In this case, Gauss, after showing that $g^2 = \pm \lambda$, had solved the far more difficult problem of determining the sign of g and had shown the importance of this result for the theory of quadratic residues. Gauss had also obtained results for the "periods" of order 3; these are more conveniently expressed in terms of the "Gaussian sum" g and imply that, for $\lambda \equiv 1$ (mod 3), $g^3 = -\lambda\varrho$, where ϱ is a prime factor of λ in the field $Q(\zeta)$ of a cubic root ζ of 1, further determined by $\varrho \equiv 1$ (mod 3); in particular, we have $|g|^2 = \lambda$. It thus seemed natural to take such periods (or sums) as a starting point for the investigation of cubic residues, and no less natural to expect that the key to the problem would be found in the determination of the argument of the Gaussian sums. This, in effect, is what Kummer attempted in 1842 ([16], [17]). Needless to say, he did not succeed; not only is the determination of the argument of the Gaussian sums (even in the case of order 3) a still unsolved question, but few mathematicians would expect that any answer can be given to it, other than statistical. But Kummer was not wasting his time; apart from providing him with enough material to fulfil the rather modest requirements of a "Habilitationsschrift" for Breslau University [17], this episode equipped him with valuable experience for the major tasks he was soon to undertake.

Another episode, not so well documented, must have been more painful. Without proper equipment, he attacked Fermat's last theorem, stating the impossibility of $x^n + y^n = z^n$ in (non-zero) integers. We know, from Gauss's private papers (cf. *Werke*, vol. II, p. 387–391) and his correspondence, that he had taken some interest in this problem; he saw that the key to it must lie in the theory of cyclotomic fields, worked out a proof for $n = 3$ which included the impossibility in the field of cubic roots of unity, and sought to extend this to $n = 5$. Legendre and Dirichlet dealt with some further cases. Some time in the early forties (cf. [F; 22]), Kummer submitted what purported to be a full solution to Dirichlet, who at once objected that it assumed the unique decomposition of integers into irreducible factors in the cyclotomic field, an unproved assumption about which he had serious doubts.[1]

This might have proved a crushing blow to a less determined young man. Indeed we get some inkling of his feelings in a passage of his very next paper ([20a; 202]: "*Maxime dolendum videtur . . .*"); "it is greatly to be lamented, he writes, that this virtue of the real numbers" (i.e. of the rational integers), "to be decomposable into prime factors, always the same ones for a given number, does not also belong to the complex numbers" (i.e. to the integers in cyclotomic fields); "were this the case, the whole theory, which is still laboring under such difficulties, could easily be brought to its conclusion. For this reason the complex numbers we have been considering seem imperfect, and one may well ask whether one ought not to look for another kind which would preserve the analogy with the real numbers with respect to such

---

[1] Eisenstein seems to allude ironically to this in his letter of 1844 to M. A. Stern (Abh. z. Gesch. d. math. Wiss. VI (1895) p. 173).

Introduction

a fundamental property. Nevertheless, the complex numbers generated by the roots of unity and the real integers are not arbitrarily made up . . .".

But, instead of being crushed, Kummer saw the need for properly laying the foundations of the theory of cyclotomic fields, and this is the object of the paper we have just quoted ([20a]; cf. also [F; 53−63]) and of the next ones.[2]

With impressive insight, he begins by seeing that there is at least one case where one can expect an integer in the cyclotomic field $Q(a)$ to behave like a "true" prime; it is the case when its norm is a rational prime p. Here, as always, a is a primitive λ-th root of unity, λ being an odd rational prime; by an integer ("a complex number" in Kummer's language) we understand an element of the ring $Z[a]$; we note once for all that neither Dirichlet nor Kummer ever had the general concept of an algebraic integer (to be discovered later by Kronecker and Dedekind), so that it was a lucky accident for Kummer that $Z[a]$ happens to be the ring of all integers of $Q(a)$. Now he takes up the systematic investigation of the norm of integers in $Q(a)$; writing such an integer as $f(a)$, where f is a polynomial over Z, he shows that $Nf(a)$ is a multiple of λ if $f(1) \equiv 0$ (mod. λ), and otherwise is $\equiv 1$ mod. λ. He makes a preliminary investigation of the units, showing that every unit is of the form $a^k \varepsilon$ where ε is in the real subfield of $Q(a)$, but referring to Dirichlet's and Kronecker's forthcoming work for deeper results (the reference is here to Dirichlet's famous work on units, and to Kronecker's thesis, none of which had yet appeared in print). He then proceeds to study the case $p = Nf(a)$, where p is a rational prime other than λ, which of course must then be $\equiv 1$ mod. λ. If we put $\pi = f(a)$, then, in our language, (π) is a prime ideal of degree 1. This is indeed what Kummer proves in the following form ("theorema insigne", [20a; 197]): every integer in $Z[a]$ is congruent to some rational integer modulo π. Also, for this case, he determines, in terms of π and its conjugates, the prime factor decomposition of the Gaussian sums for Fp.

"Unfortunately" (as Kummer says), not every prime $p \equiv 1$ mod. λ is a norm in $Z[a]$, and he is able (using Gauss's theory of quadratic forms) to give examples of this fact, for $\lambda = 23$. What happens next, i.e. when p is not a norm? and what happens when p is not $\equiv 1$ mod. λ? The latter questions is taken up in [23] (cf. [F; 57−63]). A first answer is supplied by the concept, due chiefly to Euler, of the "prime divisors of a form"; a prime p is called a divisor of a "form" F (i.e. a polynomial, not necessarily homogeneous, in one or more variables) if $F(x) \equiv 0$ mod. p has non-trivial solutions; for instance p is a divisor of $x^n - ay^n$ if and only if a is an n-th power residue modulo p. It is now clear (and it was already known to Euler) that p is a divisor of $x^{\lambda-1} + x^{\lambda-2} + \ldots + x + 1$ if and only if $p = \lambda$ or λ divides $p-1$. Similarly, if the η_i, for $0 \leq i < e$, are the "periods" of order e, Kummer finds that, except possibly for finitely many primes, the prime divisors of the "form" $\Pi_i(y - \eta_i)$ are precisely those

---

[2] For the chronology of Kummer's discoveries, it is important to correct a misprint in *Crelle's Journal* and an error in Lampe's bibliography [L; 23−24]. Kummer's first publication on the "ideal complex numbers" was the note in the *Monatsberichte* for 1846, pp. 87−96, reproducing a communication made to the Berlin Academy on 26 March 1846. This was reprinted in *Crelle's Journal*, vol. 35 (1846), p. 319−326, with a reference to the *Monatsberichte* of "March 1845" (obviously a misprint). Failing to notice this, Lampe listed it twice (erroneously for 1845, as [21], then correctly for 1846, as [22]); moreover, he further confused this with a later communication [33] to the Academy, and listed the same paper again for 1850 as [32].

4

Introduction

which are e-th power residues modulo λ. Results of the same kind are also obtained for the "very remarkable" form:

$$F(z) = N(\sum_i z_i \eta_i)\,,$$

where the norm is taken from $Q(\eta_0)$ to Q. The proof rests essentially on the construction of a homomorphism of the ring $Z[\eta_0, \ldots, \eta_{e-1}]$ onto the prime field F_p when such a homomorphism exists, i.e. when p decomposes in $Q(\eta_0)$ into prime ideals of degree 1.

And now comes the decisive and triumphant letter of 18 October 1845 ([F; 64–67]; cf. [21]) where Kummer, "chiefly in order to achieve clarity in his own thought", describes to Kronecker the giant step he has just taken. No longer need one deplore the lamentable behavior of complex numbers [21; 323]; mathematicians should imitate the boldness of the chemists, who have no misgivings about introducing elements such as fluor, even though they know they cannot isolate them ([F; 68]; cf. [27; 360]). The irreducible factors which make up the "complex numbers" need not be "existing" ones ("wirklich"); we may not be able to isolate them as numbers, but they are there all the same. They are the "ideal prime factors".

To appreciate the boldness of this step, one must realize that such men as Gauss, Dirichlet and Eisenstein had shied away from it. We know now that Gauss's theory of the composition of quadratic forms is essentially a theory of the ideals in quadratic fields; as Dirichlet told Kummer [F; 68], Gauss had had some inkling of this, but had been unable to put this idea into shape. Both Dirichlet and Eisenstein had obtained many fundamental results which properly concern the group of ideal-classes in cyclotomic fields; but they had, somewhat unhappily, come to the conclusion that this must be couched in the language of "decomposable forms", i.e. homogeneous forms of degree n in n variables, with rational coefficients, which decompose into products of n linear forms over some cyclotomic field. As we know from Kummer himself [34; 93], Dirichlet, using this rather unsuitable language, had even completed what amounted to the determination of the class-number for cyclotomic fields. Now Kummer had changed all that.

As happens so frequently in mathematics, this was achieved by inverting the procedure which Kummer had followed at first. He had found, firstly, that, if $p \equiv 1$ mod. λ, a prime factor π of p in $Z[\alpha]$, if one exists, determines a homomorphism φ of $Z[\alpha]$ onto F_p, and that $\varphi(\xi)$ is 0 if and only if ξ is a multiple of π in $Z[\alpha]$. He had then found that, again for $p \equiv 1$ mod. λ, such homomorphisms do exist, even if π does not. But who cares about π? *The homomorphism is the prime.* Call it $\mathfrak{p}$; then we know what it means to say that ξ is a multiple of $\mathfrak{p}$; it means that $\varphi(\xi)$ is 0, and this is all we want to know.

Here we have been going too fast; it is not quite all we want to know. Firstly we want to know also the prime factors of primes p which are not $\equiv 1$ mod. λ; this is where we need the periods. Secondly we want to know, not only whether ξ is a multiple of $\mathfrak{p}$, but also, for every n, whether it is a multiple of $\mathfrak{p}^n$. In other words, Kummer constructs explicitly all the valuations of the field $Q(\alpha)$; of course he cannot do this without at the same time obtaining the laws of decomposition of the rational primes in that field, and it is lucky for him that he is dealing with a field where those laws can be described explicitly. The results, as stated in his letter of 18 October 1845,

Introduction

are almost complete; he only makes an exception for those rational primes p, necessarily in finite number, which belong to an exponent $f = (\lambda-1)/e$ modulo λ (this means that p^f, but no lower power of p, is $\equiv 1$ mod. λ), but are not prime to the norm of $\eta_0 - \eta_1$. This last case, for a long time, gave him trouble; in fact, it is only quite late, in 1856 [46] that he gives a full and correct treatment, virtually acknowledging the gap in his earlier proof as given in [27] and in [39]. Let those of us who have never been guilty of a more serious error cast the first stone.

Now, for perhaps a year, Kummer is "idle" (cf. [F; 75]); he amuses himself with a diophantine problem [30], with the gamma function [25], with some geometry [26], with a review of Jacobi's Works [29]. But this is not the shy young man of 1842, respectfully seeking Dirichlet's advice through Kronecker. He has become Dirichlet's "sworn brother" [F; 69]; Dirichlet and Jacobi treat him as their equal. He is now conscious of his strength. In 1847 he takes up again his "old equation" $x^\lambda + y^\lambda = z^\lambda$; in a few weeks [F; 75–80] he constructs a proof, resting upon two assumptions concerning the class-number and the units, assumptions which he knows to be true for some low values of λ (at any rate $\lambda = 3, 5, 7$), and which he expects to be true for "most" primes λ, if not for all. Actually these are the so-called "regular" primes, and even now we are not sure that there are infinitely many of them; but, after such a step forward, Kummer was entitled to some optimism. Now he sees the need for more precise results on the class-number. He knew, of course, that in substance Dirichlet had already solved the problem in a different language, and for a while he kept waiting for Dirichlet to publish his solution. Obviously Dirichlet, perceiving the superiority of the language of ideals, preferred to step aside and told Kummer to go ahead. The results appear only in 1850 [34], but they must have been in Kummer's possession in 1847 or earlier, since otherwise he could not have perceived the connection between the class-number and the Bernoulli numbers [F; 80], suspected by him since 1846 [F; 69].

But this is only the beginning; from 1847 onwards, the flow of Kummer's ideas, as he communicates them to Kronecker, becomes so torrential that the biographer has trouble keeping pace with it. Methods of p-adic analysis, Bernoulli numbers, Gaussian sums, repeated attacks on the higher laws of reciprocity (his "arch-enemy", he says in 1848; cf. [F; 82]), the so-called "Theorem 90" of Hilbert's *Zahlbericht*, all this hits us in quick succession and leaves us breathless. Instead, we will try to analyze his major themes as they appear in his publications of the fifties ([33] to [60]).

What strikes us first (and what, incidentally, appears to have been most distasteful to Hilbert) is the gradual appearance of powerful methods of p-adic analysis. Of course he never introduced the concept of p-adic fields; the credit for this goes to his pupil, or rather his pupil's pupil Hensel.[3] Perhaps this concept could only occur to someone like Hensel, who had also been Weierstrass's pupil and who was familiar, not only with Cantor's definition of the real numbers, but with the ideas of Dedekind and

---

[3] The genealogy of p-adics is clearly marked and is worth noting here. Kronecker was Kummer's pupil in the Gymnasium at Liegnitz and remained his lifelong admirer and friend (cf. his touching letter of 1881 to Kummer, [F; 102–103]); his thesis of 1845, on the units of cyclotomic fields, seems clearly inspired by Kummer. Hensel was Kronecker's student, and through him came close to Kummer (cf. [F; 1–2]). Hasse, who perhaps did more than anyone else to establish p-adics firmly as an important branch of mathematics, was Hensel's student and wrote his thesis under Hensel in Marburg.

Introduction

Weber on the analogies between number-fields and function-fields. But Kummer did not really miss the concept. He gradually came to realize that there are formal power-series (such as the logarithmic and exponential series) whose partial sums can be used to define a number modulo p^n for arbitrarily high values of n (cf. [40; 130], where Kummer indicates that also Eisenstein had independently made some use of p-adic series). This, coupled with the fact that very soon he felt quite free, in his p-adic calculations, to write fractions whose denominators are prime to p, gave him a fully adequate substitute for what we would rather couch in the language of p-adic fields. Even better, he does not even miss the fact that Z_p contains the roots of unity of order $p - 1$; we would prove this by observing that, for every integer a prime to p, the sequence a^{p^n} converges p-adically towards such a root. Instead of that, Kummer simply writes a^{p^n} when he is calculating modulo p^{n+1}. For instance, take the Gaussian sum

$$g = \sum_{i=1}^{\lambda-1} \beta^i \alpha^{\gamma^i},$$

where, as always, λ is an odd prime, α is a primitive root of $\alpha^\lambda = 1$, γ is a primitive root modulo λ in Z, and β is a root of $\beta^{\lambda-1} = 1$; we know that this is an integer in the local field $Q_\lambda(\alpha)$, but Kummer, in order to be able to work modulo λ^{n+1} in $Z[\alpha]$, simply substitutes for g the sum

$$g_k = \sum_{i=1}^{\lambda-1} \gamma^{-ik\lambda^n} \alpha^{\gamma^i} \quad (1 \leqq k < \lambda - 1),$$

this being, as he says, "fully analogous" to g [40; 132]. The use of the λ-adic field would bring more elegance but would not affect the substance of Kummer's treatment.

Kummer's initial motivation for "p-adics" seems to have come from Fermat's theorem (see [24], [35]; cf. also [F; 75–81]). For his proof of that theorem, there were two prerequisites: (A) with λ, α as before, the class-number h for the field $K = Q(\alpha)$ should be prime to λ; (B) every unit in K which is $\equiv c$ mod. λ, with $c \in Z$, should be a λ-th power in K. As to (A), it can be subdivided into two parts, since h is in a natural way the product of two factors h_1, h_2, and we can write (A_1), (A_2) for the conditions $h_1 \not\equiv 0$ (mod. λ), $h_2 \not\equiv 0$ (mod. λ), respectively. Here the "first factor" h_1 is an explicit product of elementary factors, each of which takes its values in the field generated over Q by the roots of unity of order $\lambda - 1$; as we have seen above, they can be embedded in the λ-adic field Q_λ. On the other hand, the "second factor" h_2 is no other than the class-number of the real subfield K_0 of K, and Kummer showed that it can also be expressed as the index, within the group of all the units in K, of the group of the "cyclotomic units", i.e. the group generated by the units of the form $\pm \alpha^i$, $(1 - \alpha^i)/(1 - \alpha)$. As to (A_1), Kummer found that it is equivalent to his famous condition (known as the "regularity condition" for λ): (R) λ must not divide any of the Bernoulli numbers B_n for $1 \leqq n \leqq (\lambda - 3)/2$. The calculation may conveniently be carried out in Q_λ, but it can also be presented in a purely elementary manner, because of the fact that the field of $(\lambda - 1)$-th roots of unity is unramified at λ, and it is so presented by Kummer. On the other hand, when it comes to (A_2) and (B), one has in effect to work in $Q(\alpha)$ at the "place" $(1 - \alpha)$ (since $(1 - \alpha)$ is the unique prime dividing λ in that field): in other words, one has to work in $Q_\lambda(\alpha)$, which is

Introduction

ramified (more precisely, it is "tamely ramified") over Q_λ. Actually, if we express in modern language what Kummer does at this point, it is neither more nor less than to show that (R) is equivalent to the following: (R') the λ-adic regulator of the group of cyclotomic units is $\not\equiv 0$ (mod. λ) ([34]; cf. [40]). At this point, λ-adic methods become essential; if one compares, say, [40] with [34], one can see how the use of such methods, experimental and fumbling at first, is gradually forged by Kummer into a powerful instrument for arithmetical research. It is impressive, in fact, to see how in [40] Kummer develops methods for obtaining results modulo λ^{n+1} for arbitrarily high values of n, even though, as he remarks [40; 134] the applications he has in mind hardly ever go beyond $n=0$ and 1. Even the case $n=1$ seems to occur only once [48; 46] in connection with a successful effort to extend the proof of Fermat's theorem at least to some irregular primes, after Kummer had given up the hope of obtaining a general proof and thereby winning 3000 francs.[4] What interests us here is less the additional benefit in extending the validity of Fermat's theorem (even Kummer seems to have attached little value to this) than the concrete example provided by Kummer for the main theorems of classfield theory; we are dealing here with a case where the class-number is a multiple of λ but not of λ^2, so that $Q(a)$ has exactly one unramified cyclic extension of degree λ; in effect, Kummer provides it for us, in the form $Q(a, e^{1/\lambda})$, where e is a suitably defined cyclotomic unit.

Except for this solitary foray into uncharted territory, Kummer always restricted his field of investigation to the "regular case" where λ does not divide the class-number h of $Q(a)$. Very soon Kronecker, and later Hilbert, were to become fascinated by the unramified abelian extensions of number-fields and their magical virtue of converting ideals into numbers; not so Kummer, who, while always dealing (explicitly or implicitly) with cyclic extensions of $Q(a)$ of degree λ, seems to have regarded the "irregular case" as a more or less pathological nuisance. This led him first to conjecture [33] and then ([50], [52], [60]) to prove the reciprocity law in a peculiar form which must be explained now.

With λ and a as before, take in $Q(a)$ a prime ideal $\mathfrak{p}$ prime to λ and an integer μ prime to $\mathfrak{p}$. Put $q = N\mathfrak{p}$; this is $\equiv 1$ (mod. λ), and we may put $q - 1 = \lambda n$. Then one writes $(\frac{\mu}{\mathfrak{p}})$ or $(\mu/\mathfrak{p})$ for the power a^m of a which is $\equiv \mu^n$(mod. $\mathfrak{p}$). For any ideal $\mathfrak{a}$ prime to μ, one defines then the symbol $(\mu/\mathfrak{a})$ by prescribing that it is to be multiplicative in $\mathfrak{a}$, i.e. that $(\mu/\mathfrak{ab}) = (\mu/\mathfrak{a}) \cdot (\mu/\mathfrak{b})$. In introducing this symbol, Kummer and Eisenstein were of course only following in the footsteps of Gauss and Jacobi.

What is peculiar to Kummer is that now, concentrating his attention on the regular case, he introduces symbols $(\mathfrak{m}/\mathfrak{p})$, $(\mathfrak{m}/\mathfrak{a})$, where $\mathfrak{m}$ is an ideal; he does this as follows (cf. e.g. [33]). Since h is the class-number, $\mathfrak{m}^h$ is a principal ideal (μ), where μ is determined only up to a unit. Let us determine μ further by some suitable congruence condition, so that then it is uniquely determined up to the λ-th power of a unit; then $(\mu/\mathfrak{a})$ is well-determined, and, since h is prime to λ, there is a well-determined power a^m of a such that $(a^m)^h = (\mu/\mathfrak{a})$. This, by definition, is $(\mathfrak{m}/\mathfrak{a})$. As to the condition to be imposed on μ, when μ is prime to λ, it is given by $\mu \equiv b$ (mod. $(1-a)^2$), $\mu\bar{\mu} \equiv c$ (mod. λ), where b, c are rational integers; then μ is called *primary*. Of course it has

---

[4] Goldfrancs, of course; cf. [F; 84] and [F; 88]. He did get them, nevertheless; cf. [L; 17, footnote].

Introduction

to be shown that this does determine μ, and that it determines it uniquely up to the λ-th power of a unit; this is so in the regular case (but not otherwise), as Kummer shows by the use of λ-adic methods. Thus his symbol is well-defined, and his procedure is fully justified in his eyes by the simple form taken by the reciprocity law: $(\mathfrak{p}/\mathfrak{p}') = (\mathfrak{p}'/\mathfrak{p})$ for any two distinct primes $\mathfrak{p}$, $\mathfrak{p}'$, other than $(1 - a)$.

From the vantage point of our modern knowledge, we know that this is misleading. Eisenstein, who was not particularly interested in the "regular case", had in some sense a better appreciation of the problem. Let us for a moment drop the assumption about "regularity"; then (m/a) is meaningless, but (μ/a) is well-defined for any integer μ prime to a ; let us write (μ/ν), instead of $(\mu/(\nu))$, for two mutually prime integers μ, ν, both prime to λ. Then, if we also use Hilbert's normresidue symbol $\{\mu, \nu/\mathfrak{p}\}$, we have

$$(\mu/\nu)\cdot(\nu/\mu)^{-1} = \Pi\{\mu, \nu/\mathfrak{p}\},$$

where the product in the right-hand side is extended to all the primes dividing $\mu\nu$, or, what amounts to the same, to all the "places" of $Q(a)$ except $(1 - a)$. The reciprocity law gives now, as we know:

$$(1) \qquad\qquad (\mu/\nu)\cdot(\nu/\mu)^{-1} = \{\mu, \nu/(1 - a)\}^{-1}.$$

In particular, the left-hand side is λ-adically continuous in μ and ν, and it is in this form that Eisenstein conjectures the reciprocity law; moreover, he gives the procedure by which, if this is assumed, the right-hand side can be completely calculated.

On the other hand, in the regular case, this right-hand side turns out to be 1 provided μ and ν are both primary; in view of this, and of the definition of Kummer's symbol, the above formula gives at once the reciprocity law in Kummer's form.

This is the peak he sighted for the first time in January 1848 (cf. [33; 155]), and whose summit he reached ten years later ([50]; cf. [52] and [60]). Perhaps he thought of this as the most lasting achievement of his career. In our eyes, it is more like the story of the first ascent of the Matterhorn to one who has learnt to climb Mount Everest. It is of greater interest to us to look at the rich territories which he had to explore in the course of this ten-year campaign.

At the outset, the most promising tool seemed to be the Gaussian sums; this was of course suggested by the previous special cases treated by Gauss, Cauchy, Jacobi, Eisenstein. Actually, using no other tool, Eisenstein succeeded in proving, in 1850, the special case which bears his name; with the same notations as before, this says (without any assumption about the "regularity" of λ) that $(\mu/m) = (m/\mu)$ provided m is a rational integer and μ is congruent to a rational integer modulo $(1 - a)^2$. Kummer greatly perfected the use of this instrument with the help of his methods of λ-adic analysis, and also extended the concept of the Gaussian sums (or rather of the "Jacobi sums", but for such purposes this amounts to the same thing) from the prime field F_p to any finite field (cf. [33], [40] and [F; 89]). This gave him a fairly complete and explicit set of formulas for the so-called "complementary laws" ("Ergänzungssätze"; cf. [40] and [53]) in the regular case, culminating in an explicit formula [40; 144] for the "correction factor" given by (1) when μ, ν are not primary. More precisely, let us write (μ, ν) for the left-hand side of (1); Kummer had shown that μ, ν can be

Introduction

written as $\mu = \mu_1\eta$, $\nu = \nu_1\zeta$, where η, ζ are units and μ_1, ν_1 are primary. Then the "correction factor" is

$$a^{\Sigma} = (\mu, \nu) \cdot (\mu_1, \nu_1)^{-1},$$

and it is for the exponent Σ that Kummer gives an explicit bilinear formula in terms of the λ-adic logarithms of μ, ν. In view of what has been said above, a^{Σ} is of course nothing else than Hilbert's norm-residue symbol. Incidentally and by the way, Kummer had plucked a "nice little fruit" ("ein ganz nettes Früchtchen", [F; 88]; cf. [F; 86−87]), no more and no less than his famous congruences for Bernoulli numbers [38], which contain, as we know now, a large chunk of the modern theory of p-adic zeta-functions and L-functions.

Eventually, Kummer becomes convinced that Eisenstein's law is the utmost that Gaussian sums can supply in the way of a general reciprocity law. He is still far from the main summit; but this just spurs him on. A new instrument is forged [42], generalizing in some sense the Gaussian sums or rather, as Kummer says, the Lagrangian resolvents. This is no other than what is now generally known as "Hilbert's Theorem 90", the grandfather of cohomology theory. In [42], its basic features are described, and it is applied to still another special case of the reciprocity law.

Is the goal at last within reach? Alas, no. "I have something sad to tell you", he writes to Kronecker in 1853 ([F; 93]; cf. [42; 212] and [42; 232]). Even in the particular case to which he has applied the new instrument, its use is subject to some awkward exceptions. Still another base-camp has to be elaborately organized before the final assault.

Of course what was missing is clear to us. Even for the law of quadratic reciprocity in $\mathbf{Z}$, one can give elementary proofs, but it cannot be understood properly within the narrow confines of the rational numberfield; one has to consider also its quadratic extensions, or equivalently, as Gauss did, the theory of binary quadratic forms. It had taken Gauss and then Jacobi to see that the reciprocity laws for λ-th powers cannot even be formulated within $\mathbf{Q}$, and that one has to reach out at least to $\mathbf{Q}(a)$ with $a^{\lambda} = 1$. But to prove them is a different matter, except in the lowest cases where λ is 4 or 3. Here the analogue of the quadratic extensions of $\mathbf{Q}$ is given by the cyclic extensions of $\mathbf{Q}(a)$ of degree λ, and this is the ridge which Kummer had to follow.

It is fascinating to watch him doing it with what any beginner would now regard as most inadequate equipment. He lacks the general concept of an algebraic integer, and is therefore unable to develop a proper ideal theory for the fields he must now study. For the cyclotomic fields generated by roots of unity of any order, he eventually developed a complete ideal-theory [44], similar to the theory for roots of prime order λ. He also knew that Kronecker was at work on the general case of an arbitrary number-field [52; 57], but he does not feel that he really needs this. To our surprise (and to Hilbert's; *Zahlbericht*, p. 494) he manages to turn his lack of knowledge to his own advantage; this happens as follows.

Put $K = \mathbf{Q}(a)$, with λ and a as before; call K' the "Kummer extension" of K generated by a root w of $w^{\lambda} = D$, where D is an integer in K; K' is ramified over K at most at the "bad places" entering into λ and D. In K', Kummer introduces two rings of integers; one is $R_w = \mathbf{Z}[a, w]$, and the other is a certain subring R_z of R_w

Introduction

containing 1 and λR_w (cf. [52; 32–44]); in modern language, the "conductors" of these rings are confined to the bad places. To construct the valuations of K' outside the bad places is well within Kummer's powers; in fact, outside such places, a prime ideal $\mathfrak{p}$ in K splits into λ factors or remains prime in K' according as D is a λ-th power residue modulo λ or not, so that the connection with Kummer's main problem becomes immediately clear. This supplies Kummer with an ideal theory for R_w and R_z which turns out to be perfectly adequate for his purposes. As to the "bad places", he just remarks in passing that there cannot be any proper ideal theory there; apparently he has discovered experimentally some of the phenomena connected with the primary ideals at the places in the conductor. In his language, the ideals, in R_w and R_z, which belong, or rather which ought to belong to the bad places are simply "not defined". Miraculously, this provides him with a simpler theory of genera, particularly in R_z, than could be obtained in the ring of all integers of K'. In retrospect, this also provides some justification for Gauss's insistence on writing $aX^2 + 2bXY + cY^2$, rather than $aX^2 + bXY + cY^2$ as Lagrange and Legendre did and as we do again, for binary quadratic forms over $\mathbf{Z}$. Having reached this point, Kummer boldly sets out to extend Gauss's theory of genera of quadratic forms to the ideals in R_z, and this time full success crowns his efforts. Gauss's "second proof" for the quadratic reciprocity law, the one which is based on the theory of the genera, can indeed be generalized; Kummer's flag can be planted on the summit [52; 157].

But Gauss had given proof after proof of the quadratic reciprocity law, and Kummer cannot rest until he has done the same. He constructs two more proofs, one of which generalizes Legendre's, while the other is altogether new ([60]; cf. [52; 158]). We need not follow him there, noting only that the new proofs dispense with R_z and use only the somewhat simpler ring R_w. But two more remarks may be made. Firstly, in the course of his investigation [52; 82], he restricts the choice of the integer D by prescribing that it should be $\equiv 1$ mod. $(1 - \alpha)$ but not mod. $(1 - \alpha)^2$. That being so, the completion of the field $K' = K(D^{1/\lambda})$ at the place λ is not tamely ramified any more over $\mathbf{Q}_\lambda$, and this requires a further refinement of Kummer's λ-adic methods. Secondly, he is naturally led to investigate the local condition, at the place $(1 - \alpha)$, for a given integer μ of K to be the norm of an integer of K' over K; in modern terms, this is the same as to calculate the norm-residue symbol $\{\mu,\ D/(1 - \alpha)\}$; this is in effect what he does, and what leads him once more, to his own surprise, to the bilinear formula he had found earlier for the "correction factor" in the reciprocity law. In view of this, nothing is missing for the formulation of Hilbert's reciprocity law, except the language and a clear perception of the relationship between "local" and "global" facts.

Here, except for some shorter notes (interesting but of comparatively minor import), Kummer takes leave of number-theory; and here we leave him. As the reader must realize, we have necessarily had to confine ourselves to the most superficial description of the contents of this volume. Even after a hundred years, an attentive study can richly repay his efforts.

[1976a] Elliptic Functions according to Eisenstein and Kronecker (Foreword)

"When kings are building", says the German poet, "carters have work to do".
Kronecker quoted this, in his letter to Cantor of September 1891, only to add,
thinking of himself no doubt, that each mathematician has to be king and carter
at the same time.

But carters need roads. Not seldom, in the history of our science, has it
happened that a king opened up a new road into the promised land and that
his successors, intent upon their own paths, allowed it to be overrun by brambles
and become unfit for transit.

To help clean up such a road is the purpose of this little book, arising out of
lectures given at the Institute for Advanced Study in the Fall of 1974. I am grate-
ful to Melvyn Nathanson for having put at my disposal his notes from those
lectures. Where the road will lead remains in large part to be seen, but indications are not lacking that fertile country lies ahead.

On the other hand, since much of the material in this volume seems suitable
for inclusion in elementary courses, it may not be superfluous to point out that
it is almost entirely self-contained. Even the basic facts about trigonometric
functions are treated *ab initio* in Chapter II, according to Eisenstein's method.
It would have been both logical and convenient to treat the gamma-function
similarly in Chapter VII; for the sake of brevity, this has not been done, and a
knowledge of some elementary properties of $\Gamma(s)$ has been assumed. One further
prerequisite in Part II is Dirichlet's theorem on Fourier series, together with the
method of Poisson summation which is only a special case of that theorem;
in the case under consideration (essentially no more than the transformation
formula for the theta-function) this presupposes the calculation of some classical integrals. Distributions occur only in § 10 of Chapter VII and §§ 16—18 of
Chapter VIII; as these are disjoint from the rest of the book, they can be skipped
without damage, if perhaps not without loss. In Chapter VIII, the Bessel function K_v occurs inevitably, as a definite integral, and I have of course adopted
for it the usual notation; no property of that function, or rather of that integral,
is used beyond the most obvious ones. As to the final chapter, it concerns applications to number-theory, and there, of course, some number-theory is needed.

Princeton, the 21st of March 1975.   ANDRÉ WEIL

390

[1976b] Sur les périodes des intégrales abéliennes

À Carl Ludwig Siegel en témoignage
d'ancienne et vivace amitié

Πάντα δὲ τίματα τὰ πὰρ φίλων

Les célèbres formules de Jacobi

$$\sqrt{k} = \frac{\vartheta_2(0)}{\vartheta_3(0)}, \qquad 2K = \pi\vartheta_3(0)^2 = \frac{\vartheta_1'(0)\vartheta_3(0)}{\vartheta_0(0)\vartheta_2(0)} = \frac{1}{\sqrt{k}}\frac{\vartheta_1'(0)}{\vartheta_0(0)}$$

expriment le "module algébrique" k et la période $2K$ d'un corps de fonctions elliptiques au moyen des "Thetanullwerte", c'est-à-dire par des formes modulaires. La première a été étendue par Siegel aux variétés abéliennes dans son mémoire bien connu [5] sur les modules de ces variétés. C'est de la seconde qu'il va s'agir ici.

Soit A une variété abélienne de dimension g, définie sur un sous-corps k de $\mathbf{C}$; pour fixer les idées, on va la supposer polarisée par une forme de Riemann dont la partie imaginaire ait tous ses diviseurs élémentaires égaux à 1, et on choisira sur A une base d'homologie

$$(A_1, \cdots, A_g; B_1, \cdots, B_g)$$

pour laquelle cette partie imaginaire soit donnée par la matrice

$$\begin{pmatrix} 0 & 1_g \\ -1_g & 0 \end{pmatrix}.$$

Soit $(\omega_1, \cdots, \omega_g)$ une base des différentielles invariantes sur A, définies sur k. Soient U, V les matrices des périodes des ω_j sur les cycles A_i, B_i, respectivement. Soit G le réseau des périodes des ω_j; c'est le groupe engendré dans $\mathbf{C}^g$ par les $2g$ lignes des matrices U, V; on peut identifier analytiquement A avec $\mathbf{C}^g/G$, et par suite les ω_j avec les différentielles dx_j des coordonnées dans $\mathbf{C}^g$. D'après l'hypothèse faite sur la forme de Riemann, la matrice $Z = VU^{-1}$ est symétrique à partie imaginaire positive, et on peut former au moyen de Z les fonctions thêta classiques. Nous considérerons plus particulièrement les 4^g fonctions $\theta_m(v)$ dites "à caractéristique demi-entière";

813

814   A. WEIL

les unes sont impaires, les autres paires. Il est bien connu que

$$x \rightarrow (\theta_m(xU^{-1}))$$

est un plongement du tore $\mathbf{C}^g/2G$ dans un espace projectif de dimension $4^g - 1$, et que l'image A' du tore par ce plongement est une variété non singulière, isomorphe à A sur une extension K de k de degré fini; l'extension K est celle déterminée par les images des demi-périodes, c'est-à-dire des points de $\frac{1}{2}G$, dans le plongement.

Notons d_0 la différentielle d'une fonction dans $\mathbf{C}^g$, prise en $x = 0$. Parmi les θ_m, choisissons une fonction paire θ_0 telle que $\theta_0(0) \neq 0$ et une fonction impaire θ_1. On pourra écrire

$$d_0(\theta_1/\theta_0) = \theta_0(0)^{-1} d_0\theta_1 = \sum_{j=1}^{g} c_j \, dx_j = \sum_{j=1}^{g} c_j \omega_j$$

avec des coefficients $c_j \in \mathbf{C}$. Mais, d'après ce qui précède, θ_1/θ_0 s'identifie avec une fonction sur A', rationnelle sur K; l'image de 0 dans A' étant aussi rationnelle sur K, *les coefficients c_j sont dans K*. Si on note $D_0 f$, pour une fonction $f(v)$ quelconque, le vecteur (matrice à g lignes et 1 colonne) formé par les $\partial f/\partial v_i$ en $v = 0$, on aura

$$\theta_0(0)^{-1} D_0\theta_1 = Uc,$$

où c est un vecteur rationnel sur K. C'est ce principe très simple qui constitue la généralisation de la deuxième formule de Jacobi.

On pourrait se proposer de rendre ce résultat plus explicite en exprimant les c_j au moyen des "modules" de A. Il y a plus d'un siècle que Thomae a donné de telles expressions, valables chaque fois que A est la jacobienne d'une courbe hyperelliptique (cf. [6], formules (13) et (17)). Pour $g = 3$, les formules de Frobenius (cf. [2], § 3) permettraient d'étendre celles de Thomae au cas général. Mais cela ne nous importe pas ici.

Soit maintenant $l = 2g + 1$ un nombre premier. Nous allons appliquer le principe ci-dessus à la jacobienne de la courbe C_a de genre g, donnée par l'équation

$$y^l = x^a(1 - x)$$

où on peut supposer $1 \leqq a \leqq g$ sans diminuer la généralité. Soit T la partie du groupe $(\mathbf{Z}/l\mathbf{Z})^{\times}$ formée des éléments t de ce groupe tels que

$$\left\langle \frac{at}{l} \right\rangle + \left\langle \frac{t}{l} \right\rangle < 1;$$

SUR LES PERIODES DES INTEGRALES ABELIENNES   815

suivant l'usage, si $n \le x < n+1$, on pose $\langle x \rangle = x - n$. Une base des différentielles de 1e espèce sur C_a est donnée par

$$\omega_t = x^{\langle at/l \rangle - 1}(1-x)^{\langle t/l \rangle - 1}\, dx, \qquad\qquad t \in T.$$

La surface de Riemann de C_a est un revêtement à l feuillets du plan (x), ramifié en 0, 1, ∞. D'un point (x_0, y_0) de cette surface, avec $x_0 \ne 0, 1, \infty$, faisons partir un lacet L qui, dans le plan (x), tourne une fois autour de $x = 0$, $l - a$ fois autour de $x = 1$, et revienne en (x_0, y_0). Pour x_0 donné, il y a l choix pour y_0, donc pour L; les lacets L_n ainsi obtenus forment un système de générateurs pour le groupe d'homologie $H_1(C_a, \mathbf{Z})$ de C_a et y satisfont à la seule relation $\sum L_n = 0$.

Posons $\zeta = e^{2\pi i/l}$. Si les L_n ont été numérotés convenablement, les périodes correspondantes des ω_t sont

$$\int_{L_n} \omega_t = \zeta^{nt}(\zeta^{at} - 1)B\left(\left\langle \frac{at}{l} \right\rangle, \left\langle \frac{t}{l} \right\rangle\right),$$

où B désigne, suivant l'usage, l'intégrale eulérienne

$$B(p, q) = \int_0^1 x^{p-1}(1-x)^{q-1}\, dx = \frac{\Gamma(p)\Gamma(q)}{\Gamma(p+q)}$$

$$= \frac{1}{\pi}\Gamma(p)\Gamma(q)\Gamma(1-p-q)\sin \pi(p+q).$$

Nous poserons:

$$p_t = (\zeta^{at} - 1)B\left(\left\langle \frac{at}{l} \right\rangle, \left\langle \frac{t}{l} \right\rangle\right).$$

On écrira de plus $k = \mathbf{Q}(\zeta)$; pour x dans $(\mathbf{Z}/l\mathbf{Z})^{\times}$, on notera $\sigma(x)$ l'automorphisme de k sur $\mathbf{Q}$ donné par $\zeta^{\sigma(x)} = \zeta^x$; $\sigma(-1)$ est alors l'automorphisme $\xi \to \bar{\xi}$, où $\bar{\xi}$ désigne l'imaginaire conjugué de ξ. On posera $k_0 = \mathbf{Q}(\zeta + \bar{\zeta})$; c'est le sous-corps réel maximal de k. On notera que, si x est un élément quelconque de $(\mathbf{Z}/l\mathbf{Z})^{\times}$, un des deux éléments x, $-x$, et un seul, appartient à T; il s'ensuit que les $\sigma(t)$, pour $t \in T$, induisent sur k_0 les automorphismes du groupe de Galois de k_0 sur $\mathbf{Q}$.

On désignera par $\mathfrak{r}$ l'anneau des entiers de k, et par $\mathfrak{r}_0$ celui de k_0. Pour tout $\xi = \sum a_n \zeta^n$ dans $\mathfrak{r}$, on posera $L(\xi) = \sum a_n L_n$; ceux-ci forment le groupe d'homologie $H_1(C_a, \mathbf{Z})$, et on a:

$$\int_{L(\xi)} \omega_t = \xi^{\sigma(t)} p_t, \qquad\qquad t \in T.$$

816   A. WEIL

Pour la base (ω_t) des différentielles de 1e espèce sur C_a, le réseau G des périodes se compose donc des vecteurs

$$g(\xi) = (\xi^{\sigma(t)} p_t)_{t \in T}, \qquad\qquad \xi \in \mathfrak{r}.$$

Il admet une "multiplication complexe" par $\mathfrak{r}$, définie par $g(\xi) \to g(\alpha\xi)$ pour $\alpha \in \mathfrak{r}$.

Il n'y a pas de difficulté à calculer la matrice d'intersection pour les cycles L_n, et par suite la forme bilinéaire d'intersection pour le groupe $H_1(C_a, \mathbf{Z})$; celle-ci est donnée par

$$A(\xi, \xi') = (L(\xi) \cdot L(\xi')) = \mathrm{tr}_{k/\mathbf{Q}} (\Delta \xi \bar{\xi}') ,$$

$$\Delta = \frac{1}{l} \sum_{i=1}^{d} (\zeta^i - \bar{\zeta}^i) = \frac{(1 - \zeta^{a+1})(1 - \zeta^{-a})}{l(1 - \zeta)} ;$$

on notera que l'idéal $\Delta^{-1}\mathfrak{r}$ n'est autre que la différente de k sur $\mathbf{Q}$.

Pour mettre la matrice de A sous la forme canonique $\begin{pmatrix} 0 & 1 \\ -1 & 0 \end{pmatrix}$, on choisira comme suit une base de $\mathfrak{r}$ sur $\mathbf{Z}$. Soit (μ_i), pour $1 \leqq i \leqq g$, une base de $\mathfrak{r}_0$ sur $\mathbf{Z}$. Soient ν_i les éléments de k_0 déterminés par

$$\mathrm{tr}_{k_0/\mathbf{Q}} (\mu_i \nu_j) = \delta_{ij}, \qquad\qquad 1 \leqq i, j \leqq g ;$$

autrement dit, si on désigne par $\mathfrak{m}$, $\mathfrak{n}$ les deux matrices $(\mu_i^{\sigma(t)})$, $(\nu_i^{\sigma(t)})$, on a $\mathfrak{n} = {}^t\mathfrak{m}^{-1}$; il s'ensuit, comme on sait, que, si $\mathfrak{d}_0$ est la différente de k_0 sur $\mathbf{Q}$, les ν_i forment une base de l'idéal $\mathfrak{d}_0^{-1}$ sur $\mathbf{Z}$. Posons $\tau = (1 - \zeta)\Delta$; l'idéal $\tau^{-1}\mathfrak{r}$ est le même que $\mathfrak{d}_0\mathfrak{r}$, et par suite les $\nu_i\tau^{-1}$ sont dans $\mathfrak{r}$; on vérifie sans peine qu'avec les μ_i ils forment une base pour $\mathfrak{r}$ et que cette base a bien la propriété voulue.

Pour la base $(\nu_i\tau^{-1}; \mu_i)$ du groupe d'homologie, la matrice des périodes des ω_t est donnée par

$$U = ((\nu_i\tau^{-1})^{\sigma(t)} p_t) , \qquad V = (\mu_i^{\sigma(t)} p_t) .$$

Pour tout vecteur $(v_t)_{t \in T}$, convenons d'écrire $v^{\#}$ pour la matrice diagonale $(v_t \delta_{tt'})$, et $\mathrm{tr}(v)$ pour la trace $\sum v_t$ de cette matrice; convenons aussi d'écrire $\xi^{\#}$ au lieu de $(\xi^{\sigma(t)})^{\#}$ pour tout $\xi \in k$. Avec ces notations, on aura donc:

$$VU^{-1} = \mathfrak{m}\tau^{\#}{}^t\mathfrak{m} ;$$

comme prévu, c'est une matrice symétrique, et on vérifie aisément que sa partie imaginaire est positive, de sorte qu'on peut l'employer pour former des fonctions thêta.

Plus généralement, soit $z = (z_t)$ tel que $\mathrm{Im}\,(z_t) > 0$ pour tout $t \in T$; considérons les fonctions

$$\theta_{\mu,\nu}(z, w) = \sum_{\rho \in \mathfrak{r}_0} \mathbf{e}[\tfrac{1}{2}\,\mathrm{tr}\,z(\rho + \tfrac{1}{2}\mu)^2 + \mathrm{tr}\,(\rho + \tfrac{1}{2}\mu)(w + \tfrac{1}{2}\nu)]$$

où on a écrit, suivant l'usage, $\mathbf{e}(x) = e^{2\pi i x}$, et où l'on a pris $\mu \in \mathfrak{r}_0$ et $\nu \in \mathfrak{d}_0^{-1}$; pour passer de ces fonctions aux fonctions thêta de la théorie générale, il faut encore faire le changement de variables $w = vn$. Parmi ces fonctions, on peut toujours choisir une fonction paire θ_0 telle que $\theta_0(\tau, 0) \neq 0$; alors, pour toute fonction impaire θ_1, le principe exposé plus haut, joint aux formules qu'on vient d'écrire, montre qu'on a:

$$\theta_0(\tau, 0)^{-1}\left(\frac{\partial}{\partial w_t}\,\theta_1(\tau, w)\right)_{w=0} = (\tau^{-1})^{\sigma(t)} p_t c_t,$$

où les c_t sont des coefficients à valeurs algébriques sur $\mathbf{Q}$. D'ailleurs, d'après la théorie classique des fonctions thêta, on peut toujours, pour t donné, choisir θ_1 de façon que le premier membre ne soit pas nul. Posons encore, pour de tels choix de θ_0 et θ_1:

$$\varphi_t(z) = \theta_0(z, 0)^{-1}(2\pi i)^{-1}\left(\frac{\partial}{\partial w_t}\,\theta_1(z, w)\right)_{w=0}$$

La formule de transformation des fonctions thêta (v. p.ex. [3], p. 84, th. 6 et corollaire; et pp. 175–176, th. 2 et corollaire) montre que $\varphi_t(z)$ est une forme modulaire arithmétique au sens de Shimura (cf. [4], § 1), éventuellement méromorphe, pour un sous-groupe de congruence du groupe de Hilbert déterminé par le corps totalement réel k_0, et qu'elle prend le facteur d'automorphie $\gamma^{\sigma(t)} z_t + \delta^{\sigma(t)}$ pour la substitution $(\alpha, \beta, \gamma, \delta)$ de ce sous-groupe. Les résultats ci-dessus montrent qu'on peut écrire

$$\varphi_t(\tau) \sim \pi^{-2}\Gamma\!\left(\!\left\langle\frac{at}{l}\right\rangle\!\right)\Gamma\!\left(\!\left\langle\frac{t}{l}\right\rangle\!\right)\Gamma\!\left(\!\left\langle-\frac{(a+1)t}{l}\right\rangle\!\right),$$

où $\sim$ signifie que les deux membres ne diffèrent que par un facteur qui est algébrique sur $\mathbf{Q}$.

Une des applications les plus intéressantes que fait Shimura de sa théorie (cf. [4], th. 2) concerne les valeurs de certaines fonctions L de Hecke; voici ce qu'on obtient en combinant ses résultats avec ce qui précède. Pour tout $\alpha \in k$, et tout élément $S = \sum' c_x \sigma(x)$ de l'algèbre de groupe, sur $\mathbf{Z}$, du groupe de Galois de k sur $\mathbf{Q}$, on écrira, suivant l'usage, $\alpha^S = \prod (\alpha^{\sigma(x)})^{c_x}$. Cela posé, considérons deux tels éléments:

$$S = \sum_{t \in T} n_t \sigma(t), \qquad S' = S + m \sum_{t \in T} \sigma(t),$$

où m est entier, et où les n_t sont des entiers ≥ 0 pour tout $t \in T$. Pour $\beta \in k_0$, on aura $\beta^{S'} = \beta^S (N\beta)^m$.

818   A. WEIL

Soit A un module du corps k, c'est-à-dire un module de rang 2g sur $\mathbf{Z}$ dans k. Soit E un sous-groupe d'indice fini du groupe des unités de norme $+1$ dans k_0, tel que $\alpha \to \varepsilon\alpha$ soit un automorphisme de A pour tout ε dans E. Soit A' un système de représentants des éléments $\neq 0$ de A par rapport au groupe d'automorphismes ainsi déterminé par E sur A. Considérons la série:

$$L(A, E, S, m) = \sum_{\alpha \in A'} \bar{\alpha}^S \alpha^{-S'} ;$$

elle est absolument convergente pour $m > 2$, et on la définit pour tout m, comme il est bien connu, par prolongement analytique dans le plan (m) quand m est considéré comme variable complexe. Cela posé, le théorème de Shimura dit qu'on a, pour tout entier $m > 0$:

$$L(A, E, S, m) \sim \prod_{t \in T} (\pi^{n_t + m} \varphi_t(\tau)^{2n_t + m}) .$$

En définitive, on a donc exprimé les séries $L(A, E, S, m)$ comme produits de valeurs de la fonction gamma pour argument rationnel, à des facteurs près qui sont des nombres algébriques.

Bien entendu, la question se pose de déterminer les corps de nombres algébriques auxquels appartiennent les facteurs en question, puis leurs dénominateurs et sans doute aussi leurs propriétés de continuité p-adique. On observera d'autre part que, dans la définition des séries $L(A, E, S, m)$, on aurait pu substituer à T n'importe quel ensemble de g éléments de $(\mathbf{Z}/l\mathbf{Z})^{\times}$ pourvu qu'il induise sur k_0 le groupe des automorphismes de k_0 sur $\mathbf{Q}$; mais la méthode qu'on a suivie n'est applicable qu'aux ensembles T déduits des courbes C_a comme il a été dit. Il est clair néanmoins qu'en substituant Tx à T avec $x \in (\mathbf{Z}/l\mathbf{Z})^{\times}$, donc $S\sigma(x)$ à S, $S'\sigma(x)$ à S', et remplaçant A, E par leurs transformés par $\sigma(x)$, on ne modifie pas la série $L(A, E, S, m)$. Prenons par exemple $l = 7$; il n'y a alors à considérer que les deux courbes C_1, C_2, et les ensembles T correspondants, qui sont $T_1 = \{1, 2, 3\}$ et $T_2 = \{1, 2, 4\}$; de plus, tout ensemble tel que T est de la forme $T_1 x$ ou bien $T_2 x$, de sorte qu'en ce cas notre méthode donne des résultats complets.

Pour $l = 7$, on notera que la courbe C_2 est birationnellement identique à la célèbre courbe de Klein, $XY^3 + YZ^3 + ZX^3 = 0$. De plus les $\sigma(t)$ pour $t \in T_2$ forment le groupe de Galois de k sur le corps $k_1 = \mathbf{Q}(\sqrt{-7})$; il s'ensuit que les fonctions thêta sont alors réductibles à des fonctions thêta elliptiques, et en effet la jacobienne de C_2 est isogène au produit de trois courbes elliptiques à multiplication complexe par l'anneau r_1 des entiers de k_1. Plus précisément, si l'on pose, pour tout $\eta \in k$:

$$\omega_\eta = \eta\omega_1 - \eta^{\sigma(2)}\omega_2 + \eta^{\sigma(4)}\omega_4 ,$$

SUR LES PERIODES DES INTÉGRALES ABÉLIENNES   819

on vérifie immédiatement, au moyen des formules obtenues plus haut, que c'est une différentielle elliptique dont le réseau des périodes est de la forme $p_n \mathfrak{r}_1$, avec $p_n \in \mathbf{C}$. Ce sont là des résultats classiques.[1] On retrouve également ainsi la formule de Chowla et Selberg ([1], § 8) donnant les périodes des courbes elliptiques à multiplication complexe par $\mathfrak{r}_1$.

Malheureusement, le cas $l = 7$ n'est pas typique. Déjà pour $l = 11$, soient T_a les ensembles T relatifs aux courbes C_a pour $1 \leqq a \leqq 5$, et soit T l'ensemble des résidus quadratiques modulo 11, de sorte que les $\sigma(t)$, pour $t \in T$, forment le groupe de Galois de k sur $\mathbf{Q}(\sqrt{-11})$. T n'est pas de la forme $T_a x$; pour cette raison, la méthode décrite plus haut ne permet plus de retrouver la formule de Chowla et Selberg pour les périodes des courbes elliptiques à multiplication complexe par les entiers de $\mathbf{Q}(\sqrt{-11})$.

Il est vrai qu'on retrouverait cette dernière formule en considérant la "jacobienne intermédiaire", en dimension médiane, de la variété donnée par les équations

$$y^{11} = \prod_{n=1}^{5} x_n^{n^2}, \qquad \sum_{n=1}^{5} x_n = 0,$$

celles-ci étant considérées comme définissant un revêtement ramifié à 11 feuillets de l'espace projectif $P^3(\mathbf{C})$. Cette variété est en effet birationnellement équivalente à l'hypersurface cubique

$$X_0^2 X_1 + X_1^2 X_2 + X_2^2 X_3 + X_3^2 X_4 + X_4^2 X_0 = 0$$

dans $P^4(\mathbf{C})$, dont on sait que la jacobienne intermédiaire est la variété de Picard de la variété des droites contenues dans l'hypersurface. Mais dans le cas général, et par exemple pour $l = 23$, nos connaissances actuelles sur les jacobiennes intermédiaires ne suffiraient plus pour aborder ce genre de question.

Bibliographie

[1] Chowla, S., and Selberg, A., *On Epstein's Zeta-function*, Crelles J. 227, 1967, SS. 86–110.

[2] Frobenius, G., *Ueber die constanten Factoren der Thetareihen*, Crelles J. 98, 1885, SS. 244–263; Ges. Abhandl. Bd. II, no. 33, SS. 241–260.

[3] Igusa, J., *Theta Functions*, Grundl. d. math. Wiss. Bd. 194, Springer, 1972.

[4] Shimura, G., *On some arithmetical properties of modular forms of one and several variables*, Ann. of Math. 102, 1975, pp. 491–515.

[5] Siegel, C. L., *Moduln Abelscher Funktionen*, Gött. Nachr. 1963, no. 25, SS. 365–427.

[6] Thomae, J., *Beitrag zur Bestimmung von* $\vartheta(0, 0, \cdots, 0)$ *durch die Klassenmoduln algebraischer Functionen*, Crelles J. 71, 1870, SS. 201–222.

Received May, 1976.

---

[1] Cf. H. Poincaré, *Oeuvres*, t. III, pp. 103–105; A. Hurwitz, Math. Werke, Bd. I, S. 159; F. Klein, Ges. Math. Abh. Bd. III, S. 135–136.

[1976c] Review of "Mathematische Werke, by Gotthold Eisenstein"

On the 16th of April, 1823, a number of fairies, summoned by Ganesha, the god of mathematical wisdom, assembled in Berlin at the cradle of an infant, to grant boons and bestow blessings. This was the first-born of a not too prosperous businessman who had married in June of the previous year; both parents were Jewish but had been baptized into the evangelical faith. Alas, as in all fairy tales, one old witch managed to creep in and resolved to undo, if she could, the work of the fairies.

"He will have genius, said the first fairy, and will be a worthy successor of Gauss, Dirichlet, Jacobi. –His life will be short and unhappy, said the witch. –He will have many brothers and sisters, said the next fairy, and will be tenderly attached to them, while remaining his mother's favorite. –He will lose them all, said the witch; seventeen years from now he will see the last one, a beloved small sister, die at the age of seven. –He will have brilliant teachers at the Gymnasium and will make giant strides in his mathematical studies. –But first, said the witch, his parents will misguidedly send him for four years to a private school whose rigid discipline will almost break his already fragile health and make him a nervous wreck for the rest of his life. –In his first year as a student at the University of Berlin, he will attract the attention of Humboldt, the grand old man of German science, and of Crelle, the editor of the leading mathematical journal of his time, and will have more than twenty papers accepted by Crelle that same year. –Maybe, said the witch; but first, for his support at the University, his mother will have to accept a paltry sum from the royal "indigent fund". –So what? said one big fairy with a strong American accent. Soon Humboldt will get him a yearly grant of 250 dollars from the RSF[1], and will get it renewed when needed. –O.K., retorted the witch; but uncertainties about the payment and renewal of this stipend will plague and humiliate him for the rest of his life. –No matter, said the next fairy. Gauss, one of the hardest men to please in the mathematical world, will invite him, still a first-year student, to a visit in Göttingen, and from then on will take the deepest interest, not only in his work but also in his well-being. Jacobi, intent upon making him a "privatdozent" and anxious to cut bureaucratic red tape, will arrange for him to receive an honorary doctorate at the hands of Kummer in Breslau: surely an unheard-of favor to a second-year student! Gauss, while proposing Dirichlet for a coveted distinction (the order "*Pour le mérite*"), will let it be known that he has "almost hesitated" between him and young Eisenstein. –Much good this will do him! exclaimed the witch

---

[1] Perhaps she means "Royal Science Foundation" (an obvious anachronism). By "dollar", of course, she means "thaler".

---

with a sneer. It will so enrage Jacobi that he will practically accuse your darling of plagiarism, in a wholly unmotivated footnote in Crelle's Journal. – Who knows not what the easily inflamed Jacobi can do once his temper is aroused? said another good fairy. This incident will deeply distress the young man for a while but will do him no further harm. Soon he will be a privatdozent, and the great Riemann will be one of his students. –Not for long! Riemann will migrate to Göttingen and forget whatever number-theory his young teacher thinks he has taught him. In the meanwhile, I will have seen to it that Kronecker and Heine leave Berlin; the young man will remain isolated without any congenial friend or companion." One fairy thought that Gauss' name had such virtue that it would silence the malevolent creature: "In 1847, the great Gauss will write a highly flattering foreword for a collection of his protégé's papers. –Hardly anyone will read them", replied the witch with utter contempt. "Then he will be so beaten up by the Prussian soldiery, during the revolutionary upheavals of 1848, that he will have to keep to his bed for a week; for two years he will publish nothing, and the reputation of being "red" will stick to him and threaten to jeopardize his stipend and his career. –He will not remain idle during those two years, in spite of all discouragement and ill health; his publications of the year 1850 will show him at the peak of his powers. Dirichlet, with Jacobi's concurrence, will propose him for membership in the Berlin Academy, and he will finally be elected in 1852, as Jacobi's successor, a young man of not yet 29 years of age. –And then he will die, said the witch triumphantly. –But his name will survive, said a tiny fairy. –Hardly so, said the hag. Following academic usage, Dirichlet will read to the Academy a beautiful and moving eulogy of Jacobi, and Kummer will perform the same service for Dirichlet. But no member of the Academy will ever bother about the memory of the melancholy young man who had died in 1852. Still less will it occur to them to provide for the publication of his works, while voting ample funds for those of Jacobi, Dirichlet, Steiner, and later for Weierstrass and Kronecker. He will be forgotten, once and for all. –It is lucky, said one last fairy in a small voice, that you remind me of Kronecker. For many years, your curse will indeed prevent him from remembering the companion of his youth. But I will cause him to rediscover his friend's work before it is too late, and he will make it the theme of the main lecture to be given at the inauguration ceremonies of the German Mathematical Society." The witch laughed loudly. "It will be too late! I will kill Kronecker's wife, and he will cancel his lecture. –He will offer to write it up. –Before he does, I will kill him too, and then that name, which I do not want even to utter, will sink into final oblivion." There were no more fairies; but Ganesha had the last word. "You forget, he said, that all your curses are of limited duration; one hundred and fifty years from today, their force will be spent."

And so it has been. Now, at long last, we have the complete works of Eisenstein in two handsome, well-printed and well-bound volumes, of which the Chelsea Publishing Company may be proud. That every number-theorist will wish to possess them, along with those of Kummer and those of Hecke, should go almost without saying; but it is the reviewer's task to justify that statement by a brief description of the contents of these two volumes. First something should be said about Eisenstein's attitude towards mathematics.

That attitude is already summed up in the fascinating youthful autobiography (vol. II, pp. 882–898) which he submitted in 1843, instead of the more usual curriculum, when applying for the "Abitur" (roughly the equivalent of a graduation diploma from the Gymnasium, entitling him to enter the University). It is again described in his beautiful short address (vol. II, pp. 762–764) at his reception into the Academy in 1852. But he expressed it more concisely at Kronecker's examination for the doctorate in 1845. Following a medieval tradition which still survives in some countries, part of the examination consisted in "defending", not only the main thesis which had to be a substantial piece of work, but also a number of propositions of varying degrees of seriousness, against "opponents" chosen, partly by the Faculty, partly by the candidate among his own friends. One of Kronecker's propositions was: "*Mathesis et ars et scientia dicenda*" (mathematics is both art and science). Eisenstein objected that "mathematics is only art". Kronecker's answer has not been preserved; perhaps he felt much like Eisenstein.

As Eisenstein explains in greater detail, at first in his autobiography (pp. 892–895) and later in his academic address, it is this intense feeling for mathematical beauty which led him to devote himself wholly to number-theory, especially after his early study of Gauss, Dirichlet and Jacobi had persuaded him that, in their upper reaches (*in ihren "höchsten und feinsten Partien"*), number-theory and function-theory were becoming inseparable. The same view is expressed by Gauss in his foreword (reprinted here in vol. II, pp. 917–918) to Eisenstein's *Abhandlungen* of 1847. By function-theory, in this context, they mean primarily the theory of elliptic and related functions, and accessorily, perhaps, Dirichlet's use of "Dirichlet series". If one enlarges this to include abelian and related automorphic functions, there is still (or perhaps there is again) no more timely topic in the mathematics of today.

Within Eisenstein's production (an astonishingly abundant one, in view of the short time that fate allotted to him), one can clearly distinguish several periods. At first we see him getting into his stride by giving to Crelle more than twenty short papers (pp. 1–166 of vol. I), many of them bearing upon the laws of quadratic, cubic and biquadratic reciprocity and upon Gaussian sums ("cyclotomy"); the series opens with a rather intriguing paper ([1, pp. 1–5]; cf. also [3] and [4]) on binary cubic forms, with results related to the divisibility of the class-number of binary quadratic forms by 3; this is a topic which has again attracted some attention recently. Then, still in his first year, Eisenstein ventures into his first major undertaking [24, pp. 167–286]; but here he is unlucky. The example of Gauss' theory of binary quadratic forms had misled his immediate successors into believing that the key to algebraic number-fields was to be found in the study of forms of degree n in n variables over $\mathbf{Z}$, decomposable into n linear factors; this seems to have been Jacobi's and Dirichlet's view; perhaps it was Gauss' opinion. Eisenstein seeks to treat, from this point of view, the theory of cubic cyclic extensions of $\mathbf{Q}$, not without a considerable measure of success; but this was soon to be made obsolete by Kummer's theory of ideals, and is now no more than a historical curiosity.

Next comes the impressive series of papers on elliptic functions and their application to the higher reciprocity laws which fills up most of the remainder of the first volume (pp. 291–482). To us those proofs of the reciprocity laws are perhaps no more than a historically interesting example of complex multiplication; to Kummer, they were the apex of Eisenstein's arithmetical work. Perhaps Kummer, to whom elliptic functions always remained a sealed book, overvalued such proofs, while undervaluing Eisenstein's later work on the reciprocity laws. But the series ends up with a great paper [**28** f, pp. 357–478], the *Genaue Untersuchung* of 1847, which excited Kronecker's enthusiasm when he discovered it late in life, and which still deserves ours; it is nothing less than the sketch of a complete theory of elliptic and modular functions, based on principles essentially distinct from those of Jacobi and from those of Weierstrass. Not only does it go, without any use of function-theory, well beyond Weierstrass (while anticipating him by nearly 15 years), but, as I have more amply demonstrated elsewhere, its principles can be profitably applied to important current problems. It may not be superfluous to point out that those same principles had already been clearly adumbrated by Eisenstein in two of his early productions [**6**, pp. 28–34], and [**9**, pp. 55–58].

At this point, the editors have regrettably broken the chronological order wisely followed in the bulk of these two volumes, and so pleasing to those readers who like to watch closely the quick progress of Eisenstein's genius. Papers [**29**] and [**30**] (vol. I, pp. 479–502) should have been inserted between [**28** c] and [**28** d], where Eisenstein put them, both in Crelle's Journal and in the *Abhandlungen*; the two latter papers, even though they belong to the same series, are not even closely related to one another. Also, the brief note [**31**] (vol. II, pp. 503–504), probably composed (as was the wont of Eisenstein) to fill up a blank sheet following [**28** f], should have been left there to conclude the first volume. But these are minor blemishes in this otherwise excellent publication.

With the *Genaue Untersuchung*, Eisenstein's genius has reached full maturity, and, as Dirichlet was to say in 1849, "he has learnt the art of self-criticism, in which he had been lacking before." Perhaps this, even more than discouragement or ill health, is why, for the next three years, there appears only one brief "research announcement" [**32**, vol. II, p. 505] and one relatively minor paper [**33**, vol. II, pp. 506–535] under his name. After that, we have only masterpieces, filling up more than half of the second volume. True, his theory of quadratic forms in 3 or more variables, which he had initiated as early as 1846 (cf. his letter to Gauss of April 1846, vol. II, pp. 838–843, and [**30**, vol. I, pp. 483–502]) was destined to remain a mere torso; but it is such an imposing one (see the papers [**32**], [**35**], [**40**], [**43**] in vol. II) that no history of the subject could be written without giving it a prominent place. The same can be said of his memorable note on the coefficients of the expansions of algebraic functions [**42**] and of his work on "cyclotomy" i.e. on the Gaussian sums ([**33**], [**39**]) and on the higher laws of reciprocity or rather on the local norm-residue symbol ([**36**], [**38**]); their value, in fact, could hardly have been fully appreciated until rather recently. But special mention should be made of the great paper [**34**, pp. 536–619] on the lemniscatic functions. Already in the *Disquisitiones*, Gauss had obscurely hinted at the analogies between the division of the circle and the division of the lemniscate; presumably he had nothing more in mind at that time than the fact that they generate abelian extensions of $\mathbf{Q}$ and of $\mathbf{Q}(i)$, respectively. Kummer, from 1845 on, had constructed the arithmetical theory of the cyclotomic fields, at least those generated by pth roots of unity when p

is a prime; in connection with his need for data about the class-numbers of such fields, he had gone far into the investigation of the p-adic properties of exponential, circular and logarithmic functions and of Gaussian sums. At first, as we have noticed, Eisenstein had been skeptical about Kummer's researches and had rather followed Gauss and Dirichlet by investigating decomposable forms. By 1850, however, he is not only converted to Kummer's ideal-theory; he has extended it at any rate to the extensions of $Q(i)$ generated by the division of the lemniscate, if not further; he has acquired the general concept of an algebraic integer (which had remained foreign to Dirichlet and always remained foreign to Kummer), discovering for the first time that such integers make up a ring. But this is only a small part of his paper, and is quickly disposed of; the bulk of the paper is devoted to a p-adic investigation of lemniscatic functions, extending to them much of what Kummer had done for exponential functions. On this subject, it is not at all clear that we have even caught up with him.

The remainder of volume II consists of a number of *Eisensteiniana*, all of them of fascinating interest. Firstly, we have his letters to the Göttingen mathematician M. A. Stern, reprinted from the publication of Hurwitz and Rudio; this is a deeply moving human document, with valuable sidelights on Eisenstein's work. Then follows, as a special boon to the acquirers of these volumes, the series of his yearly letters to Gauss, preserved at the University library in Göttingen and hitherto unpublished and unknown; not only do they illuminate the touching relationship between him and his venerated patron, but nearly everyone of them describes, *in statu nascendi*, his latest ideas and discoveries; we see him develop from a bright beginner into a mature mathematician. Next we have his autobiography, already mentioned, followed by a rarity: Eisenstein's testimony on the incidents of March 1848, and on his scandalous mistreatment at the hands of the soldiery (not mitigated by the fact, on which he insists, that others suffered even more); then his preface to a posthumous publication of a friend, Gauss' foreword to his *Abhandlungen*, and finally K. R. Biermann's useful biographical notice on Eisenstein, reprinted from Crelle's Journal. None of this is superfluous, all of it is welcome.

Cavilling at the book under review, and discovering misprints, are two of the traditional duties of a reviewer. Therefore I shall register some small complaints. In reproducing photographically Eisenstein's papers, the publishers would have been well advised to preserve the original pagination, while of course adding their own. Also, in the papers reproduced from the *Monatsberichte* of the Berlin Academy, the year is indicated, but only in the table of contents, and nothing indicates the month; for historical purposes, this should have been mentioned. As to misprints, the process of photographic reproduction, which has been carried out as well as anyone could wish, does not allow for them to creep in; but, in order presumably to justify the well-known principle that no book will ever be free from them, Eisenstein appears as Einstein in a footnote of the preface (vol. I, p. VI, 1.2 from bottom). As to Eisenstein's portrait, it is beautifully reproduced from the one recently discovered and published in 1966 in Crelle's Journal, and appears as the frontispiece of the first volume. At $60, it cannot be said that these volumes have been priced cheaply, but, in view of current trends, this price can hardly be called excessive. It is fervently to be hoped that not only libraries, but many young mathematicians will be able to acquire them and profit from them. Eisenstein tells us that his love for mathematics came from studying first Euler and Lagrange, then Gauss; studying the great work of the past is still the best education.

André Weil

[1977a] Remarks on Hecke's lemma and its use

1. Leibniz' discovery, early in his career, of his famous series for π was not only, in the eyes of his contemporaries, one of his most striking achievements (on which Huyghens, who had hitherto regarded him as a talented young amateur, immediately congratulated him as one likely to preserve his name for posterity); it also paved the way for the no less sensational summation by Euler, some fifty years later, of the series we now denote by $\zeta(2n)$. In retrospect, we see that these were the first examples of relations between periods of abelian integrals (in this case, the one which defines π) and special values of Dirichlet series, or (more generally) of automorphic forms. As a further typical instance of such a relation, I will merely quote here Jacobi's famous formula

$$\sqrt{\frac{2K}{\pi}} = \vartheta_3(0)$$

expressing the period

$$2K = 2\int_0^1 \frac{dx}{\sqrt{(1 - x^2)(1 - k^2 x^2)}}$$

of the "standard" elliptic integral of the first kind as a modular *form* with respect to the "transcendental" module τ (the ratio of the periods), while the "algebraic" module k^2 is expressed as a modular *function* of τ (the quotient of two "Thetanullwerte"). Incidentally, that formula does not seem to have been generalized yet to theta-functions of more than three variables (cf. [7]).

Although a number of the best mathematicians of the last and of the present century have studied various aspects of this subject, it may fairly be said that only its surface has been scratched so far; nor will the present paper (which should be regarded as a "report on work in progress") attempt to do more. My purpose is merely to point out the usefulness of Hecke's classical lemma in

Reprinted from *Algebraic Number Theory,* Intern. Symposium Kyoto 1976, S. Iyanaga (ed.), Japan Society for the Promotion of Science, 1977, pp. 267–274.

dealing with some of the problems raised by the evaluation of the periods of certain abelian integrals.

Broadly speaking, Hecke's lemma establishes the relation between automorphic forms and Dirichlet series satisfying functional equations of the classical type. Hecke introduced it in connection with the full modular group $GL_2(Z)$ and some of its subgroups of small index; it is no less useful, however, in the study of the discrete subgroups of $GL_2(k)$, where k is any algebraic number-field (cf. e.g. [6]). Even the formulation I gave for it in connection with the latter problem ([6], p. 132) is not quite general enough, however, for some of its most interesting applications; my first step will be to formulate it with the proper degree of generality.

Hecke's Lemma. *Let* φ, φ' *be two continuous functions on* $R_+^\times$, *such that both* $\varphi(\nu)$ *and* $\varphi'(\nu^{-1})$ *are* $O(e^{-A\nu})$, *with some* $A > 0$, *for* $\nu \to +\infty$, *and* $O(\nu^{-B})$, *with some* $B \geq 0$, *for* $\nu \to 0$. *Put*

$$f(s) = \int_0^{+\infty} \varphi(\nu)\nu^{s-1}d\nu \, , \qquad f'(s) = \int_0^{+\infty} \varphi'(\nu)\nu^{s-1}d\nu \, ;$$

then these integrals are absolutely convergent and define holomorphic functions f, f' *in the half-planes* $Re(s) > B$ *and* $Re(s) < -B$, *respectively. Let now* $R(s)$ *be a rational function of* s, *vanishing at* $s = \infty$, *and assume that, for some* $\sigma > B$ *and some* $\sigma' < -B$, $t \to f(\sigma + it)$ *and* $t \to f'(\sigma' + it)$ *are* $O(|t|^{-2})$. *Then the following two assertions are equivalent:*

(i) $f(s) - R(s)$ *and* $f'(s) - R(s)$ *can be continued to one and the same entire function in the* s-*plane, bounded in every strip* $\sigma_1 \leq Re(s) \leq \sigma_2$;

(ii) *for all* $\nu > 0$, *we have*

$$\varphi(\nu) - \varphi'(\nu) = \sum \mathrm{Res}\,(R(s)\nu^{-s}) \, ,$$

where Res *means the residue, and the sum is extended to all the poles of* $R(s)$.

The lemma, as formulated in [6], p. 132, is the special case $R = 0$; the proof remains of course exactly the same.[1]

2. Some of Hecke's early applications of his lemma concerned groups which were not commensurable with the modular group; and it is perhaps worthwhile to emphasize here that its scope is actually wider than is generally realized. Take for instance any fuchsian group G in the upper half-plane, and

---

1) A rather broad generalization will be found in S. Bochner, Ann. of Math. 53 (1951), pp. 332–363. I am indebted to J.-P. Serre for this reference.

assume that it has at least one cusp; then it has infinitely many, including all the transforms of that cusp under G. Normalize the group by assuming that $i\infty$ is one such cusp, i.e. that G contains a substitution $t \to t + p$, with $p > 0$. Let ρ be another cusp of G; put $t' = (\rho - t)^{-1}$, and call G' the transform of G by $t \to t'$; then $i\infty$ is a cusp of G', and G' contains a substitution $t' \to t' + q$ with $q > 0$.

Let $A(t)$ be an automorphic form of degree $-k$ for G, holomorphic everywhere including the cusps; then $A(t)$ has at $i\infty$ a power-series expansion in $\exp(2\pi it/p)$; call a_0 its constant term, and put

$$F(\tau) = A(p\tau + \rho) - a_0 \, .$$

This has a power-series expansion:

$$F(\tau) = \sum_1^\infty a_n e^{2\pi in\tau} \, ,$$

absolutely convergent in the upper half-plane. Similarly, put:

$$B(t') = t'^{-k} A\left(\rho - \frac{1}{t'}\right) \, ;$$

this is an automorphic form for G'; call b_0 the constant term of its expansion at $i\infty$; then we can write

$$G(\tau) = B(q\tau) - b_0 = \sum_1^\infty b_n e^{2\pi in\tau} \, ,$$

and we have

$$F(\tau) + a_0 = (-p\tau)^{-k}\left[G\left(\frac{-1}{pq\tau}\right) + b_0\right] \, .$$

Now put, for $\nu > 0$:

$$\varphi(\nu) = F(i\nu) \, , \qquad \varphi'(\nu) = (-ip\nu)^{-k}G(i/pq\nu) \, ,$$
$$R(s) = -a_0 s^{-1} + b_0(-ip)^{-k}(s - k)^{-1} \, ,$$

and apply Hecke's lemma. We find:

$$f(s) = (2\pi)^{-s}\Gamma(s)\sum_1^\infty a_n n^{-s} \, ,$$
$$f'(s) = i^k p^{-s} q^{k-s}(2\pi)^{s-k}\Gamma(k - s)\sum_1^\infty b_n n^{s-k} \, ,$$

and we conclude from the lemma that f, f' can be continued to one and the same meromorphic function with the same poles and the same residues as $R(s)$.

270 A. WEIL

In this manner, we have associated Dirichlet series with functional equations to every pair of cusps and every automorphic form for G. Whether such series have an arithmetical significance, when G is not commensurable with the modular group, will remain an open question for the moment; for such a group G, of course, the theory of the Hecke operators cannot be applied.

3. For $k = 2$, the automorphic form $A(t)$ defines an invariant differential $A(t)dt$ of the second kind for G, and a differential of the first kind if it is a cusp form (i.e. if $a_0 = 0$, and $b_0 = 0$ for every cusp $\rho \neq i\infty$); to simplify notations, we will consider only this latter case. Put

$$I(t) = \int_{i\infty}^{t} A(t)dt \ .$$

In the formulas of no. 2, put $k = 2$, $a_0 = 0$, $b_0 = 0$, $R(s) = 0$. In the functional equation $f(s) = f'(s)$, substitute $s + 1$ for s, and divide both sides by $s/2\pi$. We find a functional equation $F(s) = F'(s)$, where F, F' are respectively defined, in suitable half-planes $Re(s) > B$ and $Re(s) < -B$, by the series

$$F(s) = (2\pi)^{-s}\Gamma(s) \sum_{1}^{\infty} \frac{a_n}{n} n^{-s} \ ,$$

$$F'(s) = p^{-s-1}q^{1-s}(2\pi)^s\Gamma(-s) \sum_{1}^{\infty} \frac{b_n}{n} n^s \ .$$

These can be written as

$$F(s) = \int_{0}^{+\infty} \Phi(\nu)\nu^{s-1}d\nu \ , \qquad F'(s) = \int_{0}^{+\infty} \Phi'(\nu)\nu^{s-1}d\nu \ ,$$

where we have put

$$\Phi(\nu) = \sum_{1}^{\infty} \frac{a_n}{n} e^{-2\pi n\nu} = \frac{2\pi i}{p} I(ip\nu + \rho) \ ,$$

$$\Phi'(\nu) = \frac{2\pi i}{p}[I(ip\nu + \rho) - I(\rho)] \ .$$

We apply Hecke's lemma, where we have to take into account the fact that we have divided the functional equation by $s/2\pi$, so that F, F' have a simple pole at $s = 0$, with the residue $2\pi \cdot f(1)$. This gives:

$$\Phi - \Phi' = -\frac{2\pi i}{p} I(\rho) = 2\pi \cdot f(1) = \left(\sum_{1}^{\infty} a_n n^{-s}\right)_{s=1} \ .$$

In particular, if γ is any element of G, we can take $\rho = \gamma(i\infty)$, and $I(\rho)$ is then the period of $A(t)dt$ belonging to the cycle defined by γ.

REMARKS ON HECKE'S LEMMA AND ITS USE   271

4. The principles of the above proofs can also be applied to more general problems; actually, they were suggested by the proof given by Goldstein and de la Torre [3] for the transformation formula of $\log \eta(\tau)$ under general modular substitutions, which may now, in retrospect, be regarded as an application of the above method to the differential $A(\tau)d\tau = d \log \eta(\tau)$, combined with the knowledge of the functional equation for "Hurwitz' zeta-function". In their case, of course, the presence of double poles in the functions denoted above by $F(s), F'(s)$ requires greater care in the evaluation of the residues; but the basic idea in their proof is the same as described above.

Another interesting case is the one where the group is Hecke's group $\Gamma_0(N)$, and the invariant differential $A(t)dt$ is the Mellin transform of the zeta-function of an elliptic curve E of conductor N, with complex multiplication, defined over Q. Let k be the imaginary quadratic field generated by the complex multipliers for E; let $\bar{\omega}$ be one of the periods of a differential of the first kind on E, defined over Q. Well-known conjectures had led to expect that the periods of $A(t)dt$ are of the form $\bar{\omega}a$, with $a \in k$, and this has been verified by Shimura [5b] by using Hecke operators; closely related results had already been obtained by Hecke [4] by a method depending on the direct calculation of the periods. Here we merely wish to point out that the method explained above, combined with Damerell's theorem [1], leads immediately to the conclusion that the periods of $A(t)dt$ are all of the form $\bar{\omega}a$, where a is an algebraic number. It may be surmised that the conclusion $a \in k$ could be derived from Shimura's work on the same subject [5c]; but I must leave this question open for the time being.

5. The method explained in no. 3 applies equally well to the periods of Eichler's integrals (see [2] and [5a]). Here it will be convenient to normalize the group G of no. 2 so that the two cusps to be considered are at $i\infty$ and at 0, and that G contains the substitution $\tau \to \tau + 1$. Let A be a holomorphic form of degree $-k$, where k is an integer $\geqq 2$; as before, call a_0 the constant term in its expansion at $i\infty, q$ the period of the form $A(-1/\tau)\tau^{-k}$, and b_0 the constant term in its expansion. We write again:

$$F(\tau) = A(\tau) - a_0 = \sum_1^\infty a_n e^{2\pi i n\tau},$$

$$G(\tau) = (q\tau)^{-k}A\left(-\frac{1}{q\tau}\right) - b_0 = \sum_1^\infty b_n e^{2\pi i n\tau};$$

and now, changing our earlier notations, we will write

272   A. WEIL

$$\varphi(s) = \sum_{1}^{\infty} a_n n^{-s} , \qquad \Phi(s) = (2\pi)^{-s}\Gamma(s)\varphi(s) ,$$

$$\psi(s) = \sum_{1}^{\infty} b_n n^{-s} , \qquad \Psi(s) = (2\pi)^{-s}\Gamma(s)\psi(s) .$$

We apply Hecke's lemma exactly in the manner explained in no. 2, and conclude that Φ, Ψ satisfy the functional equation

$$\Phi(s) = i^k q^{k-s}\Psi(k - s) ,$$

where both sides have simple poles at $s = 0$ and $s = k$, with residues respectively equal to $-a_0$ and to $i^k b_0$. In view of the definition of Φ and Ψ this gives $\varphi(0) = -a_0$, $\psi(0) = -b_0$.

Now we replace s by $s + k - 1$ in this functional equation, and then divide it by $(s + 1) \cdots (s + k - 2)$; the new functional equation can be written as

$$\Phi_1(s) = i^{2-k} q^{1-s}\Psi_1(2 - k - s)$$

where we have put

$$\varphi_1(s) = \varphi(s + k - 1) = \sum_{1}^{\infty} (a_n n^{1-k})n^{-s} , \qquad \Phi_1(s) = (2\pi)^{-s}\Gamma(s)\varphi_1(s) ,$$

$$\psi_1(s) = \psi(s + k - 1) = \sum_{1}^{\infty} (b_n n^{1-k})n^{-s} , \qquad \Psi_1(s) = (2\pi)^{-s}\Gamma(s)\psi_1(s) .$$

Moreover, in this new functional equation, both sides have simple poles at $s = 1, 0, -1, \cdots, 1 - k$, with residues given in an obvious manner in terms of the values of φ_1 (or of ψ_1) at these points, i.e. in terms of $\varphi(0), \varphi(1), \cdots, \varphi(k - 1)$, and of b_0.

On the other hand, put

$$F_1(\tau) = \sum_{1}^{\infty} a_n n^{1-k} e^{2\pi i n\tau} , \qquad G_1(\tau) = \sum_{1}^{\infty} b_n n^{1-k} e^{2\pi i n\tau} .$$

Then we have

$$F(\tau) = (2\pi i)^{1-k}\frac{d^{k-1}F_1}{d\tau^{k-1}} , \qquad F_1(\tau) = -\frac{(2\pi i)^{k-1}}{(k - 2)!} \int_{i\infty}^{\tau} F(t)(\tau - t)^{k-2} dt ,$$

and similar formulas for $G_1(\tau)$; F_1, G_1 are essentially no other than the "Eichler integrals" for the automorphic form $A(\tau)$ and its transform under $\tau \to -1/q\tau$. Then Hecke's lemma, applied to the functional equation between Φ_1 and Ψ_1, gives:

$$F_1(\tau) + a_0\frac{(2\pi i\tau)^{k-1}}{(k - 1)!} - (-1)^k q^{k-1}\tau^{k-2}\left[G_1\left(\frac{-1}{q\tau}\right) + b_0\frac{(-2\pi i/q\tau)^{k-1}}{(k - 1)!}\right]$$

REMARKS ON HECKE'S LEMMA AND ITS USE   273

$$= \sum_{\nu=0}^{k-2} \frac{1}{\nu!}\varphi(k - \nu - 1)(2\pi i\tau)^{\nu} .$$

When the two cusps of G under consideration are the transforms of one another under an automorphism $\gamma \in G$, then (as in the special case discussed above in no. 3) the polynomial in the right-hand side gives the corresponding period of the Eichler integral $F_1(\tau)$. A typical case of this formula (the one corresponding to the modular form $\Delta(\tau)$ of degree $k = -12$) had already been described by Shimura [5a].

6. In conclusion, it seems appropriate to mention one important motivation for the calculations described above.

There is, by now, a fair amount of well-documented conjectures on the zeta-functions of elliptic curves over Q; moreover, most of them (with the notable exception of the Birch-Swinnerton-Dyer conjecture) have been verified for curves with complex multiplication. On the other hand, we are still unable even to guess what the corresponding facts may look like for elliptic curves over an algebraic number-field k.

The known facts suggest at any rate that the zeta-function of such a curve is the Mellin transform of a modular form for the group $GL_2(k)$. More precisely, let k have r archimedean real places and s imaginary places, its degree being $r + 2s$; the Riemannian symmetric space for $GL_2(k \otimes R)$ is the product of r copies of the Poincaré upper half-plane and of s copies of hyperbolic 3-space; it has a natural complex structure if $s = 0$, but not otherwise. Then (cf. [6, p. 144]), in view of the available evidence, one many surmise that the zeta-function is the Mellin transform of a harmonic differential form of degree $r + s$, invariant under a suitable congruence subgroup of $GL_2(k)$, and of its dual (or "star") which is of degree $r + 2s$; if $s = 0$, it amounts to the same to consider, instead of this form, the corresponding holomorphic form of degree r. As we have seen above, the more precise conjectures which can be made (and partly verified) in the case $k = Q$ depend upon the calculation of the periods of these differentials, which can be carried out at any rate when the curve has complex multiplications. Thus one has some right to expect that a calculation of the periods of the differentials in question for a curve with complex multiplication, over a field $k \neq Q$, might lead to more precise conjectures concerning the general case. I have little doubt that Hecke's lemma would prove its usefulness even there.

274   A. WEIL

References

[1] Damerell, R. M., *L*-functions of elliptic curves with complex multiplication (I), Acta Arith. **17** (1970), 287–301.

[2] Eichler, M., Eine Verallgemeinerung der Abelschen Integrale, Math. Zeit. **67** (1957), 267–298.

[3] Goldstein, L. and de la Torre, P., On the transformation of $\log \eta(\tau)$, Duke Math. J. **41** (1974), 291–297.

[4] Hecke, E., Bestimmung der Perioden gewisser Integrale durch die Theorie der Klassenkörper, Math. Zeit. **28** (1928), 708–727 (=Math. Werke 505–524).

[5] Shimura, G., (a) Sur les intégrales attachées aux formes automorphes, J. Math. Soc. Jap. **11** (1959), 291–311; (b) On elliptic curves with complex multiplication . . ., Nagoya Math. J. **43** (1971), 199–208; (c) On some arithmetical properties of modular forms of one and several variables, Ann. of Math. **102** (1975), 491–515.

[6] Weil, A., Dirichlet series and automorphic forms, Lecture Notes in Math. **189**, Springer, Berlin, 1971.

[7] ——, Sur les périodes des intégrales abéliennes, Comm. Pure and Appl. Math. **29** (1976), 813–819.

The Institute for Advanced Study
Princeton, New Jersey 08540
U.S.A.

[1977b] Fermat et l'équation de Pell

A Willy Hartner
en amical hommage

'Habent sua fata libelli'; on pourrait ajouter, 'et nomina'. A force de parler
de ses découvertes sans en rien publier jamais, John Pell, contemporain de Wallis, se fit en son temps une réputation de profond algébriste dans un cercle
restreint de ses compatriotes. Mais son nom serait bientôt tombé dans l'oubli
si Euler n'avait parcouru un peu vite le massif in-folio de l'Algèbre de Wallis
([2]), où le nom de Pell revient souvent, mais jamais à propos de l'équation
à laquelle Euler s'est avisé de donner ce nom. Peu importe, d'ailleurs; lorsqu'on habite rue Auguste-Comte, se soucie-t-on de savoir si Auguste Comte a
jamais habité dans cette rue ou dans son voisinage ?

Nous conservons donc son nom traditionnel à 'l'équation de Pell'; il s'agit
de l'équation $Nx^2 + 1 = y^2$ à résoudre en nombres entiers x, y, lorsque N est un
entier donné, non carré. L'histoire en est bien connue. En 1657 elle fut proposée
par Fermat ([2], p. 767 = [3], t. II, p. 334-335) aux mathématiciens anglais et
à quelques autres. L'année suivante, après un abondant échange de lettres, d'
abord entre Wallis et Lord Brouncker, puis entre ceux-ci et Digby, Frenicle et
Fermat (c'est le 'Commercium Epistolicum' qui occupe les pp. 757-860 de [2];
cf. [3], t. III, pp. 403-602), Fermat accepta pour bonne la solution envoyée par
les Anglais ([2], p. 857 = [3], t. II, p. 402). Cela ne l'empêcha pas de la critiquer en 1659 dans un écrit destiné à Huygens ([3], t. II. p. 433); il y manquait,
disait-il, 'la démonstration générale', que lui, Fermat, avait obtenue par "la
'descente' appliquée d'une manière toute particulière".

Wallis avait présenté la solution comme le produit de sa collaboration avec
Brouncker; dans certaines lettres il semble même en attribuer à celui-ci le principal mérite. Le talent mathématique de Brouncker paraît mis hors de doute par
son beau travail, publié une dizaine d'années plus tard, sur la quadrature de
l'hyperbole; il n'y a donc pas de raison de supposer que Wallis ait simplement
voulu flatter le noble lord. Wallis décrit d'ailleurs plusieurs variantes de leur
solution; la plus satisfaisante est celle qui figure dans le postscriptum de sa
lettre du 7/17 décembre 1657 à Brouncker, et que justement il attribue à ce dernier. Pour abréger, nous l'appellerons 'la méthode anglaise'. La voici, exposée
sur l'exemple même choisi par Wallis ([2], p. 797).

Soit à résoudre l'équation $13a^2 + 1 = u^2$; on a $4a > u > 3a$; on pose donc $u = 3a+b$, d'où $4a^2+1 = 6ab+b^2$, d'où $2b > a > b$; on pose $a = b+c$, et ainsi de
suite. Le calcul complet est présenté ainsi ([2], p. 797):

$$(1) \quad 4a^2 + 1 = 6ab + b^2, \quad 2b > a > b, \quad a = b + c;$$

$$(2) \quad 2bc + 4c^2 + 1 = 3b^2, \quad 2c > b > c, \quad b = c + d;$$

$$(3) \quad 3c^2 + 1 = 4cd + 3d^2, \quad 2d > c > d, \quad c = d + e;$$

$$(4) \quad 2de + 3e^2 + 1 = 4d^2, \quad 2e > d > e, \quad d = e + f;$$

$$(5) \quad e^2 + 1 = 6ef + 4f^2, \quad 7f > e > 6f, \quad e = 6f + g;$$

Reprinted from ΠΡΙΣΜΑΤΑ (W. Hartner Festschrift) Fr. Steiner Verlag, Wiesbaden 1977, pp. 441−448.

$$(6) \quad 6fg + g^2 + 1 = 4f^2 , \qquad 2g > f > g , \qquad f = g + h ;$$

$$(7) \quad 3g^2 + 1 = 2gh + 4h^2, \qquad 2h > g > h , \qquad g = h + j ;$$

$$(8) \quad 4hj + 3j^2 + 1 = 3h^2, \qquad 2j = h , $$

d'où $j = 1$, puis successivement $h = 2$, $g = 3$, $f = 5$, $e = 33$, $d = 38$, $c = 71$, $b = 109$, $a = 180$, et enfin $u = 649$.

Pour mieux comprendre de quoi il s'agit, il convient de revenir en arrière. A l'origine de l'arithmétique de Fermat se trouve l'édition de Diophante ([1 a]) publiée par Bachet en 1621 avec un abondant commentaire; c'est dans les marges de son exemplaire de cet ouvrage que Fermat nota une bonne partie de ses découvertes. A la fin de sa préface, Bachet y annonce la prochaine publication 'd'Eléments arithmétiques'; dans son commentaire à la question 41 du livre IV de Diophante, il fait mention d'une solution complète de l'équation $Ax - By = C$ en nombres entiers, qu'il a insérée, dit-il, dans ces Eléments; Wallis se réfère à ce passage ('Bachetus, in notis ad Quaest. 41 libri 4 Diophanti') au Chapitre LVIII de son Algèbre ([2], p. 237) intitulé 'De Alligationis Regula ... prout a Bacheto perficitur'.

Les Eléments de Bachet ne parurent jamais [1]; il inséra seulement sa solution des équations du premier degré en nombres entiers dans la 2e édition de ses 'Problèmes plaisans et délectables' ([1 b]) publiée à Lyon en 1624. Fermat a connu et pratiqué cet ouvrage (cf. [3], t. II, p. 192); il serait surprenant que Wallis ne l'eût pas connu aussi.

Bachet expose sa solution ([1 b], pp. 18-31) sans faire aucun usage des notations algébriques déjà courantes à son époque [2]. Afin d'en faire ressortir l'analogie avec la 'méthode anglaise' pour la solution de l'équation de Pell, nous allons la transcrire dans les notations de Wallis. A titre d'exemples numériques, Bachet traite les équations $60 x = 67 y \pm 1$. Voici, dans la notation de Wallis, comment se transcrit la solution de $60x = 67y + 1$:

$$
\begin{aligned}
60a &= 67b + 1, & 2b &> a > b , & a &= b + c ; \\
7b + 1 &= 60c , & 9c &> b > 8c, & b &= 8c + d ; \\
4c &= 7d + 1 , & 2d &> c > d , & c &= d + e ; \\
3d + 1 &= 4e , & 2e &> d \geq e , & d &= e + f ; \\
e &= 3f + 1 ,
\end{aligned}
$$

d'où la solution $f = 0$, $e = 1$, $d = 1$, $c = 2$, $b = 17$, $a = 19$ (et même, pour $f \geqq 0$, la solution générale).

Un étudiant s'exclamera aussitôt: 'Mais c'est l'algorithme d'Euclide!' ou bien 'Mais c'est la fraction continue!'. Fermat, lui, aurait dit plutôt: "C'est une solution par 'descente'", et il aurait eu raison aussi. Comment douter qu'il ne soit parti de là pour résoudre l'équation de Pell? Et comment douter que cette même solution n'ait servi aussi de modèle à Brouncker et Wallis, soit qu'ils en aient puisé la connaissance chez Bachet, soit même qu'ils l'aient tirée directement d'Euclide? S'ils n'avaient eu le problème plus simple de Bachet pour les guider, ils n'auraient peut-être pas, malgré tout leur talent, résolu en quelques semaines celui que leur proposait Fermat [3].

Comme nous le savons depuis Lagrange, les deux solutions reposent en effet sur l'algorithme d'Euclide, ou, ce qui revient au même, sur la construction d'une fraction continue; dans un cas on construit la fraction continue pour $67/60$, et dans l'autre pour $\sqrt{13}$. Mais le point de vue de nos auteurs est différent. Pour eux, il s'agit chaque fois de ramener l'équation, par des changements de variables appropriés, à une autre qui ait des solutions en nombres plus petits; c'est ce que Fermat entend par 'la descente'.

Fermat et l'équation de Pell   443

Analysons de plus près, en notation moderne, la 'méthode anglaise'. Soit à résoudre $u^2 - Nx^2 = \pm 1$; soit $n = [\sqrt{N}]$ la 'partie entière' de $\sqrt{N}$. On commence par poser $u = nx + y$, d'où une équation de la forme

$$Ax^2 - 2Bxy - Cy^2 \pm 1 = 0.$$

De là, on tire la valeur de $m = [x/y]$, puis on pose $x = my + z$, ce qui donne une équation de même forme en y, z; puis on itère cette opération, jusqu'à ce qu'on trouve une équation de même forme qui ait une solution évidente. Comme l'observe Wallis, on aurait pu, dans les mêmes circonstances, faire le changement de variable $x = (m+1)y-z$; il peut même arriver qu'on atteigne ainsi le but plus rapidement.

Par cette méthode, Brouncker et Wallis réussirent effectivement à résoudre tous les cas particuliers numériques indiqués par Fermat; il ne leur vint pas à l'esprit, apparemment, qu'on pût leur en demander plus. Sans doute Fermat aurait-il eu mauvaise grâce à insister. Mais il savait bien que la question n'était pas close tant qu'il n'était pas démontré que la méthode conduisait toujours à une solution, et qu'elle donnait toutes les solutions. La première démonstration n'en fut publiée que par Lagrange, plus d'un siècle plus tard.

Fermat possédait-il une telle démonstration ? Il le dit, et nous pouvons bien l'en croire. Mais peut-on conjecturer en quoi elle consistait?

Il est toujours suprêmement imprudent de prétendre reconstituer après coup une démonstration perdue. Même lorsqu'il s'agit de son propre travail, un mathématicien y échoue le plus souvent; une fois le but atteint, on est tout surpris, au bout de quelques années, de retrouver dans ses vieux papiers la trace du chemin détourné, tortueux, illogique par lequel on y était parvenu.

C'est donc à titre purement hypothétique qu'on va indiquer un schéma de démonstration qui aurait pu, croyons-nous, être celui de Fermat [4]. En premier lieu, nous admettrons que la méthode de solution de Fermat ne différait pas substantiellement de la 'méthode anglaise'. Comme il est remarqué plus haut, celle-ci semble directement inspirée par celle de Bachet, que Fermat devait bien connaître. Qu'on passe tout naturellement de celle-ci à celle-là semble démontré, non seulement par le caractère du problème, mais par la rapidité avec laquelle les Anglais obtinrent leur solution.

Cela admis, nous allons faire voir qu'un examen attentif de cette solution, dans des cas particuliers tels que celui qui a été décrit plus haut, pouvait bien inspirer à un mathématicien de la force de Fermat un principe simple de démonstration.

Pour cela, il ne sera pas inutile d'indiquer comment Euler, décrivant la 'méthode anglaise' dans son Algèbre ([4], II. Theil, II. Abschn., Cap. 7, § 105, p. 383), disposait le même calcul. Il écrit, toujours pour $N = 13$:

$$(1) \quad 4a^2 = 6ab + b^2 - 1, \quad a = \frac{3b + \sqrt{13b^2 - 4}}{4}, \quad a > \frac{6b}{4} > b, \quad a = b + c;$$

$$(2) \quad 3b^2 = 2bc + 4c^2 + 1, \quad b = \frac{c + \sqrt{13c^2 + 3}}{3}, \quad b > \frac{4c}{3} > c, \quad b = c + d;$$

et ainsi de suite. Puis il continue le tableau, un peu plus loin que ne font les Anglais:

$$(8) \quad 3h^2 = 4hj + 3j^2 + 1, \quad h = \frac{2j + \sqrt{13j^2 + 3}}{3} > j, \quad h = j + k;$$

$$(9) \quad 4j^2 = 2jk + 3k^2 - 1, \quad j = \frac{k + \sqrt{13k^2 - 4}}{4} > k, \quad j = k + l;$$

$$(10) \quad k^2 = 6kl + 4l^2 + 1, \quad k = 3l + \sqrt{13l^2 + 1}.$$

Là Euler s'arrête, en observant qu'on satisfait à la dernière équation avec
l=0, d'où k=1, etc.; c'est la solution des Anglais. Mais, si l'on est parti
d'une solution donnée du problème initial, il n'y a pas de raison pour qu'on
obtienne l=0; alors il y a lieu de continuer en écrivant k>6l, k=6l+m, d'où

$$4l^2 = 6lm + m^2 - 1$$

(ce qui est identique à (1)), etc.

En somme, on a commencé par 'supposer le problème résolu'; d'ailleurs on
aurait même pu partir de l'équation $u^2 - Nx^2 = \pm M$, dont Fermat s'est occupé
aussi (particulièrement dans le cas N = 2). Soit du moins $u^2 - Nx^2 = \pm 1$, et soit
n = [$\sqrt{N}$]; comme u >nx, on pose u = nx + y, d'où, pour x, y, une équation

$$\text{(I)} \qquad Ax^2 - 2Bxy - Cy^2 \pm 1 = 0,$$

où A, B, C sont des entiers positifs. La 'méthode anglaise' consiste à tirer de
(I) une suite d'équations de même type, en faisant dans (I) une substitution
'à la Bachet' c'est-à-dire de la forme x = my + z avec m entier positif, puis
en continuant de même. L'esprit de la méthode étant de 'descendre' d'une solution à une autre en nombres plus petits, on pourra chercher à prendre m le plus
grand possible.

Or l'équation (I) donne:

$$\text{(II)} \qquad x = \frac{By + \sqrt{Dy^2 \mp A}}{A}$$

où $D = B^2 + AC$ est le 'discriminant' du trinôme $f(t) = At^2 - 2Bt - C$. Parvenu
à ce point, on s'aperçoit aussitôt, sur n'importe quel exemple numérique (cf.
ci-dessus) qu'on a toujours D = N; c'est évident pour nous <u>a priori</u>, mais cela
se vérifie aussi par un calcul trivial (facile même pour un algébriste du XVIIe
siècle). Comme les solutions de $N = B^2 + AC$ en entiers positifs sont en nombre
fini, il s'ensuit que l'application de la 'méthode anglaise' ne peut faire apparaître qu'un nombre limité d'équations distinctes. Si la méthode peut se poursuivre assez longtemps, une même équation doit donc se répéter; c'est bien ce
qu'on constate sur n'importe quel exemple.

Mais, (I) étant posée, il faut choisir m en fonction uniquement de A, B, C;
(II) suggère de prendre pour m la partie entière [ξ] de la quantité

$$\xi = \frac{B + \sqrt{N}}{A},$$

c'est-à-dire de la racine positive du trinôme f(t); c'est bien ainsi, semble-t-il,
que procèdent les Anglais et Euler. Pour que ce choix ne soit pas illusoire, il
faut en tout cas que ξ>1, et pour cela il faut et il suffit qu'on ait f(1)<0,
c'est-à-dire A<2B+C.

Convenons, pour abréger, de dire que la forme quadratique

$$F(x,y) = Ax^2 - 2Bxy - Cy^2$$

est 'normale' lorsque A, B, C sont des entiers positifs satisfaisant à $B^2 + AC =$
N et à A<2B+C; convenons d'écrire alors F = (A,B,C), et aussi, comme
plus haut, f(t) = F(t,1). Posons maintenant, m étant un entier positif quelconque:

$$\text{(III)} \qquad \begin{aligned} F'(y,z) &= -F(my + z,y) = A'y^2 - 2B'yz - C'z^2, \\ f'(u) &= F'(u,1) = A'u^2 - 2B'u - C' = -F(mu + 1,u), \end{aligned}$$

Fermat et l'équation de Pell   445

ce qui donne:

$$A' = - f(m), \quad B' = Am - B, \quad C' = A, \quad f'(1) = - f(m+1).$$

Pour que F' soit 'normale', il faut d'abord qu'on ait $A' > O$ et $f'(1) < O$, donc $m < \xi < m+1$, c'est-à-dire $m = [\xi]$. De plus, on a $\sqrt{N} > B$, d'où, pour ce choix de m:

$$\frac{2B}{A} < \xi = \frac{B + \sqrt{N}}{A} < m + 1 \leq 2m$$

et par suite $B' > O$. Donc F' est 'normale'. On dira dans ces conditions que la forme $F' = (A', B', C')$ est la 'dérivée' de F.

L'application de la 'méthode anglaise' exige de plus que, si x, y sont des entiers positifs tels que l'on ait

$$F(x,y) = Ax^2 - 2Bxy - Cy^2 = \varepsilon$$

avec $\varepsilon = \pm 1$, on ait aussi $x \geq my$. Pour vérifier ce point, observons que x/y est racine du trinôme $\varphi = f - \varepsilon y^{-2}$. Soit d'abord $y > 1$; comme $f(O)$ et $f(m)$ sont des entiers $< O$, $\varphi(O)$ et $\varphi(m)$ sont $< O$, donc on a bien $x/y > m$. Soit maintenant $y = 1$. Si $\varepsilon = - 1$, on a:

$$f(x) = -1 \quad , \quad f(x + 1) = A(x + 1) - 1 + \frac{C - 1}{x} > 0,$$

donc $m = x$. Si $\varepsilon = + 1$, on a

$$f(x - 1) = - A(x - 1) - \frac{C + 1}{x} + 1 < O, \quad f(x) = 1,$$

donc $m = x - 1$.

Reprenons, en notations modernes, la 'méthode anglaise'. Dans l'équation $u^2 - Nx^2 = \delta$ avec $\delta = \pm 1$, faisons $x = x_1$, $u = nx_1 + x_2$ avec $n = [\sqrt{N}]$. Cela donne:

$$A_1 x_1^2 - 2B_1 x_1 x_2 - C_1 x_2^2 = - \delta$$

avec

$$A_1 = N - n^2 , \quad B_1 = n, \quad C_1 = 1 ;$$

évidemment la forme $F_1 = (A_1, B_1, C_1)$ est 'normale'. Par récurrence, on en tire une suite d'équations

$$x_i = m_i x_{i+1} + x_{i+2},$$

$$F_i(x_i, x_{i+1}) = A_i x_i^2 - 2B_i x_i x_{i+1} - C_i x_{i+1}^2 = (-1)^i \delta,$$

en prenant chaque fois:

$$m_i = [\xi_i] = \left[\frac{B_i + n}{A_i}\right]$$

où ξ_i est la racine positive du trinôme $F_i(t, 1)$. Pour tout i, la forme $F_i = (A_i, B_i, C_i)$ est 'normale' en vertu de ce qui précède.

446   Weil, A.

On a démontré plus haut que, si l'on est parti d'une solution de $u^2 - Nx^2 = \delta$, on aura $x_i > m_{i+1} x_{i+1}$, $x_{i+2} > 0$, tant que $x_{i+1} > 1$; on a vu aussi que, si $x_{i+1} = 1$, on a $x_i = m_{i+1}$, $x_{i+2} = 0$, ou bien $x_i = m_{i+1} + 1$, $x_{i+2} = 1$, suivant que $(-1)^i \delta$ est -1 ou $+1$; dans ce dernier cas, cela montre qu'on a $x_{i+3} = 0$. La 'méthode anglaise' est donc bien une 'descente'. S'il existe une solution de $u^2 - Nx^2 = \delta$, on l'obtient à coup sûr ; il n'y a qu'à continuer la descente jusqu'à ce qu'on ait $x_{i+1} = 0$, donc $A_i = (-1)^i \delta = 1$. C'est ce que Brouncker et Wallis avaient constaté empiriquement; il n'est donc pas étonnant qu'ils aient résolu tous les cas particuliers proposés par Fermat comme pierres de touche.

Reste à savoir s'il existe toujours des solutions; en fait, si l'on prend $\delta = -1$, il n'en existe pas nécessairement. Il faut donc démontrer 'a priori' que la suite des 'dérivées' successives F_i de F_1 aboutit, quel que soit N, à une forme F_i pour laquelle $A_i = (-1)^i = 1$.

Pour cela, revenons au cas N = 13, et écrivons la suite des formes F_i:

$$F_1 = (4,3,1), \; F_2 = (3,1,4), \; F_3 = (3,2,3), \; F_4 = (4,1,3),$$
$$F_5 = (1,3,4), \; F_6 = (4,3,1), \; F_7 = (3,1,4), \; \ldots\ldots$$

Comme il était prévu, ces formes se répètent périodiquement à partir d'un certain point. Mais on observe sur cette suite une autre propriété non moins remarquable. A chaque forme $F = (A,B,C)$, associons la forme $G = (C,B,A)$; alors la suite (G_i) n'est autre que la suite (F_i) lue à l'envers.

Examinons ce point de plus près. Soit $(A,B.C)$ une solution de $B^2 + AC = N$ en entiers positifs. Pour que $F = (A,B,C)$ et $G = (C,B,A)$ soient 'normales' toutes deux il faut et il suffit qu'on ait $A < 2B+C$ et $C < 2B+A$, ou encore $f(1) < 0$, $f(-1) > 0$ si l'on pose de nouveau $f(t) = F(t,1)$. Autrement dit, il faut et il suffit pour cela que les racines ξ, ξ' de f soient, l'une > 1 et l'autre comprise dans l'intervalle $-1 < t < 0$. On dira en ce cas, pour abréger, que F et G sont 'binormales'.

Soit de nouveau $F' = (A',B',C')$ la 'dérivée' de F, et soit $f'(t) = F'(t,1)$; on a $f'(-1) = -f(m-1) > 0$; donc, si F est 'normale', F' est même 'binormale'. Comme F_1 l'est évidemment, il en est donc de même de toutes les formes F_i construites par la 'méthode anglaise'.

Soit de plus $G' = (C',B',A')$; on a:
$$G'(u,v) = -F'(v,-u) = F(mv - u,v) = -G(v,u-mv)$$
et par suite:
$$G(v,w) = -G'(mv + w,v).$$
D'après ce qu'on a vu plus haut, il s'ensuit que, si G est 'normale', c'est la 'dérivée' de G'. On voit donc, en particulier, que, pour tout i, G_i est la 'dérivée' de G_{i+1}.

Soit p le plus petit entier tel que, pour un i convenable, on ait $F_{p+i+1} = F_{i+1}$; on a donc $G_{p+i+1} = G_{i+1}$. La i-ième dérivée de G_{i+1} est G_1; celle de G_{p+i+1} est G_{p+1}; donc on a $G_{p+1} = G_1$, et par suite $F_{p+1} = F_1$. Il est donc démontré que les F_i se répètent périodiquement avec la période $(F_1, F_2, \ldots, F_p)$. En particulier, on a $C_{p+1} = C_1 = 1$. Puisque, pour tout i, on a $C_{i+1} = A_i$, cela donne $A_p = A_{2p} = \ldots = 1$. Cela achève la démonstration du théorème de Fermat; elle n'emploie que des moyens techniques qui étaient amplement à la disposition de celui-ci. Il s'agit bien, comme on voit, d'une 'descente' appliquée 'd'une manière toute particulière'. Assurément, si cette démonstration était celle de Fermat et qu'il eût voulu la rédiger, il l'aurait fait autrement; il en aurait décrit tous les pas successifs, sans doute sur un exemple numérique, en faisant valoir à chaque pas que le principe en était général.

Il est sans doute hasardeux de prétendre étayer une conjecture par une autre conjecture; nous allons nous y risquer cependant. Dans une lettre du 25 septembre

Fermat et l'équation de Pell   447

1654 à Pascal ([3], t. II, p. 313), Fermat dit, non seulement que tout nombre premier de la forme $4m + 1$ est somme de deux carrés, mais qu'il sait trouver ceux-ci 'par règle générale'. Or, si on admet ce qui précède, une telle 'règle générale' (qui dans le fond ne diffère pas de celle donnée par Gauss à l'art. 265 des 'Disquisitiones') n'est pas difficile à énoncer.

Notons d'abord que, si $F = (A, B, 1)$ est 'normale', on a $A = N - B^2 > O$ et $N - B^2 < 2B + 1$, c'est-à-dire $N < (B + 1)^2$, donc $B = n$ et $F = F_1$. En particulier, avec les mêmes notations que ci-dessus, on aura $G_p = F_1$, de sorte que la suite $(G_p, G_{p-1}, \ldots, G_1)$ est identique à $(F_1, F_2, \ldots, F_p)$; c'est ce que nous avions annoncé tout à l'heure. Si de plus p est impair et qu'on pose $p + 1 = 2q$, on aura $F_q = G_q$, c'est-à-dire $A_q = C_q$, donc $N = A_q^2 + B_q^2$.

Mais, comme on l'a vu plus haut, pour que p soit impair, il faut et il suffit que l'équation $u^2 - Nx^2 = -1$ ait une solution. Lorsqu'il en est ainsi, N est donc somme de deux carrés, et on obtient ceux-ci par la 'méthode anglaise', donc en effet 'par règle générale'.

Soit en particulier N premier de la forme $4m + 1$. Soit (u, x) la plus petite solution de $u^2 - Nx^2 = 1$; évidemment u est impair et x pair. On a:

$$\frac{u + 1}{2} \cdot \frac{u - 1}{2} = N \left(\frac{x}{2}\right)^2.$$

La différence des deux facteurs du premier membre est 1, donc ils sont premiers entre eux; comme N est premier, l'un de ces facteurs est donc de la forme v^2 et l'autre de la forme Nw^2, ce qui donne $v^2 - Nw^2 = \pm 1$. Le signe ne peut être $+$, car alors (u, x) ne serait pas la plus petite solution de $u^2 - Nx^2 = 1$. Donc on a $v^2 - Nw^2 = -1$; la démonstration est achevée, et elle l'est par un raisonnement qui revient constamment chez Fermat.

BIBLIOGRAPHIE

[1]   Claude Bachet: (a) Diophanti Alexandrini Arithmeticorum libri sex ... absolutissimis Commentariis illustrati. Auctore Claudio Gaspare Bacheto Meziriaco ... Lutetiae Parisiorum. M.DC. XXI; b) Problèmes plaisans et délectables, qui se font par les nombres ... Par Claude Gaspar Bachet, Sieur de Meziriac. Seconde Edition, reueuё, corrigée, et augmentée ... A Lyon ... M. DC. XXIIII.

[2]   John Wallis: Johannis Wallis ... De Algebra Tractatus Historicus et Practicus. Anno 1685 Anglice editus; Nunc Auctus Latine ... Operum Mathematicorum Volumen alterum. Oxoniae ... MDCXCIII.

[3]   Pierre de Fermat: Oeuvres ... (ed. P. Tannery et Ch. Henry), 4 volumes, Paris 1891-1912.

[4]   Leonhard Euler: Opera Omnia (I), t.I = Vollständige Anleitung zur Algebra ..., St. Petersburg 1770.

448   Weil, A.

NOTES

(1)   La manuscrit en a été conservé ('Elementorum Arithmeticorum libri
       XIII'); il se trouve, sous la cote ms. 2106, à la Bibliothèque de l'Institut
       de France. Au livre III il traite de l'équation Ax - By = 1. Cf. Ch. Henry,
       'Bull. di Bibliografia e di Storia', t. XII (1879), p. 624, et J. Itard,
       'Revue d'Hist. des Sciences', 1 (1947), p. 38.
(2)   On notera à ce propos une remarque de Fermat ([3], t. II, p. 187) au
       sujet de Frenicle: 'ce génie qui, sans aide d'Algèbre, pousse si avant
       dans la connaissance des nombres entiers'.
(3)   Le 6/16 octobre 1657, Brouncker apprend que Fermat demandait une
       solution en nombres entiers (et non pas en nombres rationnels, comme il
       l'avait cru d'abord). Sa solution est décrite dans la lettre de Wallis du
       7/17 décembre.
(4)   Pour un essai de reconstitution tout autre, et qui ne me semble guère
       convaincant, cf. J.E. Hofmann, 'Abh. d. Pr. Akad. d. Wiss.' 1944
       (Nr. 7).

[1977c] Abelian varieties and the Hodge ring

In searching for possible counterexamples to the "Hodge conjecture", one has to look for varieties whose Hodge ring is not generated by its elements of degree 2. Mumford found one, some years ago, among abelian varieties of so-called CM-type (cf. [4], p. 166–167). My purpose here is to indicate that the main point in his example is not that it is of CM-type, but that it admits complex multiplication by an imaginary quadratic field (more accurately, by an order in such a field). To this I shall add some observations about moduli and local moduli in their relation to Hodge classes. It is not claimed that any of these is new; most of them, if not all, seem already contained in the work of Mumford ([3]) and Shimura ([6]). Nevertheless, I hope it may not be regarded as quite superfluous if I repeat them here in a slightly different context.

1. In order to get the language straight, I recall a few basic facts. Let V be a vector-space of dimension $2n$ over $\mathbf{Q}$; put $X = V \otimes_{\mathbf{Q}} \mathbf{R}$. Call W the dual of V, and put $\mathfrak{A} = \wedge W$; $\mathfrak{A}$ is the exterior algebra generated by W. Writing $W_{\mathbf{C}} = W \otimes_{\mathbf{Q}} \mathbf{C}$, $\mathfrak{A}_{\mathbf{C}} = \mathfrak{A} \otimes_{\mathbf{Q}} \mathbf{C}$, etc., we have $\mathfrak{A}_{\mathbf{C}} = \wedge W_{\mathbf{C}}$. Let L be a lattice of rank $2n$ in V; then X/L is a torus, whose cohomology ring over $\mathbf{Q}$ (resp. over $\mathbf{C}$) may be identified with $\mathfrak{A}$ (resp. with $\mathfrak{A}_{\mathbf{C}}$).

An endomorphism J of X, such that $J^2 = -1_X$, determines a complex structure on X; call Y the vector-space of dimension n over $\mathbf{C}$, with the underlying real space X and the complex structure for which J is the scalar multiplication $y \to iy$. We may then write $X_{\mathbf{C}} = Y \oplus \overline{Y}$, and the $\mathbf{C}$-linear extension of J to $X_{\mathbf{C}}$ induces the scalar multiplication i on Y (resp. $-i$ on $\overline{Y}$). We will always regard J as an element of the Lie algebra $\mathrm{End}(X)$ of the group $\mathrm{Aut}(X)$; as such, it generates the compact subgroup γ of $\mathrm{Aut}(X)$ consisting of the automorphisms $e^{2\pi tJ}$ for $t \in \mathbf{R}/\mathbf{Z}$; the extension of this to $X_{\mathbf{C}}$ induces the scalar multiplications $e^{2\pi it}$ on Y, $e^{-2\pi it}$ on $\overline{Y}$. An element of the tensor algebra generated by X and its dual will be called invariant under J if it is fixed under γ.

2. An element of $\mathfrak{A}_{\mathbf{C}}$ is of Hodge type (p, q) if it is a linear combination of elements of the form

$$u_1 \wedge \cdots \wedge u_p \wedge \bar{u}_{p+1} \wedge \cdots \wedge \bar{u}_{p+q}$$

where all the u_i are $\mathbf{C}$-linear forms on Y. The sums of elements of type (p, p) for $0 \le p \le n$ make up a subring of $\mathfrak{A}_{\mathbf{C}}$; this can also be defined as consisting of those elements of $\mathfrak{A}_{\mathbf{C}}$ which are invariant under J (i.e. under γ). The intersection of that ring with $\mathfrak{A}$ is *the Hodge ring* of the complex torus Y/L.

The elements of degree 2 of $\mathfrak{A}_{\mathbf{R}}$ may be identified with the $\mathbf{R}$-valued alternating bilinear forms on $X \times X$. Let A be such a form; it is invariant under J if and only if the bilinear form $(x_1, x_2) \to A(x_1, Jx_2)$ on $X \times X$ is symmetric; the corresponding element α of $\mathfrak{A}_{\mathbf{R}}$ is then of type $(1, 1)$. If at the same time the quadratic form $x \to A(x, Jx)$ on X is positive-definite, A and α are said to be *positive* (for J); they are

Abelian varieties and the Hodge ring

then said to define a Riemann form for the complex torus Y/L if α is in $\mathfrak{A}$ (and therefore in the Hodge ring), i.e. if A is **Q**-valued on $V \times V$. Then Y/L is an abelian variety.

3. Let $\mathfrak{C}$ be the subset of $\mathrm{End}(X)$ consisting of those J for which $J^2 = -1_{2n}$. The adjoint group of $\mathrm{Aut}(X)$ acts transitively on $\mathfrak{C}$; $\mathfrak{C}$ is a submanifold of $\mathrm{End}(X)$, isomorphic to the homogeneous space $GL(2n, \mathbf{R})/GL(n, \mathbf{C})$.

Take any set $\theta = \{\theta_1, \ldots, \theta_N\}$ of vectors in representation spaces for $\mathrm{Aut}(X)$, i.e. of tensors in the tensor algebra generated by X and its dual. Let G_θ be the subgroup of $\mathrm{Aut}(X)$ which leaves all θ_i fixed; write $\mathfrak{g}_\theta$ for the Lie algebra of G_θ, and put $\mathfrak{C}_\theta = \mathfrak{C} \cap \mathfrak{g}_\theta$; this is a real-analytic subset of $\mathfrak{C}$, about which more will be said further on (see no. 19).

4. Now I shall construct the abelian varieties admitting complex multiplication by a given imaginary quadratic field k.

Call σ the non-trivial automorphism of k. Assuming k to be given as a subfield of **C**, one may identify $k \otimes_\mathbf{Q} \mathbf{R}$ with **C**; the extension of σ to **C** is then $z \to \bar{z}$. Take a vector-space V of dimension n over k; we may regard $X = V \otimes_\mathbf{Q} \mathbf{R}$ as a vector-space of dimension n over **C**. Write $X = X' \oplus X''$, where X', X'' are subspaces of X of dimensions m and $n - m$, respectively, over **C**. Put $Y' = X'$, $Y'' = \bar{X}''$, $Y = Y' \oplus Y''$; in other words, Y is the complex vector-space with the same underlying real space as X, but whose complex structure is the one determined by the endomorphism J of that space given by $Jx' = ix'$, $Jx'' = -ix''$ for $x' \in X'$, $x'' \in X''$. For any $\alpha \in k$, the extension to X of the scalar multiplication α in V is the scalar multiplication $x \to \alpha x$ in X; on Y, with the complex structure given by J, it determines the endomorphism of Y which induces the scalar multiplications $y' \to \alpha y'$, $y'' \to \alpha^\sigma y''$ on Y' and on Y'', respectively; of course it maps V onto itself. If L is a lattice of rank $2n$ in V, and $v \to \alpha v$ maps L into itself, it determines a complex multiplication on the complex torus Y/L.

5. On Y/L, we introduce a Riemann form as follows. Take on $V \times V$ a skew-hermitian form H over k, i.e. a k-valued **Q**-bilinear form such that

$$H(v_1, v_2)^\sigma = -H(v_2, v_1); \quad H(\alpha v_1, v_2) = \alpha H(v_1, v_2) \qquad (\alpha \in k).$$

Extending this to a **C**-valued skew-hermitian form H_X over **C** on $X \times X$, put $H_X = A_X + iS_X$, where A_X is alternating and S_X is symmetric. We have:

$$A_X(x_1, x_2) = S_X(x_1, -ix_2).$$

Moreover, on $V \times V$, we have $2A_X = H + H^\sigma$, so that A_X induces on $V \times V$ a **Q**-valued form A; this is to be our Riemann form. Put $x_1 = x'_1 + x''_1, x_2 = x'_2 + x''_2$, with x'_1, x'_2 in X' and x''_1, x''_2 in X''. We get:

$$A_X(x_1, Jx_2) = S_X(x'_1 + x''_1, -iJ(x'_2 + x''_2)) = S_X(x'_1 + x''_1, x'_2 - x''_2).$$

This will be symmetric and positive if and only if S_X is 0 on $X' \times X''$, positive on X' and negative on X''. One must therefore assume that S_X (or, what amounts to the same, the hermitian form $-iH_X$) has the signature $(m, n - m)$, and then one must take for X' any m-dimensional subspace of X on which $-iH_X$ is (strictly) positive, and for X'' the orthogonal complement of X' with respect to $-iH_X$. Then Y/L is an abelian variety with complex multiplication by an order of k (more briefly, by k).

Abelian varieties and the Hodge ring

Conversely, it is easily seen that every such variety can be obtained in the manner described above (except possibly for its polarization, which may be different).

6. Now we will examine the Hodge ring of Y/L, under the additional assumption $n = 2m$. Write V^* for the dual of V; for $\xi \in V^*$, write ξ^σ for the antilinear form $v \to \xi(v)^\sigma$, and $V^{*\sigma}$ for the space of such forms. The k-valued $\mathbf{Q}$-linear forms on V make up the space $V^* \oplus V^{*\sigma}$, which is to be regarded as a space of dimension $2n$ over k; it is the extension W_k to k of the space W of $\mathbf{Q}$-valued $\mathbf{Q}$-linear forms on V, the latter consisting of the elements of W_k which are fixed under σ. As before, I write $\mathfrak{A}$ for the exterior algebra $\wedge W$; its extension to k is $\mathfrak{A}_k = \wedge W_k$, and $\mathfrak{A}$ is the space of elements of $\mathfrak{A}_k$, fixed under σ. Similarly, I will write X^* for the dual of X; it is no other than $V^* \otimes_\mathbf{Q} \mathbf{R}$, and one may also identify $V^{*\sigma} \otimes_\mathbf{Q} \mathbf{R}$ with the space $\overline{X}^*$ of antilinear forms on X, i.e. of the forms $x \to \overline{\lambda(x)}$ for $\lambda \in X^*$. Then $\wedge(X^* \oplus \overline{X}^*)$ is the same as the extension $\mathfrak{A}_\mathbf{C}$ of $\mathfrak{A}$ to $\mathbf{C}$.

7. Take J as above. The group γ consists of the automorphisms $e^{2\pi t J}$ of the underlying real space of X; $e^{2\pi t J}$ induces the scalar multiplications $e^{2\pi i t}$ on X' (and on its dual X'^*) and $e^{-2\pi i t}$ on X'' (and on its dual X''^*). We know that our Riemann form must be of Hodge type $(1, 1)$ and must be fixed under γ. In fact, choosing a basis (ξ_μ) for V^* over k, we can write

$$H(v_1, v_2) = \sum_{\mu, \nu} h_{\mu\nu} \xi_\mu(v_1) \xi_\nu^\sigma(v_2)$$

with $h_{\mu\nu} = -h_{\nu\mu}^\sigma \in k$. Put

$$\omega = \sum_{\mu, \nu} h_{\mu\nu} \xi_\mu \wedge \xi_\nu^\sigma;$$

as this is in $\mathfrak{A}_k$ and invariant under σ, it is in $\mathfrak{A}$. On the other hand, take a basis (e_μ) for X over $\mathbf{C}$, consisting of orthonormal bases $(e_1, \ldots, e_m)$ and $(e_{m+1}, \ldots, e_n)$ for the positive hermitian forms induced on X' by $-iH_X$ and on X'' by iH_X, respectively. Taking for X^* the basis (λ_μ) dual to the basis (e_μ) for X, we get:

$$H_X(x_1, x_2) = \sum_\mu c_\mu \lambda_\mu(x_1) \overline{\lambda}_\mu(x_2),$$

$$c_1 = \cdots = c_m = i, \qquad c_{m+1} = \cdots = c_n = -i,$$

and therefore, in terms of that basis:

$$\omega = \sum_\mu c_\mu \lambda_\mu \wedge \overline{\lambda}_\mu.$$

As expected, this is invariant under γ, so that it is a Hodge class (i.e. in the Hodge ring). Now write

$$\Omega = \xi_1 \wedge \cdots \wedge \xi_n = C^{-1} \lambda_1 \wedge \cdots \wedge \lambda_n,$$

where C is the determinant of the substitution expressing the basis (λ_μ) in terms of (ξ_μ); as this transforms the hermitian form $-iH_X$ in the manner described above, we have $C\overline{C} = \det(H)$.

Abelian varieties and the Hodge ring

The second formula for Ω makes it clear that it is invariant under γ; the first one shows that it is in $\mathfrak{A}_k$. Therefore, for every $\alpha \in k$, $\alpha\Omega + \alpha^\sigma\Omega^\sigma$ is an "extraordinary" Hodge class Ω_α, i.e. one which is not in the ring generated by the "polarizing class" ω.

8. There is a kind of converse to this. Take any endomorphism J of the real vector-space underlying X, satisfying $J^2 = -1_{2n}$, and use it as before to define a complex vector-space Y. Other notations being as before, we can still define the element $\Omega = \xi_1 \wedge \cdots \wedge \xi_n$ of $\mathfrak{A}_k$ and regard Ω and Ω^σ as elements of $\mathfrak{A}_\mathbf{C}$. Assume that they are invariant under the extension of J to $X_\mathbf{C} = X \otimes_\mathbf{R} \mathbf{C} = V \otimes_\mathbf{Q} \mathbf{C}$; then this extension induces endomorphisms on the subspaces of $X_\mathbf{C}$ defined respectively by $\xi_1 = \cdots = \xi_n = 0$ and by $\xi_1^\sigma = \cdots = \xi_n^\sigma = 0$. As the extension of $v \to \alpha v$ induces on them, respectively, the scalar multiplications α^σ and α, this shows that J commutes with α. Thus, when that is so, the complex torus Y/L admits complex multiplication by k, and we are back where we were before.

9. Take $\delta \in k$ such that $\delta^\sigma = -\delta$. It will now be shown that $\omega, \Omega_1, \Omega_\delta$ generate the Hodge ring of Y/L if Y/L is chosen generically in the family we have just constructed.

We are dealing here with a special case of the situation described above in no. 3; we have only to take here for θ the set consisting either of the three elements $\omega, \Omega_1, \Omega_\delta$ of $\mathfrak{A}$, or of ω and the automorphism $x \to \delta x$ of the underlying real space of X. If $\mathfrak{E}_\theta$ is then defined as in no. 3, the endomorphisms J we have been considering in nos. 4–8 are those elements of $\mathfrak{E}_\theta$ for which ω is positive; they make up a connected component $\mathfrak{F}$ of $\mathfrak{E}_\theta$.

Alternatively, one can proceed as follows. Write G for the special unitary group of the hermitian form $\delta^{-1}H$, regarded as an algebraic group defined over $\mathbf{Q}$; over $\mathbf{C}$ (or over any algebraically closed field) G becomes isomorphic to $SL(n)$ and is simple; $G_\mathbf{Q}$ (resp. $G_\mathbf{R}$) consists of the automorphisms of V (resp. of X) of determinant 1 which leave H fixed. If J is as in nos. 4–8, it has the trace 0 and leaves H invariant, so that it is in the Lie algebra $\mathfrak{g}_\mathbf{R}$ of $G_\mathbf{R}$. Call $\mathfrak{F}$ the set of those endomorphisms; they are bijectively associated with the n-dimensional subspaces X' of X on which $-iH$ is positive. As $G_\mathbf{R}$ operates transitively on those spaces X', it operates transitively on $\mathfrak{F}$ by the action of its adjoint group, i.e. by $(g, J) \to gJg^{-1}$. As the subgroup K_0 of $G_\mathbf{R}$ which leaves one such subspace X'_0 fixed is a maximal compact subgroup of $G_\mathbf{R}$, $\mathfrak{F}$ is a submanifold of $\mathfrak{g}_\mathbf{R}$, isomorphic to the Riemannian symmetric space $G_\mathbf{R}/K_0$, on which we can put its usual invariant complex structure. If G_L is the subgroup of $G_\mathbf{Q}$ which leaves fixed the lattice L, one may regard $G_L\backslash\mathfrak{F}$ as the variety of moduli for the abelian varieties Y/L in the given family.

10. As G is simple, the adjoint representation of $G_\mathbf{R}$ is irreducible; as $\mathfrak{F}$ is invariant under it, there is no proper $\mathbf{R}$-linear subspace of $\mathfrak{g}_\mathbf{R}$ containing $\mathfrak{F}$. In particular, if $\mathfrak{g}'$ is any proper subalgebra of $\mathfrak{g}_\mathbf{R}$, $\mathfrak{F} \cap \mathfrak{g}'$ is a proper real-analytic subset of $\mathfrak{F}$ (for a more precise statement, cf. no. 19) and therefore has no interior point. By Baire's theorem, this implies that $\mathfrak{F}$ cannot be the union of countably many such subsets.

Let τ be a vector in a representation space for $G_\mathbf{R}$; either it is fixed under $G_\mathbf{R}$, or the elements of $G_\mathbf{R}$ which leave it fixed make up a proper subgroup G'_τ of $G_\mathbf{R}$, whose Lie algebra (since $G_\mathbf{R}$ is connected) is a proper subalgebra $\mathfrak{g}'_\tau$ of $\mathfrak{g}_\mathbf{R}$. In

Abelian varieties and the Hodge ring

the latter case, put $\mathfrak{F}_\tau = \mathfrak{F} \cap \mathfrak{g}'_\tau$; $\mathfrak{F}$ cannot be the union of countably many sets $\mathfrak{F}_\tau$. In particular, there are abelian varieties Y/L in the family under consideration whose Hodge ring consists solely of those elements of the cohomology ring $\mathfrak{A}$ which are fixed under the full group $G_{\mathbf{R}}$, or (what amounts to the same) under G regarded as an algebraic group.

Applying now the classical theory of invariants for the group $SL(n, \mathbf{C})$, one concludes at once that the elements of $\mathfrak{A}_{\mathbf{C}}$, fixed under $G_{\mathbf{C}}$, make up the ring generated by $\omega, \Omega, \Omega^\sigma$. Thus, for a generic member of our family of abelian varieties the Hodge ring is the one generated by $\omega, \Omega_1, \Omega_\delta$. In particular, the Hodge classes of degree n are the linear combinations of $\omega^m, \Omega_1, \Omega_\delta$ with rational coefficients, i.e. the classes of the form $a\,\omega^m + \Omega_\alpha$ with $a \in \mathbf{Q}$, $\alpha \in k$.

11. An algebraic class, in the cohomology ring over $\mathbf{Q}$, is one which contains a linear combination of algebraic varieties with rational coefficients; if the co-efficients are positive, the class may be said to be positively algebraic. Algebraic classes make up a subring of the Hodge ring (the whole of it, if the Hodge con-jecture is true). By Lefschetz' theorem, all Hodge classes of degree 2 are algebraic; in particular, the "polarizing class" ω is so, and so is ω^p for every p.

For any $\alpha \neq 0$ in k, the inverse images of $\omega, \Omega, \Omega^\sigma$ under the mapping $v \to \alpha v$ are $(\alpha\alpha^\sigma)\omega$, $\alpha^n\Omega$, $(\alpha^\sigma)^n\Omega^\sigma$, respectively. Thus, if any class $a\omega^m + \Omega_\alpha$ with $\alpha \neq 0$ is algebraic, they are all so; then, if there are no other Hodge classes of degree n, at least one such class must be positively algebraic. No method for deciding whether this is so for any $m \geq 2$ seems to be known at present.

12. There are of course many subfamilies of the given family $\{Y/L\}$ for which those Hodge classes become algebraic; perhaps the following example deserves a brief mention. Assume that $\det(H)$ is of the form $\alpha\alpha^\sigma$ with $\alpha \neq 0$ in k; then (cf. [2]) one can choose in many ways a basis (ξ_ν) for V^* over k so that the coefficients $h_{\mu\nu}$ of H are in $\mathbf{Q}$. Define the antilinear mapping ρ of V onto V by putting $\xi_\nu(\rho v) = \xi_\nu^\sigma(v)$ for $v \in V$, $1 \leq \nu \leq n$; then the elements of V, fixed under ρ, make up a $\mathbf{Q}$-linear subspace V_0 of V, of dimension n over $\mathbf{Q}$. We have $V = V_0 \oplus \delta V_0$, and $X = X_0 \oplus \delta X_0$ with $X_0 = V_0 \otimes_{\mathbf{Q}} \mathbf{R}$. On $V_0 \times V_0$, H induces a $\mathbf{Q}$-valued alter-nating form H_0; call ω_0 the corresponding element of $V_0^* \wedge V_0^*$.

13. Let J be an endomorphism of X, commuting with ρ and such that $J^2 = -1_X$; then X_0 and δX_0 are stable under J; call J_0 the endomorphism it induces on X_0. If at the same time J commutes with $x \to \delta x$ (and therefore with $x \to \alpha x$ for all $\alpha \in k$), it must be of the form $x_0 + \delta x_0' \to J_0 x_0 + \delta J_0 x_0'$ $(x_0 \in X_0, x_0' \in X_0)$, so that it is completely determined by J_0. It is then easy to see that H is invariant under J if and only if H_0 is so under J_0, and that $H(x, Jx)$ is positive if and only if $H_0(x_0, J_0 x_0)$ is so.

If at the same time we take $L = L_0 + \delta L_0$, where L_0 is a lattice of rank n in X_0, we see thus that the conditions laid down for J in nos. 4–6 are satisfied if and only if J_0 determines on X_0 a complex structure for which X_0/L_0 becomes an abelian variety A with the Riemann form ω_0. When that is so, Y/L is no other than $A \times A$.

Let X_0, L_0, ω_0 be given as above; let A be a generic abelian variety correspond-ing to those data; it is known that the Hodge ring of every product $A \times A \times \cdots \times A$ is generated by its elements of degree 2, so that it consists of algebraic classes; a proof for this could be given on the same lines as the one given above in nos. 9–10,

Abelian varieties and the Hodge ring

except that it would have to be based on the invariant theory for the symplectic group. Thus we have defined, within the family $\{Y/L\}$, infinitely many subfamilies (depending upon the choice of the basis (ξ_v)) for which Ω_1, Ω_δ become algebraic classes; they are of codimension 1 in the family $\{Y/L\}$ if $m = 2$.

14. The following remarks, of a purely local nature, may perhaps throw some light upon the situations described above in no. 3 and nos. 9–11, and more general ones of similar nature (cf. [3], [6], and the literature quoted there).

Take a Lie group G; it acts on its Lie algebra $\mathfrak{g}$ by the adjoint representation of G, given, for $g \in G$, $a \in \mathfrak{g}$, by

$$(g, a) \to \mathrm{Ad}(g)a = gag^{-1};$$

$\mathrm{Ad}(g)$ is the tangent linear mapping at $x = e$ to the inner automorphism $x \to gxg^{-1}$. The tangent mapping to $g \to \mathrm{Ad}(g)a - a$ at $g = e$ is $b \to \mathrm{ad}(b)a = [b, a]$, where ad is the adjoint representation of $\mathfrak{g}$ into the Lie algebra $\mathrm{End}(\mathfrak{g})$.

We consider orbits in $\mathfrak{g}$ under $\mathrm{Ad}(G)$. If $\Omega = \mathrm{Ad}(G)a_0$ is such an orbit, and if G_0 is the group of isotropy of a_0 (i.e. its centralizer), the mapping $g \to \mathrm{Ad}(g)a_0$ determines a bijection of G/G_0 onto Ω; we will give to Ω the topology for which this is a homeomorphism; it is independent of the choice of a_0 on Ω. Then Ω is locally a differentiable submanifold of $\mathfrak{g}$.

Assume now that $\mathrm{ad}(a_0)$ is a semisimple endomorphism of $\mathfrak{g}$ and has no other eigenvalues than 0 and $\pm i$. Then $\mathfrak{g}$ splits into the Lie algebra $\mathfrak{g}_0$ of G_0 and a subspace $\mathfrak{w}$, supplementary to $\mathfrak{g}_0$ in $\mathfrak{g}$, on which $\mathrm{ad}(a_0)^2$ induces the scalar multiplication -1; both are stable under $\mathrm{Ad}(G_0)$. Call V the dual space to $\mathfrak{g}$, i.e. the space of covectors on G at e; it splits into the dual spaces V_0, W to $\mathfrak{g}_0$ and to $\mathfrak{w}$; then $W_{\mathbf{C}}$ is the space of complex-valued covectors on G at e, orthogonal to $\mathfrak{g}_0$. Under the transpose of $\mathrm{ad}(a_0)$, $W_{\mathbf{C}}$ splits into two subspaces W_+, W_-, on which this transpose induces the scalar multiplications by i and by $-i$, respectively.

We may also regard $W_{\mathbf{C}}$ as the space of complex-valued covectors on G/G_0 at the image of e in G/G_0; as the decomposition of $W_{\mathbf{C}}$ into W_+ and W_- is invariant under $\mathrm{Ad}(G_0)$, i.e. under the action of the inner automorphism $x \to gxg^{-1}$ for every $g \in G_0$, we can transport this decomposition by left-translations to all points of G/G_0, thus defining on G/G_0 (or, what amounts to the same, on Ω) an invariant almost-complex structure.

15. Actually this is a complex structure. To see this, consider left-invariant differential forms ξ_α, η_μ, $\bar{\eta}_\mu$ on G, corresponding respectively to a basis for V_0 over $\mathbf{R}$ and to bases for W_+ and W_- over $\mathbf{C}$. Writing the Maurer-Cartan equations for these forms, and expressing that they must be invariant under the action of $\mathrm{ad}(a_0)$, one finds that each $d\eta_\mu$ must be of the form

$$d\eta_\mu = \sum c_{\alpha v \mu} \xi_\alpha \eta_v.$$

At any point g of G, take, in the neighborhood of g, a submanifold X of G with a tangent linear space at g, supplementary to that of the coset gG_0; the mapping $x \to xG_0$ determines (locally) a diffeomorphism of X onto a neighborhood of the image of g on G/G_0. Transporting to X the almost-complex structure defined above for G/G_0, we see that this is determined by the differential forms induced on X by the forms η_μ. The above formulas for $d\eta_\mu$ show now that it is integrable. A

Abelian varieties and the Hodge ring

similar argument would show that, if G_0 is compact, G/G_0 carries an invariant Kähler metric.

16. If a_0 is as stated in no. 14, I will say that it is *complexifying* for its orbit Ω, or that it is a complexifying element of $\mathfrak{g}$. Clearly, if that is so, all elements of Ω are complexifying and define the same complex structure on Ω. For instance, in nos. 1–3, $\frac{1}{2}J$ was complexifying in the Lie algebra $\mathrm{End}(X)$ of $\mathrm{Aut}(X)$; so is $\frac{1}{2}J$ for the group $G_{\mathbf{R}}$ of the skew-hermitian form H in the situation occurring in no. 9; the group we have just called G_0 is compact in the latter case, but not in the former one.

Let a_0 be complexifying in $\mathfrak{g}$; let G_0 and Ω be as above, and let H be a closed subgroup of G whose Lie algebra $\mathfrak{h}$ contains a_0; clearly, then, a_0 is also complexifying in $\mathfrak{h}$ for its orbit Ω' under $\mathrm{Ad}(H)$. Put $H_0 = H \cap G_0$, $\mathfrak{h}_0 = \mathfrak{h} \cap \mathfrak{g}_0$. We may identify again Ω with G/G_0, Ω' with H/H_0 or with HG_0/G_0, and the tangent linear spaces to Ω and to Ω' at some point with $\mathfrak{g}/\mathfrak{g}_0$ and with $\mathfrak{h}/\mathfrak{h}_0 = (\mathfrak{h} + \mathfrak{g}_0)/\mathfrak{g}_0$, respectively. As the latter is a subspace of $\mathfrak{g}/\mathfrak{g}_0$, stable under the action of $\mathrm{ad}(a_0)$, one verifies at once that the complex structure determined on Ω' by a_0 is the same as the one induced on it by the complex structure of Ω. In other words, Ω' is a complex submanifold of Ω.

17. As pointed out to me by A. Borel, it is often possible to sharpen that result by applying a lemma due to R. W. Richardson ([5], pp. 1–5); for convenience I will adapt his proof to Lie groups, since his paper deals with algebraic groups.

Take again a Lie group G and a closed subgroup H of G; call $\mathfrak{g}$, $\mathfrak{h}$ their Lie algebras; we are again concerned with orbits in $\mathfrak{g}$ under $\mathrm{Ad}(G)$, and in $\mathfrak{h}$ under $\mathrm{Ad}(H)$, which we topologize as above. If Ω is an orbit in $\mathfrak{g}$ under $\mathrm{Ad}(G)$, $\Omega \cap \mathfrak{h}$, being stable under $\mathrm{Ad}(H)$, is the union of orbits in $\mathfrak{h}$ under $\mathrm{Ad}(H)$.

Richardson calls the pair $(\mathfrak{g}, \mathfrak{h})$ "reductive" if there is a subspace $\mathfrak{z}$ of $\mathfrak{g}$, supplementary to $\mathfrak{h}$ and stable under $\mathrm{ad}(\mathfrak{h})$; thus we have $\mathfrak{g} = \mathfrak{h} \oplus \mathfrak{z}$ and $[\mathfrak{h}, \mathfrak{z}] \subset \mathfrak{z}$. Take now any $a_0 \in \mathfrak{h}$; call G_0 its centralizer in G; let $\mathfrak{g}_0$ be the Lie algebra of G_0; put $\mathfrak{h}_0 = \mathfrak{h} \cap \mathfrak{g}_0$ and $\mathfrak{z}_0 = \mathfrak{z} \cap \mathfrak{g}_0$. For any $x \in \mathfrak{g}_0$, put $x = y + z$ with $y \in \mathfrak{h}$, $z \in \mathfrak{z}$. We have

$$0 = [x, a_0] = [y, a_0] - [a_0, z].$$

As $[y, a_0]$ is in $\mathfrak{h}$ and $[a_0, z]$ is in $\mathfrak{z}$, both must be 0. Thus we get $\mathfrak{g}_0 = \mathfrak{h}_0 \oplus \mathfrak{z}_0$; this is the crucial step in Richardson's argument. If now we take supplementary subspaces $\mathfrak{h}_1$, $\mathfrak{z}_1$ to $\mathfrak{h}_0$ in $\mathfrak{h}$ and to $\mathfrak{z}_0$ in $\mathfrak{z}$, we get:

$$\mathfrak{g} = \mathfrak{h}_0 \oplus \mathfrak{h}_1 \oplus \mathfrak{z}_0 \oplus \mathfrak{z}_1 = \mathfrak{h}_1 \oplus \mathfrak{z}_1 \oplus \mathfrak{g}_0.$$

18. Richardson's lemma says that, if $(\mathfrak{g}, \mathfrak{h})$ is a reductive pair, and if Ω is an orbit in $\mathfrak{g}$ under $\mathrm{Ad}(G)$, each orbit in $\mathfrak{h}$ under $\mathrm{Ad}(H)$, contained in Ω, is open and closed in $\Omega \cap \mathfrak{h}$.

It is enough to show that such orbits are open in $\Omega \cap \mathfrak{h}$; this is a purely local statement. Take a_0 in $\Omega \cap \mathfrak{h}$. We have to show that the orbit $\Omega' = \mathrm{Ad}(H)a_0$ is locally (i.e. in some neighborhood of a_0) the same as $\Omega \cap \mathfrak{h}$. This will be done by constructing a subspace $\mathfrak{h}'$ of $\mathfrak{g}$, containing $\mathfrak{h}$ and transversal to Ω at a_0, whose codimension in $\mathfrak{g}$ is the same as that of Ω' in Ω. In fact, if $\mathfrak{h}'$ can be so chosen, the transversality condition implies that $\Omega \cap \mathfrak{h}'$ is (locally) a submanifold of Ω, of the

Abelian varieties and the Hodge ring

same dimension as Ω'; since we have (locally)

$$\Omega' \subset \Omega \cap \mathfrak{h} \subset \Omega \cap \mathfrak{h}',$$

this will prove our assertion.

Take in H a suitably small neighborhood H_1 of e in some submanifold of H with the tangent linear space $\mathfrak{h}_1$ at e; similarly, take in G a neighborhood Z_1 of e in a manifold with the tangent linear space $\mathfrak{z}_1$ at e. The mapping $g \to \mathrm{Ad}(g)a_0$ induces on H_1 (resp. on $H_1 \cdot Z_1$) a diffeomorphism onto a neighborhood of a_0 on Ω' (resp. on Ω). If now we identify with $\mathfrak{g}$, in the obvious manner, the tangent linear space to $\mathfrak{g}$ at a_0, this shows that the tangent linear spaces T', T to Ω' and to Ω at a_0 are respectively the images of $\mathfrak{h}_1$ and of $\mathfrak{h}_1 \oplus \mathfrak{z}_1$ under the mapping $x \to [x, a_0]$. Now take a supplementary subspace $\mathfrak{m}$ to $[\mathfrak{z}_1, a_0]$ in $\mathfrak{z}$, and put $\mathfrak{h}' = \mathfrak{h} \oplus \mathfrak{m}$. Clearly $\mathfrak{h}' \cap T = T'$; moreover, the codimension of T' in T is the dimension of $[\mathfrak{z}_1, a_0]$, which is equal to the codimension of $\mathfrak{m}$ in $\mathfrak{z}$ and to that of $\mathfrak{h}'$ in $\mathfrak{g}$. This completes the proof.

If at the same time G and H are algebraic groups, then one can conclude that $\Omega \cap \mathfrak{h}$ consists of finitely many orbits Ω'.

19. To combine the above results, take a Lie group G, a closed subgroup H of G, and assume that their Lie algebras $\mathfrak{g}$, $\mathfrak{h}$ make up a "reductive pair"; of course this will be so if $\mathfrak{h}$ is a reductive Lie algebra. Let Ω be an orbit in $\mathfrak{g}$ under $\mathrm{Ad}(G)$, consisting of complexifying elements. Then $\Omega \cap \mathfrak{h}$ is a complex-analytic submanifold of the complex-analytic manifold Ω. Of course it may be empty; it need not be connected; its connected components need not all have the same dimension.

For instance, in no. 3, if the pair $(\mathrm{End}(X), \mathfrak{g}_\theta)$ is reductive, the set denoted there by $\mathfrak{E}_0$ is a complex-analytic submanifold of $\mathfrak{E}$. Now take the situation described in nos. 9–10; there $G_\mathbf{R}$ is simple, and the centralizer K_0 of the complexifying element $a_0 = \frac{1}{2}J$ is a maximal compact subgroup of $G_\mathbf{R}$, consisting of the elements fixed under the Cartan involution determined by $e^{\pi J/2}$. Then every Lie subalgebra of $\mathfrak{g}_\mathbf{R}$, containing a_0, must be reductive in $\mathfrak{g}_\mathbf{R}$ (as proved in [1], lemma 1.5, p. 490). Define τ, $\mathfrak{g}'_\tau$, $\mathfrak{F}$, $\mathfrak{F}_\tau$ as in no. 10; since here we are dealing with algebraic groups, our argument shows that the set $\mathfrak{F}_\tau$ consists of finitely many connected components, each one of which is a complex-analytic submanifold of $\mathfrak{F}$. It even shows that these components are Hermitian symmetric spaces.

It will be obvious that most (if not all) of the cases treated by Mumford in [3], and by Shimura in [6], are susceptible of being described in a similar manner.

20. It seems to be a known fact (cf. e.g. P. Griffiths, *passim*) that to impose a Hodge class upon a manifold with complex structure imposes upon its local moduli a holomorphic condition. In other words, if we have a family $\{M_t\}$ of such manifolds, depending holomorphically upon local complex parameters t, and if one of them, say M_0, carries a Hodge class ω, those M_t near M_0 for which ω is still a Hodge class make up a complex-analytic subfamily of $\{M_t\}$. Some of the conclusions obtained above may be regarded as illustrations of this general principle.

From the point of view of algebraic geometry, it is not the local moduli that matter. One has to begin with polarized (or, what amounts to the same, projective) varieties, i.e. with Kähler manifolds with a prescribed positive Hodge class of degree 2; for these, one has to divide the variety of local moduli by a suitable

Abelian varieties and the Hodge ring

discrete group; for instance, in no. 9, $\mathfrak{F}$ can be regarded as the variety of local moduli for the toruses Y/L, while the variety of moduli for the corresponding family of abelian varieties is $G_L \backslash \mathfrak{F}$.

One may now ask whether imposing a certain Hodge class upon a generic member of an algebraic family of polarized algebraic varieties amounts to an algebraic condition upon the parameters. It would appear that all the known facts, including the ones recorded above, suggest that this is indeed so.

21. It seems that a positive answer to that question would follow, not merely from the Hodge conjecture (if true), but even from a weaker version of it, which is as follows. Consider again the example in nos. 9–11. I can see no good reason at present for expecting the Hodge classes Ω_1, Ω_δ to be algebraic if the variety $B = Y/L$ is generic within the family constructed there. However, we have seen in no. 8 that to impose those Hodge classes upon a generic abelian variety is to impose complex multiplication by k, or (what amounts to the same since $k = \mathbf{Q} \oplus \delta\mathbf{Q}$) by δ; in other words, it amounts to imposing upon $B \times B$ an algebraic class, viz., the graph of $x \rightarrow \delta x$.

In that example, one can even go one step further. Call again ω the Riemann form, i.e. the polarizing class, on B. Let ω_1 be its inverse image on $B \times B$ under the mapping $(x, y) \rightarrow x + y$. Similarly, if B admits complex multiplication by δ, call ω_δ the inverse image of ω under $(x, y) \rightarrow x + \delta y$; this is a Hodge class of degree 2, hence algebraic. Conversely, it is easy to see that imposing upon B a complex multiplication by δ is the same as to impose upon $B \times B$ a suitably characterized Hodge class of degree 2, i.e. a certain algebraic class of codimension 1.

Thus it may happen that imposing a Hodge class upon an algebraic variety B is equivalent to imposing an algebraic class (even one of codimension 1) upon a product of two or more factors isomorphic to B. Even if this were not so in general, it might still be true for abelian varieties. The present evidence is far too weak to justify a conjecture; I merely offer this as deserving further exploration.

Bibliographie

1. A. Borel and Harish-Chandra, Arithmetic subgroups of algebraic groups, Ann. of Math. 75 (1962), 485–535.

2. W. Landherr, Aequivalenz Hermitescher Formen über einem beliebigen algebraischen Zahlkörper, Hamb. Abh. 11 (1936), 245–248.

3. D. Mumford: (a) Families of abelian varieties, Proc. Symp. in Pure Math., vol. 9 (Algebraic Groups), A.M.S. 1966, pp. 347–351; (b) A note on Shimura's paper, Math. Ann. 181 (1969), 345–351.

4. H. Pohlmann, Algebraic cycles on abelian varieties of complex multiplication type, Ann. of Math. 88 (1968), 161–180.

5. R. W. Richardson, Conjugacy classes in Lie algebras and algebraic groups, Ann. of Math. 86 (1967), 1–15.

6. G. Shimura: (a) Moduli of abelian varieties and number theory, Proc. Symp. in Pure Math., vol. 9 (Algebraic Groups), A.M.S. 1966, pp. 312–332; (b) Discontinuous groups and abelian varieties, Math. Ann. 168 (1967), 171–199.

[1978a] Who betrayed Euclid?

Some time ago your *Archive* printed a paper on Greek mathematics which, in tone and style as well as in content, fell significantly below the usual standards of that journal. As it has already quite adequately (if perhaps too gently) been refuted there by V. D. WAERDEN and by FREUDENTHAL, there is no need for referring to it by name. My only purpose in this letter is to point out that we have here almost a textbook illustration of the very thesis which the author (let us call him Z) sought to discredit, *viz.*, that it is well to know mathematics before concerning oneself with its history; just as it is well to know Greek before dealing with Greek mathematics.

Z discusses a number of examples from EUCLID; I shall examine only the simplest one, which raises no side-issue; it is taken from EUCLID IX.8. As this consists of parallel statements about squares and about cubes, I may, for brevity, consider only the former. The paper quotes that proposition as follows (in HEATH's literal translation):

"If as many numbers as we please beginning from an unit be in continued proportion, the third from the unit will be a square, as will also those which successively leave out one."

As the proof would show if necessary, the latter clause means the fifth, the seventh, *etc.* "Numbers" (VII, def. 2) means integers other than the unit or "monad". "In continued proportion" ($\dot{\varepsilon}\xi\tilde{\eta}\varsigma$ $\dot{\alpha}\nu\dot{\alpha}\lambda o\gamma o\nu$; VII, def. 21) means that the ratio of each integer to the next remains the same throughout the sequence. A number is called "a square" (VII, def. 19) if it is equal to some number multiplied with itself.

HEATH also gives an alternative translation of the same statement, equally faithful but in shorthand:

"If $1, a, a_2, a_3, \ldots$ be a geometrical progression [*i.e.*, as explained later on, if $1:a = a:a_2 = a_2:a_3 = \cdots$], then $a_2, a_4, a_6, \ldots$ are squares".

In EUCLID's proof, the "numbers" in the proposition are denoted by Greek capitals, $A, B, \Gamma, \Delta, E, Z$; HEATH gives a literal translation of the proof, followed again by a transcript in shorthand, and ends up with the remark:

92 A. Weil

"The whole result is of course obvious if the geometrical progression is written, with our notation, as $1, a, a^2, a^3, \ldots, a^n$".

This gives occasion to Z, after pouring totally unwarranted obloquy upon Heath, to make this pronouncement:

"If we use modern algebraic symbolism, this ceases altogether to be a proposition and its truthfulness is an immediate and trivial application of the definition of a geometric progression".

When Heath (imprudently, perhaps) wrote "obvious", he was not writing for laymen. He meant that the result is obvious for one who, having at least learnt school-algebra, will recognize in it the special case $q = 2$ of the rule $a^{pq} = (a^p)^q$. He knew that any mathematician would make the distinction (a subtle one to the layman) between the obvious and the trivial. Mathematicians are trained to know the difference between a definition, a notation and a theorem.

Perhaps the *modern* mathematician finds it easier, in this case, to perceive the truth of the matter, because nowadays the exponential notation x^α is used in many situations where x, α are not numbers. For instance, the exponent α may be taken from a non-commutative group; some care is then needed in the choice of definitions and notations if the rule $x^{\alpha\beta} = (x^\alpha)^\beta$ is still to hold true. However that may be, one who thinks that the rules governing the use of the exponential notation are trivial must be lacking, not only in mathematical understanding, but also in historical sense. Let him read Euclid's book IX, then Archimedes' *Sandreckoner*, then pages 132 to 166 of J. Tropfke's excellent *Geschichte der Elementar-Mathematik*, volume II. There he will learn that the development of the exponential *notation* and the realization of its *properties* went hand in hand for almost twenty centuries before they reached perfection. If now our notation allows schoolchildren to use the properties of exponentiation without ever being conscious of them, this does them no harm; they may then imagine that this makes those properties "trivial consequences of the definition", but we know better.

To berate Heath and others for betraying Euclid when all they do is to use a certain amount of notation to clarify the contents of his writings does not merely indicate a lack of mathematical sense; it argues a deficiency in logic. As everyone knows, words, too, are symbols. The content of a theorem does not change greatly, whether it is expressed in words or in formulas; the choice, as we all know, is mostly a matter of taste and of style. "Euclid's *numbers*", we read in Z's article, "are *given* line-segments, no abstract symbols" (his italics). What are A, B, Γ, Δ, E, Z in the proof of IX.8, if not symbols?

As to "numbers" being "line-segments", every reader of Euclid knows how punctilious he is in distinguishing between line-segments ($\varepsilon \dot{v}\theta \varepsilon \tilde{\iota}\alpha\iota$), magnitudes ($\mu \varepsilon \gamma \dot{\varepsilon}\theta \eta$) and numbers ($\dot{\alpha}\rho\iota\theta\mu o\dot{\iota}$). Where, in IX.8 or indeed in the whole text of books VII, VIII and IX, is there a mention of line-segments? The layman may be misled by the diagrams in the margins; but a mere glance, for instance at the proof of IX.8, will show that the diagram contributes nothing to our understanding of the text, which carries no reference to it. If the unit had been thought of as a unit of length, it would appear in the diagram, but it does not. It is open to question whether such diagrams belong to the "tradition", *i.e.* whether they go back to EUCLID; even if we assume that they do, it is clear to the mathematician's eye that they are no more than a partial visualization of a piece of abstract reasoning. HASSE and his school used diagrams to illustrate the mutual relationships between algebraic number-fields; that did not make their subject into geometry. In EUCLID's books VII, VIII and IX, there is no trace of geometry, nor even of so-called "geometrical algebra". According to our modern classifications, those books are mostly algebra pure and simple (the algebra of the ring of integers); the balance, which is far deeper and more interesting, is pure number-theory. Of course it is more practical to carry out algebraic operations as we do, with the help of our algebraic symbolism, than in words as EUCLID did; just as it is more practical to perform arithmetical operations in the decimal (or, as computers do, in the dyadic) system, rather than as ARCHIMEDES did; this does not affect the substance of the matter. Who, one may ask, has been betraying EUCLID?

One point more deserves touching upon. EUCLID is the first extant mathematical text where the concept of proof is identified with a *gapless* chain of reasoning; this, and for good reasons, is still our view of the matter. Often it compels one to include, so to say for the record, much laborious routine; those who take shortcuts do so at their peril. The trained mathematician has learnt to discern, and indeed to skip, such passages, while the would-be historian concludes (in Z's words) that the writer has had "to toil energetically", little imagining that the poor wretch was just cursing the dullness of his self-inflicted task. It is not always easy, in a given historical context, to distinguish between mere routine and creative reasoning; there can be no worthwhile history of mathematics unless this is done.

To conclude: when a discipline, intermediary in some sense between two already existing ones (say A and B) becomes newly established, this often makes room for the proliferation of parasites, equally ignorant of both A and B, who seek to thrive by intimating to practitioners of A that they do not understand B, and vice versa. We see this happening now, alas, in the history of mathematics. Let us try to stop the disease before it proves fatal.

Institute for Advanced Study
Princeton, N.J.

(Received January 6, 1978)

[1978b] History of mathematics:
Why and how

My first point will be an obvious one. In contrast with some sciences whose whole history consists of the personal recollections of a few of our contemporaries, mathematics not only has a history but it has a long one, which has been written about at least since Eudemos (a pupil of Aristotle). Thus the question "Why?" is perhaps superfluous, or would be better formulated as "For whom?".

For whom does one write general history? for the educated layman, as Herodotus did? for statesmen and philosophers, as Thucydides? for one's fellow-historians, as is mostly done nowadays? What is the right audience for the art-historian? his colleagues, or the art-loving public, or the artists (who seem to have little use for him)? What about the history of music? Does it concern chiefly music-lovers, or composers, or performing artists, or cultural historians, or is it a wholly independent discipline whose appreciation is confined to its own practitioners? Similar questions have been hotly debated for many years among eminent historians of mathematics, Moritz Cantor, Gustav Eneström, Paul Tannery. Already Leibniz had something to say about it, as about most other topics:

"Its use is not just that History may give everyone his due and that others may look forward to similar praise, but also that the art of discovery be promoted and its method known through illustrious examples[1]."

That mankind should be spurred on by the prospect of eternal fame to ever higher achievements is of course a classical theme, inherited from antiquity; we seem to have become less sensitive to it than our forefathers were, although it has perhaps not quite spent its force. As to the latter part of Leibniz' statement, its purport is clear. He wanted the historian of science to write in the first place for creative or would-be creative scientists. This was the audience he had in mind while writing in retrospect about his "most noble invention" of the calculus.

On the other hand, as Moritz Cantor observed, one may, in dealing with mathematical history, regard it as an auxiliary discipline, meant for providing the true historian with reliable catalogues of mathematical facts, arranged according to times, countries, subject-matters and authors. It is then a portion, and

---

[1] *"Utilissimum est cognosci veras inventionum memorabilium origines, praesertim earum, quae non casu, sed vi meditandi innotuere. Id enim non eo tantum prodest, ut Historia literaria suum cuique tribuat et alii ad pares laudes invitentur, sed etiam ut augeatur ars inveniendi, cognita methodo illustribus exemplis. Inter nobiliora hujus temporis inventa habetur novum Analyseos Mathematicae genus, Calculi differentialis nomine notum ..."* (*Math. Schr.*, ed. C.I.Gerhardt, t.V, p. 392).

History of mathematics

not a very significant one, of the history of techniques and crafts, and it is fair to look upon it entirely from the outside. The historian of the XIXth century needs some knowledge of the progress made by the railway engine; for this he has to depend upon specialists, but he does not care how the engine works, nor about the gigantic intellectual effort that went into the creation of thermodynamics. Similarly, the development of nautical tables and other aids to navigation is of no little importance for the historian of XVIIth century England, but the part taken in it by Newton will provide him at best with a footnote; Newton as keeper of the Mint, or perhaps as the uncle of a great nobleman's mistress, is closer to his interests than Newton the mathematician.

From another point of view, mathematics may occasionally provide the cultural historian with a kind of "tracer" for investigating the interaction between various cultures. With this we come closer to matters of genuine interest to us mathematicians; but even here our attitudes differ widely from those of professional historians. To them a Roman coin, found somewhere in India, has a definite significance: hardly so a mathematical theory.

This is not to say that a theorem may not have been re-discovered time and again, even in quite different cultural environments. Some power-series expansions seem to have been discovered independently in India, in Japan and in Europe. Methods for the solution of Pell's equation were expounded in India by Bhaskara in the XIIth century, and then again, following a challenge from Fermat, by Wallis and Brouncker in 1657. One can even adduce arguments for the view that similar methods may have been known to the Greeks, perhaps to Archimedes himself; as Tannery suggested, the Indian solution could then be of Greek origin; so far this must remain an idle speculation. Certainly no one would suggest a connection between Bhaskara and our XVIIth century authors.

On the other hand, when quadratic equations, solved algebraically in cuneiform texts, surface again in Euclid, dressed up in geometric garb without any geometric motivation at all, the mathematician will find it appropriate to describe the latter treatment as "geometric algebra" and will be inclined to assume some connection with Babylon, even in the absence of any concrete "historical" evidence. No one asks for documents to testify to the common origin of Greek, Russian and Sanskrit, or objects to their designation as indo-european languages.

Now, leaving the views and wishes of laymen and of specialists of other disciplines, it is time to come back to Leibniz and consider the value of mathematical history, both intrinsically and from our own selfish viewpoint as mathematicians. Deviating only slightly from Leibniz, we may say that its first use for us is to put or to keep before our eyes "illustrious examples" of first-rate mathematical work.

Does that make historians necessary? Perhaps not. Eisenstein fell in love with mathematics at an early age by reading Euler and Lagrange; no historian told him to do so or helped him to read them. But in his days mathematics was progressing at a less hectic pace than now. No doubt a young man can now seek models and inspiration in the work of his contemporaries; but this will soon prove to be a severe limitation. On the other hand, if he wishes to go much further back, he may find himself in need of some guidance: it is the function of

History of mathematics

the historian, or at any rate of the mathematician with a sense for history, to provide it.

The historian can help in still another way. We all know by experience how much is to be gained through personal acquaintance when we wish to study contemporary work; our meetings and congresses have hardly any other purpose. The life of the great mathematicians of the past may often have been dull and unexciting, or may seem so to the layman; to us their biographies are of no small value in bringing alive the men and their environment as well as their writings. What mathematician would not like to know more about Archimedes than the part he is supposed to have taken in the defense of Syracuse? Would our understanding of Euler's number-theory be quite the same if we merely had his publications at our disposal? Is not the story infinitely more interesting when we read about his settling down in Russia, exchanging letters with Goldbach, getting almost accidentally acquainted with the works of Fermat, then, much later in life, starting a correspondence with Lagrange on number-theory and elliptic integrals? Should we not be pleased that, through his letters, such a man has come to belong to our close acquaintance?

So far, however, I have merely scratched the surface of my theme. Leibniz recommended the study of "illustrious examples", not just for the sake of esthetic enjoyment, but chiefly so that "the art of discovery be promoted". At this point one has to make clear the distinction, in scientific matters, between tactics and strategy.

By tactics I understand the day-to-day handling of the tools at the disposal of the scientist or scholar at a given moment; this is best learnt from a competent teacher and the study of contemporary work. For the mathematician it may include the use of differential calculus at one time, of homological algebra at another. For the historian of mathematics, tactics have much in common with those of the general historian. He must seek his documentation at its source, or as close to it as practicable; second-hand information is of small value. In some areas of research one must learn to hunt for and read manuscripts; in others one may be content with published texts, but then the question of their reliability or lack of it must always be kept in mind. An indispensable requirement is an adequate knowledge of the language of the sources; it is a basic and sound principle of all historical research that a translation can never replace the original when the latter is available. Luckily the history of Western mathematics after the XVth century seldom requires any linguistic knowledge besides Latin and the modern Western European languages; for many purposes French, German and sometimes English might even be enough.

In contrast with this, strategy means the art of recognizing the main problems, attacking them at their weak points, setting up future lines of advance. Mathematical strategy is concerned with long-range objectives: it requires a deep understanding of broad trends and of the evolution of ideas over long periods. This is almost undistinguishable from what Gustav Eneström used to describe as the main object of mathematical history, viz., "the mathematical ideas, considered historically[2]", or, as Paul Tannery put it, "the

---

[2] *"Die mathematischen Ideen in historischer Behandlung"* (Bibl.Math. 2 (1901), p.1).

History of mathematics

filiation of ideas and the concatenation of discoveries[3]". There we have the core of the discipline we are discussing, and it is a fortunate fact that the aspect towards which, according to Eneström and Tannery, the mathematical historian has chiefly to direct his attention is also the one of greatest value for any mathematician who wants to look beyond the everyday practice of his craft.

The conclusion we have reached has little substance, to be sure, unless we agree about what is and what is not a mathematical idea. As to this, the mathematician is hardly inclined to consult outsiders. In the words of Housman (when asked to define poetry), he may not be able to define what is a mathematical idea, but he likes to think that when he smells one he knows it. He is not likely to see one, for instance, in Aristotle's speculations about the infinite, nor in those of a number of medieval thinkers on the same subject, even though some of them were rather more interested in mathematics than Aristotle ever was; the infinite became a mathematical idea after Cantor defined equipotent sets and proved some theorems about them. The views of Greek philosophers about the infinite may be of great interest as such; but are we really to believe that they had great influence on the work of Greek mathematicians? Because of them, we are told, Euclid had to refrain from saying that there are infinitely many primes, and had to express that fact differently. How is it then that, a few pages later, he stated that "there exist infinitely many lines[4]" incommensurable with a given one? Some Universities have established chairs for "the history and philosophy of mathematics": it is hard for me to imagine what those two subjects can have in common.

Not so clearcut is the question where "common notions" (to use Euclid's phrase) end and where mathematics begins. The formula for the sum of the first n integers, closely related as it is to the "Pythagorean" concept of triangular numbers, surely deserves to be called a mathematical idea; but what should we say about elementary commercial arithmetic, as it appears in ever so many textbooks from antiquity down to Euler's potboiler on the same subject? The concept of a regular icosahedron belongs distinctly to mathematics: shall we say the same about the concept of a cube, that of a rectangle, or that of a circle (which is perhaps not to be separated from the invention of the wheel)? Here we have a twilight zone between cultural and mathematical history; it does not matter much where one draws the borderline. All the mathematician can say is that his interest tends to falter, the nearer he comes to crossing it.

However that may be, once we have agreed that mathematical ideas are the true object of mathematical history, some useful consequences can be drawn; one has been formulated by Tannery as follows (*loc.cit.*[3], p.164). There is no doubt at all, he says, that a scientist can possess or acquire all the qualities needed to do excellent work on the history of his science; the greater his talent as a scientist, the better his historical work is likely to be. As examples, he mentions Chasles for geometry; also Laplace for astronomy, Berthelot for chemis-

---

[3] *"La filiation des idées et l'enchaînement des découvertes"* (P. Tannery, *OEuvres*, vol. X, p.166).

[4] Ὑπάρχουσιν εὐθεῖαι πλήθει ἄπειροι (Bk X, def.3).

History of mathematics

try; perhaps he was also thinking of his friend Zeuthen. He might well have quoted Jacobi, if Jacobi had lived to publish his historical work[5].

But examples are hardly necessary. Indeed it is obvious that the ability to recognize mathematical ideas in obscure or inchoate form, and to trace them under the many disguises which they are apt to assume before coming out in full daylight, is most likely to be coupled with a better than average mathematical talent. More than that, it is an essential component of such talent, since in large part the art of discovery consists in getting a firm grasp on the vague ideas which are "in the air", some of them flying all around us, some (to quote Plato) floating around in our own minds.

How much mathematical knowledge should one possess in order to deal with mathematical history? According to some, little more is required than what was known to the authors one plans to write about[6]; some go so far as to say that the less one knows, the better one is prepared to read those authors with an open mind and avoid anachronisms. Actually the opposite is true. An understanding in depth of the mathematics of any given period is hardly ever to be achieved without knowledge extending far beyond its ostensible subject-matter. More often than not, what makes it interesting is precisely the early occurrence of concepts and methods destined to emerge only later into the conscious mind of mathematicians: the historian's task is to disengage them and trace their influence or lack of influence on subsequent developments. Anachronism consists in attributing to an author such conscious knowledge as he never possessed; there is a vast difference between recognizing Archimedes as a forerunner of integral and differential calculus, whose influence on the founders of the calculus can hardly be overestimated, and fancying to see in him, as has sometimes been done, an early practitioner of the calculus. On the other hand, there is no anachronism in seeing in Desargues the founder of the projective geometry of conic sections; but the historian has to point out that his work, and Pascal's, soon fell into the deepest oblivion, from which it could only be rescued after Poncelet and Chasles had independently rediscovered the whole subject.

Similarly, consider the following assertion: logarithms establish an isomorphism between the multiplicative semigroup of numbers between 0 and 1, and the additive semigroup of positive real numbers. This could have made no sense until comparatively recently. If, however, we leave the words aside and look at the facts behind that statement, there is no doubt that they were well understood by Neper when he invented logarithms, except that his concept of real numbers was not as clear as ours; this is why he had to appeal to kinematic con-

---

[5] Jacobi, as a student, had hesitated between classical philology and mathematics; he always retained a deep interest in Greek mathematics and mathematical history; extracts from his writings on this subject have been published by Koenigsberger in his biography of Jacobi (incidentally, a good model for a mathematically oriented biography of a great mathematician): see L.Koenigsberger, *Carl Gustav Jacob Jacobi*, Teubner 1904, pp. 385-395 and 413-414.

[6] Such seems to have been Loria's view: "Per comprendere e giudicare gli scritti appartenenti alle età passate, basta di essere esperto in quelle parti delle scienze che trattano dei numeri e delle figure e che si considerano attualmente come parte della cultura generale dell'uomo civile" (G.Loria, *Guida allo Studio della Storia delle Matematiche*, U.Hoepli,Milano 1946, p. 271).

cepts in order to clarify his meaning, just as Archimedes had done, for rather similar reasons, in his definition of the spiral[7]. Let us go further back; the fact that the theory of the ratios of magnitudes and of the ratios of integers, as developed by Euclid in Books V and VII of his *Elements,* is to be regarded as an early chapter of group-theory is put beyond doubt by the phrase "double ratio" used by him for what we call the square of a ratio. Historically it is quite plausible that musical theory supplied the original motivation for the Greek theory of the group of ratios of integers, in sharp contrast with the purely additive treatment of fractions in Egypt; if so, we have there an early example of the mutual interaction between pure and applied mathematics. Anyway, it is impossible for us to analyze properly the contents of Books V and VII of Euclid without the concept of group and even that of groups with operators, since the ratios of magnitudes are treated as a multiplicative group operating on the additive group of the magnitudes themselves[8]. Once that point of view is adopted, those books of Euclid lose their mysterious character, and it becomes easy to follow the line which leads directly from them to Oresme and Chuquet, then to Neper and logarithms (cf. NB, pp.154-159 and 167-168). In doing so, we are of course not attributing the group concept to any of these authors; no more should one attribute it to Lagrange, even when he was doing what we now call Galois theory. On the other hand, while Gauss had not the word, he certainly had the clear concept of a finite commutative group, and had been well prepared for it by his study of Euler's number-theory.

Let me quote a few more examples. Fermat's statements indicate that he was in possession of the theory of the quadratic forms $X^2 + nY^2$ for $n = 1,2,3$, using proofs by "infinite descent". He did not record those proofs; but eventually Euler developed that theory, also using infinite descent, so that we may assume that Fermat's proofs did not differ much from Euler's. Why does infinite descent succeed in those cases? This is easily explained by the historian who knows that the corresponding quadratic fields have an Euclidean algorithm; the latter, transcribed into the language and notations of Fermat and Euler, gives precisely their proofs by infinite descent, just as Hurwitz' proof for the arithmetic of quaternions, similarly transcribed, gives Euler's proof (which possibly was also Fermat's) for the representation of integers by sums of 4 squares.

Take again Leibniz' notation $\int y dx$ in the calculus. He insisted repeatedly on its invariant character, first in his correspondence with Tschirnhaus (who showed no understanding for it), then in the *Acta Eruditorum* of 1686; he even had a word for it ("*universalitas*"). Historians have hotly disputed when, or whether, Leibniz discovered the comparatively less important result which, in some textbooks, goes by the name of "the fundamental theorem of the

---

[7] Cf.N.Bourbaki, *Eléments d'histoire des mathématiques,* Hermann 1966, pp. 167-168 and 174; that collection of historical essays, extracted from the same author's *Eléments de mathématique* under a rather misleading title, will be quoted henceforth as NB.

[8] Whether or not Euclid believed the group of the ratios of magnitudes to be independent of the kind of magnitudes under study is still a moot point; cf.O.Becker, *Quellen u.Studien* 2 (1933), pp. 369-387.

History of mathematics

calculus". But the importance of Leibniz' discovery of the invariance of the notation ydx could hardly have been properly appreciated before Elie Cartan introduced the calculus of exterior differential forms and showed the invariance of the notation $ydx_1 \ldots dx_m$, not only under changes of the independent variables (or of local coordinates), but even under "pull-back"[9].

Consider now the debate which arose between Descartes and Fermat about tangents (cf. NB, p.192). Descartes, having decided, once and for all, that only algebraic curves were a fit subject for geometers, invented a method for finding their tangents, based upon the idea that a variable curve, intersecting a given one C at a point P, becomes tangent to C at P when the equation for their intersections acquires a double root corresponding to P. Soon Fermat, having found the tangent to the cycloid by an infinitesimal method, challenged Descartes to do the same by his own method. Of course he could not do that; being the man he was, he found the answer (*Œuvres,* II, p.308), gave a proof for it ("quite short and quite simple") by using the instantaneous center of rotation which he invented for the occasion, and added that he could have supplied another proof "more to his taste and more geometrical" which he omitted "to save himself the trouble of writing it out": anyway, he said, "such lines are mechanical" and he had excluded them from geometry. This, of course, was the point that Fermat was trying to make; he knew, as well as Descartes, what an algebraic curve was, but to restrict geometry to those curves was quite alien to his way of thinking and to that of most geometers in the XVIIth century.

Gaining insight into a great mathematician's character and into his weaknesses is an innocent pleasure that even serious historians need not deny themselves. But what else can one conclude from that episode? Very little, as long as the distinction between differential and algebraic geometry has not been clarified. Fermat's method belonged to the former; it depended upon the first terms of a local power-series expansion; it provided the starting point for all subsequent developments in differential geometry and differential calculus. On the other hand, Descartes' method belongs to algebraic geometry, but, being restricted to it, it remained a curiosity until the need arose for methods valid over quite arbitrary groundfields. Thus the point at issue could not be and was not properly perceived until abstract algebraic geometry gave it its full meaning.

There is still another reason why the craft of mathematical history can best be practised by those of us who are or have been active mathematicians or at least who are in close contact with active mathematicians; there are various types of misunderstandings of not infrequent occurrence from which our own experience can help preserve us. We know only too well, for instance, that one should not invariably assume a mathematician to be fully aware of the work of his predecessors, even when he includes it among his references; which one of us has read all the books he has listed in the bibliographies of his own writings? We know that mathematicians are seldom influenced in their work by philosophical considerations, even when they profess to take them seriously: we know that they have their own way of dealing with foundational matters by an

---

[9] Cf. NB, p. 208, and A.Weil, *Bull. AMS* 81 (1975), p. 683.

History of mathematics

alternation between possibly reckless disregard and the most painful critical attention. Above all, we have learnt the difference between original thinking and the kind of routine reasoning which a mathematician often feels he has to spin out for the record in order to satisfy his peers, or perhaps only to satisfy himself. A tediously laborious proof may be a sign that the writer has been less than felicitous in expressing himself; but more often than not, as we know, it indicates that he has been laboring under limitations which prevented him from translating directly into words or formulas some very simple ideas. Innumerable instances can be given of this, ranging from Greek geometry (which perhaps was at last suffocated by such limitations) down to the so-called epsilontic and down to Nicolas Bourbaki, who even once considered using a special sign in the margin to warn the reader about proofs of that kind. One important task of the serious historian of mathematics, and sometimes one of the hardest, is precisely to sift such routine from what is truly new in the work of the great mathematicians of the past.

Of course mathematical talent and mathematical experience are not enough for qualifying as a mathematical historian. To quote Tannery again (*loc. cit.*[3], p.165), "what is needed above all is a taste for history; one has to develop a historical sense." In other words, a quality of intellectual sympathy is required, embracing past epochs as well as our own. Even quite distinguished mathematicians may lack it altogether; each one of us could perhaps name a few who resolutely refuse to be acquainted with any work other than their own. It is also necessary not to yield to the temptation (a natural one to the mathematician) of concentrating upon the greatest among past mathematicians and neglecting work of only subsidiary value. Even from the point of view of esthetic enjoyment one stands to lose a great deal by such an attitude, as every art-lover knows: historically it can be fatal, since genius seldom thrives in the absence of a suitable environment, and some familiarity with the latter is an essential prerequisite for a proper understanding and appreciation of the former. Even the textbooks in use at every stage of mathematical development should be carefully examined in order to find out, whenever possible, what was and what was not common knowledge at a given time.

Notations, too, have their value. Even when they are seemingly of no importance, they may provide useful pointers for the historian; for instance, when he finds that for many years, and even now, the letter K has been used to denote fields, and German letters to denote ideals, it is part of his task to explain why. On the other hand, it has often happened that notations have been inseparable from major theoretical advances. Such was the case with the slow development of the algebraic notation, finally brought to completion at the hands of Viète and Descartes. Such was the case again with the highly individual creation of the notations for the calculus by Leibniz (perhaps the greatest master of symbolic language that ever was); as we have seen, they embodied Leibniz' discoveries so successfully that later historians, deceived by the simplicity of the notation, have failed to notice some of the discoveries.

Thus the historian has his own tasks, even though they overlap those of the mathematician and may at times coincide with them. Thus, in the XVIIth centu-

History of mathematics

ry, it happened that some of the best mathematicians, in the absence of immediate predecessors in any field of mathematics except algebra, had much work to do which in our view would fall to the lot of the historian, editing, publishing, reconstructing the work of the Greeks, of Archimedes, Apollonios, Pappos, Diophantos. Even now the historian and the mathematician will not infrequently find themselves on common ground when studying the production of the XIXth and XXth centuries, not to mention anything of more ancient vintage. From my own experience I can testify about the value of suggestions found in Gauss and in Eisenstein. Kummer's congruences for Bernoulli numbers, after being regarded as little more than a curiosity for many years, have found a new life in the theory of p-adic L-functions, and Fermat's ideas on the use of the infinite descent in the study of Diophantine equations of genus 1 have proved their worth in contemporary work on the same subject.

What, then, separates the historian from the mathematician when both are studying the work of the past? Partly, no doubt, their techniques, or, as I proposed to put it, their tactics; but chiefly, perhaps, their attitudes and motivations. The historian tends to direct his attention to a more distant past and to a greater variety of cultures; in such studies, the mathematician may find little profit other than the esthetic satisfaction to be derived from them and the pleasures of vicarious discovery. The mathematician tends to do his reading with a purpose, or at least with the hope that some fruitful suggestion will emerge from it. Here we may quote the words of Jacobi in his younger days about a book he had just been reading: "Until now, he said, whenever I have studied a work of some value, it has stimulated me to original thoughts; this time I have come out quite empty-handed [10]." As noted by Dirichlet, from whom I have borrowed this quotation, it is ironical that the book in question was no other than Legendre's *Exercices de calcul intégral,* containing work on elliptic integrals which soon was to provide the inspiration for Jacobi's greatest discoveries; but those words are typical. The mathematician does his reading mostly in order to be stimulated to original (or, I may add, sometimes not so original) thoughts; there is no unfairness, I think, in saying that his purpose is more directly utilitarian than the historian's. Nevertheless, the essential business of both is to deal with mathematical ideas, those of the past, those of the present, and, when they can, those of the future. Both can find invaluable training and enlightenment in each other's work. Thus my original question "Why mathematical history?" finally reduces itself to the question "Why mathematics?", which fortunately I do not feel called upon to answer.

---

[10] "Wenn ich sonst ein bedeutendes Werk studiert habe, hat es mich immer zu eignen Gedanken angeregt . . . Diesmal bin ich ganz leer ausgegangen und nicht zum geringsten Einfall inspiriert worden" (Dirichlet, *Werke,* Bd.II, S.231).

Commentaire

[1964b] Sur certains groupes d'opérateurs unitaires

Pendant l'été de 1962, j'emportai avec moi dans le Morbihan les deux mémoires de Siegel de 1951 sur les formes quadratiques indéfinies (*Ges. Abh.* n°s 58 et 60, vol. III, pp. 105–142 et 154–177). Je voyais qu'ils contenaient pour ces formes une démonstration de son théorème fondamental (ou autrement dit une détermination du nombre de Tamagawa; cf. [1961a]*) distincte de celle qu'il avait obtenue en 1936; pour comprendre en quoi elle consistait, et pour l'"adéliser" si possible, il devenait nécessaire d'étudier ces mémoires de très près. Cela s'imposait d'autant plus qu'à la fin du second mémoire il indiquait à grands traits comment ses résultats devaient pouvoir s'étendre à tous les groupes classiques au moyen de sa méthode de définition de ceux-ci par des algèbres à involution (cf. [1960b]). A la lumière de mon expérience des années précédentes (cf. [1961a]), je pouvais espérer qu'une bonne technique adélique permettrait la démonstration des résultats que Siegel n'avait fait qu'énoncer (en les proposant, non sans humour, comme des "exercices", *loc. cit.* p. 177). C'est en effet ce qui arriva.

Un premier pas fut fait lorsque je reconnus parmi les calculs de Siegel des formules dites "de transformation" (*loc. cit.* pp. 113–116, 158–159 et 175–176) qui généralisaient la formule de sommation "à la Poisson". Ceci demande quelques explications.

La formule classique de transformation de la fonction thêta est, comme on sait, un cas particulier de la sommation dite "de Poisson" (elle est de Cauchy, mais peu importe). Pour simplifier, bornons-nous un instant au cas des fonctions sur **R**, et à l'"espace de Schwartz" $\mathfrak{S}(\mathbf{R})$ des fonctions indéfiniment différentiables à décroissance rapide. Pour une telle fonction f, la formule de Poisson s'écrit:

$$\sum_{n \in \mathbf{Z}} f(n) = \sum_{m \in \mathbf{Z}} f^*(m)$$

où f^* est la transformée de Fourier de f; il revient au même de dire que la distribution tempérée $Z = \sum \delta_n$ sur **R**, somme de masses $+1$ placées en tous les points de **Z**, coïncide avec sa transformée de Fourier Z^*. Si on prend pour f la fonction

$$x \to \exp(-ax^2 + ux) \qquad (\mathrm{Re}(a) > 0, u \in \mathbf{C}),$$

on obtient la formule de transformation de la fonction thêta; par différentiation par rapport à u, on obtient la même formule pour les fonctions $x \to x^m \exp(-ax^2)$, c'est-à-dire que Z et Z^* coïncident sur celles-ci. Pour déduire de là la formule de Poisson sous sa forme la plus générale, il suffit alors d'observer que ces fonctions forment un "système total" dans l'espace de Schwartz, c'est-à-dire que leurs combinaisons linéaires y sont partout denses.

Déjà dans [1961a], pp. 37–38, j'avais introduit à propos de la formule de

Poisson des fonctions "de type standard", et plus particulièrement, sur $\mathbf{R}^n$, les fonctions de la forme

$$x = (x_1, \ldots, x_n) \to P(x)\exp(-Q(x)),$$

où P est un polynome et Q une forme quadratique définie positive; sous le nom de "fonctions standard", celles-ci apparaissent de nouveau dans [1967c], p. 108. Si l'on a en vue des théorèmes généraux sur les fonctions thêta, il convient de considérer aussi les fonctions analogues où Q est un polynome du second degré dans $\mathbf{C}[x]$ dont la partie homogène de degré 2 est à partie réelle positive. Dans un cas comme dans l'autre, ces fonctions ont des transformées de Fourier du même type et forment un "système total" dans les espaces fonctionnels qu'on a à considérer (principalement l'espace de Schwartz et l'espace de Hilbert). De même, pour déterminer une représentation d'un groupe dans un tel espace, il suffit de connaître son effet sur les fonctions standard et de savoir qu'on peut en prolonger les opérations par continuité.

Depuis longtemps l'expérience a montré que bien des résultats et des démonstrations où classiquement apparaissaient des fonctions standard, éventuellement par l'intermédiaire de séries thêta, gagnent à être formulés au moyen de fonctions arbitraires. Déjà la formule de Poisson en était un exemple. La démonstration de l'équation fonctionnelle de $\zeta_k(s)$ en était un autre, dont on peut dire qu'il a servi de paradigme à tous les développements ultérieurs; il était doublement typique, puisque la démonstration de Tate, comparée à celle de Hecke, faisait apparaître les avantages aussi bien conceptuels que pratiques de l'adélisation et en même temps mettait en évidence que les "fonctions standard" n'y jouaient de rôle qu'à titre d'échantillons de fonctions arbitraires (cf. [1966]*). On peut dire que c'est en ces deux points, et en ces deux points seulement, que ma démonstration de la loi de réciprocité quadratique dans [1964b] diffère de celle de Hecke au chapitre VIII de sa *Theorie der algebraischen Zahlen*, et que mon énoncé de la "formule de Siegel" ([1964b], p. 211, et [1965], th. 5, pp. 76–77) diffère de l'énoncé final de Siegel (*loc. cit.* pp. 176–177).

Tout cela m'apparut peu à peu par la suite; en 1962 je ne voulus d'abord que tirer au clair les formules de Siegel, dites "de transformation", qui donnaient explicitement l'action du groupe modulaire $SL(2, \mathbf{Z})$ sur certaines séries thêta. L'action de $z \to -1/z$ était donnée par la formule de Poisson; il y avait donc lieu de soupçonner que les formules plus générales de Siegel en contenaient une généralisation. C'est ce que je constatai après quelques tâtonnements.

N'ayant rien conservé de mes calculs de 1962, je ne saurais plus dire au juste comment j'y parvins; mais j'y étais tout préparé par mes réflexions déjà anciennes sur les fonctions thêta, qui, bien avant 1940, m'avaient déjà fourni une démonstration du théorème de Plancherel (v. [1940d], pp. 114–115); il n'y a qu'à comparer celle-ci avec la démonstration du théorème 4 dans [1964b], pp. 164–168, pour voir qu'elles reposent toutes deux sur la même idée, empruntée à la théorie des fonctions thêta, ou pour mieux dire des "fonctions intermédiaires" d'Hermite et de Poincaré (cf. [1949d]).

C'est un cas particulier de ce théorème 4 qui s'offrit d'abord à moi, à savoir celui où $G = G^* = \mathbf{R}$, $\Gamma = \Gamma_* = \mathbf{Z}$, et où par suite $B_0(G, \Gamma)$ est le sous-groupe de

$SL(2, \mathbf{Z})$ formé des substitutions $z \to (az + b)/(cz + d)$ qui satisfont à $ab \equiv cd \equiv 0 \pmod 2$. En même temps j'obtins la formule (16) du n° 13, p. 160, pour le cas où $G = G^* = \mathbf{R}$, $\sigma \in SL(2, \mathbf{R})$, $\gamma \neq 0$, ainsi que le fait que celle-ci, jointe à une autre évidente pour $\gamma = 0$, définit une "représentation projective" de $SL(2, \mathbf{R})$ par des opérateurs unitaires dans $L^2(\mathbf{R})$; cela veut dire que toute relation entre éléments de $SL(2, \mathbf{R})$ entraîne que les opérateurs correspondants sont liés par la même relation, à un facteur scalaire près. Une fois ce résultat atteint, il n'y avait plus de difficulté à l'étendre, d'abord à $\mathbf{R}^n$ et au groupe symplectique, puis aux espaces vectoriels de dimension finie sur un corps local de caractéristique $\neq 2$, puis au cas adélique.

J'exposai ces résultats dans un cours à Princeton à l'automne de 1962; en décembre, une conférence à Harvard sur le même sujet donna lieu à des commentaires d'Irving Segal que j'utilisai largement dans la démonstration définitive (v. [1964b], n°^{os} 8-10, pp. 153-157). En même temps, au moyen de la notion de "caractère du second degré", je pus étendre mes résultats, non seulement aux corps de caractéristique 2, mais même à tous les groupes localement compacts. A cet égard, cependant, je dois signaler que, dans mon traitement du cas général, il s'est glissé des incorrections; non seulement les démonstrations sont trop sommairement esquissées, mais surtout il manque des facteurs constants (réels > 0) dans les formules (25), p. 167, et (26), p. 168. Les formules correctes ont été données par J. Igusa, *Acta Math.* 120 (1968), pp. 187-222 (v. le n° 4, pp. 209-210).

Dans le cadre de cette théorie, la loi de réciprocité quadratique vint s'insérer d'elle-même, presque sans que j'eusse à y penser. Si l'on n'a que cette loi en vue, les choses se simplifient beaucoup, comme Cartier l'a observé (*Math. Zeitschr.* 84 (1964), pp. 93-100); dans l'esprit de [1964b], on peut présenter sa démonstration comme suit. Sur le groupe G, soit $\mathfrak{D}$ l'espace des distributions tempérées au sens de Schwartz-Bruhat. Si f est un caractère du second degré, f est dans $\mathfrak{D}$ et a donc une transformée de Fourier $g \in \mathfrak{D}$. Si f est non dégénérée, on pourra écrire, pour $x \in G$, $y \in G$:

$$f(x + y) = f(x)f(y)\langle x, y \rangle$$

à condition d'identifier G avec son dual G^* au moyen de l'isomorphisme de G sur G^* associé à f. Soient f_a, g_a les images de f, g par la translation $x \to x - a$; on aura, en posant $\alpha(x) = \langle x, a \rangle$:

$$f_a(x) = f(x + a) = f(x)f(a)\alpha(x).$$

D'autre part, g_a est la transformée de Fourier de la fonction

$$x \to f(x)\langle x, a \rangle = f(a)^{-1}f_a(x).$$

Comme la transformée de Fourier de f_a est $\alpha^{-1}g$, on a donc:

$$g_a = f(a)^{-1}\alpha^{-1}g.$$

D'après la prop. 2 de [1964b], on a $fg \in \mathfrak{D}$, et les relations ci-dessus font voir que la distribution fg est invariante par translation; c'est donc une constante γ, et g est la fonction $\gamma f^{-1} = \gamma \bar{f}$. Si on a pris sur G la mesure de Haar autoduale pour

$\langle x, y \rangle$, la transformée de Fourier de g est $x \to f(-x)$; celle de $\bar f$ est $x \to \bar g(-x) = \bar\gamma f(-x)$; donc $\gamma\bar\gamma = 1$. Cela démontre le théorème 2 de [1964b]. Quant au théorème 5, reprenons les notations de [1964b], n° 16, p. 164, et en même temps identifions G^* avec G comme plus haut, au moyen de l'isomorphisme associé à un caractère non dégénéré f du second degré. Il s'agit de faire voir que, si $f = 1$ sur Γ et si $\Gamma = \Gamma_*$, $\bar f$ est la transformée de Fourier de f, ou autrement dit qu'on a

$$\int_G \Phi \bar f \, dx = \int_G \Phi^* f \, dx$$

pour toute fonction $\Phi \in \mathfrak{S}(G)$. Soit de nouveau Θ la fonction définie par (20), p. 164. La transformée de Fourier de

$$u \to \Phi(x + u)\langle u, y \rangle$$

est

$$v \to \Phi^*(y + v)\langle -x, y + v \rangle.$$

La formule de Poisson, appliquée à ces deux fonctions et au groupe $\Gamma = \Gamma_*$, donne:

$$\Theta(x, y) = \int_\Gamma \Phi^*(y + \eta)\langle -x, y + \eta > d\eta,$$

ce qu'on peut voir aussi en vérifiant que la fonction définie sur G/Γ par $\dot x \to \langle x, y \rangle \Theta(x, y)$ a pour transformée de Fourier, sur le dual Γ de G/Γ, la fonction $\eta \to \Phi^*(y + \eta)$ et est donc réciproquement la transformée inverse de Fourier de celle-ci.

D'autre part, les hypothèses faites sur f entraînent qu'on a, pour $\xi \in \Gamma$:

$$f(x + \xi) = f(x)\langle x, \xi \rangle = f(-x)^{-1}\langle x, x + \xi \rangle = \bar f(-x)\langle x, x + \xi \rangle.$$

Alors, si $d\dot x$ est défini comme p. 164, on a:

$$\int_G \Phi \bar f \, dx = \int_{G/\Gamma} \left[\int_\Gamma \Phi(x + \xi)\bar f(x)\langle -x, \xi \rangle d\xi \right] d\dot x = \int_{G/\Gamma} \Theta(x, -x)\bar f(x) d\dot x,$$

et de même:

$$\int_G \Phi^* f \, dx = \int_{G/\Gamma} \left[\int_\Gamma \Phi^*(x + \eta)\bar f(-x)\langle x, x + \eta \rangle d\eta \right] d\dot x = \int_{G/\Gamma} \Theta(-x, x)\bar f(-x) d\dot x,$$

ce qui achève la démonstration du résultat en question. Sur le théorème 3 de Cartier (*loc. cit.*) qui en est une généralisation, on pourra utilement consulter H. Reiter, *Über den Satz von Weil-Cartier* (Monatsh. f. Math 86 (1978), pp. 13–62).

Quant au groupe métaplectique Mp, et au revêtement Sp_2 du groupe symplectique qui y est contenu ([1964b], chapitre IV), eux aussi s'étaient présentés d'eux-mêmes, mais leur apparition n'avait rien pour étonner, du moins dans le cas le plus simple qui était celui de $SL(2, \mathbf{R})$. Chacun savait depuis longtemps que ce groupe a un groupe fondamental isomorphe à **Z** et admet donc, pour tout $n \geq 2$, un revêtement à n feuillets et un seul. J'avais même, à Chicago, proposé à un étudiant de faire usage de la formule de transformation de $\log \eta(\tau)$, où η est la fonction de Dedekind, pour étudier le revêtement universel de $SL(2, \mathbf{R})$ au moyen d'un système de facteurs explicitement défini. En tout cas on aurait pu prévoir que toute forme modulaire d'ordre $n/2$, avec n impair, ferait intervenir le revêtement à 2 feuillets de $SL(2, \mathbf{R})$, donc le groupe métaplectique, et par suite qu'on rencontrerait celui-ci tôt ou tard lorsqu'on examinerait de ce point de vue les fonctions thêta provenant de formes quadratiques à un nombre impair de variables.

La question se posait dès lors de savoir si l'on pouvait étendre quelques-uns de ces résultats aux revêtements d'ordre >2; il n'est pas étonnant qu'elle se soit trouvée liée à la question soulevée à la fin de [1964b], chapitre II (p. 180], au sujet de la loi de réciprocité; là-dessus il y a lieu avant tout de consulter les travaux de T. Kubota (p. ex. *Congr. Intern. Math. Nice* 1970, vol. I, pp. 395–399) et de C. Moore (*Publ. I.H.E.S.* 35 (1968), pp. 5–70).

[1965] Sur la formule de Siegel dans la théorie des groupes classiques

Une fois acquises les notions de base qui sont exposées dans [1964b], je me trouvai en mesure d'aborder mon véritable objectif, qui était d'"adéliser" les deux mémoires de Siegel. Alors se révéla une circonstance imprévue. Siegel avait intitulé son travail "Formes *indéfinies* et théorie des *fonctions*"; c'est que chez lui les places à l'infini du corps de base jouaient encore un rôle privilégié. Mais, dès qu'on fait usage de la technique adélique, il devient possible, tout en appliquant la méthode de Siegel, de substituer à toute place à l'infini n'importe quelle autre place où la forme donnée représente zéro; or il en est ainsi presque partout. La condition imposée par Siegel n'a plus alors de raison d'être, et son titre devient vide de sens. La justesse du nouveau point de vue se trouva confirmée par le fait que je pus ainsi soumettre à sa méthode tous les résultats qu'il avait énoncés sans démonstration à la fin de son second mémoire, en les libérant d'hypothèses devenues superflues. Je laissai seulement de côté les cas limites, et par exemple le cas du groupe orthogonal à 4 variables, lorsque je vis qu'ils me coûteraient un effort supplémentaire pour lequel le courage me manqua.

J'exposai l'ensemble des résultats obtenus dans un cours à l'I.H.E.S. pendant l'hiver et le printemps de 1963. Cela donna l'occasion à Dixmier de me suggérer l'usage des fonctions de Schwartz-Bruhat et des distributions tempérées, au lieu de la notion vague de fonctions "de type standard" (cf. [1961a], p. 37) dont je me servais jusque là. Il n'eut pas de mal à me convaincre; j'avais d'ailleurs déjà fait usage d'une telle distribution dans [1952b], avant même d'y être autorisé par Bruhat (cf. [1952b]*). Je ne tardai pas à constater que ces notions permettaient de donner une bien plus grande précision à l'énoncé de mes résultats; grâce à elles, la "formule de Siegel" apparaissait à présent comme un théorème d'existence et d'unicité pour une distribution tempérée caractérisée principalement par une propriété d'invariance par rapport à un groupe (v. [1965], théorèmes 4, p. 72, et 5, p. 76).

[1966] Fonction zêta et distributions

Bien que la thèse de Tate, rédigée en 1950, n'ait été publiée qu'en 1967 (elle forme le chapitre XV de Cassels-Fröhlich, *Algebraic Number Theory*, Acad. Press 1967), le contenu en était si connu depuis longtemps que je n'avais même pas cru nécessaire de la citer en en reproduisant l'essentiel dans [1961a], pp. 38–43. Dans son aspect global, elle reposait d'une part sur la définition de $\zeta_k(s)$ et des fonctions L au moyen d'intégrales dans le groupe des idèles (idée qu'Iwasawa avait conçue indépendamment; cf. *Intern. Math. Congress*, Cambridge 1950, vol. I, p. 322), et d'autre part sur l'application de la sommation de Poisson dans le groupe des adèles. Quant à l'aspect local, qui n'était pas moins original bien que d'aspect plus élémentaire, il aboutissait à une "équation fonctionnelle locale" pour les facteurs eulériens des fonctions zêta et L, et pour les facteurs gamma de leurs équations fonctionnelles. Dans l'un et l'autre cas, Tate introduisait dans ses intégrales des fonctions arbitraires, du genre des fonctions "de type standard" qu'à sa suite j'avais encore fait figurer dans [1961a].

J'ai indiqué plus haut comment, sur le conseil de Dixmier, j'avais renoncé à ces fonctions dans ma rédaction définitive de [1964b] et [1965], et comment il m'avait converti à l'usage des fonctions de Schwartz-Bruhat et des distributions tempérées. Il devenait tentant de revenir en arrière et d'appliquer le même traitement à la démonstration de Tate. C'est ce qui est fait, ou du moins esquissé, dans [1966]; pour une formulation plus explicite du résultat local dans le cas des corps **R** et **C**, v. [1971a], n° 46, pp. 89–93.

En 1972 je voulus m'assurer de la justesse de ce point de vue dans un cours à Princeton, puis en mai 1972 dans une série de conférences à l'Université de Moscou (M.G.U.), en y exposant à ma manière les résultats de Jacquet dans le chapitre I de Godement-Jacquet, *Lect.-Notes* n° 260 (Springer 1972). Voici sommairement de quoi il s'agissait. On considère le groupe multiplicatif $G = A^\times$ d'une algèbre simple A sur un corps local non archimédien. Soit $\mathfrak{A}$ son "algèbre de Hecke"; c'est l'espace des fonctions à valeurs dans **C**, localement constantes et à support compact sur G; au moyen d'une mesure de Haar μ sur G, on le munit du produit de convolution et de l'involution $\alpha \to \alpha^*$ définie par $\alpha^*(g) = \alpha(g^{-1})$. Pour $\alpha \in \mathfrak{A}$, $s \in G$, $t \in G$, on notera $s\alpha t$ la fonction $g \to \alpha(s^{-1}gt^{-1})$. Soit Ω l'ensemble des sous-groupes ouverts compacts de G; pour $N \in \Omega$, on notera δ_N la fonction égale à $\mu(N)^{-1}$ sur N et à 0 sur $G - N$; c'est un idempotent de $\mathfrak{A}$. Tout élément de $\mathfrak{A}$ est combinaison linéaire finie d'éléments de la forme $s\delta_N$.

Soit ρ une représentation de G, opérant par $(g, v) \to \rho(g)v$ dans un espace vectoriel V sur **C**. Si $v \in V$ est stable par $N \in \Omega$, on conviendra de poser $(g\delta_N)v = \rho(g)v$ pour tout $g \in G$; on a alors aussi $(g\delta_{N'})v = \rho(g)v$ pour tout $N' \subset N$, ce qui permet, par linéarité, de définir αv pour tout $\alpha \in \mathfrak{A}$. Si on suppose que tout $v \in V$ a un stabilisateur ouvert dans G, on a ainsi défini V comme $\mathfrak{A}$-module à gauche; si de plus, pour tout $N \in \Omega$, l'espace $\delta_N V$ des vecteurs de V, stables par N, est de dimension finie, on dit, d'après Jacquet-Langlands (*Springer Lect.-Notes* n° 114), que ρ est "admissible". Réciproquement, tout $\mathfrak{A}$-module à gauche V appartient ainsi à une représentation admissible ρ de G si tous les sous-espaces $\delta_N V$ de V sont de dimension finie et si V est leur réunion; quand il en est ainsi, on posera

$\rho(g)v = (g\delta_N)v$ pour $v \in \delta_N V$. Soit Z le dual algébrique de V; faisons agir $\mathfrak{A}$ à droite sur Z au moyen de

$$\langle v, z\alpha \rangle = \langle \alpha v, z \rangle,$$

et soit V^* la réunion des sous-espaces $Z\delta_N$ de Z; V^* est un $\mathfrak{A}$-module à droite et définit comme ci-dessus une représentation admissible $(g, v^*) \rightarrow v^*\rho^*(g)$, la transposée de ρ. On posera $W = V \otimes V^*$; c'est un $\mathfrak{A}$-bimodule, sur lequel G opère à gauche et à droite. Pour $w = v \otimes v^*$, on posera

$$\alpha_w(g) = \langle \rho(g)v, v^* \rangle = \langle v, v^*\rho^*(g) \rangle,$$

et on définira α_w, pour tout $w \in W$, de façon que $w \rightarrow \alpha_w$ soit linéaire sur W. L'espace des fonctions α_w sur G n'est autre que l'espace des combinaisons linéaires finies de coefficients de ρ pour un choix convenable d'une base sur V.

D'autre part on considère l'espace de Schwartz-Bruhat $\mathfrak{S}(A)$ des fonctions localement constantes à support compact sur l'algèbre A, ainsi que son dual, l'espace $\mathfrak{D}(A)$ des distributions tempérées sur A; sur l'un et l'autre on peut, d'une manière évidente, faire opérer G à gauche et à droite. Si maintenant on se reporte au principal résultat de Jacquet dans le chapitre en question (théorème 3.3, p. 30), on voit qu'il détermine une application linéaire $w \rightarrow \Delta(w)$ de W dans $\mathfrak{D}(A)$ qui satisfait à la condition de "covariance"

$$\Delta(\rho(g)w\rho^*(h)) = g\Delta(w)h$$

quels que soient $g \in G, h \in G$. Du point de vue auquel je m'étais placé dans [1966], il y avait lieu de se demander si on pouvait construire $\Delta(w)$ directement, sans prolongement analytique, et en démontrer l'unicité. Comme dans [1966], l'unicité, combinée avec la transformation de Fourier, impliquerait alors le théorème 3.3 de Jacquet.

C'est en effet ce que je trouvai pour les représentations "cuspidales" ("absolument cuspidales" au sens de Jacquet, "supercuspidales" au sens de Harishchandra); cela simplifiait même beaucoup les démonstrations. On fait voir d'abord que, si ρ est irréductible et cuspidale, toute fonction α_w est à support compact modulo le centre de G (c'est la prop. 5.1 de Jacquet, *loc. cit.*, p. 56), et réciproquement. Cela fait, la distribution $\Delta_w = \Delta(w)$ est donnée par la formule

$$\Delta_w(\Phi) = \text{v.p.} \int_G \Phi \alpha_w^* \, d\mu,$$

où la "valeur principale" v.p. est définie comme suit. Pour $x \in A$, soit $\nu(x)$ la norme réduite prise dans A sur le centre de A; soit $\|x\| = |\nu(x)|$, où $|\ |$ est la valuation; G est la partie de A déterminée par $\|x\| > 0$. Alors on trouve que l'intégrale ci-dessus, prise sur la partie de A déterminée par $\|x\| > \varepsilon$, est indépendante de ε pour ε assez petit; c'est elle qu'on prend pour valeur principale de l'intégrale sur G. Quant à l'unicité, elle s'obtient assez facilement.

Jusque là j'avais lieu d'être satisfait; mais je ne pus démontrer l'unicité dans le cas général; je n'y parvins que moyennant des conditions sur ρ, assez larges mais peu naturelles. Aussi m'arrêtai-je là.

[1967 a] **Ueber die Bestimmung Dirichletscher Reihen durch**
Funktionalgleichungen

Hecke, en démontrant son célèbre lemme (*Math. W.* n° 33, pp. 591-626), en avait conclu qu'une équation fonctionnelle du type usuel, pour une série de Dirichlet $F(s) = \sum a_n n^{-s}$, entraîne que sa transformée de Mellin se comporte comme une forme modulaire vis-à-vis d'un groupe engendré par deux substitutions $z \to z + 1$, $z \to -1/Az$. Il avait observé aussi que ce n'est pas là un groupe fuchsien si $A > 4$; on ne peut guère alors en tirer de conclusion utile.

Mais toute l'œuvre de Hecke suggérait d'une part que toute série de Dirichlet "arithmétiquement significative" possède une équation fonctionnelle, et d'autre part que, si $F(s)$ est une telle série, il en est de même de la série "tordue" $\sum a_n \chi(n) n^{-s}$, où χ est un caractère de Dirichlet. S'il en est ainsi, celles-ci doivent donc aussi satisfaire à des équations fonctionnelles; on est alors en présence d'une infinité de ces équations, d'où on peut espérer tirer des conclusions bien plus précises que celles que Hecke avait déduites de la seule équation pour $F(s)$.

Depuis longtemps je portais en moi cette idée vague sans avoir rien pu en faire; à Chicago, croyant voir là un problème d'analyse, je l'avais soumise à quelques analystes, mais sans succès. C'est seulement vers 1964 que mon intérêt croissant pour les fonctions zêta des courbes elliptiques (cf. [1952d]* et [1955c,d]*) me suggéra de prendre celles-ci, dans les quelques cas où elles étaient connues, comme sujets d'expérience afin d'y faire l'essai des idées ci-dessus.

Deuring avait obtenu les fonctions zêta des courbes elliptiques à multiplication complexe (*loc. cit.* [1952d]*); pour celles, essentiellement en nombre fini, qui sont définies sur **Q**, la fonction zêta est une fonction L de Hecke sur un corps quadratique imaginaire; il en est de même des séries "tordues" qui s'en déduisent, et leurs équations fonctionnelles sont connues. D'autre part, Eichler en 1954, puis Shimura en 1958 dans des cas plus généraux, avaient déterminé les fonctions zêta de courbes définies par des sous-groupes de congruence du groupe modulaire; la célèbre courbe de Fricke définie par le groupe $\Gamma_o(11)$ (cf. [1971a], pp. 143–144) en était un exemple typique.

Dans les cas traités par Eichler et par Shimura, on savait d'avance que la fonction zêta de la courbe est transformée de Mellin d'une forme modulaire. Déjà en 1955, au colloque de Tokyo-Nikko, Taniyama avait proposé de montrer que la fonction zêta de toute courbe elliptique définie sur un corps de nombres algébriques est la transformée de Mellin d'une forme automorphe d'un type approprié; c'est le contenu du problème 12 de la collection de problèmes déjà citée (v. [1959a]*). Quelques années plus tard, à Princeton, Shimura me demanda si je trouvais plausible que toute courbe elliptique sur **Q** fût contenue dans la jacobienne d'une courbe définie par un sous-groupe de congruence du groupe modulaire; je lui répondis, il me semble, que je n'y voyais pas d'empêchement, puisque l'un et l'autre ensemble est dénombrable, mais que je ne voyais rien non plus qui parlât en faveur de cette hypothèse.

Lorsque je repris l'examen de la question, le seul problème posé par la fonction zêta de la courbe de Fricke était de savoir si le comportement de sa transformée de Mellin comme forme modulaire pouvait se déduire des équations fonctionnelles pour la fonction et les séries tordues qui s'en déduisent. Dans le cas des courbes à multiplication complexe, je ne me souviens pas d'avoir eu conscience du fait que leurs fonctions zêta fussent transformées de Mellin de formes modulaires; en réalité ce fait (compte tenu des résultats de Deuring) était déjà implicite chez Hecke. Quoi qu'il en soit, je m'aperçus peu à peu de circonstances qui au premier abord me parurent inexplicables.

Comme dans [1967a], soit $L(s)$ une série de Dirichlet; soit $L_\chi(s)$ la même série "tordue" par le caractère χ. Dans chacun des cas que j'examinai, l'équation fonctionnelle (E_χ) de L_χ prend une forme très simple lorsque le conducteur f_χ de χ est premier à l'entier A qui figure dans le facteur exponentiel de l'équation fonctionnelle de L, et dans ce cas seulement; lorsqu'il en est ainsi, l'entier A_χ analogue à A qui figure dans (E_χ) est $A f_\chi^2$, et le facteur constant C_χ dans (E_χ) dépend uniquement de A et de χ. Je décidai donc jusqu'à nouvel ordre de supposer toujours f_χ premier à A, que je nommai "conducteur" par analogie avec le cas des séries de Hecke. Que ce conducteur fût justement 11 pour la courbe de Fricke n'avait rien que de satisfaisant, puisqu'elle était définie au moyen de $\Gamma_0(11)$.

Lorsque je voulus, réciproquement, déduire des équations (E_χ) une conclusion sur le comportement de la transformée de Mellin de L vis-à-vis du groupe modulaire, un autre miracle apparut. Pour le cas de $\Gamma_0(11)$, qui est engendré par les substitutions

$$z \to z + 1, z \to -1/11z, z \to (4z \pm 1)/(\pm 11z + 3),$$

il se trouve qu'il n'y a à examiner que les séries L_χ tordues par un caractère χ de conducteur 3 ou 4; le miracle en ce cas, qui se répéta dès que j'examinai des cas plus généraux, fut que la valeur précise, non seulement des entiers A_χ, mais aussi des coefficients constants C_χ dans les équations (E_χ), y jouaient le rôle essentiel; on ne pouvait y toucher sans que la conclusion s'effondrât.

J'en fus étonné, et j'eus même quelque peine à m'y accoutumer. Une fois que je me fus résolu à accepter ce fait, je n'eus plus grand mal à mener à bonne fin les démonstrations de [1967a]. Comme maint lecteur l'aura observé, j'aurais même pu, sans aucun effort, étendre utilement le champ de validité de mes résultats en introduisant dès l'abord deux séries de Dirichlet L, L' et leurs transformées F, F'; au lieu du lemme 2, par exemple, on obtient ainsi l'équivalence de l'équation fonctionnelle

$$\Lambda(s) = C A^{(k/2)-s} \Lambda'(k - s)$$

et de la relation $F = CF' | i^k \omega(A)$; l'équation fonctionnelle pour L_χ est alors

$$\Lambda_\chi(s) = C_\chi A^{(k/2)-s} \Lambda'_\chi(k - s),$$

et, dans les théorèmes 1 et 2, il n'est plus besoin de supposer que le caractère ε qui sert à déterminer le type de Hecke $(-k, A, \varepsilon)$ soit égal à ± 1.

Il me reste à m'expliquer sur les "raisons théoriques" ([1967a], p. 156, 1.17) qui me conduisirent à écrire comme je le fis les fonctions zêta des courbes elliptiques et à conjecturer la forme précise de leurs équations fonctionnelles. J'y fus amené par une étude assez poussée des surfaces elliptiques que j'entrepris à cette occasion, et dont je vais extraire ce qui importe ici.

Dans cette recherche, je pouvais naturellement m'appuyer sur les travaux de Kodaira (*Ann. of Math.* 77 (1963), pp. 563–626 et 78 (1963), pp. 1–40) et de Néron (*Publ. I.H.E.S.* n° 21 (1964), pp. 1–128), et faire usage entre autre de leurs modèles canoniques pour les courbes elliptiques sur les corps locaux. A ceux-ci je devais d'ailleurs bientôt adjoindre, pour mon usage personnel, des modèles (non moins canoniques) qui sont des variétés "de Satake" (cf. [1949b]*). J'avais aussi à ma disposition mes conjectures de 1949; la portion de celles-ci qui importait le plus en la circonstance se trouvait déjà démontrée par Grothendieck et M. Artin, et par Lubkin, mais je n'avais pas à m'en préoccuper, puisque je ne comptais en faire qu'un usage heuristique. D'autre part Igusa avait fait voir (*Proc. Nat. Ac.* 46 (1960), pp. 724–726) que, dans l'étude des surfaces algébriques sur un corps quelconque, la caractéristique d'Euler-Poincaré et le théorème de Lefschetz peuvent dans une large mesure tenir lieu de la considération d'une cohomologie en dimension 2, puisque, grâce à la théorie de la variété d'Albanese et de la variété de Picard, la cohomologie d'une surface peut être regardée comme connue dans les dimensions 1 et 3, et naturellement aussi dans les dimensions 0 et 4.

Soit C une courbe algébrique de genre g sur un corps k_0 qui pourra être $\mathbf{F}_q$; soit k le corps des fonctions sur C. Une valuation v de k détermine sur C un cycle X_v, premier rationnel sur k_0, formé de points en nombre égal au degré de v. Soit E une courbe elliptique (ou, pour être précis, une variété abélienne de dimension 1) définie sur k; pour abréger, je me servirai des notations de [1971a], Chap. XI, n° 70, pp. 141–143; en particulier, si v est comme ci-dessus, E_v désignera la cubique de Néron, canoniquement associée à E et v, et $\bar{E}_v$ désignera sa réduction modulo $\mathfrak{p}_v$. D'après Kodaira et Néron, on peut construire une surface lisse S et une projection π de S sur C, avec entre autres les propriétés suivantes. Si E a en v une "bonne réduction", c'est-à-dire si $\bar{E}_v$ est de genre 1, alors, pour $P \in X_v$, la fibre $\pi^{-1}(P)$ est isomorphe à $\bar{E}_v$ sur le corps $\mathfrak{f}_v = k_0(P)$. Si E n'a pas bonne réduction en v, alors $\pi^{-1}(P)$ est réunion de courbes de genre 0.

En excluant des cas triviaux, il est facile de voir que la variété d'Albanese de S est la jacobienne de C. Plaçons-nous un moment dans le cas classique $k_0 = \mathbf{C}$; alors les nombres de Betti de S sont 1, $2g$, B_2, $2g$, 1, et sa caractéristique d'Euler-Poincarè est $\chi = B_2 - 4g + 2$, ce qui permet, suivant l'observation d'Igusa, de définir B_2 algébriquement, puisque χ est le nombre d'intersection de la diagonale avec elle-même sur $S \times S$. Appelons triviaux les cycles algébriques suivants sur S: (a) le lieu C_0 des points 0 sur les fibres $\pi^{-1}(P)$; (b) une telle fibre, arbitrairement choisie; (c) pour chaque fibre, toutes les composantes de la fibre sauf une. Soit H_t la partie du groupe d'homologie de dimension 2 qui est engendrée par les cycles triviaux; sa dimension B_t est le nombre de ces cycles. Soit H_e la partie "essentielle" du même groupe d'homologie, formée des cycles orthogonaux à H_t pour la forme quadratique définie par le nombre d'intersection; sa dimension est $B_e = B_2 - B_t$, et cette définition garde un sens pour un corps de base quelconque.

Soit à présent $k_0 = \mathbf{F}_q$. Appliquant mes conjectures de [1949b], on obtient:

$$Z(U) = \frac{P_1(U)P_3(U)}{P_0(U)P_2(U)P_4(U)}, \qquad \frac{d}{dU}\log Z(U) = \sum_1^\infty N_v U^{v-1},$$

où N_v est le nombre de points rationnels de S sur $\mathbf{F}_{q^v}$, et où les P_i sont de degrés respectifs 1, $2g$, B_2, $2g$, 1; on a trivialement $P_0 = 1 - U$, $P_4 = 1 - q^2 U$; P_1 est le numérateur de la fonction zêta de C, et $P_3(U)$ est $P_1(qU)$.

On constate alors sans difficulté, en comptant les points rationnels sur S, que P_2 est un produit de facteurs locaux relatifs aux valuations de k. Si E a bonne réduction en v, le facteur correspondant de P_2 est $p_v(U)^{-1}$, où p_v est le numérateur de la fonction zêta de $\bar{E}_v$ sur le corps $\mathfrak{f}_v = k_0(P)$. Quant à la contribution des fibres singulières, on constate, par exemple sur le modèle de Kodaira-Néron (et plus simplement encore sur le modèle "de Satake") qu'elle est de la forme

$$P_t(U) \prod_v (1 - \delta_v q^d U^d)^{-1};$$

ici le produit est étendu aux valuations v à mauvaise réduction; d est le degré de v; δ_v est 0 ou ± 1 suivant que $\bar{E}_v$ a un rebroussement ou un point double à tangentes distinctes, et dans ce dernier cas il est $+1$ ou -1 suivant que les tangentes sont ou non rationnelles sur $\mathfrak{f}_v$. Quant à P_t, c'est un polynome de degré B_t, produit de facteurs de la forme $1 - q^n U^n$. Enfin, si on écrit $P_2 = P_t P_e$, on constate, heuristiquement tout au moins, que P_e est un polynome de degré B_e; c'est lui qu'on appellera la fonction zêta de la courbe E sur k (cf. [1971a], p. 142). Quant à l'entier B_e, il apparaît comme somme d'entiers relatifs aux valuations à mauvaise réduction sur C; il revient au même de dire que c'est le degré d'un diviseur sur C, qui n'est autre que le conducteur de C tel qu'il est défini dans [1971a], p. 143 (cf. A. Ogg, *Am. J. of Math.* 89 (1967), pp. 1–21). L'équation fonctionnelle de P_e s'écrit alors comme suit:

$$P_e(1/q^2 U) = \pm (qU)^{-B_e} P_e(U).$$

On pourra noter que, d'après ce qui précède, P_e est le polynome caractéristique de l'endomorphisme déterminé sur H_e par la correspondance de Frobenius. Même sans faire usage des théories modernes de la cohomologie sur les variétés, on devrait, grâce à l'idée d'Igusa, pouvoir définir algébriquement la trace, sur la partie essentielle de l'homologie en dimension 2, de toute correspondance sur S compatible avec la fibration. Le théorème de Deligne suggère alors qu'il pourrait y avoir pour cette trace un analogue du théorème de Castelnuovo, valable sur toute surface elliptique; pour ces surfaces, on pourrait alors en déduire l'hypothèse de Riemann. Ce serait là une réponse partielle à la question que je posais dans [1954h]; cf. [1954h]*.

Pour revenir aux courbes elliptiques sur $\mathbf{Q}$, l'analogie avec les surfaces elliptiques sur les corps finis suggérait irrésistiblement la définition, proposée dans [1967a], de leurs conducteurs et de leurs fonctions zêta, et les équations fonctionnelles de celles-ci. Le maigre matériel expérimental dont je disposais confirmait pleinement ces hypothèses; la parfaite coïncidence de deux cas aussi différents l'un de l'autre que celui de la courbe de Fricke et celui des courbes à multiplication complexe ne pouvait guère être un effet du hasard. Néanmoins, dans l'exposé que je fis de mes résultats à Munich en juin 1965, à Berkeley en février 1966, puis dans [1967a], j'évitai de parler de "conjectures". Ceci me donne l'occasion de dire mon sentiment sur ce mot dont on a tant usé et abusé.

Sans cesse le mathématicien se dit: "Ce serait bien beau" (ou: "Ce serait bien commode") si telle ou telle chose était vraie. Parfois il le vérifie sans trop de peine; d'autres fois il ne tarde pas à se détromper. Si son intuition a résisté quelque temps à ses efforts, il tend à parler de "conjecture", même si la chose a peu d'importance en soi. Le plus souvent c'est prématuré.

En théorie des groupes, on a longtemps parlé d'une "conjecture de Burnside", qu'à vrai dire celui-ci, fort judicieusement, n'avait proposée que comme problème. Il n'y avait pas la moindre raison de croire que l'énoncé en question fût vrai. Finalement il était faux.

Nous sommes moins avancés à l'égard de la "conjecture de Mordell". Il s'agit là d'une question qu'un arithméticien ne peut guère manquer de se poser; on n'aperçoit d'ailleurs aucun motif sérieux de parier pour ou contre. Peut-être dira-t-on que l'existence d'une infinité de solutions rationnelles pour une équation $f(x, y) = 0$, en l'absence d'une raison algébrique qui la justifie, est infiniment peu probable. Mais ce n'est pas un argument. . . .

En ce qui concerne les questions posées à la fin de [1967a], tant de résultats partiels sont venus depuis lors s'ajouter aux miens qu'à présent je n'hésiterais plus, je crois, à parler de "conjectures", encore que le terme d'"hypothèse de travail" soit peut-être plus approprié. En tout cas, s'il m'appartenait de donner un conseil à qui ne m'en demande point, je recommanderais d'employer désormais le mot de "conjecture" avec un peu plus de circonspection que dans ces derniers temps.

[1967c] **Basic Number Theory**

La préface de cet ouvrage indique assez dans quelles circonstances il a été composé. Dans la première partie, en particulier, et dans les appendices (I à V) que j'ajoutai aux éditions successives de ce volume, je rassemblais en somme des fils épars qui se trouvaient dispersés parmi mes travaux plus anciens et dans bien d'autres travaux contemporains.

J'ai été surpris d'un reproche qu'on m'a adressé à propos de ce livre. J'avais tort, paraît-il, de faire dépendre toute l'arithmétique de la mesure de Haar, qui est une notion "non constructive". En serait-il ainsi que je n'en éprouverais nul remords; mais il est aisé de rassurer ceux que ce scrupule pourrait effaroucher. Si l'on désire démontrer, comme cela est fait au chapitre I, §§2–3, qu'il n'existe pas d'autre corps localement compact non discret que les corps locaux bien connus, la mesure de Haar, de quelque manière qu'on l'ait définie, est un outil naturel. Mais, pour tout le reste du livre, cela n'importe en aucune façon; il suffirait d'annoncer dès le début que ces corps locaux sont les seuls qu'on se propose de considérer, et de définir pour eux, "constructivement" bien entendu, leurs mesures de Haar; après quoi la mesure de Haar s'obtient dans les espaces et groupes adéliques par un passage à la limite facile, explicite et tout à fait "constructif".

[1968a] **Zeta functions and Mellin transforms**

J'avais été amené aux résultats de [1967a] par mes réflexions sur les fonctions zêta des courbes elliptiques sur le corps des rationnels. C'est avant tout afin de les étendre aux courbes elliptiques sur un corps de nombres arbitraire que j'en entrepris la généralisation à partir de l'été de 1966 et que je commençai à bâtir le futur contenu de [1971a]. Tant qu'il s'agissait de corps totalement réels, je ne rencontrai pas de difficulté sérieuse; il n'en fut pas de même en ce qui concernait les places à l'infini imaginaires; même la définition de la transformation de Mellin m'échappait dans ce cas, bien qu'en réalité elle fût déjà implicite chez Maass (*Hamb. Abh.* 16 (1949), pp. 72–100). C'est ce que j'eus l'occasion d'indiquer dans un exposé de séminaire à Princeton vers la fin de 1966.

De son côté, Langlands s'était tracé un vaste programme qui tendait avant tout à établir le lien entre produits eulériens et représentations de groupes (cf. *Lect.-Notes* n° 170, Springer 1970, pp. 18–86, et A. Borel, *Sém. Bourb.* n° 466, Juin 1975); j'ai même de lui un long texte sur ce sujet, qui date du début de 1967; mais pendant longtemps je n'y compris rien, et le lien entre ses recherches et les miennes ne m'apparut que plus tard. En tout cas, mis au courant de mes problèmes, il ne tarda pas à me communiquer son "équation fonctionnelle à l'infini", tirée de la théorie des représentations de $GL(2, \mathbf{R})$ et de $GL(2, \mathbf{C})$, qui me tira d'embarras; c'est la formule (8) de [1968a], p. 418 (cf. [1971a], Chap. IX, th. 5, pp. 110–111). Un peu plus tard, grâce à Jacquet qui séjourna à Princeton de l'automne 1967 au printemps de 1969, je pus compléter mon instruction sur les représentations des groupes en question. C'est ainsi qu'en 1968, au colloque de Bombay, je fus en mesure de présenter des résultats complets, du moins en ce qui concerne le type de série auquel appartiennent les fonctions zêta des courbes elliptiques.

[1968 b] Sur une formule classique

Comme il résultait des travaux de Hecke (cf. [1967a]), le lien est si étroit entre séries de Dirichlet et formes automorphes qu'aucune de ces deux théories ne saurait rester longtemps en retard sur l'autre. C'est là-dessus que je voulus attirer l'attention dans [1968b] au moyen d'un exemple très simple, qui donnait seulement le comportement de $\log \eta$ vis-à-vis de $\tau \to -1/\tau$. Comme l'ont fait voir L. Goldstein et P. de la Torre (*Duke J.* 41 (1974), pp. 291–297; cf. aussi [1977a], p. 271), la même idée s'applique aussi à la formule de transformation de $\log \eta$ pour toute substitution du groupe modulaire.

Hecke et ses successeurs se sont donné beaucoup de mal pour généraliser aux corps de nombres la fonction η, dite "de Dedekind", et la formule de Kronecker ("Kroneckersche Grenzformel"; cf. [1976a], pp. 73–75) où elle semblait intervenir d'une manière essentielle. Ils se sont toujours heurtés au fait que les fonctions qu'ils proposaient d'introduire avaient des formules de transformation si compliquées qu'elles en devenaient inutilisables. C'est T. Asai (*Nagoya J.* 40 (1970), pp. 193–211) qui a donné la solution de ce problème. On avait tort de vouloir généraliser la fonction holomorphe η; c'est $\log |\eta|$ qui intervient dans la formule de Kronecker, et c'est son analogue qu'il convient de chercher; sur un corps de nombres k, cet analogue est la transformée de Mellin de $\zeta_k(s)\zeta_k(s + 1)$, au sens précis qui est donné à ce terme dans [1971a]. Même lorsque k est totalement réel et que le groupe modulaire correspondant est celui de Hilbert, cette fonction n'est pas la partie réelle d'une fonction holomorphe. On notera qu'Asai n'avait pas [1971a] à sa disposition; s'il trouva dans ce cas particulier la bonne définition de la transformée de Mellin, c'est, j'imagine, parce qu'il avait la formule de Kronecker pour le guider.

[1970] On the analogue of the modular group in characteristic *p*

Les recherches esquissées dans [1968a], et que j'allais développer dans [1971a], faisaient jouer le rôle principal aux fonctions automorphes appartenant au groupe $G = GL(2)$ défini sur un corps k qui pouvait être, soit un corps de nombres, soit un corps de fonctions; il faut entendre par là les fonctions sur G_A/G_k, où $G_k = GL(2, k)$ et où G_A est le groupe adélique correspondant. Si k est le corps des rationnels, ces fonctions se ramènent aux formes modulaires classiques appartenant, soit au groupe modulaire, soit à l'un de ses sous-groupes de congruence (cf. [1971a], Chap. I). Ce qui joue le rôle du corps des rationnels en caractéristique $p > 1$, c'est, comme on sait, n'importe quel corps de genre 0, c'est-à-dire de la forme $F(T)$, où F est un corps fini et T est une indéterminée. Il était tentant de chercher à transposer à un tel corps, d'une manière tout élémentaire, les notions classiques de la théorie des formes modulaires. C'est l'objet du travail ci-dessus; il n'a guère eu d'écho, que je sache, mais il pourrait peut-être donner lieu à d'intéressants exercices.

[1971a] Automorphic forms and Dirichlet series

Dans [1968a], j'avais dû me borner à une rapide esquisse sans aucune démonstration; il n'y figurait du reste qu'un seul type de fonctions automorphes. J'exposai mes démonstrations, sommairement d'abord dans un cours à Pise au printemps de 1969, puis à Princeton, avec tous les détails nécessaires, en 1969–70. Dans l'intervalle, des résultats voisins avaient été obtenus, parmi beaucoup d'autres, par Jacquet et Langlands (v. *Lect.-Notes* n° 114, Springer 1970), mais par des méthodes et dans un esprit fort différents des miens. Leur collaboration datait, je crois, de 1967 ou 1968.

En publiant mes démonstrations, je les complétai de deux manières. D'une part, grâce à mes connaissances nouvellement acquises auprès de Jacquet sur les représentations de $GL(2, \mathbf{R})$ et $GL(2, \mathbf{C})$, et sur les équations fonctionnelles correspondantes, je pus inclure tous les types de fonctions automorphes au lieu des seuls types qui interviennent, soit dans la théorie classique des formes modulaires, soit à propos de mes recherches sur les courbes elliptiques; ces derniers sont les types considérés au Chapitre IX de [1971a]. Quant aux types généraux qui sont traités au Chapitre VIII, je pris le parti, à titre d'exercice, d'en rendre l'exposé complètement indépendant, en apparence du moins, de la théorie des représentations.

J'ajoutai aussi un dernier chapitre d'exemples, empruntés, les uns aux fonctions zêta des courbes elliptiques, les autres aux fonctions dites "d'Artin-Hecke" (cf. [1951b]*). Sur les premières, cf. [1967a]*; quant aux autres, quelques explications seront nécessaires.

Depuis que Takagi et Artin avaient créé la théorie du corps de classes, les arithméticiens étaient à la recherche d'une généralisation de celle-ci aux extensions non abéliennes (cf. [1940a]). C'est pour une bonne part avec cette secrète intention qu'Emmy Noether, Artin et Hasse avaient édifié la théorie des algèbres simples sur les corps de nombres et les corps locaux. Paradoxalement, c'est surtout dans la théorie abélienne que celles-ci ont montré leur utilité; du reste le théorème de Tate et Shankar-Sen (cf. [1967c], 3e édition, appendice IV, et [1972]) montre que leur intervention est mieux qu'un simple artifice destiné à masquer le rôle de la cohomologie. Mais les espoirs qu'on plaça quelque temps en elles du point de vue d'une "théorie du corps de classes non abélien" ont été déçus. Quelque temps après mon retour en Amérique en 1947, Artin me confia même qu'il avait perdu la foi en l'existence d'une telle théorie, et qu'il fallait se résigner à n'en savoir jamais plus là-dessus que nous n'en savions déjà.

Je ne partageais pas cette opinion. Il était clair que l'essentiel de la loi de réciprocité tenait dans l'identification, réalisée par Artin, entre les fonctions L cycliques, c'est-à-dire déterminées par une extension cyclique du corps de base k, et les séries L de Weber, définies au moyen de caractères de groupes d'idéaux. Il s'ensuivait que l'objet propre d'une théorie non abélienne était de déterminer, par des données contenues dans k, les fonctions L non abéliennes d'Artin. Or, comme je le lui avais déjà fait observer (v. [1942], §10), la démonstration en caractéristique $p > 1$ de sa conjecture sur ces fonctions contenait déjà un bon morceau d'une telle détermination, puisqu'elle faisait voir que ce sont des polynomes dont on connaît le degré.

En 1967, je reçus de Langlands la communication mentionnée plus haut (v. [1968a]*); il y était beaucoup question des fonctions L non abéliennes d'Artin, auxquelles depuis longtemps je ne pensais plus guère. Peut-être avais-je subi malgré moi la contagion du scepticisme d'Artin, car je fus incapable de partager l'optimisme de Langlands à ce sujet; la suite a prouvé que j'avais tort. Je lui dis cependant, comme j'ai coutume de le faire en pareil cas: "Theorems are proved by those who believe in them." Du reste je lui indiquai, il me semble, que les fonctions L de Hecke sur une extension quadratique K d'un corps k sont des fonctions d'Artin–Hecke appartenant à une représentation d'un W-groupe diédral; comme mes résultats de [1967a], ou plutôt leur généralisation à un corps k quelconque (cf. [1968a] et [1971a]) paraissaient devoir s'y appliquer, il pouvait y avoir là une pierre de touche pour vérifier le bien-fondé des idées de Langlands. Je ne sais si cette remarque fut nouvelle pour lui, ni si elle lui fut utile.

Quant à moi, pendant quelque temps, l'exemple en question me sembla trop particulier pour justifier une induction aussi hardie que celle de Langlands. Je ne fus ramené aux fonctions d'Artin-Hecke que lorsque j'examinai les fonctions zêta des courbes elliptiques à invariant absolu constant sur un corps de fonctions (cf. [1971a], Chap. XI, n° 77, pp. 157–158); il était naturel d'étudier celles-ci, puisqu'elles sont l'analogue, en caractéristique $p > 1$, des courbes à multiplication complexe sur les corps de nombres; ce sont les seules en effet dont l'invariant absolu ne devient infini en aucune place du corps de base. Le résultat, que je n'avais pas prévu, fut que leurs fonctions zêta sont des fonctions L d'Artin, qui, en caractéristique 2 ou 3, peuvent appartenir à des groupes de Galois non diédraux.

Une fois convaincu par cet exemple qu'il y avait lieu d'appliquer les résultats de [1968a] et de [1971a] aux fonctions d'Artin-Hecke, il ne me restait plus qu'à entreprendre le calcul. Bien entendu, comme les facteurs eulériens d'une fonction d'Artin-Hecke relative à un caractère de degré n d'un W-groupe sont des polynomes de degré n en Np^{-s}, le seul cas à examiner était celui des caractères de degré 2 (cf. [1971a], Chap. XI, n°s 76–81, pp. 156–164). En caractéristique $p > 1$, il n'y avait à vérifier que le comportement des facteurs constants des équations fonctionnelles; c'était le cas $n = 1$, $n' = 2$ du lemme B de [1971a], p. 152; en ce cas la vérification n'était pas difficile (cf. [1971a], pp. 153–154). Mais, avant de publier [1971a], j'eus connaissance de résultats bien plus généraux obtenus à ce sujet par Langlands; c'est pourquoi je formulai, et, avec l'aide de Serre, démontrai le lemme en question sous la forme qu'il a prise dans [1971a].

En caractéristique 0, il restait encore à considérer les facteurs gamma. Là non plus il n'y avait pas de difficulté sérieuse du moment que j'avais à ma disposition les "équations fonctionnelles à l'infini" de Langlands dans toute leur généralité. Mais, dans ce cas, tout restait et reste suspendu à la conjecture d'Artin (cf. [1952b]*).

Le travail de Jacquet et Langlands était alors en gestation; il comportait une étude détaillée des représentations de $GL(2, k_v)$ pour une place finie du corps de base k, et des équations fonctionnelles correspondantes; Jacquet me tenait au courant de ses réflexions. Un cas critique était celui des corps locaux de caractéristique résiduelle 2; pendant longtemps les spécialistes avaient cru que seules des difficultés techniques les avaient contraints jusque là de laisser ce cas de côté, mais des doutes commençaient à se faire jour là-dessus, et en effet Jacquet et Shalika construisirent bientôt les premières représentations "extraordinaires" (ou "exceptionnelles") des groupes en question.

Jacquet m'avait fait comprendre le lien entre les facteurs gamma et les équations fonctionnelles à l'infini, d'une part, et les représentations des groupes $GL(2, k_w)$, où les w sont les places à l'infini de k. Depuis Artin, l'idée que les facteurs gamma sont les analogues à l'infini des facteurs eulériens était généralement acceptée; donc Jacquet et Langlands avaient raison de voir, dans le facteur eulérien pour une place v de k, l'indicateur d'une représentation de $GL(2, k_v)$. Appliqué aux fonctions d'Artin-Hecke d'un W-groupe $W(K/k)$, cela suggérait que tout caractère de degré 2 de $W(K/k)$, ou, ce qui revient au même, toute représentation de $W(K/k)$ dans $GL(2, \mathbf{C})$ détermine en chaque place v de k une représentation de $GL(2, k_v)$. Dès qu'on est arrivé à ce point, il devient tentant de substituer $GL(n)$ à $GL(2)$ et de s'inspirer du fait que, pour $n = 1$, on retombe dans la théorie du corps de classes. Cela conduit tout de suite à imaginer qu'il y a une sorte de réciprocité, généralisant le théorème fondamental du corps de classes local, entre les représentations dans $GL(n, \mathbf{C})$ des W-groupes sur k_v et les représentations de degré infini de $GL(n, k_v)$. La même analogie suggère encore qu'il y a une réciprocité entre les représentations des W-groupes $W(K/k)$ dans $GL(n, \mathbf{C})$ et les représentations de $GL(n, k)_A$ contenues dans celle induite par la représentation triviale de $GL(n, k)$. Bien entendu, tout ceci est à regarder comme une approximation grossière dont bien des points seraient à corriger. Néanmoins, parvenu à peu près à ce point de mes réflexions, et n'ayant pas eu l'occasion de reprendre contact avec Langlands qui avait passé l'année en Turquie, j'esquissai ces idées dans une conférence à Oberwolfach pendant l'été de 1968.

En fait, comme je m'en rendis compte peu à peu, je n'avais guère fait, en suivant ce cheminement, que rejoindre une des intuitions les plus frappantes de Langlands, que je n'avais pas comprise jusque là. Encore n'y avait-il là qu'une petite partie de son programme de recherches. En particulier, ce programme, loin de se limiter à $GL(n)$, est destiné à s'appliquer à tous les groupes réductifs (v. *Lect.-Notes* n° 170, Springer 1970, pp. 18–86). Même sous la forme ci-dessus, ces hypothèses, si elles viennent à se confirmer, constitueront déjà une "théorie du corps de classes non abélien", celle même que les arithméticiens avaient vainement recherchée depuis Takagi.

Il est à noter que le "programme Langlands", s'il ne contient pas l'hypothèse de Riemann, renferme du moins la conjecture d'Artin dans toute sa généralité, y compris son extension aux fonctions d'Artin-Hecke. C'est assez dire que sa réalisation complète risque d'être encore lointaine. Mais l'une des vertus d'un tel programme est justement de suggérer aussi un grand nombre de questions partiulières qui peuvent être utilement abordées dès à présent. Déjà de nombreux travaux récents de Langlands lui-même, de Jacquet, Shalika, Deligne et bien d'autres en ont fourni des exemples.

[1971 b,c] Notice biographique; L'œuvre mathématique de Delsarte

Delsarte et moi fûmes normaliens ensemble, de 1922 à 1925; dès 1922 nous avons fait partie de la même "turne" (c'était le terme normalien pour nos salles de travail). Là s'est nouée entre nous une amitié jamais démentie, dont les notices reproduites ici, l'une biographique et l'autre scientifique, sont un faible témoignage. La notice que je rédigeai sur lui pour l'*Annuaire* de 1970 des anciens élèves de l'Ecole Normale a été omise, comme faisant double emploi avec celles-là.

[1972] Sur les formules explicites de la théorie des nombres

Dans [1952b], j'avais fait voir qu'en affirmant la positivité d'une certaine distribution sur le groupe des classes d'idèles d'un corps k, on combinait en un seul énoncé l'hypothèse de Riemann pour toutes les fonctions L de Hecke sur k. J'avais remarqué depuis longtemps qu'en faisant usage de [1951b], ou autrement dit des W-groupes qui y sont définis, on pouvait de même réunir ensemble la conjecture d'Artin et l'hypothèse de Riemann pour toutes les fonctions d'Artin-Hecke. Une invitation de l'Académie des Sciences de l'U.R.S.S. me donna l'occasion de mettre cette idée au point.

En ce faisant, je dois avouer que j'ignorais le théorème de Tate et Shankar-Sen dont il est fait un usage essentiel à la fin de ce travail. Les analogies qui y sont mises en évidence me conduisirent, d'abord à formuler ce théorème à titre d'hypothèse de travail, puis à en bâtir une démonstration, pour enfin apprendre de l'un de mes amis (Iwasawa, il me semble) qu'il s'agissait là d'un résultat connu. Aussi ai-je inséré ce théorème en appendice, d'abord dans l'édition russe de ma *Basic Number Theory* (éditions Mir, 1971), puis chez Springer dans les 2ᵉ et 3ᵉ éditions du même ouvrage, afin d'épargner à autrui pareille mésaventure.

[1973] Review of "The mathematical career of Pierre de Fermat" (by M. S. Mahoney)

Sur mon retour à l'histoire des mathématiques à partir de 1972, v. [1974a]*. Sur mon compte-rendu du livre de Mahoney, je n'ai que trois mots à dire: *Facit indignatio versum.*

[1974a] Two lectures on number theory, past and present

J'ai déjà indiqué que j'avais pris goût de bonne heure à la fréquentation des grands mathématiciens du passé (cf. [1927c]*). Mais mon initiation à l'histoire des mathématiques vint de mes visites, trop courtes à mon gré, à l'Institut Mathématique de l'université de Francfort, visites que je renouvelai le plus souvent possible à partir de 1926, jusqu'à la catastrophe où il fut précipité par le régime hitlérien.

Sur ce qu'il fut, et sur ce que fut son séminaire historique, il faut lire la belle et courageuse conférence de Siegel qui termine dignement la collection de ses œuvres (*Ges. Abh.*, n° 81, vol. III, pp. 462–474); qu'il me soit permis seulement d'y ajouter un bref témoignage personnel.

Tous ceux qui ont connu cet Institut en sa belle époque en ont gardé un souvenir nostalgique. Dehn, Hellinger, Siegel étaient des personnalités de premier plan, chacun à sa manière; Siegel était le benjamin de l'équipe. Toeplitz était un fréquent visiteur. Sans être d'un format comparable, Epstein et Szàsz étaient des hommes de valeur. Dès le premier contact avec Dehn, on sentait en lui une supériorité intellectuelle à laquelle le charme de son accueil et de sa conversation ôtait tout caractère abrupt sans la laisser oublier. Son tempérament était plein de feu, mais sa flamme était lumière. L'affection qu'il suscitait autour de lui, et la chaleur qui rayonnait de sa personne, avaient établi dans ce groupe une entente et une harmonie à laquelle tous étaient sensibles.

A un notable talent mathématique, Dehn joignait une profonde connaissance de la mathématique et de la philosophie anciennes et de toute l'histoire des mathématiques; le séminaire historique qu'il avait mis en route en 1922 fut peut-être sa plus originale création; pour moi, chaque fois que j'y assistai, j'eus le sentiment de prendre part à une incomparable fête intellectuelle. Sans aucun pédantisme, on y lisait un classique, dans le texte original évidemment; j'ai un souvenir particulièrement vif d'une lecture du livre des indivisibles de Cavalieri. Dehn et ses collègues veillaient à ce que l'interprétation du texte ne laissât rien dans l'ombre mais n'en forçât jamais l'esprit. On ne croyait pas devoir feindre d'ignorer ce que l'auteur n'avait pas su; au contraire, on s'en servait pour mettre en lumière les intuitions qu'il n'avait pas été en mesure d'exprimer clairement. Les témoignages contemporains du texte étaient évoqués chaque fois que c'était utile, sans qu'aucune recherche d'érudition ne détournât l'attention de l'essentiel. Je ne conçois pas de plus saine méthode historique que celle-là.

Ayant eu le bénéfice d'une pareille expérience, je me trouvai naturellement porté, lorsque Bourbaki commença ses travaux, à proposer d'y faire figurer des commentaires historiques pour replacer dans une juste perspective des exposés qui risquaient de tomber dans un dogmatisme excessif. Pendant un certain temps, c'est à moi surtout qu'en incomba le soin, et les avant-projets de cette nature que je soumis à Bourbaki furent généralement approuvés avec un minimum de retouches, contrairement à ce qui s'est toujours passé pour les rédactions proprement mathématiques que Bourbaki recevait de ses collaborateurs. Ce fut le cas en particulier, si mes souvenirs ne me trompent, pour les notes historiques de la topologie générale et pour l'esquisse d'histoire du calcul infinitésimal. Peu à peu, d'autres collaborateurs de Bourbaki prirent goût à ce genre d'exposés, et ma participation devint de plus en plus sporadique, jusqu'à ma retraite à l'âge canonique de 50 ans, après quoi évidemment elle cessa tout à fait. L'occasion de mon retour à ces études vint quand je fus invité, au début de 1972, à donner deux conférences sur l'histoire de la théorie des nombres, par des collègues de l'Université Columbia qui savaient l'intérêt que j'y prenais; [1974a] en reproduit le texte à très peu près.

[1974b,c] Sur les sommes de trois et quatre carrés; La cyclotomie jadis et naguère

Dans le cadre de mes deux conférences à Columbia ([1974a]), il n'avait pu être question, évidemment, de rendre justice aux auteurs dont j'avais à parler. A les préparer, j'avais du moins gagné de faire la connaissance d'Euler, que je n'avais point du tout fréquenté jusque là, et de me convaincre, autrement que par ouï-dire, que c'était l'un des plus grands mathématiciens de tous les temps.

Je repris le même sujet, avec un peu plus de l'ampleur qu'il mérite, dans des cours que je fis à Princeton en 1972–73 et 1973–74, sous le titre de "Trois cents ans de théorie des nombres" la première année, et "Cinquante ans de théorie des nombres" l'année suivante. Dans l'un, parti de Fermat, donc à peu près de 1640, j'arrivai jusqu'à Gauss; j'avais rempli mon programme à 60 % environ. Dans l'autre, dont le titre était plus réaliste, je pus aller de Dirichlet à Kummer; je n'étais pas trop loin des 50 ans annoncés.

Il se peut qu'il me soit donné (*"Extremum hunc, Arethusa, mihi ..."*) de tirer de là une publication d'ensemble. En attendant, je me suis laissé aller à en détacher quelques fragments. Dans des genres assez différents, [1974b], [1974c], [1975b], [1977b] en sont des échantillons.

[1974d] Sommes de Jacobi et caractères de Hecke

Quand j'écrivais [1952d], j'étais fort ignorant; je l'étais un peu moins en composant [1974d]), qui en est la continuation. Dans l'intervalle j'avais lu Kummer et Eisenstein, et aussi Cauchy et Jacobi; ils faisaient tous partie de mes "Cinquante ans" (cf. [1974b]*).

C'est en lisant Cauchy, par exemple, que je vis l'utilité de considérer les "sommes de Jacobi" généralisées qui prennent leurs valeurs dans un corps quadratique imaginaire (cf. [1974c], pp. 252–253); ce sont justement les racines, relatives à la dimension médiane, des fonctions zêta des variétés définies dans [1974d], page 2, à la fin du n° 1; j'en ai repris l'examen dans [1976b], pp. 818–819 (cf. aussi un travail récent de A. Adler, à paraître prochainement).

En ce qui concerne, d'une manière générale, les variétés $W = V/G'$ de la page 2, ce sont bien entendu des "variétés de Satake" au sens de [1949b]*. Dès la publication de [1949b], d'ailleurs, Delsarte m'avait indiqué la possibilité d'en étendre les résultats à d'autres que les variétés "diagonales"; cf. son exposé (*Sém. Bourb.* nº 39, Mars 1951) où il considère les variétés de la forme

$$\sum_{i=0}^{n} a_i M_i(x_0, \ldots, x_n) = 0,$$

les M_i étant $n + 1$ monomes indépendants, de même degré N, en $x_0, \ldots, x_n$; ce sont là des cas particuliers des variétés W de [1974d], page 2.

[1974e] Exercices dyadiques

J'ai rappelé plus haut (v. [1971a]*) comment les travaux de Langlands avaient suggéré l'existence probable d'un lien entre les représentations de degré n d'un W-groupe (ou plus simplement d'un groupe de Galois) sur un corps local k, et les représentations de $GL(n, k)$. En attendant sur ce sujet des résultats généraux qui constitueraient une théorie du corps de classes local non abélien, il y avait place pour mainte recherche de détail. Je me contentai de la plus facile, je veux dire de l'étude des représentations de degré 2 des W-groupes; je pouvais y satisfaire mon goût croissant pour les mathématiques du XIXe siècle. Depuis lors, le problème bien plus difficile des représentations "extraordinaires" de $GL(2, k)$ a été étudié par plusieurs auteurs et semble approcher de sa solution, s'il n'est déjà résolu (cf. p. ex. P. Kutzko, *Am. J. of Math.* 100 (1978), pp. 43–60).

[1975a] Review of "Leibniz in Paris 1672–1676, his growth to mathematical maturity" (by Joseph E. Hofmann)

J'avais lu Leibniz avec grand plaisir à l'occasion de la composition de la note historique du "livre élémentaire" de Bourbaki (pp. 178–220 de ses *Eléments d'histoire des mathématiques*, assez improprement intitulés ainsi puisque ce n'est qu'une collection d'essais plus ou moins fortuitement assemblés). Je ne crois pas qu'à ce moment le livre de J. Hofmann eût déjà paru; en tout cas il ne m'était pas connu quand les éditeurs du *Bulletin* me demandèrent un compte-rendu de la traduction anglaise. En abordant sa lecture, j'en attendais beaucoup, puisque l'auteur était connu comme leibnizien émérite. J'éprouvai une sérieuse déception.

Comme je l'avais compris en fréquentant le séminaire historique de Francfort (cf. [1974a]*), il faut un très bon mathématicien pour commenter comme il convient les grands auteurs du passé, de même qu'il faut un très bon musicien pour faire un grand chef d'orchestre. En l'occurrence ce n'est pas le talent créateur qui importe, mais une certaine qualité de sympathie intellectuelle qui n'est pas facile à rencontrer, et que Max Dehn avait possédée au suprême degré. Dans le livre en question, elle paraît avoir singulièrement fait défaut à l'auteur.

[1976a] Elliptic Functions according to Eisenstein and Kronecker

A l'âge de 68 ans, Kronecker découvrit le grand mémoire d'Eisenstein, daté de 1847, sur la théorie générale des fonctions elliptiques; il mourut peu après. Si

j'avais été superstitieux, j'aurais pu être un peu inquiet en faisant la même découverte, exactement au même âge, à l'occasion de mon cours sur les "Cinquante
ans" (cf. [1974b]*). Plus heureux que Kronecker, j'y trouvai la matière d'un cours
à l'Institute, puis d'un petit livre que j'eus beaucoup de plaisir à écrire; j'espère que
les lecteurs s'en seront aperçus.

Toute question historique mise à part, j'étais fort intrigué depuis quelque temps,
d'un côté par le théorème de Damerell (*Acta Arith.* 17(1970), pp. 287–301), et de
l'autre par la formule de Chowla-Selberg (*Crelles J.* 227 (1967), pp. 86–110). A
étudier le mémoire d'Eisenstein, je compris que les méthodes de celui-ci ouvraient
l'accès le plus naturel au premier de ces résultats; le second se rattachait directement
aux recherches où Kronecker avait pris la suite d'Eisenstein; je résolus de donner
un exposé d'ensemble de ces méthodes. Qu'elles eussent, depuis Weierstrass,
disparu à peu près complètement du champ de conscience des mathématiciens
était une raison de plus pour les remettre en lumière.

Aussi bien dans le théorème de Damerell que dans la formule de Chowla-Selberg,
on a affaire à des formes modulaires non holomorphes. Si les méthodes d'Eisenstein s'y adaptent si bien, c'est justement qu'elles sont tout à fait indépendantes
de la théorie des fonctions, du théorème de Liouville et du prolongement analytique.

Ceci amène à poser, d'une manière générale, la question du rôle joué par la
structure complexe dans l'actuelle théorie des fonctions automorphes. Déjà
quand il s'agit de $GL(2)$, cette structure nous abandonne dès qu'il s'agit d'un corps
de base non totalement réel (par exemple le corps de Gauss), et il a fallu Maass
pour nous sortir du ghetto des fonctions holomorphes; on a vu plus haut (cf.
[1968a]*) quelles difficultés j'avais eu moi-même à m'en tirer. Il me semble à
présent que, dans ces problèmes, toute la vertu de la théorie des fonctions classique
(et ce n'est pas peu de chose) consiste à nous faire prévoir *a priori* l'existence de
relations algébriques qui autrement auraient pu nous échapper. Le chapitre VI
de [1976a] donne un exemple où il existe de telles relations entre fonctions non
holomorphes, et où la méthode d'Eisenstein permet de les obtenir sans effort.

[1976b] Sur les périodes des intégrales abéliennes

De nouveau on trouvera dans cette note un point de confluence entre plusieurs
directions de recherche, dont l'une, qui a trait à la formule de Chowla-Selberg,
était encore assez nouvelle pour moi (cf. [1976a]), tandis que les autres m'oc-
cupaient depuis longtemps.

Quant à la première, j'avais fini par me rendre compte que la formule en question
et le théorème de Damerell, qui avaient tous deux figuré en bonne place dans
[1976a], devaient être considérés comme les deux volets d'un même diptyque.
L'un exprime les valeurs de fonctions L, ou, ce qui revient au même, de formes
modulaires, au moyen des périodes de courbes elliptiques à multiplication complexe. Le point saillant en est que certaines fonctions modulaires (c'est-à-dire
invariantes par un sous-groupe de congruence du groupe modulaire, mais non
nécessairement méromorphes) prennent des valeurs qui sont des nombres algébriques lorsqu'on donne à l'argument une valeur "singulière" τ_0 correspondant à
une courbe elliptique E_0 à multiplication complexe. Il s'ensuit que, pour avoir, à
des facteurs près qui sont des nombres algébriques, les valeurs en τ_0 de toutes les

formes modulaires (holomorphes ou non) auxquelles s'applique le théorème, il suffit d'en connaître une seule; en vertu d'une formule de Jacobi, on peut prendre pour celle-ci la fonction thêta qui donne l'une des périodes de la courbe E_0. L'autre formule, celle de Chowla-Selberg, exprime alors la valeur de cette période au moyen de la fonction gamma.

Depuis que j'avais rédigé [1976a], le théorème de Damerell avait été étendu au groupe de Hilbert par Shimura (*Ann. of Math.* 102 (1975), pp. 491–515), et on pouvait l'appliquer, soit à certaines fonctions L, soit encore (grâce à un travail de Siegel, *Gött. Nachr.* 1963, n° 25, pp. 365–427) aux modules des variétés abéliennes de type CM; mais pour celles-ci, on n'avait, ni une généralisation adéquate de la formule de Jacobi, ni encore moins rien qui correspondît à la formule de Chowla-Selberg.

D'autre part, mon intérêt pour les "variétés diagonales" (cf. [1949b]*) remontait à 1948; la courbe de Fermat, dont l'intérêt semble loin d'être épuisé, en donnait l'exemple le plus simple. Bien entendu, les courbes $y^l = x^a(1 - x)$ de [1976b] sont celles qui déterminent les sous-corps du corps des fonctions sur la courbe de Fermat $x^l + y^l + z^l = 0$; leurs jacobiennes donnent la décomposition en facteurs simples de la jacobienne de celle-ci. Enfin je n'avais toujours pas perdu l'espoir, dans certains cas tout au moins, de trouver une interprétation algébrique pour les "jacobiennes intermédiaires" (cf. [1952e]); celles des variétés diagonales, et de leurs quotients par des groupes finis (cf. [1974d], p. 2) me paraissaient devoir fournir pour cela un utile terrain d'expérience, mais d'abord il fallait savoir sur quels corps sont définies leurs jacobiennes. Plus généralement, puisque celles-ci admettent des multiplications complexes par des corps cyclotomiques, on devait se poser la question de la construction effective de variétés abéliennes de type CM admettant une multiplication complexe de cette nature, et du calcul de leurs périodes. Pour les courbes elliptiques, si la formule de Chowla-Selberg a donné la solution de ce dernier problème, on ne peut dire que l'autre ait été résolu d'une manière satisfaisante.

Si toutes ces questions m'étaient présentes à l'esprit au moment de composer [1976b], je n'étais en état d'en aborder qu'une fraction minuscule. Pendant quelque temps je poursuivis l'étude des jacobiennes intermédiaires des variétés mentionnées à la fin du n° 1 de [1974d]; par la suite cette étude a été reprise par A. Adler (*loc. cit.* [1974d]*). Heuristiquement, je pus me convaincre que les périodes des intégrales abéliennes de 1e et 2e espèce, pour les variétés diagonales et leurs quotients par des groupes finis, s'expriment par des intégrales eulériennes, donc par la fonction gamma; cela a été démontré par Deligne. J'avais même essayé sans succès de tirer de là une démonstration algébrique, et non analytique, de la formule de Chowla-Selberg; mais c'est par une autre voie que cela a été réalisé par B. Gross (*Inv. Math.* 45 (1978), pp. 193–211); il n'a eu à se servir pour cela que de la courbe de Fermat et de sa jacobienne.

[1977a] Remarks on Hecke's lemma and its use

Depuis quelques années je m'étais convaincu que le lemme de Hecke avait une portée qui dépassait de beaucoup l'usage que Hecke et ses successeurs en avaient fait (cf. [1968b] et [1971a]); la lecture du travail de L. Goldstein et P. de la Torre (*Duke J.* 41 (1974), pp. 291–297) acheva de m'en persuader. Je crus qu'il ne serait pas inutile de profiter du colloque qui devait se tenir à Kyoto au printemps de 1976 pour attirer l'attention sur cette manière de voir. J'espérais alors, et j'espère encore, qu'il sera un jour possible d'en tirer le calcul des périodes des courbes elliptiques sur les corps de nombres, calcul qui ne saurait rester confiné indéfiniment aux courbes à multiplication complexe; mais ce jour risque d'être encore lointain. Quant au colloque, je fus empêché d'y participer; Shimura voulut bien se charger d'y lire ma communication.

[1977c] Abelian Varieties and the Hodge Ring

Le texte ci-dessus, publié ici pour la première fois, est celui d'une conférence faite au colloque organisé à Harvard en mai 1977 en l'honneur de Lars Ahlfors.

La question que pose la "conjecture de Hodge" est bien naturelle, puisque le théorème de Lefschetz consiste à en affirmer la validité en codimension 1. Si cette conjecture était vraie en toute codimension, bien des problèmes de géométrie algébrique en deviendraient beaucoup plus faciles. Par malheur, en dépit du mot de "conjecture" (cf. [1967a]*), il n'y a, que je sache, pas l'ombre d'une raison d'y croire; on rendrait service aux géomètres si l'on pouvait trancher la question au moyen d'un contre-exemple.

D'après le théorème de Lefschetz, la conjecture de Hodge est vraie pour toute variété dont l'anneau de Hodge est engendré par ses éléments de degré 2; c'est bien le cas en dimension 2 et 3, et pour une hypersurface "générique" dans un espace projectif. Il résulte d'un travail de A. Mattuck (*Proc. A.M.S.* 9 (1958), pp. 88–98), qui reprend et complète sur divers points un travail déjà ancien de A. Comessatti (*Rend. Sem. Mat. Padova* 5 (1934), pp. 50–79), qu'il en est de même sur une variété abélienne "générique" (un résultat un peu plus général est indiqué au n° 13 de [1977c]). La même question a été examinée par H. Pohlmann (*loc. cit.* [1977c]) pour les variétés abéliennes de type CM, dans le même travail où se trouve indiqué l'exemple de Mumford.

Le résultat des n°s 6–8 de [1977c] admet une généralisation facile (mais utile; cf. B. Gross, *loc. cit.* [1976b]*) au cas où on ne suppose plus $n = 2m$; les autres hypothèses et notations restant celles des n°s 5–7, on constate que les formules du n° 7 définissant une forme $\Omega \in \mathfrak{A}_k$ de type de Hodge $(m, n - m)$; réciproquement, si la structure complexe du tore Y/L est telle que cette forme Ω soit de type $(m, n - m)$, Y/L admet la multiplication complexe par k. Le résultat final du n° 10 se généralise de même. Du point de vue de la théorie des "jacobiennes intermédiaires" (cf. [1976b]*), le cas le plus intéressant est celui où n est impair; déjà le cas $n = 3$, $m = 1$ mériterait d'être examiné de plus près.